高等学校“十二五”规划教材
建筑环境与设备工程系列

建筑设备工程

杜茂安　盛晓文　颜伟中　主编

U0223105

哈爾濱工業大學出版社

内 容 提 要

本书系统地介绍建筑设备工程的基本知识、设计原则、计算方法和设计计算步骤等。全书共分19章,内容包括建筑给水、排水、消防、供热、供燃气、通风、空调和建筑电气。

本书可作为土木类高校土木工程、建筑学、建筑管理工程、房地产经营与管理、给水排水、供热通风、建筑电气等专业的教材或参考书,也可作为建筑施工管理、设计、经济核算及概预算等人员的自学用书或培训教材。

图书在版编目(CIP)数据

建筑设备工程/杜茂安等主编.—哈尔滨:哈尔滨工业大学出版社,2016.3

ISBN 978-7-5603-4849-0

Ⅰ.①建… Ⅱ.①杜… Ⅲ.①房屋建筑设备-高等学校-教材 Ⅳ.①TU8

中国版本图书馆CIP数据核字(2014)第172007号

策划编辑 贾学斌
责任编辑 张 瑞 范业婷
出版发行 哈尔滨工业大学出版社
社 址 哈尔滨市南岗区复华四道街10号 邮编150006
传 真 0451-86414749
网 址 http://hitpress.hit.edu.cn
印 刷 哈尔滨市工大节能印刷厂
开 本 787mm×1092mm 1/16 印张32.75 字数775千字
版 次 2016年3月第1版 2016年3月第1次印刷
书 号 ISBN 978-7-5603-4849-0
定 价 58.00元

前　言

随着时代发展和城市、城镇化建设快速发展，现代建筑日新月异，已不再是过去的平房或低楼层、格局死板的建筑，一座座现代化工厂建成投产、一片片高层建筑拔地而起，出现了大量新型建筑体系。高质量的居住环境和工作条件，对内部的设备也提出了更多和更高要求，这一切都离不开现代化的建筑设备。在国际上，建筑设备技术发展十分迅速，其学科和专业以工科为主逐步拓宽，涉及的范围越来越广，涉及生理学、心理学、气象学、生态学、城市规划、建筑设计、社会学、美学等综合知识，愈来愈趋向交叉领域学科。同时将计算机深入引入该专业，便利该专业发展成为一个很前沿的学科。

在我国，相关的技术研究及工程建设相对于其他一些国家比较晚，因此，有一些新型建筑内部的环境与设备尚存在不尽如人意之处，许多方面仍然处在探索和尝试的阶段。如某些高层写字楼和外观华丽的建筑物内部，明显存在通风不好导致的空气质量下降，或者夏季制冷、冬天供暖不到位等问题。这都需要大批掌握现代建筑设备工程理论、设计、设备安装与维护等知识和技能的人员与建筑设计师进行良好配合，以对建筑结构和用户需求有完整的认识和了解，做出切实可行的设计。本书正是为适应以上要求，作者在总结多年教学经验，吸收近年建筑工程设计和施工经验的基础上编写而成。

本书共分 19 章，内容包括流体力学基础、建筑给水排水工程，建筑供热、供燃气、通风空调工程和建筑电气工程 4 部分。书中对建筑设备的基本理论、设计原则、计算方法和步骤，管道、器具、器材、设备、电气管材等的布置与安装做了简明、全面和深入的介绍。

本书由哈尔滨工业大学杜茂安、盛晓文、颜伟中、朱蒙生、邵方，中国人民解放军后勤工程学院赵志伟，黑龙江大学贾学斌，黑龙江东方学院杨阳、李一蒙编写。其中第 1 章由朱蒙生编写，第 2、3、7 章由杜茂安编写，第 5、6 章由赵志伟编写，第 4、13 章由杨阳编写，第 8、9、10 章由盛晓文编写，第 11、18 章由李一蒙编写，第 12、14 章由贾学斌编写，第 15、16 章由邵方编写，第 17、19 章由颜伟中编写。全书由杜茂安、盛晓文统稿。

书中对引用参考文献及相关资料的作者，表示诚挚的谢意，对因疏漏未列出的参考文献及有关资料作者深表歉意。限于作者水平，书中难免有疏漏及不妥指出，恳请读者给予指正。

作　者

2015 年 10 月于哈尔滨

目　录

第1章　流体力学基础

液体和气体统称为流体。流体力学是研究流体机械运动规律及其应用的科学。

流体区别于固体的最基本力学特征就是具有流动性。观察流动现象，诸如微风吹过平静的水面，水面因受气流的摩擦力而流动；斜坡上的水因受重力沿坡面方向的切向分力而流动。这些现象表明，流体静止时不能承受切力，或者说任何微小切力的作用，都会使流体流动，直到切力消失，流动才会停止，这就是流动性的力学解释。此外，流体无论静止或运动几乎都不能承受拉力。

流体力学研究的对象是流体，从微观角度来看，流体是由大量的分子构成的，这些分子都在做无规则的热运动。由于分子之间存在空隙，描述流体的诸物理量（如密度、压强和流速等）在空间的分布是不连续的。在标准状况下，1 cm^3 的水中约有 3.3×10^{22} 个水分子，分子间的距离约为 3×10^{-8} cm；1 cm^3 空气中约有 2.7×10^{19} 个分子，分子间的距离约为 3×10^{-7} cm，可见分子间距离之微小。流体力学的研究目的是流体的宏观机械运动规律，而这一规律恰恰是研究对象中所有分子微观运动的宏观表现。1755 年，瑞士数学家和力学家欧拉（L. Euler，1707—1783），首先提出把流体当作是由密集质点构成的、内部无空隙的连续体来研究，这就是连续介质模型。所谓质点，是指含有大量分子的，与一切流动空间相比体积可忽略不计的又具有一定质量的流体微团。建立连续介质模型后，流体运动中的物理量都可视为空间坐标和时间变量的连续函数，这样就可用数学分析方法来研究流体运动。

在给水排水工程、供热通风工程及城市燃气工程中，管道内流动的工作介质都是流体。例如，生活、生产、消防用水的供给，污水、雨水的排放，热能的供应，通风与空气调节，燃气的供应等都离不开流体。掌握一定的流体力学基本知识，对于正确地解决上述专业中与流体有关的实际问题是非常必要的。

1.1　流体的物理性质

1.1.1　作用于流体上的力

作用在流体上的力，按作用方式可分为表面力和质量力两类。

1. 表面力

表面力是通过直接接触，施加在接触表面上的力。

在流体中取隔离体为研究对象（图 1.1），周围流体对隔离体的作用以分布的表面力代替，表面力的大小用应力来表示。设 A 为隔离体表面上的一点，包含 A 点取微小面积 ΔA，若作用在 ΔA 上的总表面力为 $\Delta \boldsymbol{F}_s$，将其分解为法向分力（压力）$\Delta \boldsymbol{P}$ 和切向分力 $\Delta \boldsymbol{T}$，

则 $\bar{p}=\dfrac{\Delta P}{\Delta A}$ 为 ΔA 上的平均压应力，取极限后得 A 点的压应力（压强）为

$$p_A=\lim_{\Delta A\to 0}\frac{\Delta P}{\Delta A} \tag{1.1}$$

同理，A 点的切应力为

$$\tau_A=\lim_{\Delta A\to 0}\frac{\Delta T}{\Delta A} \tag{1.2}$$

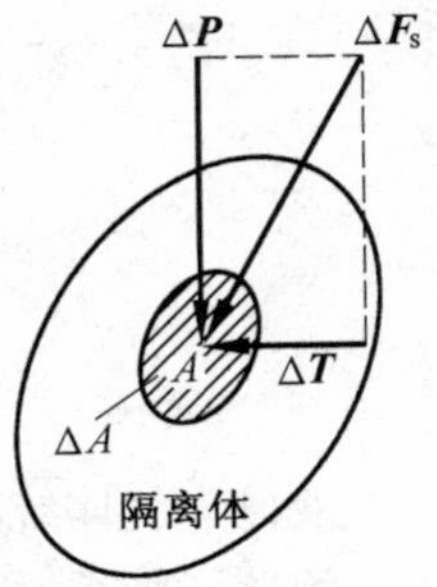

图 1.1　表面力

应力的单位是帕斯卡（Pascal），简称帕，以符号 Pa 表示，1 Pa = 1 N/m^2。

2. 质量力

质量力是指施加在隔离体每个质点上的力，重力是最常见的质量力。此外，若所取坐标系为非惯性系，建立力的平衡方程时，其中的惯性力如离心力、科里奥利（Coriolis）力也归为质量力。

质量力大小用单位质量力表示。设均质流体的质量为 m，所受质量力为 $\boldsymbol{F}_B$，则单位质量力为

$$\boldsymbol{f}_B=\frac{\boldsymbol{F}_B}{m} \tag{1.3}$$

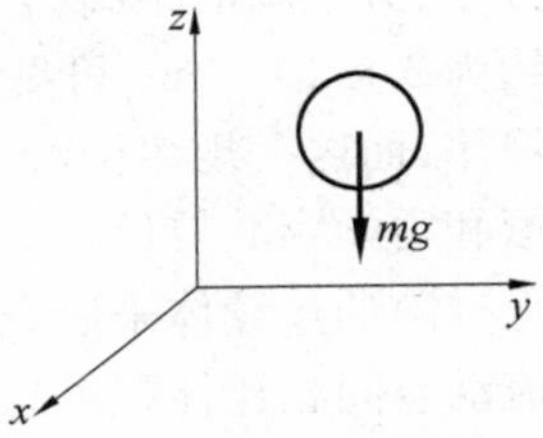

图 1.2　重力

单位质量力在各坐标轴上的分量为

$$X=\frac{F_{Bx}}{m},Y=\frac{F_{By}}{m},Z=\frac{F_{Bz}}{m}$$

$$\boldsymbol{f}_B=X\boldsymbol{i}+Y\boldsymbol{j}+Z\boldsymbol{k}$$

若作用在流体上的质量力只有重力（图 1.2），则

$$F_{Bx}=0,F_{By}=0,F_{Bz}=-mg$$

单位质量力则分别为 $X=0,Y=0,Z=\dfrac{-mg}{m}=-g$。单位质量力的单位为 m/s^2，与加速度单位相同。

1.1.2　流体的主要力学性质

1. 惯性

惯性是物体保持原有运动状态的性质。要改变物体的运动状态，就必须克服惯性的作用。

质量是惯性大小的度量，单位体积的质量称为密度，以符号 ρ 表示，密度的单位是 kg/m^3。若均质流体的体积为 V，质量为 m，其密度为

$$\rho=\frac{m}{V} \tag{1.4}$$

液体的密度随压强和温度的变化量很小，一般可视为常数。通常情况下，水的密度为 1 000 kg/m^3，水银的密度为 13 600 kg/m^3。气体的密度随压强和温度变化，一个标准大气压下，0 ℃ 空气的密度为 1.29 kg/m^3。在一个标准大气压条件下，水的密度见表 1.1，其

他几种常见流体的密度见表 1.2。

表 1.1　水的密度

温度/℃	0	4	10	20	30	40	60	100
密度/(kg·m^{-3})	999.87	1 000.0	999.73	998.23	995.67	992.24	983.24	958.38

表 1.2　几种常见流体的密度

流体名称	空气	酒精	四氯化碳	水银	汽油	海水
温度/℃	20	20	20	20	15	15
密度/(kg·m^{-3})	1.20	799	1 590	13 550	700 ~ 750	1 020 ~ 1 030

2. 黏滞性

图 1.3 所示的两个平行平板间充满静止流体，两平板间距离为 h，以 y 方向为法线方向。保持下平板固定不动，使上平板沿所在平面以速度 U 运动。与上平板表面相邻的一层流体，随平板以速度 U 运动，并逐层向内影响，各层相继流动，直至与下平面相邻的速度为零的流层。在 U 和 h 都较小的情况下，各流层的速度沿法线方向呈直线分布。

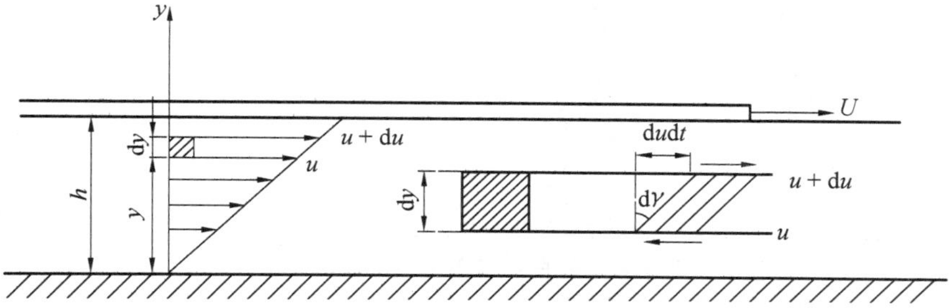

图 1.3　黏滞性实验

上平板带动与其相邻的流层运动，而能影响到内部各流层运动，说明内部各流层间存在着切向力，即内摩擦力，这就是黏滞性的宏观表现。也就是说，黏滞性就是流体的内摩擦特性。通过大量实验，牛顿(Newton) 在 1687 年提出：流体的内摩擦力(切力)T 与流速梯度$\frac{du}{dy}$ 成比例；与流层的接触面积 A 成比例；与流体的性质有关；与接触面上的压力无关。即

$$T = \mu A \frac{du}{dy} \tag{1.5}$$

或以应力表示为

$$\tau = \mu \frac{du}{dy} \tag{1.6}$$

式中　μ—— 比例系数，称为动力黏滞系数，单位是 Pa·s。动力黏滞系数是流体黏滞性大小的度量，μ 值越大，流体越黏，流动性越差。

式(1.5)和式(1.6)称为牛顿内摩擦定律,式中$\frac{du}{dy}$为流速在法线方向的变化率,称为速度梯度(或剪切变形速率),单位是1/s。

在分析黏性流体运动规律时,动力黏滞系数μ和密度ρ经常以比的形式出现,将其定义为流体的运动黏滞系数,单位为m^2/s,即

$$\nu = \frac{\mu}{\rho} \tag{1.7}$$

气体的黏滞性不受压强影响,液体的黏滞性受压强影响也很小。黏滞性随温度而变化,不同温度下水和空气的黏滞系数见表1.3和表1.4。

表1.3 不同温度下水的黏滞系数

t/℃	$\mu/(10^{-3}$ Pa·s)	$\nu/(10^{-6}\ m^2 \cdot s^{-1})$	t/℃	$\mu/(10^{-3}$ Pa·s)	$\nu/(10^{-6}\ m^2 \cdot s^{-1})$
0	1.792	1.792	40	0.654	0.659
5	1.519	1.519	45	0.597	0.603
10	1.310	1.310	50	0.549	0.556
15	1.145	1.146	60	0.469	0.478
20	1.009	1.011	70	0.406	0.415
25	0.895	0.897	80	0.357	0.367
30	0.800	0.803	90	0.317	0.328
35	0.721	0.725	100	0.284	0.296

表1.4 不同温度下空气的黏滞系数

t/℃	$\mu/(10^{-5}$ Pa·s)	$\nu/(10^{-6}\ m^2 \cdot s^{-1})$	t/℃	$\mu/(10^{-5}$ Pa.s)	$\nu/(10^{-6}\ m^2 \cdot s^{-1})$
0	1.72	13.7	90	2.16	22.9
10	1.78	14.7	100	2.18	23.6
20	1.83	15.7	120	2.28	26.2
30	1.87	16.6	140	2.36.	28.5
40	1.92	17.6	160	2.42	30.6
50	1.96	18.6	180	2.51	33.2
60	2.01	19.6	200	2.59	35.8
70	2.04	20.5	250	2.80	42.8
80	2.10	21.7	300	2.98	49.9

由表1.3和表1.4可见,水的黏滞系数随温度升高而减小,空气的黏滞系数则随温度升高而增大。原因是液体分子间的距离小,分子间的引力即内聚力是构成黏滞性的主要因素,温度升高,分子动能增大,间距增大,内聚力减小,动力黏滞系数随之减小;气体分子间的距离远大于液体,分子热运动引起的动量交换是形成黏滞性的主要因素,温度升高,分子热运动加剧,动量交换加大,黏滞系数随之增大。

凡符合牛顿内摩擦定律的流体,称为牛顿流体,如水、空气、汽油、煤油、乙醇等;凡不符合的流体,称为非牛顿流体,如聚合物液体、泥浆、血浆等。牛顿流体和非牛顿流体的区

别，可用图 1.4 表示，τ_0 为初始(屈服)切应力，本书只讨论牛顿流体。

流体黏滞性的存在，往往给流体运动规律的研究带来极大困难。为了简化理论分析，特引入理想流体概念，即所谓无黏性的流体($\mu = 0$)。理想流体实际上是不存在的，它只是一种对物性简化的力学模型。

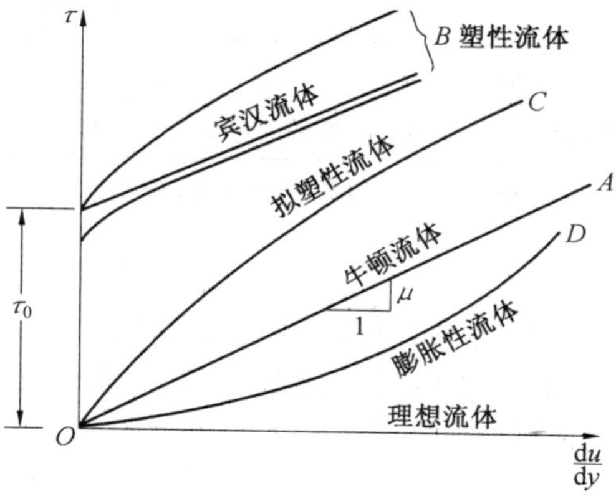

图 1.4　牛顿流体和非牛顿流体的区别

【例 1.1】　旋转圆筒黏度计，外筒固定，内筒由同步电机带动旋转。内外筒间充入实验液体，如图 1.5 所示。已知内筒半径 $r_1 = 1.93$ cm，外筒半径 $r_2 = 2$ cm，内筒高 $h = 7$ cm。实验测得内筒转速 $n = 10$ r/min，转轴上扭矩 $M = 0.004\ 5$ N·m。试求该实验液体的黏度。

解　充入内外筒间隙的实验液体，在内筒带动下做圆周运动。因间隙很小，速度近似直线分布，不计内筒端面的影响，内筒壁的切应力为

$$\tau = \mu \frac{\mathrm{d}u}{\mathrm{d}y} = \mu \frac{\omega r_1}{\delta}$$

式中
$$\omega = \frac{2\pi n}{60}, \quad \delta = r_2 - r_1$$

扭矩
$$M = \tau A r_1 = \tau \times 2\pi r_1 h \times r_1$$

解得
$$\mu = \frac{15 M\delta}{\pi^2 r_1^3 h n} = 0.952\ \mathrm{Pa \cdot s}$$

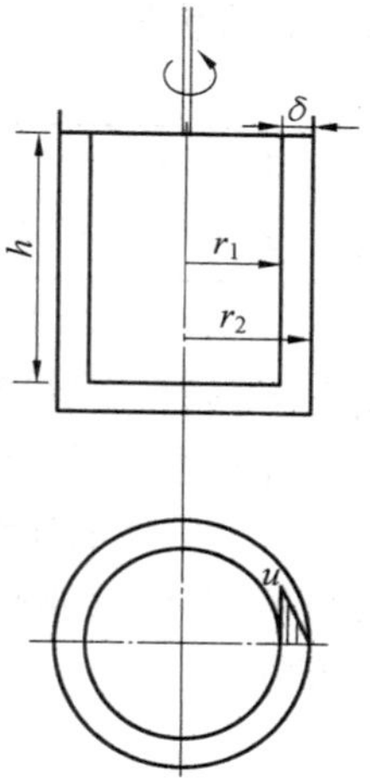

图 1.5　旋转圆筒黏度计

3. 压缩性和热胀性

压缩性是流体因压强增大，分子间距离减小，体积缩小，密度增大的性质。热胀性是流体因温度升高，分子间距离增大，体积膨胀，密度减小的性质。

(1) 液体的压缩性和热胀性。液体的压缩性用压缩系数 κ 表示。若在一定温度下，液体的体积为 V，压强增加 $\mathrm{d}p$ 后，体积减小 $\mathrm{d}V$，则压缩系数(单位为 $\mathrm{m^2/N}$)为

$$\kappa = -\frac{\mathrm{d}V/V}{\mathrm{d}p} \tag{1.8}$$

根据液体压缩前后质量不变，有

$$\mathrm{d}m = \mathrm{d}(\rho V) = \rho \mathrm{d}V + V \mathrm{d}\rho = 0$$

$$-\frac{\mathrm{d}V}{V} = \frac{\mathrm{d}\rho}{\rho}$$

则
$$\kappa = \frac{\mathrm{d}\rho/\rho}{\mathrm{d}p} \tag{1.9}$$

液体的压缩系数随温度和压强变化，水在 0 ℃，不同压强下的压缩系数见表 1.5。表中符号 at 表示工程大气压，1 at = 98 000 Pa。

表 1.5 水的压缩系数

压强 /at	5	10	20	40	80
压缩系数 /($m^2 \cdot N^{-1}$)	0.538×10^{-9}	0.536×10^{-9}	0.531×10^{-9}	0.528×10^{-9}	0.515×10^{-9}

压缩系数的倒数是体积模量 K,单位是 N/m^2,即

$$K = \frac{1}{\kappa} = -V\frac{dp}{dV} = \rho\frac{dp}{d\rho} \tag{1.10}$$

进行水击计算时,水的体积模量可取 $K = 2.1 \times 10^9\ N/m^2$。

液体的热胀性用热胀系数 α_V 表示,若在一定压强下,液体的体积为 V,温度升高 dT 后,体积增加 dV,则

$$\alpha_V = \frac{dV/V}{dT} = -\frac{d\rho/\rho}{dT} \tag{1.11}$$

α_V 的单位是温度的倒数,为 1/℃ 或 1/K。液体的热胀系数随压强和温度而变化,水在 1 标准大气压下,不同温度时的热胀系数见表 1.6。

表 1.6 水的热胀系数

温度 /℃	1 ~ 10	10 ~ 20	40 ~ 50	60 ~ 70	90 ~ 100
热胀系数 /(℃$^{-1}$)	0.14×10^{-4}	0.15×10^{-4}	0.42×10^{-4}	0.55×10^{-4}	0.72×10^{-4}

由表 1.5 和表 1.6 可见,水的压缩性和热胀性都很小,一般均可忽略不计。但在特殊情况下,如有压管道中的水击、水中爆炸波的传播等,就必须考虑水的压缩性;在液压封闭系统或热水采暖系统中,要考虑当工作温度变化较大时体积膨胀对系统造成的影响。

(2) 气体的压缩性和热胀性。气体具有显著的压缩性和热胀性。压强与温度的变化对气体密度的影响很大。通常情况下,气体密度、压强与温度之间的关系满足理想气体状态方程式,即

$$\frac{p}{\rho} = RT \tag{1.12}$$

式中 p—— 气体的绝对压强(Pa);

T—— 气体的热力学温度(K);

ρ—— 气体的密度(kg/m^3);

R—— 气体常数(J/(kg·K))。对于空气,$R = 287$ J/(kg·K);对于其他气体,在标准状况下,$R = \frac{8\ 314}{n}$,n 为气体的相对分子质量。

(3) 不可压缩流体。实际流体都是可压缩的,然而有些流体在流动过程中,密度变化很小,可以忽略,由此引出不可压缩流体的概念。所谓不可压缩流体,是指每个质点在运动全过程中,密度不变的流体。对于均质的不可压缩流体,密度时时处处都不变化,即 $\rho =$ 常数。不可压缩流体是又一理想化的力学模型。

液体的压缩系数很小(体积模量很大),在一定的压强变化范围内,密度几乎不变。一般的液体平衡和运动问题,都可按不可压缩流体进行理论分析。气体的压缩性远大于液体,是可压缩流体。但在气流的速度不大,远小于音速(约 340 m/s),管道也不很长的气体流动过程中,诸如建筑工程中的通风管道、低温烟道等中,气体密度没有明显变化,也

可作为不可压缩流体处理。

1.2　流体静力学

流体静力学研究流体在静止或相对静止状态下的力学规律及其在工程技术中的应用，例如计算压力容器所受静水总压力、浸没于静止流体中的物体所受的浮力，以及静止大气中不同高度的压强分布等，都需要流体静力学的知识。当流体处于静止或相对静止时，各质点之间均不产生相对运动，因而流体的黏滞性不起作用，所以研究流体静力学必然用理想流体的力学模型。根据流动性可知，在静止状态下，流体只存在压应力 —— 压强。

1.2.1　静止流体中压强的特性

静止流体中的压强，简称静压强，具有以下两个特性：

特性一：静压强的方向和作用面的内法线方向一致。

为了论证这一特性，在静止流体中任取截面 $N-N$ 将其分为 Ⅰ、Ⅱ 两部分。取 Ⅱ 为隔离体，Ⅰ 对 Ⅱ 的作用由 $N-N$ 面上连续分布的应力代替，如图 1.6 所示。若 $N-N$ 面上，任一点应力 $\boldsymbol{p}$ 的方向不是作用面的法线方向，则 $\boldsymbol{p}$ 可分解为法向应力 $\boldsymbol{p}_n$ 和切向应力 $\boldsymbol{\tau}$。而静止流体不能承受切力，以上情况在静止流体中不可能存在。又因为流体不能承受拉力，故 $\boldsymbol{p}$ 的方向只能和作用面的内法线方向一致，即静止流体中只存在压应力 —— 压强。

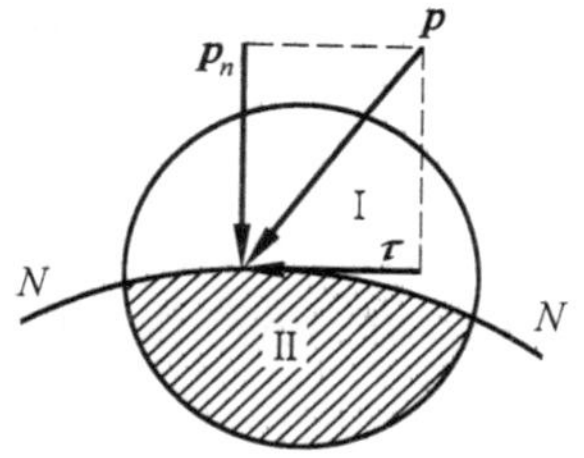

图 1.6　静止流体中压强的方向

特性二：静压强的大小与作用面方位无关。

设在静止流体中任取一点 O，围绕 O 点作微元直角四面体 $OABC$ 为隔离体，正交的三个边长分别为 $\mathrm{d}x,\mathrm{d}y,\mathrm{d}z$。以 O 为原点，沿四面体的三个正交边选坐标轴，如图 1.7 所示。分析作用在四面体上的力，包括：

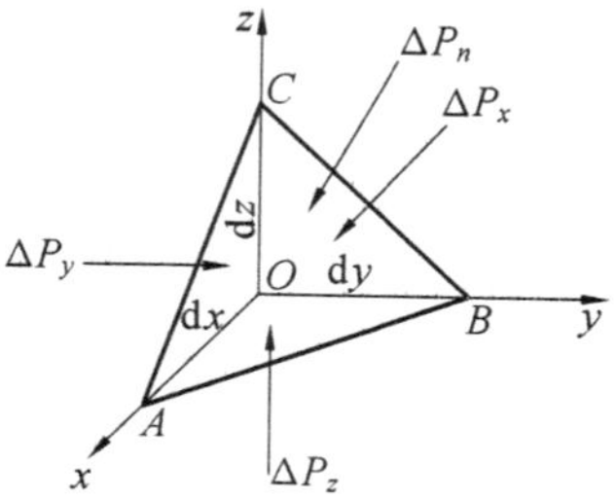

图 1.7　微元四面体

表面力：压力 $\Delta P_x,\Delta P_y,\Delta P_z,\Delta P_n$

质量力：
$$\Delta F_{Bx}=X\rho\frac{1}{6}\mathrm{d}x\mathrm{d}y\mathrm{d}z$$
$$\Delta F_{By}=Y\rho\frac{1}{6}\mathrm{d}x\mathrm{d}y\mathrm{d}z$$
$$\Delta F_{Bz}=Z\rho\frac{1}{6}\mathrm{d}x\mathrm{d}y\mathrm{d}z$$

四面体静止，各方向作用力平衡：
$$\sum F_x=0,\sum F_y=0,\sum F_z=0$$

由 $\sum F_x=0$，有
$$\Delta P_x-\Delta P_n\cos(n,x)+\Delta F_{Bx}=0$$

式中 (n,x) 为倾斜平面 ABC（面积 ΔA_n）的外法线方向与 x 轴的夹角。将上式除以三

角形 BOC 的面积 $\Delta A_x=\Delta A_n\cos(n,x)=\frac{1}{2}\mathrm{d}y\mathrm{d}z$,得

$$\frac{\Delta P_x}{\Delta A_x}-\frac{\Delta P_n}{\Delta A_n}+\frac{1}{3}X\mathrm{d}x=0$$

令四面体向 O 点收缩,对上式取极限,其中

$$\lim_{\Delta A_x\to 0}\frac{\Delta P_x}{\Delta A_x}=p_x,\quad \lim_{\Delta A_n\to 0}\frac{\Delta P_n}{\Delta A_n}=p_n,\quad \lim_{\mathrm{d}x\to 0}\left(\frac{1}{3}X\mathrm{d}x\right)=0$$

于是 $p_x-p_n=0$,即 $p_x=p_n$

同理,由 $\sum F_y=0$,$\sum F_z=0$,可得

$$p_y=p_n,\quad p_z=p_n$$

由此可得 $p_x=p_y=p_z=p_n$

因为 O 点和 n 的方向都是任选的,故静止流体内任一点上,压强的大小与作用面方位无关,各个方向的压强可用同一个符号 p 表示,p 只是该点坐标的连续函数,即

$$p=p(x,y,z) \tag{1.13}$$

1.2.2 流体平衡微分方程

在静止流体内,任取一点 $O'(x,y,z)$,该点压强 $p=p(x,y,z)$,以 O' 为中心作微元直角六面体,正交的三个边分别与坐标轴平行,长度为 $\mathrm{d}x,\mathrm{d}y,\mathrm{d}z$,如图 1.8 所示。微元六面体静止,各方向的作用力相平衡,以 x 方向为例作受力分析。

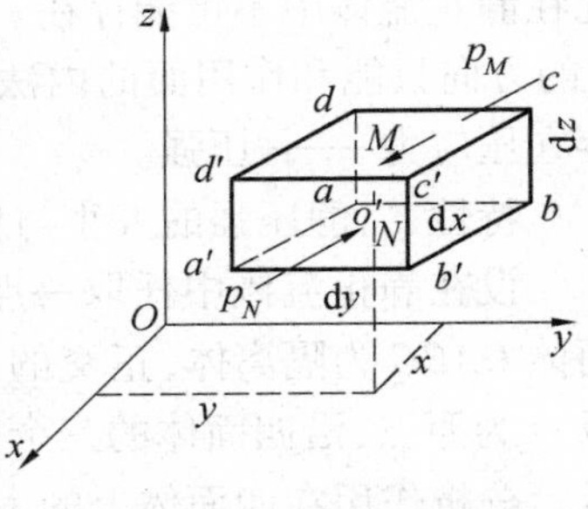

图 1.8 平衡微元六面体

表面力只有作用在 $abcd$ 和 $a'b'c'd'$ 面上的压力。两个受压面中心点 M,N 的压强可取泰勒(Taylor)级数展开式的前两项表示:

$$p_M=p\left(x-\frac{\mathrm{d}x}{2},y,z\right)=p-\frac{1}{2}\frac{\partial p}{\partial x}\mathrm{d}x$$

$$p_N=p\left(x+\frac{\mathrm{d}x}{2},y,z\right)=p+\frac{1}{2}\frac{\partial p}{\partial x}\mathrm{d}x$$

因为受压面为微小平面,p_M、p_N 可作为所在面的平均压强,故 $abcd$ 和 $a'b'c'd'$ 面上的压力为

$$p_M=\left(p-\frac{1}{2}\frac{\partial p}{\partial x}\mathrm{d}x\right)\mathrm{d}y\mathrm{d}z$$

$$p_N=\left(p+\frac{1}{2}\frac{\partial p}{\partial x}\mathrm{d}x\right)\mathrm{d}y\mathrm{d}z$$

质量力 $F_{Bx}=X\rho\mathrm{d}x\mathrm{d}y\mathrm{d}z$,则列 x 方向平衡方程 $\sum F_x=0$ 得

$$\left(p-\frac{1}{2}\frac{\partial p}{\partial x}\mathrm{d}x\right)\mathrm{d}y\mathrm{d}z-\left(p+\frac{1}{2}\frac{\partial p}{\partial x}\mathrm{d}x\right)\mathrm{d}y\mathrm{d}z+X\rho\mathrm{d}x\mathrm{d}y\mathrm{d}z=0$$

化简得

$$X-\frac{1}{\rho}\frac{\partial p}{\partial x}=0 \tag{1.14a}$$

同理 y,z 方向可得

$$Y - \frac{1}{\rho}\frac{\partial p}{\partial y} = 0 \qquad (1.14b)$$

$$Z - \frac{1}{\rho}\frac{\partial p}{\partial z} = 0 \qquad (1.14c)$$

上式称为流体平衡微分方程，由瑞士数学家和力学家欧拉（Euler）于1755年导出，又称欧拉平衡微分方程。方程表明，在静止流体中各点单位质量流体所受表面力和质量力相平衡。

将流体平衡微分方程各分式分别乘以 dx、dy、dz 然后相加得

$$\frac{\partial p}{\partial x}dx + \frac{\partial p}{\partial y}dy + \frac{\partial p}{\partial z}dz = \rho(Xdx + Ydy + Zdz) \qquad (1.15)$$

压强 $p = p(x,y,z)$ 是坐标的连续函数，由全微分定理，等号左边是压强 p 的全微分，即

$$dp = \rho(Xdx + Ydy + Zdz) \qquad (1.16)$$

上式是欧拉平衡微分方程的全微分表达式，也称平衡微分方程的综合式。

压强相等的空间点构成的面（平面或曲面）称为等压面，例如液体的自由表面。等压面的一个重要性质是等压面与质量力正交，证明如下。设等压面如图1.9所示，面上各点的压强相等，故 $dp = 0$，代入式（1.16）得

$$dp = \rho(Xdx + Ydy + Zdz) = 0$$

式中 $\rho \neq 0$，则等压面方程为

$$Xdx + Ydy + Zdz = 0 \qquad (1.17)$$

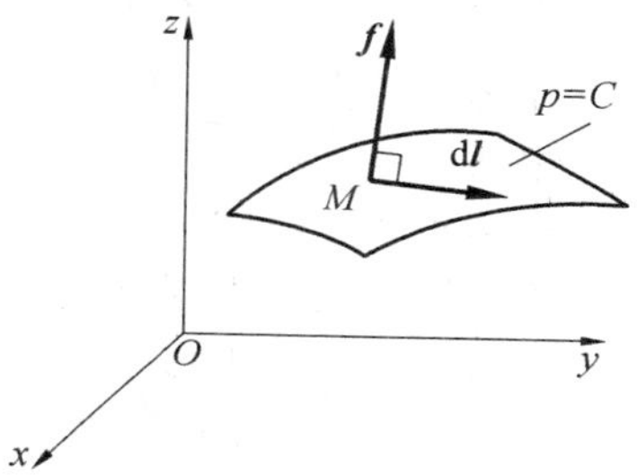

图1.9　等压面

等压面上某点 M 的单位质量力 $\boldsymbol{f}$ 在坐标 x,y,z 方向的投影为 X,Y,Z，dx,dy,dz 为该点处微小有向线段 $d\boldsymbol{l}$ 在坐标 x,y,z 方向的投影，于是有

$$Xdx + Ydy + Zdz = \boldsymbol{f}d\boldsymbol{l} = 0$$

即 $\boldsymbol{f}$ 和 $d\boldsymbol{l}$ 正交。这里 $d\boldsymbol{l}$ 在等压面上有任意方向，由此证明，等压面与质量力正交。

1.2.3　液体静力学基本方程

设重力作用下的静止液体，选直角坐标系 $Oxyz$，如图1.10所示，自由液面的位置高度为 z_0，压强为 p_0。液体中任一点的压强由式（1.16）得

$$dp = \rho(Xdx + Ydy + Zdz)$$

其中质量力只有重力，$X = Y = 0$，$Z = -g$，代入上式得

$$dp = -\rho g dz$$

考虑均质液体密度 ρ 是常数，积分上式得

$$p = -\rho g z + c' \qquad (1.18)$$

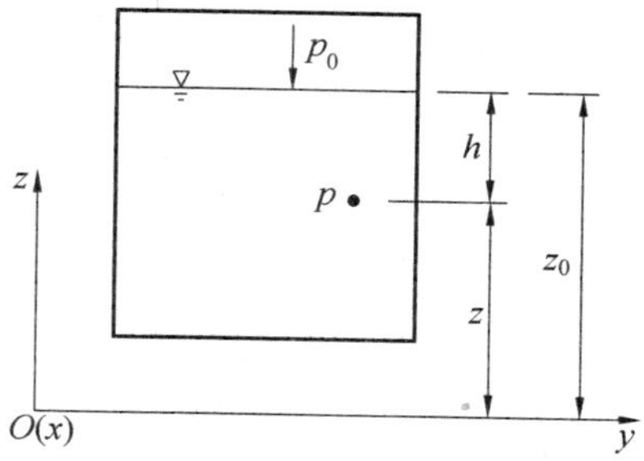

图1.10　静止液体

由边界条件 $z = z_0$，$p = p_0$，得出积分常数为

$$c' = p_0 + \rho g z_0$$

代入式(1.18),得

$$p = p_0 + \rho g(z_0 - z)$$

$$p = p_0 + \rho gh \tag{1.19}$$

式中　p—— 静止液体内某点的压强(Pa);

p_0—— 液体表面压强,对于液面通大气的开口容器,p_0 即为大气压强,并以符号 p_a 表示(Pa);

h—— 该点到液面的距离,称淹没深度(m);

z—— 该点在基准面以上的高度(m)。

式(1.19) 表示了重力作用下液体静压强的分布规律,称为液体静力学基本方程式。

液体静力学基本方程式是针对液体得出的,在不考虑压缩性时,该式也适用于气体。但由于气体的密度很小,在高差不大时,气柱所产生的压强很小,可忽略不计。则式(1.19)可简化为

$$p = p_0 \tag{1.20}$$

1.2.4　压强的度量

压强值的大小,可从不同的基准算起。由于起算基准不同,同一点的压强可用不同的值来描述。

1. 绝对压强与相对压强

绝对压强是以无气体分子存在的完全真空为基准起算的压强,以符号 p_{abs} 表示。

相对压强是以当地大气压为基准起算的压强,以符号 p 表示。绝对压强和相对压强之间相差一个当地大气压强 p_a,如图 1.11 所示。

$$p = p_{abs} - p_a \tag{1.21}$$

普通工程结构、工业设备都处在当地大气压的作用下,采用相对压强往往能使计算简化。例如,在确定压力容器壁面所受压力时,若采用绝对压强计算,还需减去外面大气压对壁面的压力;用相对压强计算,则不必再考虑外面大气压的作用。图 1.12 所示开口容器中液面下某点的相对压强可简化为

$$p = \rho gh \tag{1.22}$$

工程中使用的一种压强测量仪表 —— 压力表,因测量元件处于大气压作用之下,测得的压强值是该点的绝对压强超过大气压强的部分,即相对压强。故相对压强又称为表压强。

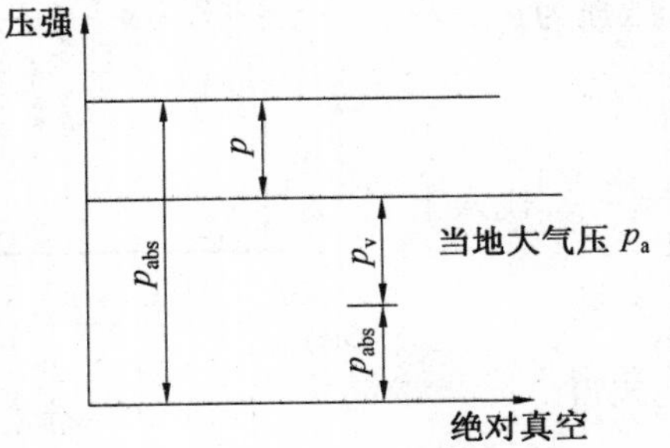

图 1.11　压强的度量

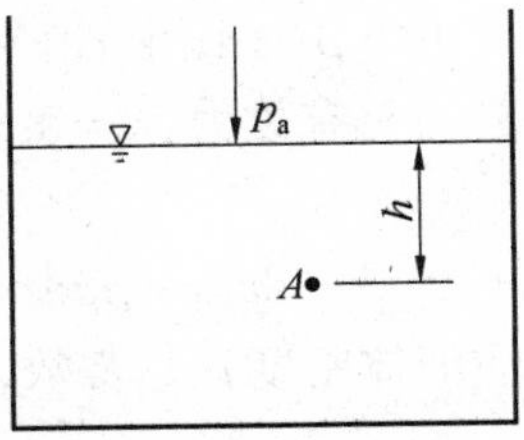

图 1.12　开口容器

2. 真空压强

当绝对压强小于当地大气压时,相对压强出现负值,这种状态称为真空。真空的大小

用真空压强或真空值来度量。真空压强是当地大气压与绝对压强的差值，以符号 p_v 表示，如图 1.11 所示。

$$p_v = p_a - p_{abs} \tag{1.23}$$

或

$$p_v = -(p_{abs} - p_a) = -p \tag{1.24}$$

真空压强又可表示为相对压强的负值，故相对压强又称负压。

【例 1.2】 试求露天水池（图 1.13），水深 3 m 处的相对压强和绝对压强。已知当地大气压为 101 325 Pa。

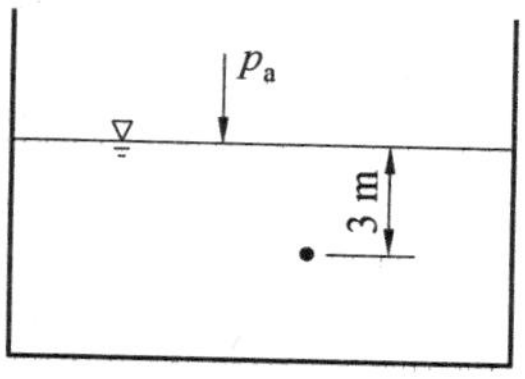

图 1.13　露天水池

解 由式（1.22）得该点的相对压强为

$$p = \rho gh = (1\ 000 \times 9.8 \times 3)\text{Pa} = 29\ 400\ \text{Pa}$$

由式（1.21）得该点的绝对压强为

$$p_{abs} = p_a + p = (101\ 325 + 29\ 400)\text{Pa} = 130\ 725\ \text{Pa}$$

【例 1.3】 某点的真空值 $p_v = 70\ 000$ Pa。试求该点的绝对压强和相对压强。已知当地大气压为 100 000 Pa。

解 由式（1.23）得

$$p_{abs} = p_a - p_v = (100\ 000 - 70\ 000)\text{Pa} = 30\ 000\ \text{Pa}$$

$$p = -p_v = -70\ 000\ \text{Pa}$$

【例 1.4】 密闭盛水容器（图 1.14），水面上压力表读值为 10 000 Pa，当地大气压强为 98 000 Pa。试求水面下 2 m 处的压强。

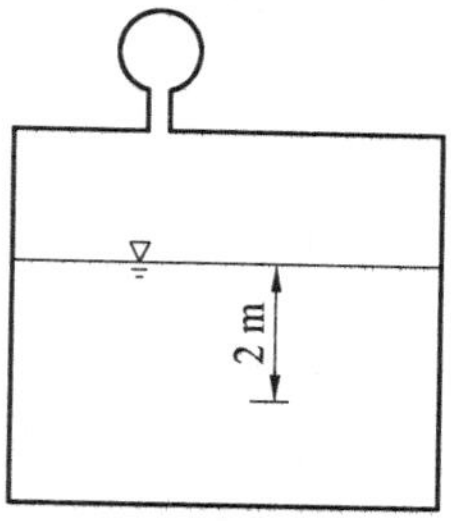

图 1.14　密闭容器

解 $p = p_0 + \rho gh = (10\ 000 + 98\ 000 \times 2)\text{Pa} = 29\ 600\ \text{Pa}$

因压力表读值是相对压强，所以上面的计算值也是相对压强，其绝对压强为

$$p_{abs} = p_a + p = (98\ 000 + 29\ 600)\text{Pa} = 127\ 600\ \text{Pa}$$

1.2.5　水头、液柱高度和能量守恒

1. 测压管高度与测压管水头

式（1.18）中各项除以单位体积液体的重量 ρg，得液体静力学基本方程式的另一种形式：

$$z + \frac{p}{\rho g} = c \tag{1.25}$$

下面结合图 1.15，说明上式中各项的意义。

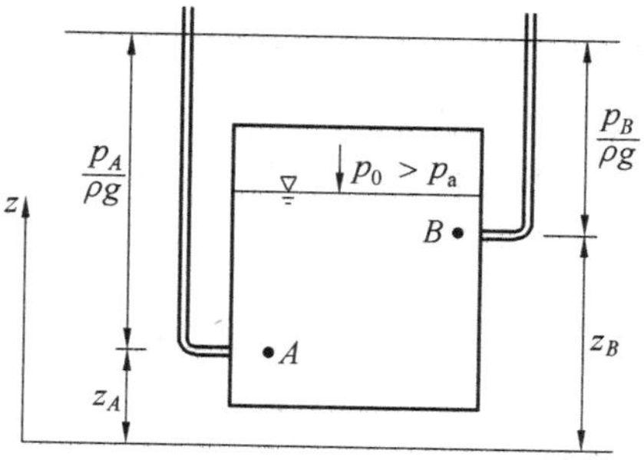

图 1.15　测压管水头

z 为某点（如 A 点）在基准面以上的高度，可直接测量，称为位置高度或位置水头。它的物理意义是单位重量液体具有的相对于基准面的位置势能，简称位能。

$\frac{p}{\rho g}$ 是可以直接测量的高度。测量的方法是，当该点的绝对压强大于大气压时，在该点接一根竖直向上的开口玻璃管，称为测压管。液体在压强 p 的作用下沿测压管上升的

高度 h_p，按式(1.22)可求得

$$h_p = \frac{p}{\rho g} \tag{1.26}$$

式中　h_p——测压管高度或压强水头，其物理意义是单位重量液体具有的压强势能，简称压能。

$z + \frac{p}{\rho g}$——测压管水头，是单位重量液体具有的总势能。$z + \frac{p}{\rho g} = c$ 表示静止液体中各点的测压管水头相等，各点测压管水头的连线即测压管水头线是水平线。其物理意义是静止液体中各点单位重量液体具有的总势能相等。

2. 真空度

当某点的绝对压强小于当地大气压，即处于真空状态时，$\frac{p_v}{\rho g}$ 也是可以直接测量的高度。方法是在该点接一根竖直向下插入液槽内的玻璃管(图1.16)，槽内的液体在管内外压强差 $p_a - p_1$ 的作用下沿玻璃管上升了 h_v 的高度。因玻璃管内液面的压强等于被测点的压强，故根据液体静力学基本方程式有

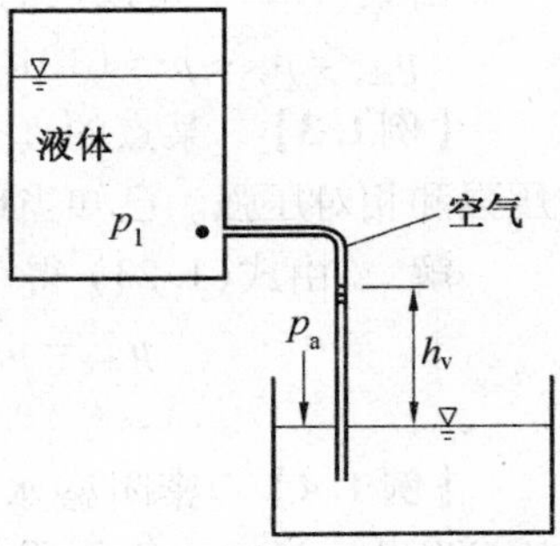

图1.16　真空度

$$p_a = p_1 + \rho g h_v$$

$$h_v = \frac{p_a - p_1}{\rho g} = \frac{p_v}{\rho g} \tag{1.27}$$

式中　h_v——真空高度，简称真空度。

1.2.6　压强的计量单位

应力单位是压强的定义单位，它的国际单位是帕(Pa)，1 Pa = 1 N/m^2。当压强很高时，常采用千帕(kPa 或 10^3 Pa)或兆帕(MPa 或 10^6 Pa)。

工程中曾习惯用大气压强的倍数来表示压强的大小。以海平面的大气压强作为大气压的基本单位，称为标准大气压，记为 atm，1 atm = 101 325 Pa。工程中为了简化计算，一般采用工程大气压，记为 at，1 at = 98 000 Pa 或者 1 at ≈ 0.1 MPa。

压强的大小还可以用液柱高度表示。常用的有米水柱(mH_2O)、毫米水柱(mmH_2O)或毫米汞柱(mmHg)。根据测压管高度和真空高度的定义，相对压强为 p 时可维持的液柱高为 $h = \frac{p}{\rho g}$，真空压强为 p_v 时可维持的液柱高为 $h_v = \frac{p_v}{\rho g}$。

例如，1 标准大气压可维持的水柱高为

$$h = \frac{p}{\rho g} = \frac{101\ 325}{1\ 000 \times 9.8} mH_2O = 10.33\ mH_2O$$

1 工程大气压可维持的水柱高为

$$h = \frac{p}{\rho g} = \frac{98\ 000}{1\ 000 \times 9.8} mH_2O = 10\ mH_2O$$

以上 3 种压强计量单位的换算关系见表 1.7。

表 1.7　压强单位换算表

压强单位	Pa	mmH_2O	mH_2O	mmHg	at	atm
换算关系	9.8	1	0.001	0.073 5	10^{-4}	9.67×10^{-5}
	9 800	1 000	1	73.5	0.1	0.096 7
	133.33	13.6	0.0136	1	0.0013 6	0.013 2
	98 000	10 000	10	735	1	0.967
	101 325	10 332	10.332	760	1.033	1

1.2.7　液体作用在平面上的总压力

工程中除了要确定点压强之外，还需确定静止流体作用在受压面上的总压力。对于气体，由于各点压强相等，因此总压力的大小就等于压强与受压面面积的乘积。对于液体，因不同高度压强不等而无法直接求出总压力的大小，而必须考虑液体静压强的分布规律。求解液体总压力的实质是求受压面上分布力的合力，其计算方法有解析法和图算法两种。

1. 总压力的大小和方向

设任意形状平面，面积为 A，与水平面夹角为 α，如图 1.17 所示。选坐标系，以平面的延伸面与液面的交线为 Ox 轴，Oy 轴垂直于 Ox 轴向下。将平面所在坐标面绕 Oy 轴旋转90°，展开受压平面，如图1.17 所示。在受压面上，围绕任一点(h,y) 取微元面积 dA，液体作用在 dA 上的微元压力为

$$dP=\rho gh dA=\rho gy\sin\alpha dA$$

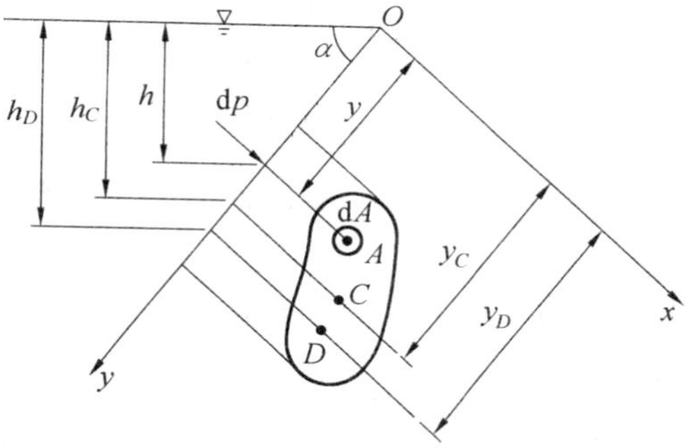

图 1.17　解析法求平面上的总压力

作用在平面上的总压力是平行力系的合力，即

$$P=\int dP=\rho g\sin\alpha\int_A y dA$$

积分$\int_A y dA=y_C A$ 是受压面 A 对 Ox 轴的静矩，将其代入上式得

$$P=\rho g\sin\alpha y_C A=\rho g h_C A=p_C A \tag{1.28}$$

式中　P—— 平面上静水总压力(N)；

y_C—— 受压面形心点到 Ox 轴的距离(m)；

h_C—— 受压面形心点的淹没深度(m)；

p_C—— 受压面形心点的压强(Pa)。

式(1.28) 表明，任意形状平面上，静水总压力的大小等于受压面面积与其形心点压强的乘积，总压力的方向为沿受压面的内法线方向。

2. 总压力的作用点

设总压力作用点(压力中心)D 到 Ox 轴的距离为 y_D。根据合力矩定理得

$$Py_D = \int y\mathrm{d}P = \rho g\sin\alpha\int_A y^2\mathrm{d}A$$

积分$\int_A y^2\mathrm{d}A = I_x$是受压面$A$对$Ox$轴的惯性矩，代入上式得

$$Py_D = \rho g\sin\alpha_x$$

将$P=\rho g\sin\alpha y_C A$代入上式化简得

$$y_D = \frac{I_x}{y_C A}$$

由惯性矩的平行移轴定理$I_x = I_C + y_C^2 A$，代入上式得

$$y_D = y_C + \frac{I_C}{y_C A} \tag{1.29}$$

式中　y_D——总压力作用点到Ox轴的距离(m)；

y_C——受压面形心到Ox轴的距离(m)；

I_C——受压面对平行于Ox轴的形心轴的惯性矩，m^4；其中宽为b、高为h的底边平行于Ox轴的矩形的惯性矩$I_C = \frac{1}{12}bh^3$，直径为D的圆形的惯性矩$I_C = \frac{1}{64}\pi D^4$；

A——受压面的面积(m^2)。

式(1.29)中$\frac{I_C}{y_C A}>0$，故$y_D > y_C$，即总压力作用点D一般在受压面形心C之下，这是由于压强沿水深增加的结果。随着受压面淹没深度的增加，y_C增大，$\frac{I_C}{y_C A}$减小，总压力作用点则靠近受压面形心。

在实际工程中，受压面多是有纵向对称轴(与Oy轴平行)的平面，总压力的作用点D必在对称轴上。这种情况只需算出y_D，作用点的位置便可完全确定，不需计算x_D。

【例1.5】　矩形平板一侧挡水，与水平面夹角$\alpha=30°$，平板上边与水面齐平，水深$h=3$ m，平板宽$b=5$ m，如图1.18所示。试求作用在平板上的静水总压力。

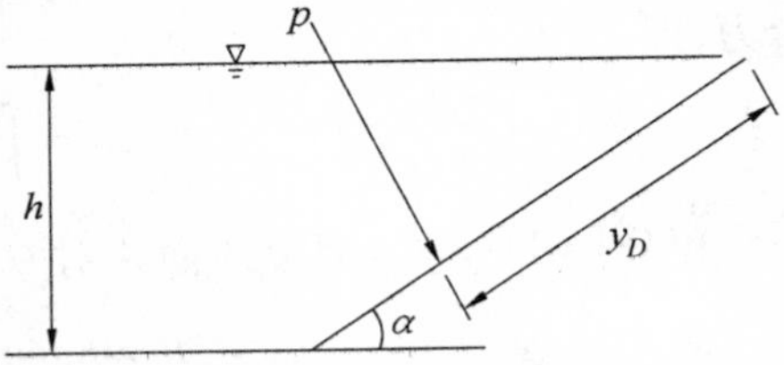

图1.18　例1.5图

解　总压力的大小由式(1.28)得

$$P = p_C A = \rho g h_C A = \rho g\frac{h}{2}b\frac{h}{\sin 30°} = 441\ \text{kN}$$

方向为受压面内法线方向。因为平板长度$l=\frac{h}{\sin 30°}$，作用点由式(1.29)得

$$y_D = y_C + \frac{I_C}{y_C A} = \frac{l}{2} + \frac{\frac{bh^3}{12}}{\frac{l}{2}\times bl} = \frac{2}{3}\frac{h}{\sin 30°} = 4\ \text{m}$$

1.3　流体动力学

1.3.1　欧拉法基本概念

1. 欧拉法

描述流体运动的方法通常有两种，即拉格朗日法和欧拉法。

拉格朗日法把流体的运动看作是无数个质点运动的总和，以流场中个别质点的运动作为研究的出发点加以描述，并将各个质点的运动汇总起来得到整个流动。虽然拉格朗日法承袭自固体力学，是质点系力学研究方法的自然延续，物理概念清晰，但由于流体质点的运动轨迹极其复杂，应用这种方法描述流体的运动在数学上存在困难。因此，流体力学中经常采用另外一种方法即欧拉法。

欧拉法以流场作为出发点，着眼于流体经过流场中各固定点时的运动情况，而不过问这些流体运动情况是哪些流体质点表现出来的，也不管那些质点的运动历程。综合流场中足够多的空间点上所观测到的运动参数，如流速、压强、密度等，将其汇总起来就形成了对整个流动的描述，故欧拉法又称为空间点法或流场法。流场中某一空间点的运动情况，既与该点的位置（空间坐标为 x,y,z）有关，也与时间 t 有关，该点流速、压强、密度分别表示为

$$\left.\begin{aligned} u_x &= u_x(x,y,z,t) \\ u_y &= u_y(x,y,z,t) \\ u_z &= u_z(x,y,z,t) \end{aligned}\right\} \tag{1.30}$$

$$p = p(x,y,z,t) \tag{1.31}$$

$$\rho = \rho(x,y,z,t) \tag{1.32}$$

上述三组公式中的自变量为 x,y,z,t，称为欧拉变数；其中式（1.30）中的 x,y,z 是流体质点在 t 时刻的运动坐标，对同一质点来说并非常数，而是时间 t 的函数。因此加速度需按复合函数求导法得到，即欧拉法描述流体运动时的质点加速度表达式为

$$\left.\begin{aligned} a_x &= \frac{\mathrm{d}u_x}{\mathrm{d}t} = \frac{\partial u_x}{\partial t} + \frac{\partial u_x}{\partial x}\frac{\mathrm{d}x}{\mathrm{d}t} + \frac{\partial u_x}{\partial y}\frac{\mathrm{d}y}{\mathrm{d}t} + \frac{\partial u_x}{\partial z}\frac{\mathrm{d}z}{\mathrm{d}t} \\ &= \frac{\partial u_x}{\partial t} + u_x\frac{\partial u_x}{\partial x} + u_y\frac{\partial u_x}{\partial y} + u_z\frac{\partial u_x}{\partial z} \\ a_y &= \frac{\mathrm{d}u_y}{\mathrm{d}t} = \frac{\partial u_y}{\partial t} + u_x\frac{\partial u_y}{\partial x} + u_y\frac{\partial u_y}{\partial y} + u_z\frac{\partial u_y}{\partial z} \\ a_z &= \frac{\mathrm{d}u_z}{\mathrm{d}t} = \frac{\partial u_z}{\partial t} + u_x\frac{\partial u_z}{\partial x} + u_y\frac{\partial u_z}{\partial y} + u_z\frac{\partial u_z}{\partial z} \end{aligned}\right\} \tag{1.33}$$

上式也可表示为如下形式：

$$\boldsymbol{a}=\frac{\mathrm{D}\boldsymbol{u}}{\mathrm{D}t}=\frac{\partial \boldsymbol{u}}{\partial t}+(\boldsymbol{u}\cdot\nabla)\boldsymbol{u} \tag{1.34}$$

式(1.33)和式(1.34)均由两部分组成：第一部分$\frac{\partial \boldsymbol{u}}{\partial t}$称为时变加速度或当地加速度，它表示在通过某固定空间点处，流体质点的流速随时间的变化率；第二部分$(\boldsymbol{u}\cdot\nabla)\boldsymbol{u}$称为位变加速度或迁移加速度，它表示在同一时刻，流体质点的流速随空间点位置变化所引起的加速度。

例如，图1.19中水箱里的水经收缩管流出时，若水箱无来水补充，水位H逐渐降低，管轴线上某点的流速随时间减小，时变加速度$\frac{\partial u_x}{\partial t}$为负值；同时管道收缩，流速随质点的迁移而增大，位变加速度$u_x\frac{\partial u_x}{\partial x}$为正值，该点的加速度$a_x=\frac{\partial u_x}{\partial t}+u_x\frac{\partial u_x}{\partial x}$；若此时水箱有来水补充，水位$H$保持不变，该点的流速不随时间变化，时变加速度为零，但仍有位变加速度，即$a_x=u_x\frac{\partial u_x}{\partial x}$。若出水管是等直径的直管，且水位$H$保持不变，如图1.20所示，则管内的流体质点既无时变加速度，也无位变加速度，即$a_x=0$。上述欧拉法对质点加速度的分析方法，也适用于其他运动要素。

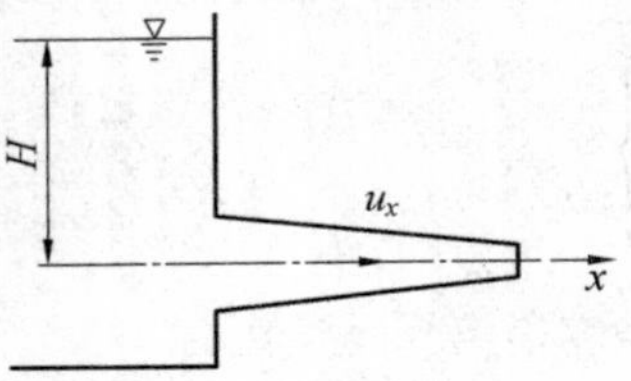

图1.19　收缩管出流

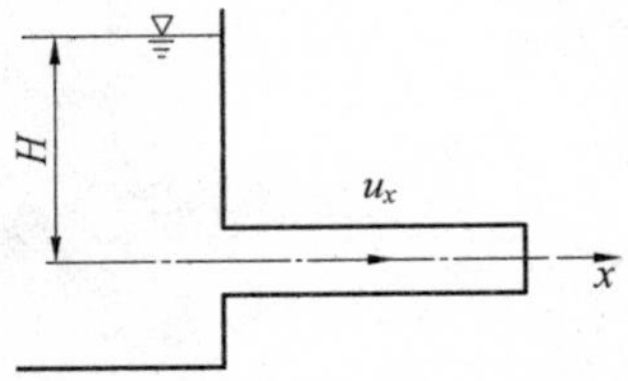

图1.20　等径直管出流

2. 恒定流和非恒定流

流场中各空间点上的运动要素（流速、压强、密度等）皆不随时间变化的流动是恒定流，反之是非恒定流。对于恒定流，诸运动要素只是空间坐标的函数，即

$$\left.\begin{aligned}u_x&=u_x(x,y,z)\\u_y&=u_y(x,y,z)\\u_z&=u_z(x,y,z)\end{aligned}\right\} \tag{1.35}$$

$$p=p(x,y,z) \tag{1.36}$$

$$\rho=\rho(x,y,z) \tag{1.37}$$

比较恒定流与非恒定流，前者欧拉变数中少了时间变量t，使得问题的求解大为简化。实际工程中，多数系统正常运行时是恒定流，或虽为非恒定流，但运动参数随时间的变化缓慢，近似按恒定流处理就可满足工程需要。在上述水箱出流的例子中，当水位H保持不变时为恒定流，水位H随时间变化的是非恒定流。

3. 一元、二元和三元流动

所谓元是指影响运动参数的空间坐标分量。若空间点上的运动参数（主要是流速）

是空间坐标的三个分量和时间变量的函数，则流动是三元流动；若运动参数只与空间坐标的一个分量以及时间有关，流动则是一元流动。严格地讲，实际工程问题中的流体运动一般都是三元流，但当运动要素在空间三个坐标方向都变化时，会使分析和研究变得复杂困难，只有一些边界条件比较简单的实际问题才能求得准确解，因此工程中常设法将三元流简化为一元流或二元流来处理。

4. 均匀流和非均匀流

在给定的某一时刻，若流体中各点迁移加速度为零，即

$$(\boldsymbol{u}\cdot\nabla)\boldsymbol{u}=0 \tag{1.38}$$

流体是均匀流，反之则是非均匀流。均匀流各点流速都不随位置而变化，流体做均匀直线运动。在上一节列举的水箱出流的例子中，等直径直管内的流动是均匀流，如图1.20所示；变直径管道内的流动是非均匀流，如图1.19所示；水位H保持不变时，图1.20等直径直管内的流动是恒定均匀流。

5. 流线

(1) 流线的概念。为了将流动的数学描述转换成流动图像，特引入流线的概念。所谓流线是某一确定时刻在流场中所作的空间曲线，线上各质点在该时刻的速度矢量都与之相切，如图1.21所示。

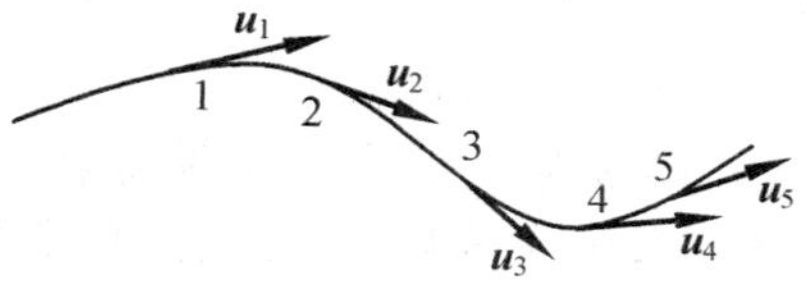

图1.21　某时刻流线图

流线的性质是：在一般情况下不相交，否则位于交点的流体质点，在同一时刻就有与两条流线相切的两个不同方向的速度矢量，这是不可能的；同理，流线也不能是折线，而是光滑的曲线或直线。

联系前面对流动的分类，恒定流因各空间点上速度矢量不随时间变化，所以流线的形状和位置也不随时间变化，非恒定流一般说来流线随时间变化。均匀流质点的迁移加速度为零，速度矢量不随位移变化，在这样的流场中，流线是相互平行的直线，因此从流线图上看，流线为平行直线的流动是均匀流。

(2) 流线方程。根据流线的定义，可直接得出流线的微分方程。设t时刻，在流线上某点附近取微元线段矢量$\mathrm{d}\boldsymbol{r}$，$\boldsymbol{u}$为该点的速度矢量，两者方向一致，即

$$\mathrm{d}\boldsymbol{r}\times\boldsymbol{u}=0 \tag{1.39}$$

在直角坐标系中，流线微分方程可写为

$$\frac{\mathrm{d}x}{u_x}=\frac{\mathrm{d}y}{u_y}=\frac{\mathrm{d}z}{u_z} \tag{1.40}$$

公式(1.40)包括两个独立方程，式中u_x、u_y、u_z是空间坐标x、y、z和时间t的函数。因为流线总是针对某一瞬时的流场绘制的，所以微分方程中的时间t是参变量，当积分求流线方程时，作为常数处理。

由于通过流场中的每一点都可以绘一条流线，所以流线将布满整个流场。在流场中绘出流线簇后，流体的运动状况就一目了然了。某点流速的方向便是流线在该点的切线方向。流速的大小可由流线的疏密程度反映出来，流线越密处，流速越大；流线越稀疏处，流速越小。

(3) 迹线。流体质点在某一时段的运动轨迹称为迹线。由运动方程有

$$\left.\begin{aligned} dx &= u_x dt \\ dy &= u_y dt \\ dz &= u_z dt \end{aligned}\right\} \tag{1.41}$$

可得到迹线的微分方程为

$$\frac{dx}{u_x} = \frac{dy}{u_y} = \frac{dz}{u_z} = dt \tag{1.42}$$

式中,时间 t 是自变量;x、y、z 是 t 的因变量。

流线和迹线是两个不同的概念,要注意区别。流线是同一时刻连续流体质点的流动方向,而迹线是同一质点在连续时间内的流动轨迹线。流线是欧拉法对流动的描述,迹线是拉格朗日法对流动的描述。在恒定流中,流线不随时间变化,流线上的质点继续沿流线运动,此时流线和迹线在几何上是一致的,两者完全重合。在非恒定流中,流线和迹线不重合。

6. *元流和总流*

(1) 流管与流束。在流场中垂直于流动方向的平面上,任取一非流线的封闭曲线,经此曲线上全部点作流线,这些流线所构成的管状表面称为流管。充满流体的流管称为流束,如图 1.22(a) 所示。

因为流线不能相交,所以流体不能由流管壁出入。恒定流中流线的形状不随时间变化,于是恒定流流管、流束的形状也不随时间变化。

(2) 过流断面。流束上与流线正交的横断面是过流断面。过流断面不都是平面,只有在流线相互平行的均匀流段,过流断面才是平面;流线相互不平行的非均匀流段上,过流断面为曲面,如图 1.22(b) 所示。

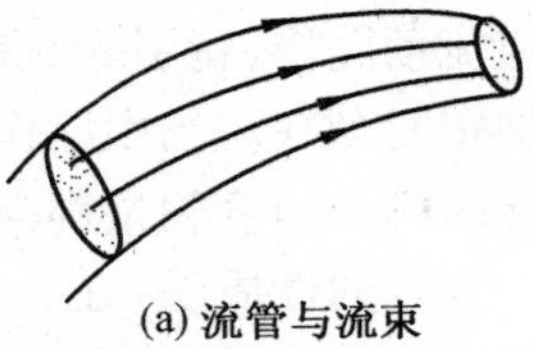

(a) 流管与流束

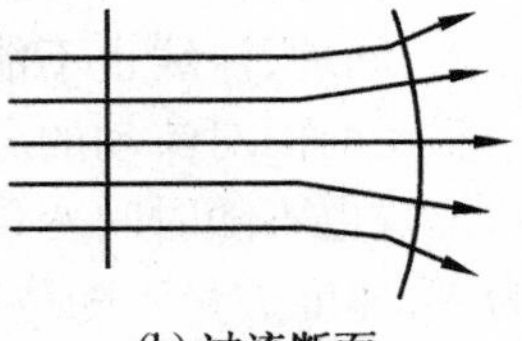

(b) 过流断面

图 1.22　流管、流束与过流断面

(3) 元流和总流。元流是过流断面无限小的流束,几何特征与流线相同。由于元流的过流断面无限小,断面上各点的运动参数,如 z(位置高度)、$\boldsymbol{u}$(流速)、p(压强) 等就可认为是均匀分布,任一点的运动参数代表了全部断面的相应值。

总流是过流断面为有限大小的流束,是由无数元流构成的,断面上各点的运动参数一般情况下不相同。

7. *流量和断面平均流速*

(1) 流量。单位时间内通过某一过流断面流体的体积称为体积流量,简称流量,单位为 m^3/s,工程中还常使用升每秒(L/s) 的单位。若以 dA 表示过流断面的微元面积,u 表示通过微元过流断面的流速,则总流的流量表示为

$$Q = \int_A u dA \tag{1.43}$$

有时,总流的流量用单位时间内通过某一过流断面流体的质量,即质量流量来表示:

$$Q_m = \int_A \rho u \mathrm{d}A \tag{1.44}$$

质量流量的单位为 kg/s。对于均质不可压缩液体，密度 ρ 为常数，则

$$Q_m = \rho Q \tag{1.45}$$

管道设计问题即是流体输送问题，也是流量问题。一般来说，涉及不可压缩流体时通常使用体积流量，涉及可压缩流体时则使用质量流量较方便简洁。

（2）断面平均流速。总流过流断面上各点的流速 u 一般是不相等的。以管流为例，管壁附近流速较小，轴线上流速最大，如图 1.23 所示。为了便于计算，设想过流断面上流速 v 均匀分布，通过的流量与实际流量相同，于是定义此流速 v 为该断面的断面平均流速：

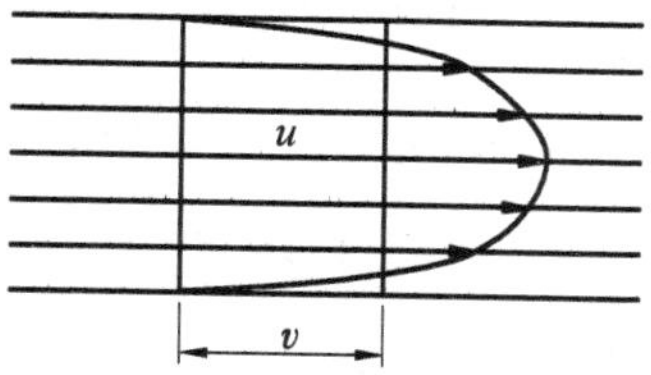

图 1.23　圆管流速分布

$$v = \frac{Q}{A} = \frac{Q}{\int_A u \mathrm{d}A} \tag{1.46}$$

【例 1.6】　已知半径为 r_0 的圆管中过流断面上的流速分布为 $u = u_{max}\left(\frac{y}{r_0}\right)^{1/7}$，式中 u_{max} 是位于轴线上的断面最大流速，y 为距管壁的距离，如图 1.24 所示。求流量和断面平均流速。

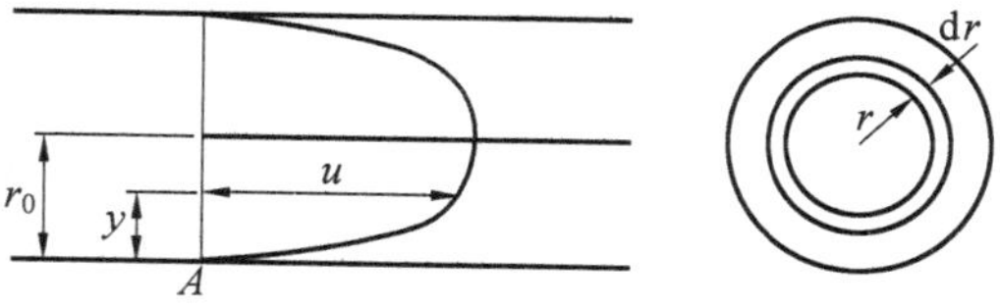

图 1.24　流量计算

解　在过流断面半径 $r = r_0 - y$ 处取环形微元面积 $\mathrm{d}A = 2\pi r \mathrm{d}r$，微元面上各点流速 u 相等，流量为

$$Q = \int_A u \mathrm{d}A = \int_{r_0}^{0} u_{max}\left(\frac{y}{r_0}\right)^{1/7} 2\pi (r_0 - y) d(r_0 - y)$$

$$= \frac{2\pi u_{max}}{r_0^{1/7}} \int_0^{r_0} (r_0 - y) y^{1/7} \mathrm{d}y = \frac{49}{60}\pi r_0^2 u_{max}$$

断面平均流速为

$$v = \frac{Q}{A} = \frac{49}{60} u_{max}$$

1.3.2　连续性方程

连续性方程是流体力学三个基本方程之一，是质量守恒原理的流体力学表达式。

1. 连续性微分方程

在流场中取微小直角六面体空间为控制体，正交的三边长 $\mathrm{d}x$，$\mathrm{d}y$，$\mathrm{d}z$ 分别平行于 x，y，z 坐标轴，如图 1.25 所示。控制体是流场中划定的空间，其形状、位置固定不变，流体可不

受影响地通过。dt 时间内 x 方向流出与流入控制体的质量差，即 x 方向净流出质量为

$$\Delta m_x = \left[\rho u_x + \frac{\partial(\rho u_x)}{\partial x}\mathrm{d}x\right]\mathrm{d}y\mathrm{d}z\mathrm{d}t - \rho u_x \mathrm{d}y\mathrm{d}z\mathrm{d}t$$

$$= \frac{\partial(\rho u_x)}{\partial x}\mathrm{d}x\mathrm{d}y\mathrm{d}z\mathrm{d}t$$

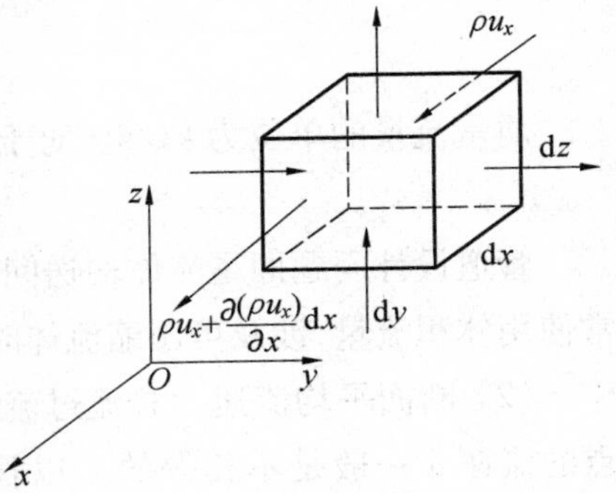

图 1.25 连续性微分方程

同理，y、z 方向的净流出质量为

$$\Delta m_y = \frac{\partial(\rho u_y)}{\partial y}\mathrm{d}x\mathrm{d}y\mathrm{d}z\mathrm{d}t$$

$$\Delta m_z = \frac{\partial(\rho u_z)}{\partial z}\mathrm{d}x\mathrm{d}y\mathrm{d}z\mathrm{d}t$$

dt 时间内控制体的总净流出质量为

$$\Delta m_x + \Delta m_y + \Delta m_z = \left[\frac{\partial(\rho u_x)}{\partial x} + \frac{\partial(\rho u_y)}{\partial y} + \frac{\partial(\rho u_z)}{\partial z}\right]\mathrm{d}x\mathrm{d}y\mathrm{d}z\mathrm{d}t$$

流体是连续介质，质点间无空隙。根据质量守恒原理，dt 时间控制体的总净流出质量必等于控制体内由于密度变化而减少的质量，即

$$\left[\frac{\partial(\rho u_x)}{\partial x} + \frac{\partial(\rho u_y)}{\partial y} + \frac{\partial(\rho u_z)}{\partial z}\right]\mathrm{d}x\mathrm{d}y\mathrm{d}z\mathrm{d}t = -\frac{\partial\rho}{\partial t}\mathrm{d}x\mathrm{d}y\mathrm{d}z\mathrm{d}t$$

化简得

$$\frac{\partial\rho}{\partial t} + \frac{\partial(\rho u_x)}{\partial x} + \frac{\partial(\rho u_y)}{\partial y} + \frac{\partial(\rho u_z)}{\partial z} = 0 \qquad (1.47)$$

即

$$\frac{\partial\rho}{\partial t} + \nabla(\rho \boldsymbol{u}) = 0 \qquad (1.48)$$

式(1.47) 和式(1.48) 是连续性微分方程的一般形式。对于均质不可压缩流体，密度 ρ 为常数，式(1.47) 简化为

$$\frac{\partial u_x}{\partial x} + \frac{\partial u_y}{\partial y} + \frac{\partial u_z}{\partial z} = 0 \qquad (1.49)$$

2. 连续性微分方程对总流的积分

设不可压缩流体的恒定总流，以过流断面 1 - 1,2 - 2 及侧壁面围成的固定空间为控制体，体积为 V，如图 1.26 所示。将不可压缩流体的连续性微分方程式对控制体进行空间积分，根据高斯(Gauss) 定理可得

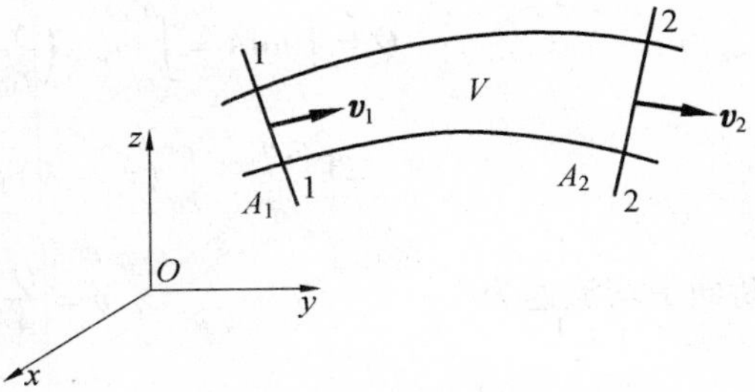

图 1.26 总流连续性方程

$$\iiint_V \left(\frac{\partial u_x}{\partial x} + \frac{\partial u_y}{\partial y} + \frac{\partial u_z}{\partial z}\right)\mathrm{d}V = \oint_S u_n \mathrm{d}S \qquad (1.50)$$

式中 S——体积 V 的封闭表面，对于恒定流，流管的全部表面 S 包括两端断面和四周侧表面；

u_n——$\boldsymbol{u}$ 在微元面积 dS 外法线方向的投影，因流管侧表面上 $u_n = 0$，则式(1.50)

化简为

$$-\int_{A_1} u_1 \mathrm{d}A + \int_{A_2} u_2 \mathrm{d}A = 0$$

式中　A_1——流管的流入断面面积；

A_2——流管的流出断面面积。

上式第一项取负号是因为速度 u_1 的方向与 $\mathrm{d}A_1$ 的外法线方向相反。于是

$$\int_{A_1} u_1 \mathrm{d}A = \int_{A_2} u_2 \mathrm{d}A \tag{1.51}$$

或

$$v_1 A_1 = v_2 A_2 \tag{1.52}$$

式中　v_1、v_2——分别为总流过流断面 A_1、A_2 的断面平均流速。

式(1.51)和式(1.52)称为恒定总流连续性方程，它是流体总流运动的基本方程。

【例 1.7】　变直径水管如图 1.27 所示。已知粗管段直径 $d_1 = 200$ mm，断面平均流速 $v_1 = 0.8$ m/s，细管段直径 $d_2 = 100$ mm。试求细管段的断面平均流速 v_2。

解　由总流连续性方程式(1.52)得

$$v_2 = v_1 \frac{A_1}{A_2} = v_1 \left(\frac{d_1}{d_2}\right)^2 = 0.8 \times \left(\frac{0.2}{0.1}\right)^2 \text{ m/s} = 3.2 \text{ m/s}$$

以上所列连续性方程，只反映了总流量过流断面与侧表面所围空间的质量收支平衡。根据质量守恒原理，还可将连续性方程推广到任意空间。例如，三通管的合流和分流、车间的自然换气、管网的总管流入和支管流出，都可以从质量守恒和流动连续观点提出连续性方程的相应形式。

合流三通(图 1.28(a))：

$$Q_1 + Q_2 = Q_3 \tag{1.53}$$

分流三通(图 1.28(b))：

$$Q_1 = Q_2 + Q_3 \tag{1.54}$$

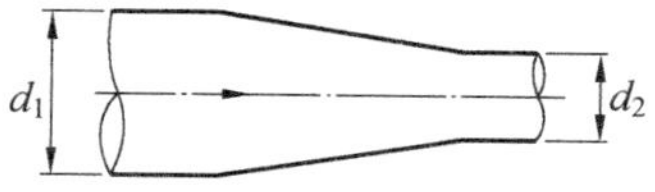

图 1.27　变直径水管

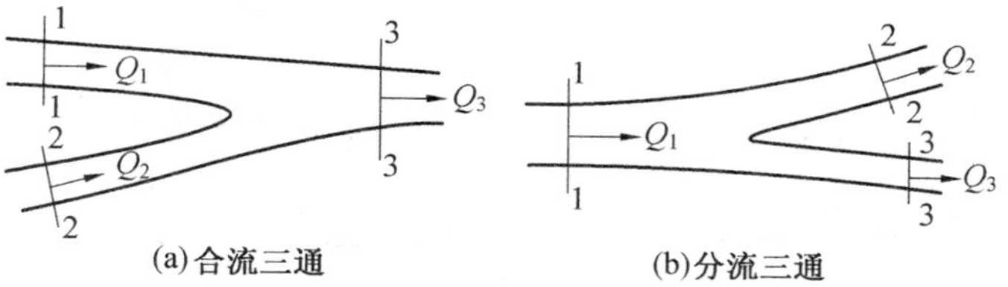

图 1.28　三通

【例 1.8】　断面为 50 cm × 50 cm 的送风管，通过 a,b,c,d 四个 40 cm × 40 cm 的送风口向室内输送空气，如图 1.29 所示。送风口气流平均速度 v = 5 m/s，求通过送风管 1 - 1,2 - 2,3 - 3 各断面的流速和流量。

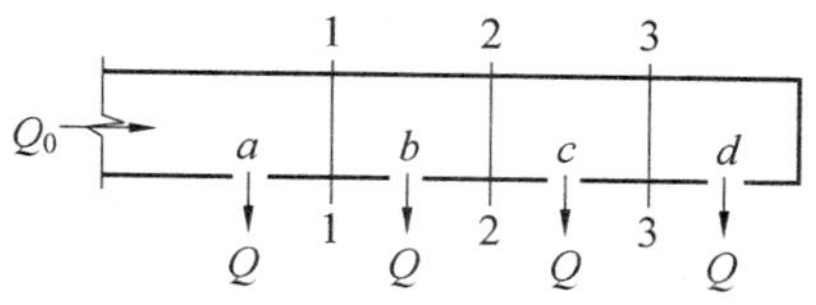

图 1.29　送风管

解　每一送风口流量为

$$Q = (0.4 \times 0.4 \times 5) \text{m}^3/\text{s} = 0.8 \text{ m}^3/\text{s}$$

分别以各断面以右的全部管段作为质量平衡收支运算的空间，列连续性方程：

$$Q_1 = 3Q = 3 \times 0.8\ \mathrm{m^3/s} = 2.4\ \mathrm{m^3/s}$$
$$Q_2 = 2Q = 2 \times 0.8\ \mathrm{m^3/s} = 1.6\ \mathrm{m^3/s}$$
$$Q_3 = Q = 1 \times 0.8\ \mathrm{m^3/s} = 0.8\ \mathrm{m^3/s}$$

各断面流速为
$$v_1 = \frac{2.4}{0.5 \times 0.5}\mathrm{m/s} = 9.6\ \mathrm{m/s}$$
$$v_2 = \frac{1.6}{0.5 \times 0.5}\mathrm{m/s} = 6.4\ \mathrm{m/s}$$
$$v_3 = \frac{0.8}{0.5 \times 0.5}\mathrm{m/s} = 3.2\ \mathrm{m/s}$$

1.3.3　理想流体运动微分方程

在运动的理想流体中，取微小平行六面体（质点），相互正交的三个边 dx, dy, dz 分别平行于 x, y, z 坐标轴，如图 1.30 所示。设六面体的中心点 $O'(x,y,z)$ 速度为 $\boldsymbol{u}$，压强为 p，分析该微小六面体 x 方向的受力和运动情况。

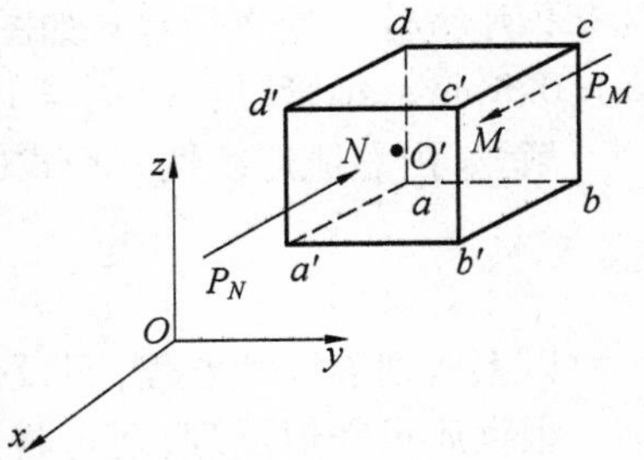

图 1.30　理想流体微元六面体

从表面力的角度看，理想流体内不存在切应力，只有压强。x 方向受压面（$abcd$ 面和 $a'b'c'd'$ 面）形心点的压强为

$$p_M = p - \frac{1}{2}\frac{\partial p}{\partial x}dx$$
$$p_N = p + \frac{1}{2}\frac{\partial p}{\partial x}dx$$

受压面上的压力为
$$P_M = p_M dydz$$
$$P_N = p_N dydz$$

质量力为
$$F_{Bx} = X\rho dxdydz$$

由牛顿第二定律
$$\sum F_x = m\frac{du_x}{dt}$$

得
$$\left[\left(p - \frac{1}{2}\frac{\partial p}{\partial x}dx\right) - \left(p + \frac{1}{2}\frac{\partial p}{\partial x}dx\right)\right]dydz + X\rho dxdydz = \rho dxdydz\frac{du_x}{dt}$$

化简得
$$X - \frac{1}{\rho}\frac{\partial p}{\partial x} = \frac{du_x}{dt} \tag{1.55a}$$

同理
$$Y - \frac{1}{\rho}\frac{\partial p}{\partial y} = \frac{du_y}{dt} \tag{1.55b}$$
$$Z - \frac{1}{\rho}\frac{\partial p}{\partial z} = \frac{du_z}{dt} \tag{1.55c}$$

将加速度项展开成欧拉法表达式：

$$\left.\begin{aligned}X-\frac{1}{\rho}\frac{\partial p}{\partial x}=\frac{\partial u_x}{\partial t}+u_x\frac{\partial u_x}{\partial x}+u_y\frac{\partial u_x}{\partial y}+u_z\frac{\partial u_x}{\partial z}\\Y-\frac{1}{\rho}\frac{\partial p}{\partial y}=\frac{\partial u_y}{\partial t}+u_x\frac{\partial u_y}{\partial x}+u_y\frac{\partial u_y}{\partial y}+u_z\frac{\partial u_y}{\partial z}\\Z-\frac{1}{\rho}\frac{\partial p}{\partial z}=\frac{\partial u_z}{\partial t}+u_x\frac{\partial u_z}{\partial x}+u_y\frac{\partial u_z}{\partial y}+u_z\frac{\partial u_z}{\partial z}\end{aligned}\right\}\tag{1.56}$$

式(1.56)称为理想流体运动微分方程式，是 1755 年欧拉在其所著的《流体运动的基本原理》中首次提出的，所以又称欧拉运动微分方程。

1.3.4　理想流体元流伯努利方程

将理想流体运动微分方程式(1.56)中的各式分别乘以沿同一流线上相邻两点间的坐标增量 dx, dy, dz，然后相加得

$$(X\mathrm{d}x+Y\mathrm{d}y+Z\mathrm{d}z)-\frac{1}{\rho}\left(\frac{\partial p}{\partial x}\mathrm{d}x+\frac{\partial p}{\partial y}\mathrm{d}y+\frac{\partial p}{\partial z}\mathrm{d}z\right)=\frac{\mathrm{d}u_x}{\mathrm{d}t}\mathrm{d}x+\frac{\mathrm{d}u_y}{\mathrm{d}t}\mathrm{d}y+\frac{\mathrm{d}u_z}{\mathrm{d}t}\mathrm{d}z\tag{1.57a}$$

引入限定条件：

(1) 作用在流体上的质量力只有重力，即 $X=Y=0, Z=-g$，则

$$X\mathrm{d}x+Y\mathrm{d}y+Z\mathrm{d}z=-g\mathrm{d}z\tag{1.57b}$$

(2) 不可压缩流体、恒定流动，即 $\rho=$ 常数、$p=p(x,y,z)$，则

$$\frac{1}{\rho}\left(\frac{\partial p}{\partial x}\mathrm{d}x+\frac{\partial p}{\partial y}\mathrm{d}y+\frac{\partial p}{\partial z}\mathrm{d}z\right)=\frac{1}{\rho}\mathrm{d}p=\mathrm{d}\left(\frac{p}{\rho}\right)\tag{1.57c}$$

(3) 恒定流的流线与迹线重合，即 $\mathrm{d}x=u_x\mathrm{d}t, \mathrm{d}y=u_y\mathrm{d}t, \mathrm{d}z=u_z\mathrm{d}t$，则

$$\frac{\mathrm{d}u_x}{\mathrm{d}t}\mathrm{d}x+\frac{\mathrm{d}u_y}{\mathrm{d}t}\mathrm{d}y+\frac{\mathrm{d}u_z}{\mathrm{d}t}\mathrm{d}z=\mathrm{d}\left(\frac{u_x^2+u_y^2+u_z^2}{2}\right)=\mathrm{d}\left(\frac{u^2}{2}\right)\tag{1.57d}$$

将式(1.57b)、(1.57c)和(1.57d)代入式(1.57a)，积分得

$$-gz-\frac{p}{\rho}-\frac{u^2}{2}=c'$$

$$z+\frac{p}{\rho g}+\frac{u^2}{2g}=c\tag{1.58a}$$

或

$$z_1+\frac{p_1}{\rho g}+\frac{u_1^2}{2g}=z_2+\frac{p_2}{\rho g}+\frac{u_2^2}{2g}\tag{1.58b}$$

上述理想流体运动微分方程沿流线的积分称为伯努利积分，所得式(1.58a)和式(1.58b)称为伯努利方程，以纪念在理想流体运动微分方程建立之前，1738 年瑞士物理学家及数学家伯努利(Bernoulli)根据动能原理首先推导出式(1.58a)来计算流动问题。

由于元流的过流断面面积无穷小，所以沿流线的伯努利方程就是元流的伯努利方程。推导该方程引入的限定条件，就是理想流体元流伯努利方程的应用条件。归纳起来有：理想流体、恒定流动、质量力中只有重力、沿元流(流线)流动和不可压缩流体。

式(1.58a)中各项值都是在元流过流断面处的值，其中 $z, \frac{p}{\rho g}, z+\frac{p}{\rho g}$ 项的物理意义分

别是单位重量流体从某一基准面算起所具有的位能(位置势能)、压能(压强势能)和总势能;$\frac{u^2}{2g}=\frac{1}{2}\frac{mu^2}{mg}$为单位重量流体具有的动能;$z+\frac{p}{\rho g}+\frac{u^2}{2g}$是单位重量流体具有的机械能。因此,式(1.58a)表示理想流体元流的恒定流动,其物理意义是:沿同一元流(流线)的各过流断面上,单位重量流体所具有的机械能(位能、压能、动能之和)沿流程保持不变,即机械能守恒;同时也表示了元流在不同过流断面上,单位重量流体所具有的动能和势能、流速和压强之间可以相互转化的普遍规律。

式(1.58a)及各项的几何意义是指不同的几何高度。如图1.31所示,z是元流上某点到基准面的位置高度,又称位置水头;$h=\frac{p}{\rho g}$是该点的测压管高度,即断面压强p作用下流体沿测压管上升的高度,又称压强水头;两项之和$H_p=z+\frac{p}{\rho g}$则是该点测压管液面到基准面的总高度,又称测压管水头;$H_u=\frac{u^2}{2g}$为以断面流速u为初速度的铅直上升射流所能达到的理论高度,又称流速水头;$H=z+\frac{p}{\rho g}+\frac{u^2}{2g}$称为总水头,是位置水头、压强水头和流速水头之和。

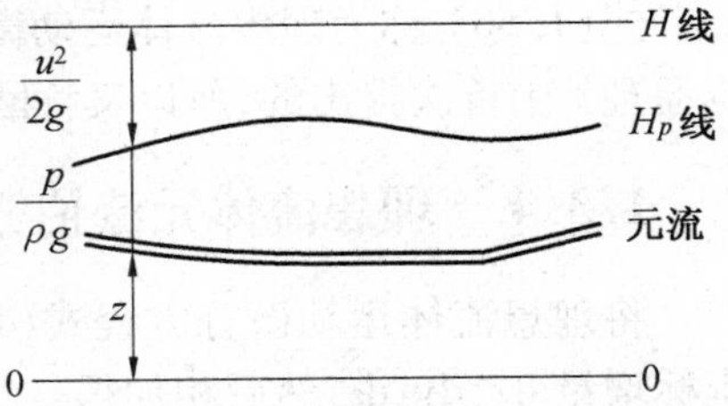

图1.31　水头线

因此,式(1.58a)的几何意义是:对于液体来说,元流各过流断面上,总水头沿流程保持不变;同时也表示了元流在不同过流断面上位置水头、压强水头、流速水头之间可以相互转化的关系。这些可以形象地如图1.31所示,总水头线H是水平线,沿流程保持不变;测压管水头线H_p沿程可以上升,也可下降。

1.3.5　实际流体元流的伯努利方程

实际流体具有黏性,运动时产生流动阻力,克服阻力做功,使流体的一部分机械能不可逆地转化为热能而散失。因此实际流体流动时,单位重量流体具有的机械能沿程不守恒而是沿程减少。设h_l'为实际流体元流单位重量流体由过流断面1-1运动至过流断面2-2的机械能损失,又称为实际流体元流的水头损失,根据能量守恒原理,便可得到实际流体元流的伯努利方程:

$$z_1+\frac{p_1}{\rho g}+\frac{u_1^2}{2g}=z_2+\frac{p_2}{\rho g}+\frac{u_2^2}{2g}+h_l' \tag{1.59}$$

此时水头损失h_l'也具有长度的量纲。

由式(1.59)可知,不同于理想流体元流的总水头线是一条水平线的特征(图1.31),实际流体元流的总水头线沿程单调下降,下降的快慢可用单位长度上的水头损失,即水力坡度J来表示,如图1.32所示。取一实际流体元流段长度为dl,相应于这段的水头损失为dh_l',则

$$J = -\frac{dH}{dl} = \frac{dh_l{}'}{dl} \qquad (1.60)$$

因为在流体力学中将顺流程向下的 J 视为正值，而 dH/dl 总是负值，所以在上式中加负号，使 J 为正值。

同理，单位长度上测压管水头的降低或升高，称测压管水力坡度 J_p：

$$J_p = -\frac{dH_p}{dl} = -\frac{d\left(z + \frac{p}{\rho g}\right)}{dl} \qquad (1.61)$$

因为将顺流程向下的 J_p 视为正值，而 dH_p/dl 不总是负值，所以在上式中加负号，使 J_p 可正、可负或为零。

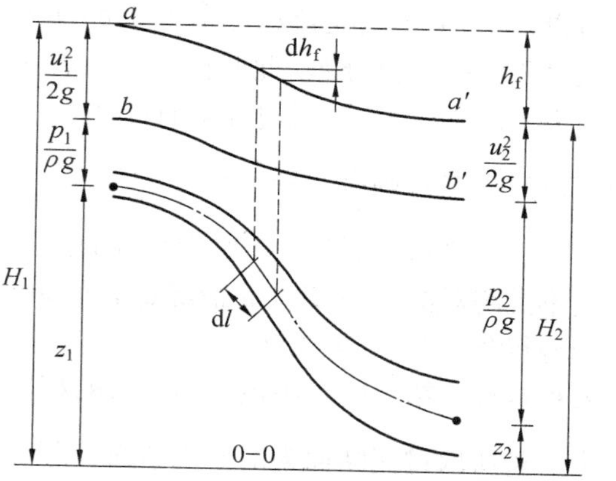

图 1.32　实际流体元流的水头线

1.3.6　实际流体总流的伯努利方程

设恒定总流，截面 1 - 1，2 - 2 处过流断面面积分别为 A_1，A_2，如图 1.33 所示。在总流内任取元流，过流断面的微元面积、位置高度、压强及流速分别为 dA_1、dA_2，z_1、z_2，p_1、p_2，u_1、u_2。以单位时间内通过元流某过流断面流体的重量 $\rho g u_1 dA_1 = \rho g u_2 dA_2 = \rho g dQ$ 分别乘以实际流体元流伯努利方程式（1.59）中各项，得到单位时间通过元流两过流断面的能量方程为

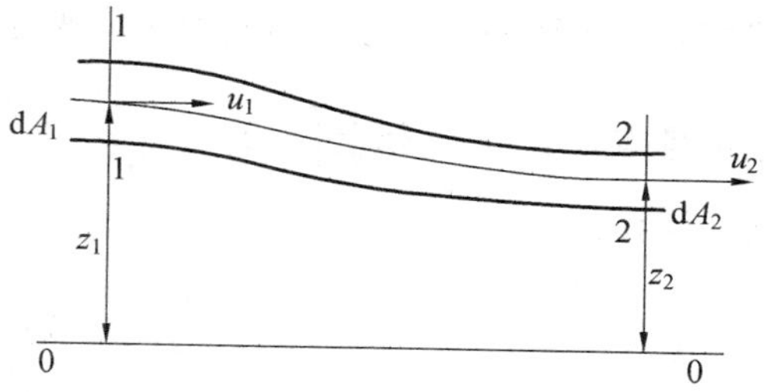

图 1.33　总流的伯努利方程

$$\left(z_1 + \frac{p_1}{\rho g} + \frac{u_1^2}{2g}\right)\rho g u_1 dA_1 = \left(z_2 + \frac{p_2}{\rho g} + \frac{u_2^2}{2g}\right)\rho g u_2 dA_2 + h_l{}'\rho g dQ$$

总流既然可以看作是由无数元流构成的，那么将上式对总流过流断面积分，便得到单位时间通过总流两过流断面的能量方程为

$$\int_{A_1}\left(z_1 + \frac{p_1}{\rho g}\right)\rho g u_1 dA_1 + \int_{A_1}\frac{u_1^2}{2g}\rho g u_1 dA_1 = \int_{A_2}\left(z_2 + \frac{p_2}{\rho g}\right)\rho g u_2 dA_2 + \int_{A_2}\frac{u_2^2}{2g}\rho g u_2 dA_2 + \int_Q h_l{}'\rho g dQ \qquad (a)$$

现在将以上五项按能量性质分为三种类型，分别确定各类型的积分：

（1）势能项积分 $\int_A\left(z + \frac{p}{\rho g}\right)\rho g u dA$。该项表示单位时间通过过流断面的流体势能。非均匀流又可分为渐变流和急变流。当流体质点的迁移加速度很小，即 $(\boldsymbol{u}\cdot\nabla)\boldsymbol{u} \approx 0$ 时，流线近于平行直线的流动，定义其为渐变流，否则是急变流，如图 1.34 所示。

显然，渐变流是均匀流的宽延，均匀流是渐变流的极限情况，所以均匀流的性质对于渐变流都近似成立，主要为：渐变流的过流断面近于平面，面上各点的速度方向近于平行；

可以证明，恒定渐变流过流断面上的动压强按静压强的规律分布（此时内摩擦力在过流断面上的投影为零，对过流断面上的压强分布没有影响），则有 $z + \frac{p}{\rho g} = c$。

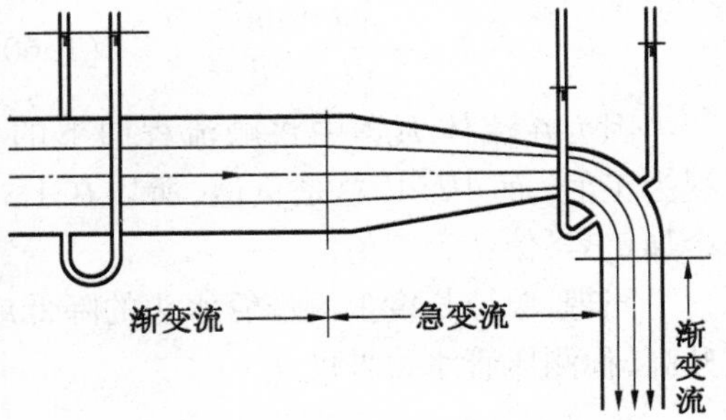

图 1.34　渐变流与急变流

由定义可知，渐变流和急变流的这种分类不是绝对的。渐变流的情况比较简单，易于进行分析计算，但流动是否按渐变流处理，要根据计算结果能否满足工程要求的精度而定。若所取过流断面为渐变流断面，面上各点单位重量流体的总势能相等 $z + \frac{p}{\rho g} = c$，则

$$\int_A \left(z + \frac{p}{\rho g}\right) \rho g u \mathrm{d}A = \left(z + \frac{p}{\rho g}\right) \rho g Q \tag{b}$$

（2）动能项积分 $\int_A \frac{u^2}{2g} \rho g u \mathrm{d}A = \int_A \frac{u^3}{2g} \rho g \mathrm{d}A$。该项表示单位时间通过断面的流体动能。我们建立方程的目的是求出断面平均速度 v，即以 $\int_A \frac{v^3}{2g} \rho g \mathrm{d}A$ 代替 $\int_A \frac{u^3}{2g} \rho g \mathrm{d}A$。但由于过流断面各点 u 不同，实际上 $\int_A v^3 \mathrm{d}A \neq \int_A u^3 \mathrm{d}A$，为此需引入修正系数 α，使积分可按断面平均速度 v 计算：

$$\int_A \frac{u^3}{2g} \rho g \mathrm{d}A = \alpha \int_A \frac{v^3}{2g} \rho g \mathrm{d}A = \frac{\alpha v^3}{2g} \rho g A = \frac{\alpha v^2}{2g} \rho g Q \tag{c}$$

则

$$\alpha = \frac{\int_A \frac{u^3}{2g} \rho g \mathrm{d}A}{\int_A \frac{v^3}{2g} \rho g \mathrm{d}A} = \frac{\int_A u^3 \mathrm{d}A}{v^3 A} \tag{1.62}$$

动能修正系数 α 是为修正以断面平均速度计算的动能与实际动能的差异而引入的，其值取决于过流断面上流速分布的均匀性。流速分布均匀时 $\alpha = 1.0$；流速分布越不均匀，α 值越大。在分布较均匀的流动中（如管道中的紊流流动），$\alpha = 1.05 \sim 1.10$；在实际工程计算中，通常取 $\alpha = 1.0$。

（3）水头损失项积分 $\int_Q h_l' \rho g \mathrm{d}Q$。该项表示单位时间总流由 1－1 至 2－2 断面克服阻力做功所引起的机械能损失。此项积分与上述两种积分不同，它不是沿同一过流断面的积分，而是沿流程的积分。由于总流中各元流的机械能损失沿流程变化，为了计算方便，定义 h_l 为总流的单位重量流体由 1－1 至 2－2 断面的平均机械能损失，称为总流的水头损失，则

$$\int_Q h_l' \rho g \mathrm{d}Q = h_l \rho g Q \tag{d}$$

将式(b)，(c)，(d) 代入式(a) 得

$$\left(z_1 + \frac{p_1}{\rho g}\right) \rho g Q_1 + \frac{\alpha_1 v_1^2}{2g} \rho g Q_1 = \left(z_2 + \frac{p_2}{\rho g}\right) \rho g Q_2 + \frac{\alpha_2 v_2^2}{2g} \rho g Q_2 + h_l \rho g Q$$

两断面间无分流及汇流，则 $Q_1 = Q_2 = Q$，并将上式除以 ρgQ 得

$$z_1 + \frac{p_1}{\rho g} + \frac{\alpha_1 v_1^2}{2g} = z_2 + \frac{p_2}{\rho g} + \frac{\alpha_2 v_2^2}{2g} + h_l \tag{1.63}$$

式(1.63) 称为实际流体总流的伯努利方程，是能量守恒原理的总流表达式。该方程表明：在流动的过程中单位时间流入上游断面的机械能，等于同时间流出下游断面的机械能加上该流段的机械能损失，同时实际流体总流的伯努利方程也表示了各项能量之间的转化关系。

总流伯努利方程的物理意义和几何意义同元流伯努利方程类似，需注意的是方程的"平均"意义。式中的 z、$\frac{p}{\rho g}$ 分别为总流过流断面上某点(所取计算点) 单位重量流体的位能和势能；因为所取过流断面是渐变流断面，面上各点的势能相等，即 $z + \frac{p}{\rho g}$ 是过流断面上单位重量流体的平均势能，而 $\frac{\alpha v^2}{2g}$ 是过流断面上单位重量流体的平均动能，故三项之和 $z + \frac{p}{\rho g} + \frac{\alpha v^2}{2g}$ 是过流断面上单位重量流体的平均机械能。

【例 1.9】 用直径 $d = 100$ mm 的水管从水箱引水，如图 1.35 所示。水箱水面与管道出口断面中心的高差 $H = 4$ m 保持恒定，水头损失 $h_l = 3$ m 水柱。试求管道的流量 Q。

解　这是一道简单的总流问题，应用伯努利方程：

$$z_1 + \frac{p_1}{\rho g} + \frac{\alpha_1 v_1^2}{2g} = z_2 + \frac{p_2}{\rho g} + \frac{\alpha_2 v_2^2}{2g} + h_l$$

为便于计算，选通过管道出口断面中心的水平面为基准面 0 - 0，如图 1.35 所示。计算断面应选在渐变流断面，并使其中一个已知量最多，另一个含待求量。按以上原则，本题选水箱水面为 1 - 1 断面，计算点在自由水面上，运动参数 $z_1 = H$，$p_1 = 0$(相对压强)，$v_1 \approx 0$。选管道出口断面为 2 - 2 断面，以出口断面的中心为计算点，运动参数 $z_2 = 0$，$p_2 = 0$，v_2 待求。将各量代入总流伯努利方程：

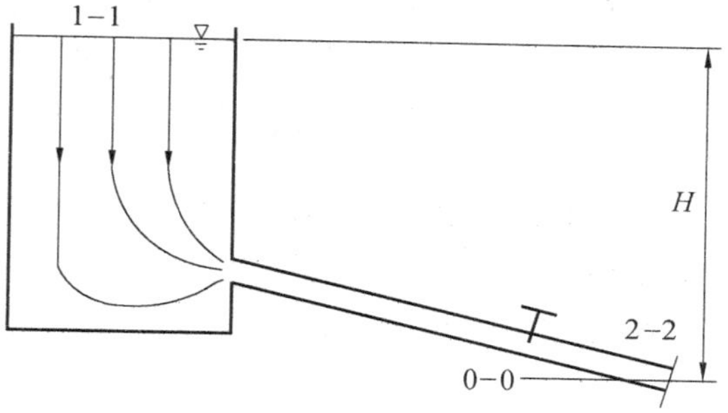

图 1.35　管道出流

$$H + 0 + 0 = 0 + 0 + \frac{\alpha_2 v_2^2}{2g} + h_l$$

取 $\alpha_2 = 1.0$，则

$$v_2 = \sqrt{2g(H - h_l)} = 4.43 \text{ m/s}$$

$$Q = v_2 A_2 = 0.035 \text{ m}^3/\text{s}$$

【例 1.10】 离心泵从吸水池抽水，如图 1.36 所示。已知抽水量 $Q = 5.56$ L/s，泵的安装高度 $H_s = 5$ m，吸水管直径 $d = 100$ mm，吸水管的水头损失 $h_l = 0.25$ m 水柱。试求水

泵进口断面 2 - 2 的真空值。

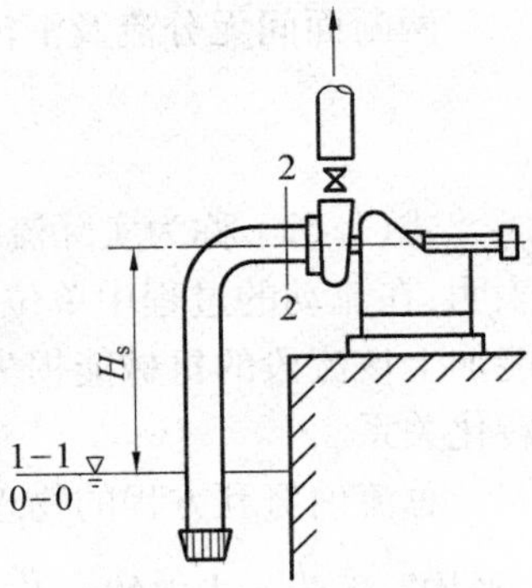

图 1.36　例 1.10 图

解　本题运用伯努利方程求解,选基准面 0 - 0 与吸水池水面重合。选吸水池水面为 1 - 1 断面,与基准面重合;水泵进口断面为 2 - 2 断面。以吸水池水面上的一点和水泵进口断面的轴心点为计算点,则运动参数为:$z_1 = 0, p_1 = p_a$(绝对压强),$v_1 \approx 0$;$z_2 = H_s, p_2$ 待求,$v_2 = Q/A = 0.708$ m/s。将上述各量代入总流伯努利方程:

$$0 + \frac{p_a}{\rho g} + 0 = H_s + \frac{p_2}{\rho g} + \frac{\alpha_2 v_2^2}{2g} + h_l$$

$$\frac{p_v}{\rho g} = \frac{p_a - p_2}{\rho g} = H_s + \frac{\alpha_2 v_2^2}{2g} + h_l = 5.28 \text{ m}$$

$$p_v = 5.28\rho g = 51.74 \text{ kPa}$$

1.3.7　恒定气体总流的伯努利方程

恒定总流的伯努利方程式(1.63)是针对不可压缩流体导出的。与液体相比,气体虽易被压缩,但是对流速不很大($v < 68$ m/s)、压强变化不大的系统,如工业通风管道、空调管道和烟道等,气流在运动过程中密度的变化很小。在这样的条件下,伯努利方程仍可用于气流。

设恒定气流,如图 1.37 所示。气流的密度为 ρ,外部空气的密度为 ρ_a,过流断面上计算点的绝对压强为 p_{1abs} 和 p_{2abs}。列 1 - 1 和 2 - 2 断面的伯努利方程:

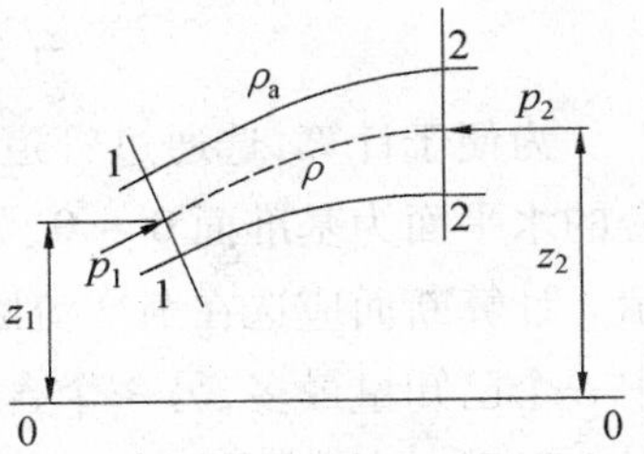

图 1.37　恒定气流

$$z_1 + \frac{p_{1abs}}{\rho g} + \frac{\alpha_1 v_1^2}{2g} = z_2 + \frac{p_{2abs}}{\rho g} + \frac{\alpha_2 v_2^2}{2g} + h_l$$

当式(1.63)用于气体流动时,由于水头概念没有像液体流动那样明确具体,通常把方程各项同乘 ρg,使其具有压强的因次,其中 $\alpha_1 = \alpha_2 = 1$,则

$$\rho g z_1 + p_{1abs} + \frac{\rho v_1^2}{2} = \rho g z_2 + p_{2abs} + \frac{\rho v_2^2}{2} + p_l \tag{1.64}$$

式中的 p_l 为两断面间的压强损失,$p_l = \rho g h_l$。同时注意到式(1.64)中的两项压强均用绝对压强表示,但在工程计算中关心的是相对压强而不是绝对压强。以管道流动为例,只有相对压强才能表明内部气流和外部大气之间的流动趋势。相对压强为正时,管内压强将大于管外压强,此时在管壁处开口或打开放气阀,气流将从阀孔排出,排出气流的速度随相对压强的提高而提高。相对压强为负时,管内压强将小于管外压强,此时气流将从阀孔吸入,吸入气流的速度随真空压强的提高而提高。另外工程中所用的压强计测出的都是相对压强,因此水力计算以相对压强为依据更方便。

当液体在管道中流动时,由于液体的密度远大于空气密度 ρ_a,一般可忽略大气压强因高度不同的差异,此时对于液体流动而言,式(1.63)中的压强用相对压强和绝对压强

表示均可。但对于气体流动则不然，由于气流密度ρ同外部大气密度ρ_a具有相同的数量级，在用相对压强进行计算时，特别是在两过流断面高差较大、$\rho \neq \rho_a$的情况下，必须考虑外部大气压在不同高度的差值。如图 1.37 所示的管流，高程z_1，z_2处的大气压强（以绝对压强计）分别为p_{a1}，p_{a2}。假设大气压强沿高程的分布规律按静压强分布，则

$$p_{a1} = p_{a2} + \rho_a g(z_2 - z_1)$$

将式(1.64)中高程z_1、z_2处的压强分别用相对压强p_1、p_2表示，即

$$p_{1abs} = p_1 + p_{a1} \tag{e}$$

$$p_{2abs} = p_2 + p_{a2} = p_2 + p_{a1} - \rho_a g(z_2 - z_1) \tag{f}$$

将式(e)、(f)代入式(1.64)，得到用相对压强表示的恒定气体总流的伯努利方程：

$$p_1 + \frac{\rho v_1^2}{2} + (\rho_a - \rho)g(z_2 - z_1) = p_2 + \frac{\rho v_2^2}{2} + p_l \tag{1.65}$$

式(1.65)中各项的物理意义类似于恒定总流伯努利方程式(1.63)中的对应项，所不同的是对单位体积气体而言。

工程上习惯将气体的相对压强p_1，p_2称为静压，但不能理解为静止流体的压强，它与管中水流的压强水头相对应。注意相对压强是以同高程处大气压强为零点计算的，不同的高程引起大气压强的差异，已经计入方程的位压项了。习惯上称$\frac{\rho v_1^2}{2}$，$\frac{\rho v_2^2}{2}$为动压，它反映断面流速无能量损失地降低至零所转化的压强值大小。因为$(\rho_a - \rho)g$为单位体积气体所承受的有效浮力，$(\rho_a - \rho)g(z_2 - z_1)$为气体沿浮力方向升高$(z_2 - z_1)$时损失的位能，所以$(\rho_a - \rho)g(z_2 - z_1)$项表示以过流断面 2－2 为基准度量的过流断面 1－1 上的单位体积气体所具有的位能的平均值，习惯称其为位压，体现了浮升力对流动所起的作用。静压与位压之和称为势压，以p_s表示。静压与动压之和称为全压，以p_q表示。静压、动压与位压三项之和称为总压，以p_z表示。

1.4　流动阻力和能量损失

1.4.1　能量损失的分类

在边壁沿程无变化（边壁形状、尺寸、过流方向均无变化）的均匀流流段上，产生的流动阻力称为沿程阻力或摩擦阻力。克服沿程阻力做功而引起的能量损失称为沿程损失，对于液体流动的沿程损失习惯称为沿程水头损失，以h_f表示。由于沿程损失均匀分布在整个流段上，与流段的长度成正比，所以也称为长度损失。

在边壁沿程急剧变化的局部区域，由于出现旋涡区和速度分布的改组，流动阻力大大增加，形成比较集中的能量损失，这种阻力称为局部阻力。克服局部阻力而引起的能量损失称为局部损失，对于液体流动的局部损失习惯称为局部水头损失，以h_m表示，例如管道入口、变径管、弯管、三通、阀门等各种管件处都会产生局部损失。

图 1.38 所示的管道流动，h_{fab}，h_{fbc}，h_{fcd}就是ab，bc，cd各段的沿程水头损失；h_{ma}，h_{mb}，h_{mc}就是管道入口、管径突然缩小及阀门等各处的局部水头损失。整个管路的水头损失h_l

等于各管段的沿程水头损失和所有局部水头损失的总和：

$$h_l = \sum h_f + \sum h_m = h_{fab} + h_{fbc} + h_{fcd} + h_{ma} + h_{mb} + h_{mc}$$

同理，气体管道的机械能损失用压强损失计算：

$$p_l = \sum p_f + \sum p_m$$

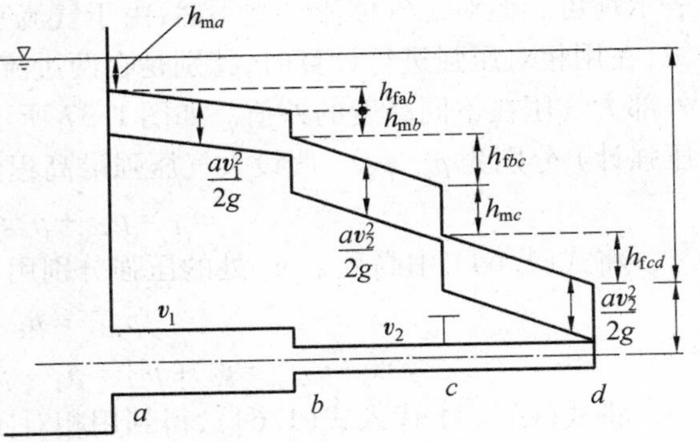

图 1.38　能量损失

能量损失计算公式的建立，经历了从经验到理论的发展过程。19 世纪中叶法国工程师达西（Darcy）和德国水力学家魏斯巴赫（Weisbach）在归纳总结前人实验的基础上，提出圆管沿程水头损失计算公式：

$$h_f = \lambda \frac{l}{d}\frac{v^2}{2g} \tag{1.66}$$

式中　l—— 管长（m）；

d—— 管径（m）；

v—— 断面平均流速（m/s）；

λ—— 沿程阻力系数（或称沿程摩阻系数）。

式（1.66）称为达西－魏斯巴赫公式，简称为达西公式。式中的沿程阻力系数 λ 并非确定的常数，一般由实验确定。

一般将局部水头损失 h_m 写成与速度水头（或单位动能）关系的形式：

$$h_m = \zeta \frac{v^2}{2g} \tag{1.67}$$

式中　ζ—— 局部阻力系数，一般由实验确定；

v——ζ 对应的断面平均流速（m/s）。

在研究气体流动时，习惯上将式（1.66）和式（1.67）相应地写成单位动能表示的压强损失式，即

$$p_f = \lambda \frac{l}{d}\frac{\rho v^2}{2} \tag{1.68}$$

$$p_m = \zeta \frac{\rho v^2}{2} \tag{1.69}$$

1.4.2　两种流态

早在 19 世纪初，就有人发现在同样的边界条件下，由于流体具有黏性，水头损失和流速有一定关系，即流速很小时，水头损失和流速之间的规律不同于流速较大时的规律。这种现象启发人们探求流体运动的内在结构，并进而分析能量损失的规律及其和内在结构之间的关系。1883 年，英国物理学家雷诺（Reynolds）经过实验研究发现，能量损失规律之所以不同，是因为流体的流动存在着两种不同的流态。

雷诺实验的装置如图 1.39 所示。由水箱引出玻璃管 A，末端装有阀门 B 可调节流量，在水箱上部的容器 C 中装有密度和水接近的颜色水，打开阀门 D，颜色水就可经细管 E 注入 A 管中。

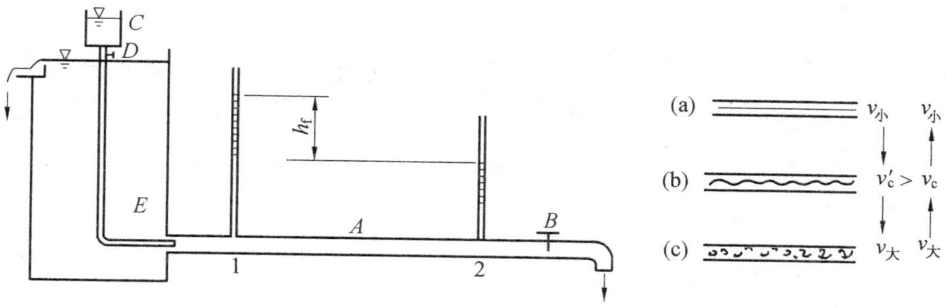

图 1.39　雷诺实验

实验时保持水箱内水位恒定，稍许开启阀门 B，使玻璃管内的水保持较低流速。再打开阀门 D，少许颜色水经细管 E 流出。这时可见玻璃管内的颜色水成一条界限分明的纤流，与周围清水不相混合，如图 1.39(a) 所示。表明玻璃管中的水呈现一种层状流动，各层质点互不掺混，这种流动状态称为层流。逐渐开大阀门 B，玻璃管内流速增大到某一临界值 v'_c 时，颜色水纤流出现抖动，如图 1.39(b) 所示；再开大阀门 B，颜色水纤流破散并迅速与周围清水掺混，使玻璃管的整个断面都带颜色，如图 1.39(c) 所示。表明此时质点的运动轨迹极不规则，各层质点相互掺混，不仅有沿流动方向的位移，而且还有垂直于流动方向的位移，其流速的方向和大小随时间而变化，呈现一种杂乱无章的状态，这种流动状态称为紊流。

若按相反的顺序进行以上实验，即先开大阀门 B，使玻璃管内为紊流，然后逐渐关小阀门 B，则上述现象将以相反过程重演。所不同的是由紊流转变为层流的临界流速值 v_c 小于由层流转变为紊流的临界流速值 v'_c，所以 v_c 称为下临界流速，而 v'_c 称为上临界流速。一般下临界流速 v_c 也直接被称为临界流速。

从雷诺实验看，临界流速可以判别层流和紊流两种流态，但是直接用临界流速来判断流态却并不方便，因为临界流速本身是随管道尺寸和流体种类、温度等条件而改变的。

雷诺等人曾对不同管径的圆管和多种液体进行实验，发现流动状态不仅和流速 v 有关，还与管径 d、流体的动力黏滞系数 μ 和密度 ρ 有关。若流动原处于层流状态，其中的 v，d，ρ 越大，越容易成为紊流；而 μ 越大，越不易成为紊流。在第 5 章中将用量纲分析法证明，用这四个量可组成一个无量纲数 —— 雷诺数 Re。

$$Re = \frac{\rho v d}{\mu} = \frac{vd}{\nu} \tag{1.70}$$

一定温度的流体在一定直径的圆管内以一定的速度流动，就可计算出相应的 Re 值。显然，Re 越大，流动就越容易成为紊流；Re 越小，流动就越容易成为层流。实验表明，尽管不同条件下的下临界流速 v_c 不同，但对于通常所使用的管壁粗糙情况下的平直圆管均匀流来讲，任何管径大小和任何牛顿流体，与它们的下临界流速 v_c 所对应的下临界雷诺数 Re_c 都是相同的，其值为

$$Re_c = \frac{\rho v_c d}{\mu} = \frac{v_c d}{\nu} \tag{1.71}$$

下临界雷诺数 Re_c 是不随管径和流体物理性质变化的无量纲数，实用上称为临界雷诺数。

雷诺及后来的实验都得出，临界雷诺数一般稳定在 2 000 左右，其中公认的是施勒(Schiller) 的实验值 $Re_c = 2\,300$。用临界雷诺数 Re_c 作为流态判别标准，应用起来十分简便。只需计算出管流的雷诺数 Re，将其与临界雷诺数 $Re_c = 2\,300$ 比较，便可判别流态：

$Re < Re_c$，流动是层流；

$Re > Re_c$，流动是紊流；

$Re = Re_c$，流动是临界流。

1.4.3　沿程阻力系数的计算

关于沿程阻力系数 λ 的计算公式有很多，而且证明过程繁琐。以下省略证明过程简要介绍工程中最为常用的几个重要公式。

1. 哈根－泊肃叶公式

$$\lambda = \frac{64}{Re} \tag{1.72}$$

式中　Re——圆管层流的雷诺数，即 $Re < 2\,300$。

由于德国水利工程师哈根(Hagen) 和法国医生兼物理学家泊肃叶(Poiseuille) 首先进行了圆管层流的实验研究，所以式(1.72) 又称为哈根－泊肃叶公式。与实验结果完全相符。

2. 柯列勃洛克公式

$$\frac{1}{\sqrt{\lambda}} = -2\lg\left(\frac{2.51}{Re\sqrt{\lambda}} + \frac{k_s}{3.7d}\right) \tag{1.73}$$

式中　k_s——工业管道的当量粗糙高度，k_s/d 为管道的相对粗糙高度。

随着流体力学的发展，在雷诺、普朗特、尼古拉兹等人的研究基础上，1939 年英国学者柯列勃洛克根据大量的工业管道实验资料，整理出适用于工业管道紊流的 λ 计算公式(1.73)，因此将该式称为柯列勃洛克公式。由于该公式适用范围广，与工业管道实验结果符合良好，因此得到了广泛应用，目前我国通风管道的设计计算就是以式(1.73) 作为基础的。常用工业管道的当量粗糙高度见表 1.8。

表 1.8　常用工业管道的当量粗糙高度

管道材料	k_s/mm	管道材料	k_s/mm
新聚氯乙烯管	0 ~ 0.002	镀锌钢管	0.15
铅管、铜管、玻璃管	0.01	新铸铁管	0.15 ~ 0.5
钢管	0.046	旧铸铁管	1.0 ~ 1.5
涂沥青铸铁管	0.12	混凝土管	0.3 ~ 3.0

3. 阿里特苏里公式

$$\lambda = 0.11\left(\frac{k_s}{d} + \frac{68}{Re}\right)^{0.25} \tag{1.74}$$

该式可看作是柯列勃洛克公式的近似公式。它的形式简单，计算方便，式中符号同式(1.73)。目前我国采暖通风手册中蒸汽采暖管道的水力计算就是以式(1.74)为依据的。

4. 舍维列夫公式

苏联学者舍维列夫根据他所进行的钢管及铸铁管的实验，提出了计算紊流过渡区及紊流粗糙区的沿程阻力系数 λ 的公式。

对新钢管，当 $Re < 2.4 \times 10^6$ 时：

$$\lambda = \frac{0.0159}{d^{0.226}}\left(1 + \frac{0.684}{v}\right)^{0.226} \tag{1.75}$$

对新铸铁管，当 $Re < 2.7 \times 10^6$ 时：

$$\lambda = \frac{0.0144}{d^{0.284}}\left(1 + \frac{2.36}{v}\right)^{0.284} \tag{1.76}$$

对旧钢管及旧铸铁管：

当 $v < 1.2$ m/s 时：
$$\lambda = \frac{0.0179}{d^{0.3}}\left(1 + \frac{0.867}{v}\right)^{0.3} \tag{1.77}$$

当 $v > 1.2$m/s 时：
$$\lambda = \frac{0.021}{d^{0.3}} \tag{1.78}$$

舍维列夫公式中 d 以 m 计，v 以 m/s 计，并在水温为 10 ℃，即运动黏滞系数 $\nu = 1.3 \times 10^{-6}$ m²/s 的条件下得出的。

5. 谢才公式

$$v = C\sqrt{RJ} \tag{1.79}$$

式中　v—— 断面平均流速(m/s)；

R—— 水力半径(m)；

J—— 水力坡度；

C—— 谢才系数($m^{0.5}$/s)。

该公式是水力学最古老的公式之一，是 1769 年法国工程师谢才提出的，因此式(1.79)称为谢才公式。尽管最初它是由谢才根据渠道和塞纳河的实测资料提出的，但也适用于有压管道均匀流的水力计算。谢才公式中的水力半径由下式定义：

$$R = \frac{A}{\chi} \tag{1.80}$$

式中　A—— 过流断面面积(m^2)；

χ—— 湿周，即流体与固体壁面接触的周界长度(m)。

将达西 - 魏斯巴赫公式(1.66)变换形式，即

$$v^2 = \frac{2g}{\lambda}d\frac{h_f}{l}$$

以 $d=4R$ 和 $\frac{h_f}{l}=J$ 代入上式，整理得

$$v=\sqrt{\frac{8g}{\lambda}}\sqrt{RJ}=C\sqrt{RJ}$$

由此可得

$$C=\sqrt{\frac{8g}{\lambda}} \tag{1.81}$$

式(1.81)给出了谢才系数 C 和沿程阻力系数 λ 的关系，该式表明 C 和 λ 一样是反映沿程阻力的系数，但它的数值通常都是另由经验公式计算。其中1895年爱尔兰工程师曼宁(Manning)提出经验公式：

$$C=\frac{1}{n}R^{\frac{1}{6}} \tag{1.82}$$

式中的粗糙系数 n 是综合反映壁面对水流阻滞作用的系数，其取值见表1.9。曼宁公式由于形式简单，粗糙系数 n 可依据长期积累的丰富资料确定。在 $n<0.02$，$R<0.05$ m范围内，进行输水管道及较小渠道的计算，结果与实际相符，至今仍为各国工程界广泛采用。

表1.9　各种不同粗糙面的粗糙系数 n

等级	槽壁种类	n	$\frac{1}{n}$
1	涂珐琅或釉质的表面，极精细刨光而拼合良好的木板	0.009	111.1
2	刨光的木板，纯粹水泥的抹面	0.010	100.0
3	水泥(含 $\frac{1}{3}$ 细沙)抹面，安装和接合良好(新)的陶土、铸铁管和钢管	0.011	90.9
4	未刨的木板，而拼合良好；在正常情况下无显著积垢的给水管；极洁净的排水管，极好的混凝土面	0.012	83.3
5	琢石砌体；极好的砖砌体，正常情况下的排水管；略微污染的给水管；非完全精密拼合的，未刨的木板	0.013	76.9
6	"污染"的给水管和排水管；一般的砖砌体；一般情况下渠道的混凝土面	0.014	71.4
7	粗糙的砖砌体，未琢磨的石砌体，有洁净修饰的表面，石块安置平整；结污垢的排水管	0.015	66.7
8	普通块石砌体，其状况令人满意的；旧破砖砌体；较粗糙的混凝土；光滑的开凿得极好的崖岸	0.017	58.8
9	覆有坚厚淤泥层的渠槽，用致密黄土和致密卵石做成而被整片淤泥薄层所覆盖的均无不良情况的渠槽	0.018	55.6
10	很粗糙的块石砌体；用大块石的干砌体；碎石铺筑面；纯由岩山中开筑的渠槽；由黄土、卵石和致密泥土做成而被淤泥薄层所覆盖的渠槽(正常情况)	0.020	50.0

续表 1.9

等级	槽壁种类	n	$\frac{1}{n}$
11	尖角的大块乱石铺筑；表面经过普通处理的岩石渠槽；致密黏土渠槽。由黄土、卵石和泥土做成而被非整片的（有些地方断裂的）淤泥薄层所覆盖的渠槽，大型渠槽受到中等以上的养护	0.022 5	44.4
12	大型土渠受到中等养护的；小型土渠受到良好的养护；在有利条件下的小河和溪涧（自由流动无淤塞和显著水草等）	0.025	40.0
13	中等条件以下的大渠道，中等条件的小渠槽	0.027 5	36.4
14	条件较坏的渠道和小河（例如有些地方有水草和乱石或显著的茂草，有局部的塌坡等）	0.030	33.3
15	条件很坏的渠道和小河，断面不规则，严重地受到石块和水草的阻塞等	0.035	28.6
16	条件特别坏的渠道和小河（沿河有崩崖的巨石、绵密的树根、深穴、塌岸等）	0.040	25.0

1.4.4 局部阻力系数的确定

前面已给出局部水头损失计算公式（1.67）：

$$h_m = \zeta \frac{v^2}{2g}$$

该式实际上把局部水头损失的计算，转化为研究确定局部阻力系数 ζ 的问题。

局部阻力系数 ζ 在理论上应与局部阻碍处的雷诺数 Re 和边界情况有关。但是，因受局部阻碍的强烈扰动，流动在较小的雷诺数时，就已充分紊动，进入紊流粗糙区，雷诺数的变化对紊动程度的实际影响很小。故一般情况下，ζ 只取决于局部阻碍的形状，与 Re 无关。

局部阻碍的种类繁多，形状各异，其边壁的变化大多比较复杂，加之紊流本身的复杂性，多数局部阻力系数 ζ 的大小，还不能从理论上解决，必须借助于实验或经验公式来确定。

1. 突然扩大管

突然扩大圆管如图 1.40 所示，突然扩大的局部水头损失等于以平均速度差计算的流速水头。即

$$h_m = \frac{(v_1 - v_2)^2}{2g} \tag{1.83}$$

式（1.83）又称为包达（Borda）公式，经实验验证该式有足够的准确性。

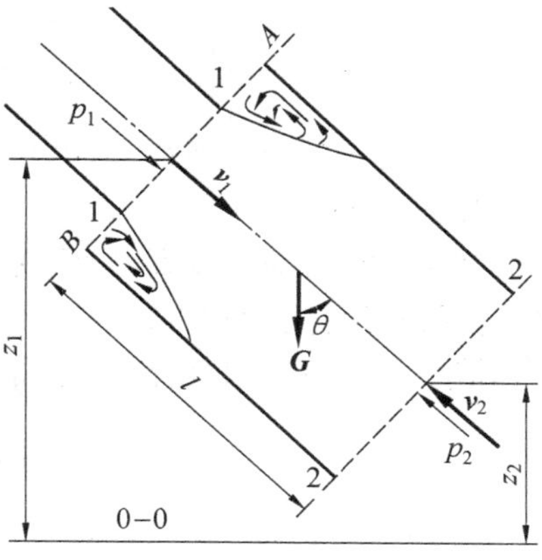

图 1.40 突然扩大管

根据连续性方程得到 $v_2 = v_1 \frac{A_1}{A_2}$ 或 $v_1 = v_2 \frac{A_2}{A_1}$，将其代入式（1.83）就可变为局部水头损失的一般形式：

$$\left.\begin{aligned}h_m&=\left(1-\frac{A_1}{A_2}\right)^2\frac{v_1^2}{2g}=\zeta_1\frac{v_1^2}{2g}\\h_m&=\left(\frac{A_2}{A_1}-1\right)^2\frac{v_2^2}{2g}=\zeta_2\frac{v_2^2}{2g}\end{aligned}\right\}$$

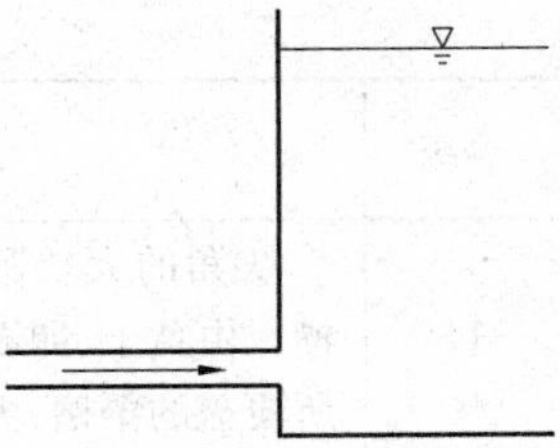

图 1.41 管道出口

所以突扩的局部阻力系数为

$$\zeta_1=\left(1-\frac{A_1}{A_2}\right)^2 \tag{1.84}$$

$$\zeta_2=\left(\frac{A_2}{A_1}-1\right)^2 \tag{1.85}$$

以上两个局部阻力系数,分别与突扩前、后断面的平均流速相对应,计算时必须注意使选用的局部阻力系数 ζ 与流速水头相对应。

当流体在淹没情况下,从管道流入断面很大的容器时,例如气体流入大气,水流入水库(图 1.41),作为突扩的特例,$A_1/A_2\approx0$,$\zeta=1$,称为管道出口阻力系数。

2. 突然缩小管

突然缩小管的水头损失主要发生在细管内收缩断面 $c-c$ 附近的旋涡区,如图 1.42 所示。突缩的局部阻力系数取决于收缩面积比 A_2/A_1,其值按经验公式计算,与收缩后断面流速 v_2 相对应:

$$\zeta=0.5\left(1-\frac{A_2}{A_1}\right) \tag{1.86}$$

当流体由断面很大的容器流入管道时,此处的局部阻碍常称为管道进口(或管道入口),如图 1.43 所示。管道进口也是一种断面收缩,其局部阻力系数大小与管道进口边缘的情况有关。其中管道锐缘进口可作为突然缩小的特例,此时 $A_2/A_1\approx0$,$\zeta=0.5$,一般平顺的管道进口(如流线型进口)可减少局部损失系数 90% 以上。

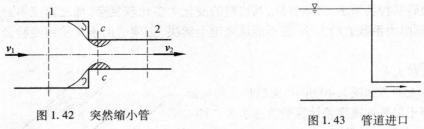

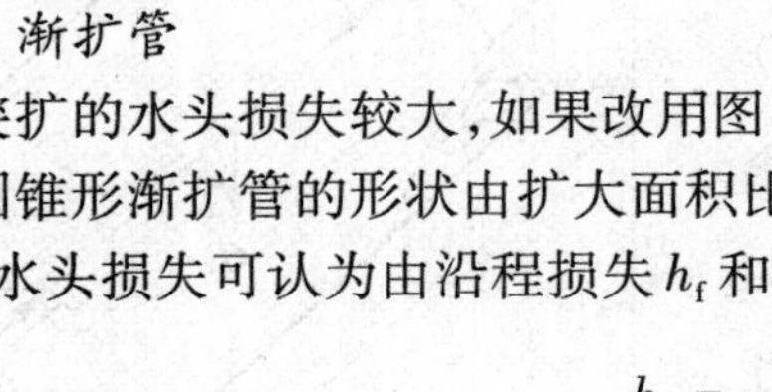

图 1.42 突然缩小管

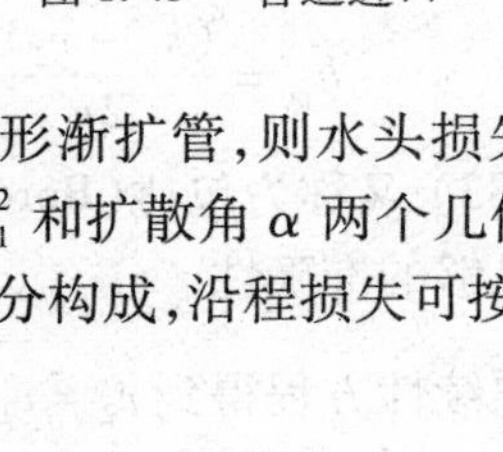

图 1.43 管道进口

3. 渐扩管

突扩的水头损失较大,如果改用图 1.44 所示的圆锥形渐扩管,则水头损失将大大减少。圆锥形渐扩管的形状由扩大面积比 $n=A_2/A_1=r_2^2/r_1^2$ 和扩散角 α 两个几何参数来确定,其水头损失可认为由沿程损失 h_f 和扩散损失 h_{ex} 两部分构成,沿程损失可按下式计算:

$$h_f=\frac{\lambda}{8\sin\frac{\alpha}{2}}\left(1-\frac{1}{n^2}\right)\frac{v_1^2}{2g} \tag{1.87}$$

式中 λ——扩前管道的沿程阻力系数。

扩散损失是旋涡区和流速分布改组所形成的损失,可按下式计算:

$$h_{ex} = \sin\alpha \left(1 - \frac{1}{n}\right)^2 \frac{v_1^2}{2g} \tag{1.88}$$

由此得到渐扩管的局部阻力系数为

$$\zeta = \frac{\lambda}{8\sin\frac{\alpha}{2}}\left(1 - \frac{1}{n^2}\right) + \sin\alpha\left(1 - \frac{1}{n}\right)^2 \tag{1.89}$$

当扩大面积比 n 一定时，渐扩管的沿程阻力随 α 增大而减小，扩散损失随之增大，因此总损失在某一 α 角时最小，此时 α 约在 5° ~ 8° 范围内，如 α > 50° 则与突扩的局部阻力系数相近，所以扩散角 α 最好不超过 8° ~ 10°。

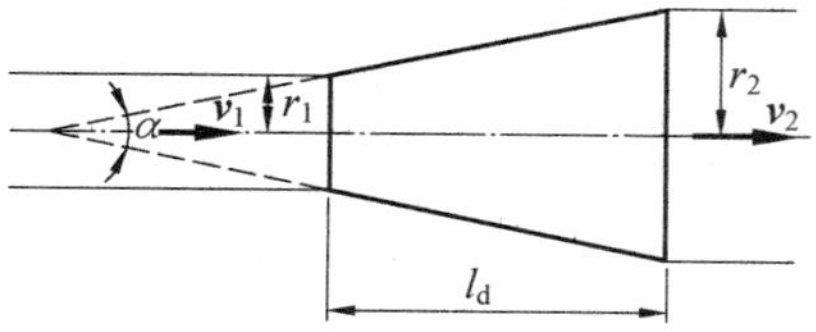

图 1.44　渐扩管

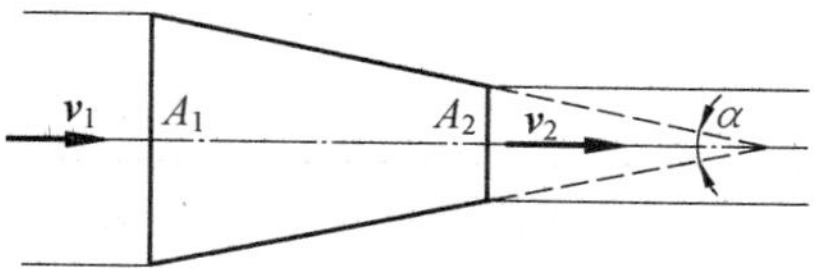

图 1.45　渐缩管

4. 渐缩管

圆锥形渐缩管的形状，由收缩面积比 A_2/A_1 和收缩角 α 两个几何参数决定，如图1.45 所示，其局部阻力系数由图 1.46 查得，与收缩后断面的流速 v_2 相对应。

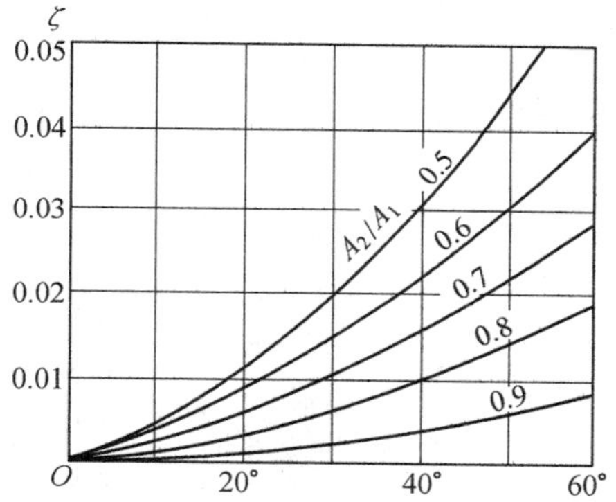

图 1.46　渐缩管局部阻力系数

5. 弯管

弯管只改变流动方向，不改变平均流速的大小，如图 1.47 所示。流体流经弯管，流动方向的改变不仅使弯管的内、外侧可能出现如前所述的两个旋涡区，而且还产生了如下所述的二次流现象。流体进入弯管后，受离心力作用，使弯管外侧（E 处）的压强增大，内侧（H 处）的压强减小，而左、右两侧（F、G 处）壁面附近压强变化不大。于是在压强差的作用下，外侧流体沿壁面流向内侧。与此同时，由于连续性，内侧流体沿 HE 方向向外侧回流，这样在弯管内，形成一对旋转流，即二次流。二次流与主流叠加，使流过弯管的流体质点做螺旋运动，从而加大了弯管的水头损失。在弯管内形成的二次流，消失较慢，使得弯管后的影响长度最大可超过 50 倍管径。

弯管的局部水头损失，包括旋涡损失和二次流损失两部分。局部阻力系数取决于弯管的转角 θ 和曲率半径与管径之比 R/d（或 R/b），对矩形断面的弯管还有高宽比 h/b。不同几何形状的弯管 ζ 值见表 1.10，通过分析可以看出 R/d（或 R/b）对弯管的 ζ 值影响很大，特别是在 θ > 60° 和 R/d < 1 的情况下，进一步减少 R/d 会使 ζ 值急剧增大。当 R/d（或 R/b）较小时，断面形状对弯管的 ζ 值影响不大；当 R/b 较大时，h/b 大的矩形断面，弯管的 ζ 值要小一些。

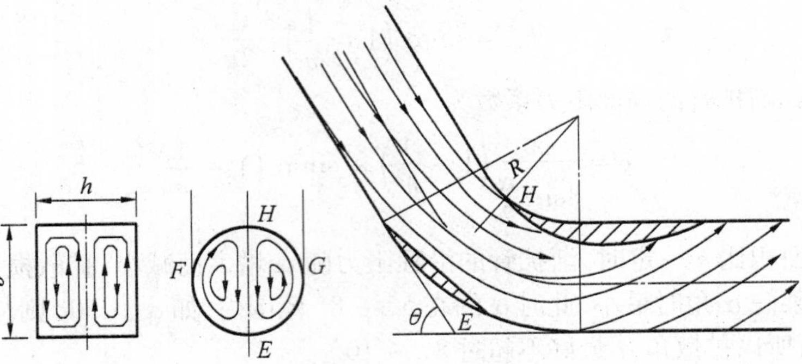

图 1.47 弯管二次流

表 1.10 $Re = 10^6$ 时弯管的 ζ 值

序号	断面形状	R/d 或 R/b	30°	45°	60°	90°
1	圆形	0.5	0.120	0.270	0.480	1.000
		1.0	0.058	0.100	0.150	0.246
		2.0	0.066	0.089	0.112	0.159
2	方形 $h/b = 1.0$	0.5	0.120	0.270	0.480	1.060
		1.0	0.054	0.079	0.130	0.241
		2.0	0.051	0.078	0.102	0.142
3	矩形 $h/b = 0.5$	0.5	0.120	0.270	0.480	1.000
		1.0	0.058	0.087	0.135	0.220
		2.0	0.062	0.088	0.112	0.155
4	矩形 $h/b = 2.0$	0.5	0.120	0.280	0.480	1.080
		1.0	0.042	0.081	0.140	0.227
		2.0	0.042	0.063	0.083	0.113

注:表中数据选自 D. S. Miller 著《Internal Flow》

6. 三通

三通有多种形式,工程上常用的有两类:支流对称于总流轴线的"Y 形"三通和在直管段上接出支管的"T 形"三通,如图 1.48 所示,同时每个三通又都可以在分流和合流的情况下工作。

三通的形状由总流与支流间的夹角 α 和面积比 A_1/A_3,A_2/A_3 等几何参数确定,但三通的特征是它的流量前后有变化,因此三通的 ζ 值不仅取决于它的几何参数,还与流量比 Q_1/Q_3 或 Q_2/Q_3 有关。另外三通有两个支管,所以有两个局部阻力系数。三通前后又有不同的流速,计算时必须选用和支管相应的 ζ 值,以及和该系数相应的流速水头。各种三通的 ζ 值可在有关专业手册中查得,这里仅给出 $A_1 = A_2 = A_3$,$\alpha = 45°$ 和 90° 的"T 形"三通的 ζ 值,如图 1.49 所示,与总管的流速水头 $v_2^2/(2g)$ 相对应。

合流三通的 ζ 值可能出现负值,这意味着经过三通后流体的单位能量不仅未减少反而增加了。这是因为当两股流速不同的流股汇合后,在混合的过程中伴有动量的交换,高速流股将它的一部分动能传递给低速流股,使低速流股的能量有所增加。如低速流股获

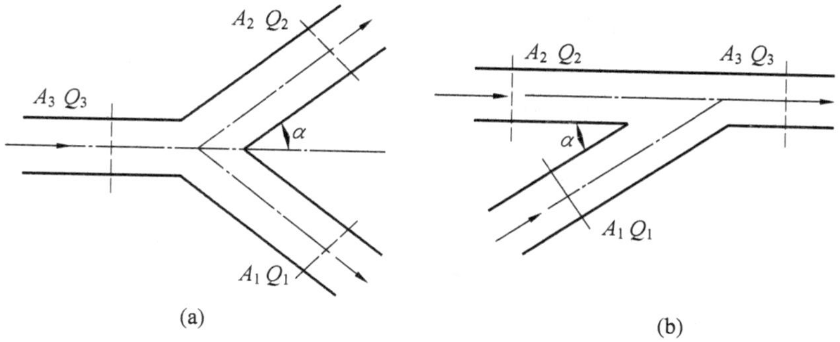

图 1.48　分流与合流三通

得的这部分能量超过了它在流经三通时所损失的能量，低速流股的 ζ 值就会出现负值。至于两股流动的总能量，则只可能减少而不可能增加，所以三通两个支管的 ζ 值，绝不会同时出现负值。

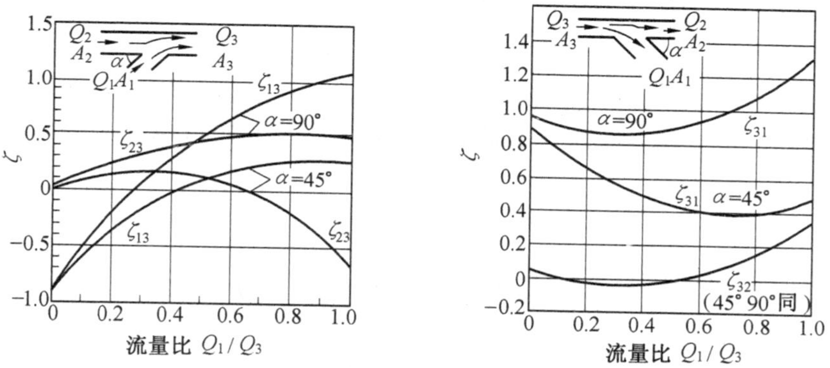

图 1.49　45° 和 90° 的“T 形” 三通的 ζ 值

1.5　孔口与管嘴出流

1.5.1　孔口出流

容器侧壁或底壁上开孔，容器内的液体经孔口出流到大气中的水力现象称为孔口自由出流。自然通风中空气通过门窗，容器壁上开出的泄流孔，市政和水利工程中常用的取水、泄水闸孔以及某些测量流量设备（如节流孔板等）均属孔口出流。由于孔口沿流动方向边界长度很短，此时只需考虑孔口的局部损失，不计沿程损失。

具有锐缘的孔口出流时，出流流股与孔壁仅在一条周线上接触，壁厚对出流无影响，这样的孔口称为薄壁孔口，如图 1.50 所示。若孔壁厚度和形状促使流股收缩后又扩开，与孔壁接触形成面而不是线，这种孔口称为厚壁孔口或管嘴。

由于孔口上、下缘在水面下的深度不同，其作用水头不同。在实际计算中，当孔口的直径 d（或高度 e）与孔口形心在水面下的深度 H 相比很小，$d \leqslant H/10$，便可忽略孔中心与上下边缘高差的影响,认为孔口断面上各点的作用水头相等,出流流速相等,这样的孔口是小孔口。当 $d > H/10$,应考虑孔口不同高度上的作用水头不等,这样的孔口是大孔口。

如图 1.50 所示的薄壁小孔口自由出流,容器内的液体不断地被补充,保持水头 H 不变,是恒定出流。容器内液体的流线自上游各个方向向孔口汇集,由于质点的惯性作用,当绕过孔口边缘时,流线不能突然改变方向,要有一个连续的变化过程,即以圆滑曲线逐渐弯曲。因此在孔口断面的流线并不平行,仍然继续弯曲且向中心收缩,造成孔口断面处的急变流。直至出流流股距孔口约为 $d/2$ 处,断面收缩达到最小,流线趋于平行,成为渐变流,该断面称为收缩断面,即图 1.50 中的 $c-c$ 断面。设孔口断面面积为 A,收缩断面面积为 A_c,则收缩系数 ε 表示为

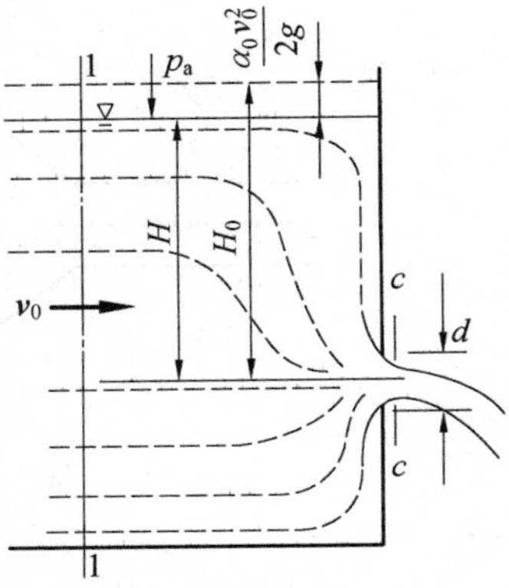

图 1.50　孔口自由出流

$$\varepsilon = \frac{A_c}{A} \tag{1.90}$$

式(1.90)为推导孔口出流的基本公式,选通过孔口形心的水平面为基准面,取容器内符合渐变流条件的过流断面 1 - 1,收缩断面 $c-c$,列伯努利方程:

$$H + \frac{p_0}{\rho g} + \frac{\alpha_0 v_0^2}{2g} = 0 + \frac{p_c}{\rho g} + \frac{\alpha_c v_c^2}{2g} + h_m$$

式中孔口的局部水头损失 $h_m = \zeta_0 \frac{v_c^2}{2g}$,又 $p_0 = p_c = p_a$,化简上式得

$$H + \frac{\alpha_0 v_0^2}{2g} = (\alpha_c + \zeta_0)\frac{v_c^2}{2g}$$

令 $H_0 = H + \frac{\alpha_0 v_0^2}{2g}$,代入上式整理得收缩断面流速为

$$v_c = \frac{1}{\sqrt{\alpha_c + \zeta_0}}\sqrt{2gH_0} = \varphi\sqrt{2gH_0} \tag{1.91}$$

式中　H_0—— 作用水头是促使出流的全部能量,如流速 $v_0 \approx 0$,则 $H_0 = H$;

ζ_0—— 孔口的局部阻力系数;

φ—— 孔口的流速系数,其计算式为

$$\varphi = \frac{1}{\sqrt{\alpha_c + \zeta_0}} \approx \frac{1}{\sqrt{1 + \zeta_0}} \tag{1.92}$$

因为在通风空调设备中,很多过流设备的计算都可简化为孔口出流问题,此时主要应解决的是孔口的过流问题,即流量的大小,所以由式(1.90)和式(1.92)可推导出孔口出流的流量公式:

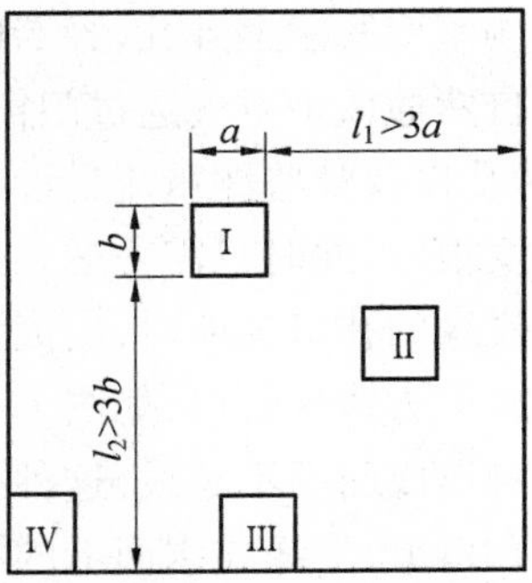

图 1.51　全部收缩和部分收缩孔口

$$Q = v_c A_c = \varphi \varepsilon A \sqrt{2gH_0} = \mu A \sqrt{2gH_0} \tag{1.93}$$

式中　μ—— 孔口流量系数，$\mu = \varepsilon\varphi$。

孔口出流的流速系数 φ 值接近于 1，流量系数 μ 取决于孔口的形状、在壁面的位置和边缘情况。实验表明，对于小孔口来说，孔口形状不同，μ 值的差别不大。孔口在壁面开设的位置对收缩系数 ε 有直接的影响，如图 1.51 所示的孔 Ⅰ，其孔口的全部边界距底边和侧边较远，其出流流束能在各方向全部发生收缩，同时容器壁对流线的弯曲无影响，称为全部收缩孔口；同时孔口边缘与侧边的距离大于 3 倍的孔宽，称为完善收缩。所以薄壁小孔口 Ⅰ 为全部完善收缩孔口，其各项系数可采用表 1.11 所示值；孔 Ⅱ 虽为全部收缩孔口，但孔口边界与侧边的距离较小，故产生不完善收缩；孔 Ⅲ、Ⅳ 部分边界与侧边的重合，故产生部分收缩。孔口的边缘对收缩系数 ε 也有影响，薄壁小孔口的收缩系数最小，圆边孔口的最大，直至等于 1。

另外小孔口出流的基本公式(1.93) 也适用于大孔口和其他孔口出流情况。因为孔口的边缘对收缩系数 ε 有影响，薄壁小孔口的 ε 值最小，大孔口的 ε 值相应增加，直至等于 1。因而大孔口的流量系数 μ 值也比较大，见表 1.12。

表 1.11　圆形薄壁小孔口各项系数

收缩情况	μ
全部不完善收缩	0.70
底部无收缩，侧向很小收缩	0.70 - 0.75
底部无收缩，侧向过度收缩	0.66 - 0.70
底部无收缩，侧向极小收缩	0.80 - 0.90

表 1.12　大孔口的流量系数

收缩系数 ε	0.64
损失系数 ζ_0	0.06
流速系数 φ	0.97
流量系数 μ	0.62

液体经孔口直接流入另一部分充满液体的空间时，称为孔口淹没出流，如图 1.52 所示。孔口淹没出流与自由出流一样，由于惯性作用，水流经孔口流束也形成收缩断面 $c-c$，然后再扩大。选通过孔口形心的水平面为基准面，取上下游过流断面 1 - 1，2 - 2，列伯努利方程：

$$H_1 + 0 + \frac{\alpha_1 v_1^2}{2g} = H_2 + 0 + \frac{\alpha_2 v_2^2}{2g} + \zeta_0 \frac{v_c^2}{2g} + \zeta_{se} \frac{v_c^2}{2g}$$

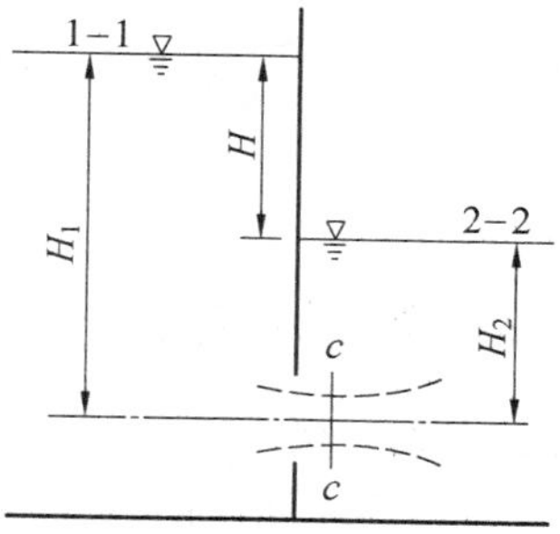

图 1.52　孔口淹没出流

式中水头损失项包括孔口的局部损失和收缩断面 $c-c$ 至 2 - 2 断面流束突然扩大的局部损失。

令 $H_0 = H_1 - H_2 + \frac{\alpha_1 v_1^2}{2g}$，又 v_2 忽略不计，代入上式整理，得收缩断面流速为

$$v_c = \frac{1}{\sqrt{\zeta_0 + \zeta_{se}}}\sqrt{2gH_0} = \varphi\sqrt{2gH_0} \tag{1.94}$$

式中　H_0—— 作用水头，如流速 $v_1 \approx 0$，则 $H_0 = H_1 - H_2 = H$；

ζ_0—— 孔口的局部阻力系数，与自由出流相同；

ζ_{se}—— 水流自收缩断面后突然扩大的局部阻力系数，当 $A_2 \gg A_c$ 时，$\zeta_{se} \approx 1$。

于是淹没出流的流速系数为

$$\varphi = \frac{1}{\sqrt{\zeta_{se} + \zeta_0}} \approx \frac{1}{\sqrt{1 + \zeta_0}} \tag{1.95}$$

淹没出流时孔口的流量为

$$Q = v_c A_c = \varphi \varepsilon A \sqrt{2gH_0} = \mu A \sqrt{2gH_0} \tag{1.96}$$

比较孔口出流的基本公式(1.93)和(1.96)，两者形式相同，各项系数值也相同。但应注意，自由出流的作用水头H是液面至孔口形心的深度，而淹没出流的作用水头是上下游液面高差。因为淹没出流孔口断面各点的作用水头H_0相同，所以淹没出流无“大”“小”孔口之分，只要H_0一定，出流流量与孔口在液面下开设的位置高低无关。

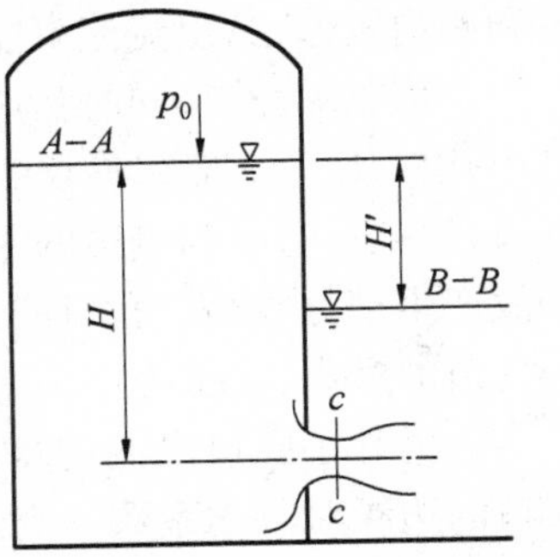

图 1.53 压力容器出流

当有压容器内的液体经孔口出流时，如图 1.53 所示，其表面压强(相对压强)为p_0。当自由出流时，流量可用式(1.93)计算，此时式中的$H_0 = H + \frac{p_0}{\rho g} + \frac{\alpha_A v_A^2}{2g}$；当淹没出流时，流量可用式(1.96)计算，此时式中的$H_0 = H' + \frac{p_0}{\rho g} + \frac{\alpha_A v_A^2 - \alpha_B v_B^2}{2g}$。

气体出流一般为淹没出流，流量计算要用压强差Δp_0代替式(1.96)中的作用水头差H_0，即

$$Q = \mu A \sqrt{\frac{2\Delta p_0}{\rho}} \tag{1.97}$$

式中 Δp_0——促使气体出流的全部能量，由伯努利方程得

$$\Delta p_0 = (p_A - p_B) + \frac{\rho}{2}(\alpha_A v_A^2 - \alpha_B v_B^2) \tag{1.98}$$

1.5.2 管嘴出流

当在孔口处对接一段$l = (3 \sim 4)d$的短管或圆孔壁厚$\delta = (3 \sim 4)d$时，液体经此短管并在出口断面满管流出的水力现象称为管嘴出流，此短管称为管嘴，例如水力机械化施工用水枪及消防水枪都是管嘴的应用。管嘴出流沿流动方向边界长度很小，虽有沿程损失，但与局部损失相比甚微可以忽略。故进行管嘴出流的水力计算时只需考虑局部水头损失，不计沿程水头损失。

液流流入管嘴时同孔口出流一样，在距进口不远处流股发生收缩，在收缩断面$c-c$处主流与壁面脱离，并形成旋涡区。其后流股逐渐扩张，在管嘴出口断面完全充满管嘴断面流出，如图 1.54 所示。

设开口容器，水由管嘴自由出流，取容器内过流断面$1-1$和管嘴出口断面$b-b$列伯努利方程：

$$H + 0 + \frac{\alpha_0 v_0^2}{2g} = 0 + 0 + \frac{\alpha v^2}{2g} + \zeta_n \frac{v^2}{2g}$$

令 $H_0 = H + \dfrac{\alpha_0 v_0^2}{2g}$，代入上式整理得圆柱形外管嘴出口流速计算公式为

$$v = \frac{1}{\sqrt{\alpha + \zeta_n}}\sqrt{2gH_0} = \varphi_n\sqrt{2gH_0} \quad (1.99)$$

圆柱形外管嘴出口流量计算公式为

$$Q = vA = \varphi_n A\sqrt{2gH_0} = \mu_n A\sqrt{2gH_0} \quad (1.100)$$

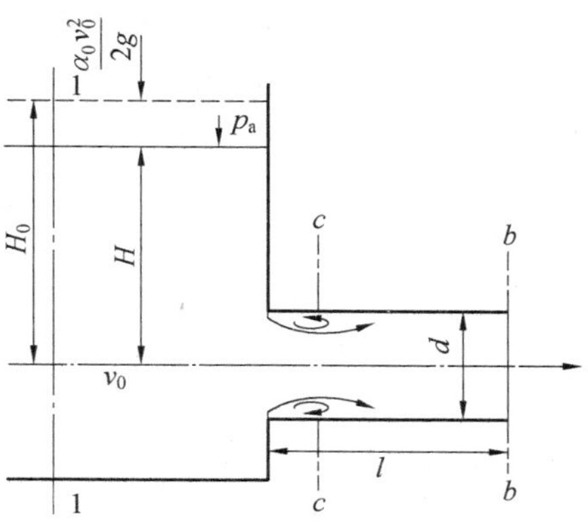

图1.54　管嘴出流

式中　H_0——作用水头，如流速 $v_0 \approx 0$，则 $H_0 = H$；

ζ_n——管嘴局部阻力系数，相当于管道锐缘进口的损失系数，$\zeta_n = 0.5$；

φ_n——管嘴的流速系数，$\varphi_n = \dfrac{1}{\sqrt{\alpha + \zeta_n}} = \dfrac{1}{\sqrt{1 + 0.5}} = 0.82$；

μ_n——管嘴的流量系数，因出口断面无收缩，$\mu_n = \varphi_n = 0.82$。

比较基本公式（1.100）和（1.93），两者形式上完全相同，然而流量系数 $\mu_n = 1.32\mu$，可见在相同的作用水头下，同样断面面积管嘴的过流能力是孔口过流能力的1.32倍。

孔口外接短管为管嘴增加了阻力，但流量不减反而增加的原因是收缩断面处存在真空现象，这是管嘴出流不同于孔口出流的基本特点。对收缩断面 $c-c$ 和出口断面 $b-b$ 列伯努利方程：

$$\frac{p_c}{\rho g} + \frac{\alpha_c v_c^2}{2g} = \frac{p_a}{\rho g} + \frac{\alpha v^2}{2g} + \zeta_{se}\frac{v^2}{2g}$$

则

$$\frac{p_a - p_c}{\rho g} = \frac{\alpha_c v_c^2}{2g} - \frac{\alpha v^2}{2g} - \zeta_{se}\frac{v^2}{2g}$$

其中 $v_c = \dfrac{A}{A_c}v = \dfrac{1}{\varepsilon}v$，同时局部水头损失主要发生在主流扩大上，则

$$\zeta_{se} = \left(\frac{A}{A_c} - 1\right)^2 = \left(\frac{1}{\varepsilon} - 1\right)^2$$

得到

$$\frac{p_v}{\rho g} = \left[\frac{\alpha_c}{\varepsilon^2} - \alpha - \left(\frac{1}{\varepsilon} - 1\right)^2\right]\frac{v^2}{2g} = \left[\frac{\alpha_c}{\varepsilon^2} - \alpha - \left(\frac{1}{\varepsilon} - 1\right)^2\right]\varphi^2 H_0$$

将各项系数 $\alpha_c = \alpha = 1$，$\varepsilon = 0.64$，$\varphi = 0.82$ 代入上式，得收缩断面的真空高度为

$$\frac{p_v}{\rho g} = 0.75H_0 \quad (1.101)$$

比较孔口自由出流和管嘴出流，前者收缩断面在大气中，而后者的收缩断面为真空区，真空高度达作用水头的75%。相当于把孔口的作用水头增大75%，这正是圆柱形外管嘴的流量比孔口流量大的原因。

由式（1.101）可知，作用水头 H_0 越大，管嘴内收缩断面的真空高度也越大。但实际上，当收缩断面的真空高度超过7 m水柱时，收缩断面汽化，汽化区被水流带出，和外界大

气相通，空气将会从管嘴出口断面“吸入”，使得收缩断面的真空被破坏，管嘴不能保持满管出流，从而变为孔口出流。为保证正常的管嘴出流，应限制收缩断面的真空高度 $p_v/\rho g \leqslant 7$ m，这样就决定了管嘴作用水头的极限值为

$$[H_0] = \frac{7}{0.75} = 9\ \text{m} \tag{1.102}$$

其次，对管嘴的长度也有一定限制。过短则流束在管嘴内收缩后，来不及扩大到整个出口断面，不能阻断空气进入而成非满流流出，收缩断面不能形成真空，管嘴不能发挥作用，实际成为孔口出流；过长则沿程水头损失不容忽略，管嘴出流变为短管流动。所以，圆柱形外管嘴的正常工作条件是：

① 作用水头 $H_0 \leqslant 9$ m；

② 管嘴长度 $l = (3 \sim 4)d$。

思考题

1. 何谓连续介质模型？说明引用连续介质模型的必要性和可能性。

2. 按作用方式的不同，以下作用力：压力、重力、引力、摩擦力、惯性力，哪些是表面力？哪些是质量力？

3. 为什么说流体运动的摩擦阻力是内摩擦阻力？它与固体运动的摩擦力有何不同？

4. 什么是流体的黏滞性？

5. 动力黏滞系数 μ 和运动黏滞系数 ν 有何区别及联系？

6. 液体和气体的黏度随着温度变化的趋向是否相同？为什么？

7. 何谓理想流体？

8. 何谓不可压缩流体？

9. 简述静力学基本方程的物理意义与几何意义？

10. 绝对压强、相对压强、真空度的定义是什么？如何换算？

11. 流体静压强有何特性？

12. 流线和迹线有什么不同？流线有哪些主要性质，在什么条件下流线和迹线重合？

13. 简述总流伯努利方程的物理意义和几何意义。

14. 何谓均匀流及非均匀流？

15. 薄壁小孔口的自由出流和淹没出流的流量系数和流速系数有何异同？

习　　题

1. 水的密度为 1 000 kg/m^3，2 L 水的质量和重量是多少？

2. 体积为 0.5 m^3 的油料，重量为 4 410 N，试求该油料的密度是多少？

3. 当空气的温度从 0 ℃ 增加到 20 ℃ 时，运动黏滞系数 ν 值增加 15%，密度减少 10%，问此时动力黏滞系数 μ 值增加多少？

4. 如图 1.55 所示，为了进行绝缘处理，将导线从充满绝缘涂料的模具中间拉过。已

知导线直径为 0.8 mm，涂料的动力黏滞系数 $\mu = 0.02$ Pa·s，模具的直径为 0.9 mm，长度为20 mm，导线的牵拉速度为 50 m/s。试求所需牵拉力？

5. 某木块底面积为 60 cm × 40 cm，质量为 5 kg，沿着与水平面成 20° 的涂有润滑油的斜面下滑（图 1.56）。油层厚度为 0.6 mm，如以等速度 $u = 0.84$ m/s 下滑时，求油的动力黏滞系数 μ。

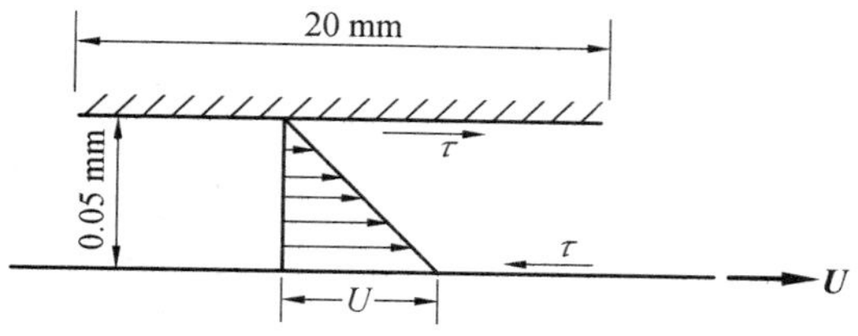

图 1.55　题 1.4 图

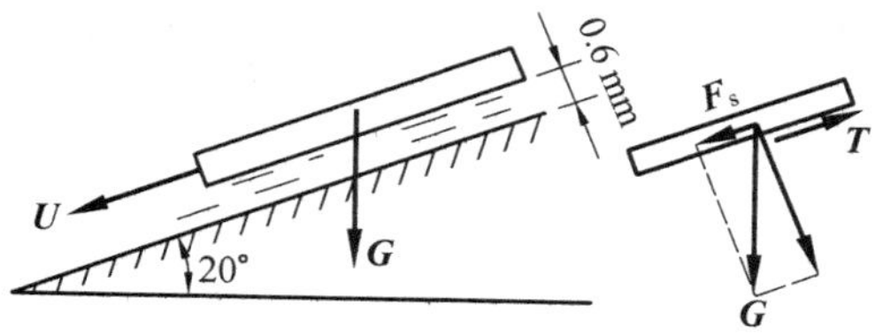

图 1.56　题 1.5 图

6. 密闭容器，测压管液面高于容器内液面 $h = 1.8$ m，液体的密度为 850 kg/m³，如图 1.57 所示。求液面压强。

7. 密闭水箱，压力表测得压强为 4 900 N/m³，压力表中心比 A 点高 0.4 m，A 点在液面下 1.5 m，如图 1.58 所示。求水面压强。

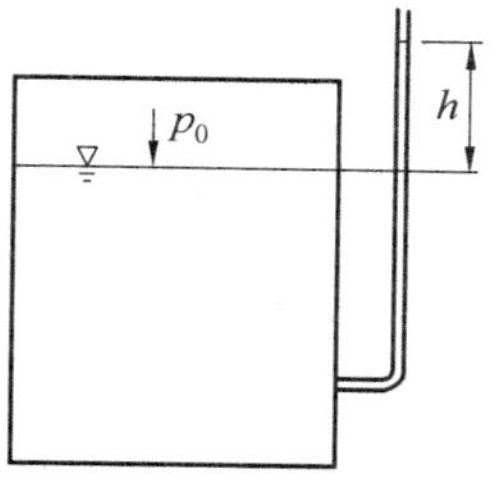

图 1.57　题 1.6 图

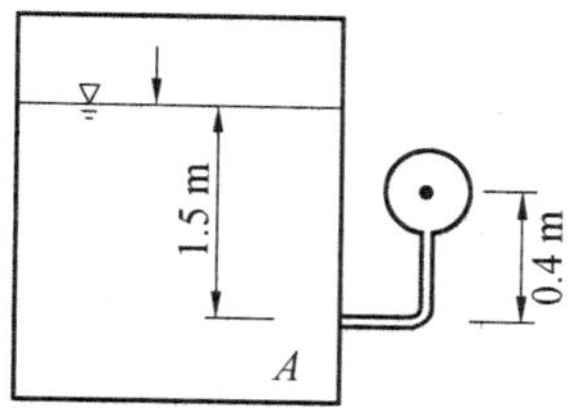

图 1.58　题 1.7 图

8. 水箱形状如图 1.59 所示，底部有四个支座。试求水箱底面上的总压力和四个支座的支座反力，并讨论总压力与支座反力不相等的原因。

9. 如图 1.60 所示，盛满水的容器，顶口装有活塞 A，直径 $d = 0.4$ m，容器底的直径 $D = 1.0$ m，高 $h = 1.8$ m。如活塞上加力 2 520 N（包括活塞自重），求容器底的压强和总压力。

10. 多管水银测压计用来测水箱中的表面压强（图 1.61）。图中高程的单位为 m，试求水面的绝对压强 p_{0abs}。

11. 已知两平行平板间的速度分布为 $u = u_{max}\left[1 - \left(\frac{y}{b}\right)^2\right]$，式中 $y = 0$ 为中心线，$y = \pm b$ 为平板所在位置，u_{max} 为常数，求两平行平板间流体的单宽流量。

12. 输水管道经三通管分流，如图 1.62 所示。已知管径 $d_1 = d_2 = 200$ mm，$d_3 = 100$ mm，断面平均流速 $v_1 = 3$ m/s，$v_2 = 2$ m/s。试求断面平均流速 v_3。

13. 如图 1.63 所示的管段，$d_1 = 2.5$ cm，$d_2 = 5$ cm，$d_3 = 10$ cm。（1）当流量为 4 L/s 时，求各管段的平均流速。（2）旋动阀门，使流量增加至 8 L/s 或使流量减少至 2 L/s 时，平均流速如何变化？

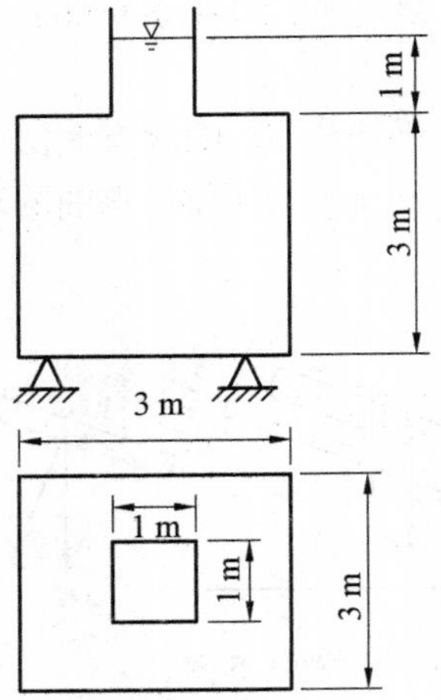

图 1.59　题 1.8 图

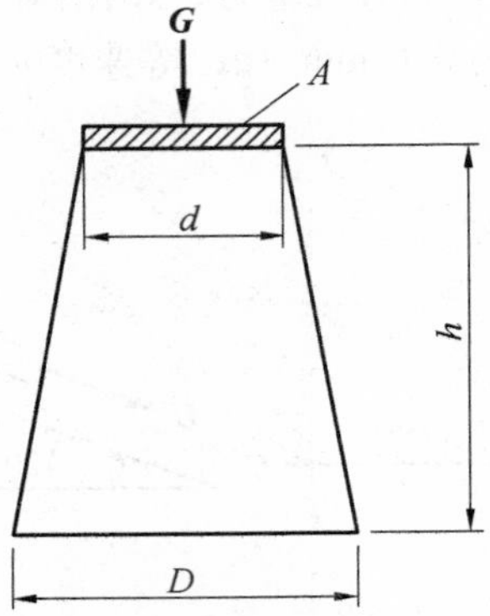

图 1.60　题 1.9 图

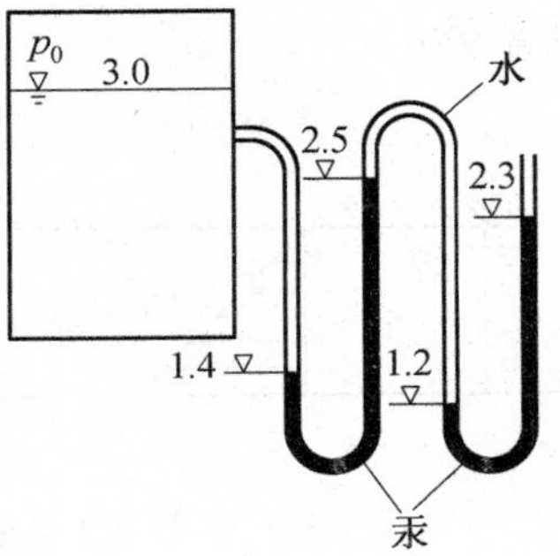

图 1.61　题 1.10 图

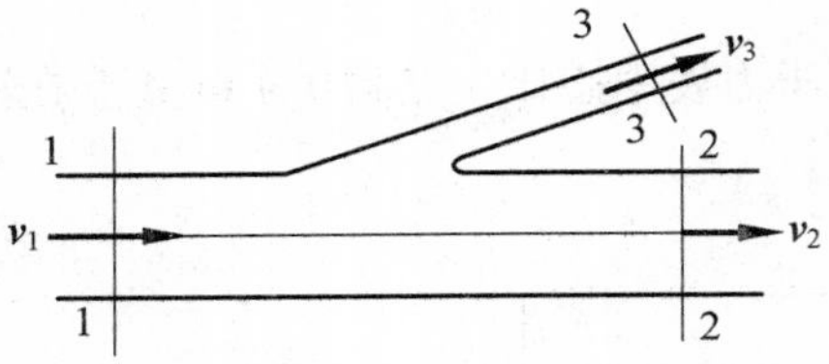

图 1.62　题 1.12 图

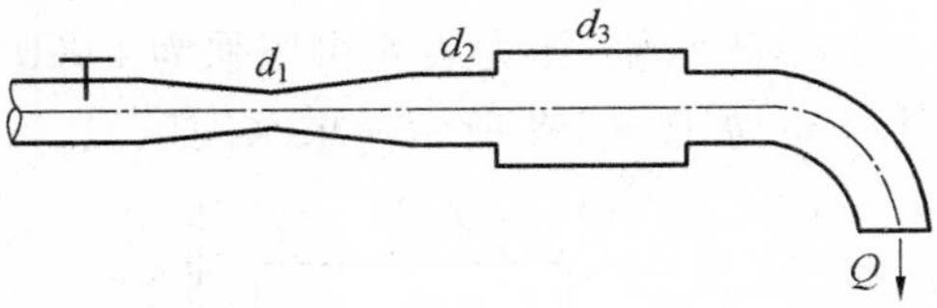

图 1.63　题 1.13 图

14. 如图 1.64 所示，水管直径 $d = 50$ mm，末端阀门关闭时，压力表读值为 $p_{m1} = 21$ kPa，阀门打开后读值降为 $p_{m2} = 5.5$ kPa，不计水头损失，求通过的流量 Q。

15. 如图 1.65 所示，油在管道中流动，直径 $d_A = 0.15$ m，$d_B = 0.1$ m，$v_A = 2$ m/s，水头损失不计，求 B 点处测压管高度 h_c。

16. 如图 1.66 所示，水在变直径竖管中流动，已知粗管直径 $d_1 = 300$ mm，流速 $v_1 = 6$ m/s。装有压力表的两断面相距 $h = 3$ m，为使两压力表读值相同，试求细管直径（水头损失不计）。

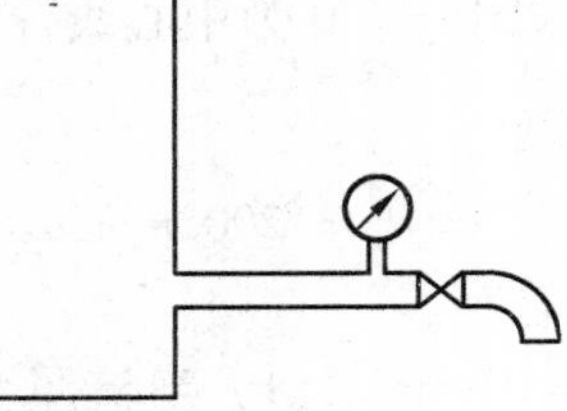

图 1.64　题 1.14 图

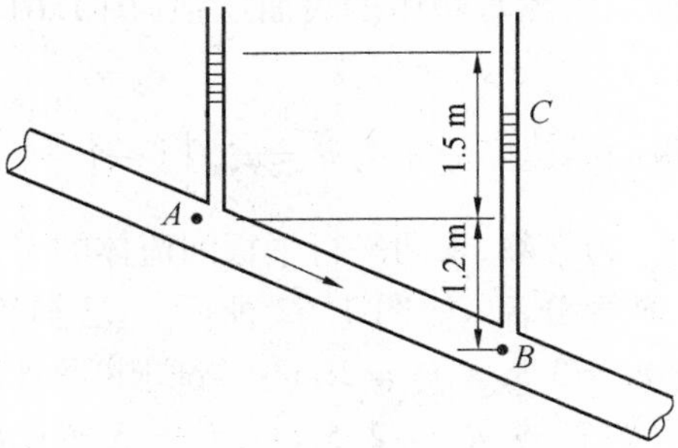

图 1.65　题 1.15 图

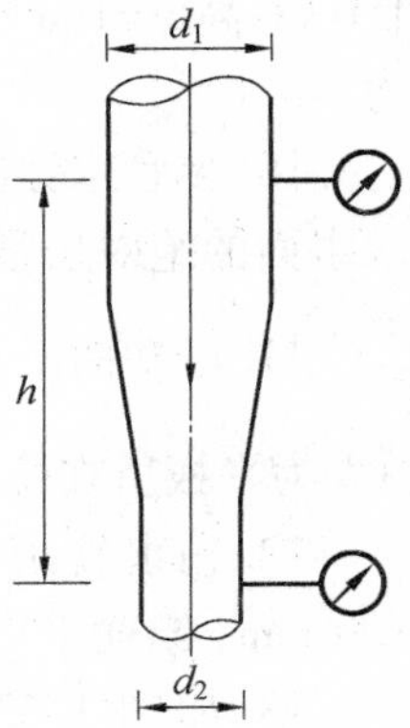

图 1.66　题 1.16 图

17. 如图 1.67 所示，变直径管段 AB，$d_A = 0.2$ m，$d_B = 0.4$ m，高差 $\Delta h = 1.5$ m，测得

p_A =30 kPa,p_B = 40 kPa,B 点处断面平均流速 v_B = 1.5 m/s。试求两点间的水头损失 h_{lAB} 并判断水在管中的流动方向。

18. 如图1.68所示,用水银压差计测量水管中的点流速 u,如读值 Δh = 60 mm。(1) 求该点流速 u;(2) 若管中流体是 ρ = 0.8 kg/m³ 的油,Δh 仍不变,不计水头损失,则该点流速为多少?

19. 如图1.69所示,为了测量石油管道的流量,安装文丘里流量计。管道直径 d_1 = 200mm,流量计喉管直径 d_2 = 100 mm,石油密度 ρ = 850 kg/m³,流量计流量系数 μ = 0.95。现测得水银压差计读数 h_p = 150 mm,问此时管中流量 Q 多大?

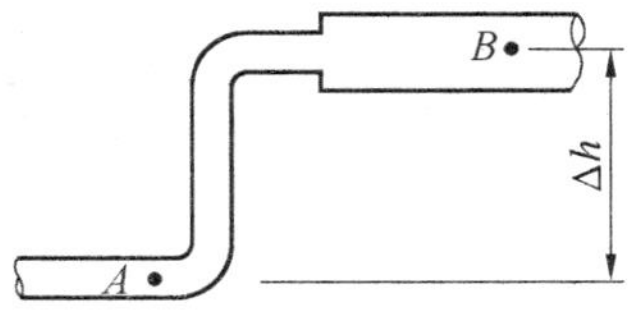

图1.67　题1.17图

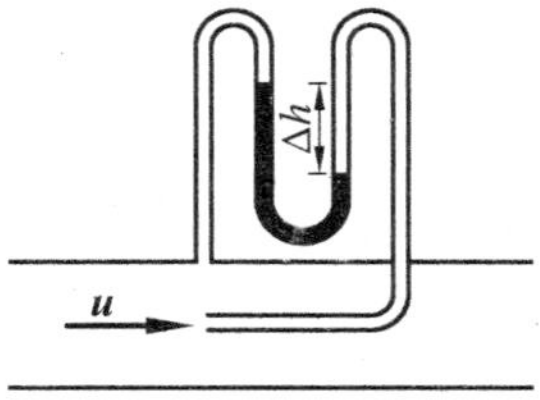

图1.68　题1.18图

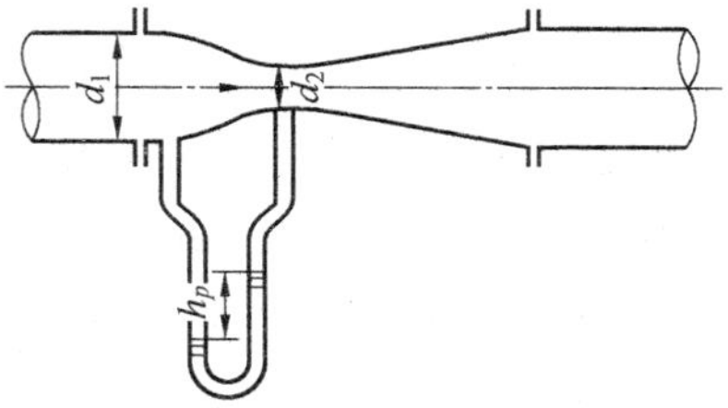

图1.69　题1.19图

20. 薄壁圆形孔口的直径 d = 10 mm,作用水头 H = 2 m。现测得射流收缩断面的直径 d_c = 8 mm,在32.8 s时间内,经孔口流出的水量为0.01 m³,试求该孔口的收缩系数 ε、流量系数 μ、流速系数 φ 及孔口局部阻力系数 ζ。

21. 薄壁孔口出流如图1.70所示,直径 d = 2 cm,水箱水位恒定 H = 2 m,试求:(1) 孔口流量 Q;(2) 此孔口外接圆柱形管嘴的流量 Q_n;(3) 管嘴收缩断面的真空。

22. 如图1.71所示,某诱导器的静压箱上装有圆柱形管嘴,管径 d = 4 mm,长度 l = 100 mm,沿程阻力系数 λ = 0.02,从管嘴入口到出口的局部阻力系数 $\sum\zeta$ = 0.5,试求:(1) 管嘴的流速系数和流量系数;(2) 当管嘴外为当地大气压,空气密度 ρ_a = 1.2kg/m³,若要求管嘴的出流速度为30 m/s,此时静压箱内的压强应保持多大?

23. 某恒温室采用孔板送风,风道中的静压为200 Pa,孔口直径 d = 20 mm,空气温度为20 ℃,孔口流量系数为0.8,要求通风量 Q = 1.0 m³/s,问需要布置多少孔口?

24. 如图1.72所示,水箱用隔板分为 A、B 两室,隔板上开一孔口,其直径 d_1 = 4 cm,在 B 室底部装有圆柱形外管嘴,其直径 d_2 = 3 cm。已知 H = 3 m,h_3 = 0.5 m,试求:(1) 出流恒定的条件;(2) 在恒定出流时的 h_1、h_2;(3) 流出水箱 B 的流量 Q。

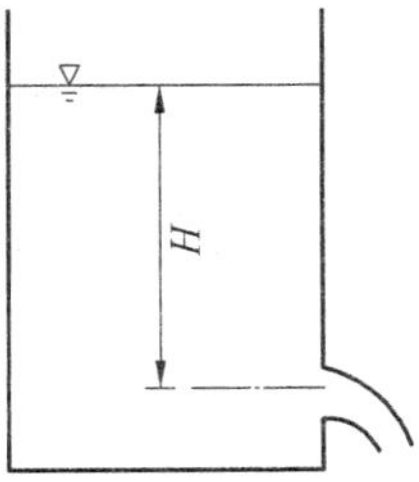

图1.70　题1.21图

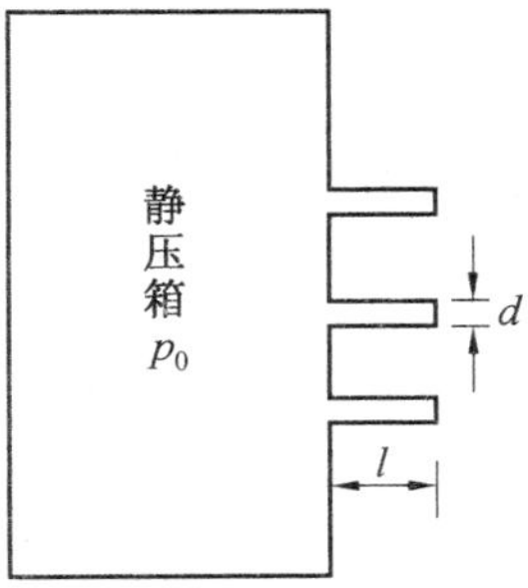

图1.71　题1.22图

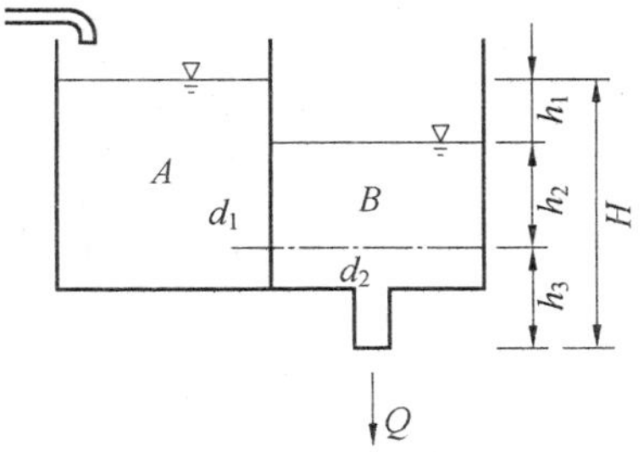

图1.72　题1.24图

第2章　城市给水排水工程概述

2.1　水资源及水质

水是人类生活和生产不可缺少的资源。随着人口增长、经济发展和物质文化生活水平的提高，一方面人类对水的需求日益增加，另一方面则带来了水体污染、水质恶化、水资源枯竭等问题。由于水资源是一种有限的，而且是无可代替的资源，因此，在一些国家和地区由于时常发生水荒，水资源已成为国民经济发展的制约因素。

2.1.1　我国水资源概况与特点

我国是一个水资源极为匮乏的国家，全国水资源总量约为27 200亿m^3，居世界第六位。但是，由于我国国土面积大，人口众多，平均每人占有年径流量不足世界人均占有量的1/4。

(1) 水资源分布不均衡。一是表现为时间上的分布不均衡，年际差别悬殊，枯水年与丰水年降水量之比，南方地区为1.5～3倍，北方地区为3～6倍，北京地区则达5.8倍。年内差距也很大，大部分地区年降雨量的60%～80%集中在夏季的3～4个月内。二是地域分布不均衡，长江、珠江、浙闽台和西南诸河水量约占全国总水量的82.3%，而耕地面积只占36.3%，人口约占54%。黄河、淮河、海河、滦河、辽河、松花江、西北内陆水量约占全国总水量的17.7%，耕地面积却占63.7%，人口约占46%。

(2) 水域污染、水质恶化。由于尚有相当量的污水未经有效处理就直接排放，已造成我国80%以上河段受到污染，90%以上的城市水域污染严重。全国有监测的1 200多条河流中，已有850余条受到不同程度的污染，其中辽河流域、淮河流域、松花江流域、海河流域尤为严重。我国的湖泊污染和富营养化也相当严重。地下水由于超量开采也造成了一系列问题，如水源枯竭、水位下降、地面沉降、水质污染等。

2.1.2　给水水源与水质

给水水源分为地下水水源和地面水水源两大类。地下水水源包括潜水、承压水和泉水。地面水水源包括江河、湖泊、水库和海水。

地下水由大气降雨经地面径流、地层渗滤形成，具有水质清澈、水温恒定、分布广、径流量小、矿化度和硬度高、卫生条件好等特点。

地面水源水质与地下水水质特点不同，一般水质浑浊、水温随季节变化、带状分布、径流量大、矿化度和硬度低、易受污染，其水质有明显的季节性。

2.2　室外给水工程

室外给水工程是为满足城镇居民和工业生产用水需要而修建的工程设施。它应满足用户对水质、水量和水压的要求。为此需修建一系列相互有联系的构筑物，组成给水系统。它的任务是从水源取水，经处理达到水质标准后，由输配水系统送至用户。

给水系统通常包括：取水工程、输配水工程及泵站等。图 2.1 和图 2.2 分别为地面水和地下水水源给水系统。

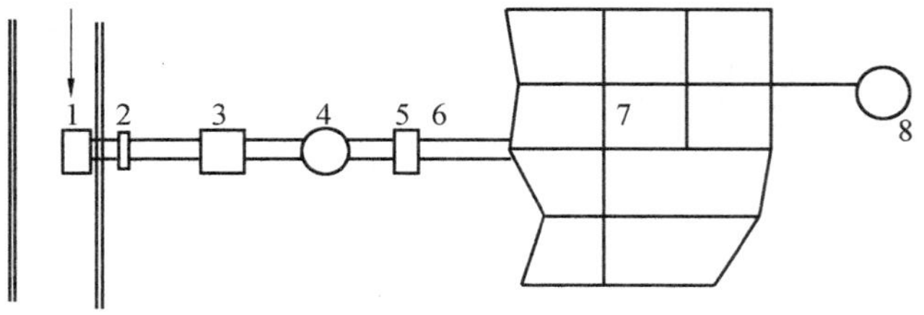

图 2.1　地面水源给水系统

1— 取水构筑物；2— 一级泵站；3— 水处理构筑物；4— 清水池；5— 二级泵站；6— 输水管；7— 管网；8— 水塔

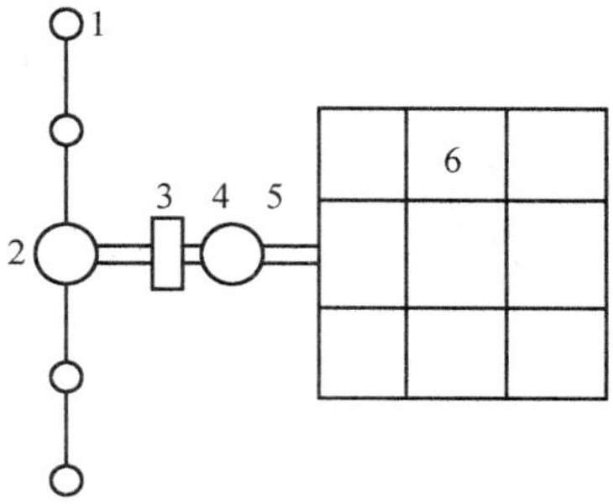

图 2.2　地下水源给水系统

1— 管井群；2— 集水井；3— 泵站；4— 水塔；5— 输水管；6— 管网

2.2.1　取水工程

由于水源分为地下水和地面水两大类，所以取水工程的内容包括：水源选择，水源防护，取水构筑物形式选择，构造形式的设计、计算、施工，运行维护管理等。它的任务是从水源取水，送至水厂或用户。

通常地下水水质较地面水为好，且具有施工方便、经济、安全及便于维护管理等优点。因此，在水源选择时，水质符合卫生要求，水量满足用水需要的地下水可优先考虑。

水源位置选择时，地下水水源应选在城镇上游、含水层透水性能好的地段。地面水水源应选择在城镇的上游河段。

地下水取水构筑物有管井、大口井、渗渠和辐射井等，这与地下水类型、埋深、含水层性质有关。地下水取水构筑物中管井和大口井用得较多，图 2.3 为管井的一般构造。管井由井室、井管、过滤器和沉淀管组成。为保证和提高管井的集水性能和寿命，通常在过滤器周围填充与含水层颗粒组成有一定级配关系的砾石层。

地面水取水构筑物有固定式和移动式两种类型。固定式取水构筑物根据在河床中的修建位置有岸边式和河床式。移动式取水构筑物有缆车式和浮船式。移动式取水构筑物安全性较固定式要差，但其施工比固定式容易，并且经济。图 2.4 为河床式取水构筑物，它由取水头部、自流管、集水井和泵房组成。

水源水质与人民身体健康息息相关，加强水源卫生防护，防止水源被污染是非常重要的。

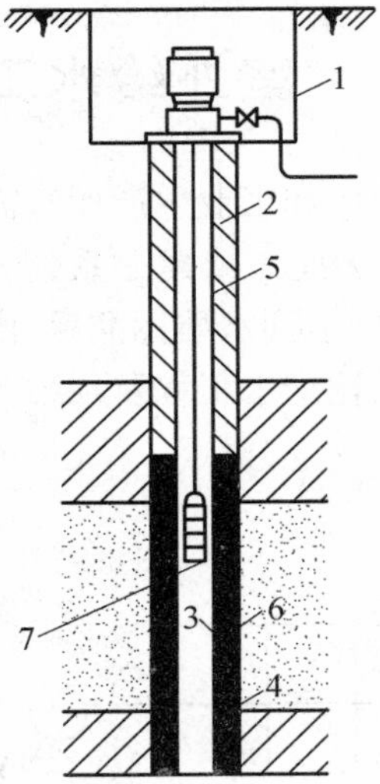

图 2.3　管井构造

1— 井室;2— 井壁管;3— 过滤器;4— 沉淀管;5— 黏土封闭;6— 填砾;7— 深井泵

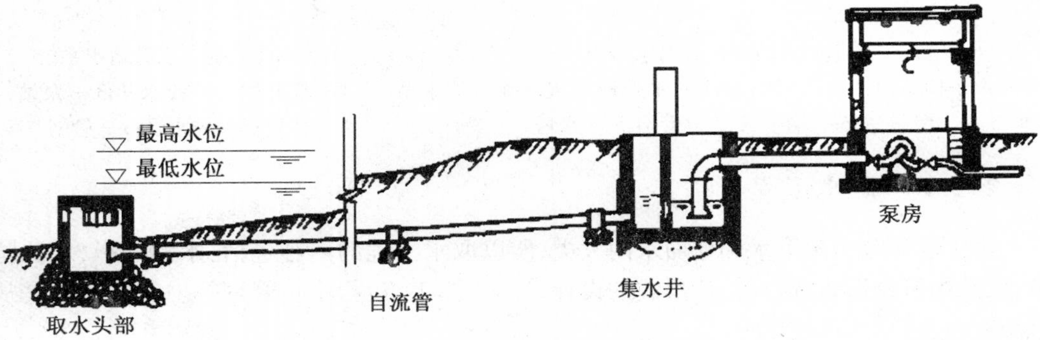

图 2.4　河床式取水构筑物

2.2.2　净水工程

天然水中都不同程度地含有各种杂质,这些杂质包括溶解物、胶体和悬浮物。净水工程的任务就是去除水中的这些杂质,使水质符合我国现行的生活饮用水卫生标准。城镇及乡村自来水厂应满足生活饮用水卫生标准。工业用水水质要求因生产工艺不同而异,自来水厂水质不能满足生产工艺要求的,则需自行处理。

水源未经污染,水质好的原水,通常可采用常规的处理工艺,即可使处理水水质达到国家生活饮用水卫生标准。图 2.5 为常规净水工艺流程示意图。

当水源受到污染,常规的净水工艺就难以将处理水达到国家生活饮用水卫生标准,此时,就应进行深度处理。深度处理是在常规的净水工艺流程中增加的处理工艺,如预处理、强化常规处理、臭氧处理、活性炭处理和生物处理。深度处理可根据原水污染的具体情况,选用其中一两种或全部处理方式,例如臭氧 + 生物活性炭处理。图2.6为臭氧 + 生物活性炭深度处理工艺流程示意图。

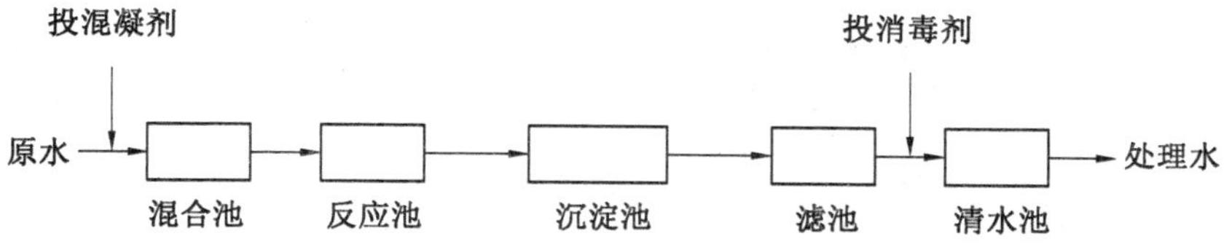

图2.5　常规净水工艺流程示意图

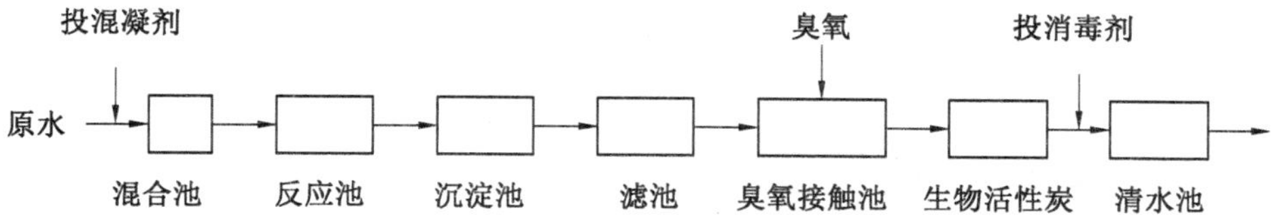

图2.6　臭氧 + 生物活性炭深度处理工艺流程示意图

净水工艺中各处理构筑物的常用形式如下：混合形式有静态混合、水泵混合、机械混合、混合池混合等；反应池形式有隔板反应池、网格反应池、机械反应池等；沉淀池形式有平流式沉淀池、斜板与斜管沉淀池等；澄清池形式有机械搅拌澄清池、水力澄清池、脉冲澄清池等；滤池形式有普通快滤池、双阀滤池、虹吸滤池、重力式无阀滤池等。这些处理构筑物依原水水质、处理规模、技术条件等在设计中选用。

浑浊的原水，经投加混凝剂混凝、沉淀、过滤后，原水中的悬浮物、胶体颗粒及大部分细菌可被去除，出水浊度可达饮用水水质标准要求，但滤后水中仍存在一定数量的细菌。为防止病原菌传播疾病和保证净化后的水在管道输送中不被再次污染，滤后水需经消毒处理，使之满足饮用水水质标准中的有关规定。我国目前广泛采用的是氯消毒或氯氨消毒法等。

地下水为水源，因其水质好，一般只经消毒处理即可。

图2.7为某地面水水厂平面布置图。水厂设于河流岸边，与取水构筑物、一级泵房合建，这种布置便于统一管理。

2.2.3　输配水工程

输配水工程由输水管道、配水管网和调节构筑物等组成。

1. 输水管道

输水管道是将原水送到处理厂，处理后的清水送到用水区域和用水地点的管道。我国有许多城市如天津、青岛、秦皇岛、大连、长春、沈阳等，由于用水量增加，城市水资源不足，就近难以解决，需从数十公里甚至数百公里外的水源远距离输水，如引滦入津工程、引黄济青工程等。

输水管线投资大，特别是远距离输水时，可能会遇上各种地形和地质。因此，在输水管定线时，应选定几种方案，从投资、施工、运行管理等方面综合考虑，经过技术经济比较后确定。选定的方案，管线应少占农田，管线短，尽可能沿现有道路，便于施工和维修；少穿铁路、公路和河流；保证供水安全，尽可能采用重力输水，投资省、便于管理；输水管应保证安全供水，为此可采用一条输水管加设贮水池，或者采用两条输水管输水。

配水管是指管网的干管及干管间的连接管，不包括从干管接出的分配管和引入用户的进水管。

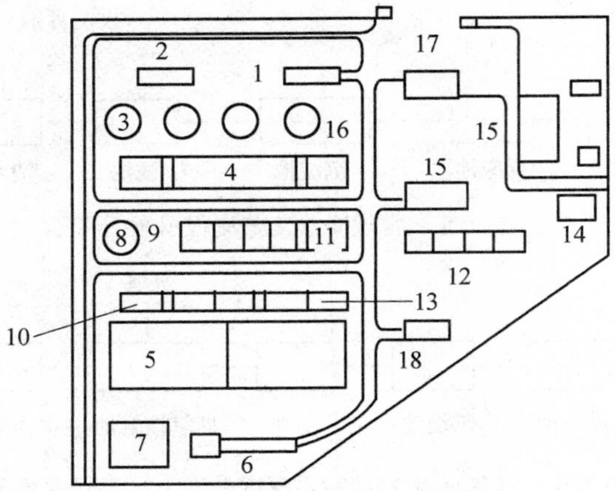

图 2.7　某地面水厂平面布置图

1— 混合井；2— 加药间；3— 澄清池；4— 虹吸滤池；5— 清水池；6— 二级泵房；7— 变电所；8— 回流泵房；9— 臭氧接触池；10— 活性炭滤池；11— 空气净化室；12— 空压机房；13— 再生车间；14— 锅炉房；15— 机修间；16— 办公楼；17— 加氯间；18— 生活楼

2. 配水管网

配水管网布置形式有树状网和环状网。树状网投资省，但供水安全可靠性差，当任一段管线损坏时，该管线以后的所有管线就会断水。另外，管网末端水质易变坏，这是由于管网末端用水量小，管中流速变缓，甚至停滞所至。环状网管线连接成环，因此供水安全性强，但环状网投资比树状网要大。树状网和环状网如图 2.8 和图 2.9 所示。

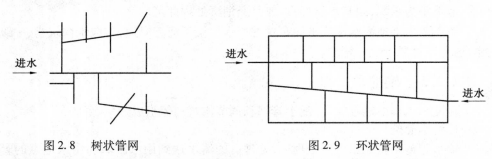

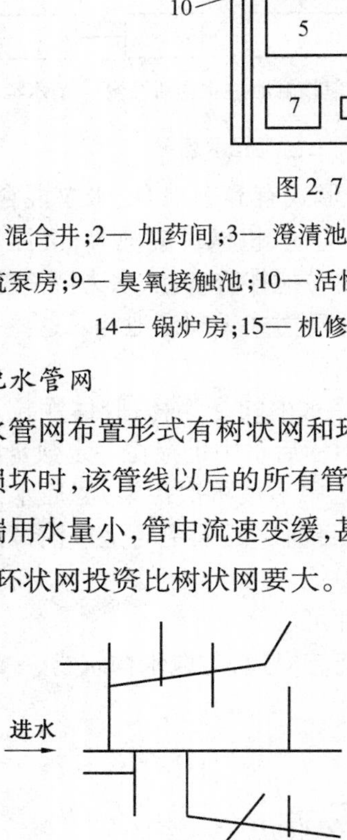

图 2.8　树状管网

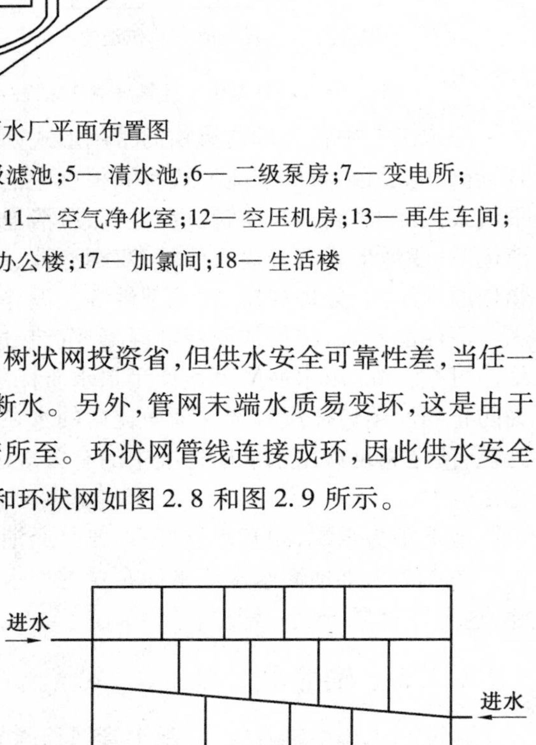

图 2.9　环状管网

管网布置应符合规划要求、安全可靠、输水距离短、造价低和运行费用省。因此，管网定线需通过技术经济比较确定。

3. 调节构筑物

水塔、高地水池、清水池等是给水系统中的调节构筑物，用以贮存和调节水量，高地水池和水塔还兼有保证水压的作用。现有供水设备，在某段时间内其供水量是固定的，而城市用水量随时都在变化，这就出现了供需之间的矛盾。水塔和高地水池即是为解决这一供需矛盾而设的。当城市用水量少时，将多余的水送入水塔或高地水池贮存。当城市用水量多时，供水设备供水量不能满足用水需要，此时，需将贮存于调节构筑物内的水送入管网，以保证用水需要。这样既可以保证管网压力基本稳定，又可以保证水泵工作状况。但水塔调节能力有限，只有当城市用水量不大，调节水量小，而用水量变化又较大的小城镇采用。对于用水量大的城市，通常采用清水池与二级泵站进行调节，使二级泵站的供水尽可能满足城市各时刻的用水量需求。

4. 其他管线

配水管网中还设有其他管线和附属设施。其他管线有：分配管和进水管。分配管是将干管的水送到用户和消火栓。进水管一般从分配管接出，引入房屋与室内管网连接。进水管依建筑物性质要求，设一条或两条以上，以增加供水可靠性。

5. 附属设施

附属设施分为集中给水龙头、阀门、消火栓、排气阀和泄水阀等。

(1) 集中给水龙头。一般设于室内没有卫生设备的居住区。

(2) 阀门。用于调节流量以及便于分区和分管段进行检修。阀门一般设于分配管上和过长的干管上。通常根据管线长度、供水安全、重要性和维护管理情况布置。

(3) 消火栓。设于使用方便、易寻的街口路侧，两个消火栓间距不超过 120 m。

(4) 排气阀和泄水阀。为防止管路积气、增加管路阻力，在管线高处需设排气阀。管路检修时需将管内水放空，在管线低处应设泄水阀。

2.2.4 泵　站

给水系统中泵站通常是指取水泵站和送水泵站。取水泵站亦称一级泵站，它是把原水抽升送至处理构筑物的设施，一级泵站的设计流量按最高日的平均时设计。送水泵站也称为二级泵站，它从清水池抽水送入输配水管网而供给用户。二级泵站设计流量按最高日最大时设计。由此可以看出，泵站是将给水系统连为一体，保证给水系统正常运行的重要设施。

在输配水管网中，当输水管线长，管网服务面积广，且地形变化大时，也常设中途加压泵站。

泵站内主要设备有水泵及引水装置、配套电机、配电设备和起重、通风设备等。泵站形式有地面式、半地下式和地下式 3 种。一级泵站多为地下式，二级泵站多为半地下式。泵站形式确定主要依据水泵吸上高度。半地下式二级泵站平面布置和剖面图如图 2.10 所示。

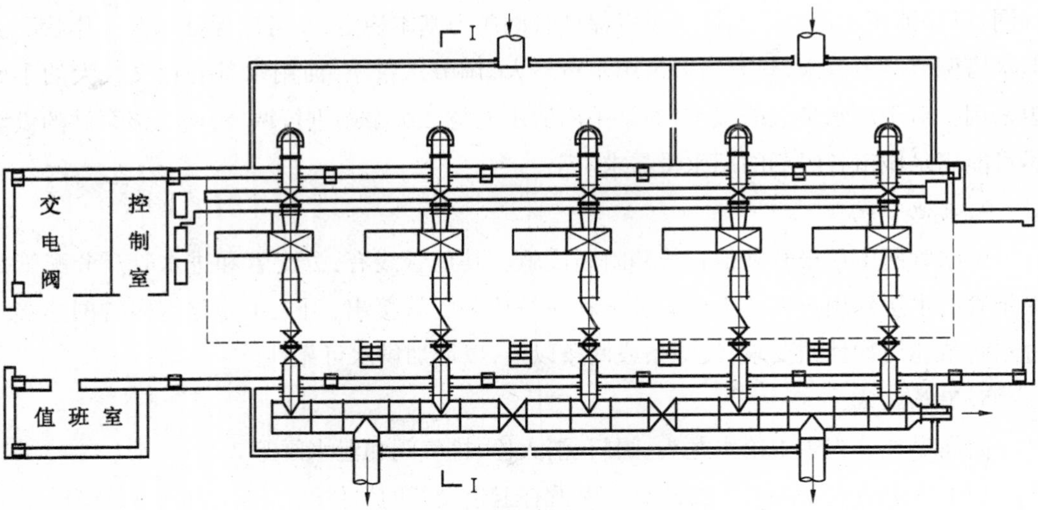

(a) 平面图

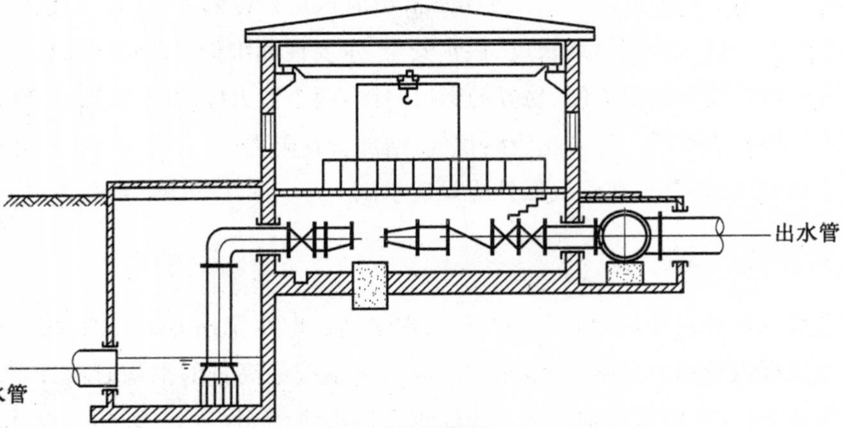

(b) 剖面图

图 2.10　半地下式二级泵站平面图和剖面图

2.3　室外排水工程

室外排水工程的任务是汇集各种污水并输送至污水处理厂，处理达标后排放或再利用，为此而修建的一系列的工程设施，称为排水系统。室外排水系统通常包括：室外排水管网、污水泵站、污水处理厂和出水口等。

按其来源，污水可分为生活污水、工业废水和雨水3类。这3类污水所含污染物种类、数量不同，因此，污染程度各不相同。由于污水污染程度、性质不同，在排除方式上，可采用不同的排水体制。排水体制一般可分为合流制和分流制两种类型。

合流制排水系统，是将生活污水、工业废水和雨水混合在一个管渠内排除的系统。现在常采用的是截流式合流制排水系统，图 2.11 为该系统图。这种系统是在临河岸边敷设一条截流干管，并在截流干管处设置溢流井和污水处理厂。

图 2. 12 为分流制排水系统。它是将生活污水、工业废水和雨水分别通过两个或两个以上各自独立的管渠排除的系统。分为污水排水系统和雨水排水系统。污水排水系统是将生活污水和工业废水排入一个排水管道,所以也称为城市污水排水系统。图 2. 13 为城市排水系统图,图 2. 14 为城市污水排水系统总平面图。

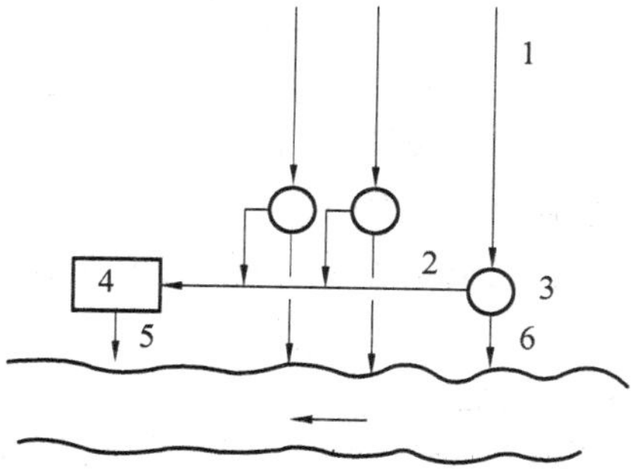

图 2. 11　截流式合流制排水系统

1— 合流干管;2— 截流主干管;3— 溢流井;4— 污水处理厂;5— 出水口;6— 溢流出水口

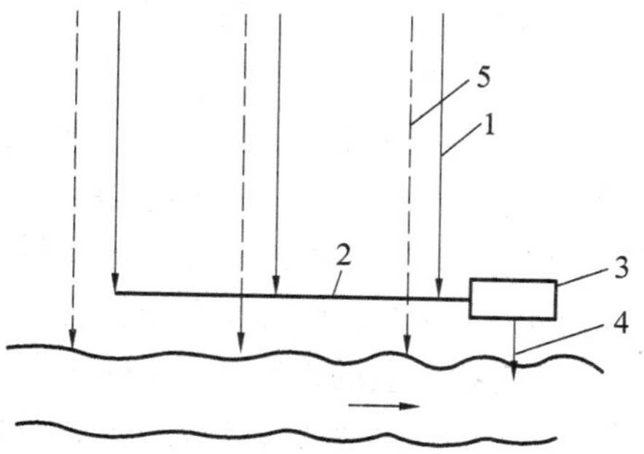

图 2. 12　分流制排水系统

1— 污水干管;2— 污水主干管;3— 污水处理厂;4— 出水口;5— 雨水干管

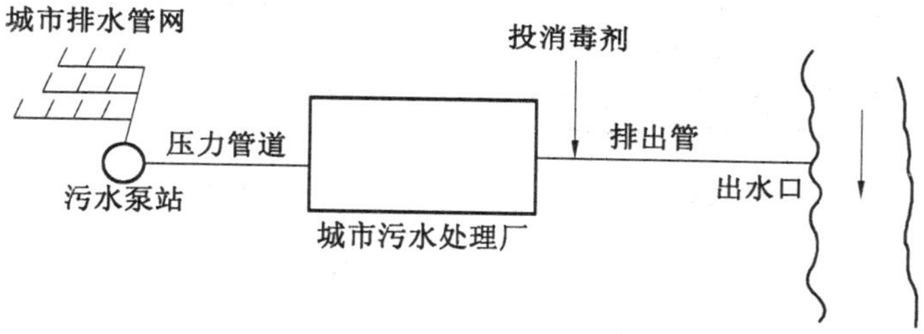

图 2. 13　城市排水系统图

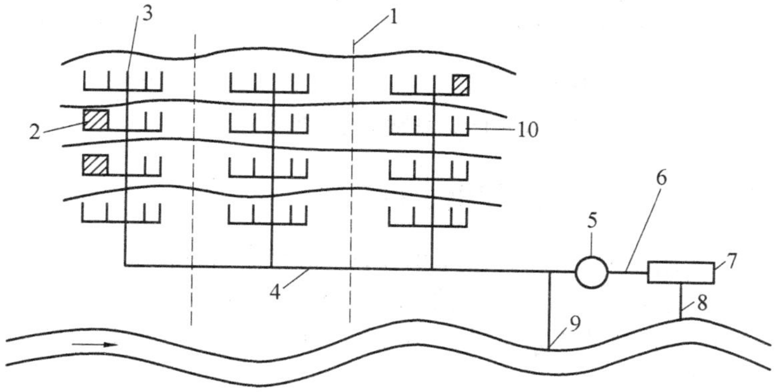

图 2. 14　城市污水排水系统总平面图

1— 分区界限;2— 工厂;3— 干管;4— 主干管;5— 总泵站;6— 压力管道;7— 污水处理厂;8— 出水口;9— 事故排放口;10— 支管

2.3.1　室外排水管网

室外排水管网是靠重力流输送污水并通过污水泵抽升，直至污水处理厂或水体的排水管道系统，包括庭院或街坊排水管道系统、街道排水系统和管道系统上的附属构筑物。

① 庭院或街坊管道系统是连接各房屋（或一建筑群）或整个街坊房屋出户管的管道系统，包括出户管、检查井、污水管道、控制井和连接管（或街道管道）。控制井是设于该系统终点的检查井，起控制庭院或街坊污水管道能良好输水及清通检修作用。

② 街道排水管道系统是连接并排除庭院或街坊排水的管道系统。由支管、干管和主干管等组成。支管是输送庭院或街坊排水的管道，干管是输送若干支管排水的管道，主干管是汇集输送两条或两条以上干管排水的管道。

③ 管道系统上的附属构筑物有检查井、跌水井、倒虹管等。

图2.15为排水系统布置形式。排水系统布置形式由城市地形、流域划分、污水处理厂的位置、地质条件、河流位置及污水性质、污染程度等确定。

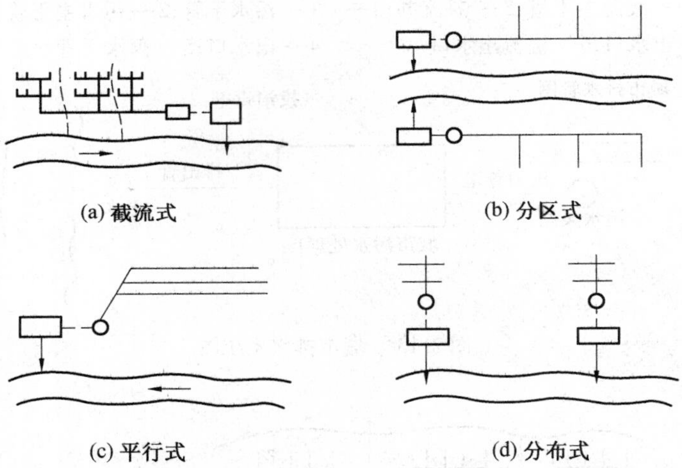

图2.15　排水系统布置形式

2.3.2　泵站、污水处理厂和出水口

排水管道通常采用重力流，当城市面积大，排水干管和主干管就会很长，为保证重力流输送，就要加大管道后段埋深，从而增加投资，这时需要设置泵站。排水泵站分为局部泵站、中途泵站和总泵站等。排水泵站后需设置一段压力管道，将泵站排水送至后部自流管。

为了保护环境，防止水域污染，使污水达到排放标准，污水需处理达标后排放。污水处理分一级处理、二级处理和三级处理。进行污水处理的构筑物及附属设施称为污水处理厂。

（1）一级处理。一级处理的构筑物有格栅、沉砂池、沉淀池等。它的作用主要是截留和去除水中的悬浮物。一级处理通常称为机械处理。

（2）二级处理。二级处理通常采用生物处理法，通过微生物作用，利用好氧或厌氧方式将污水进行净化。污水生物处理方法有:活性污泥法、生物膜法、生物接触氧化法、氧化塘及土地处理法、厌氧处理法等。

污水生物处理的构筑物有:曝气池、生物滤池、生物转盘、生物接触氧化池、生物流化床、氧化塘等。

(3)三级处理。三级处理是为进一步去除二级处理未能去除的污染物质,其中包括未被微生物降解的有机物和氮磷等能导致水体富营养化的可溶性有机物等。三级处理方法有:生物脱氮法、生物除磷法、混凝沉淀法、砂滤、活性炭过滤等。

在污水处理过程中会有污泥产生,生成的污泥需要进行妥善处理,不然会造成二次污染。污泥中含有大量的有机物,处理后可有效利用。处理方法主要为厌氧消化,厌氧消化过程中产生的沼气可作为能源利用。

图 2.16 为城市污水二级处理工艺流程。出水口是排水管渠将污水或净化后的水向水体排放的设施。为使排水与水体充分混合,出水口一般采用淹没式。

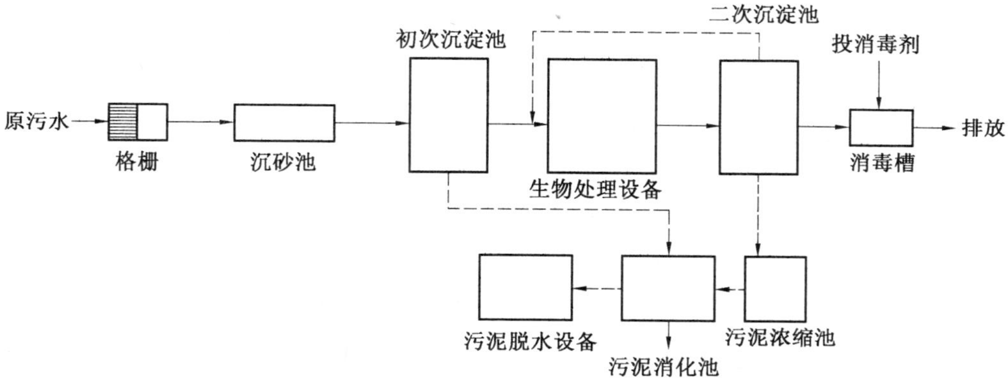

图 2.16　城市污水二级处理工艺流程

习　　题

一、解释名词术语

1. 水资源
2. 室外给水系统
3. 输水管道
4. 环状网
5. 树状网
6. 室外排水系统
7. 排水体制
8. 分流制
9. 合流制

二、填空、简答题

1. 地面水源分为________水源和________水源。

2. 我国是一个水资源极为________的国家，全国水资源总量居世界第________位，平均每人占有年径流量不足世界人均占有量的________。

3. 室外给水系统通常包括________、________、________和________等。

4. 地下水取水构筑物有________、________、________和________等。

5. 天然水中含有杂质包括________、________和________。

6. 室外给水系统上调节构筑物类型有________、________________和________。

7. 排水体制一般分为________制和________制两种类型。

8. 地下水源水质和地面水源水质特点有何不同？

9. 我国水资源有何特点？

第3章 建筑给水

3.1 建筑给水系统和给水方式

3.1.1 建筑给水系统

建筑给水系统是为保证建筑内生活和生产、消防所需水量、水压而修建的一系列工程设施。它的任务是从城市给水管网(或管网配水管,或自备水源)输水至建筑内各用水器具、设备等,或输水至建筑内贮水设备经加压到各用水器具、设备等。根据建筑性质、用途,建筑给水系统分为4类。

1. 生活给水系统

生活给水系统是供各种建筑内生活用水,如炊事、洗浴、清扫等。应满足用户对水压、水量要求,水质必须符合国家规定的生活饮用水水质标准。

2. 生产给水系统

生产给水系统是供各类生产设备、生产工艺用水,如设备冷却、原料和产品清洗、锅炉和原料用水等。由于生产设备、生产工艺的不同,对水质、水量、水压要求也各不相同。

3. 消防给水系统

消防给水系统是供各类建筑内设置的消防设备(按消防规范规定需设置消防给水系统的)用水。消防给水的水量、水压应满足消防规范的要求,对水质则要求不高。

4. 建筑中水系统

建筑中水系统是为节约用水,解决城市供水紧张的矛盾而设置的供水系统。水源为建筑或设备用后排水,经处理后达到中水水质标准而回用。主要用于建筑内冲厕、清扫用水。其水质低于饮用水,而优于污(废)水。

上述4种给水系统,除中水系统应独立设置外,其余3种可根据具体情况和技术、经济与安全条件单独设置,也可组成不同的共用系统,如生活、生产系统;生产、消防系统;生活、消防系统;生活、生产、消防共用系统。

3.1.2 建筑给水系统的组成

图3.1为建筑给水系统,它主要由引入管、水表节点、管道系统、给水附件、升压和贮水设备和消防设备等组成。

1. 引入管

引入管亦称进户管,它是连接室外给水管网与建筑内给水管网的管段。依建筑物性质、用水要求,引入管可有几条,但至少应有一条。对一个建筑群体,如校园区、机关、厂矿由多幢建筑物组成，可通过一条或几条引入管接入建筑群，此时引入管可称总进水管。

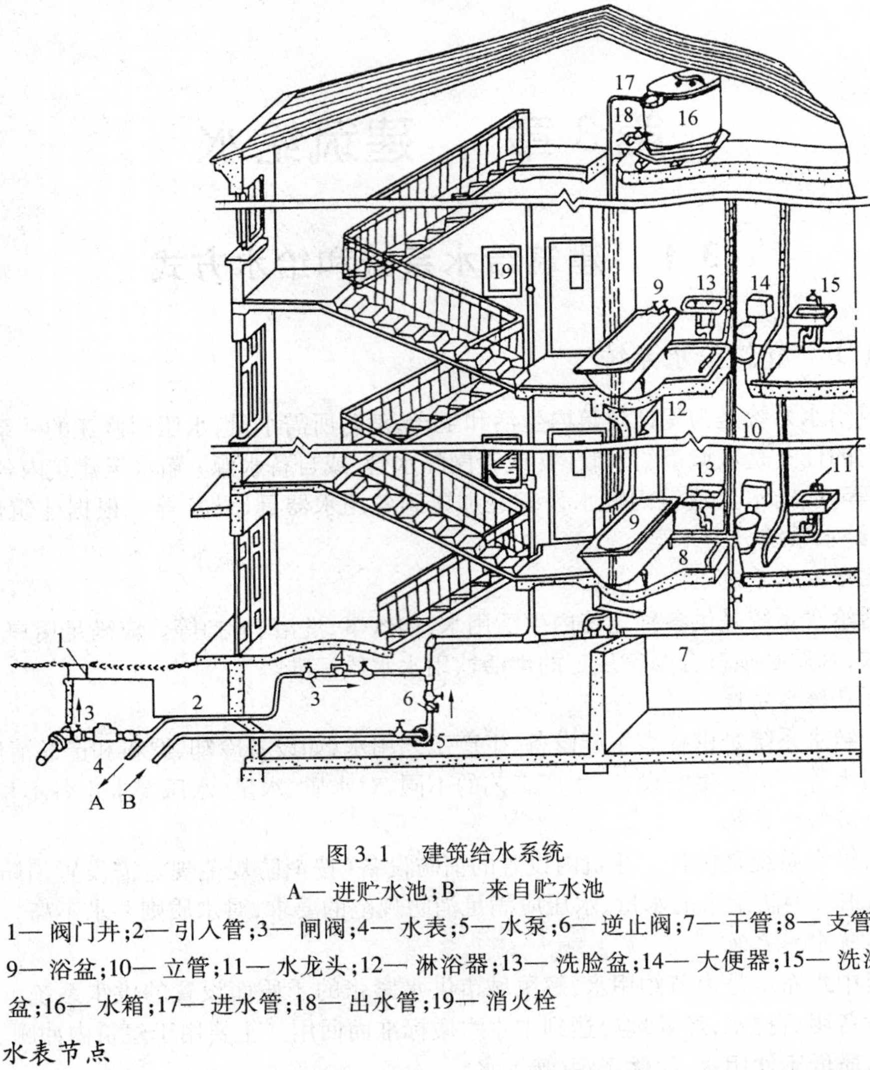

图 3.1　建筑给水系统

A— 进贮水池；B— 来自贮水池

1— 阀门井；2— 引入管；3— 闸阀；4— 水表；5— 水泵；6— 逆止阀；7— 干管；8— 支管；9— 浴盆；10— 立管；11— 水龙头；12— 淋浴器；13— 洗脸盆；14— 大便器；15— 洗涤盆；16— 水箱；17— 进水管；18— 出水管；19— 消火栓

2. 水表节点

为计量一幢或一个建筑群的用水量，在引入管上需装设水表。水表节点是引入管上装设的水表及其前后设置的闸门、泄水装置等的总称。为保证计量的准确，翼轮式水表与闸门间的直管道长度不应小于 8 ~ 10 倍水表直径，其他水表约为 300 mm 直管段长度。

3. 管道系统

管道系统是指为向建筑内各用水点供水而敷设的水平或垂直干管、立管、横支管等。

4. 给水附件

给水附件是指为保证建筑内用水而装置的各式水龙头、水表、闸阀、止回阀等各式阀类。

5. 升压和贮水设备

当室外管网压力不能满足建筑用水要求，为保证建筑内安全、稳定供水时，需对建筑供水进行升压并设置各种附属设备，如贮水池、水泵、水箱或叠压及气压装置等。

6. 消防设备

根据建筑防火规范要求需设置消防给水时，一般设消火栓消防设备。有特殊要求时，需另设自动喷水灭火或水幕灭火设备等。

3.1.3 建筑给水系统所需压力

建筑给水系统的压力，应能保证建筑内最高最远点用水设备所需水量并具有足够的流出水头。流出水头是指各种用水设备或配水龙头为获得规定的出水量（额定流量）而必需的最小压力。建筑给水系统所需压力如图3.2所示。

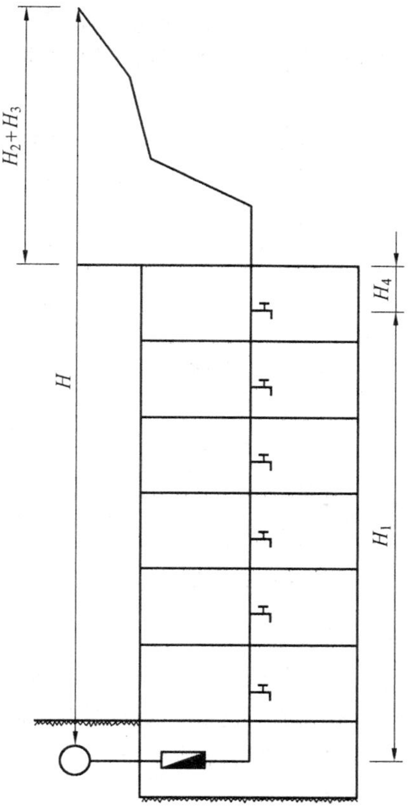

图3.2　建筑给水系统所需压力

建筑给水系统所需压力，可按下式计算：

$$H = H_1 + H_2 + H_3 + H_4 \tag{3.1}$$

式中　H—— 建筑给水系统所需总水压（图3.2），自室外引入管轴线算起（kPa）；

H_1—— 引入管轴线至最高最远点配水器具处标高差（m）；

H_2—— 计算管路的水头损失（kPa）；

H_3—— 水流流经水表的水头损失（kPa）；

H_4—— 最高最远点配水器具处流出水头（kPa）。

在初步设计阶段，可粗算建筑给水系统所需压力。对于住宅建筑生活给水可按建筑层数，估计自室外地面算起所需的最小保证压力。一般一层建筑为 100 kPa；二层建筑为 120 kPa；三层及三层以上建筑，每增加一层增加 40 kPa。

3.1.4　给水方式

给水方式是根据建筑性质、高度、室外给水管网所能提供的水压、水量等情况所选定的供水方案。给水方式分为直接给水、设水泵和水箱的联合给水、设水泵的给水、分区给水、环状给水等方式。

1. 直接给水方式

在室外给水管网的水量、水压任何时间内都能满足建筑用水需要时，采用该方式，如图 3.3 所示。这种方式是直接利用室外给水管网所提供的水压工作，不需增设任何设备，投资省、维护管理简单。

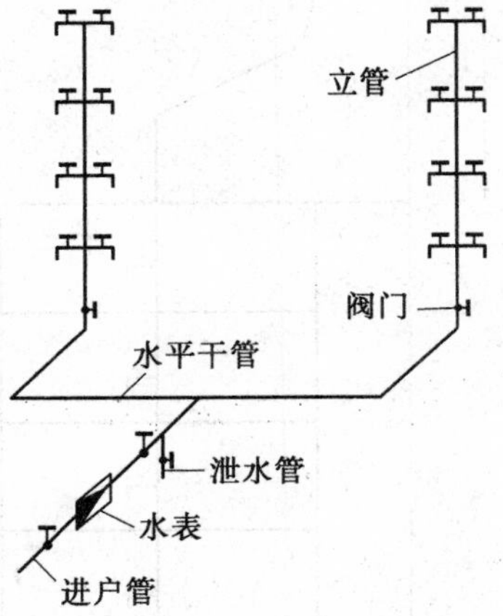

图 3.3　直接给水方式

2. 设水泵和水箱联合给水方式

当室外给水管网压力低于或周期性低于建筑给水所需压力时，且建筑内部用水又不均匀时，采用此种方式，如图 3.4 所示。这类建筑如住宅、旅馆、学校、办公楼、医院等。对设置水泵和水箱有困难的建筑，可设置气压给水设备。

3. 单设水泵、水箱的给水方式

当一天内室外给水管网压力大部分或全部时间不能满足建筑给水所需压力，且建筑给水又均匀时，可选用变速泵，使水泵供水曲线接近建筑用水曲线，以达到节能的目的。图 3.5 为变频调速水泵给水方式。

当一天内室外给水管网压力在某段时间（一般在夜间）能满足建筑给水所需压力，而在另外时间（一般在白天）不能满足建筑给水所需压力时，可采用单设水箱的给水方式。

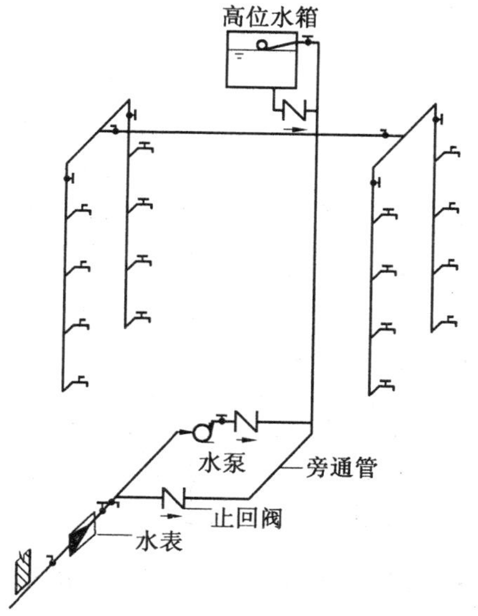

图 3.4　设水泵和水箱的联合给水方式

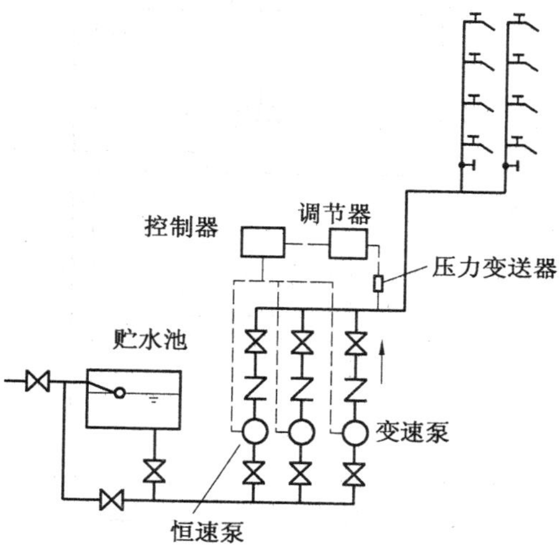

图 3.5　变速水泵给水方式

4. 分区给水方式

高层建筑中,为保证建筑内最高最远配水点用水,建筑内管网压力则会很高。一方面室外给水管网不能提供这样高的压力,另外过高的建筑内给水管网压力,又会损坏用水器具和管道。为此,常将高层建筑采用分区给水方式。根据建筑物层数,设为两个或两个以上的供水分区。下部可直接利用室外给水管网压力供水,上部则采用水泵和水箱给水方式。上下区间可设连通管连接,在分区处装设闸阀。

分区给水方式有:分区串联给水方式、分区并联给水方式、分区水箱减压给水方式、分区减压阀减压的给水方式等。分区给水方式如图 3.6 所示。

5. 环状给水方式

根据建筑物性质和对供水安全、可靠性要求,建筑内管网可分为树状网和环状网。一般建筑采用树状网,对不允许中断供水的高层建筑、公共建筑等需采用环状式给水方式。环状式有水平环状、竖直环状,消防给水管网均应采用环状式。图 3.7 为水平环状给水方式。

6. 叠压(无负压) 给水方式

传统的加压给水方式需设置贮水池加压供水,这不仅使市政管网的剩余水压不能有效利用而白白浪费,还容易造成供水的二次污染。叠压(亦称无负压) 给水技术即为解决以上问题的给水方式,图 3.8 为叠压给水方式。

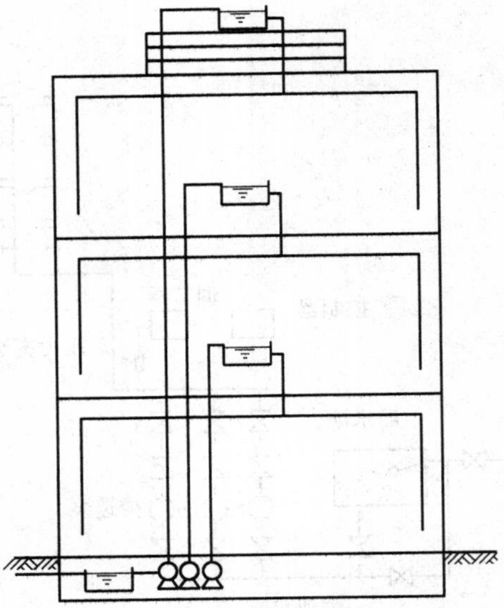

图 3.6　分区给水方式

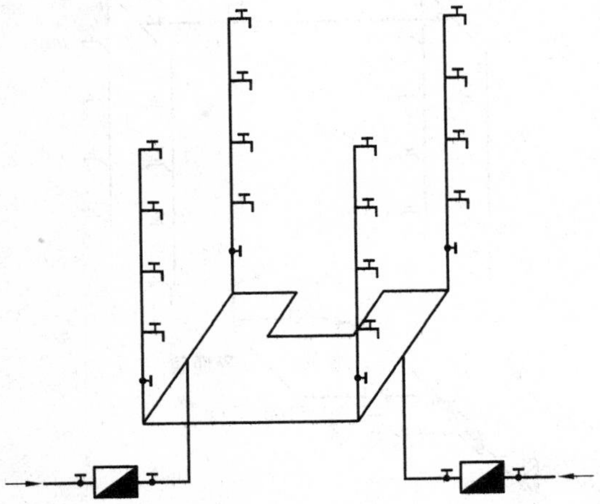

图 3.7　水平环状给水方式

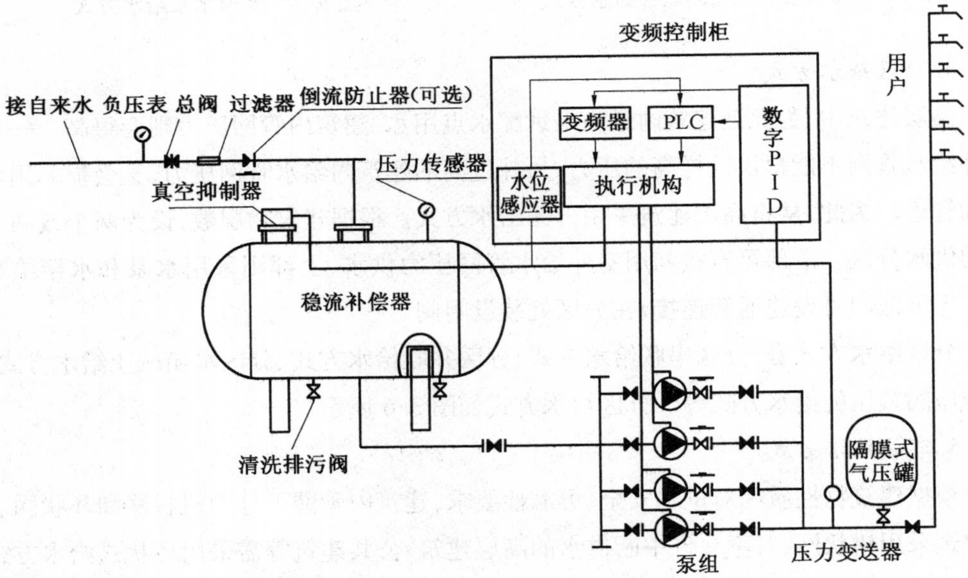

图 3.8　叠压给水方式

3.1.5　管路图式

按水平干管在建筑物内的敷设位置，上述给水方式又可分为下行上给式、上行下给式、环状式和中分式。

1. 下行上给式

水平干管敷设在建筑物的底层，如地下室的天花板下、专设的地沟内或直接埋设，自下向上供水。利用室外给水管网水压直接供水的建筑物多采用这种方式。

2. 上行下给式

水平干管敷设在顶层天花板下或吊顶内，在无冰冻地区，设于平屋顶上，自上向下供水，对采用下行布置有困难或设有屋顶水箱供水时，采用此种方式。

干管若发生漏水或结露等，会损坏吊顶或墙面，检修、维护不便。因此，一般不宜采用这种方式。

3. 环状式

水平干管或竖直立管连接成环状，在一些要求不能间断供水的高层建筑、大型公共建筑等采用。供水安全、可靠，但造价高。

4. 中分式

水平干管敷设于中间技术层内，向上、下供水。这种布置方式有利于管道安装与维修。

3.2　给水管道的布置与敷设

给水管道的布置与敷设应做到经济合理，供水安全、可靠，便于管道安装施工与维护，不应影响生产及建筑物使用。

3.2.1　引入管和水表节点

引入管是连接室内外给水管网的管道，应从建筑物用水量最大处接入。建筑内卫生器具分布比较均匀时，引入管可从建筑中央接入，住宅建筑及平面中心对称的学校、医院等大都属于这种情况。

引入管一般设置一条，对用水量大，又不允许间断供水，且设置消防给水系统的大型或多层建筑，应设置两条或两条以上。设置两条以上，应从室外给水管网不同侧引入，如图3.9所示。在室外给水管网同侧引入时，两条引入管间距不应小于10 m，并在其间室外给水管网上设置阀门，如图3.10所示。每条引入管上应装设阀门，为便于室内管网检修，可装设泄水装置。泄水阀门井如图3.11所示。生活给水引入管与污水排出管应有一定的水平距离，管外壁间距不宜小于1.0 m。引入管埋设深度应根据当地气候、地质条件和地面荷载确定。寒冷地区，应敷设在冰冻线以下。引入管穿越承重墙或基础时，应预留洞口，管顶上部净空高度一般不小于0.1 m。管道穿基础如图3.12所示。

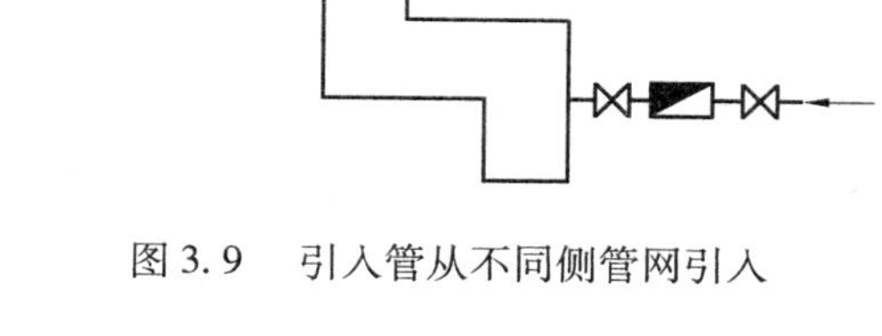

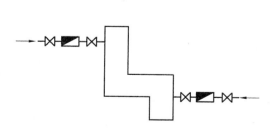

图3.9　引入管从不同侧管网引入

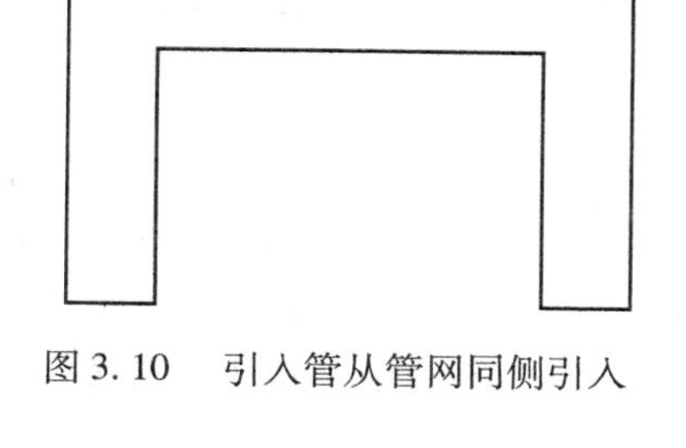

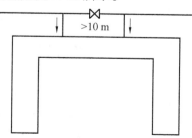

图3.10　引入管从管网同侧引入

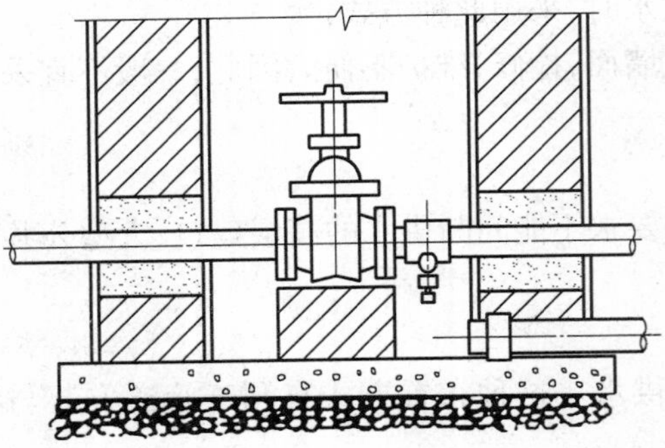

图 3.11　泄水阀门井

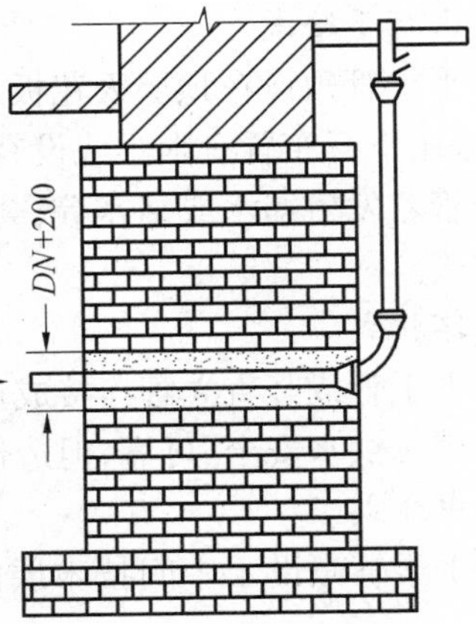

图 3.12　管道穿基础

水表节点在寒冷地区常设于室内，温暖地区可设于室外设置的水表井内。装置水表的场所，应便于检修和查表。

3.2.2　给水管道

建筑给水管道布置时应考虑建筑物性质、外形、结构、卫生器具和生产设备布置与用水情况，以及所采用的给水方式。管道布置应力求管线最短，呈直线走向，并与墙、柱等平行，应便于施工与维修。给水干管应尽量靠近用水最大处。

给水管道不宜穿越沉降缝、伸缩缝，不允许敷设在排水沟、烟道和风道内，不允许穿过大、小便槽，不宜穿过橱窗、壁柜、木装修等，如果必须穿过时应采取有效措施。

生产车间内给水管道不应设于设备基础下，架空敷设时，应不妨碍生产及损坏或影响原料或产品质量等。

给水管道敷设有明装和暗装。管道明装造价低、施工维修方便，一般民用建筑和生产厂房都采用明装方式。这种方式的缺点是影响环境卫生，有碍建筑美观。宾馆、饭店、某些大型公共建筑和高层建筑，标准要求高，均采用暗装，如敷设在天花板或吊顶中、管井、管沟内。某些对环境条件要求高的工业、企业，如精密仪器、电器组件等，按生产工艺要求也采用暗装。暗装环境卫生条件好，无管道裸露，建筑美观；缺点是造价高，施工维修不便。

设有管道沟的建筑，给水管道可敷于管沟内，易敷设在排水管、冷冻管的上面或热水管、蒸汽管的下面。

住宅小区室外给水管网布置宜成环状网，或与市政给水管道连接成环状网，与市政给水管道连接的管道不宜少于两条，当其中一条发生事故时，其余的连接管应能通过不小于70% 的流量。敷设在室外管廊（沟）内的给水管道，宜敷设在热水、热力管道下方，冷冻管和排水管的上方，给水管道与各种管道间的净距应满足管道安装操作要求，且不宜小于0.3 m。室外给水管道的覆土深度，应根据土壤冰冻深度、地面荷载、管道材质及管道交叉等因素确定。管顶最小覆土深度不得小于土壤冰冻线以下 0.15 m，车行道下的管线覆土深度不宜小于 0.7 m。

3.2.3　管道保养维修措施

管道在施工时，做好保养维护，既能延长管道的使用年限，又能增加管道美观。

1. 防腐

（1）除镀锌钢管外，管道不论是明装还是暗装，都应进行防腐处理。

（2）防腐方法通常是在管外壁刷油漆。即先将表面除锈，然后刷两道防锈漆，再刷银粉。

（3）给水铸铁管埋地时刷沥青，明露部分刷樟丹及银粉。

2. 防冻、防结露

（1）屋面水箱、门厅廊道内及不采暖房间的管道和设备，在寒冷季节，易受冻害影响。施工时，在涂底漆后，应做保温措施。

（2）管道和设备内水温与室温差较大时，外壁会结露，这样既影响环境卫生，又会造成管道和设备腐蚀，也会损坏建筑质量，应采取防结露措施，一般做防潮绝缘层处理。

3. 防漏

管道及卫生器具和设备漏水是绝对不允许的。施工中，加强建设监理、严格要求施工质量是非常重要的。严格按施工验收规程进行验收，发现问题及时处理。

4. 防振

管道振动会产生噪音，影响建筑内环境质量。管道产生振动通常是由于流速过大造成的，因此，设计时应控制管道流速在规定的范围内。

3.3　建筑用水定额和设计秒流量

3.3.1　水质污染与防止措施

建筑内生活用水系统应符合国家颁布的现行《生活饮用水卫生标准》的要求，生活杂用水系统的水质应符合现行行业标准《生活杂用水水质标准》的要求。当下面几种情况存在时，都可能会造成水质污染：配水出口低于用水器具溢流水位；直接用给水管冲洗大便器；生活饮用水与非饮用水管道连接或与自备生活饮用水源连接（未经有关部门检验批准）；室外给水管网压力低，不能满足建筑内用水需要，增设贮水和加压管理不善等。

为了保证给水水质不受污染，应严格按照规范有关规定要求：

（1）配水出口应高出用水设备溢流水位，按规范规定，其最小空气间隙不得小于配水出口处给水管管径的 2.5 倍。

（2）生活饮用水管道不得与非饮用水管道连接。在特殊情况时，必须在这两种管道连接处，采取防止水质污染的措施。如设两个闸阀，并在其间设泄水龙头。在连接处，生活饮用水的水压必须经常大于其他水管的压力。

（3）生活饮用水管道一般不得直接与自备生活饮用水源连接，需另设水池、水箱隔断，并应装设闸阀，如图 3.13 所示。

（4）生活饮用水管道严禁与大便器（槽）直接连接。

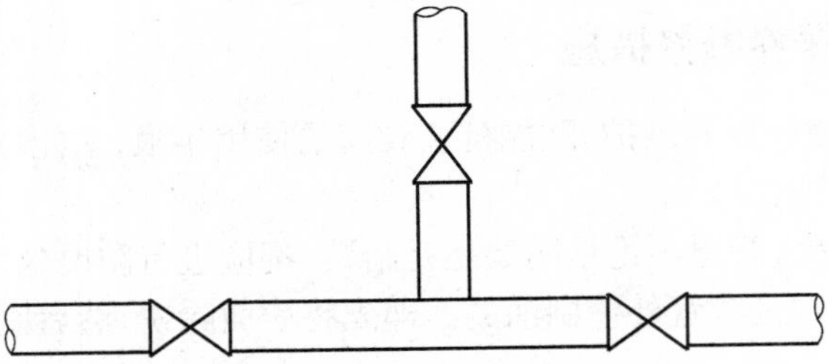

图 3.13　两种管道的连接

(5) 设于地下的生活饮用水水池按规范规定,与化粪池净距不得小于 10 m;设于建筑内的水池(箱),应加强管理,防止水质污染与变坏。

3.3.2　用水定额和小时变化系数

我国地域辽阔,气候、生活习惯、自来水价、卫生设备完善程度等各不相同,因此,各地生活用水量也就各不相同。即使在同一地区,不同季节,用水量也不相同。

工业生产工艺、设备情况、产品等各不相同,建筑内生产用水量也不相同。根据建筑内卫生器具的完善程度和地区条件,我国制定了各种不同类型建筑的生活用水定额及小时变化系数,见表 3.1。

表 3.1　各种不同类型建筑的生活用水定额及小时变化系数

序号	建筑物名称		单位	最高日生活用水定额 /L	小时变化系数
1	集体宿舍	有盥洗室	每人每日	50 ~ 100	2.5
		有盥洗室和浴室	每人每日	100 ~ 200	2.5
2	普通旅馆、招待所	有盥洗室	每床每日	50 ~ 100	2.5 ~ 2.0
		有盥洗室和浴室	每床每日	100 ~ 200	2.0
		设有浴盆的客房	每床每日	200 ~ 300	2.0
3	宾馆客房		每床每日	400 ~ 500	2.0
4	医院、疗养院、休养所	有盥洗室	每病床每日	50 ~ 100	2.5 ~ 2.0
		有盥洗室和浴室	每病床每日	100 ~ 200	2.5 ~ 2.0
		设有浴盆的病房	每病床每日	250 ~ 400	2.0
5	门诊部、诊疗所		每病人每次	15 ~ 25	2.5
6	公共浴室	有淋浴器	每顾客每次	100 ~ 150	2.0 ~ 1.5
		设有浴池、淋浴器、浴盆及理发室	每顾客每次	80 ~ 170	2.0 ~ 1.5
7	理发室		每顾客每次	10 ~ 25	2.0 ~ 1.5
8	洗衣房		每公斤干衣	40 ~ 60	1.5 ~ 1.0
9	幼儿园托儿所	有住宿	每儿童每日	50 ~ 100	2.5 ~ 2.0
		无住宿	每儿童每日	25 ~ 50	2.5 ~ 2.0
10	公共食堂	营业食堂	每顾客每次	15 ~ 20	2.0 ~ 1.5
		工业企业、机关、学校、居民食堂	每顾客每次	10 ~ 15	2.5 ~ 2.0
11	菜市场		每平方米每次	2 ~ 3	2.5 ~ 2.0

续表 3.1

序号	建筑物名称		单位	最高日生活用水定额/L	小时变化系数
12	办公楼		每人每班	30 ~ 50	2.5 ~ 2.0
13	中小学校(无住宿)		每学生每日	30 ~ 50	2.5 ~ 2.0
14	高等学校(有住宿)		每学生每日	100 ~ 200	2.0 ~ 1.5
15	电影院		每观众每场	3 ~ 8	2.5 ~ 2.0
16	剧场		每观众每场	10 ~ 20	2.5 ~ 2.0
17	体育场	运动员淋浴	每人每次	50	2.0
		观众	每人每场	3	2.0
18	游泳池	游泳池补充水	每日占水池容积	10% ~ 15%	
		运动员淋浴	每人每场	60	2.0
		观众	每人每场	3	2.0

用水定额是指在单位时间内(或单位产品等),某一用水单位(每人、每床、每件等)所消耗的水量。居住小区给水设计用水量包括居民生活用水量,公共建筑用水量,绿化用水量,水景、娱乐设施用水量,道路、广场用水量,公用设施用水量,未预见用水量及管网漏失水量,消防用水量(该用水量仅用于校核管网计算,不属正常用水量)。居住小区的居民生活用水量,按小区人口和住宅最高日生活用水定额计算确定,小区内公共建筑用水量按其使用性质、规模和相应用水定额计算确定,小区绿地和道路、广场浇洒用水定额按浇洒面积 1.0 ~ 3.0 L/(m^2·d) 和 2.0 ~ 3.0 L/(m^2·d) 计算,小区消防用水量和水压及火灾延续时间按现行《建筑设计防火规范》及《高层民用建筑设计防火规范》确定,小区管网漏失水量和未预见水量按最高日用水量的10% ~ 15% 计算,小区公用设施用水量由设施管理部门提供,若无重大公用设施,则不另计。生活用水定额就是每人每日所消耗的水量,见表3.2。

表 3.2　住宅最高日生活用水定额及小时变化系数

住宅类别		卫生器具设置标准	用水定额/($L \cdot 人^{-1} \cdot d^{-1}$)	小时变化系数 K_h
普通住宅	Ⅰ	有大便器、洗涤盆	85 ~ 150	3.0 ~ 2.5
	Ⅱ	有大便器、洗脸盆、洗涤盆、洗衣盆、热水器和沐浴设备	130 ~ 300	2.8 ~ 2.3
	Ⅲ	有大便器、洗脸盆、洗涤盆、洗衣机、集中热水供应(或家用热水机组)和沐浴设备	180 ~ 320	2.5 ~ 2.0
别墅		有大便器、洗脸盆、洗涤盆、洗衣机、洒水栓、家用热水机组和沐浴设备	200 ~ 350	2.3 ~ 1.8

某建筑物内生活用水的最高日用水量和最大时用水量,根据设计要求和规范规定,可按以下公式计算:

$$Q_d = mq_d \tag{3.2}$$

式中　Q_d—— 最高日用水量(L/d);

m—— 用水单位数(人、床位等);

q_d—— 最高日生活用水定额(升/(人·天))。

$$Q_h = \frac{Q_d}{T} \cdot K_h \tag{3.3}$$

式中　Q_h—— 最大时用水量(L/h);

T—— 建筑物内用水时间(h);

K_h—— 小时变化系数,为最大时与平均时用水量之比,可由表 3.1,3.3 选用。

小时变化系数计算公式为

$$K_h = \frac{Q_h}{Q_p}$$

式中　Q_p—— 平均时用水量(L/h)。

表 3.3　住宅生活用水定额及小时变化系数

卫生器具设置标准	每人每日生活用水定额(最高日)/L	小时变化系数
有大便器、洗涤盆、无沐浴设备	85 ~ 130	3.0 ~ 2.5
有大便器、洗涤盆和沐浴设置	130 ~ 190	2.8 ~ 2.3
有大便器、洗涤盆、沐浴设备和热水供应	170 ~ 250	2.5 ~ 2.0

3.3.3　设计秒流量

建筑内用水量在一天中并不是均匀的,每时每刻都在变化。为满足最不利时刻的最大用水量,建筑内管网计算采用设计秒流量。

设计秒流量是根据建筑物内的实际情况,如用水的变化、卫生器具的类型、数量、使用及影响因素等确定。为了计算简便,采用"卫生器具的当量"这一概念。它是以污水盆用的一般球形阀配水龙头在流出水头 2 m 时全开的流量 0.2 L/s 为 1 个当量,记作 N。其他卫生器具的配水龙头流量均以此为准换算成相应的当量数。表 3.4 为各种卫生器具的当量、额定流量、支管管径和流出水头值。

表 3.4　卫生器具给水额定流量、当量、连接管公称管径和最低工作压力

序号	给水配件名称	额定流量/($L \cdot s^{-1}$)	当量	连接管公称直径/mm	最低工作压力/MPa
1	洗涤盆、拖布盆、盥洗槽				
	单阀水嘴	0.15 ~ 0.20	0.75 ~ 1.00	15	
	单阀水嘴	0.30 ~ 0.40	1.50 ~ 2.00	20	0.050
	混合水嘴	0.15 ~ 0.20(0.14)	0.75 ~ 1.00(0.70)	15	

续表 3.4

序号	给水配件名称	额定流量/(L·s^{-1})	当量	连接管公称直径/mm	最低工作压力/MPa
2	洗脸盆 单阀水嘴 混合水嘴	 0.15 0.15(0.10)	 0.75 0.75(0.50)	 15 15	0.050
3	洗手盆 感应水嘴 混合水嘴	 0.10 0.15(0.10)	 0.50 0.75(0.50)	 15 15	0.050
4	浴盆 单阀水嘴 混合水嘴(含带淋浴转换器)	 0.20 0.24(0.20)	 1.00 1.20(1.00)	 15 15	 0.050 0.050 ~ 0.070
5	淋浴器 混合阀	 0.15(0.10)	 0.75(0.50)	 15	 0.050 ~ 0.100
6	大便器 冲洗水箱浮球阀 延时自闭式冲洗阀	 0.10 1.20	 0.50 6.00	 15 25	 0.020 0.100 ~ 0.150
7	小便器 手动或自闭式冲洗阀 自动冲洗水箱进水阀	 0.10 0.10	 0.50 0.50	 15 15	 0.050 0.020
8	小便槽穿孔冲洗管(每 m 长)	0.05	0.25	15 ~ 20	0.015
9	净身盆冲洗水嘴	0.10(0.07)	0.50(0.35)	15	0.050
10	医院倒便器	0.20	1.00	15	0.050
11	实验室化验水嘴(鹅颈) 单联 双联 三联	 0.07 0.15 0.20	 0.35 0.75 1.00	 15 15 15	 0.020 0.020 0.020
12	饮水器喷嘴	0.05	0.25	15	0.050
13	洒水栓	0.40 0.70	2.00 3.50	20 25	0.050 ~ 0.100 0.050 ~ 0.100
14	室内地面冲洗水嘴	0.20	1.00	15	0.050
15	家用洗衣机水嘴	0.20	1.00	15	0.050

注:① 表中括号内的数值系在有热水供应时,单独计算冷水或热水时使用

② 当浴盆上附设淋浴器时,或混合水嘴有淋浴器转换开关时,其额定流量和当量只计水嘴,不计淋浴器,但水压应按淋浴器计

③ 家用燃气热水器,所需水压按产品要求和热水供应系统最不利配水点所需工作压力确定

④ 绿地的自动喷灌应按产品要求设计

⑤ 当卫生器具给水配件所需额定流量和最低工作压力有特殊要求时,其值应按产品要求确定

(1) 住宅建筑的生活给水管道设计秒流量。

① 根据住宅配置的卫生器具给水当量、使用人数、用水定额、使用时数及小时变化系数，按下式计算出最大用水时卫生器具给水当量平均出流概率：

$$U_0 = \frac{q_0 m K_h}{0.2 N_g T \times 3\,600} \tag{3.4}$$

式中 U_0—— 生活给水管道的最大用水时卫生器具给水当量平均出流概率(%)；

q_0—— 最高用水日的用水定额(L/(人·d))；

m—— 每户用水人数；

K_h—— 小时变化系数；

N_g—— 每户设置的卫生器具给水当量数；

T—— 用水时数(h)；

0.2—— 一个卫生器具给水当量的额定流量(L/s)。

② 根据计算管段上的卫生器具给水当量总数，按下式计算得出该管段的卫生器具给水当量的同时出流概率：

$$U = \frac{1 + \alpha_c (N_g - 1)^{0.49}}{\sqrt{N_g}} \tag{3.5}$$

式中 U—— 计算管段的卫生器具给水当量同时出流概率(%)；

α_c—— 对应于不同 U_0 的系数；

N_g—— 计算管段的卫生器具给水当量总数。

③ 根据计算管段上的卫生器具给水当量同时出流概率，按下式计算得出计算管段的设计秒流量：

$$q_g = 0.2 U N_g \tag{3.6}$$

式中 q_g—— 计算管段的设计秒流量(L/s)。

为了计算快速、方便，在计算出 U_0 后，即可根据计算管段的 N_g 值，从有关计算表中直接查得给水设计秒流量，该表可用内插法；当计算管段的卫生器具给水当量总数超过表中的最大值时，其流量应取最大用水时平均秒流量，即 $q_g = 0.2 U_0 N_g$。

④ 有两条或两条以上具有不同最大用水时卫生器具给水当量平均出流概率的给水支管的给水干管，该管段的最大时卫生器具给水当量平均出流概率按下式计算：

$$\overline{U}_0 = \frac{\sum U_{oi} N_{gi}}{\sum N_{gi}} \tag{3.7}$$

式中 $\overline{U}_0$—— 给水干管的卫生器具给水当量平均出流概率(%)；

U_{oi}—— 支管的最大用水时卫生器具给水当量平均出流概率(%)；

N_{gi}—— 相应支管的卫生器具给水当量总数。

(2) 集体宿舍、旅馆、宾馆、医院、疗养院、幼儿园、养老院、办公楼、商场、客运站、会展中心、中小学教学楼、公共厕所等建筑的生活给水设计秒流量，应按下式计算：

$$q_g = 0.2\alpha \sqrt{N_g} \tag{3.8}$$

式中 q_g—— 计算管段的给水设计秒流量(L/s)；

N_g—— 计算管段的卫生器具给水当量总数;

α—— 根据建筑物用途而定的系数,应按表 3.4 采用。

使用上式,如计算值小于该管段上一个最大卫生器具给水额定流量时,应采用一个最大的卫生器具给水额定流量作为设计秒流量;如计算值大于该管段上按卫生器具给水额定流量累加所得流量值时,应按卫生器具给水额定流量累加所得流量值采用;有大便器延时自闭冲洗阀的给水管道,大便器延时自闭冲洗阀的给水当量均以 0.5 计,计算得到的 q_g 附加 1.10 L/s 的流量后,为该管段的给水设计秒流量;综合楼建筑的 α 值应按加权平均法计算,α 值见表 3.5。

表 3.5　根据建筑物用途而定的系数值(α 值)

建筑物名称	α 值
幼儿园、托儿所、养老院	1.2
门诊部、诊疗所	1.4
办公楼、商场	1.5
图书馆	1.6
书店	1.7
学校	1.8
医院、疗养院、休养所	2.0
酒店式公寓	2.2
宿舍(Ⅰ、Ⅱ类)、旅馆、招待所、宾馆	2.5
客运站、航站楼、会展中心、公共厕所	3.0

(3)工业企业生活间等建筑生活给水设计秒流量。

工业企业生活间、公共浴室、职工食堂或营业餐馆的厨房、体育场馆运动员休息室、剧院化妆间、普通理化实验室等建筑的生活给水管道设计秒流量按下式计算:

$$q_g = \sum q_0 n_0 b \tag{3.9}$$

式中　q_g—— 计算管段中设计秒流量(L/s);

q_0—— 同一类型一个卫生器具的给水额定流量(L/s);

n_0—— 同类型卫生器具的数量;

b—— 卫生器具同时给水百分数,按表 3.6 ~ 3.8 选用。

使用上式,如计算值小于该管段上一个最大卫生器具给水额定流量时,应采用一个最大的卫生器具给水额定流量作为设计秒流量;大便器自闭式冲洗阀应单列计算,当单列计算值小于 1.2 L/s 时,以 1.2 L/s 计,大于 1.2 L/s 时,以计算值计。

表 3.6　职工食堂、营业餐馆厨房设备同时给水百分数

厨房设备名称	同时给水百分数/%
污水盆(池)	50
洗涤盆(池)	70
煮锅	60
生产性洗涤机	40
器皿洗涤机	90
开水器	50
蒸汽发生器	100
灶台水嘴	30

注:职工或学生饭堂的洗碗台水嘴,按 100% 同时给水,但不与厨房用水叠加

表 3.7　宿舍(Ⅲ、Ⅳ类)、工业企业生活间、公共浴室、剧院、体育场馆等卫生器具同时给水百分数(%)

卫生器具名称	宿舍(Ⅲ、Ⅳ类)	工业企业生活间	公共浴室	影剧院	体育场馆
洗涤盆(池)	30	33	15	15	15
洗手盆	—	50	50	50	70(50)
洗脸盆、盥洗槽水嘴	60 ~ 100	60 ~ 100	60 ~ 100	50	80
浴盆	—	—	50	—	—
无间隔淋浴器	100	100	100	—	100
有间隔淋浴器	80	80	60 ~ 80	(60 ~ 80)	(60 ~ 100)
大便器冲洗水箱	70	30	20	50(20)	70(20)
大便槽自动冲洗水箱	100	100	—	100	100
大便器自闭式冲洗阀	2	2	2	10(2)	15(2)
小便器自闭式冲洗阀	10	10	10	50(10)	70(10)
小便器(槽)自动冲洗水箱	—	100	100	100	100
净身盆	—	33	—	—	—
饮水器	—	30 ~ 60	30	30	30
小卖部洗涤盆	—	—	50	50	50

注:① 表中括号内的数值系电影院、剧院的化妆间,体育场馆的运动员休息室使用

② 健身中心的卫生间,可采用本表体育场馆运动员休息室的同时给水百分数

表 3.8　实验室化验水嘴同时给水百分数

卫生器具名称	同时给水百分数/%	
	科学研究实验室	生产实验室
单联化验龙头	20	30
双联或三联化验龙头	30	50

3.4　管网水力计算

根据绘制的建筑内给水平面图和系统图，即可进行管网水力计算。建筑内给水管网水力计算包括：各管段设计秒流量计算、求定各管段管径、水头损失、计算建筑内所需水压。根据室外给水管网所提供的压力，确定建筑内给水方式。

3.4.1　管径计算

根据水力学流量计算公式：

$$q_g = \frac{\pi d^2}{4} v \tag{3.10}$$

式中　q_g——计算管段设计秒流量(L/s)；

d——计算管段管径(mm)；

v——计算管段的流速(m/s)。

建筑内不同计算管段的流速范围，按不同管道分别选取。对于生活生产给水管道可按表 3.9 选取。消防给水管道：消火栓系统不宜大于 2.5 m/s，自动喷水灭火系统不宜大于 5.0 m/s。引入管管径计算：建筑物有几条引入管进水时，当不允许断水时，应假定其中有一条被关闭修理，其余引入管按供给全部用水量进行计算；当允许断水时，引入管应按同时使用计算；引入管管径，不宜小于 20 mm。

表 3.9　生活给水管道的水流速度

公称直径 /mm	15 ~ 20	25 ~ 40	50 ~ 70	≥ 80
水流速度 /($m \cdot s^{-1}$)	≤ 1.0	≤ 1.2	≤ 1.5	≤ 1.8

在计算管段的设计秒流量时，流速选定后，即可由式(3.10) 计算出该计算管段的管径，也可根据计算管段上卫生器具的当量数，按表 3.10 粗选管径。

表 3.10　管径与允许负担卫生器具当量数对应表

管径 /mm	管径允许负担的卫生器具当量数 N 值
15	1 ~ 2
20	3 ~ 5
25	6 ~ 10
32	11 ~ 16
40	17 ~ 25
50	26 ~ 50

管径选定时，应从技术和经济两方面综合考虑。当通过管段的流量一定时，管径大，流速就会小，可避免管道受损和降低管道噪音，但会增加管道的造价。反之，管径小，流速就会大，可能会引起管道受损和增大管道噪音，但却能降低管道造价。因此，管径选定既要使造价省，又要使噪音小为原则。

3.4.2 管段的水头损失

水流流经管段时产生的水头损失包括两部分：沿程水头损失和局部水头损失。管网的水头损失为各管段的沿程和局部损失之和。

给水管道的沿程水头损失可按下式计算：

$$h_y = i \cdot L = 105 C_h^{-1.85} d_j^{-4.87} q_g^{1.85} \tag{3.11}$$

式中 h_y—— 管段的沿程水头损失(kPa)；

L—— 计算管段长度(m)；

i—— 管道单位长度水头损失(kPa/m)；

C_h—— 海澄 - 威廉系数，按表 3.11 选用；

d_j—— 管道计算内径(m)；

q_g—— 管道设计流量(m^3/s)。

表 3.11 各种管材的海澄 - 威廉系数

管道种类	海澄 - 威廉系数 C_h
各种塑料管、内衬(涂)塑管	140
铜管、不锈钢管	130
衬水泥、树脂的铸铁管	130
普通钢管、铸铁管	100

给水钢管沿程水头损失计算表可由表 3.12 查出。

表 3.12 钢管水力计算表

q	DN15		DN20		DN25		DN32		DN40		DN50		DN70		DN80		DN100	
	v	i	v	i	v	i	v	i	v	i	v	i	v	i	v	i	v	i
0.05	0.29	28.4																
0.06	0.35	39.2																
0.08	0.47	65.7	0.25	14.0														
0.10	0.58	98.5	0.31	20.8														
0.12	0.70	137	0.37	28.8	0.23	8.59												
0.14	0.82	1.82	0.43	38.0	0.26	11.3												
0.16	0.94	234	0.50	48.5	0.30	14.3												
0.18	1.05	291	0.56	60.1	0.34	17.6												
0.20	1.17	354	0.62	72.7	0.38	21.3	0.21	5.22										
0.25	1.46	551	0.78	109	0.47	31.8	0.26	7.70	0.20	3.92								
0.30	1.76	793	0.93	153	0.56	44.2	0.32	10.7	0.24	5.42								
0.35	2.05	1 079	1.09	204	0.66	58.6	0.37	14.1	0.28	7.08								
0.40	2.34	1 409	1.24	263	0.75	74.8	0.42	17.9	0.32	8.98								
0.45	2.63	1 784	1.40	333	0.85	93.2	0.47	22.1	0.36	11.1	0.21	3.12						
0.50	2.93	2 202	1.55	411	0.94	113	0.53	26.7	0.40	13.4	0.23	3.74						
0.60			1.86	591	1.13	159	0.63	37.3	0.48	18.4	0.28	5.16						

续表 3.12

q	$DN15$		$DN20$		$DN25$		$DN32$		$DN40$		$DN50$		$DN70$		$DN80$		$DN100$	
	v	i	v	i	v	i	v	i	v	i	v	i	v	i	v	i	v	i
0.70			2.17	805	1.32	214	0.74	49.5	0.56	24.6	0.33	6.83	0.20	1.99				
0.80			2.48	1 051	1.51	279	0.84	63.2	0.64	31.4	0.38	8.52	0.23	2.53				
0.90			2.79	1 330	1.69	354	0.95	78.7	0.72	39.0	0.42	10.7	0.25	3.11				
1.0					1.88	437	1.05	95.7	0.80	47.3	0.47	12.9	0.28	3.76	0.20	1.64		
1.2					2.26	629	1.27	135	0.95	66.3	0.56	18.0	0.34	5.18	0.24	2.27		
1.4					2.64	856	1.48	184	1.11	88.4	0.66	23.7	0.40	6.83	0.28	2.97		
1.6					3.01	1 118	1.69	240	1.27	114	0.75	30.4	0.45	8.70	0.32	3.76		
1.8							1.90	304	1.43	114	0.75	30.4	0.45	8.70	0.2	3.76		
2.0							2.11	375	1.59	178	0.94	46.0	0.57	13.0	0.40	5.62	0.23	1.47
2.2							2.32	454	1.75	216	1.04	54.9	0.62	15.5	0.44	6.66	0.25	1.72
2.4							2.53	541	1.91	256	1.13	64.5	0.68	18.2	0.48	7.79	0.28	2.00

注:表中流量 q 以 L/s 计;管径 DN 以 mm 计;流速 v 以 m/s 计;水头损失 i 以 mm/m 计

给水管道的局部水头损失,宜按管道的连接方式,采用管(配)件当量长度法计算,见表3.13。当管道的管(配)件当量长度资料不足时,可按下列管件的连接状况,按管网的沿程水头损失的百分数取值。

表 3.13　管(配)件当量长度表

管件内径/mm	各种管件的折算管道长度/m						
	90°标准弯头	45°标准弯头	标准三通90°转角流	三通直向流	闸板阀	球阀	角阀
9.5	0.3	0.2	0.5	0.1	0.1	2.4	1.2
12.7	0.6	0.4	0.9	0.2	0.1	4.6	2.4
19.1	0.8	0.5	1.2	0.2	0.2	6.1	3.6
25.4	0.9	0.5	1.5	0.3	0.2	7.6	4.6
31.8	1.2	0.7	1.8	0.4	0.2	10.6	5.5
38.1	1.5	0.9	2.1	0.5	0.3	13.7	6.7
50.8	2.1	1.2	3.0	0.6	0.4	16.7	8.5
63.5	2.4	1.5	3.6	0.8	0.5	19.8	10.3
76.2	3.0	1.8	4.6	0.9	0.6	24.3	12.2
101.6	4.3	2.4	6.4	1.2	0.8	38.0	16.7
127.0	5.2	3.0	7.6	1.5	1.0	42.6	21.3
152.4	6.1	3.6	9.1	1.8	1.2	50.2	24.0

管(配)件内径与管道内径一致,采用三通分水时,取25%~30%;采用分水器分水时,取15%~20%。

管(配)件内径略大于管道内径,采用三通分水时,取50%~60%;采用分水器分水时,取30%~35%。

管(配)件内径略小于管道内径,管(配)件的插口插入管口内连接,采用三通分水时,取70% ~ 80%;采用分水器分水时,取35% ~ 40%。

水表的水头损失,应按选用产品所给定的压力损失值计算。在未确定具体产品时,可按下列情况取用:住户入户管上的水表,宜取0.01 MPa;建筑物或小区引入管上的水表,在生活用水工况时,宜取0.03 MPa;在校核消防工况时,宜取0.05 MPa。

比例式减压阀的水头损失,阀后动水压宜按阀后静水压的80% ~ 90%采用。

管道过滤器的局部水头损失,宜取0.01 MPa。

管道倒流防止器的局部水头损失,宜取0.025 ~ 0.04 MPa。

3.4.3　管网水力计算的方法和步骤

管网水力计算是在选定给水方式的基础上,绘制出建筑内管道平面布置和系统图后进行的。建筑内常用的管路布置方式有:上行下给的给水方式和下行上给的给水方式,其计算方法和步骤略有不同。

下行上给的给水方式计算步骤如下:

(1) 选择计算管路。所选管路应为系统图中压力最大。

(2) 划分计算管段。按流量变化的节点划分计算管段,对计算管段进行编号,并标明各计算管段的长度。

(3) 计算当量总数。求各计算管段卫生器具种类和数量,算出其当量总数。

(4) 计算设计秒流量。根据建筑物性质选定公式,计算各管段上的设计秒流量;生活给水设计秒流量也可从设计手册中查得。

(5) 管网水力计算。管网水力计算分为:

① 按设计秒流量选定各计算管段管径。

② 求各计算管段和计算管路的水头损失。

③ 根据建筑内给水系统类型,选定局部水头损失百分数,算出计算管路的局部水头损失。

④ 求计算管路的总水头损失。

⑤ 根据设计秒流量选定水表,并计算水表的水头损失。

⑥ 计算建筑内给水管网所需压力 H。

⑦ 其他立管、干管及各层支管、配管水力计算。

计算管路水力计算,可采用表3.14格式进行计算。

(6) 压力比较。建筑内给水管网所需压力 H 与城市给水管网所提供的资用水头 H_0 进行比较。

表3.14　计算管段水力计算表

管段编号	管段长度 L/m	卫生器具类型和当量数					当量总数 $\sum N_g$	设计秒流量 /(L·s^{-1})	管径 DN/mm	管中流速 v /(m·s^{-1})	i /(mm·m^{-1})	iL /(mm·m^{-1})	备注
		洗涤盆 N_g	浴盆 N_g	洗脸盆 N_g	坐便 N_g								
1	2	3	4	5	6	7	8	9	10	11	12	13	14

① 若 $H \leqslant H_0$，表明城市给水管网所提供的资用水头满足建筑内给水管网所需压力。

② 若 H_0 稍小于 H，可适当放大某几段管径使 $H \leqslant H_0$。

③ 若 H_0 小于 H 很多，则需考虑设加压装置，如设置水箱和水泵的给水方式。

（7）设加压装置。设水箱和水泵的给水方式，包括内容有：

① 计算水箱和贮水池容积。

② 求从水箱出口到管网最不利点间所需的压力。

③ 确定水箱底的安装高度。

④ 计算从水泵吸水口至水箱进口间所需压力，选择水泵。

建筑内给水管网所需水压，在方案或初步设计阶段，可按建筑物层数确定，其数值见表 3.15。

表 3.15　按建筑层数确定建筑内给水管网所需水压

建筑层数	1	2	3	4	5	6	7	8	9	10
最小服务水头 /kPa	100	120	160	200	240	280	320	360	400	440

注：① 二层以上每增加一层增加 40 kPa

② 自室外地面算起

3.5　给水装置和设备

城市给水管网的资用水头不能满足建筑内给水系统所需压力时，需设置贮水与加压装置及设备。常用的装置与设备有：水泵、贮水池、水箱和气压给水设备等。

3.5.1　水　泵

1. 水泵的类型

将原水由地下或江河、湖泊抽送至水处理厂，处理后的清水再经管网输送至用户，水的抽升和输送过程是通过水泵来实现的。水泵在国民经济各部门应用很广，种类繁多，按其作用原理可分为以下 3 类：

（1）叶片式水泵。它分为离心泵、轴流泵、混流泵和旋涡泵等，它对液体的压送是靠装有叶片的叶轮高速旋转而完成的。

（2）容积式水泵。它分为活塞式往复泵、柱塞式往复泵和转子泵等，它对液体的压送是靠泵体工作室容积的改变来完成的。

（3）其他类型水泵。它分为螺旋泵、射流泵、水锤泵、水轮泵等。螺旋泵是利用螺旋推进原理来提高液体的位能，其他泵都是利用高速流或气流的动能来输送液体的。

2. 离心泵

离心泵是给排水工程中最常用的水泵。

（1）离心泵组成。离心泵由叶轮、泵轴、泵壳、泵座、填料盒、减漏环、轴承座、联轴器、轴向力平衡装置组成。

（2）水泵的基本性能。水泵的基本性能，通常采用 6 个性能参数来表示：

① 流量。水泵在单位时间内所输送的液体体积,用字母 Q 表示,使用的单位是 m^3/h 或 L/s。

② 扬程。单位重量液体通过水泵后其能量的增值,用符号 H 表示,单位为 kPa。

③ 轴功率。水泵从原动机(如电机等)处所得到的全部功率,用 N 表示,单位为千瓦(kW)。

④ 效率。水泵的有效功率与轴功率之比值,用 η 表示:

$$\eta = \frac{N_u}{N} \tag{3.12}$$

式中　η—— 水泵的效率(%);

N_u—— 水泵的有效功率(kW);

N—— 水泵的轴功率(kW)。

有效功率为单位时间内流过水泵的液体从水泵处得到的能量,水泵的有效功率为

$$N_u = rQH \tag{3.13}$$

式中　r—— 液体的容重(kg/cm^3)。

水泵的轴功率为

$$N = \frac{N_u}{\eta} = \frac{rQH}{\eta} \tag{3.14}$$

⑤ 转速。水泵叶轮转动的速度,通常以每分钟转动的次数(n)表示,单位为 n/min。

⑥ 允许吸上真空高度。它是指水泵在标准状况下(即水温为 20 ℃、表面压力为一个标准大气压)运转时,水泵所允许的最大的吸上真空高度,用 H_s 表示,单位为 kPa。

为方便用户使用及了解水泵性能,水泵泵壳上订有一块铭牌,其内容与格式如下:

离心清水泵

型号:IS65 - 50 - 160A	转数(n):2 900 n/min
扬程(H):270 kPa	效率(η):64%
流量(Q):15 m^3/h、4.17 L/s	轴功率(N):3 kW
允许吸上真空高度(N_s):70 kPa	质量:40 kg

符号意义:

IS—— 国际标准离心泵;

65—— 进口直径(mm);

50—— 出口直径(mm);

160—— 叶轮名义直径(mm);

A—— 第一次切削。

(3) 离心泵工作特性曲线。离心泵以一定的转速工作时,在扬程(H)、轴功率(N)、效率(η)及允许吸上真空高度(H_s)等与流量(Q)之间存在函数关系,若将此用曲线表示,则称这些曲线为离心泵的特性曲线。水泵特性曲线是通过实验测定出来的,并绘于水泵样本或相应手册中。图 3.14 为 24sh - 9 型离心泵特性曲线。

由图 3.14 可以看出,图中包括 $Q-H$,$Q-N$,$Q-\eta$ 和 $Q-H_s$ 4 条曲线,每一流量 Q 都相应于一定的扬程(H)、轴功率(N)、效率(η)和允许吸上真空高度(H_s)。当允许吸上真

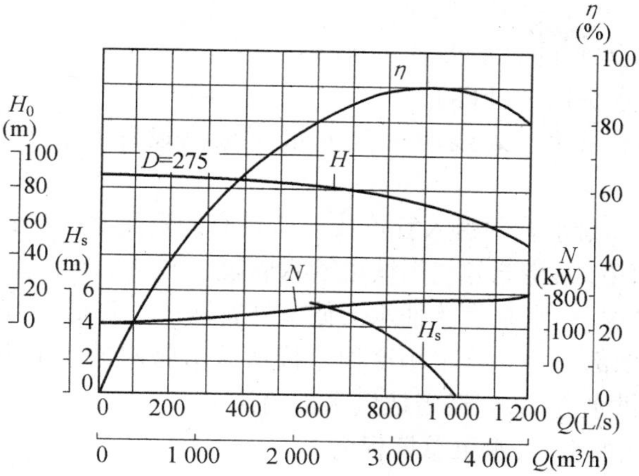

图3.14　24sh－9型离心泵特性曲线

24— 进口直径(in);sh— 单级双吸式离心泵;9— 比转数的1/10

空高度流量为零时,扬程最高、效率最低为零、允许吸上真空高度最高、轴功率约为设计轴功率的50% 左右。随着流量的增大,扬程和允许吸上真空高度将降低,而效率和轴功率则随之而增高。流量为850 ~ 1 000 L/s范围内时,水泵效率最高达90%,此时水泵扬程在700 kPa左右。此后,随流量增加,水泵效率降低。水泵在最高效率范围内(一般不低于最高效率点的10% 左右)工作是最经济的,通常将这一范围称为水泵的高效段。因此,在选泵时,应使泵站设计所要求的流量和扬程在高效段的范围内。

3. 水泵装置及总扬程

(1) 水泵装置。图3.15为离心泵装置图,由图可知,水泵装置是给水泵装上管路及附件的系统。

(2) 总扬程。由图3.15可知,将水从0－0断面提升至3－3断面,为提升 H_{st} 高度,为此,水泵尚需克服管路中的阻力 $\sum h$。那么,所选水泵扬程 H 为

$$H = H_{st} + \sum h \tag{3.15}$$

式中　H— 水泵总扬程(kPa);

H_{st}—— 水泵静扬程(kPa),为水泵吸水井的设计最低水位与水箱最高水位间测量高差;

$\sum h$—— 水泵装置管路中水头损失之和(kPa)。

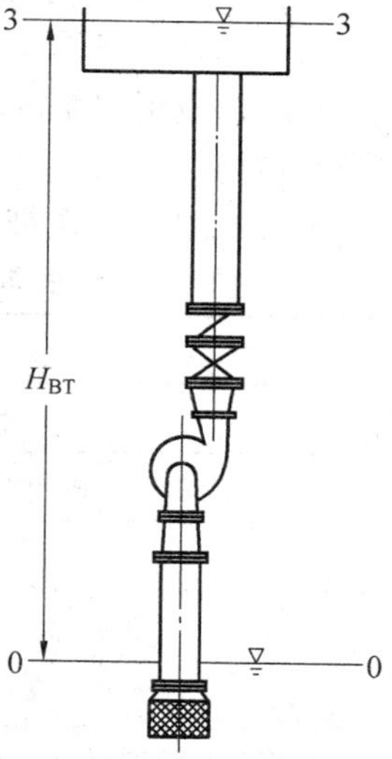

图3.15　离心泵装置

采用水泵装置向建筑内给水管网供水,按水泵吸水管进水方式分为:水泵直接从室外给水管网抽水和从贮水池抽水两种。

① 水泵直接从室外管网抽水时,水泵总扬程为

$$H_b = Z + H_2 + H_3 + H_4 - H_0 \tag{3.16}$$

式中　H_b—— 水泵所需总扬程(kPa);

Z—— 水泵的几何升水高度,为自连接引入管轴线至建筑内最不利配水点(或消

火栓）间的垂直距离（m）；

H_2—— 吸、压水管的总水头损失（kPa）；

H_3—— 水表水头损失（kPa）；

H_4—— 最不利配水点（或消火栓或水箱最高设计水位）处所需的流出水头（kPa）；

H_0—— 由室外给水管网引入管连接点所具有的资用水头（kPa）。

这种方式系统简单，因能充分利用城市给水管网的压力，而节省能源，并且能防止水质免遭污染。一般情况下，水泵直接抽水会使室外管网压力降低，影响对周围地区的正常供水。通常，城市供水部门不允许采用这种直接从城市管网抽水的方式。如直接从室外管网抽水，采用叠压供水方式，应经当地供水部门认可。

② 水泵从贮水池抽水时，水泵总扬程为

$$H_b = Z_1 + Z_2 + H_3 + H_4 \tag{3.17}$$

式中　H_b—— 水泵所需总扬程（kPa）；

Z_1—— 水泵吸水几何高度，为泵轴至贮水池最低水面间的垂直距离（m）；

Z_2—— 水泵压水几何高度，为泵轴至最不利配水点（或消火栓或水箱最高设计水位）间的垂直距离（m）；

其余符号同前。

选择加压水泵的 $Q-H$ 特性曲线应是随流量的增大，扬程逐渐下降的曲线，水泵扬程应满足建筑内最高最远用水器具流出水头要求，并应在高效区运行。加压水泵机组应设备用泵，备用泵的供水能力不应小于最大一台运行水泵的供水能力，并能自动切换运行。

4. 水泵机组布置

建筑内设置水泵的场所，应远离要求安静的房间（如卧室、教室、病房等），并设隔振、减噪音措施。

水泵机组布置应符合表 3.16 规定。

表 3.16　水泵机组外轮廓面与墙面和相邻机组间的间距

<table>
<tr><th colspan="2">各种不同情况</th><th>距离</th></tr>
<tr><td colspan="2">水泵基础间的净距</td><td>≥1.0 m</td></tr>
<tr><td colspan="2">机组突出部分与墙壁的净距</td><td>≥1.2 m</td></tr>
<tr><td colspan="2">主要通道宽度</td><td>≥1.5 m</td></tr>
<tr><td rowspan="2">配电箱前面通道宽度</td><td>低压配电</td><td>≥1.5 m</td></tr>
<tr><td>高压配电</td><td>≥2.0 m</td></tr>
<tr><td>在配电箱后面检修时，后面距墙的净距</td><td>≥1.0 m</td><td></td></tr>
</table>

水泵基础高出地面应不小于 0.1 m；泵房内管道管外壁距地面或管沟底的距离，当管径 ≤150 mm 时，不应小于 0.20 m；当管径 ≥200 mm 时，不应小于 0.25 m。

3.5.2　贮水池

不允许水泵直接从城市给水管网抽水时，则需设贮水池，水泵从贮水池抽水向建筑内供水。

贮水池的有效容积,应根据调节水量、消防贮备水量和生产事故用水量确定。生产和消防的贮水量分别由生产工艺及《建筑防火规范》确定。

贮水池的有效容积由下式计算:

$$V_g = (q_b - q_I)T_b + V_f + V_s \tag{3.18}$$

应满足:

$$q_b T_i \geqslant (q_b - q_I)T_b$$

式中　V_g——贮水池有效容积(m^3);

q_b——水泵出水量(m^3/h);

q_I——水池进水流量(m^3/h);

T_b——水泵运行时间(h);

T_i——水泵运行间隔时间(h);

V_f——消防贮水量(m^3);

V_s——生产用水贮水量(m^3)。

贮水池设置位置应远离化粪池等易造成池水污染的构筑物,进出水管应对称设置,以促使池内水流动,贮水池一般应分为两格,以便于清洗和检修。

3.5.3　水　　箱

在建筑内部给水系统中,水箱的作用是贮存一定水量、增压、稳压和减压等。

1. 水箱构造

水箱外形一般采用矩形,材质除采用钢板制成的外,也有用玻璃钢材料和不锈钢制成的。水箱构造如图3.16所示。

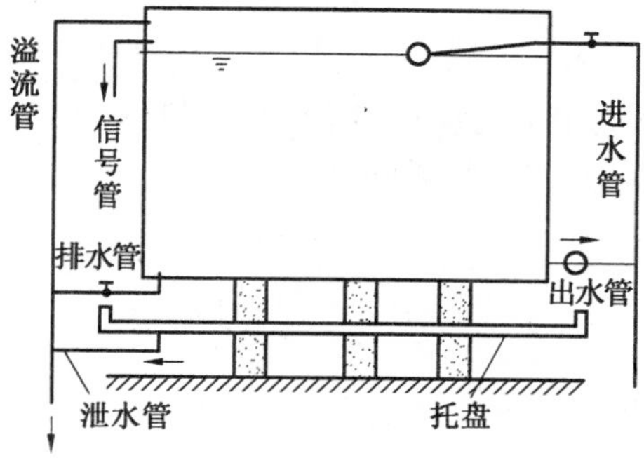

图3.16　水箱构造

水箱上设有如下管道:

(1) 进水管。进水管应设于水箱上缘下150 ~ 200 mm,进水管上应装设不少于两个浮球阀或液压式水位控制阀,在该阀前设闸阀,以便于维修等。进水管管径按水泵流量或建筑内设计秒流量确定。

(2) 出水管。出水管管口距箱底不应小于50 mm,防止箱内沉积污染物进入管网。进、出水管可分设,也可合用一条管道。合用出水管上应设止回阀,出水管管径按设计秒流量确定。

(3) 溢流管。溢流管管口应高于水箱设计最高水位 50 mm,管径应按能排泄水箱的最大入流量确定,宜比进水管管径大 1 ~ 2 级。溢流管不得与污水管道直接连接,必须经过断流水箱,并有水封装置才能接入,只有这样才能避免水箱内水质被污染。温暖地区设于平屋顶上的水箱,溢流管出水可直接经屋面排放。溢流管上不允许装设阀门。

(4) 放空排水管。放空排水管为排泄箱内沉泥和清洗水箱污水之用,它应装于箱底,并与溢流管连接,排水管上应装设阀门。

(5) 水位装置。采用水泵加压供水时,应设置水箱水位自动控制装置,控制水泵的开、停。

(6) 托盘泄水管。排放托盘内积水用,管径一般为 32 ~ 40 mm,与溢流管连接,泄水管上不得装设阀门。

水箱应设盖,防止箱内水质受到污染,盖上设人孔和通气孔。

水箱房应通风、采光良好,房内温度不低于 5 ℃,寒冷地区,应采取保温和防结露措施。

水箱外壁与建筑物结构墙面或其他池壁之间的净距应满足施工或装配的需要,无管道的侧面,净距不宜小于 0.7 m,安装有管道的侧面,净距不宜小于 1.0 m,且管道外壁与建筑本体墙面之间的通道宽度不宜小于 0.6 m;设人孔的箱顶,顶面与水箱房天棚顶净空不应小于 0.8 m。

2. 水箱容积计算

建筑内用水是在逐时变化的,水箱的调节容积应根据用水量和进水量的变化曲线确定,但依此确定比较困难,通常按下列不同情况确定。

(1) 单设水箱时

$$V_s = Q_j t_1 \tag{3.19}$$

式中　V_s—— 水箱的调节容积(m^3);

Q_j—— 由水箱供水的最大连续平均小时用水量(m^3/h);

t_1—— 由水箱供水的最大连续时间(h)。

(2) 水泵手动启动时

$$V_{sb} = \frac{Q_{max}}{n_s} - t_s Q_s \tag{3.20}$$

式中　V_{sb}—— 水箱的调节容积(m^3);

Q_{max}—— 建筑物最大日用水量(m^3/h);

n_s—— 每日水泵启动次数,由设计确定;

t_s—— 水泵启动一次的运行时间(h),由设计确定;

Q_s—— 水泵运行时间内,建筑内平均小时用水量(m^3/h)。

(3) 水泵自动启动时

$$V_{sb} = \frac{a q_b}{4 n_h} \tag{3.21}$$

式中　V_{sb}—— 水箱的调节容积(m^3);

a—— 安全系数($a = 1.5 \sim 2.0$);

q_b—— 水泵出水量(m^3/h);

n_h—— 水泵一小时内启动次数,一般为 4 ~ 8 次 /h。

水箱调节容积在无资料可利用时,也可按生活日用水量的百分数来确定。当水泵为自动启动时,取日用水量的 5%;当水泵为手动时,取 12%。单设水箱时,可按用水人口和用水定额确定,也可按日用水量的 5% ~ 100% 取用。

水箱容积内需增加消防贮水时,消防用水量计算公式为

$$V_x = \frac{60q_x T_x}{1.000} \tag{3.22}$$

式中　V_x—— 消防用水量(m^3);

q_x—— 建筑内消防设计流量(L/s);

T_x—— 水箱保证供水时间(min),$T_x = 10$。

3. 水箱安装高度

在水箱内最低水位时,水箱安装高度应满足建筑内最不利配水点或消火栓(或自动喷水喷头)所需的流出水头,可按下式计算:

$$H_d = Z_p + H_c + \sum h \tag{3.23}$$

式中　H_d—— 水箱最低水位时的标高(m);

Z_p—— 最不利配水点、消火栓或自动喷水喷头的标高(m);

H_c—— 最不利配水点、消火栓或自动喷水喷头所需的流出水头(kPa);

$\sum h$—— 水箱出口至最不利配水点、消火栓或自动喷水喷头的管道总水头损失(kPa)。

3.5.4　气压给水设备

气压给水设备是利用装于密闭罐内的压缩空气,把罐内水输送到建筑内各用水点的升压装置,可调节和贮存水量并保持所需压力,其作用相当于高位水箱或水塔。该设备适于城镇住宅小区、多层、高层建筑、村镇供水、工业给水、车站、码头等供水。气压给水设备具有以下优点:水质不易受污染,便于拆迁、安装、建设速度快,运行可靠、维护管理简单方便,利于消除管道中水锤和噪音等。其缺点是:钢材耗量大、电耗大、压力变化大、调节能力小、供水安全性较差、水泵效率较低等。

1. 组成和分类

(1) 组成。气压给水设备主要由密闭罐体、水泵、空气压缩和控制装置等组成。

(2) 分类。气压给水设备按压力稳定情况可分为变压式和定压式两类;按气压水罐的形式可分为补气式和隔膜式气压给水设备两类。

单罐变压式和单罐定压式气压给水设备如图3.17 和图3.18 所示,隔膜式气压给水设备如图 3.19 所示。

用水量大的给水系统,气压给水设备可采用双罐。

气压给水设备现在多采用变频调速供水,这种设备节能,且能保证管网内压力较稳定。

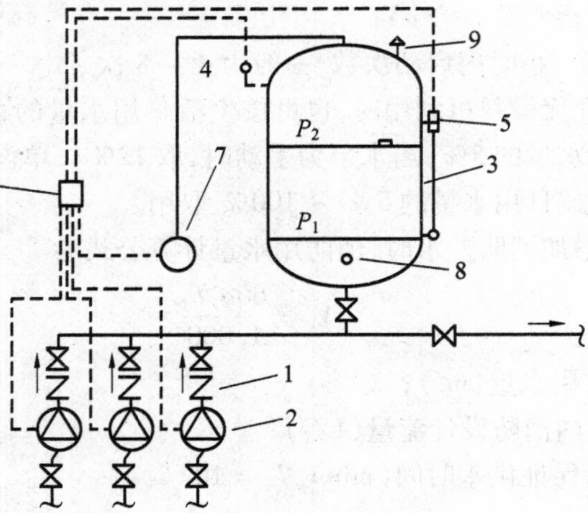

图 3.17　单罐变压式气压给水设备

1— 止回阀;2— 水泵;3— 气压水罐;4— 压力信号器;5— 液位信号器;6— 控制器;7— 补气装置;8— 排气阀;9— 安全阀

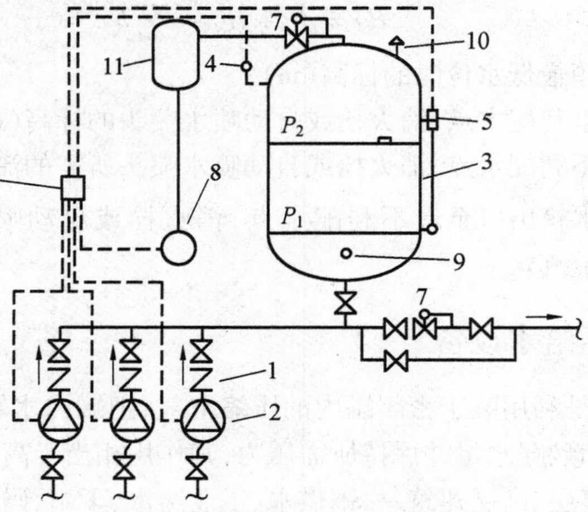

图 3.18　单罐定压式气压给水设备

1— 止回阀;2— 水泵;3— 气压水罐;4— 压力信号器;5— 液位信号阀;6— 控制器;7— 压力调节阀;8— 补气装置;9— 排气阀;10— 安全阀;11— 储气罐

2. 气压给水设备计算

(1) 气压贮罐总容积

$$V_z = \beta \frac{V_x}{1 - a_b} \tag{3.24}$$

式中　V_z—— 贮罐容积(m^3);

V_x—— 调节水容积(m^3),可按式 3.21 计算;

a_b—— 空气罐内最小与最大工作压力(以绝对压力计)之比值,一般采用 0.65 ~ 0.85;

β—— 水罐容积附加系数,为罐内最小与初始工作压力之比值,卧式水罐为 1.25,立式水罐为 1.10,隔膜式水罐为 1.05。

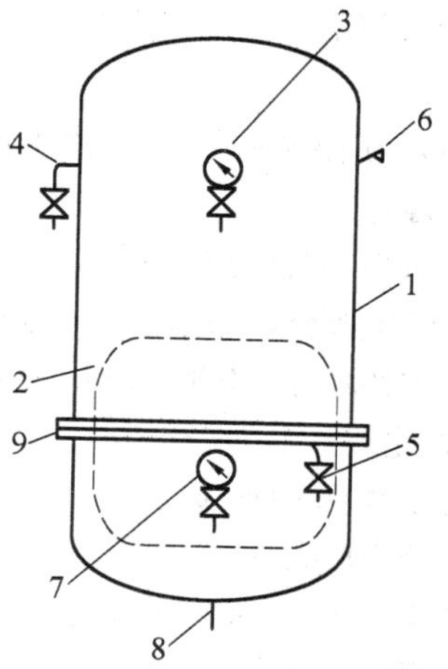

图 3.19　隔膜式气压给水设备

1— 罐体;2— 橡胶隔膜;3— 电接点压力表;4— 充气管;
5— 排气阀;6— 安全阀;7— 压力表;8— 进出水管;9— 法兰

(2) 空气部分容积

$$V_k = \frac{a_b V_x}{1 - a_b} \tag{3.25}$$

式中　V_k—— 空气部分容积(m^3)。

其余符号同前。

气压给水设备所用水泵,宜选用特性曲线较陡的,以适应气压水罐供水要求。采用压缩机补气的空气压缩机的工作压力,应选稍大于贮罐设计最大工作压力的空压机。

3.6　建筑饮水供应

饮水供应系统分为开水供应、冷饮水供应和管道直饮水供应 3 种类型。类型选择与建筑物性质、生活习惯、地区与经济条件等有关。

3.6.1　饮水类别、水质及定额

1. 饮水类别及水质

(1) 纯净水。纯净水都是以自来水或江、河、湖泊的水或地下水为水源,通过预处理或常规处理后,经离子交换、电渗析、反渗透、蒸馏等方法加工而成。经处理,水中的细菌等污染物被除去,同时也除去了天然水中钾、钙、镁、铁、锶、锌等人体必需的矿物质,不利于人体营养均衡。这样制备的纯净水实际上是纯水,许多欧洲国家都规定纯净水不能直接作为饮用水。我国消费者协会也正式发布消费警示,青少年儿童和老年人不宜长期饮用纯净水。

(2) 矿泉水。矿泉水分为天然矿泉水和人工矿泉水,其水质均应符合《饮用天然矿泉水标准》(GB 8537—1995)。天然矿泉水深埋地下,含有一定量的矿物质、微量元素、二氧化碳气体的天然矿泉水,是一种矿产资源,一般水质较好,有的还具有保健作用,正日益受

到人们的重视而作为保健饮料被利用。天然矿泉水资源丰富,有的具有很高的医疗价值,矿泉水的开发具有广阔的前景。

由于地下水的埋藏条件不同,矿泉水中所含矿物质数量、微量元素、二氧化碳量各不相同。可饮用的矿泉水有如下几类:

① 可溶性固体大于1 000 mg/L的盐类矿泉水。这类矿泉水是按盐类主要阴离子成分命名,如重碳酸盐类矿泉水、硫酸盐类矿泉水、氯化物矿泉水。

② 淡矿泉水。水中可溶性固体小于1 000 mg/L,但水中含有表3.17中所列的一种以上成分,含量达到规定标准的属此类。

此外还有碳酸水和硅酸水,这两种矿泉水中分别为游离二氧化碳质量浓度大于1 000 mg/L和硅酸质量浓度大于50 mg/L。

作为可饮用的矿泉水的制备,一般只需经消毒处理后,装瓶或罐进行销售。

表3.17 淡矿泉水化学组分表

序号	化学组分	单位	命名标准	序号	化学组分	单位	命名标准
1	游离二氧化碳	mg/L	1 000	5	偏硅酸	mg/L	> 50
2	锂	mg/L	> 1	6	碘	mg/L	> 1
3	锶	mg/L	> 5	7	硒	mg/L	> 0.01
4	溴	mg/L	> 5	8	锌	mg/L	> 5

通过净化、矿化和消毒处理工艺,也可制备无臭无味、清澈透明,含有人体所需微量元素的人工矿化水。

(3) 直饮水。直饮水多以城镇自来水为原水,经深度处理,其水质应符合《饮用净水水质标准》(CJ 94—2005)。

饮用水水质应满足《生活饮用水卫生标准》(GB5749—2006)的要求。

饮用水有开水、温开水、凉开水,我国人民习惯饮用开水、温开水,在某些工矿企业热车间、涉外宾馆等,设有冷饮水设施供应冷水。

国外有饮用生水的习惯,对饮用水水质要求很高,表3.18为日本安全饮用水水质与新颁布水质标准对比(主要项目)。

表3.18 日本饮用水水质对照表

水质项目	单位	安全饮用水	爽口饮用水	新水质标准
蒸发残留物	mg/L	30 ~ 200	30 ~ 200	500以下
硬度	mg/L	10 ~ 100	10 ~ 100	300以下
游离碳酸	mg/L	3 ~ 300	20以下	—
高锰酸钾消耗量	mg/L	3以下	3以下	10以下
臭味强度	度	3以下	3以下	不能有异常味
残余氯	mg/L	0.4以下	1.0左右	200以下(氯离子)
水温	℃	最高20 ℃下	—	—

饮用水与健康的关系日益受到人们的重视,饮水不仅是人体的生理功能需要,其优良的水质也是身体健康的保障。综合国内外安全、优质的饮用水水质标准,大体应具备如下要求:

(1) 不含对人体健康有害、有毒、有异味的物质;
(2) 含有适量的有益于人体健康的矿物质;
(3) 水的分子团小;
(4) 水的 pH 值应呈弱碱性;
(5) 水中溶解氧及游离碳酸含量适中;
(6) 水的溶解力、渗透性、代谢力等性能较强;
(7) 水的硬度适中。

2. 饮用水定额与水温

我国地域辽阔,气候、工作性质及条件等各有不同,饮用水定额及小时变化系数也有所不同。表3.19列出了不同性质建筑饮用水定额及小时变化系数。

生冷水水温因水源种类(地面水、地下水)和季节不同而异。

表3.19　饮用水定额和小时变化系数

建筑物名称	单位	饮用水量定额/L	小时变化系数(K_h)	开水温度/℃	冷饮水温度/℃
体育馆(场)	每观众每日	0.2	1.0	100(105)	7～10
招待所、旅馆	每客人每日	2～3	1.5	100(105)	7～10
影剧院	每观众每场	0.2	1.0	100(105)	7～10
医院	每病床每日	2～3	1.5	100(105)	7～10
教学楼	每学生每日	1～2	2.0	100(105)	7～10
集体宿舍	每人每日	1～2	1.5	100(105)	7～10
办公楼	每人每班	1～2	1.5	100(105)	7～10
一般车间	每人每班	2～4	1.5	100(105)	7～10
热车间	每人每班	3～5	1.5	100(105)	14～18
工厂生活间	每人每班	1～2	1.5	100(105)	7～10

注:① 开水温度括号内数字为闭式开水系统
② 饮用水定额括号内数字为参考数字
③ 小时变化系数指开水供应时间内的变化系数

3.6.2　饮水制备和供应

1. 开水制备和供应

开水制备方法分直接和间接加热制备两种。热源为煤、电、煤气、蒸汽。采用蒸汽直接加热时,蒸汽质量一定要符合卫生要求。

开水供应方式有分散和集中供应两种。集中供应方式又分集中制备分散供应和管道输送两种。

集中制备是在锅炉房或开水间烧制开水,然后用保温容器,如暖水瓶、罐等分送至各饮用水点,或通过管道输送至各饮用水点。采用管道输送时,管道应有保温等措施,还应采用循环管道系统。

将热源煤气、蒸汽、电送至各饮用水点制备分散供应的缺点是不便于集中管理。

饮用开水供应和设备详见第12.4,12.5节内容。

2. 冷饮水制备与供应

冷饮水制备工艺(图 3.20) 包括给水预处理、冷冻、调味等过程。

(1) 给水预处理是将待制冷的原水 —— 自来水进行过滤、消毒等处理。过滤可用砂滤、活性炭等,消毒可采用液氯、紫外线、臭氧等处理方法。

(2) 冷冻是将预处理的自来水冷冻到要求的冷饮水温度。制冷设备采用冷饮水机。

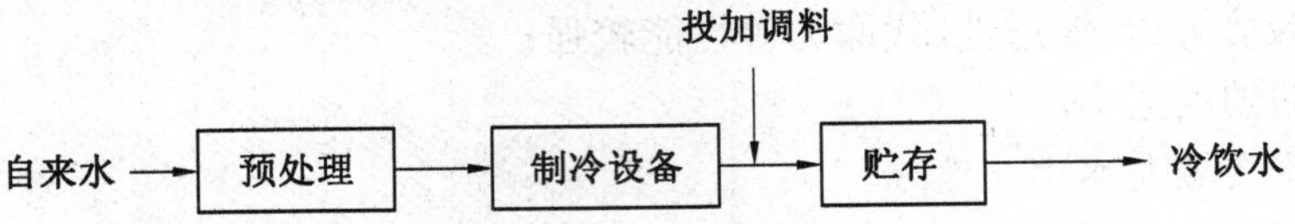

图 3.20　冷饮水制备工艺

(3) 冷饮后为使人体起到补盐、散热、解渴等作用,冷饮制备中常投加调料,如甜味料、酸味料、香料、防腐剂等。对于在高温场所工作的人员,饮用的冷饮水中可适量投加精盐。

冷饮水供应方式与开水供应方式相同。

3. 饮生水制备与供应

饮用生水需经深度处理后方可饮用,即自来水经预处理、过滤(超滤)、消毒(紫外)处理后供用户饮用。其供应方式与开水、冷饮水供应方式相同。

3.6.3　饮用水量计算

饮用开水和冷饮用水的水量可按表 3.19 选用。设计最大小时饮用水量按下式计算:

$$Q_h = \frac{nqK_h}{T} \tag{3.26}$$

式中　Q_h—— 设计最大小时饮用水量(L/h);

n—— 设计饮水人数(人);

q—— 每人每日(场、班) 饮水量标准(升/(人·天)) 或(升/(人·场)) 等;

K_h—— 小时变化系数;

T—— 每日(场、班) 饮水供应时间(h)。

饮用水采用管道输送时,管网水力计算与建筑内给水管网计算相同。管网内水流速度不宜过大,应小于 1.0 m/s,因流速过大会使水质变成白浊状。

3.6.4　饮水管道布置与器具安装

1. 饮水管道布置

饮水供应点应设于便于取用、检修和清扫的场所,通风应良好,有明亮的光照,不应设在卫生条件差、容易造成污染的地点。

饮水管道应采用镀锌钢管,配件应采用镀锌、镀铬或铜制材料。

开水器上的溢流管和泄水管不允许与排水管直接连接。

2. 饮水器的安装

饮水器安装时应使喷嘴倾斜,以便于饮用。当饮水槽内排水管堵塞时,喷嘴孔口不应被淹没，以免污染水质。

饮水器应光洁卫生，以便于清洗。因此，应采用镀铬、瓷质或搪瓷制品。

3.7　低层建筑消防给水

建筑物灭火设备有固定式和活动式两类。固定式灭火设备有：建筑内消火栓给水系统、外消火栓给水系统、自动喷水灭火系统、二氧化碳灭火系统、卤代烷灭火系统、干粉灭火系统等。消火栓给水系统和自动喷水灭火系统是建筑中常用的灭火系统。

按《高层民用建筑设计防火规范》规定：9层及其以下的住宅以及建筑高度不超过24 m的其他民用建筑为低层建筑，10层及其以上的住宅以及建筑高度超过24 m的其他民用建筑为高层建筑。

3.7.1　消防给水设置要求

按我国《建筑设计防火规范》规定，下列建筑应设置消防给水。

1. 一般低层建筑

(1) 厂房、库房和不超过24 m高的科研楼(不易设置给水的房间除外)。

(2) 座位超过800个的剧院、电影院、俱乐部，座位超过1 200的个礼堂、体育馆。

(3) 建筑体积超5 000 m^3 的车站、码头、机场建筑物，以及展览馆、商店、病房楼、门诊楼、教学楼、图书馆等。

(4) 超过7层的单元式住宅和超过6层的塔式住宅、通廊式住宅、底层设有商业网点的单元式住宅。

(5) 超过5层或体积超过10 000 m^3 的其他民用建筑。

(6) 国家级文物保护的重点砖木或木结构的古建筑。

2. 高层民用建筑

高层民用建筑消防给水见第6.4节。

3. 人防工程

(1) 面积超过300 m^2，作为商场、医院、旅馆、展览厅、旱冰场、体育场、舞厅、电子游艺场等使用时。

(2) 面积超过450 m^2，作为餐厅、丙类和丁类生产车间、丙类和丁类库房使用时。

(3) 作为礼堂、电影院使用时。

(4) 作为消防电梯间的前室时。

4. 其他构筑物

其他构筑物如停车库、修车库。

3.7.2　消火栓给水系统

1. 系统组成

室外给水管网的水压不能满足建筑内消防水压需要时，消防系统应设置加压装置，如水泵和水箱或气压给水设备。建筑内消火栓给水系统由水枪、水带、消火栓、消防水喉、消防管道、消防贮水池、水箱和增压设备等组成。图 3.21 为生活、消防合用给水系统。

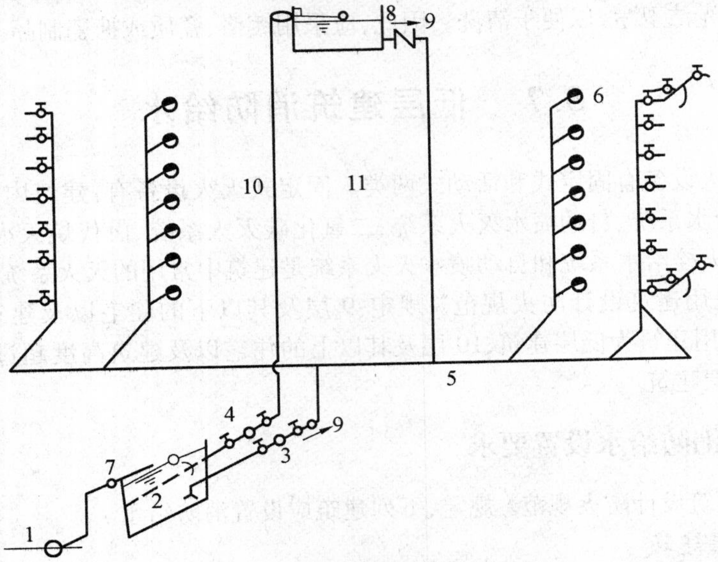

图 3.21　生活、消防合用给水系统

1— 室外给水管；2— 储水池；3— 消防泵；4— 生活水泵；5— 室内管网；6— 消火栓及消火立管；7— 水表节点；8— 水箱；9— 单向阀；10— 进水管；11— 出水管

2. 系统主要组件

(1) 消火栓箱。箱内装置有消火栓、水带和水枪以及与消防泵串联的电器控制装置等。SG 型室内消火栓箱主要器材规格见表 3.20。常用室内消火栓按其出口形式分为直角单出口式、45° 单出口式、直角双出口式 3 种。

表 3.20　SG 型室内消火栓箱主要器材规格

型号	室内消火栓		麻质水带		直流水枪		电气设备	
	型号	数量	每根长度/m	根数	型号	支数	指示灯	报警按钮
SG18/50 SG21/65	SN50 SB65	1	25	1	QZ16 QZ19	1	1	1
SG24/S50 SG24/S65	SNS50 SNS65			2	QZ16 QZ19	1		

(2) 消防软管卷盘和自救式小口径消火栓箱。它是为便于非专业消防人员，如旅馆服务人员、旅客和工作人员使用的简易消防设备。

(3) 屋顶消火栓。它是为检查消火栓给水系统是否能正常运行及本建筑物免遭相邻建筑物火灾而设的。在寒冷地区应设于水箱间或加防冻措施。

(4) 水泵接合器。进口设于建筑物外与消防车等连接供水，并与建筑内消火栓给水系统相连的装置。它适用于消火栓给水系统和自动喷水灭火系统。根据安装位置有壁式、地上和地下 3 种。其规格和性能见表 3.21。

表 3.21　水泵接合器规格与性能

型号	形式	公称直径 /mm	进水口		耐压 /MPa		
			接口	直径 /mm	强度试验压力	密封试验压力	工作压力
SQ100	地上式	100	kWS65	65 × 65	2.4	1.6	1.6
SQX100	地下式	100	kWX65	65 × 65			
SQB100	墙壁式	100	kWS65	65 × 65			
SQ150	地上式	150	kWS80	80 × 80			
SQX150	地下式	150	kWX80	80 × 80			
SQB150	墙壁式	150	kWS80	80 × 80			

(5) 节流孔板。建筑层数较多时，在下层消火栓栓口前设减压节流孔板，以降低消火栓处压力，节约流量。

3. 系统分类

低层建筑内消火栓给水系统，根据室外给水管网所提供的水量和水压情况分以下 3 类。

(1) 不设水泵、水箱的消火栓给水系统(图3.22)。室外给水管网的水量、水压在24 h 内任何时刻，均能满足建筑内消火栓给水系统对水量和水压的要求时采用。通常这样的建筑高度不太高或层数不多。

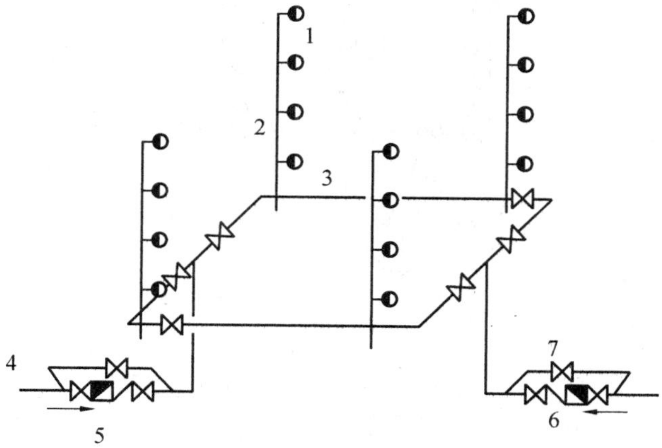

图 3.22　不设水泵、水箱的消火栓给水系统

1— 室内消火栓;2— 室内消防竖管;3— 干管;4— 进户管;5— 水表;6— 止回阀;7— 旁通管及阀门

(2) 只设水箱的消火栓给水系统(图 3.23)。当室外给水管网压力变化大，在生活、生产用水量小时向水箱内充水。水箱容积除考虑调节生活、生产用水量，还应贮存 10 min 的消防用水量。

(3) 设置消防泵和水箱的消火栓给水系统(图 3.24)。在室外给水管网不能满足建筑内消火栓给水系统的水压和水量要求时，设置这种方式。水箱应贮存 10 min 的消防用水量。

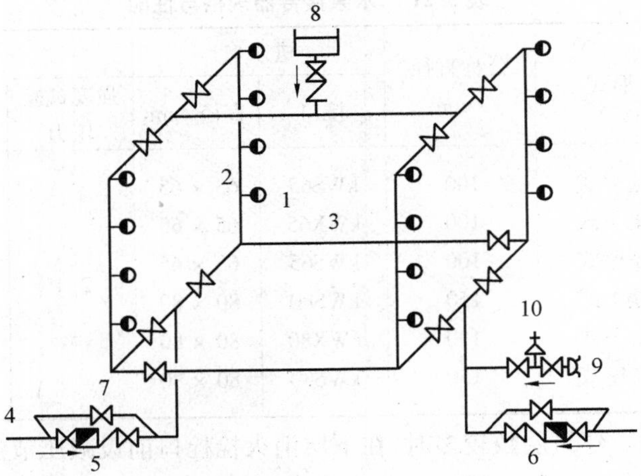

图 3.23　只设水箱的消火栓给水系统

1— 室内消火栓;2— 消防竖管;3— 干管;4— 进户管;5— 水表;

6— 止回阀;7— 旁通管及阀门;8— 水箱;9— 水泵接合器;10— 安全阀

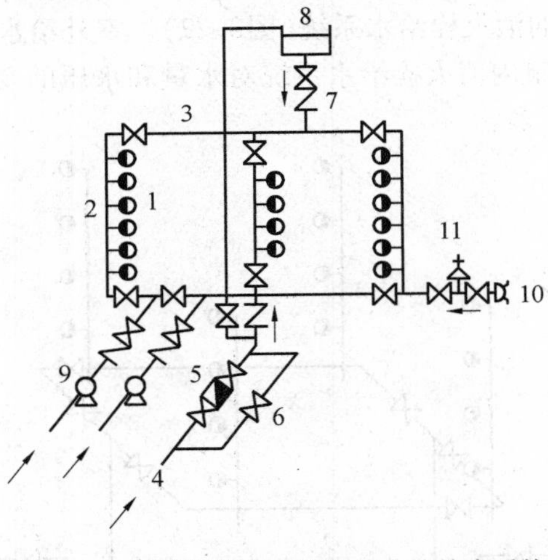

图 3.24　设消防泵和水箱的消火栓给水系统

1— 室内消火栓;2— 消防竖管;3— 干管;4— 进户管;5— 水表;

6— 旁通管及阀门;7— 止回阀;8— 水箱;9— 水泵;10— 水泵接合器;11— 安全阀

3.7.3　消火栓与消防管道的布置

1. 消火栓的布置

(1) 设消火栓给水系统的低层建筑,除无可燃物的设备层外,各层均应设置消火栓。同层内相邻两个消火栓射出的充实水柱保证能同时到达室内着火部位。一支水枪的充实水柱射到室内任何部位的布置情况,适于建筑物高度 ≤ 24 m,且体积 ≤ 5 000 m^3 的库房类建筑。消火栓间距布置方式有单排消火栓一股水柱、单排消火栓两股水柱到达室内任何着火部位的间距和多排消火栓一股水柱、多排消火栓两股水柱到达室内任何着火部位的间距。

单排消火栓一股水柱到达室内任何着火部位的间距如图3.25所示,计算式为

$$S_1 = 2\sqrt{R^2 - b^2} \tag{3.27}$$

式中　S_1—— 消火栓间距(m);

R—— 消火栓保护半径(m);

b—— 消火栓最大保护宽度(m)。

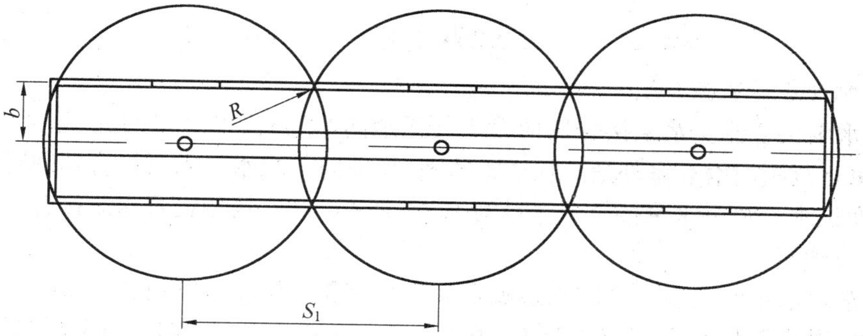

图3.25　单排消火栓一股水柱布置间距

(2) 消防电梯前室应设室内消火栓。

(3) 消火栓应设在明显、便于取用的位置。栓口离地面高度为1.1 m。

(4) 设有室内消火栓给水系统的建筑,屋面为平屋顶宜在其上设置试验和检测用消火栓。冷冻地区,可将其设于水箱间内或采取保温措施。

(5) 同一建筑内应采用相同规格的消火栓、水枪和水带,每根水带长度不应超过25 m。

(6) 室内消火栓的布置,应保证有两支水枪的充实水柱同时到达室内任何部位。

2. 建筑内消防管道布置

(1) 根据建筑物的性质与使用要求,消防给水管道系统可与生活、生产给水系统分设或合设。

(2) 室内消火栓超过10个时,室内消防给水管道应布置成环状,并应由两条进水管进水。室外给水管网形成环状,如图3.26所示。

(3)9层下单元式住宅,进水管可设一条,但尽可能与室外给水管网连接成环状。

(4) 设有两条或两条以上消防立管的建筑,至少每根立管相互连接成环状网。这类建筑是:塔式和通廊式住宅,层数超过6层;超过5层或体积大于10 000 m^3 的其他民用建筑;超过4层的厂房和库房。

(5) 室内消防给水管道应用阀门分成若干独立区间,以便于检修。阀门按关闭阀后停止使用的消火栓一层中不应大于5个。

(6) 建筑内设消火栓和自动喷水灭火系统,宜将两种灭火系统管网分开设置,有困难时,宜在报警阀前分开。

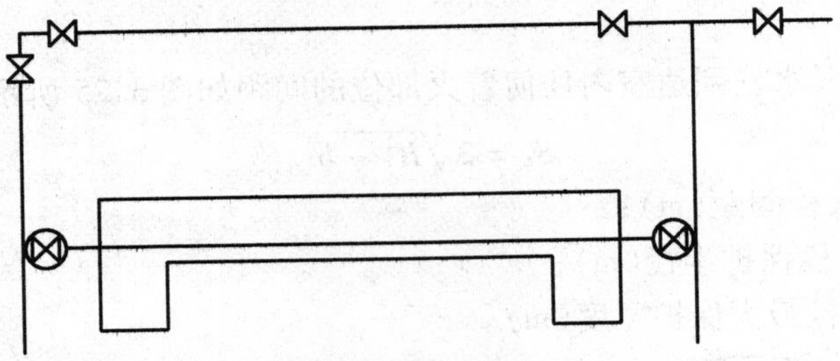

图 3.26　室外给水管网与建筑进水管成环连接图

3. 其他设备与装置布置

（1）水泵接合器。水泵接合器应设于便于消防车通行、停靠，接管的场所，并在其周围15 ~ 40 m范围内设有室外消火栓或贮水池，供消防车取水。水泵接合器间距不宜小于20 m，以便供水。每个水泵接合器流量为 10 ~ 15 L/s。建筑物设置水泵接合器数量按其消防用水量确定。

（2）消防水泵的设置。消防水泵吸水管宜分别独立设置。应设备用泵，7 ~ 9 层单元式住宅和室外消防用水量不超过25 L/s 的工厂、仓库可不设。消防泵宜采用自罐式，其出水管上宜设检查和试水用的防水阀门。

（3）消防水池与水箱的布置。当生产、生活用水量达到最大时，市政给水管道、进水管或天然水源不能满足室内消防用水量；市政给水管道为支状或只有一条进水管，且消防用水量之和超过 25 L/s 时，应设消防水池。消防水池容量应满足火灾延续时间内室内外消防用水总量的要求。火灾情况下能保证连续补水时，其容量可减去火灾延续时间内的补充水量，补水时间不宜超过 48 h。消防水池容量如超过 1 000 m^3 应分设成两个。供消防车取水的消防水池，保护半径不应大于 150 m，且应保证消防车的吸水高度不超过 6 m。

消防水池宜独立设置，可设于室外，也可设于室内地下室。与生活、生产合用水池时，应有防止消防贮水不被动用的措施。生活、生产、消防合用的水箱，应将生活、生产用出水管置于消防贮水位，以保证消防用水量不被动用。

消防水箱贮水量应贮存 10 min 的室内消防用水量，用于建筑着火初期的灭火。当建筑内消防用水量不超过25 L/s，经计算水箱贮水量大于12 m^3 时，仍可采用12 m^3。当建筑内消防用水量超过 25 L/s，经计算水箱贮水量大于 18 m^3 时，仍可采用 18 m^3。

水箱安装高度，应满足建筑内最不利灭火设备所需水压。

3.7.4　消防用水量

建筑内消火栓用水量见表 3.22。建筑内消火栓给水系统的用水量不应小于表 3.22 的要求。

表 3.22　建筑内消火栓用水量

建筑物名称	高度 h(m)、层数、体积 V(m^3)或座位数 n(个)	消火栓用水量／($L \cdot s^{-1}$)	同时使用水枪数量／支	每支水枪最小流量／($L \cdot s^{-1}$)	每根竖管最小流量／($L \cdot s^{-1}$)
厂房	$h \leqslant 24$　$V \leqslant 10\,000$	5	2	2.5	5
	$h \leqslant 24$　$V > 10\,000$	10	2	5	10
	$24 < h \leqslant 50$	25	5	5	15
	$h > 50$	30	6	5	15
库房	$h \leqslant 24$　$V \leqslant 5\,000$	5	1	5	5
	$h \leqslant 24$　$V > 5\,000$	10	2	5	10
	$24 < h \leqslant 50$	30	6	5	15
	$h > 50$	40	8	5	15
科研楼、试验楼	$h \leqslant 24$　$V \leqslant 10\,000$	10	2	5	10
	$h \leqslant 24$　$V > 10\,000$	15	3	5	10
车站、码头、机场建筑物和展览馆等	$5\,001 < V \leqslant 25\,000$	10	2	5	10
	$25\,001 < V \leqslant 50\,000$	15	3	5	10
	$V > 50\,000$	20	4	5	15
商店、病房楼、教学楼等	$5\,001 < V \leqslant 10\,000$	5	2	2.5	5
	$10\,001 < V \leqslant 25\,000$	10	2	5	10
	$V > 25\,000$	15	3	5	10
剧院、电影院、俱乐部、礼堂、体育馆等	$801 < n \leqslant 1\,200$	10	2	5	10
	$1\,201 < n \leqslant 5\,000$	15	3	5	10
	$5\,001 < n \leqslant 10\,000$	20	4	5	15
	$n > 10\,000$	30	6	5	15
住宅	7 ~ 9 层	5	2	2.5	5
其他建筑	$\geqslant 6$ 层或 $V \geqslant 10\,000$	15	3	5	10
国家级文物保护单位的重点砖木、木结构的古建筑	$V \leqslant 10\,000$	20	4	5	10
	$V > 10\,000$	25	5	5	15

在建筑内除设有消火栓给水系统外，还设有自动喷水灭火系统和水幕灭火系统时，建筑内消防用水量应视这些灭火设备是否需要同时作用来计算其消防用水量之总和。室内消火栓用水量应根据同时使用水枪数量和充实水柱长度由计算确定。

为保证火灾发生时，消火栓水枪喷口射出的水流，不但要射及火焰，而且还应有足够的力量扑灭火焰。水枪喷口射流中最有效的一般长度称为充实水柱。水枪充实水柱可由下式计算：

$$H_{ch} = \frac{H_c}{\sin \alpha} \tag{3.28}$$

式中　H_{ch}—— 水枪充实水柱高度(m)；

H_c—— 建筑内层高(m)；

α—— 水枪射流时的上倾角，一般 α 取 45°。

各类建筑要求的充实水柱长度见表 3.23。

表 3.23 各类建筑要求的充实水柱

建筑物类别		充实水柱高度 /m
低层建筑	一般建筑	≥7
	甲乙类厂房、超过 6 层的民用建筑、超过 4 的层厂、库房	≥10
高层建筑	民用建筑高度 ≥ 100 m	≥13
	民用建筑高度 ≤ 100 m	≥10
	高层工业建筑	≥13
	高层厂房(仓库)、高架仓库	≥13
体积大于25 000 m^3 的商店、体育馆、影剧院、会堂、展览建筑、车站、码头、机场建筑		≥13

消火栓给水管道计算与建筑内给水管网计算公式和计算表相同。

3.7.5 自动喷水灭火系统

在人员密集、不宜疏散、外部增援灭火与救生较困难的性质重要或火灾危险性较大的场所中应设置自动喷水灭火系统。

自动喷水灭火系统是当建筑内发生火灾时,能自动喷水灭火,并同时发出火灾警报的消防灭火系统。

1. 组成及类型

(1) 组成。自动喷水灭火系统由以下几部分组成:

① 水源。消防水源为消防贮水池和高位水箱。消防贮水池可设于建筑内地下室或室外,建筑外有天然水源时,也可作为消防贮水池使用。消防水池的容积应按火灾延续时间内消防用水量确定。火灾延续时间见表 3.24。高位消防水箱容量应按 10 min 建筑内消防用水量计算。

表 3.24 各类灭火建筑对象的火灾延续时间

建筑类别	灭火对象	火灾延续时间 /h
甲、乙、丙类液体储罐	浮顶罐	4.0
	地下和半地下固定顶立式罐、覆土储罐	4.0
	直径小于等于 20.0 m 的地上固定顶立式罐	4.0
	直径大于 20.0 m 的地上固定顶立式罐	6.0
液化石油气储罐	总容积大于 220 m^3 的储罐且或单罐容积大于 50 m^3 的储罐	6.0
	总容积小于等于 220 m^3 的储罐且单罐容积小于等于 50 m^3 的储罐	3.0
可燃气体储罐	湿式储罐	3.0
	干式储罐	3.0
	固定容积储罐	3.0
可燃材料堆场	煤、焦炭露天堆场 其他可燃材料露天、半露天堆场	6.0

续表 3.24

建筑类别	灭火对象		火灾延续时间 /h
仓库	甲、乙、丙类仓库		3.0
	丁、戊类仓库		20
厂房	甲、乙、丙类厂房		3.0
	丁、戊类厂房		20
	公共建筑	建筑高度大于 50 m	30
		建筑高度不大于 50 m	2.0
自动喷水灭火系统	居住建筑		20
	防火分隔水幕 / 防护冷却水幕		3.0

② 消防供水设备。包括消防水泵和气压给水设备。消防水泵吸水管每台应独立设置,并应设备用泵。

③ 报警控制装置和报警阀。报警控制装置包括水力警铃、水流指示器和压力开关等。它的功能是探测火情、发出警报和启动增压设备供水。报警阀的功能是开启和关闭接通管中水流,传感控制系统启动增压设备和启动水力警铃报警。报警阀按其用途分为:用于湿式自动喷水灭火系统的湿式报警阀,用于干式自动喷水灭火系统的干式报警阀,用于雨淋、预作用、水幕等的自动喷水灭火系统的雨淋阀。

④ 供水管网。供水管网由供水管、配水立管、配水干管、配水管和配水支管组成,供水干管应布置成环状,进水管应不少于两条。自动喷水管网上应设水泵接合器,其数量应根据自动喷水灭火系统的用水量确定。管网管段名称如图 3.27 所示。

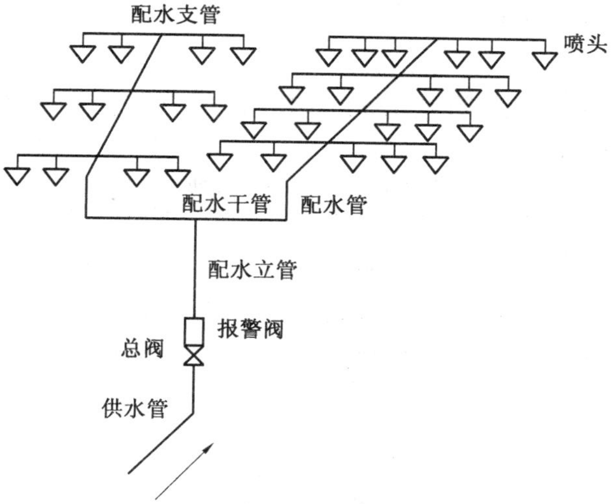

图 3.27　自动喷水灭火系统管网

⑤ 喷头。自动喷水灭火系统的喷头分为闭式喷头、开式喷头和特殊喷头 3 种。闭式喷头类型有:玻璃球、易熔合金、直立型、下垂型、边墙型、吊顶型、普通型等。开式喷头有:开启式、水幕式、喷雾式。特殊喷头类型有:自动启闭式、快速反应式、大水滴式和扩大覆盖面式。喷头正方形布置形式如图 3.28 所示。

⑥ 其他配件。其他配件有延迟器、放水阀、截止阀、闸阀等。

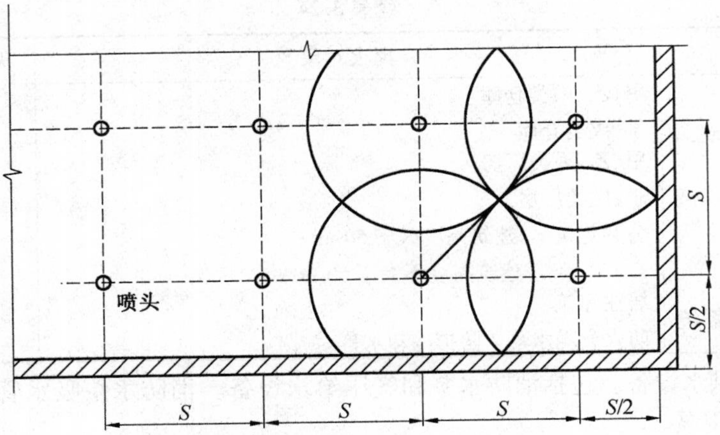

图 3.28　喷头正方形布置形式

(2) 类型。自动喷水灭火系按喷头开、闭形式分为:闭式自动喷水灭火系统和开式自动喷水灭火系统。闭式自动喷水灭火系统又分为湿式、干式和预作用喷水灭火系统。开式自动喷水灭火系统又分为雨淋喷水、水幕和喷雾头灭火系统。湿式自动喷水灭火系统如图 3.29 所示。

2. 设置原则

自动喷水灭火系统灭火效率高,在火灾危险性大、火灾发生后损失大、对财产和生命影响大的建筑部位和场所设置这种系统。设置应满足现行《建筑设计防火规范》(GB 50084—2001)中的有关规定。

3. 水力计算

(1) 消防用水量和水压。闭式自动喷水灭火系统消防用水量和水压,根据建筑物、构筑物的危险等级由表 3.25 确定。

表 3.25　自动喷水灭火系统的消防用水量和水压

危险等级		内容		
		喷水强度 /($L \cdot min^{-1} \cdot m^{-2}$)	作用面积 /m^2	喷头工作压力 /MPa
严重危险级	生产建筑物	10.0	300	0.10
	贮存建筑物	15.0	300	0.10
中危险级		6.0	200	0.10
轻危险级		3.0	160	0.10

注:计算管路上最不利点处喷头工作压力不应小于 0.05 MPa

(2) 水力计算内容。自动喷水灭火系统根据喷头布置计算管径、计算管路的总水头损失,根据计算的消防用水量和所需压力,选定加压设备,由计算的消防贮水量确定消防水池、水箱容积。

喷头保护面积和间距见表 3.26。

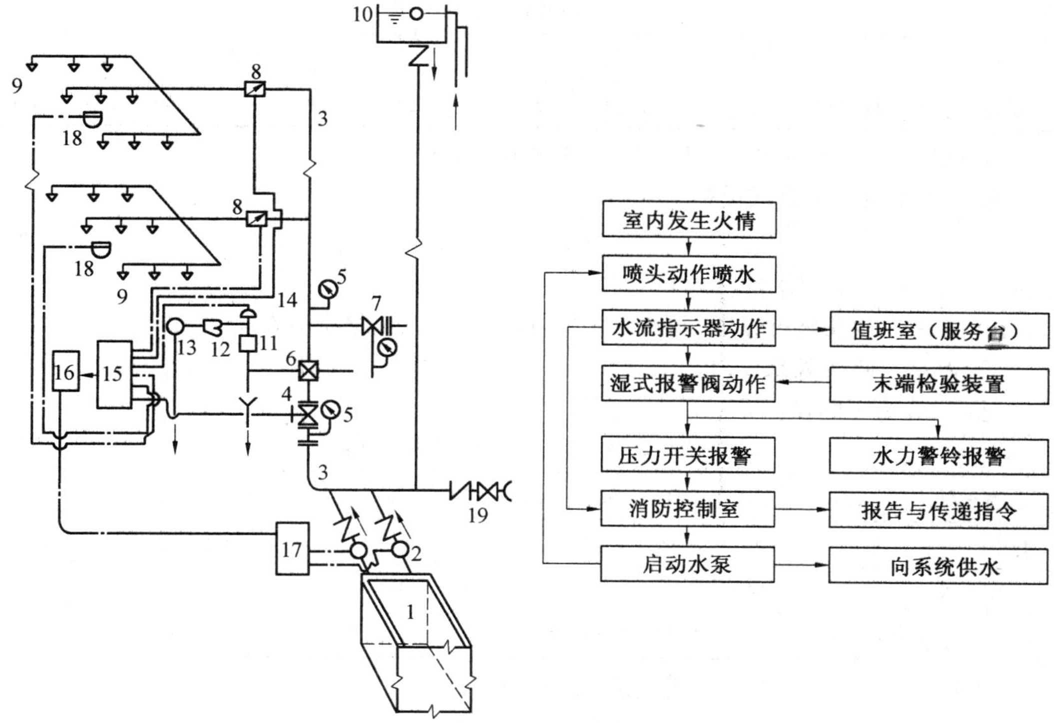

(a) 组成示意图　　(b) 工作原理示意图

图 3.29　湿式自动喷水灭火系统

1— 消防水池；2— 消防泵；3— 管网；4— 控制蝶阀；5— 压力表；6— 湿式报警阀；7— 泄放试验阀；8— 水流指示器；9— 喷头；10— 高位水箱、稳压泵或气压给水设备；11— 延时器；12— 滤器；13— 水力警铃；14— 压力开关；15— 报警控制器；16— 非标控制器；17— 水泵启动箱；18— 探测器；19— 水泵接合器

表 3.26　标准喷头保护面积和间距

危险等级		每支喷头最大保护面积 /m^2	喷头最大水平间距 /m	喷头与墙柱最大间距 /m
严重危险级	生产建筑物	8.0	2.8	1.4
	贮存建筑物	5.4	2.3	1.1
中危险级		12.5	3.6	1.8
轻危险级		21.0	4.6	2.3

注：① 表中间距为正方形布置时的喷头间距
　　② 喷头与墙壁距离不宜小于 60 cm

根据喷头数初选管径见表 3.27。

表 3.27 根据喷头数初选管径

公称直径 DN/mm	20	25	32	40	50	70	80	100	125	150	200
安装最多喷头数/个	1	2	3	5	10	20(15)	40(30)	100	160	275	400

注:括号内数字为喷头或分支管间距大于 3.66 m 的喷头数。

喷头出水流量由下式计算:

$$q = K\sqrt{P} \tag{3.29}$$

式中 q—— 喷头出水量(L/s);

K—— 喷头特性系数,与喷头构造有关,国产玻璃球喷头 $K = 0.42$;

P—— 喷头处水压(Pa)。

表 3.28 为不同水压时的喷头出流量。

表 3.28 不同水压时的喷头出流量

喷水处水压/kPa	30	40	50	60	70	80	90	100	110	120	130
喷头出流量/($L \cdot s^{-1}$)	0.73	0.84	0.94	1.03	1.11	1.19	1.26	1.33	1.40	1.46	1.52
喷水处水压/kPa	140	150	160	170	180	190	200				
喷头出流量/($L \cdot s^{-1}$)	1.57	1.63	1.68	1.73	1.78	1.83	1.88				

(3) 计算步骤。自动喷水灭火系统水力计算步骤如下:

① 选定管网布置方式,绘制自动喷水灭火系统轴测系统图。

② 选定管网中最不利计算管路,编写节点号码。

③ 由计算管路起点,计算各节点处出流量、初选管径及各管段水头损失,并计算管路的总水头损失。

④ 计算自动喷水灭火系统所需压力为

$$H_{zp} = H_p + H_{pc} + H_{bs} + \sum h_p \tag{3.30}$$

式中 H_{zp}—— 供水管或消防泵处计算压力(kPa);

H_{pc}—— 最不利喷头与贮水池间垂直几何高度(m);

H_p—— 计算管路中最不利喷头喷水工作压力,一般为 50 ~ 100 kPa;

H_{bs}—— 报警阀压力损失(kPa);

$\sum h_p$—— 管网中计算管路总水头损失(kPa)。

⑤ 计算消防贮水池、水箱容积,选择加压设备。

⑥ 管网中其他管路计算。

自动喷水灭火系统计算管路水力计算表格形式见表 3.29。

表 3.29　自动喷水灭火系统计算管路水力计算表

节点	管段	喷头流量特性系数 K	节点水压 H/m	流量			管径 d /mm	管道比阻 A /(S^2 · L^{-2})	管段长度 L/m	水头损失 h/m	标高差 h_b/m	计算式
				节点 q /(L · s^{-1})	管段 Q /(L · s^{-1})	q^2Q^2						
1	2	3	4	5	6	7	8	9	10	11	12	13
			$\sum H$							$\sum h$	$\sum h_b$	

习　　题

一、解释名词术语

1. 流出水头
2. 管路图式
3. 用水定额
4. 给水当量
5. 轴功率
6. 扬程
7. 允许吸上真空高度

二、填空、简答题

1. 生活给水系统应满足用户对________、________和________要求。

2. 按水平干管在建筑内的敷设位置,管路图式分为________、________、________、和________等。

3. 给水管道敷设分为________装和________装两种。

4. 引入管应从建筑物用水量________接入、建筑内用水器具分布较均匀时,可从建筑物________接入。

5. 建筑内给水系统由哪些部分组成?

6. 建筑给水有哪些给水方式?

7. 水箱安装高度如何确定?

8. 气压给水设备主要由哪些部分组成?

9. 室内消火栓系统由哪些部分组成?

10. 水泵接合器有何作用? 有哪几种形式?

第4章　建筑排水

4.1　建筑排水系统

4.1.1　建筑内排水类别

按使用性质划分，建筑可分为民用、公共和工业建筑3类。人们在这些建筑内生活、工作和生产，便产生了不同性质的污、废水。

1. 生活污(废)水

生活污(废)水是人们在日常生活中所发生的粪便污水和洗涤、盥洗等生活废水。排除这类污(废)水的管道称为生活排水管道。

2. 工业污(废)水

工业生产门类繁多，生产工艺千差万别，生产过程中产生的污、废水性质各不相同。有的污染相当严重，有的污染较轻。因此，可分为工业生产污水和工业生产废水。排除这类污、废水的管道称为工业污(废)水管道。

3. 雨雪水

阴雨和冬季降雪天气，高层建筑、大型厂房等屋面汇集和积存大量雨雪。排除屋面雨雪水的管道称为建筑屋面排水管道。

上述3种污废水可以采用分流制，分别设置管道由建筑物排出；也可以将其中两类或3类污废水用同一管道，采用合流制形式由建筑物排出。

4.1.2　排水系统的组成

建筑内排水系统的任务是把人们生活和生产等产生的污、废水接纳、汇集并排至室外。建筑内排水系统能否安全、顺畅地把建筑内产生的污、废水排除，直接影响到人们的生活与生产。建筑内排水系统由下列几部分组成。

1. 卫生器具或生产设备受水器

人们在生活、生产中产生的污、废水，需经过卫生器具或生产设备受水器接纳和收集。各类卫生器具见第7章。

2. 排水管道系统

排水管道系统由卫生器具排水管及存水弯、横支管、立管、总干管、排出管组成。

3. 清通设备

清通设备包括：检查口、清扫口、检查井等。其作用是当管道堵塞时，用于疏通管道。

(1) 检查口。一般设置于排水立管上，其构造如图4.1所示。当管道堵塞时，打开盖板清通。检查口设置规定是:除在建筑最低层和最高层设置外,检查口之间距离不宜大于 10 m,一般隔层设置一个。当立管上有“乙”字管时,在设“乙”字管层的上部应设检查口。检查口设置高度,从楼地面至检查口中心一般取 1.0 m,并应高于该层卫生器具上边缘0.15 m。

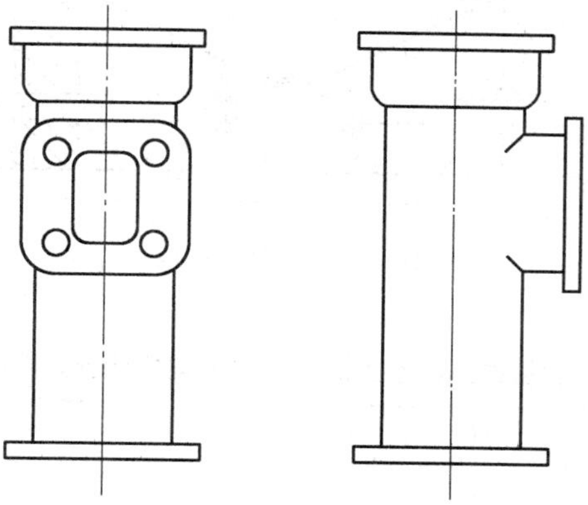

图 4.1　检查口构造

(2) 清扫口。清扫口通常设于排水横管上,防止排水横管堵塞而进行清通的设备,如图 4.2 所示。清扫口也可采用带螺旋栓盖板的弯头、带堵头的三通配件作清扫口。

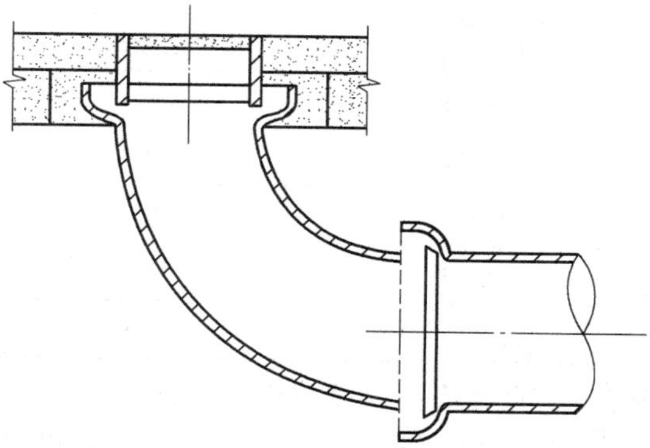

图 4.2　清扫口构造

(3) 检查井。不散发有害气体或大量蒸汽的工业废水管道上的检查口,可设于检查井内。检查井构造如图 4.3 所示。

在生活排水管道上,清扫设备应按以下规定设置:

铸铁排水立管上检查口之间的距离不宜大于 10 m,塑料排水立管宜每隔 6 层设置一个检查口;在建筑物最底层和设置卫生器具的两层以上建筑物的最高层,应设检查口;当立管水平拐弯或有“乙”字管时,在该层立管相应处的上部应设检查口。

在连接 2 个以及 2 个以上大便器或 3 个及 3 个以上卫生器具的铸铁排水横管上,连接 4 个或 4 个以上的大便器的塑料排水横管上,宜设置清扫口。

在水流偏转角大于 45° 的排水横管上,应设检查口或清扫口。

排水立管底部或排出管上的清扫口至室外检查井中心的最大长度大于表 4.1 中数值

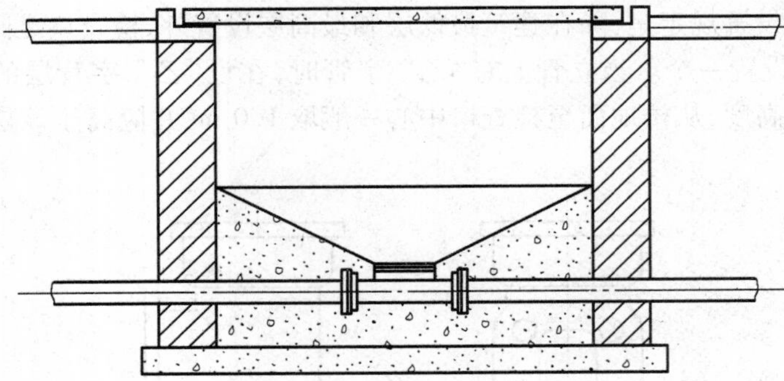

图 4.3 检查井构造

时,应在排出管上设清扫口。

表 4.1 排水立管或排出管上的清扫口至室外检查井中心的最大长度

管径 /mm	50	75	100	100 以上
最大长度 /m	10	12	15	20

排水横管上的直线管段上检查口或清扫口之间的最大距离,应符合表 4.2 的规定。

表 4.2 排水横管的直线管段上检查口或清扫口之间的最大距离

管道管径 /mm	清扫设备种类	距离 /m	
		生活废水	生活污水
50 ~ 75	检查口	15	12
	清扫口	10	8
100 ~ 150	检查口	20	15
	清扫口	15	10
200	检查口	25	20

在排水横管上设清扫口,宜将清扫口设于楼板或地坪上,且与地面相平。横管起点清扫口与其端部相垂直的距离不得小于 0.15 m。排水管起点设置堵头代替清扫口时,堵头与墙面距离应不小于 0.4 m。

在管径小于 100 mm 的排水管上设置的清扫口尺寸,应与排水管道相同;在管径等于或大于 100 mm 的排水管道上设置时,应采用 100 mm 直径的清扫口。排水横管与清扫口的连接管件应同径,并采用 45° 斜三通和 45° 弯头或由 2 个 45° 弯头组合管件连接。

4. 通气管系统

根据《建筑给水排水设计规范》(GB 50015—2003)的规定:生活污水管道或散发有害气体的生产污水管道,均应设置伸顶通气管。

(1) 通气管系统的作用。向管道内通气,可防止管道腐蚀,并可将管道内的臭气及有害气体排放于大气中;可促使管道内水流通畅,减少管道内压力波动,防止水封被破坏。

(2) 通气管设置要求。对于层数不高,卫生器具不多的建筑,把排水立管延伸出屋面进行通气。自最上层检查口起伸出屋面的这段管段称为通气管。通气管高出屋面不得小于 0.3 m,并应大于最大积雪厚度。通气管顶应设风帽或网罩。常有人停留的平屋顶,通气管应高出屋面 2.0 m,并应考虑设置防雷措施。通气管口周围 4 m 以内有门、窗洞口时,应高出洞口顶 0.6 m 或将其设于无门窗一侧。通气管口不宜设在屋檐、雨篷、阳台板下。排水立管采用伸顶通气管的管径可与立管管径相同,但在最冷月平均气温低于 - 13 ℃ 的地区,应在室内天棚或吊顶以下 0.3 m 处将通气管管径增大一级,以免管内结霜、冰影响通气。通气管不允许与建筑物内通风管道和烟道连接。

通气管管径一般较排水管管径小 1 ~ 2 级,其最小管径见表 4.3。

表 4.3　通气管管径

通气管名称	污水管管径 /mm					
	32	40	50	75	100	150
器具通气管	32	32	32		50	
环形通气管			32	40	50	
通气立管			40	50	75	100

注:① 通气立管长度在 50 m 以上者,其管径应与污水立管管径相同

② 两个及两个以上污水立管同时与一根通气立管相连时,应以最大一根污水立管确定通气立管管径,但其管径不宜小于其余任何一根污水立管管径

③ 结合通气管不宜小于通气立管管径

(3) 通气管系统。层数较高、卫生器具设置较多的建筑,采用延伸排水立管通气不能满足系统内压力稳定的要求,需设置通气管系统,如图 4.4 所示。通气管系统类型与设置要求如下:

① 器具通气管。对卫生、安静要求较高的建筑,排水管上宜设置器具通气管。

② 环形通气管。污水横支管上有以下情况时,应设环形通气管:连接 6 个及 6 个以上大便器或连接 4 个及 4 个以上卫生器具,并且横支管长大于 12 m 时,设有器具通气管的。

③ 安全通气管。在污水横支管上连接卫生器具数量多,且横支管过长时设置。

④ 专用通气立管。所承担的卫生器具排水流量超过仅设伸顶通气管的排水立管最大排水能力和建筑标准要求较高的多层住宅与公共建筑,宜设置专用通气立管。建筑物内各层的排水管道上设有环形通气管时,应设置连接各层环形通气管的主通气立管或副通气立管。

⑤ 结合通气管。专用通气立管应每隔 2 层、主通气立管宜每隔 6 ~ 8 层设置结合通气管与排水立管连接。

(4) 通气管与污水管的连接要求。通气管与污水管连接时应满足下列规定:

① 通气立管。通气立管不允许接纳污(废)水和雨水。

② 器具通气管。器具通气管应设在存水弯出口端,环形通气管应在横支管起端的两个卫生器具间接出。器具通气管、环形通气管连接位置应在卫生器具上边缘 0.15 m 以上,并以不小于 0.01 的上升坡度与通气立管相通。

③ 专用通气管。专用通气管和主通气立管通常用斜三通与污水立管连接。连接位置:上端在最高层卫生器具上边缘或检查口以上,下端在最低层污水横支管以上。专用通

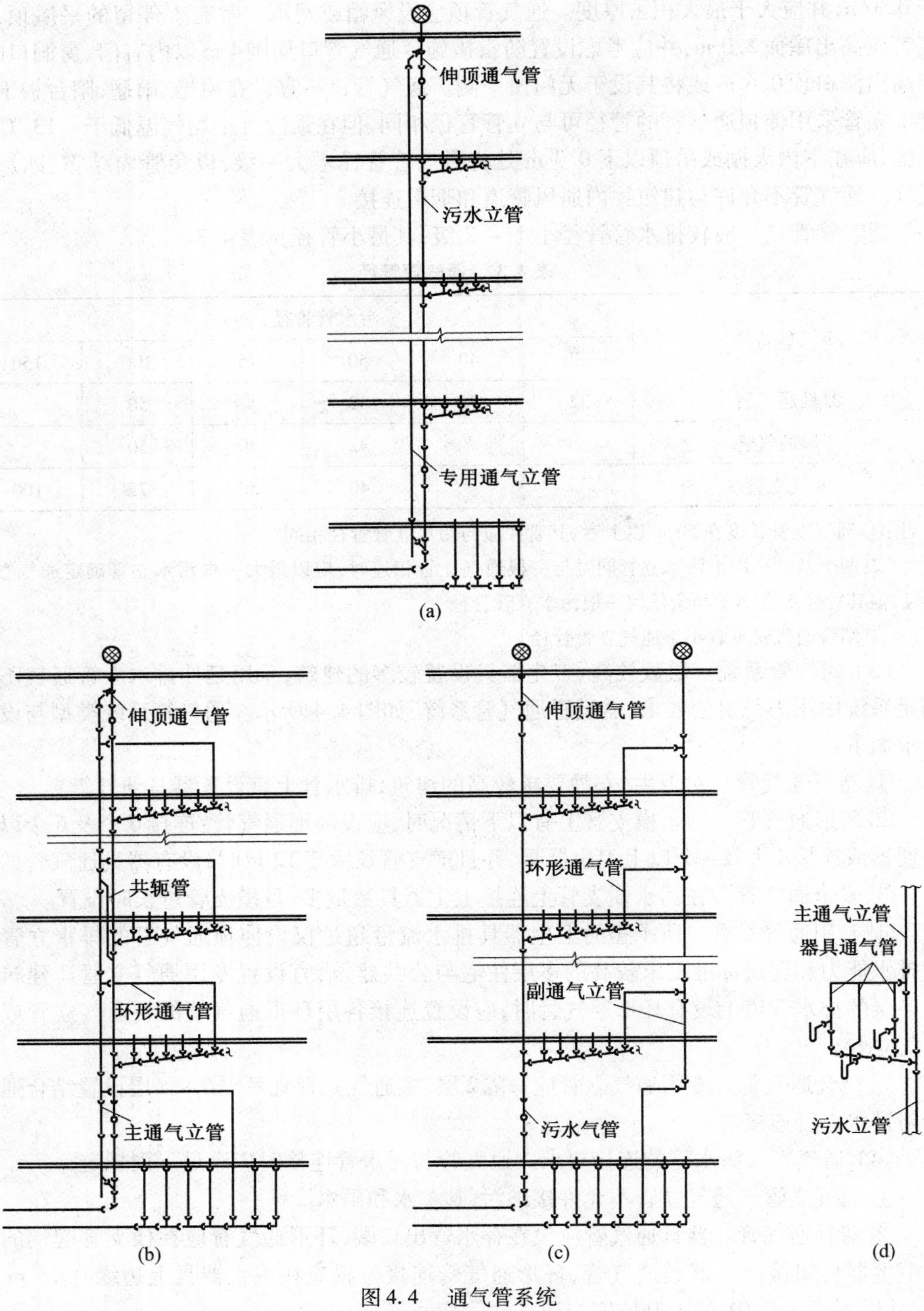

(a) (b) (c) (d)

图 4.4 通气管系统

气立管应每隔 2 层、主通气立管应每隔 8 ~ 10 层设结合通气管与污水立管连接。

④ 结合通气管。结合通气管与污水立管用斜三通连接，其下端宜在污水横支管以

下，上端可在卫生器具上边缘以上不小于0.15 m处。

⑤ 通气管材。管材可采用石棉水泥管、钢管、塑料管和排水铸铁管。

5. 抽升设备

不能自流到建筑外排水管道系统的地下室或地下建筑物内的污、废水，需设置抽升设备排水，如离心污水泵、手摇泵、潜污泵等。

6. 污水局部处理构筑物

建筑内排水未经处理不能直接排入市政管网或水体时，需设污水局部处理构筑物。

建筑内排水系统如图4.5所示。

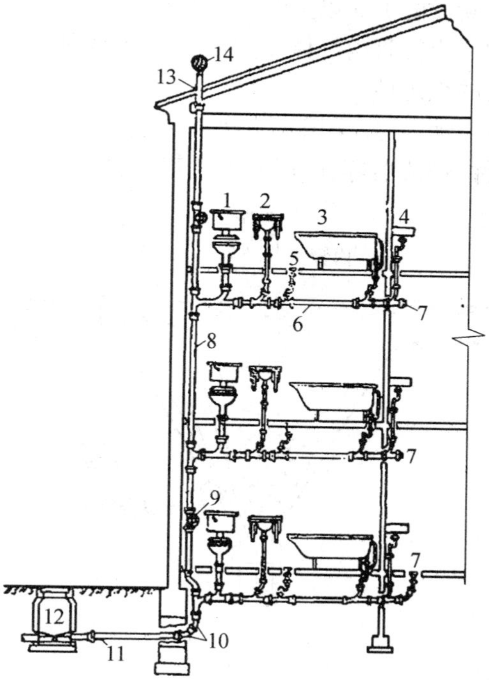

图4.5　建筑内给水系统

1— 大便器；2— 洗脸盆；3— 浴盆；4— 洗涤盆；5— 地漏；6— 横支管；7— 清扫口；8— 立管；9— 检查口；10—45° 弯头；11— 排出管；12— 排水检查井；13— 伸顶通气管；14— 网罩

4.2　排水管道布置与敷设

4.2.1　排水管系中水气流动的物理现象

在排水管系中由于存在气水两相流动，水流在管路中流动，由于管路内体积的不断变化而引起压力波动，因而影响排水能力。

1. 水封破坏

为防止排水管系中臭气及有害气体进入室内而污染环境，为此，在卫生器具出口端需设置存水弯。存水弯内存有一定高度的水柱，起到水封作用。水封高度一般为 25 ~ 100 mm。因排水管路中压力波动可能造成水封破坏的原因有：负压抽吸、正压喷溅和惯性晃动等。水封一旦破坏，将会影响室内卫生。

2. 横支管内的抽吸与回压

当连接卫生器具的横支管突然有大流量排水流入时，会使管内产生冲激流。强烈的冲激流会使掺混在水流中的气体因受阻而不能自由流动，在短时间内遭到压缩，使管道内压力突然增加，形成回压现象，有时能将污水从底层卫生器具存水弯中喷出。

3. 立管中的水塞运动

当水量大约充满立管断面的 1/3 以上时，会频繁地形成水膜，以致很容易地变成较为稳定的水塞运动。水塞的形成使管内气体压力波动更加激烈。水塞造成的有压冲击流，严重影响卫生器具水封层的稳定性。

为防止管路内的压力波动，开发采用了一些特殊配件如气水分离器、气水混合器、特殊排水弯头、旋流连接配件、环流器等，应用于单立管排水系统。图 4.6 为环流器构造。

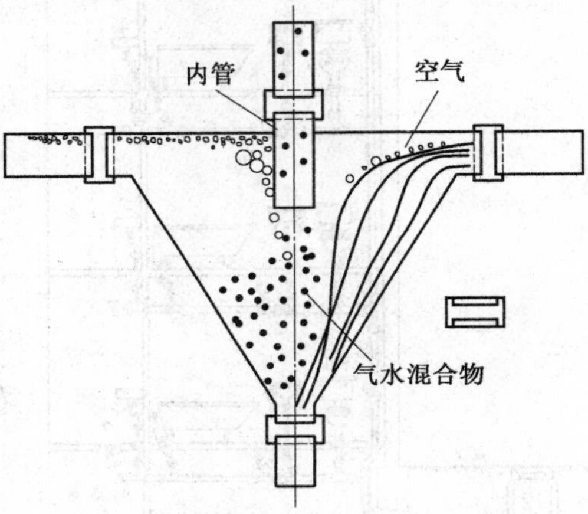

图 4.6　环流器构造

4.2.2　排水管道布置要求

排水管道布置力求维护检修方便、水利条件好、有利生产、安全卫生、经济美观实用、管道能经久耐用，因此对排水管道布置提出如下要求。

1. 立管的设置

污水立管应避免穿越卧室、病房和靠近与卧室相邻的内墙，应靠近污水量大、杂质多的场所设置。

2. 排出管

排出管布置应选取最短距离，以避免因管道过长造成堵塞和加大管道埋深；在层数较多的建筑内，底层的生活污水管可考虑单设排出管，防止底层卫生器具因受底部立管内出现过大正压等而造成污水外溅的情况；排出管与给水引入管相邻布置时，其外壁水平间距不得小于 1.0 m，以便于检修和防止对给水管道的污染。

3. 排水管道(包括横支管)

排水管道可采用埋设(底层)和明装(楼板下)两种方式,应沿墙、梁、柱平行布置,尽量避免转角曲折;暗装管道可布置在管沟、管道井、吊顶内,但应便于安装和检修。

排水管道应避免穿过沉降缝、烟道和风道,以及穿过伸缩缝;尽量避免穿越设备基础。必须穿越时,应采取安全技术措施。

排水管道不应布置在遇水易引起燃烧、爆炸或损坏和影响原料、产品和设备质量的上部,不应布置在餐饮业灶间上方以免影响食品卫生,也不应布置在对生产及卫生有特殊要求的厂房内,以及食品和贵重商品仓库、通风小室和变配电间内。

4.2.3　排水管道的敷设

1. 排水管道敷设方式

排水管道根据建筑物性质与要求可采用明装或暗装。

(1) 明装。车间厂房、民用建筑等多以明装为主。明装方式施工维护检修方便、造价低,但存在不美观、不卫生、易集尘和结露等缺点。

(2) 暗装。宾馆、饭店、博物馆、展览馆等建筑,对室内卫生要求高,并且从美观的角度考虑,一般都采用暗装方式。立管设于管槽、管井内,或用装饰材料包装。横支管嵌设在管槽、楼板中,或吊装在吊顶内。干管敷于天花板内。暗装可增加建筑美观性,但提高了建筑物的造价,维护检修也不方便。

2. 排水管道敷设要求

(1) 埋深。排水管道最小埋深为0.4 ~ 1.0 m。厂房内排水管道最小埋深可参考表4.4数值。

表4.4　厂房内排水管最小埋深

管材	地面至管顶的距离/m	
	素土夯实、缸砖、木砖地面	水泥、混凝土、沥青混凝土、菱苦土地面
排水铸铁管	0.70	0.40
混凝土管	0.70	0.50
带釉陶土管	1.00	0.60
硬聚乙烯管	1.00	0.60

(2) 管道固定。排水立管用管卡固定,间距最大不应超过3 m,一般在承插管接头处应设管卡。横管通常用吊箍吊装在楼板下,间距一般不超过1 m。

(3) 管道敷设间距。从安装、维修、卫生考虑,排水立管管壁与墙面、柱净距为25 ~35 mm,以保证管道的安装与维修。排水管与给水管共同埋设时,应满足规定的距离,以防止对给水管道的污染。

(4) 穿楼板及基础。排水立管穿过楼地面,可参考表4.5预留孔洞,并应在预留洞口上装设一段套管。排水管及排出管穿过承重墙或基础时,应预留孔洞,见表4.6。管顶上部净空一般不宜小于0.15 m。排出管穿过建筑物基础时,应穿过比其直径大200 mm的金属套管。排水管应尽量不穿越沉降缝、伸缩缝,以防管道破损漏水。卫生器具排水管道穿越楼板预留孔洞见表4.7。

表 4.5　排水立管穿楼板预留孔洞尺寸　mm

管径	50	75 ~ 100	125 ~ 150	200 ~ 300
孔洞尺寸	100 × 100	200 × 200	300 × 300	400 × 400

表 4.6　排出管穿基础预留孔洞尺寸

管径(D)	50 ~ 75	> 100
孔洞尺寸(高 × 宽)	300 × 300	(D + 300) × (D + 200)

表 4.7　卫生器具排水管穿楼板预留孔洞尺寸　mm

卫生器具名称		孔洞尺寸
大便器		200 × 200
大便槽		300 × 300
洗脸盆		150 × 150
浴盆	普通型	100 × 100
	裙边高级型	250 × 300
小便器(斗)		150 × 150
小便槽		150 × 150
污水盆、洗涤盆		150 × 150
地漏	50 ~ 70	200 × 200
	100	300 × 300

4.3　排水定额和设计秒流量

4.3.1　排水定额

和生活用水量一样,每人每日排出的生活排水量与气候、建筑内卫生设备的完善程度以及生活习惯有关。在相同的气候下,建筑内卫生设备的完善程度和生活习惯不同,则每人每日生活用水量不同,其生活排水量也就不同。即使建筑内卫生设备程度和生活习惯相同,不同季节、不同天气,每人每日生活用水量也不相同,生活排水量也就不同。排水定额等于相应的用水定额减去不可回收的部分水量,如庭院浇洒、绿化、清扫等用水。生活排水定额和小时变化系数与生活用水相同。工业排水定额和小时变化系数按生产工艺要求确定。

建筑内排水管道管径的确定,是根据管道上通过的流量计算确定的。某一管段上的设计流量与该管段上接入的卫生器具类型、数量、同时使用百分数和卫生器具的排水流量有关。为了计算上的方便,也将卫生器具的排水量折合成当量。一个排水当量相当的排水量为 0.33 L/s,通常以污水盆(池)的排水量作为一个当量。各种卫生器具的当量值见表 4.8。

表 4.8　卫生器具的排水流量、当量和排水管的管径

序号	卫生器具名称	排水流量/（$L \cdot s^{-1}$）	当量	排水管管径/mm
1	洗涤盆、污水盆（池）	0.33	1.00	50
2	餐厅、厨房洗菜盆（池）			
	单格洗涤盆（池）	0.67	2.00	50
	双格洗涤盆（池）	1.00	3.00	50
3	盥洗槽（每个水嘴）	0.33	1.00	50 ~ 75
4	洗手盆	0.10	0.30	32 ~ 50
5	洗脸盆	0.25	0.75	32 ~ 50
6	浴盆	1.00	3.00	50
7	淋浴器	0.15	0.45	50
8	大便器			
	冲洗水箱	1.50	4.50	100
	自闭式冲洗阀	1.20	3.60	100
9	医用倒便器	1.50	4.50	100
10	小便器			
	自闭式冲洗阀	0.10	0.30	40 ~ 50
	感应式冲洗阀	0.10	0.30	40 ~ 50
11	大便槽			
	≤ 4 个蹲位	2.50	7.50	100
	> 4 个蹲位	3.00	9.00	150
12	小便槽（每米长）			
	自动冲洗水箱	0.17	0.50	—
13	化验盆（无塞）	0.20	0.60	40 ~ 50
14	净身器	0.10	0.30	40 ~ 50
15	饮水器	0.05	0.15	25 ~ 50
16	家用洗衣机	0.50	1.50	50

注：家用洗衣机下排水软管直径为 30 mm，上排水软管内径为 19 mm

4.3.2　设计秒流量

排水的设计秒流量，根据建筑性质可分为以下两种。

1. 居住与公共建筑排水设计秒流量

住宅、集体宿舍、旅馆、医院、办公楼、学校等建筑的设计秒流量按下式计算：

$$q_u = 0.12\alpha\sqrt{N_p} + q_{max} \tag{4.1}$$

式中　q_u—— 计算管段排水设计秒流量（L/s）；

N_p—— 计算管段的卫生器具排水当量总数；

q_{max}—— 计算管段上排水量最大一个卫生器具的排水流量（L/s）；

α—— 根据建筑物用途而定的系数，见表 4.9。

表 4.9　根据建筑物用途而定的系数 α 值

建筑物名称	集体宿舍、旅馆和其他公共建筑的公共盥洗室和厕所间	住宅、旅馆、医院、疗养院、休养所的卫生间
α	1.5	2.0 ~ 2.5

注:如计算所得流量值大于该管段上按卫生器具排水流量累加值时,应按卫生器具排水流量累加值计

2. 工业企业生活间等建筑排水设计秒流量

工业企业生活间、公共浴室、洗衣房、公共食堂、实验室、影剧院、体育场等建筑的设计秒流量按下式计算:

$$q_p = \sum q_p n_0 b \tag{4.2}$$

式中　q_p—— 计算管段上同类型的一个卫生器具排水量(L/s);

n_0—— 该计算管段上同类型卫生器具数;

b—— 卫生器具的同时排水百分数,同给水,参见 3.3 节。

冲洗水箱大便器的同时排水百分数应按 12% 计算。当计算排水流量小于一个大便器排水流量时,应按一个大便器的排水流量计算。

大便槽的冲洗水量、冲洗管和排水管管径见表 4.10。

表 4.10　大便槽的冲洗水量、冲洗管和排水管管径

蹲位数	每蹲位冲洗水量 /L	冲洗管管径 /mm	排水管管径 /mm
3 ~ 4	12	40	100
5 ~ 8	10	50	150
9 ~ 12	9	70	150

4.4　排水管道水力计算

排水管道水力计算的目的是根据排水设计流量,确定排水管的管径和管道坡度,以使排水管道系统能正常工作。

4.4.1　按排水当量总数确定直径

当接入的卫生器具不多时,排水管道管径可不必进行详细的水力计算,可根据管段上接入的卫生器具排水当量总数及建筑物性质,按表 4.11 确定。

表 4.11　排水管道允许负荷卫生器具当量总数

建筑物性质	排水管道类别		允许负荷当量总数			
			50	75	100	150
住宅、公共居住建筑的小卫生间	横支管	无器具通气管	4	8	25	
		有器具通气管	8	14	100	
		底层单独排出	3	6	12	
	横干管			14	100	1 200
	立管	仅有伸顶通气管 有通气立管	5	25	70 900	1 000
集体宿舍、旅馆、医院、办公楼、学校等公共建筑的盥洗室、厕所	横支管	无环形通气管	4.5	12	36	
		有环形通气管			120	
		底层单独排出	4	8	36	
	横干管			18	120	2 000
	立管	仅有伸顶通气管 有通气立管	6	70	100 1 500	2 500
工业企业生活间、公共浴室、洗衣房、公共食堂、化验室、影剧院、体育馆	横支管	无环形通气管	2	6	27	
		有环形通气管			100	
		底层单独排出	2	4	27	
	横干管			12	80	1 000
	立管(仅有伸顶通气管)		3	35	60	800

注:将计算管段上的卫生器具排水当量数相叠加查表即得管径

4.4.2　某些排水管的最小管径的规定

为防止管道堵塞,排水中杂质不致沉积等,对某些排水管的最小管径做了如下规定:单个饮水器的排水管,因其排泄的为清水,管径可采用 25 mm 的钢管。排泄单个洗脸盆、浴盆、净身器等卫生器具的排水管,因其所排放的水质较洁净,其最小管径可采用 40 mm。餐厅、公共食堂、饮食店等排水管管径,干管管径不宜小于 100 mm,支管不宜小于75 mm,医院污物洗涤盆(池)和污水盆(池)的排水管管径不得小于 75 mm。连接 3 个或 3 个以上手动冲洗小便器或小便槽的排水管管径不得小于 75 mm,因尿垢往往会使管径变细。大便器排水管最小管径不得小于 100 mm。多层住宅厨房间的立管管径不宜小于75 mm。连接大便槽的排水管管径至少为 150 mm。为防止管道淤塞,排水管最小管径不得小于 50 mm。

4.4.3　根据临界流量值确定排水管管径

表 4.12 和表 4.13 分别为设通气立管时排水立管流量值和无需设专用通气立管的排水立管临界流量值。由表可查出不同情况下的立管管径。

表 4.12 设通气立管时的排水立管流量值

排水立管流量值/($L \cdot s^{-1}$)	—	5	9	25
管径/mm	50	75	100	150

表 4.13 无需设专用通气立管的排水立管临界流量值

排水立管的临界流量值/($L \cdot s^{-1}$)	1.0	2.5	4.5	10.0
管径/mm	50	75	100	150

有的排水立管上端因建筑结构或其他原因,不能延伸至屋面设伸顶通气管,这种排水立管为不通气的立管,这种排水立管的通水能力可按表 4.14 选定。

表 4.14 无通气管的排水立管的最大排水能力

排水能力/($L \cdot s^{-1}$) 立管工作高度/m	立管管径/mm		
	50	75	100
2	1.0	1.70	3.80
≤3	0.64	1.35	2.40
4	0.50	0.92	1.76
5	0.40	0.70	1.36
6	0.40	0.50	1.00
7	0.40	0.50	0.76
≥8	0.40	0.50	0.64

注:表中立管高度系指立管上最高排水横支管和立管的连接点至排出管中心线间的距离

4.4.4 水力计算确定管径

当计算管段上卫生器具数量很多,排水当量总数很大,上述计算表内数据不能满足需要时,则需通过水力计算排水流量,以便合理、经济地确定管径、管道敷设坡度,以及是否需要设置通气管道系统。

1. 水力计算公式

$$q_p = \omega \cdot \nu$$

$$v = 1/n \cdot R^{2/3} \cdot I^{1/2} \tag{4.3}$$

式中 q_p—— 排水设计秒流量(m^3/s);

ω—— 过水断面积(m^2);

v—— 流速(m/s);

R—— 水力半径(m);

I—— 水力坡度,采用排水管的坡度;

C—— 流速系数;

n—— 管道粗糙系数,钢管为 0.012,塑料管为 0.009,铸铁管为 0.013,混凝土管、钢筋混凝土管为 0.013 ~ 0.014。

2. 计算规定

为确保管道系统内水流在良好的水利条件下流动,排水管道必须满足以下规定:

(1) 管道坡度。建筑内生活排水和工业废水铸铁管道的标准坡度、最小坡度可按表 4.15 选用。

表 4.15　排水管道标准坡度和最小坡度

管径 /mm	生活排水		工业给水(最小坡度)	
	标准坡度	最小坡度	生产废水	生产污水
50	0.035	0.025	0.020	0.030
75	0.025	0.015	0.015	0.020
100	0.020	0.012	0.008	0.012
125	0.015	0.010	0.006	0.010
150	0.010	0.007	0.005	0.006
200	0.008	0.005	0.004	
250	—	—	0.003 5	
300	—	—	0.003	

铸铁管管径 50 ~ 125 mm 最大设计充满度为 0.5,150 ~ 200 mm 为 0.6。

建筑用塑料排水横支管的标准坡度应为 0.026,常用几种外径横干管的最小坡度和最大设计充满度分别为:110 mm 的为 0.004 和 0.5;125 mm 的为 0.003 5 和 0.5;160 mm 和 200 mm 的为 0.003 和 0.6。

生活排水立管的最大排水能力按表 4.16 确定。立管管径不得小于所连接的横支管管径。

表 4.16　生活排水立管最大设计排水能力

排水立管系统类型			最大设计通水能力 /(L · s^{-1})				
			排水立管管径 /mm				
			50	75	100 (110)	125	150 (160)
伸顶通气	立管与横支管连接配件	90° 顺水三通	0.8	1.3	3.2	4.0	5.7
		45° 斜三通	1.0	1.7	4.0	5.2	7.4
专用通气	专用通气管 75 mm	结合通气管每层连接	—	—	5.5	—	—
		结合通气管隔层连接	—	3.0	4.4	—	—
	专用通气管 100 mm	结合通气管每层连接	—	—	8.8	—	—
		结合通气管隔层连接	—	—	4.8	—	—
主、副通气立管 + 环形通气管			—	—	11.5	—	—
自循环通气	专用通气形式		—	—	4.4	—	—
	环形通气形式		—	—	5.9	—	—
特殊单立管	混合器		—	—	4.5	—	—
	内螺旋管 + 旋流器	普通型	—	1.7	3.5	—	8.0
		加强型	—	—	6.3	—	—

注:排水层数在 15 层以上时,宜乘 0.9 系数

（2）管道流速。污水中悬浮着很多杂质，过小的流速会使杂质沉积在管底。为保证污水中的杂质不至于沉积，排水在管道内必须有一个最小保证流速，此流速亦称为自清流速。

表4.17为在设计充满度下的自清流速，该值的确定与污、废水所含成分及性质和管道类别有关。

表4.17　不同管道的排水自清流速值

管道类别	生活污水在下列管径时/mm			明渠（沟）	雨水道及合流制排水管
	$d<150$	$d=150$	$d=200$		
自清流速/$(m\cdot s^{-1})$	0.6	0.65	0.70	0.40	0.75

过大的排水流速，水中杂质对管道摩擦将会对管道造成破坏，为此，规定了各种材料的排水管道的最大允许流速，见表4.18。

表4.18　不同管材排水管道最大允许流速值

管材	生活排水	含有杂质的工业废水、雨水
金属管	7.0	10.0
陶土及陶土管	5.0	7.0
混凝土、钢筋混凝土及石棉水泥管	4.0	7.0

（3）管道充满度。管道中的水深h和管道直径D的比值称为充满度，如图4.7所示。当$\frac{h}{D}=1$时称为满流，$\frac{h}{D}<1$时称为非满流。

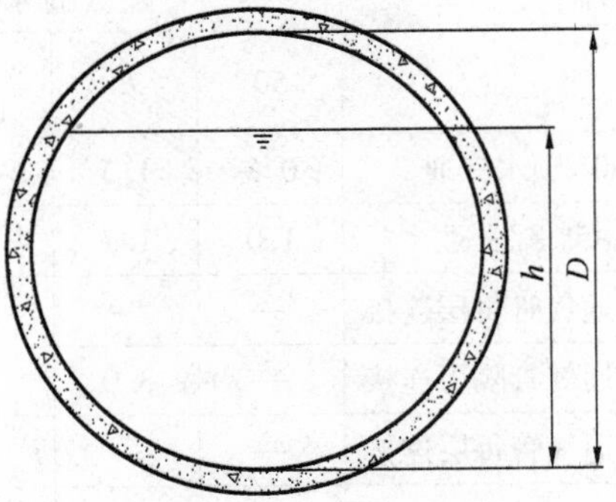

图4.7　管道充满度示意图

污废水在排水管道内采用非满流排除，这是由于在重力流情况下，管道排水量最大时不是在满流，而是在非满流，即当$\frac{h}{D}=0.95$时，流量Q达最大值。不同排水管道的最大计算充满度见表4.19。

表 4.19　不同排水管道的最大计算充满度

排水管道名称	管径 /mm	最大计算充满度
生活排水管道	≤ 125	0.5
	150 ~ 200	0.6
生产废水管道	50 ~ 70	0.6
	100 ~ 150	0.7
	≥ 200	1.0
生产污水管道	50 ~ 75	0.6
	100 ~ 150	0.7
	≥ 200	0.8

注:① 生活排水管道在短时间内排泄大量洗涤污水时(如浴室、洗衣房污水等),可按满流计算

② 排水沟最大计算充满度为计算断面深度的 0.8

3. 计算表

排水管道的水力计算,在计算管段的设计流量求出后,通常利用预先制成的水力计算表,查出排水管的管径和坡度。排水管道水力计算可由有关设计手册查得。

4. 低层建筑排水管道水力计算步骤

以民用住宅为例,低层建筑排水管道水力计算步骤如下:

(1) 绘制建筑排水平面图和轴测系统图,对立管及出户管进行编号。

(2) 横支管计算管路进行编号,进行横支管水力计算,其计算表格式见表 4.20。

表 4.20　排水横支管配管计算表

计算管段编号	卫生器具种类和数量、当量数					排水当量数 N_u	设计秒流量 q_u	管径 /mm	坡度	备注
	污水盆	小便器	大便器	浴盆	其他					
1	2	3	4	5	6	7	8	9	10	11

(3) 立管水力计算,确定管径,计算立管下端管段中设计秒流量,确定通气管形式。

(4) 排水横干管水力计算,确定管径、坡度标高等。

(5) 排出管水力计算,确定管径、坡度、标高等。

4.5　屋面排水

降落在建筑屋面上的雨水及融化的雪水需通过屋面排水系统排除。屋面雨水的排除方式分为:外排水系统和内排水系统两种。屋面雨水排除方式应根据建筑性质、形式、结构特点、使用要求及气候条件选定。

4.5.1　屋面外排水系统

屋面外排水系统分为檐沟外排水(水落管外排水)和天沟外排水两种方式。

1. 檐沟外排水

一般居住建筑,屋面面积较小的公共建筑和单跨工业建筑,多采用檐沟外排水方式,

其构造如图 4. 8 所示。雨水有屋面檐沟汇集,然后流入按一定间隔设置于外墙面的水落管排至地面或地下沟管。

檐沟在民用建筑中多用铅皮制成,亦可采用预制混凝土制成。落水管一般为白铁皮管或铸铁管、石棉水泥管、硬聚乙烯管等,断面为圆形或矩形(管径约为 75 ~ 100 mm)。

落水管设置间距为 8 ~ 16 m,工业建筑可达 24 m,其间距大小与降雨量及一根落水管服务的屋面面积有关。

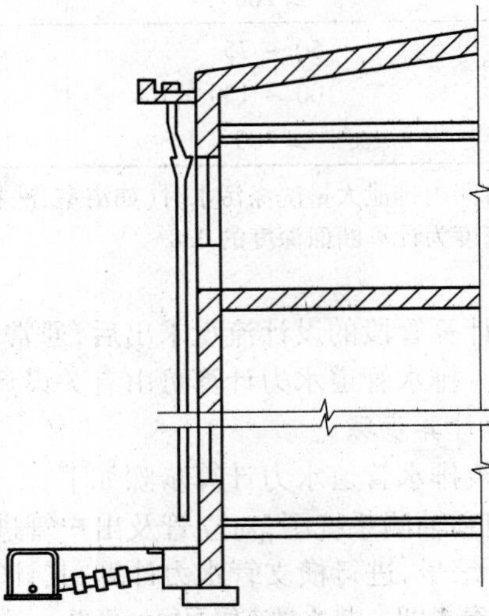

图 4. 8　檐沟外排水

2. 天沟外排水

大型屋面的雨雪水常采用天沟外排水方式。

天沟外排水是利用屋面构造上所形成的天沟本身容量和坡度,将雨雪水向建筑两端排泄,并经墙外立管排至地面或雨水道,如图 4. 9 所示。

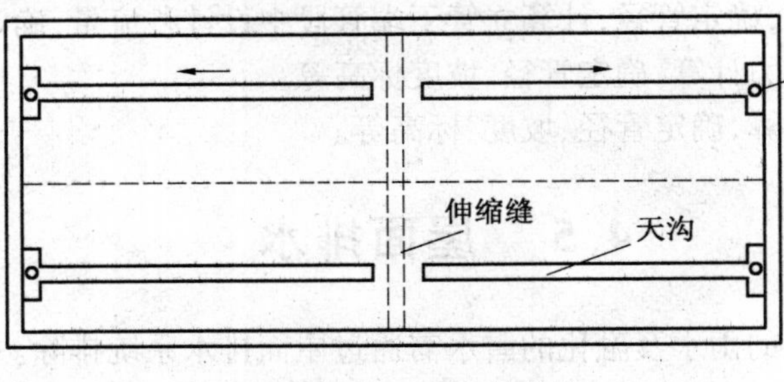

图 4. 9　天沟外排水

天沟外排水系统由天沟、雨水斗、立管及排出管组成。

天沟外排水方式具有节省投资、节省金属材料、施工简单等优点。为防止天沟渗漏,确保设计和施工质量尤为重要。

为确保天沟水流畅通,天沟长度不宜大于 50 m。天沟坡度不应小于 0. 003,坡度过小,难以施工,易造成积水。

屋面伸缩缝或沉降缝应作为设置天沟的分界线,若天沟通过伸缩缝或沉降缝易产生漏水。

3. 内排水系统

图 4.10 房屋的屋面面积大、设有天窗、多跨、锯齿形等工业厂房和大面积高层民用建筑，采用屋面外排水有困难，而采用在建筑内部设置雨水管道系统则较容易。图 4.11 为雨水内排水系统图。

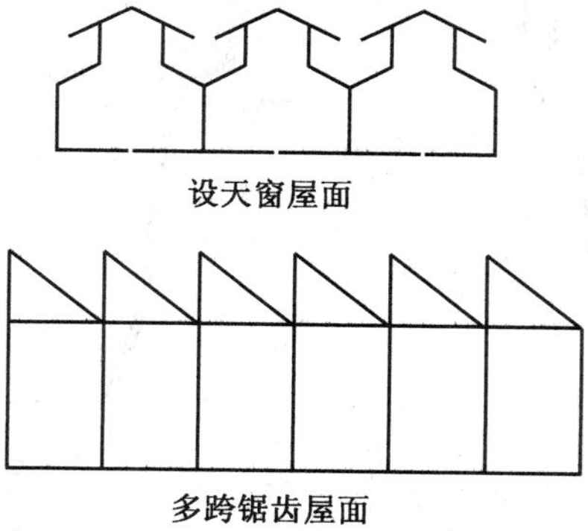

图 4.10　工业厂房屋面形式

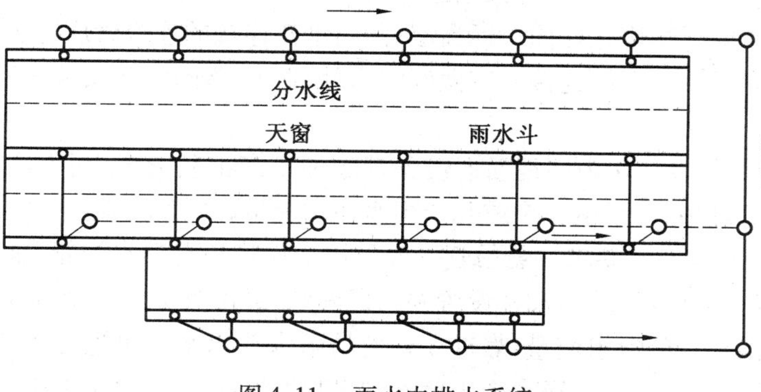

图 4.11　雨水内排水系统

雨水内排水系统分为单斗、双斗和多斗雨水排水系统。雨水内排水系统由雨水斗、悬吊管、立管及埋地管等组成。

（1）雨水斗。雨水斗应满足最大限度地迅速排除屋面雨雪水的要求，即导流性能好、排水流量大、掺气量小、旋涡少、拦污能力强。

雨水斗形式有 65 型和 79 型。65 型雨水斗由顶盖、底座、环形筒及长 325 mm、*DN*100 mm 短管组成。

① 雨水斗布置要求。雨水斗设置应以建筑伸缩缝和沉降缝为分水线，如以伸缩缝和沉降缝为分水线有困难时，应在缝的两侧各布置一个雨水斗；当两个雨水斗连接在同一根立管或悬吊管上时，应采用伸缩接头，并保证密封；当屋面雨水由天沟进入雨水排水管道入口处时，应设置雨水斗，雨水斗应有整流格栅；雨水的排水系统，宜采用单斗排水；当采用多斗排水时，悬吊管上设置的雨水斗不得多于 4 个，重力流悬吊管管径不得小于 75 mm；在防火墙处设置雨水斗时，应在防火墙两侧各设一个雨水斗；采用多雨水斗时，宜以立管作对称布置；寒冷地区，雨水斗应布置在受室内温度影响的屋面及雪水易融化范围

内的天沟内；雨水立管应布置在室内。

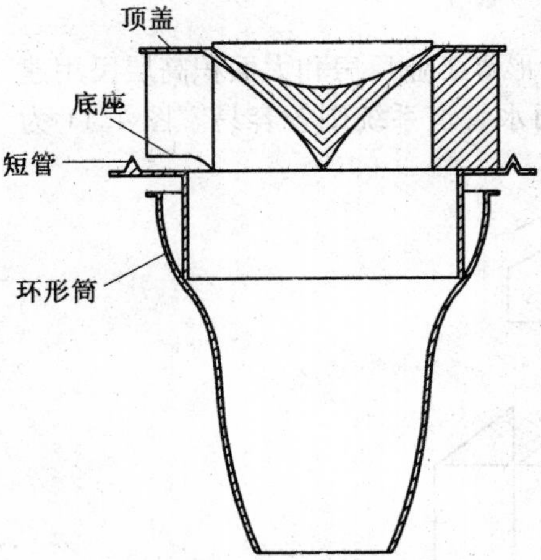

图 4.12　65 型雨水斗构造

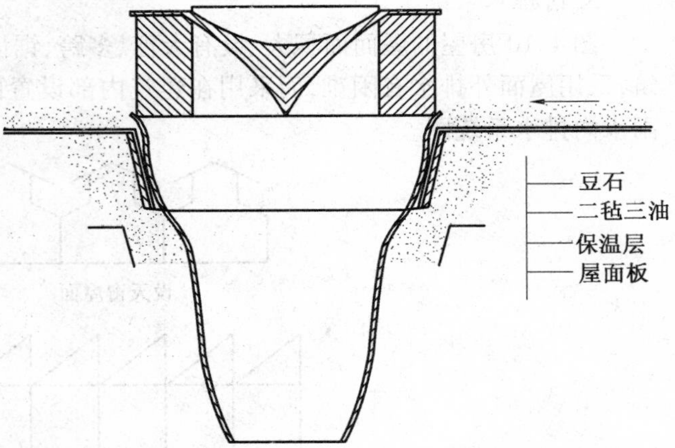

图 4.13　65 型雨水斗安装图

② 雨水斗构造与安装。图 4.12 为 65 型雨水斗构造。排雨水的多斗雨水斗，其排水连接管管径不应小于 100 mm，并应接至悬吊管上，不应在立管顶端设置雨水斗；接入同一立管的雨水斗，其安装高度宜在同一标高层；与雨水斗连接的连接管应牢固地固定在建筑物承重结构上；雨水斗与屋面连接处应做好防水处理，65 型雨水斗安装示意如图 4.13 所示。

(2) 悬吊管。工业厂房内因地面上设备基础和生产工艺情况，而无法设置埋地排雨水横管时，应设置悬吊管，承纳一个或几个雨水斗的流量，一般不宜超过 4 个。

① 悬吊管材料及布置要求。悬吊管一般采用铸铁管和石棉水泥管，金属管材应做防腐处理。悬吊管布置应沿墙、梁和柱设置并与之固定；悬吊管上几个雨水斗的汇水面积相同时，为均衡各雨水斗的泄水流量，靠近立管处的雨水斗出水管可适当缩小；悬吊管不应设置在对生产设备、产品、原料遇水产生危害和事故及影响产品、原料质量的上方，否则应采取防护措施。

② 悬吊管安装。悬吊管一般采用明装，在民用建筑中，可敷设在楼梯间或天花板内，这种情况应做好防结露措施；为保证管内水流畅通，悬吊管敷设坡度不应小于 0.003；悬吊管长度大于 15 m 时，应在悬吊管起端和管中设检查口，间距不宜大于 20 m，位置宜靠近柱、墙；悬吊管与立管的连接，应采用 2 个 45° 弯头或 90° 斜三通。

(3) 立管及排出管。立管用来接纳雨水斗或悬吊管来水，排出管是将立管来水送至地下管道中去。

① 立管布置与安装。立管一般沿墙、柱设置，通常采用明装；有要求时，可暗装于管道井或管槽内；立管下端与排出管的连接宜采用两个 45° 弯头或大弯曲率半径的 90° 弯头。在民用建筑中，立管不应设在居住房间内。

② 排出管。排出管穿越基础墙应预留孔洞，预留孔洞尺寸见表 4.5。

③ 管材。立管及排出管管材一般采用铸铁管和石棉水泥管，特殊情况时，如受震动或生产工艺要求，可采用钢管，接口应焊接。

④ 检查口。立管上应设置检查口，检查口距地高约为1 m，以便于清通检修。

(4) 埋地管。埋地管不应穿越设备基础或其他地下设施，其埋设深度应满足排水管道埋深规定；穿越墙基础时应预留孔洞；埋地管可按工业废水管道的最小坡度敷设。

埋地管管材可采用混凝土管、钢筋混凝土管或带釉的陶土管。

(5) 检查井。检查井用于连接雨水立管或排出管(也可采用管道配件连接)。在敞开式雨水内排水系统中，埋地管道的交叉、转弯、管径及坡度改变以及埋地管道长度超过30 m时均应设置检查井。敞开系统即为重力排水，这种系统应保证设计和施工质量，否则会造成雨水从检查井上冒。

4.5.2 排雨水计算

1. 降雨量计算

为进行建筑内雨水排水系统的设计，首先应计算降雨量的多少，降雨量计算应以当地暴雨强度公式按降雨持续时间5 min换算成小时降雨厚度。

(1) 降雨量。它是指降雨的绝对量，即降雨深度，以H表示，单位为mm。也可用单位面积上的降雨体积表示。

(2) 降雨历时。它是指连续降雨的时段，可以指全部降雨的时间，也可以指其中个别的连续时段。用t表示，单位为min或h。

(3) 暴雨强度。它是指某一连续降雨时段内的平均降雨量，用i表示。即

$$i = \frac{H}{t} \tag{4.4}$$

式中 i—— 暴雨强度(mm/min)；

H—— 降雨量(mm)；

t—— 降雨历时(min)。

工程上，常用单位时间内单位面积上的降雨体积q表示暴雨强度。q和i之间换算关系是将每分钟的降雨深度换算成一公顷面积上每秒钟的降雨体积，即

$$q = \frac{10\ 000 \times 1\ 000i}{1\ 000 \times 60} = 167i \tag{4.5}$$

式中 q—— 暴雨强度(L/(s · 10^4 m^2))。

建筑内计算降雨量常采用的降雨历时为5 min，则降雨历时为5 min的暴雨强度为

$$q_5 = 1.67i \tag{4.6}$$

$$h_5 = 36q_5 \tag{4.7}$$

式中 q_5—— 降雨历时5 min的暴雨强度(L/(s · 100 m^2))；

h_5—— 小时降雨厚度(mm/h)。

(4) 汇水面积。屋面的汇水面积按屋面的水平投影面积计算。

(5) 暴雨强度的频率。它是指等于或超过暴雨强度的值而出现的次数m与观测资料总项数n之比，即$P = \frac{m}{n} \times 100\%$。

(6) 暴雨强度的重现期。它是指等于或超过暴雨强度的值出现一次的平均间隔时

间,单位用年(a)表示,重现期用 T 表示。

重现期与频率的关系为

$$T = \frac{1}{P} \tag{4.8}$$

式中 T—— 重现期(a);

P—— 暴雨强度的频率(%)。

(7) 屋面降雨量计算。屋面降雨量计算公式为

$$Q_y = k\frac{H \cdot F_w}{3\ 600} \tag{4.9}$$

或

$$Q_y = k\frac{q_5 \cdot F_w}{10\ 000} \tag{4.10}$$

$$F_w = L \cdot B \tag{4.11}$$

式中 Q_y—— 屋面降雨量(L/s);

F_W—— 屋面汇水面积(m^2);

L—— 汇水面长度(m);

B—— 汇水面宽度(m);

k—— 考虑设计重现期为一年和屋面宣泄能力的系数。平屋面及屋面坡度小于2.5%时,$k=1$,斜屋面坡度大于2.5%时,$k=1.5\sim2.0$。

2. 天沟外排水设计计算

天沟外排水设计计算主要是计算屋面降雨流量、天沟形式及断面,其设计计算内容和步骤为:

(1) 选用适合当地的暴雨强度公式,根据屋面性质确定设计重现期,一般为一年。

(2) 确定天沟分水线,应将天沟长度控制在 50 mm 以内,并使天沟坡度不应小于 0.003。

(3) 计算 5 min 历时的暴雨强度,并换算成小时降雨强度。

(4) 计算天沟汇水面积应排泄的雨水量,选定天沟形式(矩形、梯形、三角形、半圆形等),确定天沟断面尺寸。

3. 雨水内排水系统计算

雨水内排水系统按连接雨水斗的数量分为单斗雨水排水系统和多斗雨水排水系统。雨水内排水系统的计算包括雨水斗、连接管、悬吊管、立管、排出管和埋地管等的选择、计算。其计算步骤与内容如下:

(1) 根据屋面构造,划定分水线、布置天沟、选定天沟形式。

(2) 确定雨水斗布置数量和间距。新型雨水斗最大泄流量见表 4.21,单斗系统和多斗系统一个斗的最大允许汇水面积见表 4.22。由雨水斗最大泄流量或单(多)斗系统一个斗的最大允许汇水面积可确定雨水斗所需数量。

表 4.21 新型雨水斗最大泄流量

雨水斗规格/mm	100	150
一个雨水斗泄水量/($L \cdot s^{-1}$)	12	26

注:长天沟的雨水斗,应根据雨水量另行计算

表 4.22　单(多)斗系统一个斗的最大允许汇水面积(m^2)

雨水斗形式	系统形式	雨水斗直径/mm	降雨厚度/($mm \cdot h^{-1}$)											
			50	60	70	80	90	100	110	120	140	160	180	200
79 型	单斗	75	684	570	489	428	380	342	311	285	244	214	190	171
		100	1 116	930	797	698	620	558	507	465	399	349	310	279
		150	2 268	1 890	1 620	1 418	1 260	1 134	1 031	945	810	709	630	567
		200	3 708	3 090	2 647	2 318	2 060	1 854	1 685	1 545	1 324	1 159	1 030	927
	多斗	75	569	474	406	356	316	284	259	237	203	178	158	142
		100	929	774	663	581	516	464	422	387	332	290	258	232
		150	1 865	1 554	1 331	1 166	1 036	932	847	777	666	583	518	466
		200	2 822	2 352	2 036	1 764	1 568	1 411	1 283	1 176	1 008	882	784	706
65 型	单斗	100	1 116	930	797	698	620	558	507	465	399	349	310	279
	多斗	100	929	774	663	581	516	464	422	387	332	290	258	232

(3) 以当地暴雨强度公式选定重现期,按 5 min 降雨历时计算降雨量。

(4) 计算由汇水面积所需管道系统的泄水量,立管最大允许汇水面积和最大设计泄水量见表 4.23。

表 4.23　雨水立管最大允许汇水面积和最大设计泄流量

管径/mm	75	100	150	200	250	300
汇水面积/m^2	360	680	1 510	2 700	4 300	6 100
最大设计泄流量/($L \cdot s^{-1}$)	10	19	42	75	120	170

注:表中数据是按降雨强度 100 mm/h 计算的,如为其他强度时,应换算相当于 100 mm/h 的汇水面积和泄水流量后,再查本表。

(5) 选定排雨水管道系统各管径。

① 连接管。一般采用与雨水斗出水口相同的管径。

② 悬吊管。单斗系统中悬吊管、立管、排出管的管径可选与雨水斗规格相同的管径。多斗系统,由于悬吊管的排水流量与连接雨水斗的数量和斗到立管距离有关,单斗系统悬吊管的泄流能力比多斗系统多 20% 左右。雨水悬吊管和埋地管道的最大计算充满度见表 4.24。

表 4.24　雨水悬吊管和埋地管道的最大计算充满度

管道名称	管径/mm	最大计算充满度
悬吊管		0.8
不设检查井的埋地管		1.0
设检查井的埋地管	≤ 300	0.5
	350 ~ 450	0.65
	≥ 500	0.80

当小时降雨厚度为 100 mm/h、管中充满度为 0.8、管道粗糙度为 0.013 时,多斗雨水

排水系统悬吊管最大允许汇水面积见表 4. 25。如果设计的小时降雨厚度为 H 时，应将屋面的汇水面积换算为相当于 100 mm/h 时的汇水面积，然后再从表 4. 27 中确定所需悬吊管的管径。换算式如下：

$$k = \frac{H}{100} \tag{4.12}$$

$$F_H = k \cdot F_{100} \tag{4.13}$$

式中　k—— 换算系数；

H—— 某降雨时的小时降雨厚度(mm/h)；

F_H—— 小时降雨厚度为 H 换算为小时降雨为 100 时的汇水面积(m^2)；

F_{100}—— 小时降雨厚度为 100 mm/h 的汇水面积(m^2)。

表 4. 25　排雨水多斗悬吊管最大允许汇水面积

坡度	管径 /mm					
	75	100	150	200	250	300
0. 005	60	129	379	817	1 480	2 403
0. 006	65	141	415	896	1 621	2 638
0. 007	71	152	449	967	1 751	2 849
0. 008	75	163	480	1 034	1 872	3 046
0. 009	80	172	509	1 097	1 986	3 231
0. 010	84	182	536	1 156	2 093	3 406
0. 012	92	199	587	1 266	2 293	3 731
0. 014	100	215	634	1 368	2 477	4 030
0. 016	107	230	678	1 462	2 648	4 308
0. 018	113	244	719	1 551	2 800	4 569
0. 020	119	257	758	1 635	2 960	4 816
0. 022	125	270	795	1 715	3 105	5 052
0. 024	131	281	831	1 791	3 243	5 276
0. 026	136	293	865	1 864	3 375	5 492
0. 028	141	304	897	1 935	3 503	5 699
0. 030	146	315	929	2 002	3 626	5 899

悬吊管管径计算如出现大于立管管径时，应放大立管管径使之与悬吊管相同。

③ 立管。可由表 4. 23 查出。

④ 排出管。一般取与立管相同管径。

⑤ 埋地管。按管道设计充满度及敷设坡度，从有关设计手册查埋地管最大允许汇水面积求得。

4. 6　庭院及建筑小区排水

建筑内的排水要通过庭院或建筑小区排水系统排入城市排水管道。庭院排水的范围是一幢或若干幢建筑的排水，建筑小区的排水范围则要大得多，可能有一至几个街坊组成的建筑群，排水规模较庭院排水要大，排水管网范围也大。

4.6.1　庭院及建筑小区排水系统

庭院排水系统通常由出户管、污水管道、检查井、化粪池、控制井及街道检查井连接的连接管组成，如图 4.14 所示。

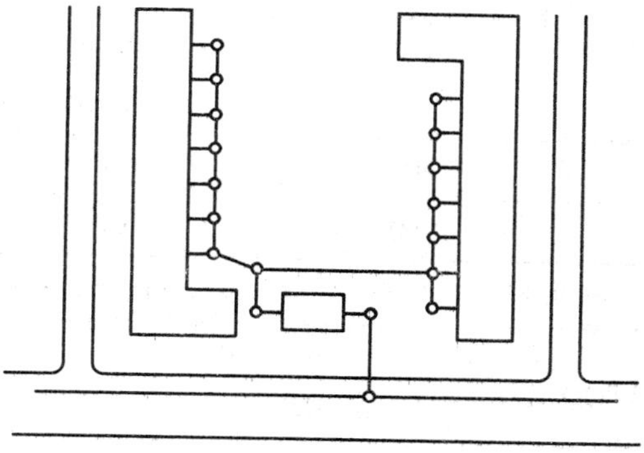

图 4.14　庭院排水管道布置

建筑小区排水范围一般较庭院排水范围大，通常建筑小区排水系统还包括小区街道排水管道、街道检查井等。离城市排水管网较远的建筑小区，还应包括小区污水处理设施。

4.6.2　排水管道布置与敷设

庭院排水管道布置应根据城市排水管位置、庭院内建筑物平面布置、建筑内排水的排出管的布置、化粪池设置位置等综合考虑。排水管道宜布置在建筑内卫生间、厨房等排水量大、集中的一侧，以减少建筑排出管的长度和埋深。居住小区生活排水管道的最小管径、最小设计坡度和最大设计充满度见表 4.26。排水管道与建筑排出管连接处应设检查井。检查井中心至建筑物外墙的距离，不宜小于 3.0 m。图 4.15 为室外排水检查井构造。检查井通常在排水管道交接处、管径、坡度及管道转弯处设置，在较长的直管段上，也应设置排水检查井，检查井设置间距见表 4.27。排水检查井一般采用砖砌，亦有用预制钢筋混凝土井筒砌成的，采用钢筋混凝土或铸铁井盖。

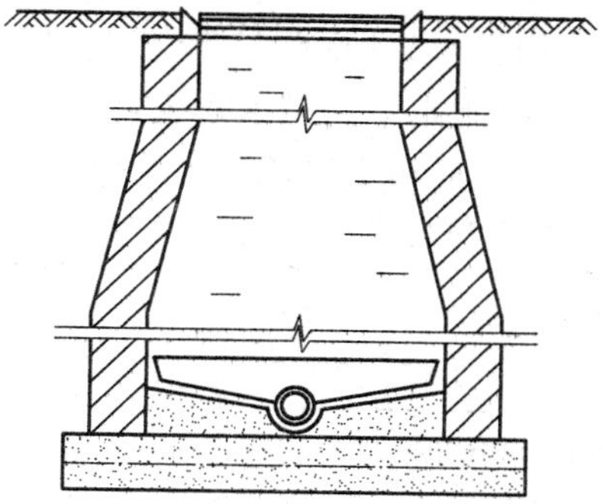

图 4.15　室外排水检查井

表 4.26 居住小区生活排水管道的最小管径、最小设计坡度和最大设计充满度

管别	管材	最小管径 /mm	最小设计坡度	最大设计充满度
接户管	埋地塑料管	160	0.005	0.5
	混凝土管	150	0.007	
支管	埋地塑料管	160	0.005	
	混凝土管	200	0.004	0.55
干管	埋地塑料管	200	0.004	
	混凝土管	300	0.003	

表 4.27 庭院及小区排水检查井最大间距

管径 /mm	最大间距 /m	
	污水管道	雨水和合流管道
≤150	不大于 20	—
≥200	不大于 30	30

庭院排水管道埋深受与庭院相邻城市排水管道埋深限制，一般应尽量以最小埋深敷设，以减少城市排水管道的埋深。管道埋深如图 4.16 所示。影响室外排水管道埋深的因素有：建筑排出管的埋深；冰冻深度和管顶承受荷载情况。从安装技术上考虑，建筑排出管的最小埋深，通常采用 0.55 ～ 0.65 m，所以庭院排水管道起端的最小埋深也应取 0.55 ～0.65 m。有车辆通行时，管顶覆土厚度最少有 0.7 m，对于寒冷地区，管道埋深还应考虑冰冻的影响。根据《室外排水设计规范》规定：无保温措施的生活污水管道或水温与之接近的工业废水管道，管底可埋设在冰冻线以上 0.15 m，并应保证管顶最小覆土厚度。

庭院排水管道采用水泥管或陶土管，水泥砂浆接口。庭院及建筑小区排水管道最小管径为 150 mm。庭院及建筑小区最小排水管径和最小设计坡度见表 4.26。

庭院内雨水排除，通常通过地面径流至就近的街道上，由设于街道上的雨水口经雨水管道排除。

建筑小区排水应根据所在城市排水体制和环保要求选定。采用分流制排水时，生活污水量和雨水量计算应按《室外排水设计规范》的规定。居民生活污水定额和综合生活污水定额，结合建筑内部给排水设施水平和排水系统普及程度等因素确定，一般可按当地用水定额的 80% ～ 90% 计算。生活污水量总变化系数见表 4.28。

表 4.28 生活污水量总变化系数

污水平均日流量 /($L \cdot s^{-1}$)	5	15	40	70	100	200	500	≥1 000
总变化系数	2.3	2.0	1.8	17	1.6	1.5	1.4	1.3

注：① 当污水平均日流量为中间数值时，总变换系数用内插法求得

② 当居住区有实际生活污水量变化资料时，可按实际数据采用

雨水设计流量按下式计算：

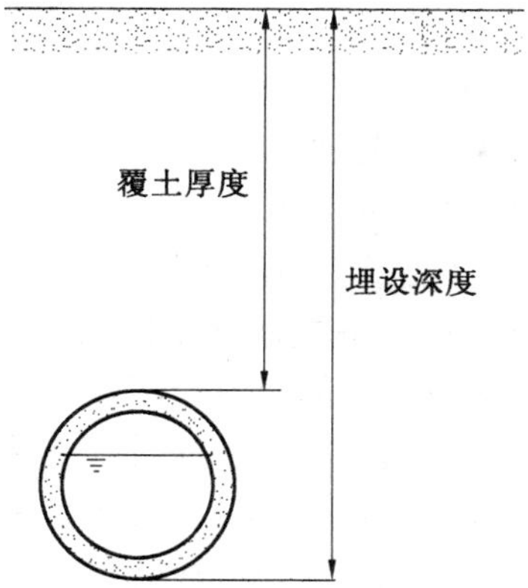

图4.16　管道埋深

$$Q = q \cdot \psi \cdot F \tag{4.14}$$

式中　Q——雨水设计流量（L/s）；

q——设计暴雨强度（$L/(s \cdot 10^4\ m^2)$）；

ψ——径流系数，其值小于1；

F——汇水面积（$10^4\ m^2$）。

表4.29为各种屋面、地面的雨水径流系数ψ值。汇水面积通常由各类性质材料覆盖屋、地、路面，ψ值随所占面积比例而异。汇水面积上平均径流系数ψ_p值按各类面积用加权平均法计算：

$$\psi_p = \frac{\sum F_i \cdot \psi_i}{F} \tag{4.15}$$

式中　ψ_p——汇水面积上平均径流系数；

F_i——汇水面积上各类材料覆盖面积（$10^4\ m^2$）；

ψ_i——相应于各类材料覆盖面积的径流系数；

F——总汇水面积（$10^4\ m^2$）。

表4.29　径流系数ψ值

屋面、地面种类	ψ值
屋面	0.90 ~ 1.00
混凝土和沥青路面	0.90
块石路面	0.60
级配碎石路面	0.45
干砖及碎石路面	0.40
非铺砌地面	0.30
公园绿地	0.15

雨水管渠的设计降雨历时，按下式计算：

$$t = t_1 + mt_2 \tag{4.16}$$

式中　t—— 降雨历时(min)；

t_1—— 地面径流时间(min)；

m—— 折减系数，暗管为2，明渠为1.2；

t_2—— 管渠内雨水流行时间(min)。

建筑小区内为合流制时，设计流量为生活水量和雨水量之和。建筑小区排水管道布置应根据小区总体规划、道路、建筑物布置分布、地形及城市排水及雨水管道的位置综合考虑。力求埋深浅、管线短、自流排放。尽量沿小区内道路和建筑物呈直线平行布置。

污水管道应按非满流设计，雨水管道和合流制管道应按满流计算。

建筑小区内雨水口布置，一般在道路交叉口，沿街其间距按20 ~ 40 m布置，此外，在建筑物出入口附近、雨落管附近、空地及绿地低洼处布置。

习　　题

一、解释名词术语

1. 排水定额

2. 排水当量

3. 充满度

4. 暴雨强度

5. 暴雨强度的频率

6. 暴雨强度的重现期

二、填空、简答题

1. 建筑排水类别分为________污(废)水、________污(废)水和________。

2. 排水管道上清扫设备有________、________和________。

3. 排水管及排出管穿过承重墙或基础时，应预留________，且管顶上部净空一般不小于________ m。

4. 建筑内排水系统由哪些部分组成?

5. 通气管系统有哪些类型? 有何作用?

6. 屋面排雨水有哪些方式? 内排水系统由哪几部分组成?

第5章　建筑水处理

5.1　给水处理

建筑或小区内给水处理，即是以城市自来水为水源，经过进一步的处理，使处理后的水质在某些项目上超过现行的《生活饮用水标准》的规定，水质更加安全可靠。

5.1.1　给水处理方法

给水处理方法有：臭氧处理、活性炭处理、臭氧生物活性炭处理和生物处理。

1. 臭氧处理

（1）臭氧的性质。臭氧是由3个氧原子组成，分子式为O_3，在常温下是不稳定的气体。臭氧具有特殊的异臭味，空气中即使含有质量浓度为0.01～0.05 mg/L的臭氧，也能嗅出其特有的刺激气味。

臭氧在水中的溶解度与臭氧浓度、水温、pH值有关。臭氧很不稳定，在大气或水中可自行分解。其分解速度受温度、浓度和压力影响，在水中的溶解度受pH值影响较大，在酸性时，臭氧是稳定的，但在碱性时，则不稳定。

臭氧具有极强的氧化能力，在水处理使用的消毒剂中臭氧是处理能力最强的，它不仅能杀菌、灭活病毒和微生物等，而且可氧化很多种有机物及无机化合物。在有机化合物中，如芳香族类，即使在温室中臭氧也能使其快速分解。

臭氧与各种形态氯的消毒效果对比见表5.1。

表5.1　臭氧与各种形态氯的消毒效果对比

消毒剂	表示单位	99%灭活的浓度时间乘积/($mg \cdot min \cdot L^{-1}$)			
		病毒	大肠菌	芽孢细菌	阿粑孢囊
臭氧	mgO_3/L	1	0.01	2	10
次氯酸	$mgCl_2/L$	< 5	0.2	100	100
次氯酸根	$mgCl_2/L$	> 200	20	> 10 000	1 000
一氯胺	$mgCl_2/L$	1000	50	5 000	200

（2）臭氧的作用。长期以来，在给水处理中是采用氯进行消毒的。1973年，荷兰人发现在水处理中消毒剂氯与原水中的有机物反应生成氯仿（THM），氯仿被认为有致癌性。美国环境保护局制定了给水中总THM的质量浓度为0.1 mg/L以下的水质标准。从发现氯消毒会产生致癌物后，臭氧在给水处理中应用逐渐被推广。臭氧处理的效果还有：

①除臭。臭氧投量为2 mg/L左右，接触时间为5～10 min，水中臭气成分去除达

75% 以上。

② 脱色。水中色度由微细的胶体状悬浮物、溶解性物质、铁、锰等无机物质和腐殖酸等有机物质引起。臭氧投量为 1 ~ 2 mg/L,色度会急剧下降。

③ 臭氧能抑制氯仿的生成,去除有机物。

④ 投加臭氧,可提高混凝效果,节省混凝药剂。

(3) 臭氧生成。臭氧生成原理如图 5.1 所示。臭氧生成反应式为

$$O_2 + e^- \longrightarrow 2O$$

$$O + O_2 \longrightarrow O_3$$

$$O_3 \longrightarrow O_2 + O$$

由上式可知,臭氧的生成和分解是同时进行的。臭氧发生装置由空气压缩机、气体净化干燥系统、臭氧发生器、高压供电和控制设备组成。

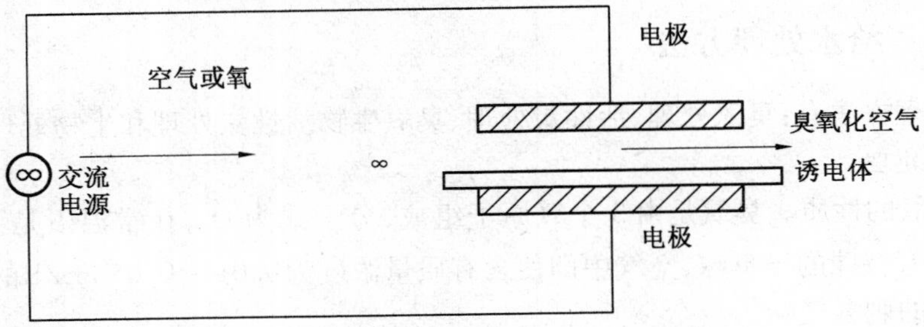

图 5.1　臭氧生成原理图

2. 活性炭处理

(1) 活性炭种类和特性。活性炭是由木炭、煤、果壳等含碳物质经碳化和活化过程制成的。活性炭有粉状和粒状两种。

① 粉末活性炭一般用于常规水处理工艺中。将定量粉末活性炭投加于水处理构筑物中,吸附水中有机物或其他杂质。被吸附的物质与活性炭一起从处理水中分离出来并丢弃。粉末活性炭不宜再生,通常一次性使用后丢弃,用量大,费用高。

② 粒状活性炭吸附饱和后,在加热的条件下(800 ~ 1 100 ℃、隔氧) 可再生,而重复使用。活性炭装于吸附装置内,像滤池那样,对水进行过滤,用于给水深度处理。

活性炭是一种有高度发达孔隙结构和巨大表面积的吸附材料, 孔容 0.7 ~ 1.0 cm^3/g、表面积 500 ~ 1 500 m^2/g、机械强度 80% ~ 95%。

(2) 活性炭在给水处理中的作用。利用活性炭的物理和化学吸附作用,可去除水中溶解的有机物和其他杂质。表现为:

① 去除水中的异臭味。

② 去除有机物和铁、锰等金属氧化物产生的色度。

③ 去除水中天然的或人工合成的有机物质。

④ 去除水中汞、铬、砷等有毒、有害的重金属。

⑤ 对氯消毒能产生氯仿的水中的前驱物质及生成的氯仿有吸附作用。

影响活性炭吸附的因素有:活性炭的性能、水中被吸附物质的浓度与性质、水的 pH 值及水温等。

(3) 活性炭吸附原理。图 5.2 为活性炭吸附模式图,其吸附过程分为以下 4 个阶段:

① 被吸附物质向活性炭表面溶液扩散。

② 被吸附物质向活性炭表面水膜扩散。

③ 被吸附物质一部分被活性炭表面吸附,另一部分向活性炭微孔内扩散。

④ 被吸附物质通过吸附反应被吸附。

活性炭吸附容量为

$$q = (C_0 - C_1)V/m \tag{5.1}$$

式中　q—— 吸附容量(mg/g);

C_0—— 空白对比试样中被吸附物质的质量浓度(mg/L);

C_1—— 吸附平衡时试样中被吸附物质的质量浓度(mg/L);

V—— 水样体积(L);

m—— 试瓶中活性炭的质量(g)。

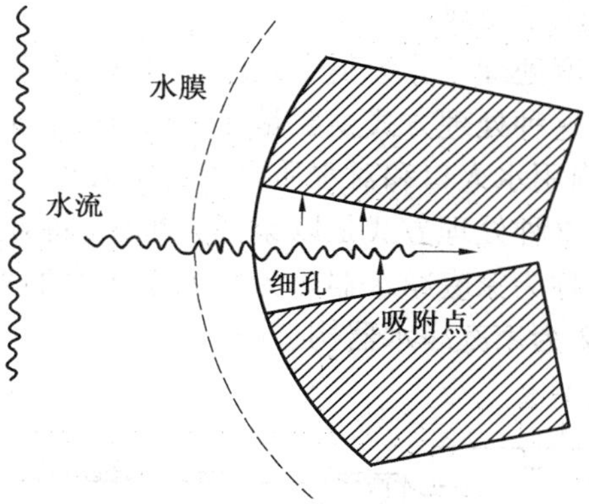

图 5.2　活性炭吸附模式

(4) 活性炭吸附装置。活性炭吸附装置形式有固定床、流动床和移动床。根据处理水进水方向,水流下向流时采用固定床,上向流时采用流动床。固定床活性炭滤层厚度可取为 2.0 m,滤速为 5 ~ 20 m/h。流动床炭滤层厚度可取为 1.0 m 左右,滤速取 10 ~ 20 m/h。活性炭吸附床进水浊度应低于 5NTU。

(5) 生物活性炭处理(BAC 处理)。通常是在活性炭处理装置前加臭氧处理的方式,它是通过活性炭表面好气性微生物作用,进行活性炭生物再生,从而延长活性炭的寿命。这种方式兼有臭氧处理、活性炭吸附和生物处理的机能,并使其处理性能提高。

3. 生物处理

生物处理是利用装置内生殖的微生物作用,对水进行处理的方式。

(1) 生物处理的作用。除去有机物、除臭味和氨的硝化,降低水中悬浮物质浓度。

(2) 生物处理的优点。生物处理具有以下优点:

① 可不需处理药剂。

② 能有效进行有机物氧化分解和氨的硝化,降低投氯量、减少氯仿生成。

③ 充填材料表面积大,适应水量、水质等变化。

④ 构造简单、操作运行方便。

（3）生物处理方式。生物处理方式有生物滤池、生物转盘和生物接触氧化滤池。

5.1.2　给水深度处理工艺流程

1. 深度处理工艺流程

根据原水（自来水）水质及要求处理后的水质标准，深度处理工艺流程主要有：

（1）臭氧处理工艺流程。自来水 → 臭氧接触槽（投臭氧）→ 处理水。

（2）活性炭处理工艺流程。自来水 → 活性炭吸附装置（投消毒剂）→ 处理水。

（3）生物活性炭处理工艺流程。自来水 → 臭氧接触槽（投臭氧）→ 活性炭吸附装置（投消毒剂）→ 处理水。

（4）生物处理工艺流程。自来水 → 生物处理装置（投消毒剂）→ 处理水。

此外，深度处理工艺还可采用砂滤加臭氧处理、砂滤加活性炭处理或生物处理与上述几种处理相组合的处理工艺。

2. 建筑及小区内给水深度处理

建筑及小区内给水深度处理可分为集中处理和分散处理两种方式。

（1）集中处理方式。这种处理方式主要是在宾馆、饭店、办公楼和建筑小区等采用。处理水量和水质，依建筑内用水人口和对水质要求选定处理工艺和处理规模。

（2）分散处理方式。这种处理方式是以家庭为单位，将处理工艺流程集中于一个装置内，对自来水进行净化，称为家庭净水器。为增加净化水的保健功能，净水器内还增设了磁化、矿化材料。图 5.2 为家庭净水器构造图。

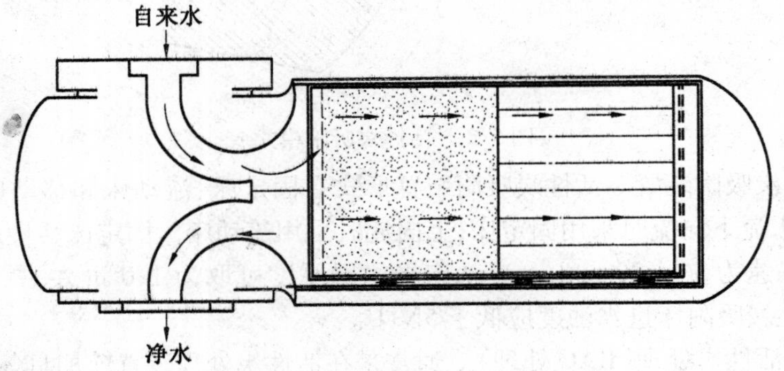

图 5.3　家庭净水器构造

5.2　建筑排水处理

城镇范围内的建筑排水，一般经城市排水管网输送到城市污水处理厂，集中处理后排放。建筑内排水通常不单独设置处理系统，而只是设置某些构筑物，如化粪池、隔油池、降温池等对污水进行局部处理，或只对某些建筑排水，如医院污水进行处理。

5.2.1　局部处理构筑物

1. 化粪池

目前我国城市污水处理厂还不是很普及，化粪池作为最初级的处理构筑物，广泛地被采用。

(1) 化粪池处理性能。化粪池具有如下性能：

① 拦截水中的纸屑、粪便等杂质，并使其沉积下来，经数小时沉积可去除50% ~ 60%左右。

② 腐化的污泥经厌氧分解，可降低部分有机物。

(2) 化粪池形式和布置。化粪池有圆形和矩形两种，矩形采用较多。池内一般分为两格或 3 格，以便于清掏污泥，并减少污水和腐化污泥的接触时间。图 5.4 为化粪池的构造。

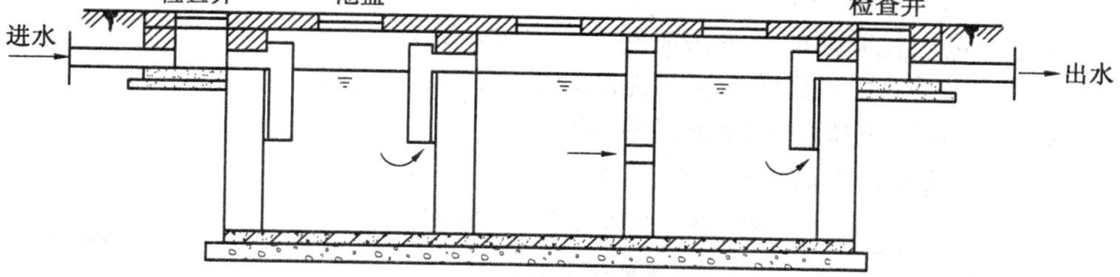

图 5.4　化粪池的构造示意图

化粪池设置在庭院偏静且便于清掏处，靠建筑内卫生间一侧。距地下取水构筑物不应小于 30 m，距建筑物净距不宜小于 5 m。化粪池池壁及池底需做防渗处理，应防止污水渗漏；池顶板应设人孔和盖板。

(3) 化粪池容积计算。化粪池有效容积包括污水部分容积(V_1)和浓缩污泥部分容积(V_2)，即

$$V = V_1 + V_2 \tag{5.2}$$

式中　V—— 化粪池有效容积(m^3)；

V_1—— 污水部分容积(m^3)；

V_2—— 浓缩污泥部分容积(m^3)。

① 污水部分容积

$$V_1 = \frac{Nqt}{24 \times 1\,000} \tag{5.3}$$

式中　N—— 化粪池实际使用人数(人)，实际使用卫生器具的人数与总人数的百分比见表 5.2；

q—— 每人每天的生活污水量(升/(人·天))，当建筑内生活污水与生活废水分别排出时，生活污水取 20 ~ 30 升/(人·天)，合流排出时，与用水量相同；

t—— 污水在化粪池内的停留时间，一般取 12 ~ 24 h。

表 5.2　实际使用卫生器具的人数占总人数的百分数

建筑类别	百分数 /%
医院、疗养院、幼儿园(有住宿)	100
住宅、集体宿舍、旅馆	70
办公楼、教学楼、工业企业生活间	40
公共食堂、影剧院、体育场和其他类似公共场所(按座位数计)	10

② 浓缩污泥部分容积

$$V_2 = \frac{aNT(1-b)km_c}{(1-c)\times 1\,000} \tag{5.4}$$

式中 a—— 每人每日污泥量(升 /(人 · 天)),见表 5.3;

N—— 化粪池实际使用人数,见表 5.2;

T—— 污泥清掏周期,根据污水温度高低和当地气候条件采用 3 ~ 12 个月;

b—— 进入化粪池的新鲜污泥的含水率,按 95% 计;

c—— 化粪池中发酵浓缩后污泥的含水率,按 90% 计;

k—— 污泥发酸后体积缩减系数,取 0.8;

m_c—— 清掏污泥后残留的熟污泥量容积系数,取 1.2。

表 5.3　每人每日污水量和污泥量

类　别	粪便污水和生活废水合流排出	粪便污水单独排出
每人每日污水量 /(升 · 人$^{-1}$ · 天$^{-1}$)	(0.85 ~ 0.95) 用水量	15 ~ 20
每人每日污泥量 /(升 · 人$^{-1}$ · 天$^{-1}$)	0.7	0.4

(4) 化粪池设计与选用。化粪池设计,根据建筑物性质、使用人数、排水定额、排水类别等计算化粪池总有效容积。然后按设计容积、材质、进水管管内底埋设深度、地下水位、荷载和覆土情况从标准图内选用。

2. 隔油池

宾馆、饭店的餐厅、食品厂、公共食堂、餐馆厨房等排水,含有较多的油脂;车修厂排水和汽车库洗车排水中也会含有机油和汽油。这些油脂和油类前者可能堵塞管道影响排水,后者会因浓度增加,引起爆炸和火灾等危害。为此,需设置隔油池进行隔油处理后方可排入污水管道。图 5.5 为隔油池示意图。

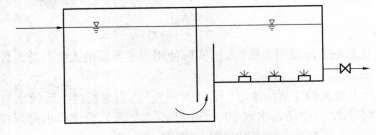

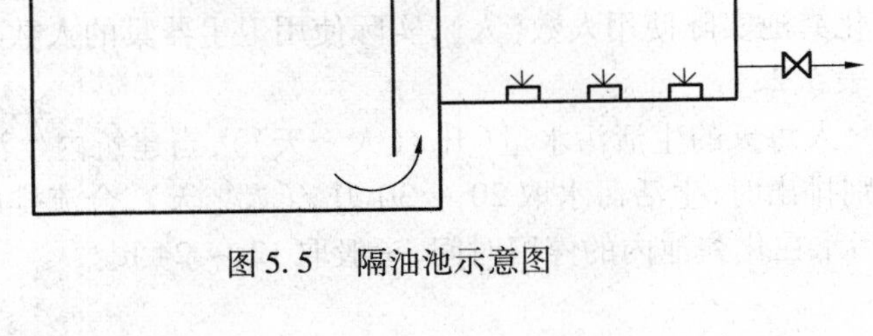

图 5.5　隔油池示意图

（1）隔油池有效容积。其公式为

$$V_y = Q_{max} \cdot 60 \cdot t \tag{5.5}$$

$$Q_{max} = A \cdot v \tag{5.6}$$

式中　V_y——隔油池有效容积（m^3）；

Q_{max}——污水设计秒流量（m^3/s）；

t——污水在池内停留时间（min），含食用油时为2～10 min，含汽油、柴油、煤油和润滑油时为0.5～1.0 min；

A——隔油池有效容积的断面积（m^2）；

v——池内污水流速（m/s），含食用油污水在池内流速不得大于0.005 m/s，含汽油、柴油、煤油和润滑油等污水在池内流速为0.002～0.01 m/s。

（2）隔油池设计要求。隔油池设计上还应满足：

① 池内存油部分容积不应小于该池有效容积的25%；隔油池应设盖板；进水管应便于清通，出水管管底至池底深度不得小于0.6 m。

② 夹带杂质的含油污水，池内应设置沉淀部分。

③ 不应将粪便污水和其他污水排入隔油池内。

④ 对处理水水质要求高时，可采用两级隔油池；向隔油池内曝气，可促使油脂上浮，提高隔油池处理效果。

3. 降温池

温度高于40 ℃的污、废水，在排入城镇排水管道前，应设降温池，将温度降低后排放。这类污、废水主要是采暖锅炉或其他小型锅炉排污所致。降温池宜利用废水冷却。对于温度较高的污、废水，应考虑含热量回收利用措施。

降温池总容积为

$$V = V_1 + V_2 + V_3 \tag{5.7}$$

$$V_1 = \frac{Q - kq}{\rho} \tag{5.8}$$

$$q = \frac{Q(i_1 - i_2)}{i - i_2} = \frac{Q(t_1 - t_2)}{r} \tag{5.9}$$

$$V_2 = \frac{t_2 - t_y}{t_y - t_e} V_1 \tag{5.10}$$

式中　V——降温池总容积（m^3）；

V_1——进入降温池的热水量（m^3）；

V_2——需混合的冷却水量（m^3）；

V_3——降温池保护容积（m^3），一般取保护高度$h=0.3\sim0.5$ m，其容积为h与地面积之乘积；

q——二次蒸发带走的水量（kg）；

k——安全系数，一般为0.8；

ρ——最高压力下的水的容重（kg/m^3）；

i_1、t_1——锅炉工作压力下排污水的热焓（J/g）和温度（℃）；

i_2、t_2—— 大气压力下排污水的热焓(J/g) 和温度(℃),一般按 100 ℃ 采用;

i、r—— 大气压力下干饱和蒸汽的热焓和汽化热(J/g);

t_y—— 允许排入排水系统的水温(℃);

t_e—— 冷却水温度(℃)。

降温池构造如图 5.6 所示。

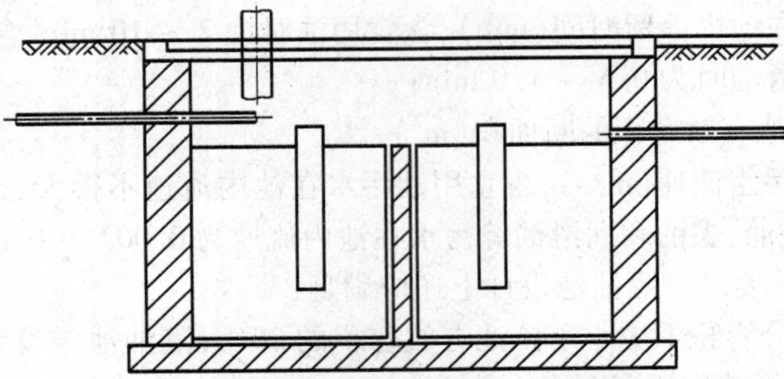

图 5.6　降温池构造示意图

5.2.2　医院污水处理

1. 医院污水及水质

医院污水是指各级综合医院、专科医院、传染病院、结核病院等以及各级医疗卫生机构的医院等建筑内卫生器具所排出的污水。

医院污水含有大量的病原体,如结核病医院污水含大量结核菌,肠道病医院污水含大量肠道病菌、病毒等。这些污水需经适当处理后,方可排放。不然,将会污染水体,危害人体健康和生命。

2. 处理方法

医院污水处理常采用一级或二级处理。图 5.7 和图 5.8 分别为一级和二级处理工艺流程。

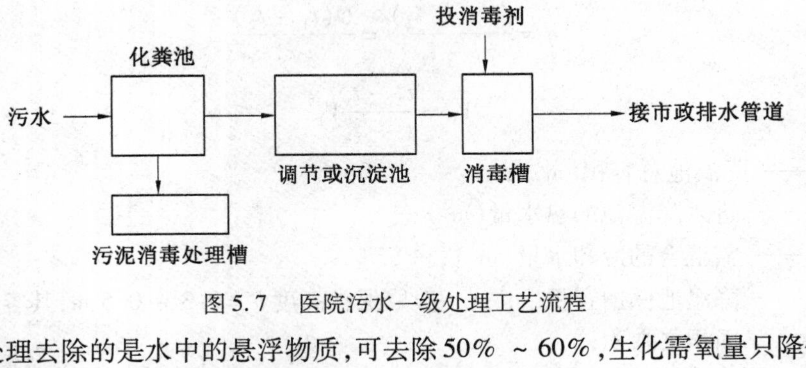

图 5.7　医院污水一级处理工艺流程

一级处理去除的是水中的悬浮物质,可去除 50% ~ 60%,生化需氧量只降低 20% 左右,该法采用的构筑物有化粪池、调节池、沉淀池等。

二级处理为生化处理方法,医院污水经二经处理后生化需氧量能去除 90% 以上,污水中细菌和病毒也能去除 90% 以上,出水水质得到明显改善。二级处理的构筑物有:曝气池、生物滤池、生物转盘、接触氧化池等。

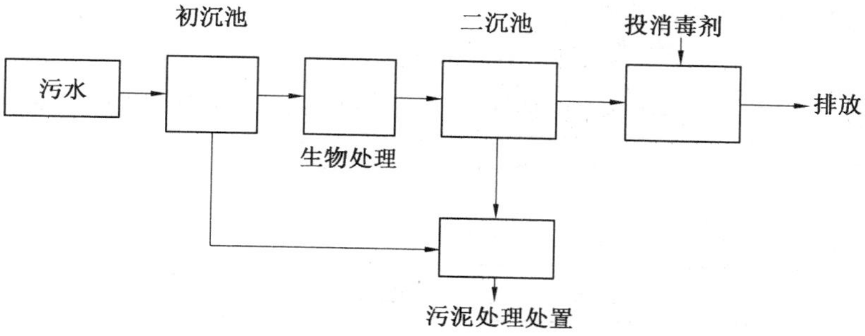

图5.8　医院污水二级处理工艺流程

5.2.3　污水消毒

医院污水消毒采用的方法有：液氯消毒、臭氧消毒、次氯酸钠消毒、氯片消毒等。

液氯价格便宜，消毒效果可靠，投加简单，应用广泛。为保证消毒效果，应保证接触时间和总余氯量，见表5.4。

表5.4　接触时间及总余氯量

医院污水类别	接触时间/h	总余氯量/(mg·L^{-1})
综合医院及肠道致病菌污水	不少于1.0	4～5
含结核杆菌污水	不少于1.5	6～8

氯具有腐蚀性，加氯系统及管道应采用耐腐蚀材料。

在液氯供应有困难、医院污水量又小时，可采用漂白粉、次氯酸钠、氯片等消毒。次氯酸钠可现场制备，漂白粉、氯片投加简单。

医院污水在处理过程中产生的污泥，尚需经污泥处理及处置，否则会带来二次污染。

5.3　建筑中水

在我国现有建制城市中，约有半数城市缺水，有的严重缺水。缺水原因有供水设施不足方面的，也有城市水资源短缺方面的。

对于水资源短缺的城市，采用中水回用的方式，是缓解城市水资源不足的一个途径。

5.3.1　生活用水、杂用水及其水质

1. 生活用水

根据建筑物性质和用水目的，建筑用水分为：炊事用水、洗漱用水、洗涤用水、洗澡用水、清扫用水、冲厕用水、消防用水、空调冷却用水、洗车用水、景观用水、绿地用水等。上述各项用水中，不直接与人体接触，可用中水取代的有：冲厕用水、洗车用水、绿地用水、清扫用水、景观用水、消防用水、空调冷却用水。

2. 生活用水中各部用水量

表5.5和表5.6分别列出了北京市某住宅楼和国外生活用水情况调查结果。表5.7

为各类建筑生活用水量及百分数。

表5.5 住宅用水量及所占比例

各种用水	洗澡用水	洗漱用水	洗衣用水	冲厕用水	厨房用水	小计
用水量/(升·人$^{-1}$·天$^{-1}$)	27	13	18	44	15	117
比例/%	23.1	11.1	15.4	37.6	12.8	100

表5.6 国外家庭生活用水情况

国家 \ 各种用水	冲厕用水	洗浴用水	炊事用水	洗涤用水	其他用水	小计
德国	31	35	9	12	13	100
荷兰	30	32	15	21	2	100
瑞典	20	40	22	12	6	100
日本	18	31	18	25	8	100
英国	35	35	14	10	6	100

注:表中数字为家庭生活总用水量的百分数。

由上述表可知,冲厕用水占生活用水量比例较大,在30% 以上。

3. 中水水质

中水主要用于不与人体直接接触的冲厕、浇洒、绿地等用水,其水质相对于饮用水是低质的。虽然中水水质不能达到作为饮用水的所有化学指标,但从微生物的观点应是安全的。中水应满足以下条件:不应产生卫生方面的问题;不应给使用者带来不快感;不应对设施产生影响;不应对设施的维护管理带来不便等。

表5.7 各类建筑生活用水量及所占比例

用途	住宅		宾馆、饭店		办公楼		附注
	水量/(升·人$^{-1}$·天$^{-1}$)	(%)	水量/(升·人$^{-1}$·天$^{-1}$)	(%)	水量/(升·人$^{-1}$·天$^{-1}$)	(%)	
厕所	40 ~ 60	31 ~ 32	50 ~ 80	13 ~ 19	15 ~ 20	60 ~ 66	
厨房	30 ~ 40	23 ~ 21					
洗浴	40 ~ 60	31 ~ 32	300	79 ~ 71			浴盆及淋浴
盥洗	20 ~ 30	15	30 ~ 40	8 ~ 10	10	34 ~ 40	
计	130 ~ 190	100	380 ~ 420	100	25 ~ 30	100	

注:洗衣用水量可根据实际使用情况确定

中水水质标准见表5.8,表5.9为日本中水水质标准。

表 5.8　生活杂用水水质标准

项目	厕所便器冲洗、城市绿化	洗车、扫除
浊度(度)	10	5
溶解性固体(mg/L)	1 200	1 000
悬浮性固体(mg/L)	10	5
色度(度)	30	30
臭气	无不快感	无不快感
pH 值	6.5 ~ 9.0	6.5 ~ 9.0
BOD_5(mg/L)	10	10
COD(mg/L)	50	50
氨氮(以 N 计)(mg/L)	20	10
总硬度(以 $CaCO_3$ 计)(mg/L)	450	450
氯化物(mg/L)	350	300
阴离子合成洗涤剂(mg/L)	1.0	0.5
铁(mg/L)	0.4	0.4
锰(mg/L)	0.1	0.1
游离余氯(mg/L)	管网末端水 > 0.2	管网末端水 0.2
总大肠菌群(个/升)	3	3

表 5.9　中水水质标准(日本)

项目	单位	标准值
臭气	—	无不快感
色度	度	< 10
浊度	度	< 5
总蒸发残渣	mg/L	500 以下
悬浮物	mg/L	5 以下
pH 值		5.8 ~ 8.6
COD($KMnO_4$)	mg/L	20 以下
BOD_5	mg/L	10 以下
PO_4^{3-}	mg/L	1.0 以下
阴离子表面活性剂	mg/L	1.0 以下
大肠菌群落	个/mL	没有检出
一般细菌	个/mL	100 以下
余氯	mg/L	0.2 以下
TOC	mg/L	15

5.3.2　中水回用方式

中水回用按其服务范围和规模,分为 3 种方式。

1. 单幢建筑物回用方式

这种方式是以该建筑内排水为水源,如洗浴、盥洗水且能满足冲厕等杂用水水量需要时，优先采用洗浴水、盥洗水为水源，经处理再回用于该建筑内。采用这种方式的建筑多为大型公寓、办公楼、宾馆、饭店等。单幢建筑回用方式如图5.9所示。

2. 庭院及小区回用方式

图5.10为庭院及小区回用方式。这种方式以庭院及小区内建筑排水经处理后，再回用于庭院及小区内建筑的杂用水，如住宅小区、机关、团体大院、学校、部队营区等。

3. 区域性回用方式

这种方式是利用城市污水处理厂出水、工业用水管道出水等，经处理后回用于城市的一个或若干个街区，如图5.11所示。

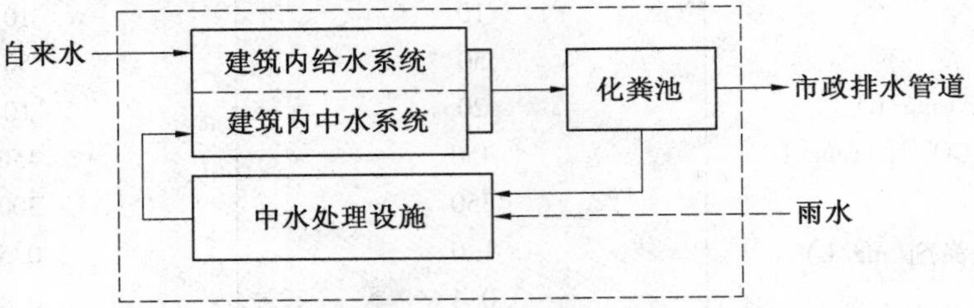

图5.9　单幢建筑回用方式

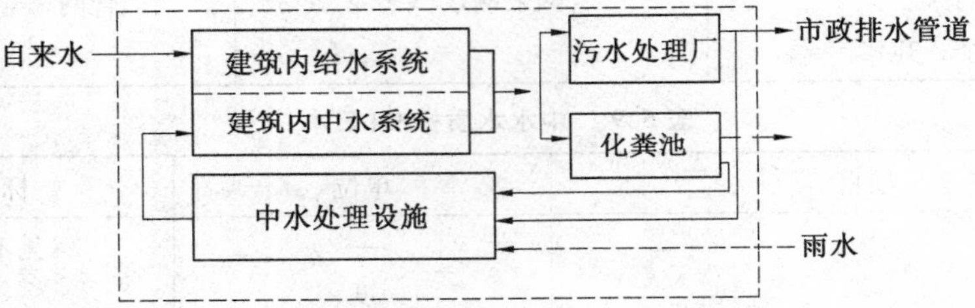

图5.10　庭院及小区回用方式

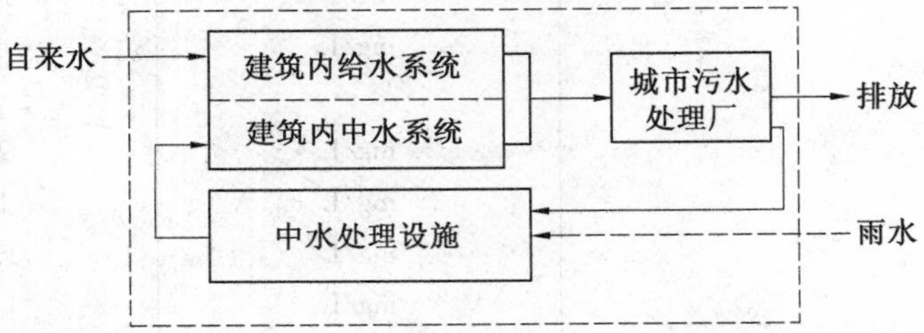

图5.11　区域性回用方式

5.3.3　中水处理方法和工艺流程

1. 中水处理方法

中水处理采用的方法有：物化处理、生活处理和物化与生化处理相结合。

2. 中水处理工艺与选择

中水处理工艺与排水水质有关，排水水质好（如洗浴排水），可采用简单的处理工艺，利用物化方法即能满足中水水质要求。当中水原水为生活污水时，则需采用生物处理的工艺流程或生物处理与物化处理相结合的工艺流程。表 5.10 为目前我国中水处理采用的工艺流程,可供中水处理工艺选择时的参考。

表 5.10　中水处理工艺流程

序号	处理流程
1	格栅 → 调节池 → 混凝沉淀(气浮) → 过滤 → 消毒
2	格栅 → 调节池 → 一级生化处理 → 沉淀 → 过滤 → 消毒
3	格栅 → 调节池 → 一级生化处理 → 沉淀 → 二级生化处理 → 沉淀 → 过滤 → 消毒
4	格栅 → 调节池 → 混凝沉淀(气浮) → 过滤 → 活性炭吸附 → 消毒
5	格栅 → 调节池 → 一级生化处理 → 沉淀 → 过滤 → 活性炭吸附 → 消毒
6	格栅 → 调节池 → 膜处理 → 活性炭吸附 → 消毒
7	格栅 → 调节池 → 混凝沉淀 → 膜处理 → 消毒
8	格栅 → 调节池 → 生化处理 → 膜处理 → 消毒

5.3.4　中水道系统

中水道系统由中水水源、中水处理站(场)、中水供水系统组成。中水供水系统包括中水贮水池(箱)、加压装置、中水供水管道及附件等。

中水管道应独立设置,严禁与生活饮用水管道连接,一般涂绿色以与生活饮用水管道区别。中水池(箱)、阀门、水表及水栓均应有明显的“中水”标志。

5.4　建筑循环水冷却处理

水是吸收和传递热量的良好介质,在民用和工业建筑中,常用于循环冷却水处理。敞开式循环水冷却系统如图 5.12 所示,其流程为冷水进入换热器将热流体冷却,温度升高后的热水进入冷却塔冷却,冷却后的水通过加压装置再送入换热器循环使用。在循环水冷却系统中,主要设备为冷却构筑物,它的作用是降低冷却水水温。

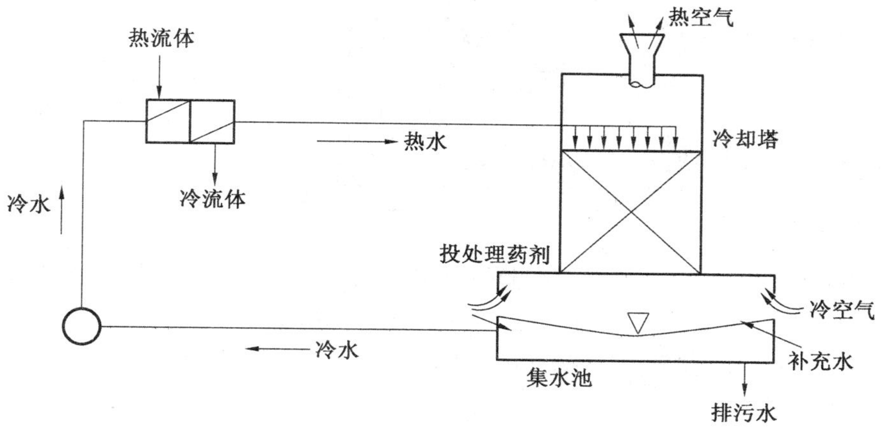

图 5.12　敞开式循环水冷却系统

5.4.1　冷却构筑物类型

冷却构筑物分为:水面冷却、喷水池和冷却塔3类。

1. 水面冷却

水面冷却是利用建筑物附近水体,通过水体的水面,将建筑循环水冷却系统排入的热水,向空气中散发热量。水体可分为池塘、水库、湖泊、河道、海湾等。

2. 喷水池

喷水池是利用喷嘴喷水进行冷却的敞开式水池。在喷水池内装有配水管和喷嘴。冷却后的热水加压经喷嘴向空中喷出,呈均匀分散的小水滴,增大与空气接触面积,将水冷却。

3. 冷却塔

冷却塔有湿式、干式(空气冷却)、干湿式3种。建筑循环水冷却多采用中小型机械通风湿式冷却塔。

5.4.2　湿式冷却塔

1. 湿式冷却塔分类

湿式冷却塔分类见表5.11。

表5.11　湿式冷却塔分类

- 机械通风冷却塔
  - 鼓风式
    - 点滴式、薄膜式、点滴薄膜式 —— 逆流式(1)
  - 抽风式
    - 点滴式、薄膜式 —— 点滴式逆流式(2)或横流式(3)
    - 点滴薄膜式 —— 逆流式(2)

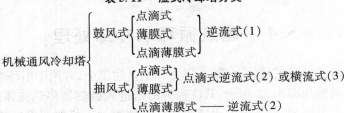

图5.13为各类湿式冷却塔。

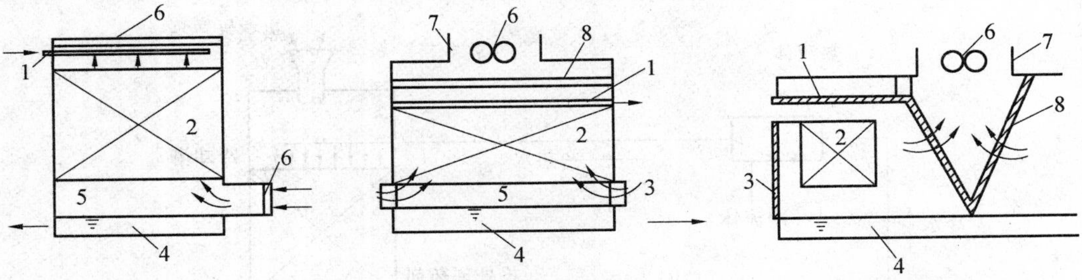

(a) 鼓风式逆流冷却塔　　(b) 抽风式逆流冷却塔　　(b) 抽风式横流冷却塔

图5.13　各类湿式冷却塔示意图

1—配水系统;2—淋水装置;3—百叶窗;4—集水池;5—空气分配区;6—风机;7—风筒;8—除水器

2. 湿式冷却塔组成

湿式冷却塔由下面几部分组成。

(1) 配水系统。配水系统分为管式、槽式和池(盘)式3种形式。

① 管式。管式又分为固定管式和旋转布水器两种。固定管式由配水干管、配水支管、喷嘴和环形管组成。旋转布水器由给水管、旋转体和配水管(其上部有出水小孔)组成。

② 槽式。由配水总槽、配水支槽、管嘴和溅水碟组成。

③ 池式。由进水管、配水管(槽)和配水池(池底板上布置有小孔和装有喷嘴)组成。

配水系统的作用是将热水均匀分配到冷却塔的整个淋水面积上。

(2) 淋水填料。其作用是将热水喷溅成小水滴或水膜,增大水与空气的接触面积和时间,促进热交换。它分为点滴式、薄膜式淋水填料和点滴薄膜式淋水填料。

(3) 通风设备。它包括风机和通风筒。

(4) 空气分配装置。它由进风口、百叶窗、导风板等组成,将空气均匀分布在塔的截面上。

(5) 出水器。将湿热空气中的水滴与空气分离,减少水量损失和对周围环境的影响。

(6) 集水池。起汇集和调节水量的作用。

(7) 塔体。起封闭和维护的作用。

5.4.3　水的冷却原理

水在冷却塔内的冷却过程是通过蒸发散热和传导散热进行的。

当水相和气相的界面上存在一定的蒸气压力差,即水面饱和气层的饱和水蒸气分压大于水面上空气中水蒸气的分压时,水的表面就会蒸发,而使水温降低。

当热水水面与空气直接接触,水温大于气温时,在温度差的作用下,促进水向空气中传导散热,使水温降低。

蒸发散热和传导散热在冷却过程中一般都同时存在,不同季节其主导作用不同。冬季气温低,水温与气温温差大,传导散热占主导地位,占总散热量的50% ~ 70%。夏季气温与水温温差小,传导散热小,而蒸发散热量大,约占总散热量的80% ~ 90%,蒸发散热占主导地位。

习　　题

一、解释名词术语

1. 给水常规处理
2. 给水深度处理
3. 化粪池
4. 隔油池
5. 建筑中水
6. 生物处理

二、填空、简答题

1. 给水常规处理工艺主要包括________、________、________、________、________和________等处理单元。

2. 给水深度处理方法主要有________、________、________和________。

3. 化粪池有效容积包括________部分和________部分容积。

4. 中水回用方式有________建筑物、________________和________回用方式。

5. 水冷却构筑物分为________、________和________。

6. 化粪池有何作用?

7. 建筑中水可取代哪些用水?

第6章　高层与特殊设施给水排水

6.1　高层建筑给水排水概述

建筑按其使用性质，分为生产性建筑和非生产性建筑。生产性建筑有工业建筑和农业建筑。非生产性建筑通常称为民用建筑。民用建筑按其使用功能分为居住建筑和公共建筑。生产性建筑除受生产工艺和设备安装要求外，大多为低层建筑。在居住和公共建筑中，高层建筑采用较多，如高层住宅、公寓、教学楼、实验（科研）楼、商场、宾馆、饭店、办公楼等。高层建筑有以下特点：

（1）多位于市区或商业的中心地带。建于这些区域的高层建筑，造型设计、装修各有特点，成为城市的一个又一个景观。

（2）人员集中。宾馆、饭店、公寓、商场、办公楼等高层建筑，人们在其内起居、工作、生活、采购，人员较多，安全措施和设备要求高。

（3）设备先进。电信楼、实验（科研）楼等装备有现代先进的设备。

高层建筑从一个侧面可以反映一个国家人民生活、建筑艺术、工农业发展和科学技术的水平。改革开放以来，我国高层建筑发展很快，这主要表现在：

① 发展速度快。据不完全统计，至1984年，全国建成8层以上的高层建筑在1 000幢以上，到1993年底，已达18 000幢。

② 层数高。现已建成多幢200 m以上的大厦。

③ 内部装饰和设备现代化等。

6.1.1　高层建筑划分

根据我国《高层民用建筑设计防火规范》规定：建筑高度不超过10层的住宅及建筑高度不超过24 m的其他民用建筑为低层建筑；层数为10层及10层以上的住宅建筑，建筑高度超过24 m的其他民用建筑为高层建筑。其分类如下：

第一类，9 ~ 16层（最高到50 m）。

第二类，17 ~ 25层（最高到75 m）。

第三类，26 ~ 40层（最高到100 m）。

第四类，40层以上（超过100 m高）。

世界各国高层划分标准并不一致，表6.1列出了部分国家高层建筑划分的标准。

表 6.1　部分国家高层民用建筑划分的标准

国名	建筑层数或高度	备注
日本	层数 ≥ 11 层或建筑高度 ≥ 31 m	建筑高度 ≥ 45 m 为超高层建筑
德国	按最高一层地板(经常有人停留)高出地面 22 m 者	
法国	建筑高度 ≥ 28 m 的公共建筑,建筑高度 ≥ 50 m 的居住建筑	
英国	建筑高度 ≥ 30 m 及建筑物底层面积 ≥ 900 m^2 者	
比利时	入口路面以上建筑高度 ≥ 25 m 者	
前苏联	层数 ≥ 10 层的居住建筑及层数 ≥ 7 层的公共建筑	
美国	建筑高度 ≥ 25 m,层数 ≥ 7 层者	

6.1.2　高层建筑给水排水要求

高层建筑给水排水设备标准高、使用人数多、用水量大,要求供水安全可靠;设有饮水系统的,要求保证饮水水质;排水管系统及设备应畅通、通气管系统通气良好。

供水(包括消防)管道压力高,应进行合理分区,并选用耐压管材与设备,以防造成破损。

管道多,卫生标准高,管道应采用暗装。管道井应便于管道安装、检修。

高层建筑标准高,发生火灾危险大,损失严重,要求消防系统齐全、安全可靠,一旦有火情发生,消防系统能及时启动。

高层建筑使用人员多,保证建筑内人员安静的生活和工作环境尤为重要,为此,对能产生噪音的管道与设备,应有防震、隔音、防漏等措施。

6.2　高层建筑给水

6.2.1　高层建筑给水系统的分类

高层建筑给水系统,按其用途分为生活给水、游泳池给水、消防给水、冷却水循环等系统。

1. 生活给水系统

生活给水系统按对水质、水温要求不同又可分为:

(1) 常规生活用水给水系统。这部分用水是指饮用、炊事、洗涤、盥洗、洗浴等,水质必须严格符合国家规定的饮用水质标准。

(2) 冷饮水系统。在一些高级宾馆、饭店公寓中,为照顾住户和客人饮用冷水的习惯,而设置的冷饮水系统。冷饮水通常以自来水为水源,经深度处理和灭菌消毒后输送到各用水点,冷饮水水温一般为 7 ~ 10 ℃。

(3) 中水道系统。在城市供水紧张、建筑内用水量又大，其中冲厕用水、洗车用水，庭院绿地浇洒用水和水景用水等(不与人体直接接触用水)所占比例大的宾馆、饭店、公寓、医院等高层建筑中设置的供水系统称为中水道系统，用于上述的不与人体直接接触的用水，水源通常为该建筑内洗浴、盥洗、洗涤等排水，经处理符合国家规定的中水水质标准后回用，设置专门的中水系统供水，应有明确的中水标志，并应严禁与生活用水管道连接。

(4) 热水供应系统。热水供应系统分为供卫生间洗浴、盥洗，厨房、洗衣房、餐厅用洗涤用热水系统和开水供应系统。开水供应系统是在宾馆、饭店、医院和办公楼等高层建筑中不可缺少的。

2. 游泳池给水系统

在一些旅游性宾馆、饭店的室内或室外(或二者均有)设游泳池。为保证游泳池用水设游泳池给水系统。游泳池用水量很大，为节约用水，游泳池水采用循环处理。图 6.1 为游泳池水循环处理示意图。

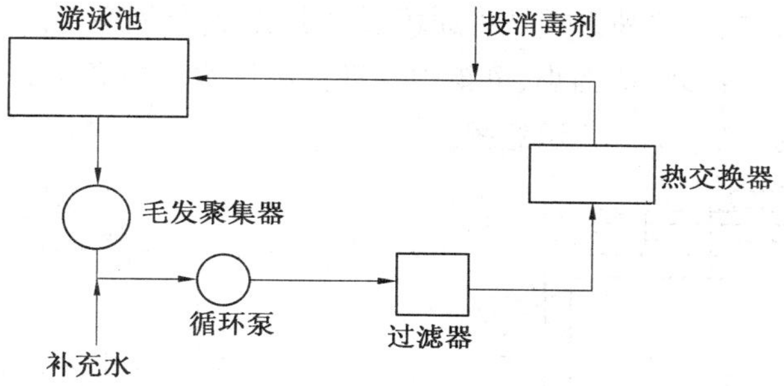

图 6.1　游泳池水循环处理示意图

3. 消防给水系统

高层建筑火灾的危害及影响都非常大，及时发现并快速扑灭极为重要，以水为灭火剂的消防给水系统在高层建筑消防中是重要的消防设施。

在高层建筑消防给水系统中，消火栓给水系统、自动喷水灭火系统、雨淋喷水灭火系统和水幕灭火系统在高层建筑的不同部位、场所，依据《高层民用建筑设计防火规范》的要求，均被设置采用。

4. 冷却水循环系统

高层建筑中一般设置空调和冷藏设备间，冷却水一般利用冷却塔冷却，需设置冷却水循环系统。

6.2.2 高层建筑给水分区和给水方式

1. 给水分区

高层建筑层数多、高度大，采用统一的给水方式，低层配水点的静水压力将会很大，层数越多，静水压力则会越大。普通的给水管材则难以承受如此的高压，全部采用耐高压管材则将提高建筑造价。另外，还会造成管网易产生水锤、噪音，上下层配水点出水不均，低层压力高，卫生器具开启产生水流喷溅等问题。为此，高层建筑给水常划分为若干分区，以保证给水系统的安全运行。我国《建筑给水排水设计规范》(GBJ 15—88) 规定高层建筑生活给水系统竖向分区：住宅、旅馆、医院宜为 300 ~ 350 kPa；办公楼宜为 350 ~ 450 kPa。

2. 给水方式

采用水泵、水箱供水时，高层建筑给水方式分为以下 3 种。

(1) 串联给水方式。这种方式根据建筑竖向分区，在各分区技术层内设置水泵和水箱，各从下一区水箱抽水向上一区水箱供水，如图 6.2 所示。该方式的优点是能耗省，水泵均按各区所需扬程设计，节省管材。其缺点是各技术层均设置水泵加压装置，易产生噪音，应设防噪音、防震、防漏水措施；水泵分区布置，管理、检修不便；除最上一区外，其余各区水箱容积大，增加造价。

(2) 并联给水方式。这种方式是将加压泵集中设置，分别向各区水箱供水，便于集中管理。水泵产生的噪音影响范围小，可集中处理。高区水泵扬程大，压水管线长，需耐高压管材。图 6.3 为并联给水方式示意图。

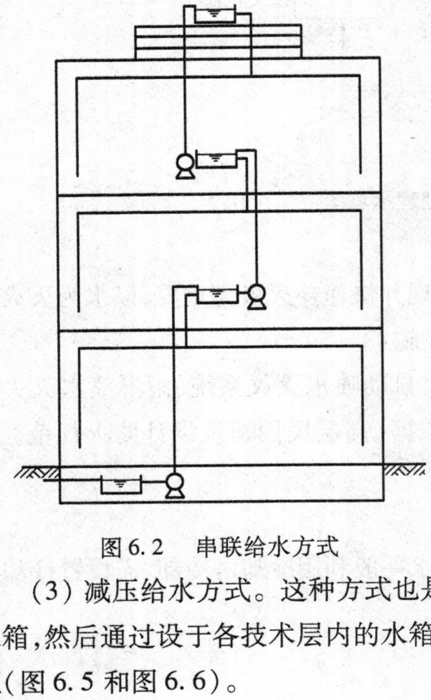

图 6.2　串联给水方式

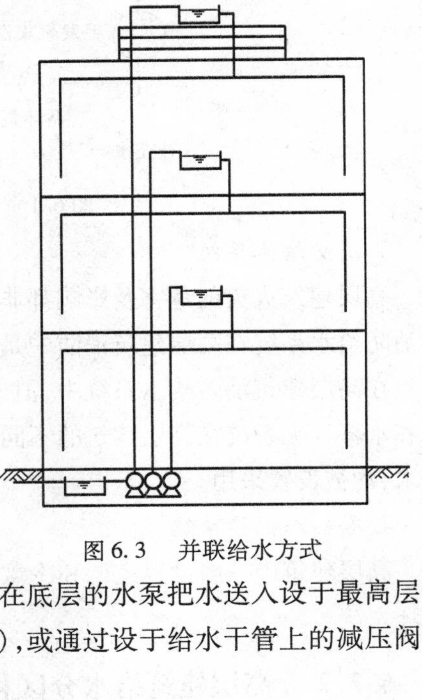

图 6.3　并联给水方式

(3) 减压给水方式。这种方式也是由几种设置在底层的水泵把水送入设于最高层的水箱，然后通过设于各技术层内的水箱减压(图 6.4)，或通过设于给水干管上的减压阀减压(图 6.5 和图 6.6)。

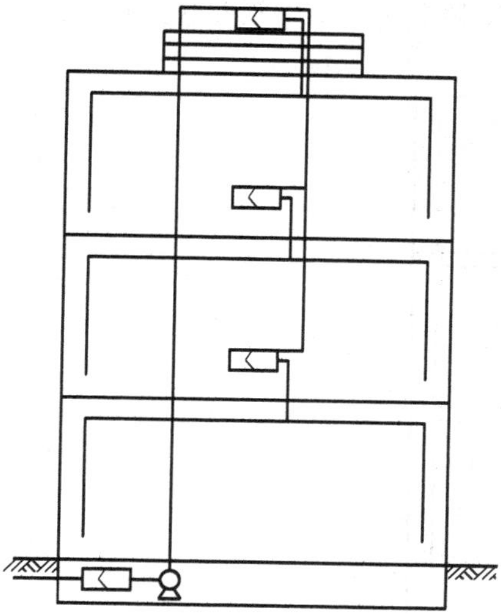

图 6.4　水箱减压方式

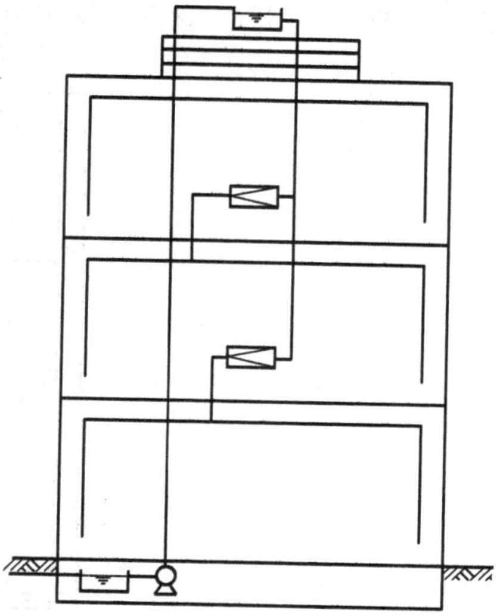

图 6.5　减压阀分区减压方式

水箱减压方式的水泵台数和型号少，便于维护检修，但水泵转输流量大，运行费用高，电耗大，屋顶水箱所需容积大，增加了结构荷载，供水安全性也较差。

减压阀价格便宜、安装方便，体积小，以减压阀代替水箱减压，可减去水箱所占空间，提高建筑利用效率，节省造价。但应保证减压阀质量，使用可靠。

除水泵、水箱给水方式外，还有气压罐给水方式和变频调速（无水箱、无气压罐）给水方式。

气压罐给水方式常采用：气压罐集中设置并联给水方式、气压罐分散设置的分区设置并联给水方式和气压罐设减压阀的给水方式。图 6.7 为气压罐集中并联给水方式。

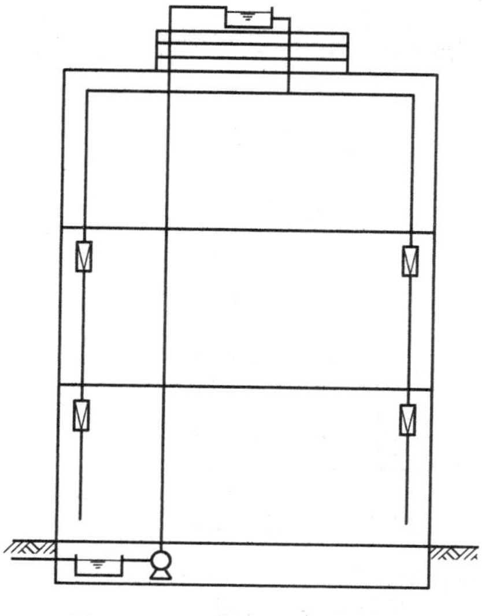

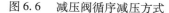

图 6.6　减压阀循序减压方式

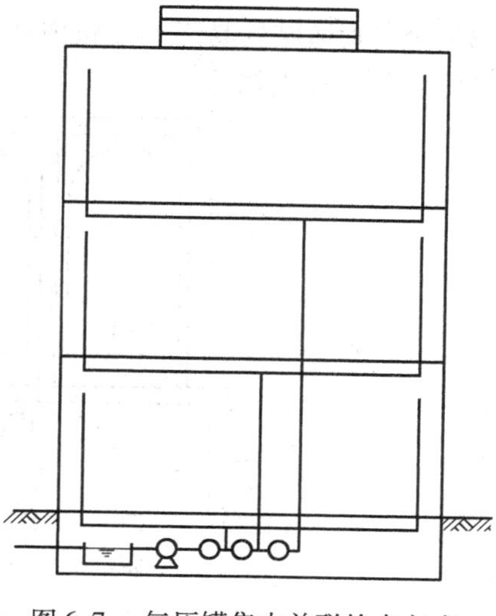

图 6.7　气压罐集中并联给水方式

变频调速给水方式，利用微机控制变频调速装置，控制水泵恒压或变压供水，它是通过安装在总出水管上的远传压力表，调节流量使水泵在恒压或变压状态下工作。调频变速供水主要采用调频变速并联给水方式(图6.8)和调频变速设减压阀并联给水方式。

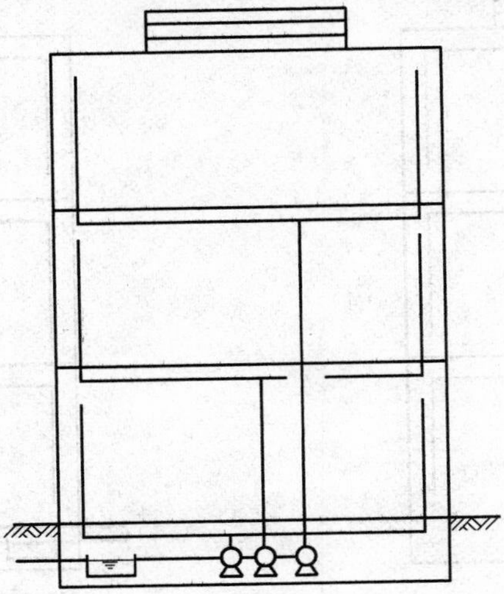

图6.8　调频变速并联给水方式

6.2.3　管道布置与敷设

高层建筑供水安全性要求高、建筑内装饰标准也高,管道布置与敷设应满足以下要求:

(1) 为保证安全供水,进户管一般不应少于两根;建筑内水平干管和竖管应分别成环状。

(2) 为保证建筑内美观和卫生,管道宜采用暗装。竖管布置在管道井内,横管敷设于技术层或吊顶中。管道井内管道布置如图6.9所示。

(3) 给水管道结露易影响建筑内环境与卫生,管道结冻影响建筑内安全供水,因此,应采取防结露和保温措施。

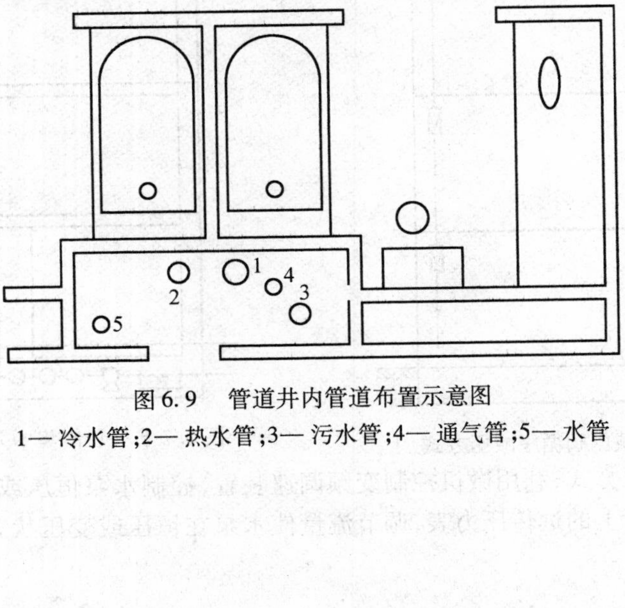

图6.9　管道井内管道布置示意图

1—冷水管;2—热水管;3—污水管;4—通气管;5—水管

6.3　高层建筑排水

6.3.1　排水类别与体制

高层建筑以宾馆、饭店、公寓较多,其建筑内排水可分为:

(1) 粪便污水。粪便污水是由大、小便器排出的污水。这类污水污染程度严重,对建筑内环境与卫生影响大。

(2) 生活废水。生活废水是指洗浴、盥洗、洗涤、清扫及洗衣房等排水。这类排水污染程度较轻,水中主要含有洗涤剂,通常将其称为生活废水。

(3) 冷却废水。冷却废水由空调设备、冷冻机排出的废水,该水质除水温升高外,基本未受污染。

(4) 雨雪水排水。雨雪水排水为高层建筑屋面上的雨雪水经管道排除的废水,水质较好。

(5) 含油排水。含油排水是指厨房、餐厅洗刷排水含动植物油,车库修车、洗车排水含机油、汽油、柴油等油类。这类排水经局部处理后排放。

高层建筑排水体制可采用分流制和合流制。在水资源紧缺地区,且建筑内用水量又不大,宜采用分流制,将水质较好的生活废水、冷却排水、雨水等设调节池收集,设置中水道系统,经处理后回用于冲厕、景观、洗车、浇洒等用水。

6.3.2　高层建筑排水系统要求

高层建筑层数较多,高度大,瞬间排水量大,要求排水系统应排水畅通、通气良好才能保证建筑内环境与卫生良好。为此,应满足以下要求:

(1) 设计合理、避免弯折、保证施工质量,对建筑内污(废)水迅速排除和防止管道堵塞十分重要。

(2) 通气管设计、布置合理,可减小排水管系内压力波动,防止存水弯水封破坏和污(废)水喷溅,保持室内环境卫生。

(3) 高层建筑排水管道采用的排水铸铁管比低层建筑排水铸铁管强度要高。

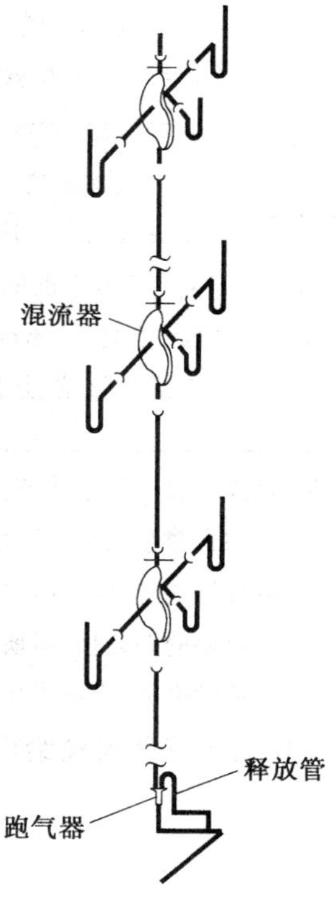

图6.10　混流式单立管排水系统

6.3.3　单立管排水系统

根据高层建筑排水体制,排水系统立管设置分为单立管排水系统、双管式排水系统和三管式排水系统。前两种为合流制,后一种为分流制。双管式和三管式排水系统分别由污水立管和通气立管,污水立管、通气立管和辅助通气立管组成。单立管排水系统,没有专用通气立管和通气支管,只在立管的某些部位装置特制配件。图 6.10 为混流式单立管排水系统。

6.4 高层建筑消防给水

建筑层数大于或等于 10 层、建筑高度超过 24 m 的民用建筑或工业建筑，其设置的消防给水系统，称为高层建筑消防给水系统。高层建筑消防给水系统由消火栓给水系统和自动喷水灭火系统组成。高层建筑灭火应以自救为原则，高层建筑消防用水量标准是扑灭火灾、进行高层建筑消防给水系统设计计算的依据。

6.4.1 消防用水量

高层建筑消防用水量由建筑类别、建筑高度、消防给水设置类型、火灾延续时间等确定。高层建筑根据其性质、火灾危险性、疏散和扑救难度等方式分两类，见表 6.2。

表 6.2 高层民用建筑物分类

建筑名称	一类	二类
居住建筑	高级住宅，19 层及 19 层以上的普通住宅	10 ~ 18 层的普通住宅
公共建筑	医院病房楼，每层面积超过 1 000 m^2 的商业楼、展览楼、综合楼，每层面积超过 800 m^2 的电信楼、财贸金融楼，省级邮政楼、省级防灾指挥调度楼、大区级和省级电力调度楼，中央级和省级广播电视楼，高级旅馆，藏书超过 100 万册的图书馆、重要的办公楼、科研楼、档案楼，建筑高度超过 50 m 的教学楼和普通的旅馆、办公楼、科研楼、档案楼等	除一类建筑以外的百货楼、展览楼、综合楼、财贸金融楼、电信楼、图书馆，建筑高度不超过 50 m 的教学楼和普通的旅馆、办公楼、科研楼，省级以下的邮政楼，市级县级广播电视楼，地市级电力调度楼，地市级防灾指挥调度楼

注：① 高级旅馆系指建筑标准高、功能复杂、火灾危险性大、设有空气调节系统的旅馆

② 综合楼系指由不同用途的楼层组成的高层建筑物

③ 高级住宅系指建筑标准高、可燃物装修多和设有空气调节系统或空气调节设备的住宅

④ 重要的办公楼、科研楼、图书馆、档案管系指性质重要、建筑标准高，设备、图书、资料重要，火灾危险性大，火灾发生后损失大、影响大的办公楼、科研楼、图书馆、档案馆

高层建筑消火栓给水系统用水量见表 6.3，自动喷水灭火系统用水量见表 3.23。

表 6.3　高层建筑消火栓给水系统用水量

建筑物名称	建筑高度/m	消火栓用水量/(L·s^{-1})		每根竖管最小流量/(L·s^{-1})	每支水枪最小流量/(L/s^{-1})
		室外	室内		
普通住宅	≤ 50	15	10	10	5
	> 50	15	20	10	5
高级住宅、医院、教学楼、普通旅馆、办公楼、科研楼、档案楼、图书馆、省级以下的邮政楼，每层建筑面积不超过 1 000 m^2 的商业楼、展览楼、综合楼，每层建筑面积不超过 800 m^2 的电信楼、财贸金融楼，市级和县级的广播电视楼，地市级电力调度楼、防火指挥调度楼	≤ 50	20	20	10	5
	> 50	20	30	15	5
高级旅馆、重要的办公楼、科研楼、档案楼、图书馆 每层建筑面积超过 1 000 m^2 的商业楼、展览馆、综合楼 每层建筑面积超过 800 m^2 的电信楼、财贸金融楼，中央和省级广播电视楼 大区级和省级电力调度楼、防灾调度楼	≤ 50	30	30	15	5
	> 50	30	40	15	5
厂房	≤ 50	见《建筑设计防火规范》(GBJ 16—87)	25	15	5
	> 50		30	15	5
库房	≤ 50		30	15	5
	> 50		40	15	5

高层建筑消防用水量应为室内、外消防用水量之和。

当建筑内设有消火栓、自动喷水、水幕等灭火设备时，室内消防用水量应按同时开启的上述设备用水量之和计算。

6.4.2　室外消火栓给水系统

高层建筑需设置室外消火栓给水系统。室外消火栓给水系统管网应布置成环状，进水管不宜少于两条，并宜从两条市政给水管道引入。

室外消防管网的水压应保证不低于 0.1 MPa(从地面算起)，可采用与生活联合供水系统。

室外消火栓布置应沿建筑区内道路均匀布置，为便于消火栓使用距路边不宜大于 2 m。消火栓数量由室外消防用水量确定。寒冷地区室外消火栓宜采用地下式，并应设明显标志。

6.4.3　室内消防给水系统

(1) 室内消火栓给水系统

① 室内消火栓系统的分区。消防系统中最低处消火栓的静水压力规定不应大于0.8 MPa。当建筑高度超过 50 m,则将超过上述压力规定,此时,应考虑消防系统分区。建筑高度在 50 m 以内时,消防系统最低消火栓静水压力一般不会超过 0.8 MPa,因此,建筑内消防系统可不分区,采用一个消防给水系统。对于超高层建筑,可划分为几个消防分区。图 6.11 和图 6.12 分别为不分区和分区消防给水系统。

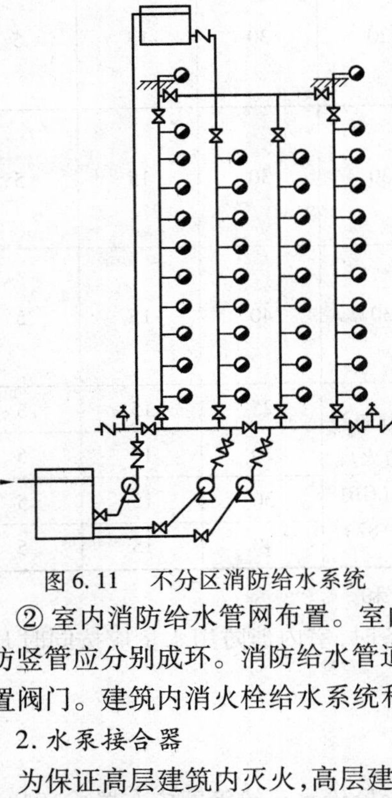

图 6.11　不分区消防给水系统

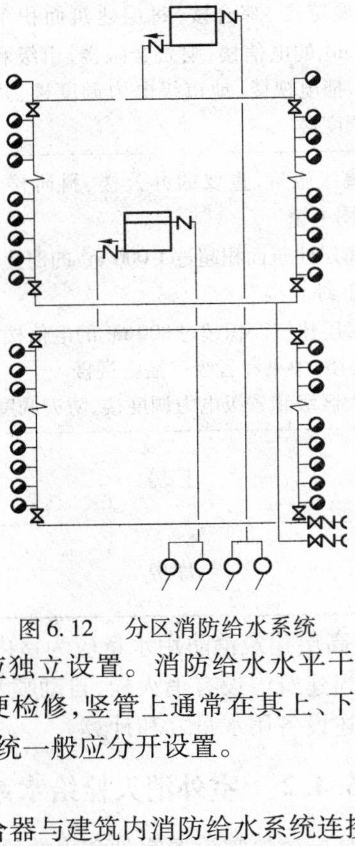

图 6.12　分区消防给水系统

② 室内消防给水管网布置。室内消防给水系统应独立设置。消防给水水平干管和消防竖管应分别成环。消防给水管道上应设阀门,以便检修,竖管上通常在其上、下两端设置阀门。建筑内消火栓给水系统和自动喷水灭火系统一般应分开设置。

2. 水泵接合器

为保证高层建筑内灭火,高层建筑外应设水泵接合器与建筑内消防给水系统连接,通过水泵接合器,消防车向建筑内加压供水。水泵接合器设置数量、形式及地点见 3.7 节内容。

6.5　特殊设施给水排水

特殊设施构(建) 筑物分为健身性的室内和室外游泳池、美化环境性的水景设施、服务性的洗衣房等,这些设施都离不开水。

6.5.1 水景设施给水排水

旅游宾馆、饭店、高级公寓、大型商场建筑内和建筑外、庭院、城市广场、公园等处修建的水景设施，可创造出一个优美的环境和宜人的气氛。

1. 水景的基本形态

水景的基本形态有：以池水为主的水景，在池内配置花草、树木、山石、游鱼等。以流水为主的水景，做成溪流、渠流、旋流、漫流等形态，配以山石、小桥、亭台等。将水突然跌落的形态有瀑布、水帘、壁流等。利用外加压力使水由喷头喷出的喷泉如射流、水膜、冰柱、涌泉及珠泉等。

2. 水景设施的组成

水景设施主要由以下部分组成：

(1) 水池。水池形状与平面尺寸依水池设置场所(建筑内、外)及采用的水景形态，并考虑防止水滴溅出确定。

池深应满足设备安装，池内装潜水泵时，宜设集水坑以降低水池深度。池深依水池形式也不同，如浅蝶式集水，最小深度不宜小于0.1 m。一般池深在0.6 ~ 1.1 m，其中水深为0.4 ~ 0.8 m，干舷高0.2 ~ 0.3 m。池底应设坡向集水坑或泄水口的不小于0.01 的坡度。

池内应设溢流口和泄水口。溢流口用于保持池内一定水位和排除水面污物，泄水口为放空检修或排污之用。

水池一般采用砖结构，池内壁面应做防水处理。

(2) 管道。管道包括进水管、排水管、溢流管、循环水管道等。

(3) 水泵。水泵为循环水之用。

(4) 喷头。喷头是水景的重要部件，对水景效果起很大作用。根据水景造型，喷头形式不同，喷头形式有以下几种：

① 直流式喷头。这种喷头能形成喷泉射流，可获得较高或较长的射流水柱。

② 吸气(水) 喷头。利用喷嘴射流形成的负压，吸入空气(或水)，使水柱中掺入大量气泡，可喷成水塔形态，增大水的表观流量和反光效果。

③ 缝隙式喷头。它能喷出平面或曲面水膜。

④ 环隙式喷头。它也是能形成水膜的喷头。

⑤ 旋流式喷头。它是能生成水雾形态的喷头。

⑥ 折射式喷头。在喷嘴外经折射，根据喷头折射体形式，可喷成各种形状的水膜，如伞形、灯笼形、牵牛花形等。

⑦ 碰撞式喷头。它是靠水流相互碰撞或水流与器壁碰撞成水雾。

⑧ 组合式喷头。由若干个相同或不同喷头组合在一起，喷成固定或不同形态的水膜。

(5) 控制设备。水景的观赏效果，常需灯光(色度和照度)、音乐的配合，为此，需装设控制设备来控制。水景常用的控制方式有：

① 手动控制方式。喷水阀门和照明灯光开关，采用人工调节，通过阀门调节喷水流

量、高度等,通过开关调节灯光的照度、色彩等。

② 程序自动控制方式。利用时间继电器或可编过程控制器,按预先编入的过程控制喷水造型、灯光照度和色彩变化。

③ 音响控制方式。利用音响的频率高低或声音的强弱,将其转换成电信号,控制喷水造型和灯光照明设备。音响控制方式有:间接音响控制、直接音响控制、录音磁带控制等。

水景设施组成除上述主要部分外,还有灯具,开关、阀门等。

3. 水景设施的基本形式

水景设施的基本形式有水池式、浅蝶式、楼板式和河湖式等,根据供水方式分为:

(1) 直接放流式。水经喷射后即排放,不循环使用。在用水量小,供水充足的情况下可采用。

(2) 循环给水方式。利用水泵供喷头喷水和使水循环,这种方式耗水少、运行费用低。循环泵可设于泵房,也可采用潜水泵,将泵直接装于池内。图 6.13 为浅蝶式循环给水方式。

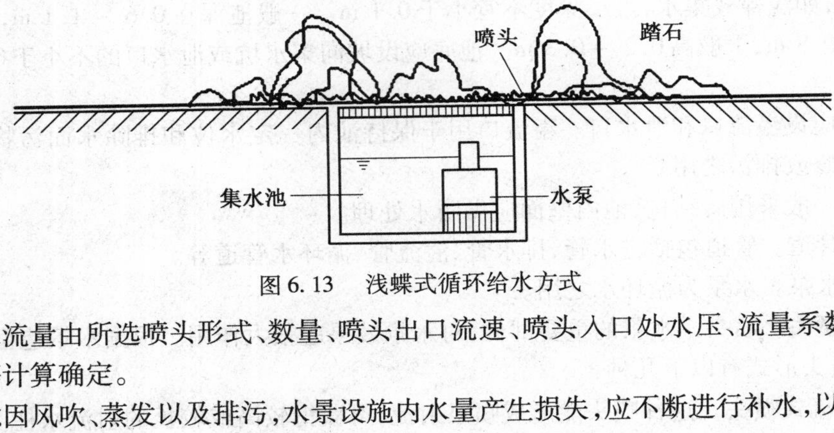

图 6.13　浅蝶式循环给水方式

喷水流量由所选喷头形式、数量、喷头出口流速、喷头入口处水压、流量系数、喷嘴断面面积等计算确定。

考虑因风吹、蒸发以及排污,水景设施内水量产生损失,应不断进行补水,以保证水景设施的正常运行。

6.5.2　游泳池

根据使用性质,游泳池分为比赛游泳池、跳水池、公共游泳池、练习游泳池、儿童游泳池和幼儿戏水池等。按修建场所分为室内和露天游泳池两种。

1. 规格

游泳池长度应为 12.5 m 的倍数,宽度由泳道的数量决定。每条泳道宽度一般为 2.0 ~2.5 m,边道宽度另加 0.25 ~ 0.5 m。各类游泳池尺寸见表 6.4。

表 6.4　各类游泳池尺寸

类别	水深/m		池长/m	池宽/m	备注
	最浅端	最深端			
比赛游泳池	1.8 ~ 2.0	2.0 ~ 2.2	50	21,25	
水球游泳池	≮2.0	≮2.0			
花样游泳池	≮3.0	≮3.0		21,25	
跳水游泳池	跳板(台)高度 0.5 1.0 3.0 5.0 7.5 10.0	水深 ≥1.8 ≥3.0 ≥3.5 ≥3.8 ≥4.5 ≥5.0	 12 17 21 21 25 25	 12 17 21 21 21,25 21,25	
训练用游泳池 运动员用 成人用 中学生用	 1.4 ~ 1.6 1.2 ~ 1.4 ≤1.2	 1.6 ~ 1.8 1.4 ~ 1.6 ≤1.4	 50 50,33.3 50,33.3	 21,25 21,25 21,25	含大学生
公共游泳池	1.8 ~ 2.0	2.0 ~ 2.2	50,25	25,21,2.5,10	
儿童游泳池	0.6 ~ 0.8	1.0 ~ 1.2	平面形状和尺寸视具体情况由设计定		含小学生
幼儿戏水池	0.3 ~ 0.4	0.4 ~ 0.6			

游泳池的水面面积应根据实际使用人数计算确定。各种游泳池的水面指标可参照表 6.5 选用。

表 6.5　各种游泳池的水面面积指标

游泳池类别	比赛池	跳水池	游泳跳水合用池	公用池	训练池	儿童池	幼儿池	水球池
面积指标/($m^2 \cdot h^{-1}$)	10	3 ~ 5	10	2 ~ 5	2 ~ 5	2	2	25 ~ 42

2. 给水系统

(1) 给水方式。给水方式有直流给水、循环给水、定期换水给水方式。

① 直流给水方式。在天然水源可利用(温泉水、地热水),且水质符合《游泳池水质卫生标准》的要求。

② 循环给水方式。设游泳池水净化系统,对池水进行循环净化、消毒、加热。

③ 定期换水给水方式。这种方式是每隔几日将水放空再充入新水,一般为 2 ~ 3 日一次。

(2) 充水时间。游泳池充水时间依其使用性质决定。比赛或营业性游泳池时间短,公共用游泳池时间可长些。初次充水时间可按 24 ~ 48 h 考虑。

(3) 补水。由于水面蒸发、排污、循环水处理反洗排水、溢流等会造成游泳池水损失,因此,需向游泳池补水。表 6.6 为各种游泳池每天补充水量。

表 6.6 游泳池和水上游乐池的补充水量

序号	池的类型和特征		每日补充水量占池水容积的百分数/%
1	比赛池、训练池、跳水池	室内	3 ~ 5
		室外	5 ~ 10
2	公共游泳池、水上游乐池	室内	5 ~ 10
		室外	10 ~ 15
3	儿童游泳池、幼儿戏水池	室内	≥ 15
		室外	≥ 20
4	家庭游泳池	室内	3
		室外	5

直流给水方式的游泳池，每小时补充水量不应小于游泳池池水容积的 15%。

(4) 其他用水。在游泳场馆内，除游泳池用水外，还有如淋浴、地面冲洗、厕所便器冲洗、饮用等用水，表 6.7 为游泳场馆其他用水定额。

表 6.7 游泳场馆其他用水定额

项目	单位	用水定额
强制淋浴	L/(人·场)	50
运动员淋浴	L/(人·场)	60
入场前淋浴	L/(人·场)	20
运动员饮水	L/(人·场)	5
工作人员饮水	L/(人·d)	40
观众饮水	L/(人·场)	3
大便器冲洗用水	L/(个·h)	30
小便器冲洗用水	L/(个·h)	180
绿化和地面洒水	L/(m^2·d)	1.5
池岸和更衣室地面冲洗	L/(m^2·d)	1.0
消防用水		按消防规范

(5) 水质。游泳池是人们集体运动的场所，池水与人体直接接触，池水水质直接影响游泳者健康。如果池水水质不卫生，会引起流行疾病的传播，因此，游泳池池水水质常规检验项目及限值，见表 6.8。

表 6.8 游泳池池水水质常规检验项目及限值

序号	项目	限值
1	浑浊度	≤ 1NTU
2	pH 值	7.0 ~ 7.8
3	尿素	≤ 3.5 mg/L

续表 6.8

序号	项目	限值
4	菌落总数(36 ℃ ±1 ℃,48 h)	≤ 200 CFU/mL
5	总大肠菌群(36 ℃ ±1 ℃,24 h)	每 100 mL 不得检出
6	游离性余氯	(0.2 ~ 1.0)mg/L
7	化合性余氯	≤ 0.4 mg/L
8	臭氧(采用臭氧消毒时)	≤ 0.2 mg/m³ 以下(水面上空气中)
9	水温	23 ~ 30 ℃

(6) 水温。游泳池内适宜的水温,对游泳者无论是比赛、训练,还是锻炼都将获得最佳效果。根据用途,游泳池和水上游乐池的池水设计温度见表 6.9。

表 6.9　游泳池和水上游乐池的池水设计温度

序号	池的类型		池的设计温度 /℃
1	室内池	比赛池	25 ~ 27
2		训练池、跳水池	26 ~ 28
3		俱乐部、宾馆内游泳池	26 ~ 28
4		公共游泳池	26 ~ 28
5		儿童池、幼儿戏水池	28 ~ 30
6		滑道池	28 ~ 29
7		按摩池	不高于 40
8	室外池	有加热设备	26 ~ 28
9		无加热设备	22 ~ 23

3. 游泳池水的循环及净化

游泳池循环给水既可节约用水,降低运行费用,又能保证池内水质卫生。因此,池内水的循环应保证水流分布均匀,避免死水区,不应产生短流、涡流,保证池水能顺序更新。

(1) 循环方式。游泳池水常用的循环方式有顺流式、逆流式和混合式 3 种。

① 顺流式循环。循环水由池两端或两侧壁的上部进水,由池底回水,能保证各进水口进水流量和流速一致,配水均匀,如图 6.14 所示。

② 逆流式循环。循环水由池底进入,回水由池壁四周或两侧上缘溢流口排出。该方式可避免池底积污。

③ 混合式循环。循环水由底部和两端进入,回水从两侧排出。

(2) 循环流量

$$\theta_x = \frac{\alpha V}{T} \tag{6.1}$$

式中　θ_x—— 游泳池水循环流量(m^3/h);

α—— 管道、净水设备水容积的附加系数,一般为 1.1 ~ 1.2;

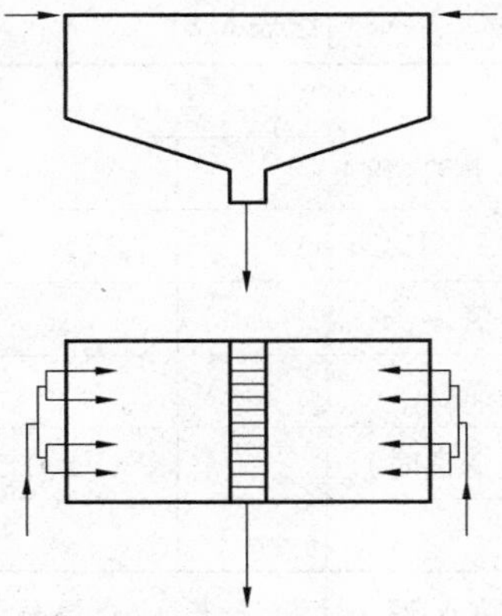

图 6.14　顺流循环方式

V—— 游泳池的水容积(m^3);

T—— 游泳池水的循环周期,根据游泳池的用途、使用人数、池水容积、水面面积、开放时间、净化设备运行时间等确定,可参考表 6.10 选定。

(3) 循环设备。循环设备包括循环水泵和循环管道。

① 循环水泵。循环水泵一般采用离心清水泵,水泵流量按式(6.1) 确定,扬程按管道、净化和加热设备的阻力及安装高度差计算确定。循环泵应设备用泵,并应尽量靠近游泳池设置。

② 循环管道。循环管道可采用给水铸铁管或塑料管,并应布置在管廊或管沟内。循环给水管道内流速一般采用 1.2 ~ 1.5 m/s,回水流速一般采用 0.7 ~ 1.0 m/s。

表 6.10　游泳池和水上游乐池的循环周期

序号	池的类型		循环周期 /h
1	比赛池、训练池		4 ~ 6
2	俱乐部、宾馆内游泳池		6 ~ 8
3	跳水池		8 ~ 10
4	公共游泳池		4 ~ 6
5	儿童池		2 ~ 4
6	幼儿戏水池		1 ~ 2
7	按摩池	公共	0.3 ~ 0.5
		专用	0.5 ~ 1.0
8	造浪池		2
9	滑道池、探险池		6
10	家庭游泳池		6 ~ 8

注:池水的循环次数可按每日使用时间与循环周期的比值确定

(4) 循环水净化。游泳池水在使用过程中,特别是露天公共游泳池,由于使用人员多,水中会增加某些杂质(如毛发、灰尘等)。净化处理应将这些杂质去除。

①净化设备。净化设备包括去除较大颗粒杂质的毛发集聚器和去除微小颗粒的过滤器。

②毛发集聚器。毛发集聚器一般为铸铁或钢制，构造简单，便于清洗，水流阻力小，孔眼直径不宜超过 3 mm。

③过滤器。过滤器一般采用压力式，过滤器数量不宜少于2台。由于水质浊度低，可采用接触过滤处理。

(5) 消毒。游泳有益健康，但游泳人员复杂，为保证池水卫生，免受污染，防止疾病传播，消毒投氯量按池水中游离余氯量为0.4 ~ 0.8 mg/L 计算确定。

(6) 加热。为保证池中所规定的水温，对循环水和补充水应进行加热。加热方式可采用间接式加热，如汽 - 水或水 - 水快速换热器，直接式可采用汽水混合器及燃气或燃煤的热水锅炉，也可采用容积式加热器。

习　　题

一、解释名词术语

1. 给水分区

2. 单立管排水系统

3. 火灾延续时间

4. 串联给水方式

5. 并联给水方式

二、填空、简答题

1. 室外消防管网的水压应保证不低于________ MPa。

2. 消防系统中最低处消火栓的静水压力规定不应大于________ MPa。

3. 消防水箱容积应满足火灾初期________ min 的消防用水量。

4. 屋顶消火栓的作用是________和________。

5. 高层建筑给水排水有何特点，应满足哪些要求？

6. 水景设施主要有哪些部分组成？

第7章 管材、器具和设备

7.1 管材、管件及水表

7.1.1 管 材

建筑内给水常用管材,管径在150 mm以下(含150 mm)时,应采用镀锌钢管;管径大于150 mm时,可采用给水铸铁管。生产和消防给水管一般采用非镀锌钢管或给水铸铁管。埋地给水管,管径等于或大于75 mm时,宜采用给水铸铁管。现在,给水用塑料管也普遍应用。

建筑内排水主要用排水铸铁管,排水塑料管。陶土管、石棉水泥管、混凝土和钢筋混凝土管以及钢管等,在建筑内某些部位也有应用。

1. 钢管

钢管分为焊接钢管和无缝钢管。焊接钢管又分为镀锌焊接钢管和非镀锌焊接钢管。镀锌焊接钢管管长通常为4 ~ 9 m,非镀锌焊接钢管一般为4 ~ 10 m。镀锌管比非镀锌管重3% ~ 6%。镀锌管与非镀锌管根据管壁的厚度又分为普通镀锌和非镀锌焊接钢管。非镀锌焊接钢管规格见表7.1。镀锌焊接钢管耐腐蚀性强,使用年限长(与非镀锌焊接钢管比)。

无缝钢管依制造方法分为热轧管和冷拔(轧)管两类。无缝钢管耐压强度高,当焊接钢管不能满足压力要求时,可采用无缝钢管。

钢管连接方法分为焊接、螺纹连接和法兰连接。

建筑内给水管道采用镀锌钢管,应用螺纹连接,因焊接会破坏钢管镀锌层,螺纹连接如图7.1所示。

非镀锌钢管采用焊接,多用于暗装管道。

管道上装设闸门、水表、水泵和止回阀等处,为便于拆装、检修,常采用法兰连接。

2. 铸铁管

给水埋地管通常采用铸铁管。给水用铸铁管根据耐压能力分为低压、普压、高压3种,室内给水管道一般采用普压给水铸铁管。

排水用铸铁管,因不承受水压力,管壁较薄。建筑内常用铸铁管规格见表7.2。

表 7.1　非镀锌焊接钢管规格(GB 3092—87)

公称直径		外径 /mm	普通钢管		加厚钢管	
mm	in		壁厚 /mm	质量 /(kg · m⁻¹)	壁厚 /mm	质量 /(kg · m⁻¹)
8	1/4	13.5	2.25	0.62	2.75	0.73
10	3/8	17.0	2.25	0.82	2.75	0.97
15	1/2	21.3	2.75	1.26	3.25	1.45
20	3/4	26.8	2.75	1.63	3.50	2.01
25	1	33.5	3.25	2.42	4.00	2.91
32	11/4	42.5	3.25	3.13	4.00	3.78
40	11/2	48.0	3.50	3.84	4.25	4.58
50	2	60.0	3.50	4.88	4.50	6.16
65	21/2	75.5	3.75	6.64	4.50	7.88
80	3	88.5	4.00	8.34	4.75	9.81
100	4	114.0	4.00	10.85	5.00	13.44
125	5	140.0	4.50	15.04	5.50	18.24
150	6	165.0	4.50	17.81	5650	21.63

注:① 表中质量为非镀锌焊接钢管之理论计算质量,比重按 7.85 计

② 出厂试验水压力,普通钢管:20 MPa;加厚钢管:30 MPa

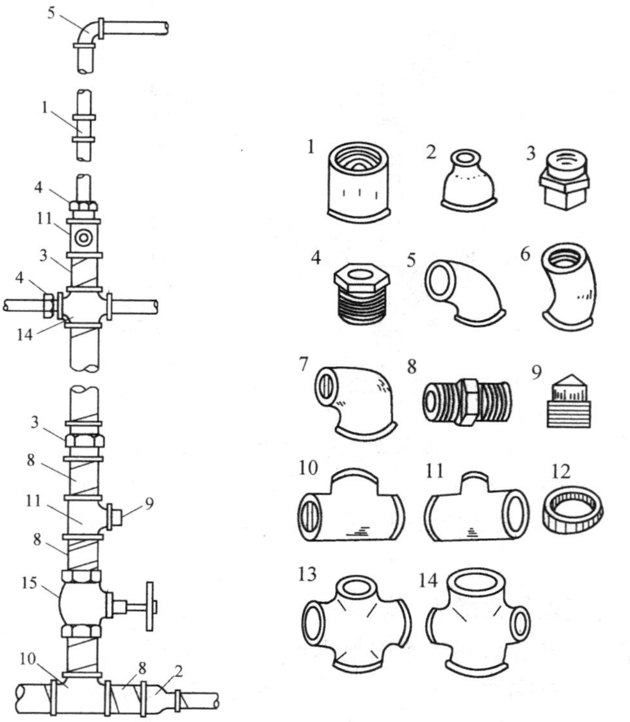

图 7.1　钢管螺纹连接及配件

1— 管箍;2— 异径管箍;3— 活接头;4— 补心;5—90° 弯头;6—45° 弯头;7— 异径弯头;8— 内管箍;9— 管塞;10— 等径三通;11— 异径三通;12— 根母;13— 等径四通;14— 异径四通

表 7.2　建筑内常用铸铁管规格

公称直径 DN/mm	排水用			给水用		
	外径/mm	壁厚/mm	直部质量/(kg·m^{-1})	外径/mm	壁厚/mm	直部质量/(kg·m^{-1})
50	59	4.5	5.55			
75	85	5	9.05	93.0	9.0	17.1
100	110	5	11.88	118.0	9.0	22.2
125	136	5.5	16.24			
150	161	5.5	19.35	169.0	9.5	36.0
200	212	6	27.96	220.0	10.0	52.0

注:质量按密度 7.20 计

铸铁管连接方法为承插连接,如图 7.2 所示。接口方式及材料为:铅接口、石棉水泥接口、沥青水泥砂浆接口、水泥砂浆接口等。

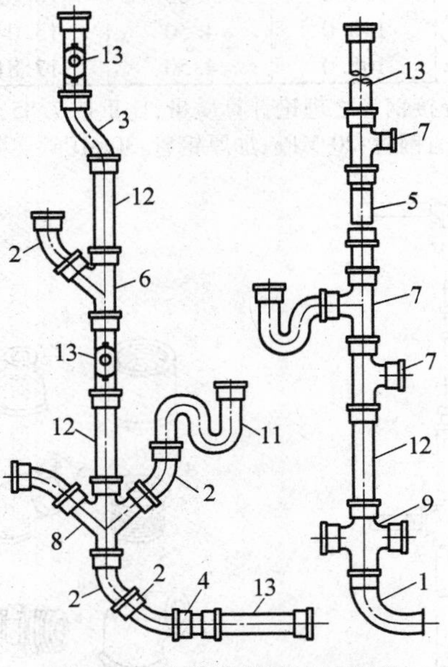

图 7.2　铸铁管承插连接配件

1—90° 弯头;2—45° 弯头;3— 乙字管;4— 双承管;5— 大小头;6— 斜三通;7— 正三通;8— 斜四通;9— 正四通;10—P 弯;11—S 弯;12— 直管;13— 检查口短管

3. 塑料管

塑料管又称为硬聚氯乙烯管,其具有重量轻、便于施工、安装容易、管壁光滑、水流阻力小、耐腐蚀等的良好性能,在建筑内给水排水中被应用。

塑料管连接方法有螺纹连接、焊接、法兰连接和黏接等。

硬聚氯乙烯管分给水用和排水用两种,设计与施工中应严格区分。

7.1.2　管件、附件与水表

给水管道螺纹连接和排水管道承插连接中需通过管件连接起来。管道与设备上通过安装其上的附件启闭和调节，以及进行用水量计量。

1. 管件

（1）给水管件。给水管道螺纹连接常用的管件有：管接头，分钢制管接头和可锻铸铁管接头；弯头有45°弯头、90°弯头、异径弯头；三通有等径三通、异径三通；四通有等径四通、异径四通；管箍、异径管箍、内管箍；补心；管塞等。

（2）排水管件。排水管道承插连接常用的管件有：弯头有90°弯头、45°弯头；三通有斜三通、正三通；四通有斜四通、正四通；乙字管；承插短管；S形和P形存水弯管；管箍等。

2. 附件

附件分为给水附件和排水附件。

给水附件有配水用附件和控制用附件。

（1）配水用附件。配水用附件指各种用水器具上装设的各类水嘴、水门，例如：洗脸盆装设的单把水嘴、混合水嘴；洗涤盆用混合水嘴；浴盆用单把暗（明）装水嘴、混合水嘴；淋浴器用单把、双门给水阀；大便器用各类给水阀；小便器用各类给水阀；各类水嘴如普通水嘴、热水嘴、停水自闭水嘴等；化验用单（双、三）联水嘴等。

（2）控制用配件。给水管道及用水器具前装设的各种控制用配件，是指各类阀类，作用以其类别而不同。

管径小于或等于50 mm时，一般装设截止阀，管径大于50 mm时，装设闸阀。阀门作用是控制进水流量和便于管道检修等。

止回阀用于阻止水流的反向流动。建筑内给水管道止回阀通常设于：两条及两条以上进户管在室内连通时的每条管道上；水箱供水时，进、出水管共享一条的出水管上；水泵接合器进户管和水箱消防用出水管上等。

浮球阀用于水箱、水池等贮水器具，控制容器内水位。当容器内到达设计水位时，浮球阀浮起，进水管停止进水。浮球阀有螺纹接口浮球阀、法兰接口浮球阀等。

（3）排水用配件。这类配件如洗脸盆排水阀、浴盆排水阀、地漏、存水弯等。

厕所、盥洗室、卫生间、淋浴室容易溅水和流水的地面的最低处，应设置地漏。淋浴室地漏设置数量见表7.3。

表7.3　淋浴室地漏服务淋浴器数量

地漏直径/mm	淋浴器数量/个
50	1～2
75	3
100	4～5

配水附件如图7.3所示。

3. 水表

水表是计量水量的仪表。住宅建筑一般装设引入管水表、单元水表和住户水表，建筑内采用的是流速式水表，它是根据管径一定时，通过水表的水流速度与流量成正比的原理来测量的。

（1）水表的类型。流速式水表分为旋翼式和螺翼式两种。

①旋翼式水表。其口径小，适于测小的流量，多为住户使用。该表翼轮转轴与水流

方向垂直,水流阻力大。

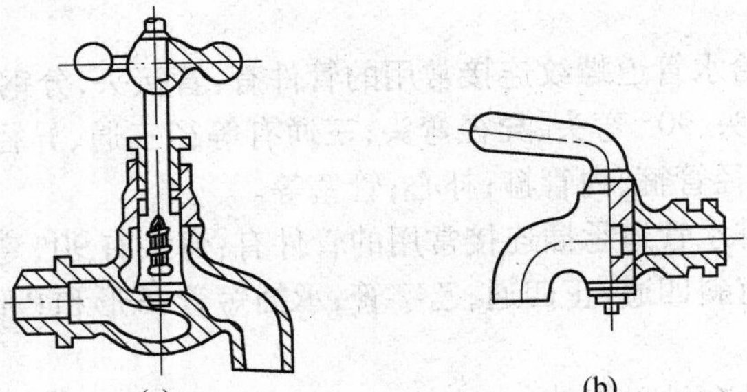

图 7.3 配水附件

② 螺翼式水表。适用于公称直径大于 50 mm,大流量的计量。这种水表翼轮轴与水流方向平行,水流阻力小。

(2) 水表性能。IXS 旋翼式水表性能见表 7.4。水表特性流量分为:

① 分界流量。是水表误差限改变时的流量。

② 最大流量。只允许短时间使用的流量,为水表使用的上限流量。

③ 公称流量。水表允许长期通过的流量。

④ 最小流量。水表在规定误差限内使用的下限流量。

⑤ 始动流量。水表开始连接指示时的流量。

表 7.4 IXS 旋翼式水表性能

型号	公称直径 DN/mm	分界流量	最大流量	公称流量	最小流量	始动流量	最大示值
		m^3/h			L/h		$/m^3$
LXS-15C	15	0.15	3	1.5	45	14	9 999
LXS-20C	20	0.25	5	2.5	75	19	9 999
LXS-25C	25	0.35	7	3.5	105	23	9 999
LXS-32C	32	0.60	12	6	180	32	9 999
LXS-40C	40	1.00	20	10	300	56	99 999
LXS-50C	50	1.50	30	15	450	75	99 999

(3) 水表计算:

$$h_b = \frac{q^2}{K_b} \tag{7.1}$$

式中 h_b—— 水表中水头损失(kPa);

q—— 通过水表的流量(m^3/h);

K_b—— 水表性能系数。

(4) 水表选择。水表选择主要是从类型和公称直径两方面考虑。选择水表类型时应考虑的因素是:通过水表的最大、最小流量及其时间;通过水表的正常流量及其时间;通过水表的水质(浊度)、水温、水压等。水表类型确定后,按设计秒流量不超过水表的公称流量来决定水表的公称直径。分户水表的公称直径一般可采用 15 mm。表 7.5 为水表允许水头损失值。

表7.5　水表允许水头损失值　kPa

表型	正常用水时	消防时
旋翼式	< 25	< 50
螺翼式	< 13	< 30

图7.4为旋翼式水表。

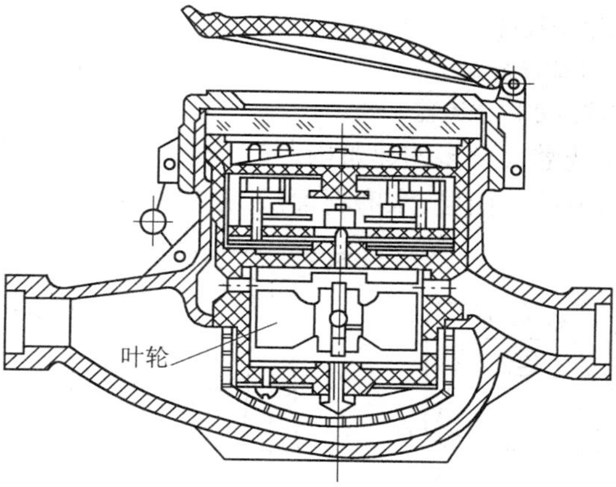

图7.4　旋翼式水表

(5) 水表安装。水表应装设在检修、管理方便、不宜结冰、不受污染的场所。为保证水表计量准确，螺翼式水表进水侧，应保证长度为8～10倍水表公称直径的直管段，其他类型表，应不小于300 mm长的直管段。消防和生活、生产共享一条进户管的建筑物，安装水表的进户管上应设旁通管，管径与进户管相同。水表前后和旁通管道上应装阀门，在水表及其后阀门之间应设泄水装置，但在分户表上不设泄水装置。

7.2　卫生器具

为满足日常生活、工作和生产的需要，建筑内需装设各种卫生器具，并提供各种用水，用后的水收集并排除。卫生器具表面应洁净、光滑、造型新颖。卫生器具多为陶瓷材料制成，亦有塑料、玻璃管、搪瓷制品。

7.2.1　卫生器具分类

卫生器具按其作用分为以下几类：

1. 盥洗用卫生器具

盥洗用卫生器具主要有洗脸盆和盥洗槽两种。洗脸盆设于卫生间、浴室、盥洗室中供洗漱用，有长方形、三角形、椭圆形等。图7.5为立柱式洗脸盆。洗脸盆型号、尺寸繁多，应根据建筑性质、标准、装设场所选用。图7.6为不同规格洗脸盆，其尺寸见表7.6。

表 7.6 不同规格洗脸盆外形尺寸

产品编号	外形尺寸/mm					
	A	B	C	D	E_1	E_2
$3^{\#}$,$3A^{\#}$,$18^{\#}$	560	410	300	180/150	200	65
$4^{\#}$,$4A^{\#}$,$19^{\#}$	510	410	280	150	175	65

注:①$3^{\#}$,$4^{\#}$ 为二明进水眼洗脸盆

②$3A^{\#}$,$4A^{\#}$ 为三暗进水眼洗脸盆

③$18^{\#}$,$19^{\#}$ 为中心单眼进水眼洗脸盆

盥洗槽一般设置在洗漱人员多的建筑内,如集体宿舍、车站、码头、普通旅店等场所。盥洗槽面层装饰分为水泥砂浆面层、水磨石面层、瓷砖面层。

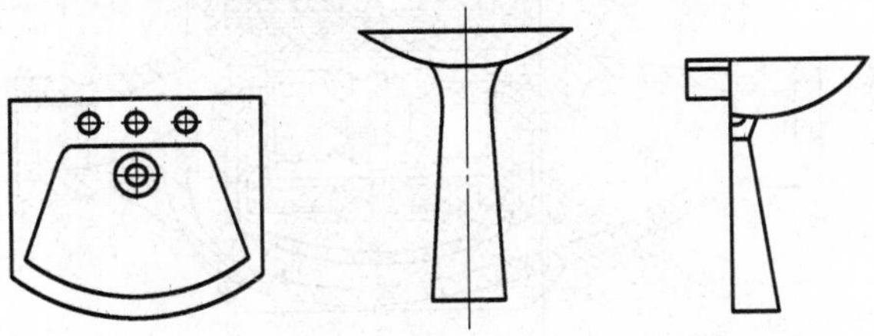

图 7.5 立柱式洗脸盆

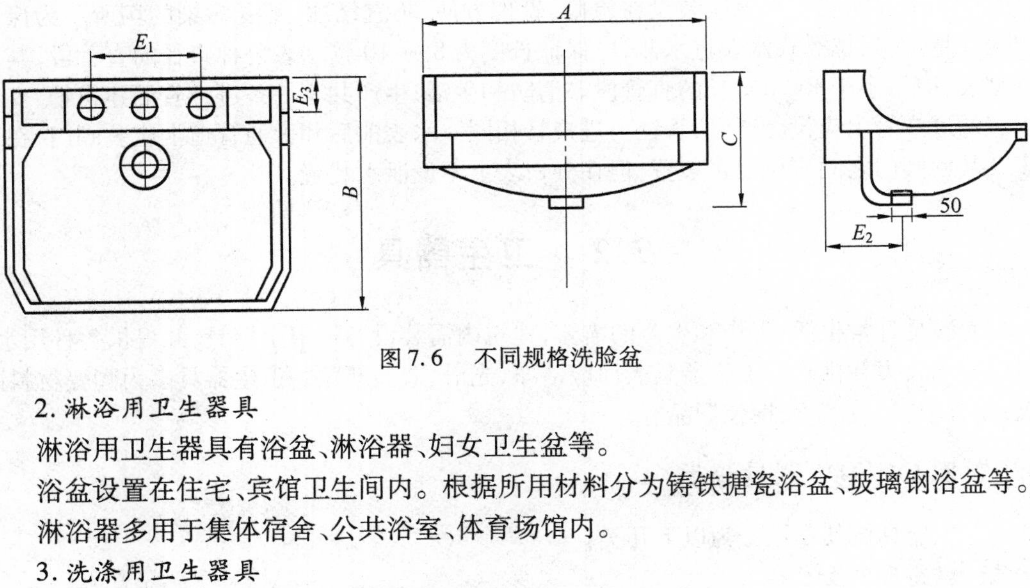

图 7.6 不同规格洗脸盆

2. 淋浴用卫生器具

淋浴用卫生器具有浴盆、淋浴器、妇女卫生盆等。

浴盆设置在住宅、宾馆卫生间内。根据所用材料分为铸铁搪瓷浴盆、玻璃钢浴盆等。

淋浴器多用于集体宿舍、公共浴室、体育场馆内。

3. 洗涤用卫生器具

洗涤用卫生器具有洗涤盆、化验盆、污水盆等。

洗涤盆装设于厨房、公共食堂内供洗涤蔬菜、餐具等用。图 7.7 为卷沿洗涤盆,其 $1^{\#}$ ~$8^{\#}$ 规格见表 7.7。

表 7.7　卷沿洗涤盆规格

规格	外形尺寸 /mm				
	A	*B*	*C*	D_1	D_2
洗 1#	610	460	200	100	65
洗 2#	610	410	200	100	65
洗 3#	510	360	200	70	50
洗 4#	610	410	150	100	65
洗 5#	410	310	200	70	50
洗 6#	610	460	150	100	65
洗 7#	510	360	150	70	50
洗 8#	410	310	150	70	50

化验盆装设于工矿、科研、学校等实验室或化验室内。化验盆按使用要求可装设单联、双联、三联化验水嘴。

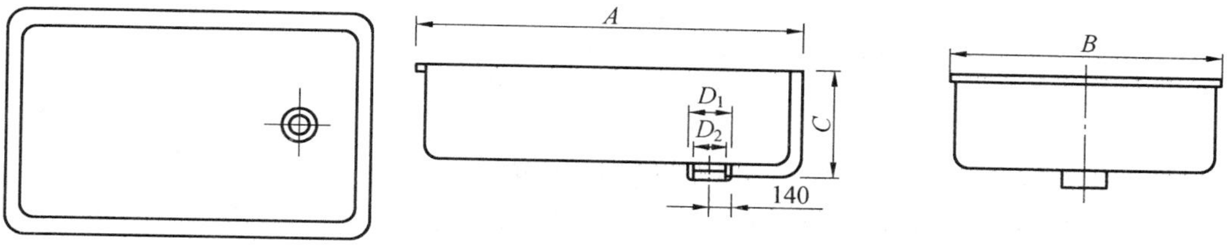

图 7.7　卷沿洗涤盆

污水盆设于公共建筑的卫生间、盥洗室内,供打扫厕所、清扫等使用。

4. 专用卫生器具

在工厂、学校、车站、体育场、图书馆等公共场所设置的饮水器,是供人们饮用冷水、凉开水的器具。

5. 便溺用卫生器具

(1) 大便器。大便器分为蹲式、坐式和大便槽 3 种类型。

蹲式大便器一般装设于公共场所的卫生间内,如图 7.8 所示。

坐式大便器设于住宅、宾馆、饭店等卫生间内。其形式主要有冲洗式和虹吸式两种。大便槽设于公共厕所内。

图 7.9 为虹吸式坐便器。

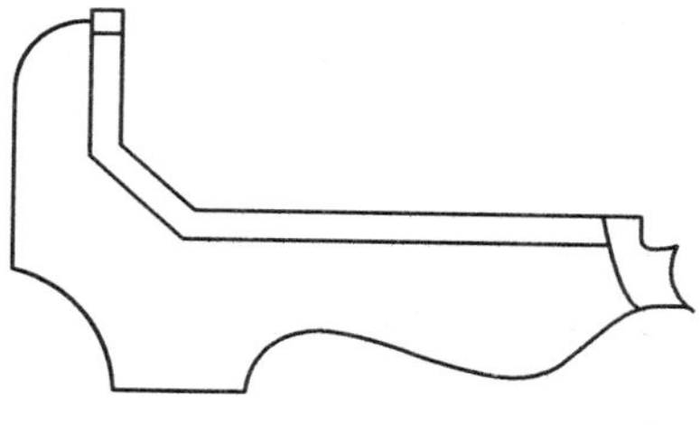

图 7.8　蹲式大便器

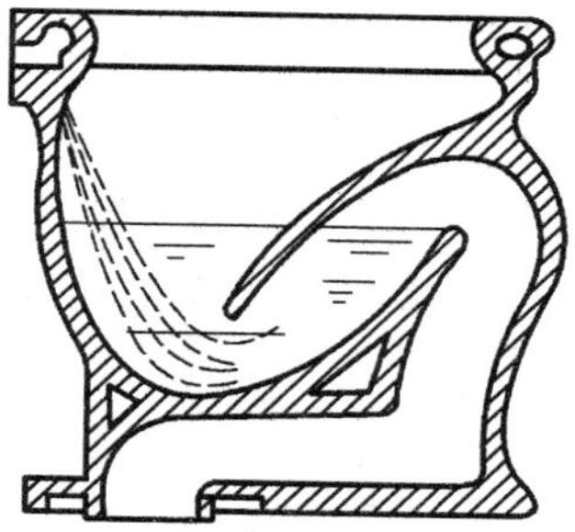

图 7.9　虹吸式坐便器

(2) 小便器。小便器有挂式、立式和小便槽3种,设于公共建筑的男厕所内。

立式小便器多设于卫生标准较高的公共建筑厕所内,采用自动冲洗方式。图7.10为立式小便器。

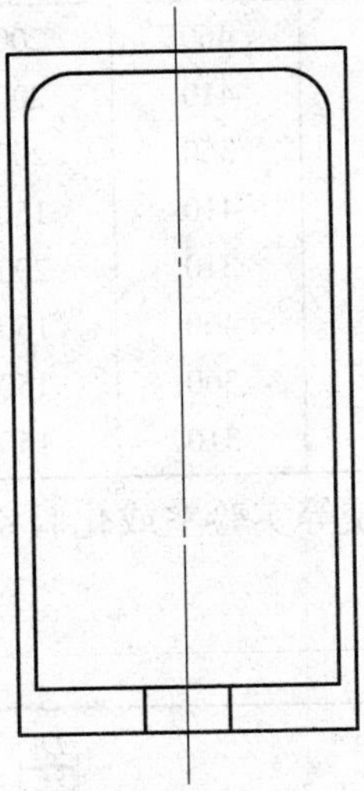

图7.10 立式小便器

(3) 冲洗设备。冲洗设备一般分为水箱和冲洗阀两种。水箱冲洗有高位水箱和低位水箱冲洗之分。图7.11和图7.12为高、低位水箱。冲洗阀分为延时自闭式、直流自闭式和射流自闭式等形式。

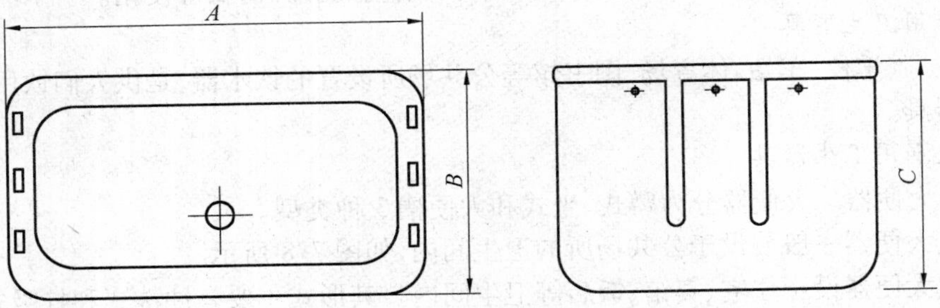

图7.11 高位水箱

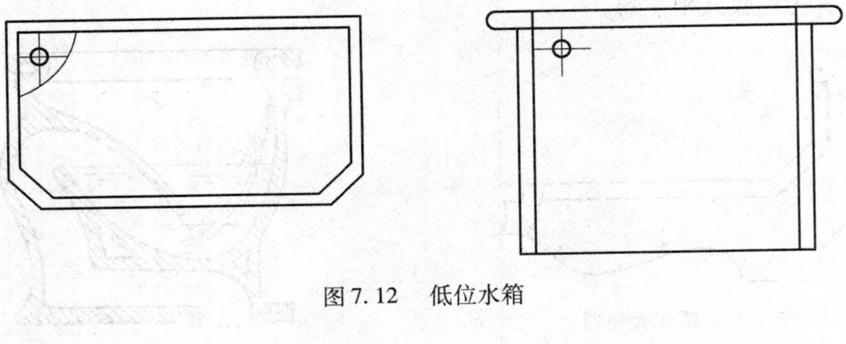

图7.12 低位水箱

表 7.8　不同规格高位水箱尺寸

编号	外形尺寸 /mm		
	A	*B*	*C*
1#	440	260	280
2#	420	240	280

7.2.2　图例与卫生器具安装

1. 图例

给水排水工程图中管道、配件、卫生器具等，通常是采用规定的图例进行绘制的。图例与实物具有一定的象形性，便于工程图的绘制与识读。表 7.9 为给水排水工程常用图例。

表 7.9　给水排水工程常用图例

图例	名称	图例	名称
	给水管道		存水弯
	排水管道		检查口
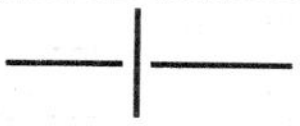	交叉管		清扫口
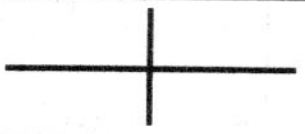	四通连接		通气帽
	坡向		雨水斗
	法兰连接		浴盆
	承插连接	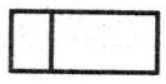	蹲式大便器
	螺纹连续	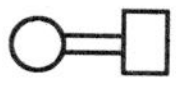	坐式大便器
	活接头		洗脸盆
	管堵		斗式小便器
	法兰堵盖		阀门井、检查井
	管接头		淋浴喷头
	截止网		放水龙头
	浮球阀		圆形地漏

2. 卫生器具与安装高度

为方便人们使用,卫生器具应满足一定安装高度,见表 7. 10。

表 7. 10　卫生器具的安装高度

序号	卫生器具名称	卫生器具边缘离地高度/mm	
		居住和公共建筑	幼儿园
1	架空式污水盆(池)(至上边缘)	800	800
2	落地式污水盆(池)(至上边缘)	500	500
3	洗涤盆(池)(至上边缘)	800	800
4	洗手盆(至上边缘)	800	500
5	洗脸盆(至上边缘)	800	500
6	盥洗槽(至上边缘)	800	500
7	浴盆(至上边缘)	480	—
	按摩浴盆(至上边缘)	450	—
	沐浴盆(至上边缘)	100	—
8	蹲、坐式大便器(从台阶面至高水箱底)	1 800	1 800
9	蹲式大便器(从台阶面至低水箱底)	900	900
10	坐式大便器(至低水箱底)		
	外露排出管式	510	—
	虹吸喷射式	470	370
	冲落式	510	—
	旋涡连体式	250	—
11	坐式大便器(至上边缘)		
	外露排出管式	400	—
	旋涡连体式	360	—
	虹吸喷射式	380	—
	冲落式	380	—
12	大便槽(从台阶面至冲洗水箱底)	不低于 2 000	—
13	立式小便器(至受水部分上边缘)	100	—
14	挂式小便器(至受水部分上边缘)	600	450
15	小便槽(至台阶面)	200	150
16	化验盆(至上边缘)	800	—
17	净身器(至上边缘)	360	—
18	饮水器(至上边缘)	1 000	—

3. 卫生器具设置数量

住宅、宾馆、饭店的住户和客房卫生间内,通常设置的卫生器具有浴盆、坐便、洗脸盆各一套,地漏一个,规格和标准依设计和用户要求选定。住户厨房内一般设置洗涤盆一个,有的还设有煤气热水器。其他公共建筑内卫生器具设置数量应符合现行的《工业企业设计卫生标准》和有关规范或规定的要求,可由表 7. 11 选定。

表7.11　每一个卫生器具服务人数

建筑物名称		大便器		小便器	洗脸盆	盥洗龙头	淋浴器	妇洗器	饮水器
		男	女						
集体宿舍	职工	10、≥10时,20人增加1个	8、≥8时,15人增加1个	20	每间至少设一个	8、≥8时,12人增加1个			
集体宿舍	中小学	70	12	20	每间至少设一个	12			
中小学教学楼	中师、中学、幼师	40～50	20～25	20～25	每间至少设一个				50
中小学教学楼	小学	40	20	20	每间至少设一个				50
旅馆	公共卫生间	18	12	18	每间至少设一个	8	30		
办公楼		50	25	50	每间至少设一个				
图书阅览楼	成人	60	30	30	60				
图书阅览楼	儿童	50	25	25	60				
医院	疗养院	15	12	15	每间至少设一个	6～8	北方15～20，南方8～10		
医院	综合医院　门诊	120	75	60					
医院	综合医院　病院	16	12	16		12～15	12～15		
电影院	< 600座 601～1 000座 > 1000座	150 200 300	75 100 150	75 100 150	每间至少设一个,且每4个蹲位设一个				
商店	顾客用　百货、自选、专业商店	200	100	100					
商店	顾客用　联营商场、菜市场	400	200	200					
商店	店员内部用	50	30	50					
剧场		75	50	25～40	100				
公共食堂厨房炊事员用(职工数)		500	500	> 500	每间至少设一个		250		

续表 7.11

建筑物名称			大便器 男	大便器 女	小便器	洗脸盆	盥洗龙头	淋浴器	妇洗器	饮水器
餐厅	顾客用	< 400 座	100	100	50	每间至少设一个				
		400 ~ 650 座	125	100	50					
		> 650 座	250	100	50					
	炊事员用卫生间		100	100	100			50		
公共浴室	工业企业车间	卫生特征 Ⅰ Ⅱ Ⅲ Ⅳ	50 个衣柜	30 个衣柜	50 个衣柜	按入浴人数 4% 计		3 ~ 4 5 ~ 8 9 ~ 12 13 ~ 24	100 ~ 200，> 200 时，每增加 200 人增加 1 具	
	商业用浴室		50 个衣柜	30 个衣柜	50 个衣柜	5 个衣柜		40		
体育场	观众	小型	500	100	100	每间至少设一个				
		中型	750	150	150					
		大型	1 000	200	200					
	运动员		50	30	50			20		
体育馆游泳池（按游泳人数计）	运动员		30	20	30	30（女 20）		10 ~ 15		
	观众		100	50	50	每间至少设一个				
	更衣前		50 ~ 75	75 ~ 100	25 ~ 40					
	游泳池房		100 ~ 150	100 ~ 150	50 ~ 100					
	观众		100	50	50					
幼儿园			5 ~ 8		5 ~ 8		3 ~ 5	10 ~ 12 浴盆可替代		
工业企业车间	≤ 100 人		25	20	25					
	> 100 人		25，每增 50 人增 1 具	20，每增 35 人增 1 具						

注：每个卫生间至少设 1 个污水盆

习　　题

一、解释名词术语

1. 公称直径

2. 配水用附件

3. 控制用附件

二、填空、简答题

1. 给水管道管径小于或等于 50 mm 时，一般装设________水表，管径大于 50 mm 时，装设________水表。

2. 埋地给水管，管径等于或大于________ mm 时，宜采用给水________。

3. 盥洗用卫生器具主要有________和________两种。

4. 洗涤用卫生器具有________、________和________。

5. 给水用和排水用铸铁管有何不同？

6. 卫生器具分为哪些类型？

第8章　供　　热

8.1　供热系统

供热系统是由热源通过热网向热用户供应热能(水或蒸汽)的系统总称。显然,供热系统是由生产热的热源、输送热量的热力管道(热网)和使用热的热用户3部分组成。

8.1.1　热　源

把天然或人造的能源形态转化为符合供热要求的热能装置称为热源。目前集中供热系统中采用的热源形式有:热电厂、区域性锅炉房、核能、地热、工业余热和太阳能等。其中应用最为广泛的是热电厂和区域锅炉房两大类。

除上述较大型的集中供热系统之外,某些热用户较少、热源和热网规模较小的单体或小范围的分散供热方式中,则主要采用锅炉房作热源,这种供热方式在我国“三北”地区仍占有相当大的比例,本章将重点介绍这种供热热源。除此之外,近年来采用电直接供暖和热泵供暖的方式也在一些地区开始流行。

8.1.2　热　网

由热源向热用户输送和分配供热介质的管线系统称为热网(含供热管道、管路附件以及附属构筑物)。按供热介质(热媒)的不同可分为蒸汽热网和热水热网,对民用建筑的供热主要采用热水作为热媒的热水热网。

热网按管道数目不同可分为单管制热网、双管制热网和多管制热网。我国目前的热水热网均采用由一根供水管和一根回水管组成的双管制热水热网。

热网按其结构形式不同又可分为枝状热网和环状热网。前者结构简单、造价较低,但可靠性较差;后者结构复杂、造价较高,但可靠性较好。

我国目前大多采用枝状热网,随着供热事业的发展和对供热可靠性要求的提高,某些地区已经开始采用环状热网或部分连通的枝状管网。

热水热网按用户是否直接取用热网中的热水可分为开式热水热网和闭式热水热网。热用户不仅消耗热网的热能,而且直接取用热水的热网称为开式热水热网;热用户仅消耗热网的热能,而不直接取用热水的热网称为闭式热水热网。我国目前采用的绝大部分是闭式热水热网。

8.1.3　热用户

热用户是从供热系统获得热能的装置的总称。习惯上,人们也把用热部门和用热单位称为热用户。从用热性质上，热用户可分为供暖热用户、通风空调热用户、热水供应热用户和生产工艺热用户等。

1. 供暖热用户

在供暖期为保持一定的室内温度，从热源获取热量的用户称供暖热用户。它包括室内管道、管道支架、阀门和散热设备以及排水放气等装置。

在这里有必要指出，供暖和前面的供热是不容混淆的两个概念。前者是指在供暖期间为维持要求的温度所提供的热量，而后者则是向全部热用户提供热能，其中也包括供暖热用户。

目前在我国“三北”地区，供暖热用户是供热系统中的最主要的用户。

2. 通风空调热用户

为保证室内空气的质量，对供给建筑物的空气进行加热而消耗热量的热用户称为通风空调热用户。

3. 热水供应热用户

满足生产和生活所需热水而消耗热量的热用户称为热水供应热用户。它包括一般的饮用开水、洗澡、洗脸和洗涤衣物用热水。

4. 生产工艺热用户

生产工艺热用户是指在生产工艺过程中消耗热能的热用户。它包括工厂的蒸煮、干燥、漂染和某些动力设备用热。生产工艺热用户用热介质大多为蒸汽，所以又可称为工业蒸汽热用户。

8.1.4　热媒及参数

供热系统中，用以传送热量的中间媒介物质称为热媒。热媒主要有蒸汽和热水两大类。

在供热系统的4种热用户中，生产工艺热用户主要以蒸汽作为热媒，供暖热用户则主要以热水作为热媒，而通风空调热用户和热水供应热用户根据需要可采用蒸汽，也可采用热水作为热媒。

蒸汽作为热媒时，对生产工艺热用户，一般的蒸汽工作压力在0.8 ~ 1.3 MPa即可满足要求。对其他热用户，其工作压力可适当降低。

热水作为热媒时，可分为高温水和低温水两大类。我国的水温标准是 $t > 100$ ℃ 为高温水，$t \leqslant 100$ ℃ 为低温水；对室内供暖热用户，大多采用低温水，一般的设计水温是95 ℃/70 ℃（供水/回水）或85 ℃/60 ℃。对较大型热水供热系统，热网的输送水温可采用高温水，以提高放热温差，减少供水量，缩小供热管道直径。一般的高温水设计水温可采用供水105 ~ 130 ℃，回水70 ~ 80 ℃。

8.1.5　连接方式

1. 热水热网与用户的连接方式

热水热网所连接的热用户主要有供暖热用户、通风空调热用户和热水供应热用户。其连接方式主要有以下几种（图8.1）：

(1) 简单直接连接。热水由热网通过用户阀门直接进入热用户，在散热器内放热后，返回热网。该连接方式最简单、造价较低，目前低温水供暖系统大多采用这种连接方式，如图 8.1(a) 所示。

(2) 有混水的直接连接。当热网供水温度高于热用户要求的温度时（例如热网采用高温水输送，而用户采用低温水供暖），则应该采用混水连接方式，采用热网的高温水与用户的较低温度的回水混合的办法来达到用户要求的供水温度。常用的混水方式有水喷射器混水和混水泵混水两种，如图 8.1(b)，(c) 所示。前者适用于单幢住宅，且造价较低，后者适用于小区内多幢建筑，但造价较高。

(3) 间接连接。上述混水连接方式中，热网的水仍然可直接进入用户系统，因此仍属直接连接。当热用户系统通过表面式换热器与热网相连接，热网的水不能直接进入热用户，热网的压力也不能作用于用户系统的连接方式则为间接连接。

间接连接方式应该在热网与热用户连接处设置水 – 水换热器，同时还应该设置热用户以及二次网路（换热器以后的连接热用户的热水网）的循环水泵，因而其造价比直接连接的要高得多。但是，直接连接方式的用户系统漏、损水量较大，影响了供热系统的供热能力和经济性。同时，对某些高层建筑或热网压力较高，并有可能超过用户散热器承压能力时，采用间接连接方式，可收到良好的效果。间接连接方式如图 8.1(d) 所示。

(4) 通风和热水供应热用户的连接。通风热用户一般采用简单直接连接，这主要是因为通风系统中空气加热设备可承受较高压力，如图 8.1(e) 所示。

热水供应热用户由于要求的供水温度较低，而且，由于我国目前的热水供暖系统多采用闭式系统，因而热水供应热用户与热水网路以采用水 – 水换热器的间接连接为主，如图 8.1(f)、(g) 所示。

2. 蒸汽热网与热用户的连接

(1) 简单直接连接。当热用户的用汽参数与蒸汽网的参数相同时，可采用简单直接连接方式。这时，只需在用户供气管上装一截止阀，散热设备出口装一疏水器。这种连接方式多用于工厂的生产工艺热用户中，如图 8.2(a) 所示。

(2) 减压阀连接。当热用户的用汽压力较低，而蒸汽网的压力较高时，可在供汽管上加装减压阀，以使蒸汽达到用户要求的压力，对工厂的蒸汽供暖以及通风系统多采用这种连接方式，如图 8.2(b)、(c) 所示。

(3) 喷射器连接。当热用户需要采用热水供暖时，可在蒸汽网与热用户入口连接处装蒸汽喷射器。通过调整蒸汽量以及喷射器抽引的回水量，可达到用户需要的热水温度和流量，如图 8.2(d) 所示。

(4) 换热器间接连接。当热用户需要采用热水供暖时，可采用汽 – 水换热器代替前述的蒸汽喷射器。这种连接方式造价高于喷射器连接，但它适于较大规模的区域供热，而喷射器连接只适于小规模的单幢建筑热水供暖。

另外，对热水供应热用户也可采用汽 – 水换热器的连接方式。换热器间接连接方式如图 8.2(e)，(f) 所示。

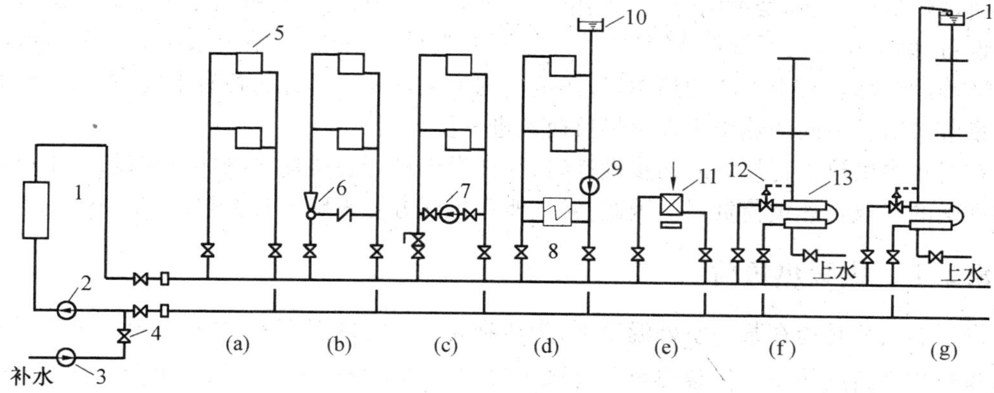

图 8.1 热水供热系统连接方式示意图

(a) 无混合装置的直接连接；(b) 装水喷射器的直接连接；(c) 装混合水泵的直接连接；(d) 供暖热用户与热网的间接连接；(e) 通风热用户与热网的连接；(f) 无储水箱的连接方式；(g) 有上部储水箱的连接方式

1— 热源的加热装置；2— 网路循环水泵；3— 补给水泵；4— 补给水压力调节器；5— 散热器；6— 水喷射器；7— 混合水泵；8— 表面式水 - 水换热器；9— 供暖热用户系统的循环水泵；10— 膨胀水箱；11— 空气加热器；12— 温度调节器；13— 水 - 水式换热器；14— 储水箱

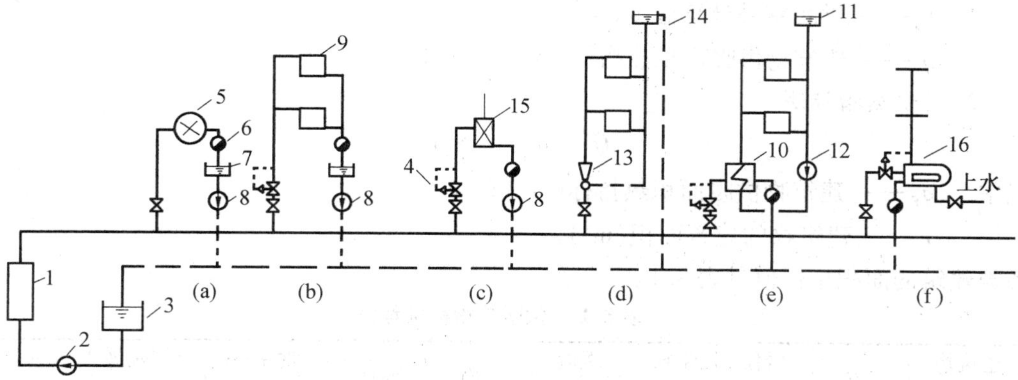

图 8.2 蒸汽供热系统连接方式示意图

1— 蒸汽锅炉；2— 锅炉给水泵；3— 凝结水箱；4— 减压阀；5— 生产工艺用热设备；6— 疏水器；7— 用户凝结水箱；8— 用户凝结水泵；9— 散热器；10— 供暖系统用的蒸汽 - 水换热器；11— 膨胀水箱；12— 循环水泵；13— 蒸汽喷射器；14— 溢流管；15— 空气加热装置；16— 容积式换热器

8.2 热用户和热负荷

严格地讲，热用户是指使用热能的装置和设备。但目前人们已习惯于把热用户的意义扩大到用热单位和建筑物。集中供热系统的热用户包括供暖、通风空调、热水供应和生产工艺等 4 种。这些热用户的热负荷大小及其性质是供热规划和设计的最重要依据。

所谓热负荷,实际是单位时间的热量。在供热系统中,为了选择合适的热源及其有关供热设备,确定相应的系统形式,计算热力管网的管径等,必须对整个系统的热负荷做出较为准确的计算。对于不同的热用户,热负荷的定义以及计算方法各有不同,本书后面有关几章节将对各不同的热用户以及热负荷做进一步介绍。

在对集中供热进行规划或初步设计时,往往尚未进行各类建筑物的具体设计,不可能提供准确的建筑物热负荷资料。因此,常用概算指标方法来确定各类热用户的热负荷。

8.2.1　供暖热负荷

供暖热负荷是指在某一室外温度下,为达到要求的室内温度 t_n,供暖系统在单位时间内向建筑物供给的热量。供暖热负荷是城市集中供热系统中最主要的热负荷。其设计热负荷占全部设计热负荷的 80% ~ 90% 以上。供暖设计热负荷的概算可采用体积热指标法或面积热指标法,前者多用于工业建筑,后者则多用于民用建筑。

1. 体积热指标法

$$Q_t = q_v V_w (t_n - t'_w) \times 10^{-3} \tag{8.1}$$

式中　Q_n—— 建筑物供暖设计热负荷(kW);

V_w—— 建筑物的外围体积(m^3);

t_n—— 供暖室内计算温度(℃),我国一般取 t_n = 18 ℃;

t'_w—— 供暖室外计算温度(℃);

q_v—— 建筑物供暖体积热指标(W/(m^3 · ℃))。

2. 面积热指标法

$$Q_n = q_F \cdot F \times 10^{-3} \tag{8.2}$$

式中　q_F—— 建筑物供暖面积热指标(W/m^2);

F—— 建筑物的建筑面积(m^2)。

各类建筑的面积指标值见表 8.1。

表 8.1　供暖热指标推荐值

建筑物类型	住宅	居住区综合	学校、办公	医院、托幼	旅馆	商店	食堂、餐厅	影剧院展览馆	大礼堂、体育馆
热指标/(W · m^{-2})	58 ~ 64	60 ~ 67	60 ~ 80	65 ~ 80	60 ~ 70	65 ~ 80	115 ~ 140	95 ~ 115	115 ~ 165

注:热指标中已包括约 5% 的管网热损失在内

8.2.2　通风热负荷

为保证室内空气具有一定的清洁度及温度,要求对工业厂房、公共建筑及民用建筑进行通风或空气调节。加热从通风、空调系统进入建筑物的室外空气的热负荷称为通风热负荷。通风设计热负荷的计算可采用通风体积热指标法或百分数法进行计算。

1. 体积热指标法

$$Q_t = q_t V_W (t_n - t'_w) \times 10^{-3} \tag{8.3}$$

式中　Q_t—— 建筑物通风设计热负荷(kW)；

V_W—— 建筑物的外围体积(m^3)；

t'_w—— 通风室外计算温度(℃)；

q_t—— 通风体积热指标(W/(m^3·℃))。

2. 百分数法

对于有通风空调的非工业建筑，如旅馆、体育馆等，通风设计热负荷可按该建筑物供暖设计热负荷的百分数进行概算。百分数法计算公式为

$$Q_t = K_t Q_n \tag{8.4}$$

式中　K_t—— 通风空调热负荷系数，一般取 0.3 ~ 0.5；

Q_t，Q_n—— 意义同前。

8.2.3　生活用热水热负荷

生活用热包括热水供应和其他生活用热两部分。热水供应是指日常生活中用于洗脸、洗澡、洗衣服和洗刷器皿等用热，其他生活用热则包括饮用开水和蒸煮饭等。

热水供应热负荷将在以后的章节中详细介绍。其他生活用热热负荷，可根据常用指标概算。例如，计算开水供应用热量，加热温度按 105 ℃ 计算，用水量按 2 ~ 3 升/(人·天)计算。蒸饭用汽耗量，当蒸煮量为 100 kg 时，耗汽为 100 ~ 250 kg。上述蒸汽压力为 0.15 ~ 0.25 MPa。

8.2.4　生产工艺热负荷

在机械、冶金、轻纺、化工等行业的生产过程中，广泛地使用着蒸汽或热水。为了保证正常生产所直接提供工艺过程的热量，称为生产工艺热负荷。例如，加热、蒸煮、干燥、清洗、熔化等工艺用热。

生产工艺热负荷与生活用热热负荷一样，也是全年性热负荷。它的大小与生产过程、设备、形式、工作制度、企业性质等各种因素有关。因此，在确定生产工艺热负荷时，必须对生产工艺过程和设备情况等做出较全面的调查了解，以确定工艺用汽的耗量。也可以根据设备说明书提供的有关数据来确定。一般的运行管理人员，常根据同行业、同类设备的运行经验数据或有关概算指标法去估算生产工艺热负荷。

应该指出的是，有些工厂的工艺用热设备较多，而各种设备的最大负荷往往不可能同时出现。所以，在统筹安排全部厂区的工艺用热时，应考虑各设备或用户的同时使用系数。所谓同时使用系数是指全部用热设备运行时实际的最大热负荷与各用热设备最大热负荷总和的比值。适当地选择同时使用系数，可以使设计工艺热负荷降低，从而提高供热的经济效益。

8.3　热　　源

8.3.1　热电厂

随着集中供热事业的发展，热电厂作为热源的集中供热系统也越来越多。热电厂供

热系统是利用热力发电设备在生产电能的同时产生热能用以供热的系统。热电厂和发电厂的区别在于前者是热和电联合生产的电厂，而后者是单纯生产电能的电厂，因此又有热电联产和热电分产的区别。

热电厂用于生产电能和热能的三大主力设备是锅炉、汽轮机和发电机。锅炉的作用是把进入锅炉的水变为过热蒸汽，过热蒸汽进入汽轮机冲刷汽轮机叶片旋转。其中的部分热能转换为机械能，从而带动发电机发电；而另一部分热能则可以通过抽汽或背压排气等方式作为供热系统热源。热电联产的汽轮机主要可分为背压式汽轮机、抽汽式汽轮机和凝汽式改造供热汽轮机。

1. 背压式汽轮机

背压式汽轮机的工作原理如图 8.3 所示。背压式汽轮机组从汽轮机排出的蒸汽压力高于大气压力，因而称其为背压式汽轮机。其排气压力一般在 0.8 ~ 1.3 MPa 之间，汽轮机排出的蒸汽可直接进入厂区供热系统供用户使用，也可通过汽 - 水加热器换热后集中制备热水供其他热用户使用。

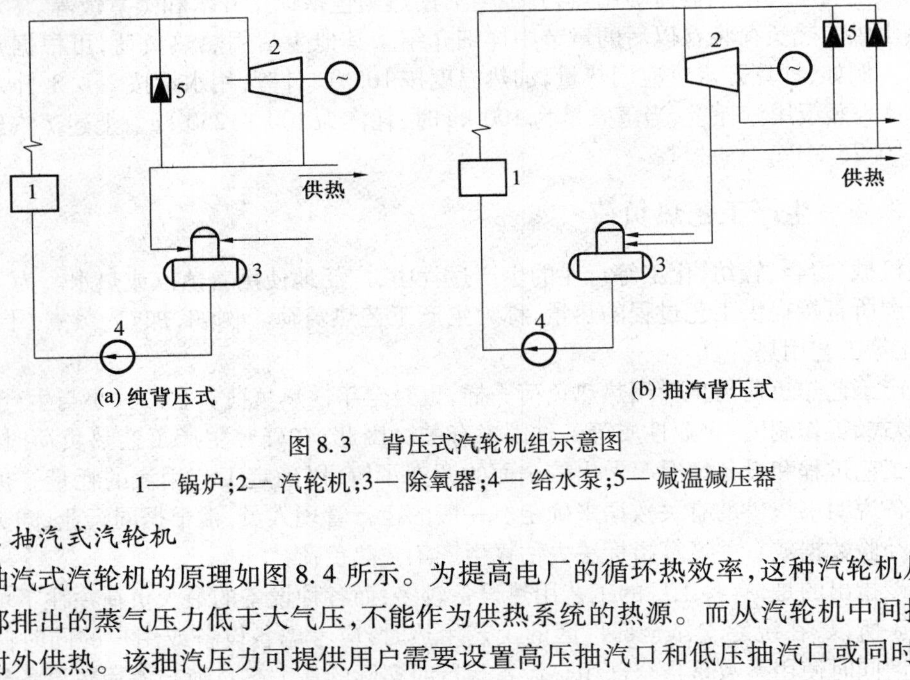

图 8.3　背压式汽轮机组示意图

1— 锅炉；2— 汽轮机；3— 除氧器；4— 给水泵；5— 减温减压器

2. 抽汽式汽轮机

抽汽式汽轮机的原理如图 8.4 所示。为提高电厂的循环热效率，这种汽轮机从汽轮机尾部排出的蒸气压力低于大气压，不能作为供热系统的热源。而从汽轮机中间抽汽口抽汽对外供热。该抽汽压力可提供用户需要设置高压抽汽口和低压抽汽口或同时带高、低压的抽汽口。

3. 凝汽式改造供热汽轮机

纯凝汽式汽轮机是发电厂的主要设备。它本来是不能供热的，但为了提高该机的热能利用率，可把它改造成为可供热的机组，其主要改造方式可分为以下两类：一是在汽轮机中间导管上开孔抽汽并对外供热；二是提高汽轮机排气压力（降低冷凝器真空度），进而提高冷凝器出口水温，即供暖系统的热源。

热电厂作为热源，可大大提高热能的利用率。单纯发电厂的热能利用率大约为 35%，而热电厂的热能利用率可高达 80%。热电厂的主要缺点是建设周期较长，而且投

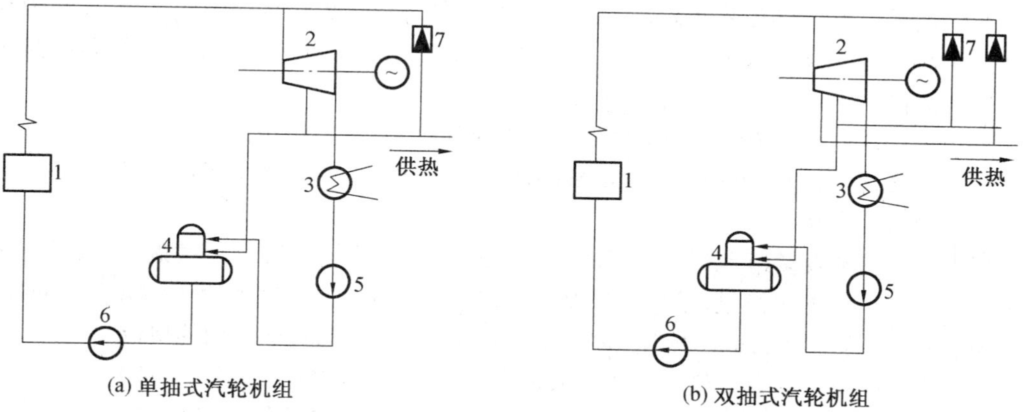

图 8.4　抽汽冷凝式汽轮机组示意图

1— 锅炉;2— 汽轮机;3— 冷凝器;4— 除氧器;5— 凝水泵;6— 给水泵;7— 减温减压器

资费用较高。同时也应注意,只有供暖期较长、供暖热负荷较大或有着常年稳定的工业负荷时,采用热电厂供暖,其经济性才比较明显。

8.3.2　锅炉及锅炉房

锅炉是供热系统的主要设备。以锅炉为主要设备,辅以必要的运煤、除渣、鼓风、引风、除尘、热控等设备和安装上述设备的建筑总体称为锅炉房。

锅炉房是目前供热系统最主要的热源。与热电厂相比,其热能利用率虽然稍低些,但是它具有建设周期短、投资低、厂址选择方便和适应负荷变化比较灵活等优点,因此仍然被广泛采用。随着改善城市大气环境的需要以及国家环保政策的要求,较小容量的锅炉房将会被逐渐淘汰。

1. 锅炉的类型

锅炉的类型按其用途可分为动力锅炉(电站锅炉)和供热锅炉(工业锅炉)两大类。前者主要用于发电,而后者则用于工业和民用供热。

锅炉按照热媒种类也可分为蒸汽锅炉和热水锅炉两大类。蒸汽锅炉可用于工业企业供热通风或建筑供热和热水供应的热源,而热水锅炉则主要用于建筑供暖和热水供应。

按锅炉的燃料可分为燃煤锅炉、燃油锅炉、燃气锅炉和电锅炉等。

按锅炉的安装方式可分为快装锅炉、散装锅炉和移动锅炉等。

按燃烧设备燃烧方式的不同可分为层燃炉、室燃炉和沸腾炉。层燃炉主要包括抛煤机炉、链条炉排炉、往复炉排炉和振动炉排炉等;室燃炉包括煤粉炉、燃油炉和燃气炉;沸腾炉包括链带式、鼓泡式和循环流化床炉。

按锅炉的工作压力可分为电站锅炉和工业锅炉,它们的定义是不同的,电站锅炉有以下几种类型:中压锅炉,工作压力为 3.82 MPa;次高压锅炉,工作压力为 5.3 MPa;高压锅炉,工作压力为 9.81 MPa;超高压锅炉,工作压力为 13.72 MPa;亚临界压力锅炉,工作压力为 16.67 MPa;超临界压力锅炉,工作压力为 22.07 MPa。

工业锅炉中,高压和低压的具体界限不十分明显,而对于供暖系统专用的锅炉,一般则以蒸汽供暖系统的定义来定义锅炉，即蒸汽压力低于0.069 MPa的为低压锅炉，压力高于0.069 MPa的为高压锅炉。热水锅炉中温度低于115 ℃的为低压锅炉，而温度高于115 ℃的为高压锅炉。

近年来从改造报废锅炉开始而发展起来的常压锅炉，其工作压力与大气压力相同，又有无压锅炉之称。目前，市场上大量出现的用于供暖的燃油燃气锅炉多属此类。

2.锅炉的基本特性

(1) 锅炉的蒸发量(产热量)。这是锅炉的最基本的特征。对于蒸汽锅炉，蒸发量表示锅炉每小时产生的蒸汽量，常用符号D表示，单位为t/h。对于热水锅炉，则用每小时的产热量表示，以符号Q表示；旧式单位常用kcal/h和Mkal/h，目前常用的单位为MW。

(2) 锅炉的热媒参数。热媒参数一般是指压力和温度，对蒸汽锅炉，当生产饱和蒸汽时，通常只标明蒸汽压力即可。当生产过热蒸汽时，则应同时标明压力和温度。对热水锅炉也应同时标明出口压力和温度。

(3) 受热面蒸发率(发热率)。它是指锅炉的单位受热面单位时间内生产的蒸汽量(或热量)，分别以符号D/H和Q/H表示。单位分别为kg/(m^2·h)和kW/m^2。

(4) 锅炉热效率。它是指锅炉中产生蒸汽或热水的热量与燃料在炉中全部完全燃烧所发出热量的比值，以符号η表示，单位为%。

(5) 锅炉型号的表示方法。工业锅炉型号表示按JB 1626—75要求分3部分组成，3部分之间以短横线连接，如图8.5所示。

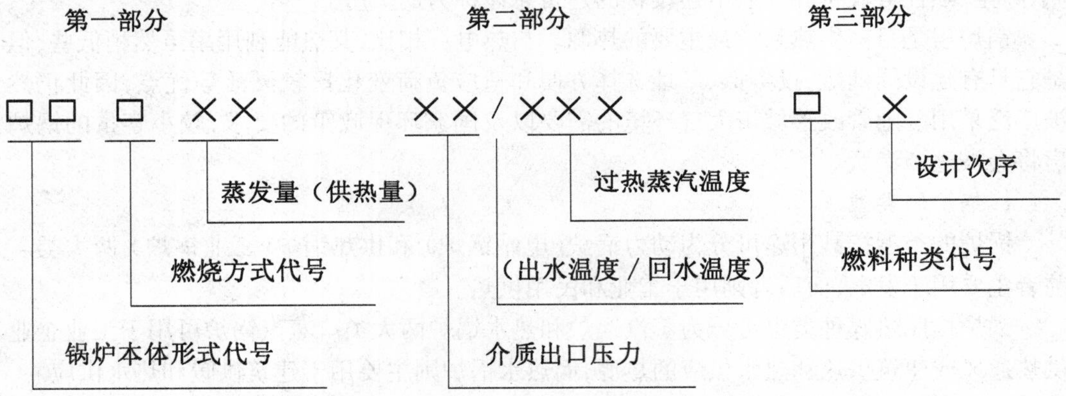

图8.5　工业锅炉型号表示

例如，SHL20－1.25/350－AⅡ表示双锅筒横置式链条炉排，蒸发量为20 t/h，蒸汽压力为1.25 MPa、蒸汽温度为350 ℃，燃料为二类烟煤，原型设计。

再如，QXL58－1.6/130/80－AⅡ表示强制循环链条炉排热水锅炉，额定热功率为58 MW，出水压力为1.6 MPa，出水温度为130 ℃，回水温度为80 ℃，燃料为二类烟煤，原型设计。

各种锅炉形式代号、燃煤方式以及燃料品种代号见表8.2、表8.3、表8.4。

表 8.2　锅炉本体型式代号

火管锅炉		水管锅炉	
锅炉本体形式	代　　号	锅炉本体形式	代　　号
立式水管	LS(立、水)	单锅筒立式 单锅筒纵置式	DL(单、立) DZ(单、纵)
立式火管	LH(立、火)	单锅筒横置式 双锅筒纵置式	DH(单、横) SZ(双、纵)
卧式内燃	WN(卧、内)	双锅筒横置式 纵横锅筒式 强制循环式	SH(双、横) ZH(纵、横) QX(强、循)

表 8.3　燃烧方式代号

燃烧方式	代　　号	燃烧方式	代　　号
固定炉排	G(固)	下饲式炉排	A(下)
活动手摇炉排	H(活)	往复推饲炉排	W(往)
链条炉排	L(链)	沸腾炉	F(沸)
抛煤机	P(抛)	半沸腾炉	B(半)
倒转炉排加抛煤机	D(倒)	室燃炉	S(室)
振动炉排	Z(振)	旋风炉	X(旋)

表 8.4　燃料品种代号

燃烧品种	代　　号	燃烧品种	代　　号
无烟煤	W(无)	油	Y(油)
贫　煤	P(贫)	气	Q(气)
烟　煤	A(烟)	木柴	M(木)
劣质烟煤	L(劣)	甘蔗渣	G(甘)
褐　煤	H(褐)	煤矸石	S(石)

3. 锅炉房设备

锅炉房内主要设备是锅炉本体、必要的运煤除灰系统、送风和引风系统、汽水系统、热控系统等辅助设备。对燃油燃气锅炉则以供油系统代替了运煤除灰系统。锅炉本体由锅筒和炉子、过热器、省煤器和空气顶热器等附加受热面组成。辅助设备则包括输煤机、除渣机、鼓风机、引风机、水泵、水处理设备和自控仪表等。

该炉型在许多小型供热系统中采用。其工作压力 0.7 ~ 1.2 MPa，容量 1 ~ 6.5 t/h(0.7 ~ 4.6 MW)。

图 8.6 为双锅筒横置式链条锅炉简图。该炉型最大容量为 40 t/h(28 MW)，工作压力可达 2.5 MPa，广泛应用于较大型区域锅炉房供热系统中。

图 8.7 为燃油燃气锅炉简图。这种锅炉具有结构简单、占地较小和美观等优点。由于采用燃油或燃气为燃料，因此，燃料费用较高，大型燃油燃气锅炉容量从 60 kW 到7 MW 不等。一般用于供暖和热水供应的锅炉，工作压力多为常压，所以其运行电耗也较高。用于工业生产的有压锅炉其工作压力为 0.7 ~ 1.25 MPa，也可以更大些。家用小型壁挂式燃气锅炉由于直接安装在居民室内，从而存在着诸多安全问题，因此对其使用和生产受到

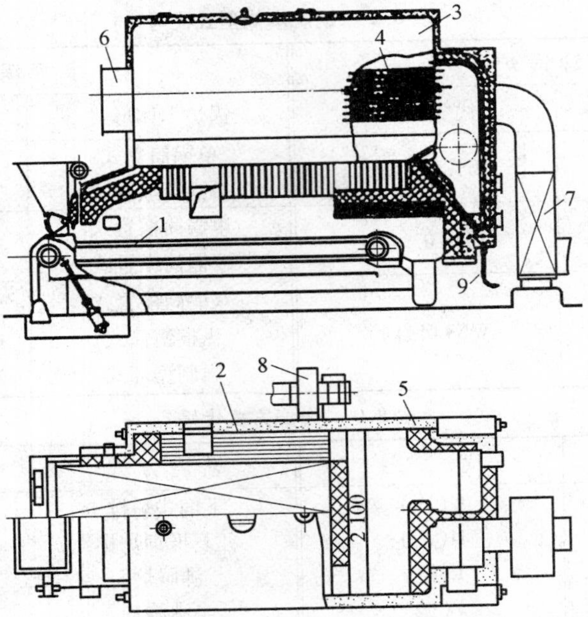

图 8.6　KZL4 － 13 － A 型锅炉

1— 链条式炉排；2— 水冷凝管；3— 锅筒；4— 烟管；5— 下降管；6— 前烟管；
7— 铸铁省煤器；8— 送风机；9— 排污管

了一定限制，目前北方地区已少有采用。

由于燃油燃气炉的诸多特点及国家的能源政策限制，用于供暖的燃油燃气炉只能作为大型集中供热的补充设备，但可应用于小型别墅、度假村等场所或燃料资源比较充分的地区。

(a) 燃油锅炉　　　　(b) 小型家用壁挂式燃油燃气锅炉

图 8.7　燃油燃气锅炉外形图

4. 锅炉房位置选择

锅炉的选择应根据供热系统的要求，且经过技术比较后才可确定。其台数和容量的选择，应根据锅炉房的设计容量和全年负荷等因素确定。一般情况下，锅炉台数不宜少于

2 台(当选用 1 台可以满足热负荷和检修需要时,可设置 1 台),这样可以根据气候的变化进行调节以适应气候变化时调节的需要。锅炉房内锅炉总台数不宜超过 5 台,对扩建、改建的锅炉房,不宜超过 7 台,同时应尽量选择相同型号的锅炉以便维修,当地震裂度为 6 ~ 9 度时,锅炉房的建筑和构筑物应采取抗震措施。

锅炉房位置的确定应根据下述要求分析确定:

(1) 靠近热负荷比较集中的区域。

(2) 便于引出管道,且经济合理地布置输热管道和凝水回收管道。

(3) 应便于贮运燃料和排除灰渣,并宜使人流和煤、灰车流分开。

(4) 应有良好的通风和采光条件。

(5) 应位于地质条件较好的地区。

(6) 应有利于减少烟尘和有害气体对居住区和主要环境保护区的影响。全年运行的锅炉房宜位于居住区和主要环境保护区的全年最小频率风向的上风侧;季节性运行的锅炉房宜位于该季节盛行风向的下风侧。

(7) 工厂燃煤的锅炉房和煤气发生站宜布置在同一区域。

(8) 应有利于凝结水的回收。

锅炉房的位置根据远期规划,在扩建时宜留有余地。

区域锅炉房位置的选择,除应符合上述有关规定外,尚应根据区域供热规划、城市发展规划以及交通和环保等因素确定。

锅炉房宜为独立的建筑物,当需要和其他建筑物相连或设置在其内部时,严禁设在人员密集场所和重要部门的上面、下面、贴邻和主要通道的两旁。

锅炉房和其他建筑物相连或设置在其内部时,除应符合《锅炉房设计规范》(GB 50041—92)规定外,尚应符合现行《蒸汽锅炉安全技术监察规程》、《热水锅炉安全技术监察规程》《建筑设计防火规范》和《高层建筑设计防火规范》的有关规定。

设有沸腾炉或煤粉炉的锅炉房,不应设置在居住区、名胜风景区和其他主要环境保护区内。

5. 锅炉房的建筑物、构筑物和场地的布置

(1) 锅炉房各建筑物、构筑物和场地的布置,应充分利用地形,使挖方和填方量最小,排水良好,防止水流入地下室和管沟。

(2) 锅炉房、煤场、灰渣场、贮油罐、燃气调压站之间以及和其他建筑物、构筑物之间的间距,均应按现行国家标准《建筑设计防火规范》和有关工业企业设计卫生标准的有关规定执行。

(3) 运煤系统的布置应利用地形,使提升高度小,运输距离短。煤场、灰渣场宜位于主要建筑物的全年最小频率风向的上风侧。

(4) 蒸汽锅炉额定蒸发量大于或等于 35 t/h、热水锅炉额定出力大于或等于 29 MW 的锅炉房及煤场,其周围宜设有环形道路。

6. 锅炉房的建筑设计和工艺布置

(1) 蒸汽锅炉额定蒸发量为 1 ~ 20 t/h、热水锅炉额定产热量为 0.7 ~ 14 MW 的锅炉房,其辅助间和生活间宜贴邻锅炉间的一侧。蒸汽锅炉额定蒸发量为 35 ~ 65 t/h、热水锅

炉额定产热量为 29 ~ 58 MW 的锅炉房，其辅助间和生活间可单独布置。

(2) 当锅炉房为多层布置时，其仪表控制室应布置在锅炉操作层上，并宜选择朝向较好的部位。

(3) 需要扩建的锅炉房，其运煤系统的布置应使煤自固定端运入炉前。

(4) 锅炉房宜设置修理间、仪表校验间、化验室等生产辅助间，尚宜设置必要的生活间，当就近有生活间可利用时，可不设置。二、三班制的锅炉房可设置休息室，或与值班更衣室合并设置。锅炉房按车间、工段设置时，可设置办公室，规模大的区域锅炉房可设置办公楼。

(5) 化验室应布置在采光较好、噪声和振动影响较小处，并使取样操作方便。

(6) 单层布置锅炉房的出入口不应少于 2 个；当炉前走道总长度不大于 12 m，且面积不大于 200 m^2 时，其出入口可只设 1 个。

多层布置锅炉房各层的出入口不应少于 2 个。楼层上的出入口，应有通向地面的安全梯。

(7) 锅炉房通向室外的门应向外开启，锅炉房内的工作间或生活间直通锅炉间的门应向锅炉间内开启。

(8) 工艺布置应保证设备安装、运行、检修安全和方便，使风、烟流程短，锅炉房面积和体积紧凑。

(9) 锅炉操作地点和通道的净空高度不应小于 2 m，并应满足起吊设备操作高度的要求。在锅筒、省煤器及其他发热部位的上方，当不需操作和通行时，其净空高度可为 0.7 m。

(10) 锅炉与建筑物之间的净距，应满足操作、检修和布置辅助设施的需要，并应符合下列规定：

炉前净距：

① 蒸汽锅炉 1 ~ 4 t/h、热水锅炉 0.7 ~ 2.8 MW，不宜小于 3.0 m；

② 蒸汽锅炉 6 ~ 20 t/h、热水锅炉 4.2 ~ 14 MW，不宜小于 4.0 m；

③ 蒸汽锅炉 35 ~ 65 t/h、热水锅炉 29 ~ 58 MW，不宜小于 5.0 m。

当需在炉前更换锅管时，炉前净距应能满足操作要求。对 6 ~ 65 t/h 的蒸汽锅炉，4.2 ~58 MW 的热水锅炉，当炉前设置仪表控制室时，锅炉前端到仪表控制室的净距可为 3 m。

锅炉侧面和后面的通道净距：

① 蒸汽锅炉 1 ~ 4 t/h、热水锅炉 0.7 ~ 2.8 MW，不宜小于 0.8 m；

② 蒸汽锅炉 6 ~ 20 t/h、热水锅炉 4.2 ~ 14 MW，不宜小于 1.5 m；

③ 蒸汽锅炉 35 ~ 65 t/h、热水锅炉 29 ~ 58 MW，不宜小于 1.8 m。

当需吹灰、拨火、除渣、安装或检修螺旋除渣机时，通道净距应能满足操作的要求。

(11) 炎热地区的锅炉间操作层，可采用半敞开布置或在其前墙开门。操作层为楼层时，门外应设置阳台。

(12) 锅炉之间的操作平台可根据需要加以连通。锅炉房内所有的辅助设施和热工监测、控制装置等，当有操作、维护需要时，应设置平台和扶梯。

(13) 燃油和燃气锅炉露天布置时,应符合下列要求:

① 锅炉机组应选择适合露天布置的产品,测量控制仪表和管道阀门附件应有防雨、防风、防冻和防腐等措施;

② 应使运行、操作安全并便于检修维护;

③ 应设置司炉操作室,并将锅炉水位、锅炉压力等的测量控制仪表,集中设置在操作室内。

(13) 风机、水箱、除氧装置、加热装置、除尘装置、蓄热器、水处理装置等辅助设备和测量仪表露天布置时,应有防雨、防风、防冻、防腐和防噪声等措施。居住区内锅炉房的风机不宜露天布置。

8.4　室外供热管网

8.4.1　供热管网形式

热网系统形式取决于热媒、热源与热用户的相互位置,以及供热用户种类、热负荷性质和大小等因素,选择热网系统形式应遵循的基本原则是合理、安全和经济。

1. 蒸汽供热管网

蒸汽热网连接的热用户主要是工厂的生产工艺设备。由于设备比较集中且数量不多,所以多采用单管制(单一蒸汽管和凝水管)枝状布置。当蒸汽系统凝结水质量不符合回收要求或凝水量较小时,也可以不设凝水管,但应在用户处充分利用凝结水的热量。

当系统的季节性热负荷占总热负荷比例较大,或者各工业用户所需蒸汽压力相差较大时,可采用双管制(两条蒸汽管)蒸汽热网。

2. 热水供热管网

热水热网连接的热用户主要是供暖热用户。目前我国的区域供热用户规模已高达数十亿平方米供热面积。热水热网多采用一供一回的双管闭式系统。

枝状管网布置简单、管材耗量小,基建投资小,运行管理简便,但没有后备供热能力。当热网某处发生故障时,故障点以后的用户都将停止供热。环状管网虽然有后备的供热能力,但其结构复杂、管材耗量大、基建投资较高。

一般的供热管网,在设计合理、安装得当、操作正确的条件下,可以保证热网无故障运行。即使有故障,短时间的检修也不会对供暖用户有十分明显的影响。因此,目前我国的热网多采用枝状管网。为了提高供热的后备能力,近年来一些热网在枝状管网的局部管线上加装连通管,以增加其后备能力。

8.4.2　供热管网的敷设及保温

供热管网敷设是指把供热管道及其附件按设计条件组成整体并使之就位的工作。其敷设方式可分为地上敷设和地下敷设两大类。

1. 地上敷设

地上敷设是指管道敷设在地面上或附墙支架上。按照支架高度的不同,可分为3种方式：

(1) 低支架(图 8.8)。管道保温结构底距地面净高大于 0.3 m，小于 2 m。该敷设方式节约土建材料、投资少、施工安装方便，但只适用于沿厂区围墙或平行于铁路、公路敷设。

(2) 中支架(图 8.9)。管道保温结构底距地面净高大于等于 2 m，小于 4 m。该敷设方式适用于人行频繁和非机动车辆通行的地段。

(3) 高支架(图 8.9)。管道保温结构底距地面净高大于等于 4 m。在管道跨越铁路、公路或其他障碍物时采用。

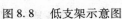

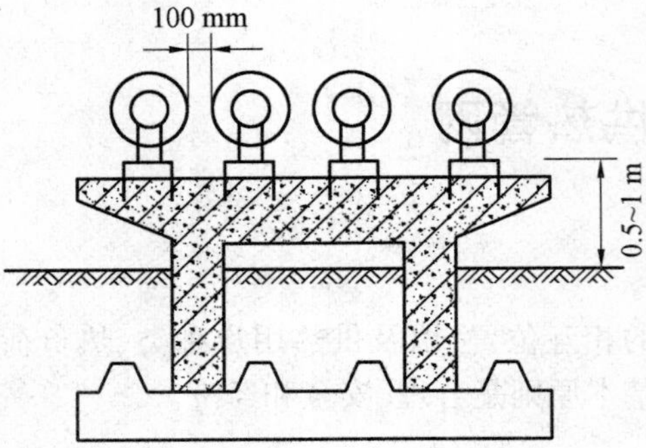

图 8.8　低支架示意图

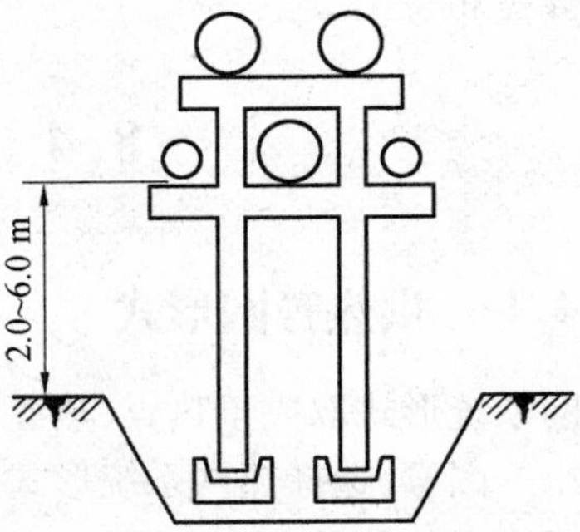

图 8.9　中、高支架示意图

地上敷设所用的支架按其结构材料可分为：砖砌、毛石砌、钢筋混凝土结构、木结构和钢结构等。目前国内常用的是钢筋混凝土支架。

2. 地下敷设

地下敷设不影响市容和交通，是目前广泛采用的一种敷设方式。地下敷设可分为有沟敷设和无沟敷设(直埋敷设) 两大类。有沟敷设又可分为通行地沟、半通行地沟和不通行地沟 3 大类。

(1) 通行地沟。通行地沟的横断面如图 8.10 所示。沟内净高尺寸不小于 1.8 m，通道宽度不小于 0.6 m。通行地沟中应设照明装置，一般采用 < 36 V 的安全电压。沟内空气温度按检修条件要求宜小于 40 ℃，一般可利用自然通风。考虑排水的要求，沟底应设不小于 0.003 的坡度。通行地沟可以保证检修人员经常地、方便地进行维护管理，其缺点是地沟尺寸大、造价高。因此，只有在重要路段、重要干线和管道数目较多时采用这种方式。对一般中小型热网不宜采用通行地沟。

(2) 半通行地沟。半通行地沟的横断面如图 8.11 所示。显然，半通行地沟的净高比通行地沟要低，通常在 1.2 m 以上，通道宽度在 0.5 m 以上，检修人员可以低头弯腰通行。

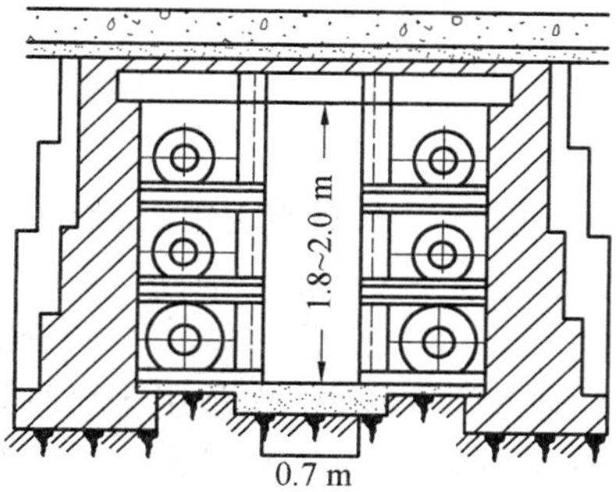

图 8.10 通行地沟

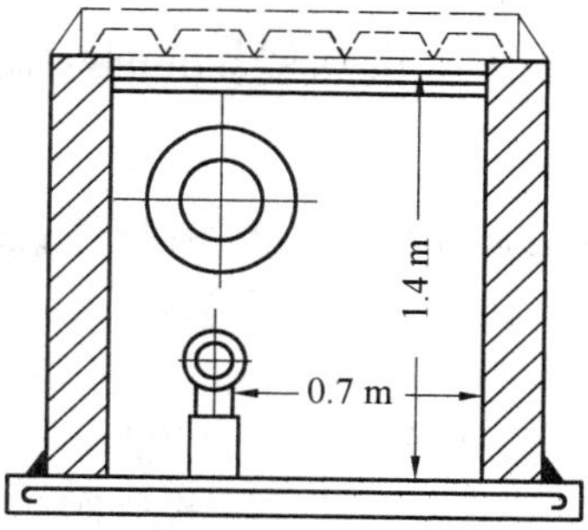

图 8.11 半通行地沟

(3) 不通行地沟。在城市街区以及小型工厂内,广泛采用不通行地沟。不通行地沟的断面如图 8.12 所示。不通行地沟的尺寸仅满足安装和施工的需要,因此,比较经济。

不通行地沟的各部分尺寸,根据管道的数目和管径来确定。国内常见的地沟构造,一般是混凝土底板,砖或毛石沟壁,钢筋混凝土盖板。目前,一些工程中也采用预制的钢筋混凝土椭圆拱形地沟,这种地沟比砖砌地沟施工方便、节省材料、造价较低、防水性能也较好。其断面如图 8.13 所示。

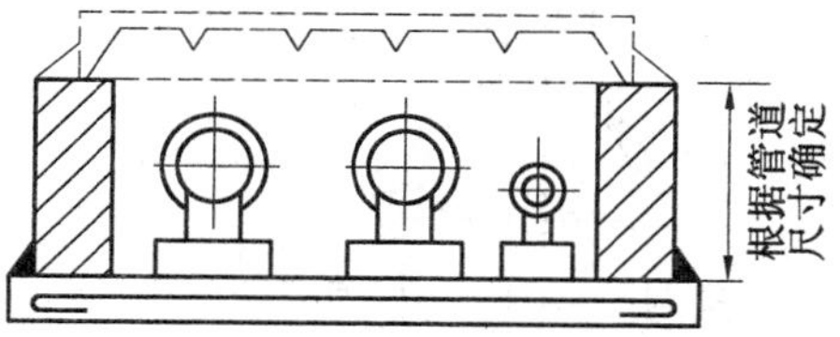

图 8.12 不通行地沟

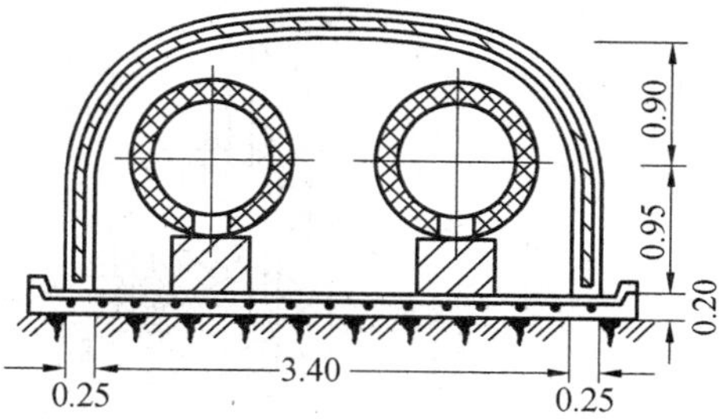

图 8.13 预制钢筋混凝土椭圆拱形地沟

(4) 无沟敷设。无沟敷设又称直埋敷设。这种敷设方式一般将管道埋设在地下水位以上的土层内。由于节省了大量土石方工程量和材料,所以总投资可以大大降低。

目前,无沟敷设在国内外的城市供热中以得到了广泛应用。尤其是采用聚氨酯泡沫塑料作为保温材料的预制保温管,它的应用更为广泛。可以说是目前城市热网敷设采用最多的方式。

3. 供热管道保温

供热管道保温的目的是减少输热过程的热损失,从而节约燃料。根据《城市热力网设计规范》(CJJ 34—2010) 规定,供热介质设计温度高于 50 ℃ 的热力管道,设备、阀门一般应做保温。作为保温材料,平均工作温度25 ℃ 下的导热系数不大于0.08 W/(m·℃),其密度不应大于300 kg/m^3。目前常用的管道保温材料有石棉、膨胀珍珠岩、膨胀蛭石、岩棉、矿渣棉、玻璃纤维及玻璃棉、微孔硅酸钙、泡沫混凝土和聚氨酯泡沫塑料等。

常用的管道保温方法分为涂抹式、预制式、缠绕式、填充式、灌注式和喷涂式。不同的保温材料,根据施工方法不同可做成糊状(涂抹)、板状、弧形块、管壳状(预制式)、面毡、棉被状(缠绕式) 或泡沫(灌注式) 等。在保温层外面,还应做必要的保护层和防水层。

目前城市热网管道采用最多的保温材料是聚氨酯泡沫塑料。

8.4.3　供热管网的附属设施

1. 阀门

阀门是供热管网中用以开闭管路和调节热媒流量的设备。常用的阀门有截止阀、闸阀、蝶阀、止回阀和调节阀等。

单纯用于关闭管路的可采用截止阀、闸阀或蝶阀。截止阀流动阻力较大，但密闭性好，一般公称通径不大于 200 mm。闸阀流动阻力较小但密闭性较差，它常用于公称通径 200 mm 以上的管道上。蝶阀阀体较短，占据空间小，流动阻力小，调节性能较好。虽然造价较高，但在目前国内的热网中应用逐渐增多。

止回阀的功能主要是限制管内流体反向流动。在供热系统中，常用在水泵出口、疏水器出口或其他一些有特殊要求的地方。

调节阀的作用主要是调节管内热媒流量。它常用于分支管的始端，热用户入口等处。

几种常用阀门的构造示意图如图 8.14 ~ 8.18 所示。

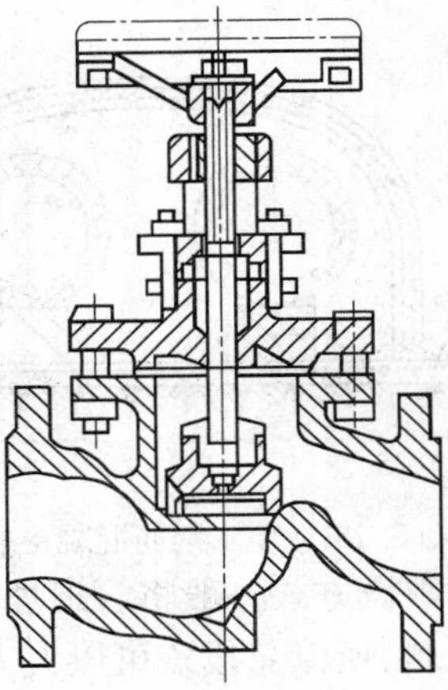

图 8.14　直通式截止阀

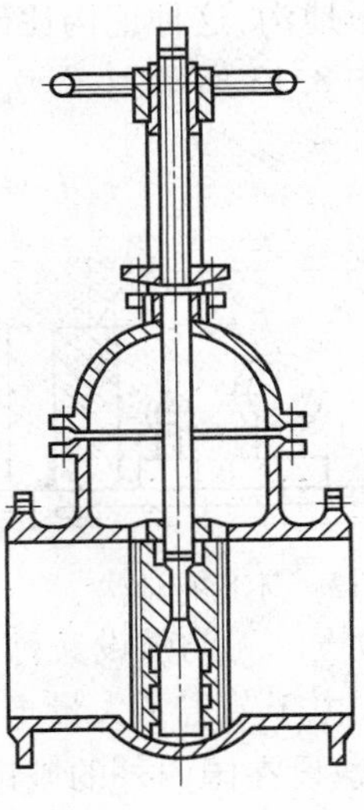

图 8.15　明杆平行式闸阀

2. 补偿器

热力管道随着管内热媒温度的升降，会出现伸缩现象。如果管道在运行中不能自由伸缩，会使管道和固定支架承受巨大的压力，以致造成管道和支架的破坏。为了抵消由于管道伸缩所引起的压力变化，必须在管道上两个固定支架间设置补偿器（伸缩器）。

（1）自然补偿。利用管道布置时的自然转弯来补偿管道的变形，这种方法称为自然补偿。在布置管路时，应首先考虑并尽量利用自然补偿。常见的自然补偿的形式有 L 形和 Z 形（图 8.19）。由于自然补偿的能力有限，所以当自然补偿不能满足要求时，应该设专用的补偿器。自然补偿的长臂和短臂的长度必须在一定的范围之内才能起到补偿作用。

（2）方形补偿器。方形补偿器是将管道弯曲成 Π 形而成。它的优点是制造方便，对支架的轴向推力小，补偿能力大，并且不必经常维修。但是，它的外形尺寸较大、占地面积

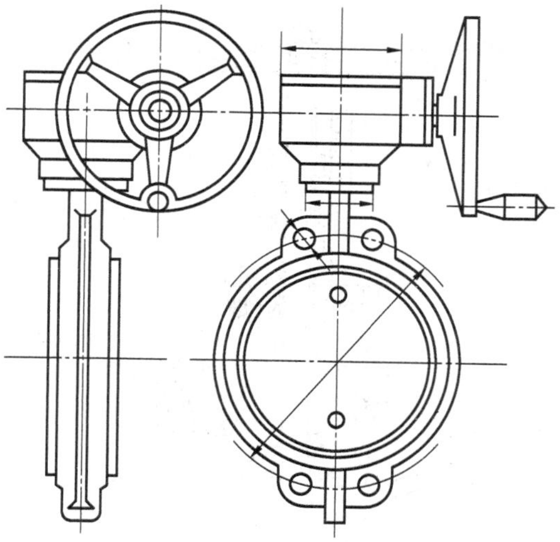

图 8.16　蝶阀结构示意图

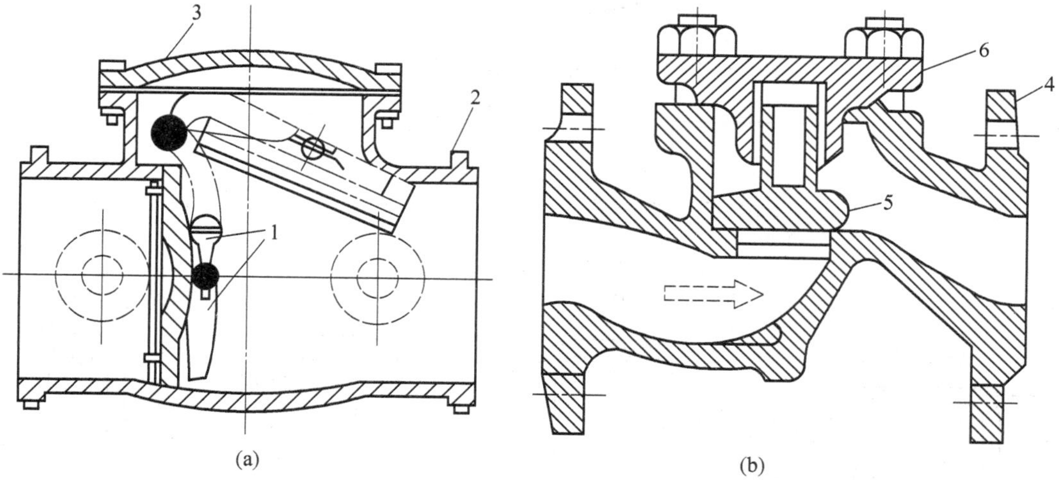

图 8.17　止回阀

1— 阀瓣;2— 主体;3— 阀盖;4— 阀体;5— 阀瓣;6— 阀盖

大,并且热媒流动阻力较大。鉴于它较多的优点,所以在供热管道上应用相当广泛。国家标准中给出了 4 种构造形式的补偿器。图 8.20 为方形补偿器的 4 种形式。

(3) 套管补偿器。普通套管补偿器如图 8.21(a) 所示。芯管 1 与热力管道的直径相同,它伸入到补偿器壳体 2 内。在芯管与壳体之间装置填料圈 3,填料一般采用铜丝石棉盘根。通过拉紧螺栓 6,在前、后压兰 4、5 的作用下,填料被压紧,从而保证管道的密封。

套管补偿器的补偿能力大,结构紧凑,占地小,热媒的流动阻力较小。但它的轴向推力较大,并且需要经常检修和更换填料,否则易泄漏。在大直径管道上由于方形补偿器的尺寸太大,常采用套管补偿器。

最近几年,一些企业开发生产了密封材料通过专用小孔注入的注填式套管补偿器(图 8.21(b))以及新型密封材料的套管补偿器(图 8.21(c))。据介绍由于采用了最先

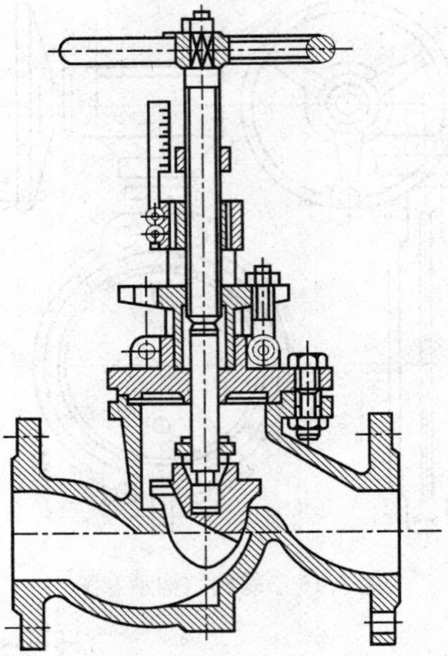

图 8.18　手动调节阀

图 8.19　自然补偿形式

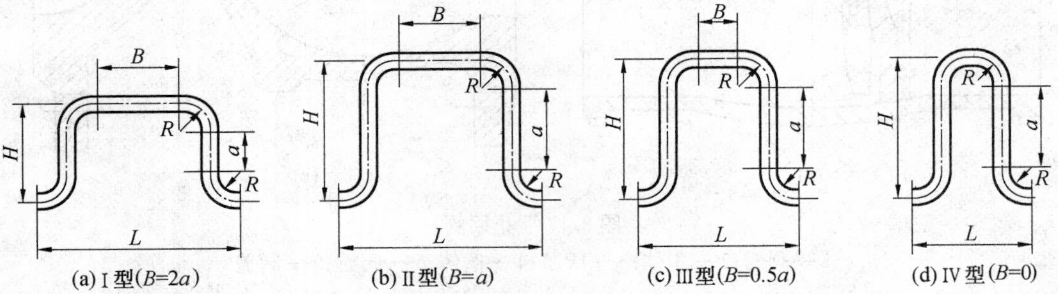

图 8.20　方形伸缩器

L— 开口距离

进的密封材料，前者可以保证长时间不渗漏，如果需要可以在运行中随时维护，后者可以长时期不必检修。这些特点还有待在实际工程中进一步验证。

(4) 球形补偿器。球形补偿器利用角曲折（一般可达 30°）来吸收管道的伸缩量。安装时，两个球体配成一组，其动作原理如图 8.22 所示。

球形补偿器的补偿能力更大，大约是方形补偿器的 5 ~ 10 倍。占据空间小，并且可做空间变形，适于架空敷设，从而使补偿器和固定支架数量大大减少。

由于球形补偿器工作时两侧管道不能位于同一轴线上，因此占空间较大，它只适用于

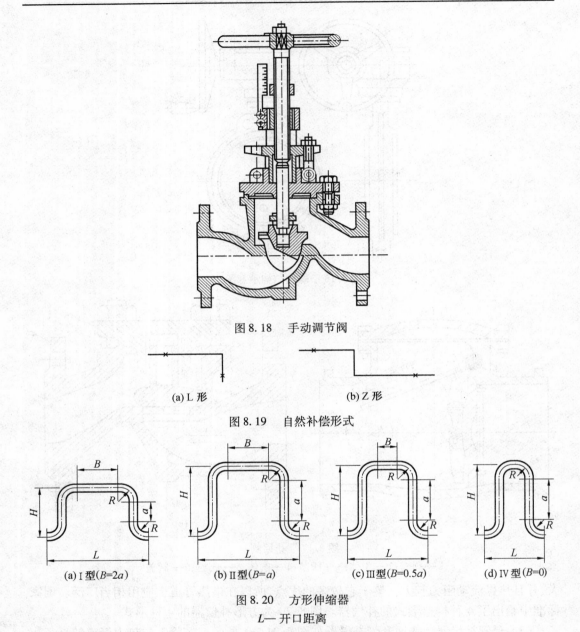

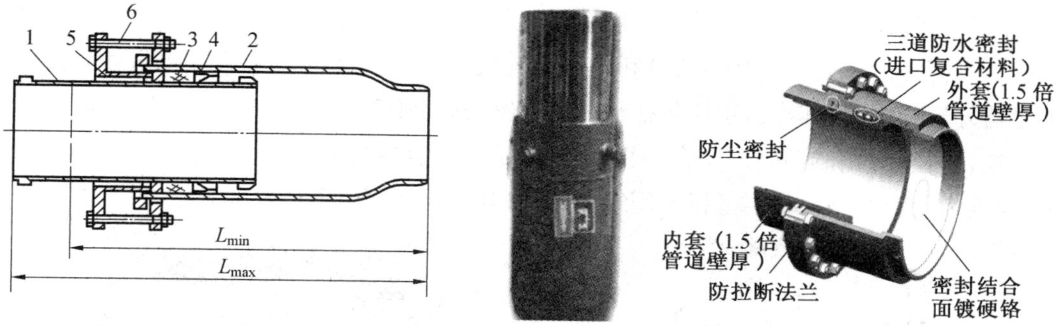

(a) 普通型 (b) 注填式套管补偿器 (c) 免维护套管补偿器

图 8.21 套管补偿器

1— 芯管;2— 壳体;3— 填料圈;4— 前压兰;5— 后压兰;6— 螺栓

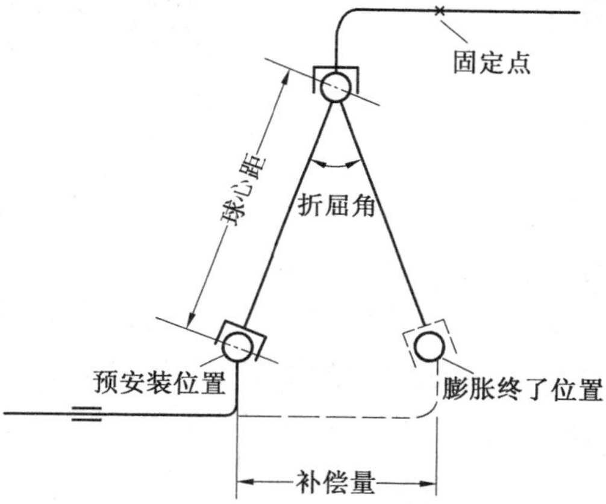

图 8.22 球形补偿器动作原理图

架空管道上。

（5）波纹管补偿器。该补偿器是利用单层或多层薄金属的弹性吸收管道伸缩的。它具有体积小、节省钢材、流动阻力小和不必维修等优点。但它的补偿能力较小,且补偿器造价较高。图 8.23 为内压轴向式波纹管形补偿器的外形图。

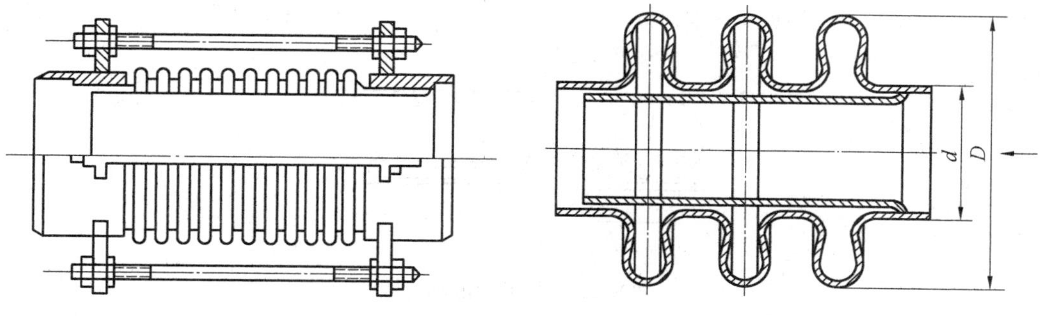

图 8.23 内压轴向式波纹管补偿器

(6) 旋转补偿器。旋转补偿器的工作原理和球形补偿器类似，必须有两个以上组对成组。有区别的只是旋转补偿器是利用自身的旋转吸收管道的热伸长。图 8.24 为旋转补偿器外形结构图，其构造主要包括整体密封座、密封压盖、密封材料、减摩定心轴承、压紧螺栓、异径套管和旋转筒体等。图 8.25 为旋转补偿器组装系统图。其特点是补偿量大、无推力、密封性好，长期运行不用维护，但是其占据空间位置也较大。

图 8.24　旋转补偿器外形结构图

图 8.25　旋转补偿器组装系统图

3. 管道支座(架)

管道支座的作用是支撑管道、限制管道的变形和位移并且承受和传递管道产生的作用力。管道支座分为活动支座和固定支座两类。

(1) 活动支座(架)。活动支座的作用主要是支撑管道并允许管道有相对位移。按其构造和功能又可分为滑动支座、滚动支座、悬吊支座和导向支座等类型。工程中应用最多的是滑动支座，其形式有曲面槽式、丁字托式和弧形板式，如图 8.26 ~ 8.28 所示。

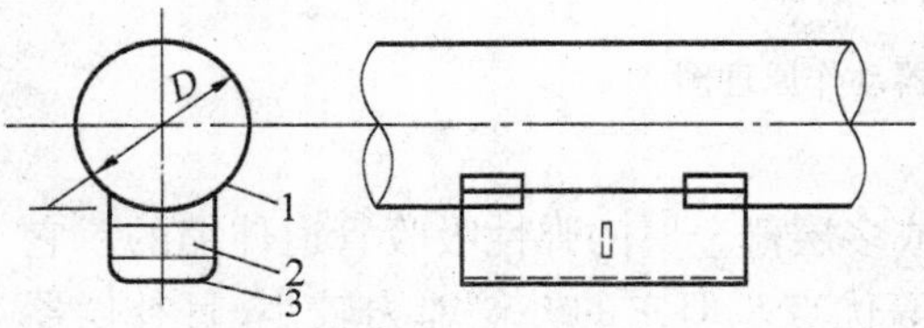

图 8.26　曲面槽滑动支座

1— 弧形板；2— 肋板；3— 曲面槽

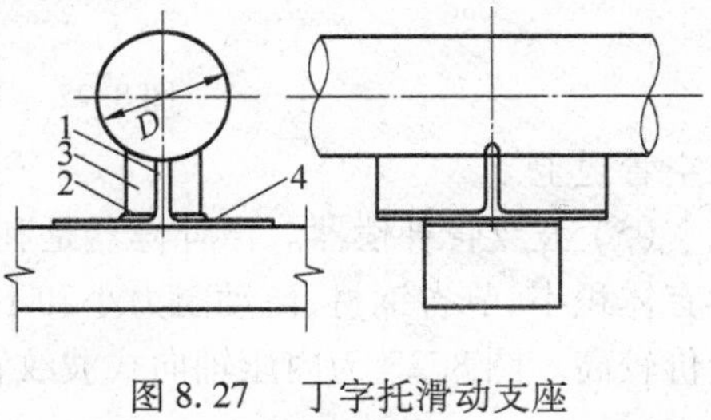

图 8.27　丁字托滑动支座

1— 顶板；2— 底板；3— 侧板；4— 支承板

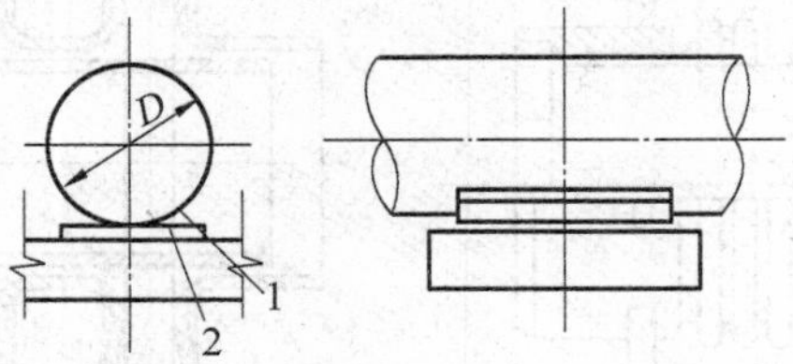

图 8.28　弧形板滑动支座

1— 弧形板；2— 支承板

(2) 固定支座。固定支座的作用是将供热管道分段固定,不允许其有相对位移。固定支座一般设置在管道的如下位置:不允许有轴向位移的节点处、安装阀门处、自然转弯的两端和补偿器的两端。固定支座按其结构形式可分为卡环式、焊接角钢式、曲面槽式(以上用于推力较小处)和挡板式(用于推力较大处)。具体结构形式如图8.29～8.32所示。对于直埋敷设的热力管道,整体固定支墩较多采用的是箱式固定墩(图8.33)、T形固定墩(图8.34)和鞍式固定墩(图8.35)。

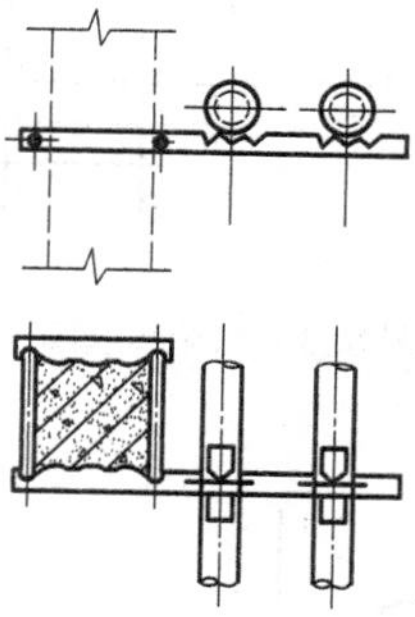

图8.29　卡环式固定支座(架)

1—固定角钢;2—限位钢板;3—管夹;4—螺母;5—加固梁

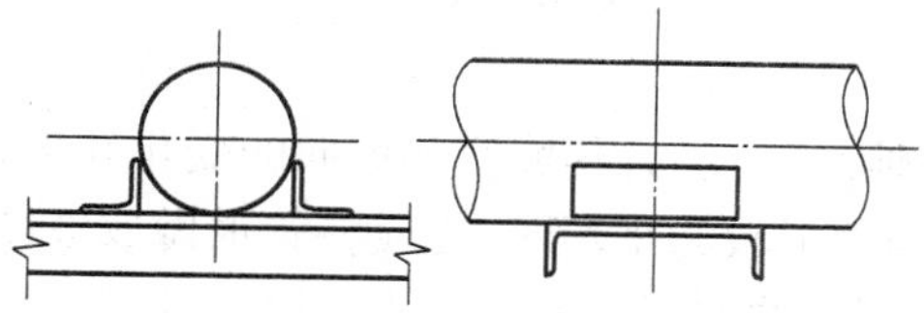

图8.30　焊接角钢固定支座

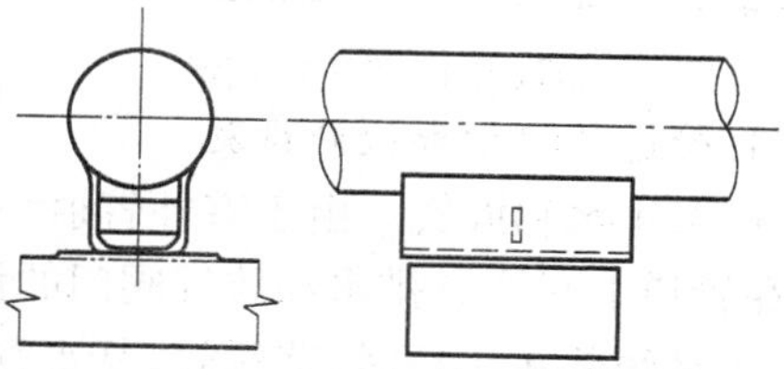

图8.31　曲面槽固定支座

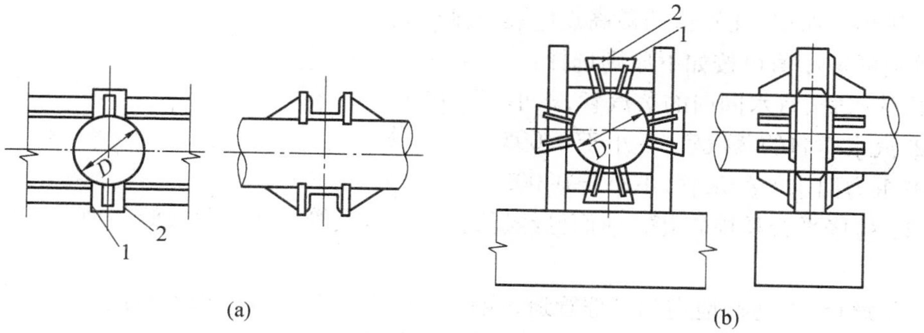

图8.32　挡板式固定支座

1—挡板;2—肋板

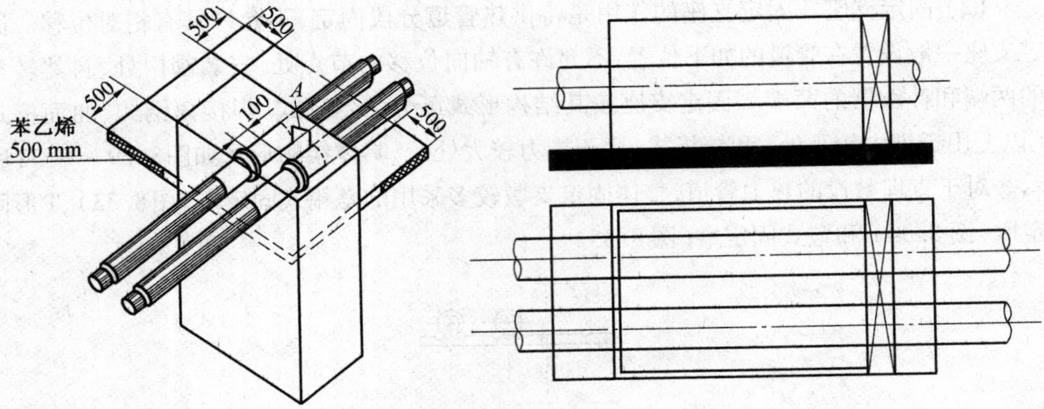

图 8.33　箱式固定墩

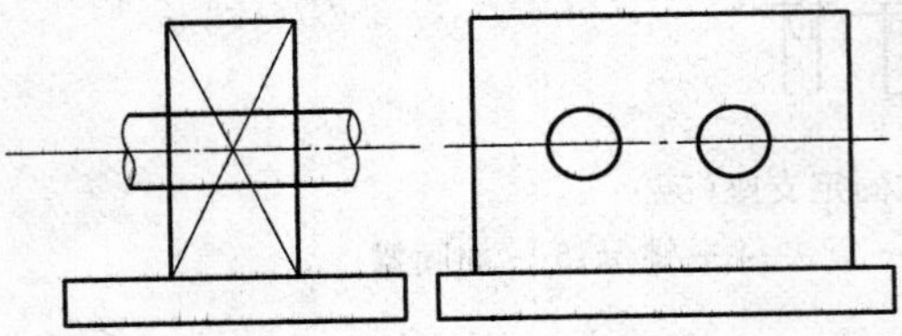

图 8.34　T 形固定墩

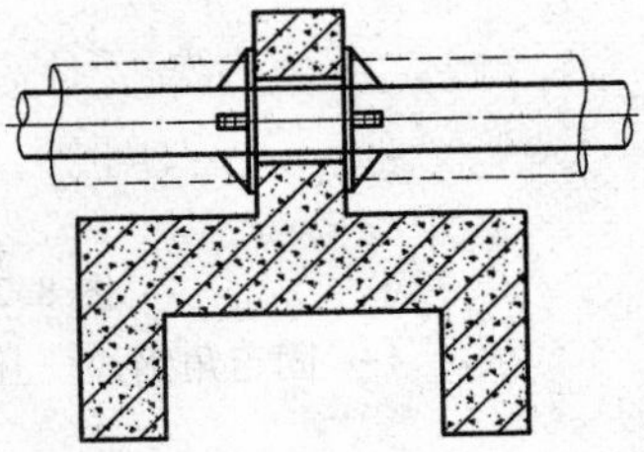

图 8.35　鞍式固定墩

4. 管道的维护和检修设施

(1) 排水和放气。由于室外管道一般是沿地形敷设的，其坡度和坡向的变化较大，因而，在管道上应注意排水和放气阀门的设置。当地形较为平坦时，也应将管道做成坡度。

当系统停止运行时，蒸汽管、凝水管及热水管道的坡度应该保证水可以从管道排出。所以，在管道的最低点，应装设放水阀。热水管凝水管，管道的坡度应该保证管道内的空气顺利排出。所以，在管道的最高点应装设排气阀。

管道的坡度值可按如下原则选择：

① 热水管、汽水同向的蒸汽管，不小于 0.002 ~ 0.003。

② 汽水逆向的蒸汽管，不小于 0.005。

③ 重力回水的凝水管，不小于 0.005。

(2) 检修平台及检修井。前面已经提到，架空敷设管道在需要检修的地方，应设检修平台。

对半通行、不通行地沟和直埋管道，应设必要的检查井（又称地下小室）。检查井的设置，主要是考虑检修的方便。因此，在管道的阀门处、排水放气设备和套管补偿器处，均应设检查井。

检查井的尺寸大小应根据管道的多少和大小以及阀门的数量决定。一般净高尺寸不应小于 1.8 m，通道宽度不应小于 0.6 m，顶部应设入口（又称人孔）及扶梯，底部应设积水坑。其具体形式如图 8.36 所示。

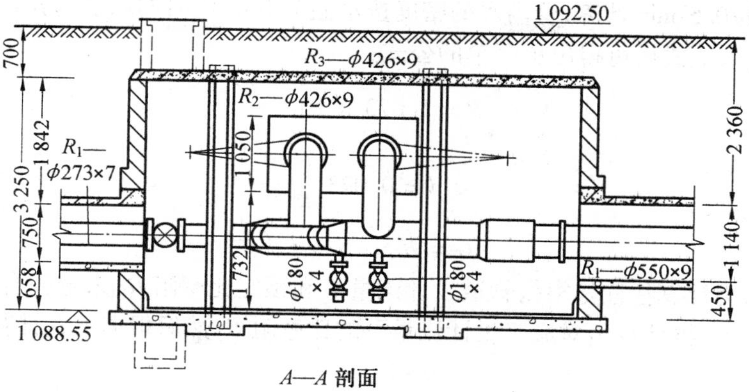

A—A 剖面

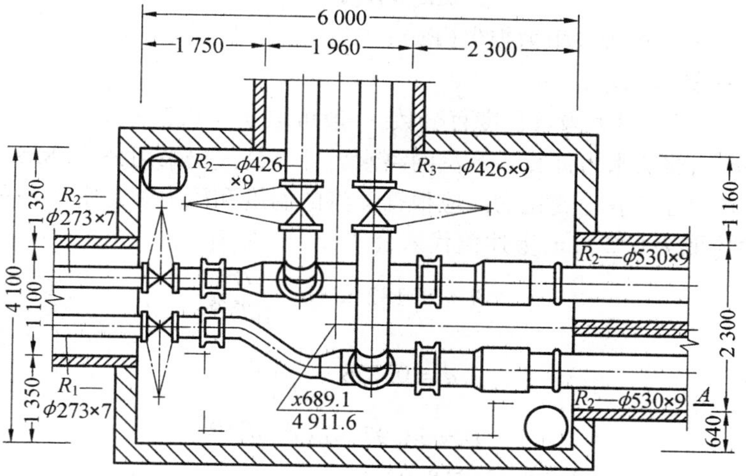

图 8.36　检查井

5. 供热管网的水力计算

室外供热管网水力计算的主要目的是确定管网中各管段管径及其阻力损失。根据管网水力计算结果，对热水网路，可以确定网路循环水泵的流量和扬程，从而选择合适的循环水泵；对蒸汽网路，可以确定热源的和管段各点的供汽压力。

(1) 热水网路的水力计算。根据流体力学中有关章节的内容，表达热水网路中管径 d、流量 G、比摩阻 R 三者之间关系的公式为

$$R = 6.25 \times 10^{-2} \frac{\lambda}{\rho} \cdot \frac{G^2}{d^5} \tag{8.5}$$

式中　R—— 每米管长的沿程损失(比摩阻)(Pa/m)；

G—— 管段的水流量(t/h)；

d—— 管道的内径(m)；

λ—— 管道内壁的摩擦系数；

ρ—— 水的密度(kg/m^3)。

公式中的 λ 值，可以根据水力学中流体处于阻力平方区的公式得出，λ 值的主要影响

因素 K 值，按0.5 mm计算，管内水的密度按水温为100 ℃ 时的取值为 $\rho=958.38\ \text{kg/m}^3$，有关数据代入上式后可得出更简单的公式：

$$R=1.073\times10^{-6}\frac{G^2}{d^{5.25}} \tag{8.6}$$

$$d=0.073\frac{G^{0.381}}{R^{0.19}} \tag{8.7}$$

$$G=965.4R^{0.5}\cdot d^{2.625} \tag{8.8}$$

一般水力计算往往是根据管道设计流量 G 和预定比摩阻 R_{P} 来选择合适的管径，在给定管径条件下，再计算出对应于设计流量下的比摩阻 R，然后根据下式计算管段阻力损失 ΔH：

$$\Delta H=R(1+a_{\mathrm{j}})L \tag{8.9}$$

式中　ΔH—— 计算管段阻力损失(Pa)；

L—— 管段的总长(m)；

a_{j}—— 局部阻力当量长度百分数，一般可取 $a_{\mathrm{j}}=0.2\sim0.5$。

(2) 蒸汽网路的水力计算。蒸汽网路水力计算公式仍采用公式(8.5)，但与热水网路不同的是蒸汽的密度 ρ 是变化的。应根据蒸汽的温度和压力确定密度 ρ；另外蒸汽网路的粗糙度 K 值应取为0.2 mm，上述值代入公式(8.5) 后有：

$$R=8.182\times10^{-6}\frac{G^2}{\rho d^{5.25}} \tag{8.10}$$

$$d=0.258\frac{G^{0.381}}{(\rho R)^{0.19}} \tag{8.11}$$

$$G=34.97\,(\rho R)^{0.5}d^{2.625} \tag{8.12}$$

管网阻力损失计算仍可采用式(8.9)。

8.5　热 力 站

用以转换供热热媒，改变热媒参数，分配、控制和计量供给热用户热量的设施称为热力站。集中供热系统中的热力站是热网与热用户的连接场所。

根据热网输送热媒的不同，可分为热水热力站和蒸汽热力站；根据服务对象不同，可分为工业热力站和民用热力站；根据规模不同，可分为用户热力站(又称用户引入口)、小区热力站(常简称为热力站)和区域热力站。

8.5.1　民用热力站

民用热力站的服务对象是民用建筑及公共建筑用热单位。其服务功能主要是用户的供暖和热水供应，因此民用热力站主要是热水热力站。

最简单的民用热力站是用户引入口，其示意图如图 8.37 所示。在用户引入口中，除用于开闭的总阀门以外，还应设置必要的温度计、压力表等检修装置，根据用户要求也设置调节阀，以便于进行流量调节。除污器的作用是清除管道中的污垢杂物，以避免其进入供暖系统。旁通管的作用是当用户暂停供暖或检修需要关闭供回水管阀门时，打开旁通管阀门，使热网的热水在支线中循环，避免支线冻结。

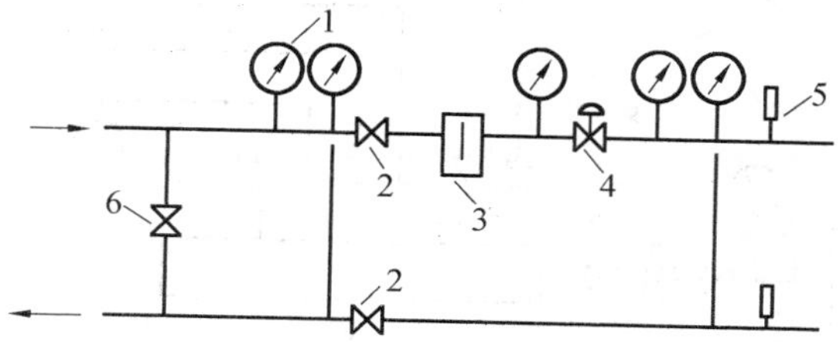

图 8.37　用户引入口图示

1— 压力表;2— 用户阀门;3— 除污器;4— 调节阀;5— 温度计;6— 旁通管阀门

泄水阀应装在最低点，以便检修时放水。

用户引入口可以设在室内，也可设在室外。设在室内时，可因地制宜，设在地下室、楼梯间底层或不重要的房间；设在室外时，可单独设在楼房附近地下或地上，也可设在检查井内。

较大型的民用热力站除具备用户引入口的功能之外，一般都设有混水装置或换热设备。混水装置可采用混水泵或水 - 水喷射器，换热设备则可采用水 - 水换热器，图 8.38 为带有混水泵和水 - 水换热器的民用热力站示意图。

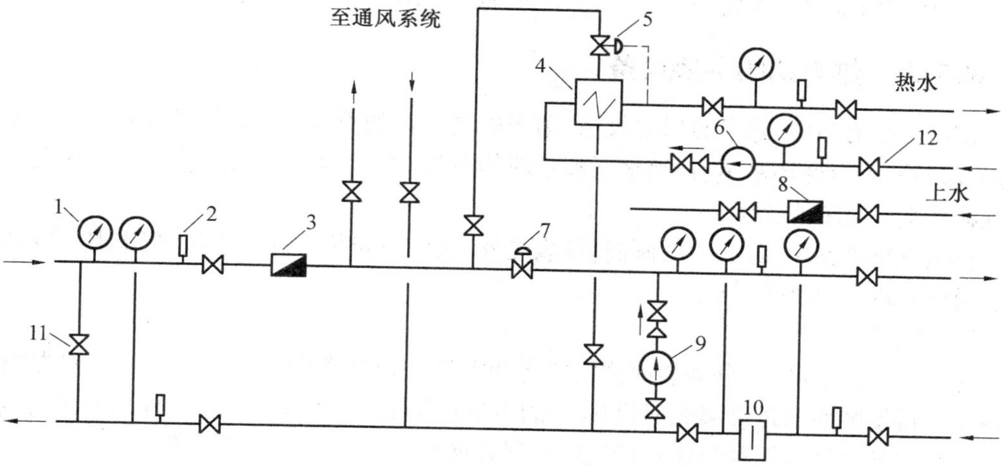

图 8.38　民用集中热力站示意图

1— 压力表;2— 温度计;3— 热网流量计;4— 水 - 水换热器;5— 温度调节器;6— 热水供应循环水泵;7— 手动调节阀;8— 上水流量计;9— 供暖系统混合水泵;10— 除污器;11— 旁通管;12— 热水供应循环管路

8.5.2　工业热力站

工业热力站的服务对象多为工业企业用热单位，根据工业生产对蒸汽的需要，工业热力站多为蒸汽热力站。图 8.39 为一个具有多类热负荷（供暖、通风、热水供应、工业生产）的工业热力站示意图。

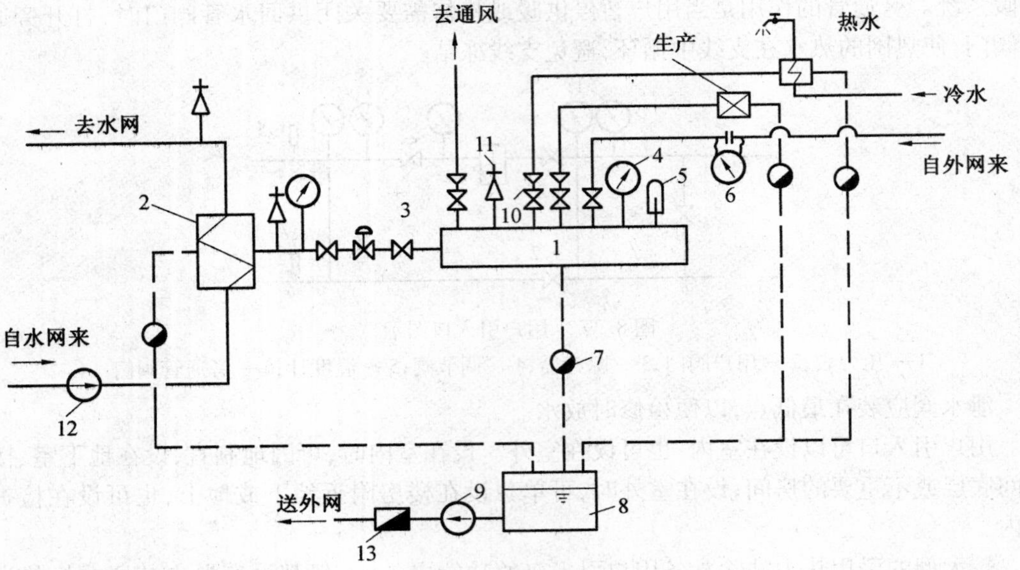

图 8.39　工业蒸汽热力站示意图

1— 分汽缸;2— 汽 - 水换热器;3— 减压阀;4— 压力表;5— 温度计;6— 蒸汽流量计;7— 疏水器;8— 凝水箱;9— 凝水泵;10— 减压阀;11— 安全阀;12— 循环水泵;13— 凝水流量计

8.5.3　热力站的主要设备

在热水热力站中,除了必要的阀门、用于检测计量的温度计、压力表和用于调节流量的调节阀外,还有循环水泵、补给水泵和水箱等设施。对于有换热要求的用户,其主要的设备就是水 - 水换热器。

在蒸汽热力站中,除必须的阀门、仪表之外,还应该安装蒸汽减压阀、疏水器、分汽缸、凝水箱以及汽 - 水换热器等。

1. 换热器

按传热方式不同,可分为表面式换热器和混合式换热器两大类。表面式换热器两种流体不直接接触而通过金属表面换热。常用的换热器有壳管式、容积式、板式和螺旋板式等。混合式换热器是两种流体直接接触而混合换热,如淋水式、喷管式等。

按传热热媒种类不同,可分为汽 - 水换热器和水 - 水换热器两大类。

图 8.40 为几种壳管式汽 - 水换热器示意图。图 8.41 为波节管式壳管换热器示意图,图 8.42 为壳管式水 - 水换热器示意图,图 8.43 为容积式汽 - 水换热器示意图。该换热器的主要特点是管壳容水量较大,可兼作贮水箱用,但传热系数较低。图 8.44 为板式换热器示意图,该换热器传热系数高,占地较小,但造价较高。

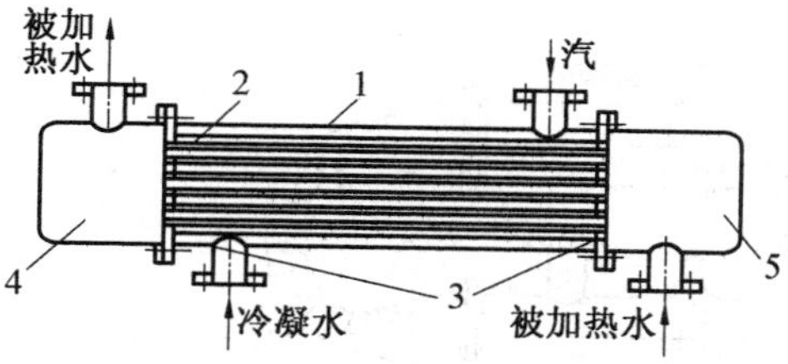

(a) 固定管板式汽 - 水换热器

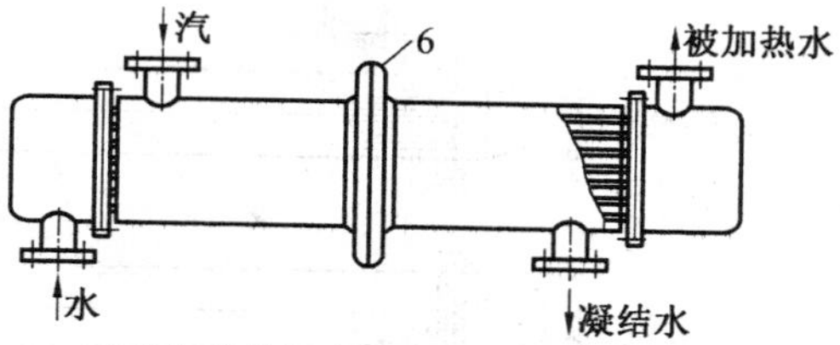

(b)带膨胀节的壳管式汽 - 水换热器

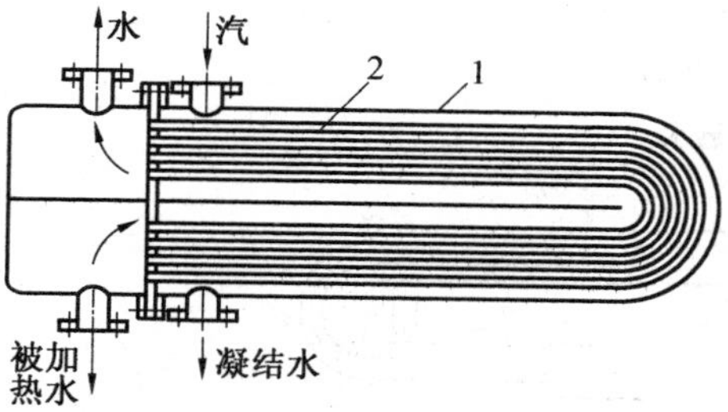

(c)U 形壳管式汽 - 水换热器

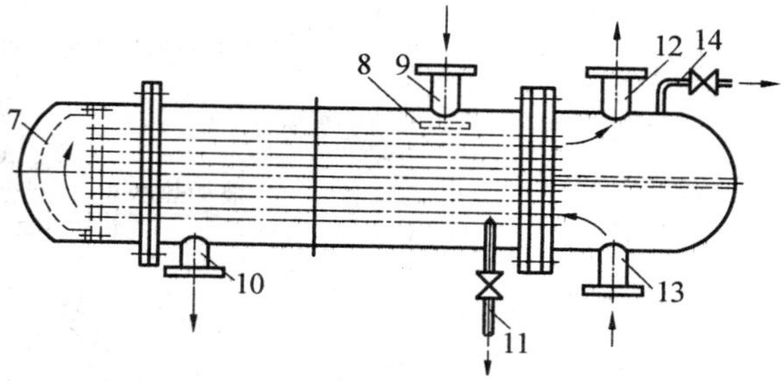

(d)浮头式壳管汽-水换热器

图 8.40　壳管式汽 - 水换热器

1— 外壳;2— 管束;3— 固定管栅板;4— 前水室;5— 后水室;6— 膨胀节;7— 浮头;8— 挡板;9— 蒸汽入口;10— 凝水出口;11— 汽侧排气管;12— 被加热水出口;13— 被加热水入口;14— 水侧排气管

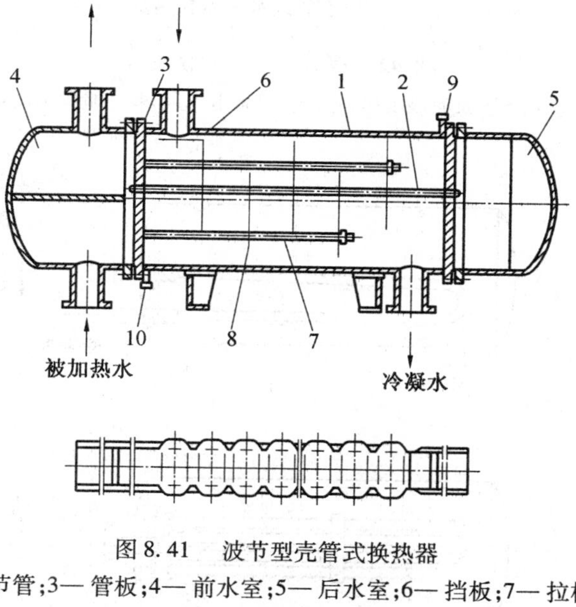

图 8.41　波节型壳管式换热器

1— 外形;2— 波节管;3— 管板;4— 前水室;5— 后水室;6— 挡板;7— 拉杆;8— 折流板;9— 排气口;10— 排液口

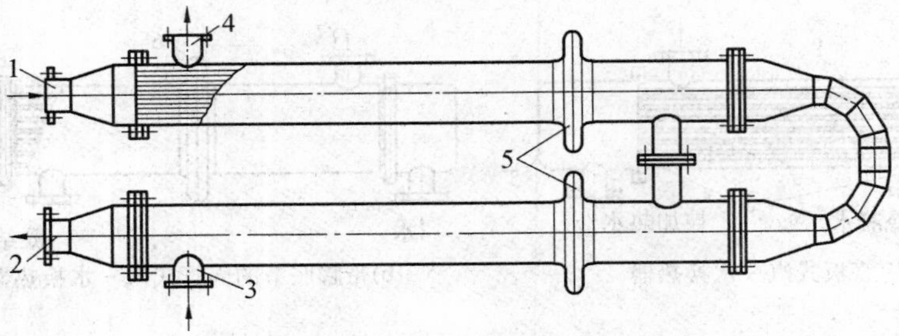

(a) 分段式水－水换热器

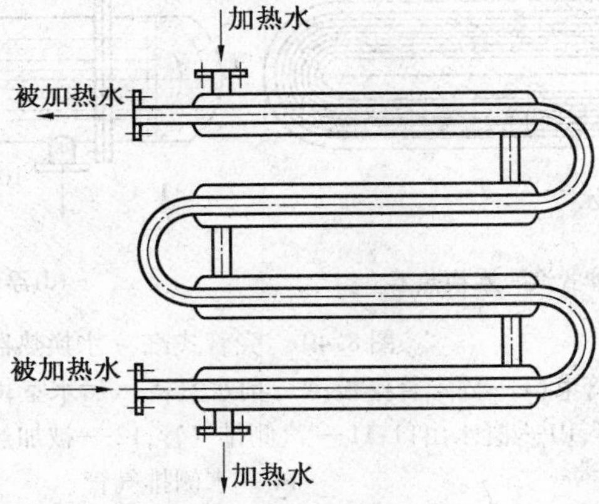

(b) 套管式水－水换热器

图 8.42　壳管式水－水换热器

1—被加热水入口；2—被加热水出口；3—加热水入口；4—加热水出口；5—膨胀节

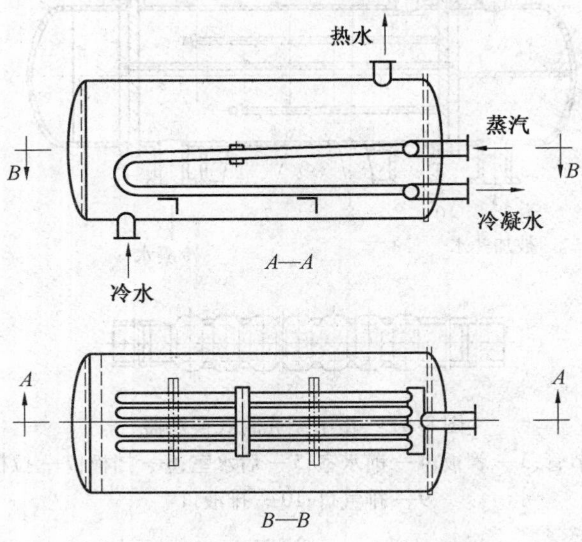

图 8.43　容积式汽－水换热器构造示意图

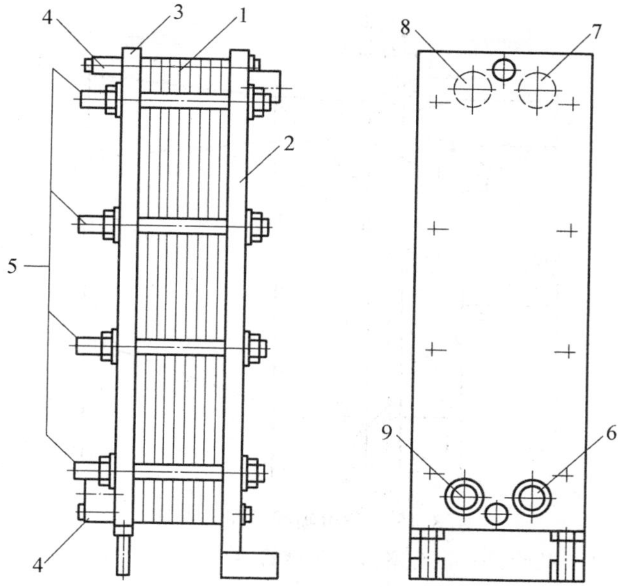

图 8.44　板式换热器构造示意图

1— 加热板片;2— 固定盖板;3— 活动盖板;4— 定位螺栓;5— 压紧螺栓;
6— 被加热水进口;7— 被加热水出口;8— 加热水进口;9— 加热水出口

2. 喷射器

喷射器可以使两种不同压力的流体混合,它是利用高压流体通过喷嘴后的引射作用,将低压流体引射混合。完成了能量交换的混合后的流体被喷射到外网供用户使用。

(1) 蒸汽喷射器。蒸汽喷射器是以蒸汽为热媒和动力,来加热和推动供热系统的循环水,使系统工作。蒸汽喷射器的构造原理如图 8.45、图 8.46 所示。

(2) 水喷射器。水喷射器的构造工作原理与蒸汽喷射器基本相同,构造原理如图 8.47 所示。在选择水喷射器之前,应该已知供暖系统的热负荷和供水温度,从而可确定供暖系统循环流量。还应该已知系统总阻力损失和网路提供的高温水的温度或混合比,才能根据计算图、表选择合适的混水器的型号和喷嘴直径。

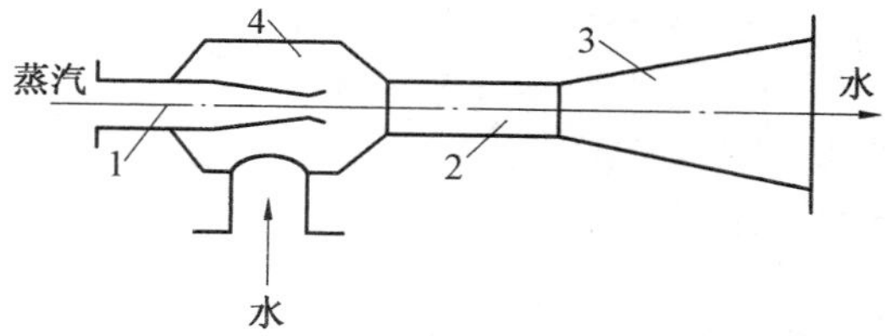

图 8.45　蒸汽喷射器简图

1— 喷管;2— 混合室;3— 扩散管;4— 引水室

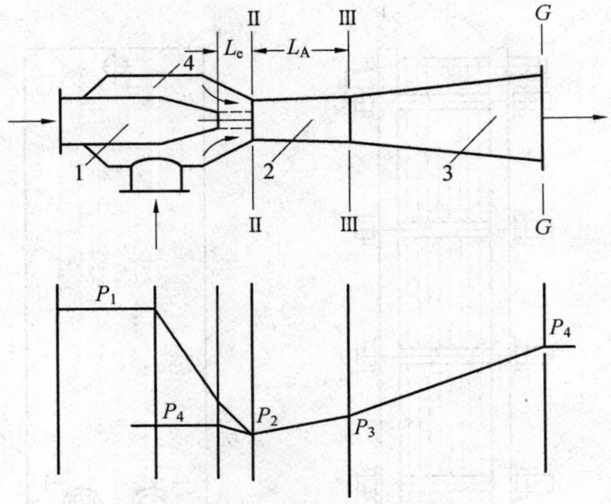

图 8.46　蒸汽喷射器工作简图

1— 喷管;2— 混合室;3— 扩散管;4— 引水室

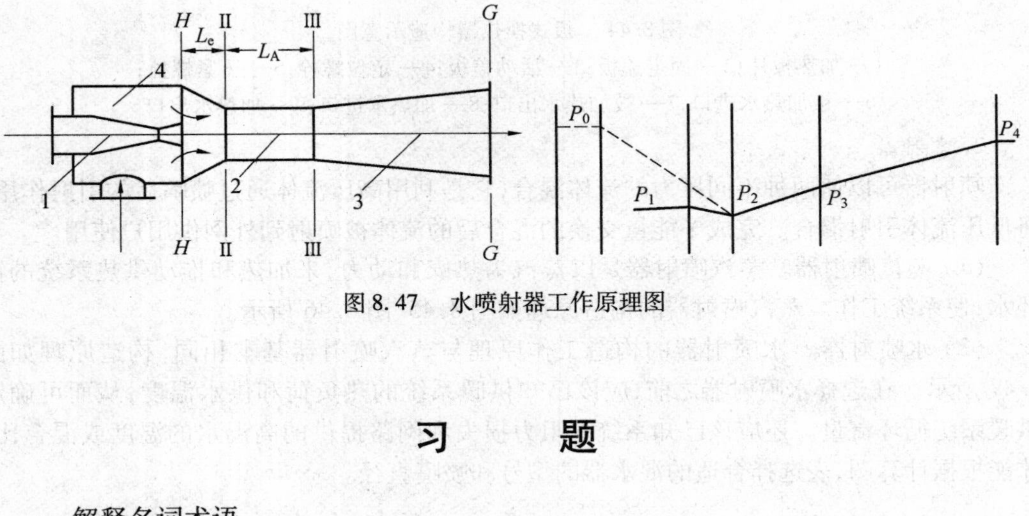

图 8.47　水喷射器工作原理图

习　题

一、解释名词术语

1. 供热系统
2. 热源
3. 热网
4. 热用户
5. 热力站
6. 高温水
7. 低温水
8. 间接连接

二、填空、简答题

1. 热水热网与用户连接方式可分为________、________和________。

2. 热水作为热媒时按热媒参数可分________、________。

3. 热网管道敷设方式分为________、________、________。

4. 通行地沟断面的尺寸要求为：高为________，宽为________。

5. 简述补偿器的作用。

6. 简述热力站内主要设备及其作用。

7. 以下列出的附件哪一个不属于蒸汽锅炉的主要安全附件(　　)

A. 安全阀　　B. 压力表　　C. 水位计　　D. 温度计

8. 蒸汽锅炉的型号是 SHL－20－1.25/350－AⅡ，说明其中各符号表示的意义。

SHL

20

1.25

350

AⅡ

第9章　供暖(采暖)

9.1 建筑供暖系统

为了生产和生活的需要,人们要求建筑物内部保持一定的温度。在冬季,为了维持室内温度的恒定,就必须向室内提供一定的热量。

用人工方法向室内提供热量,保持一定的室内温度,以创造适宜的生活条件或工作条件的技术称为供暖(也称为采暖)。为使建筑物达到供暖的目的,由热源或供热装置、散热设备和管道等组成的设施称为建筑供暖系统。

图9.1是由锅炉房作为热源,并由输热管道和散热器等组成的集中供暖系统示意图。集中供暖系统的热媒可采用蒸汽、热水或者热风。对单纯供暖的热媒则主要采用热水。

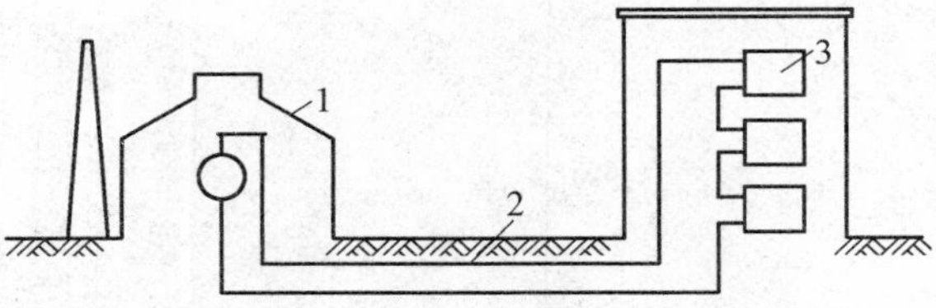

图9.1　集中供暖系统示意图
1— 锅炉房;2— 输热管道;3— 散热器

9.1.1 供暖系统的分类

1. 按热媒种类和参数分类

按热媒种类分类可分为热水供暖、蒸汽供暖和热风供暖3大类。

(1) 在热水供暖系统中,当热水温度 > 100 ℃ 时,称为高温水供暖系统;当供水温度 ≤ 100 ℃ 时称为低温供暖系统。

(2) 在蒸汽供暖系统中,蒸汽压力 > 70 kPa 时称为高压蒸汽供暖系统;蒸汽压力 ≤ 70 kPa 时,称为低压蒸汽供暖系统;蒸汽压力 < 0(表压) 时称为真空蒸汽供暖系统。

(3) 热风供暖包括暖风机供暖系统和集中送风系统。前者多用于大空间、大负荷的公共建筑,如体育馆、车间或工业厂房。后者则大多与空调系统结合,冬季送热风,夏季送冷风。

2. 按传热方式分类

按传热方式可以分为对流供暖(以对流散热为主) 和辐射供暖(以辐射散热为主) 两大类。常用的散热器供暖均为对流供暖,而低温水地板供暖、辐射板供暖以及电热膜供暖、发热电缆供暖等则属于辐射供暖。

3. 按系统循环动力分类

按系统循环动力分类，可分为自然(重力)循环系统和机械循环系统。依靠水温不同造成的密度差进行循环的系统称为自然循环系统，依靠机械力(一般为水泵)循环的系统称为机械循环系统。

4. 按凝水回收动力分类

在蒸汽供暖系统中，依靠重力回收凝结水的系统，称为重力回水系统；依靠水泵回收凝结水的系统称为机械回水系统。

5. 按供暖立管数分类

按供暖立管数，可分为单管系统和双管系统两大类。对某些特殊要求，也可采用单双管混合系统。

6. 按供回水方式分类

按供回水方式，可分为上供下回式(顺流式、上分式)系统、下供下回式(下分式)系统、下供上回式(倒流式)系统、中供式系统和上供上回式系统等。

7. 按系统管道敷设方式分类

按管道敷设方式，可分为垂直式系统和水平式系统。

8. 按各立管环路总长度分类

按立管环路总长度，可分为同程式系统和异程式系统。

9.1.2　热水供暖系统

以热水作为热媒的供暖系统，称为热水供暖系统。热水供暖是目前普遍采用的一种供暖方式，由于它具有便于远距离输送、热损失小、卫生、容易调节等优点，所以被广泛应用于民用建筑、公共建筑和工业厂房及辅助建筑中。

1. 自然循环热水供暖

(1) 自然循环热水供暖系统工作原理。自然循环热水供暖系统的循环动力是由冷热水的密度差形成的，系统循环不靠任何外力。这是自然循环与机械循环的根本区别。

图9.2是自然循环系统工作原理图。图中散热器1为放热中心，锅炉2为加热中心，锅炉与散热器用供水管3和回水管4连接。在系统的最高处连接一个膨胀水箱5，它的作用是容纳系统因受热而膨胀的水，同时排除系统中的空气。

系统在工作前，首先充满冷水。水在锅炉内被加热后，密度减小，同时又受着从散热器流回来的密度较大的回水的驱动，使水沿供水干管上升，流入散热器。在散热器内热水放热后被冷却，密度增大，再沿回水干管流回锅炉。这样，系统中的水不断地在锅炉中被加热，热水流入散热器；在散热器及管道中水又不断地被冷却，冷水又流回锅炉，如此周而复始，形成了如图9.2箭头所示方向的循环流动。

下面进一步分析自然循环作用压力(即循环动力)的大小。如果已知系统中各点的水温，即可查出相应的水的密度，从而便可确定系统中水流动的作用压力值。

为了简化计算方法，在分析中忽略水在管道中冷却的散热，而认为水只在散热器中冷却散热，即系统中只有一个加热中心(锅炉)和一个冷却中心(散热器)。

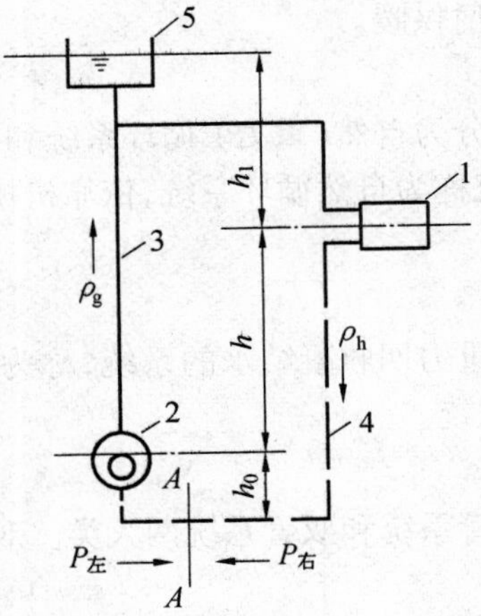

图 9.2　自然循环热水供暖系统工作原理

1— 散热器;2— 热水锅炉;3— 供水管路;4— 回水管路;5— 膨胀水箱

在环路最低点断面 A - A 两侧,受到左右两方的压力,该压力差就应该是系统中水流动的作用压力。具体分析如下:

断面 A - A 右侧的水柱压力为

$$P_{右} = gh_0\rho_h + gh\rho_h + gh_1\rho_g$$

断面 A - A 左侧的水柱压力为

$$P_{左} = gh_0\rho_h + gh\rho_g + gh_1\rho_g$$

断面 A - A 两侧压力差为

$$\Delta P = P_{右} - P_{左} = gh(\rho_h - \rho_g) \tag{9.1}$$

式中　ΔP—— 自然循环系统的作用压力(Pa);

g—— 重力加速度(m/s^2),取 $g = 9.81\ m/s^2$;

h—— 加热中心到冷却中心的垂直距离(m);

ρ_h—— 冷水的密度(kg/m^3);

ρ_g—— 热水的密度(kg/m^3)。

水在各种温度下的密度值见表 9.1。

表 9.1　水在各种温度下的密度 ρ

温度 /℃	密度 /($kg \cdot m^{-3}$)	温度 /℃	密度 /($kg \cdot m^{-3}$)	温度 /℃	密度 /($kg \cdot m^{-3}$)	温度 /℃	密度 /($kg \cdot m^{-3}$)
0	999.8	58	984.25	76	974.29	94	962.61
10	999.73	60	983.24	78	973.07	95	961.92
20	998.23	62	982.20	80	971.83	97	960.51
30	995.67	64	981.13	82	970.57	100	958.38
40	992.24	66	980.05	84	969.30	110	951.00
50	988.07	68	978.94	86	968.00	120	943.10
52	987.15	70	977.81	88	966.68	130	934.80
54	986.21	72	976.66	90	965.34	140	926.10
56	985.25	74	975.48	92	963.99	150	916.90

由公式(9.1)可知,自然循环系统作用压力的大小与锅炉至散热器中心的垂直距离成正比,与供回水密度差成正比。当供水温度达到 95 ℃,回水温度为 70 ℃ 时,每米高差产生的作用压力为 $gh(\rho_h - \rho_g) = [9.81 \times 1 \times (977.81 - 961.92)]$ Pa = 156 Pa。

(2)自然循环热水供暖系统主要形式。自然循环热水供暖系统主要形式分为:

① 单管上供下回式系统。图 9.3 为单管上供下回式自然循环热水供暖示意图。图中,A 为正常连接的单管顺流式,B 为单管跨越式。该系统可以利用支管或跨越管上阀门调节上下层间的热水流量,从而改善上热下冷的垂直失调。

② 双管上供下回式系统。图 9.4 为双管上供下回式自然循环热水供暖系统示意图。由于双管系统上下各层散热器环路是互相并联的,因此对不同楼层,自然循环作用压力是不同的,越往上层其值越大。在设计时,必须考虑这一因素。如果在管径选择时不能使各层压力损失平衡,则将出现垂直失调现象。因此,在高层建筑中不宜采用双管系统。

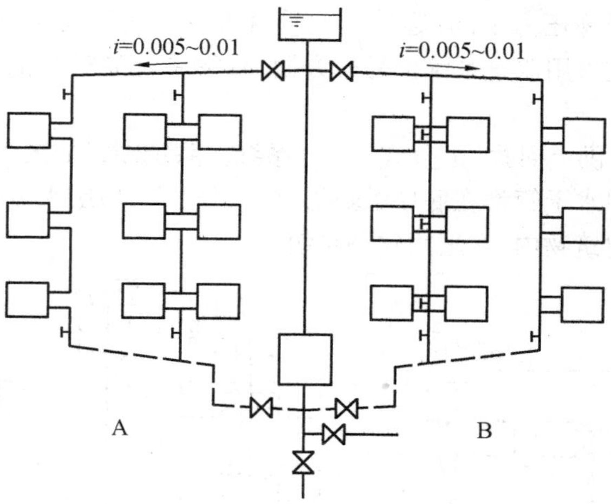

图 9.3　自然循环单管热水供暖系统

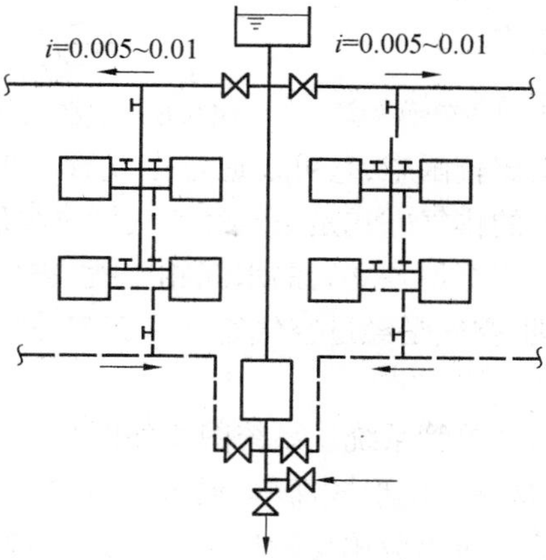

图 9.4　自然循环双管热水供暖系统

2. 机械循环热水供暖

由于自然循环作用压力较小,因此,系统的作用半径不能太大,而对于作用半径较大的系统,则应考虑增加水泵以使系统的水强制循环。与自然循环相比,机械循环系统水的流速较大,管道直径较小。但由于增加了水泵,电能消耗较多,维修量也增加。

(1) 机械循环上供下回(上分式)双管系统。系统图式如图9.5所示。在机械循环系统中,水流的速度较大。与自然循环系统不同,空气无法再逆着水流方向流动。为了使水中的空气及时排出,应该把供水干管做成沿水流方向上升的坡度。空气聚集到系统最高处,通过排气装置(图9.5中集气罐)排出。回水干管坡向仍与自然循环系统相同。对供、回水干管的坡度 i,依规范要求,应不小于0.002,一般取 $i=0.003$。

双管系统中各层散热器是并联的,各层散热器的计算温度均相同,因此计算比较简单。而且双管系统各散热器供水支管上均装设阀门,可以进行局部调节。但双管系统由于各层环路的自然循环压力不同,容易出现垂直失调。楼房越高,垂直失调越厉害。因此,对高层建筑,不宜采用双管系统。另一方面,双管系统的材料消耗和工程量也比单管系统要多一些。

(2) 机械循环下供上回式(下分式)双管系统。系统图式如图9.6所示。下供下回式双管系统的供水和回水干管都在底层散热器之下,所以在顶层天棚上难以布置管路的建筑物和有地下室的建筑物内,常采用这种系统。

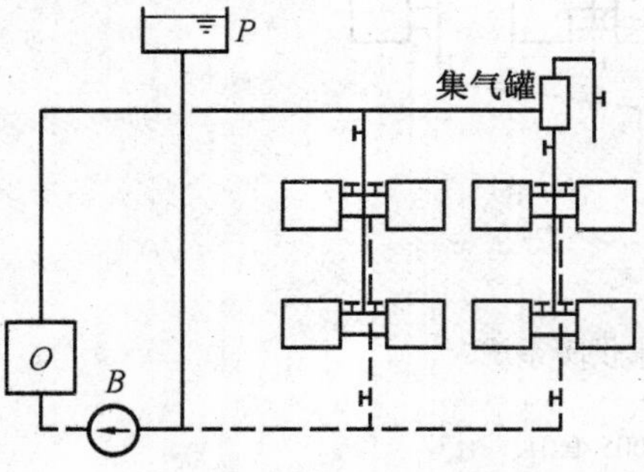

图9.5 机械循环双管上供下回式系统

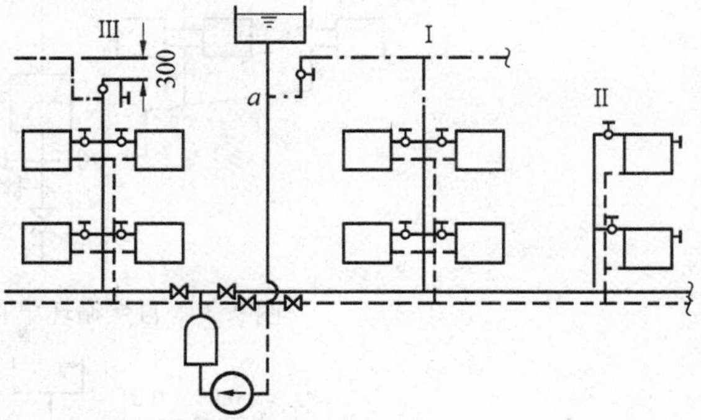

图9.6 机械循环下供下回式双管系统

下供下回系统空气排出比较困难,它可以通过空气管或顶层散热器上的手动放气阀进行排气。图9.6中立管Ⅰ的排气方式是空气经空气管聚集后由膨胀水箱排出。为了使空气管上部只能充满空气而不至使各立管的水互相干扰,空气管与膨胀水箱连接点 a 必须比空气管低一些。立管Ⅲ空气是经过空气管进入集气罐排气的方式,立管Ⅱ是手动放气阀排气方式。

(3) 机械循环上供下回式单管系统。系统图式如图9.7所示。该系统又称单管垂直串联系统、单管顺流式等。这种系统形式简单、调节配件少、施工方便、造价低,尤其是没有双管系统的垂直失调现象。所以应用比较广泛。当建筑物层数较多时,有时也采用带闭合管段的垂直串联系统,又称单管跨越式,如图9.8所示。单管跨越式系统一般常做成上面几层带跨越管而下面不带跨越管的形式,同时可以对进入上面几层散热器的水量进行局部调节,以解决由于某些原因引起的上层过热下层较冷的现象。在图9.8(b)中,关闭跨越管上的阀门,实际上系统就是普通的单管顺流式系统。当出现上热下冷现象时,可以打开跨越管上的阀门,以减少上层散热器的热量。

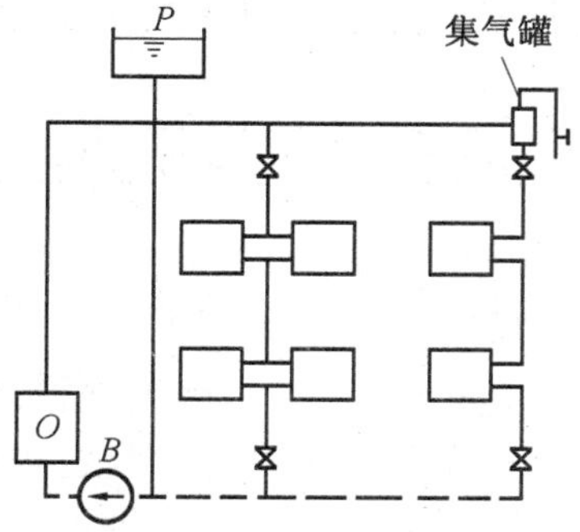

图 9.7　机械循环上供下回单管热水供暖系统

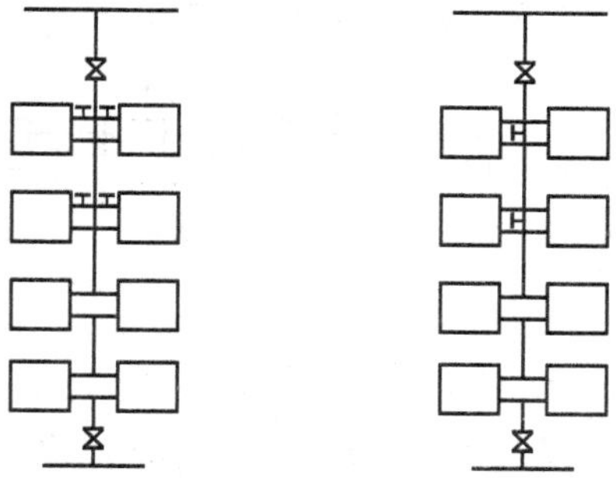

图 9.8　单管跨越式系统

(4) 机械循环下供上回式(倒流管)系统。图 9.9 为单管下供上回式(倒流式)系统示意图。该系统供水干管在下,回水干管在上,无效热损失较少些,而且水的流向是自下而上与空气流向一致,系统排气比较容易。由于高温水系统的供水干管在下,因此可以使定压水箱或静压线的高度降低。该系统的不足之处在于散热器的传热系数低,从而增加了散热器的面积。这种系统多用于高层建筑、高温水系统。

(5) 同程式系统。在上述介绍的系统中,各立管距总立管的水平距离不等,通过各立管的循环环路总长也不等。越近的立管,其循环环路总长也越短,这种系统称为"异程系统"。在异程系统中,由于受管径规格的限制,很难使各立管间的阻力损失完全平衡。有时由于系统作用半径较大,立管较多,各立管环路的阻力损失差别也会很大,这就会出现严重的水平失调现象。为减轻或消除这种现象,可采用"同程式系统",如图 9.10 所示。

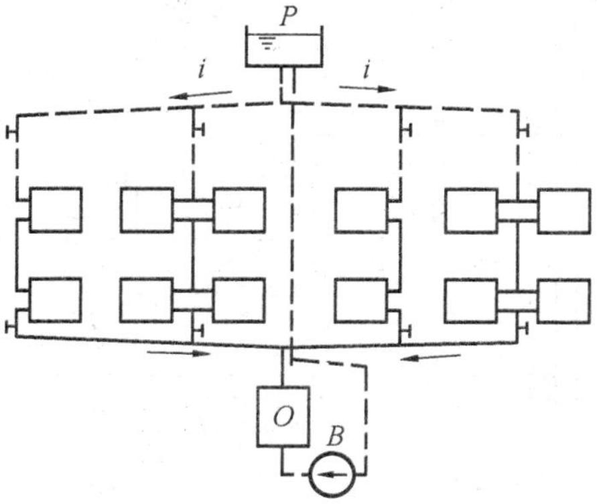

图 9.9　单管下供上回式热水供暖系统

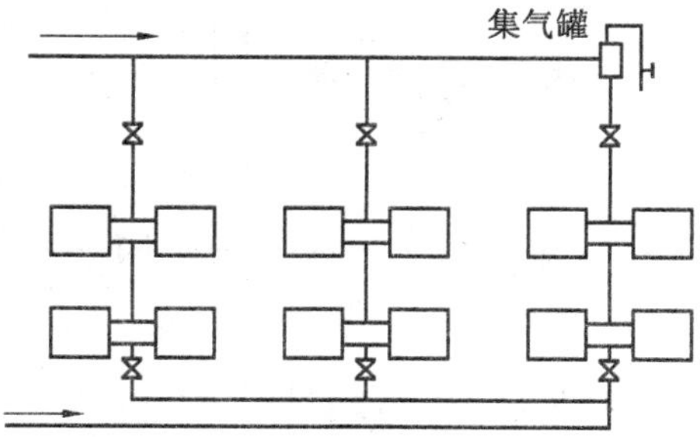

图 9.10　同程式系统

同程式系统的特点是各立管环路的总长都相等,所以各立管环路的阻力损失很容易平衡。当然,同程式系统的管长比异程式系统有时要稍大些,但由于它具有上述优点,所以,对较大的系统仍以采用同程式系统为宜。

(6) 水平串联系统。水平串联系统按不同的连接方式又可分为水平顺流式和水平跨越式两种,如图 9.11、图 9.12 所示。

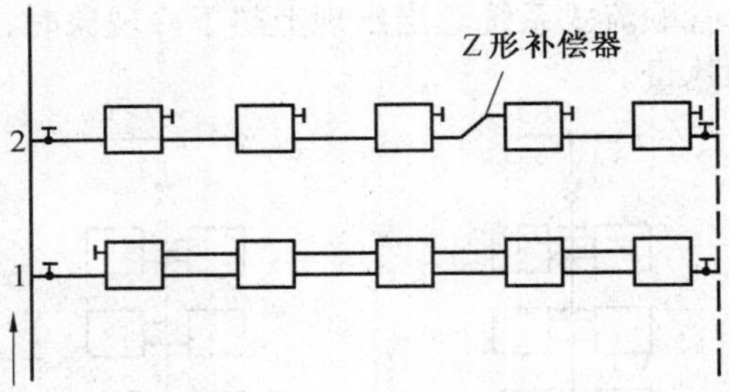

图9.11　水平顺流式系统

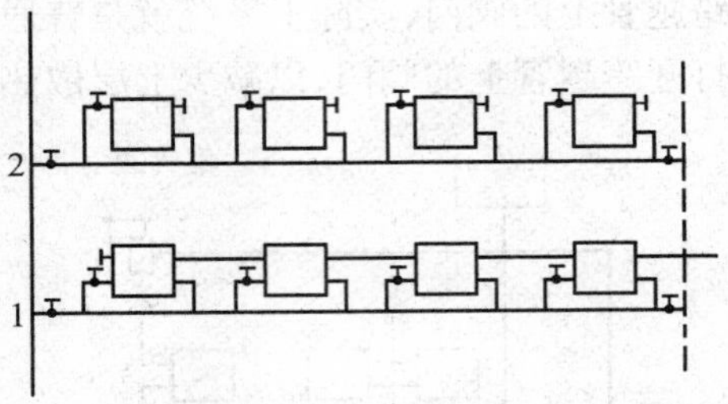

图9.12　水平跨越式系统

水平串联管路系统管路简单,施工方便,工程量小,造价低,而且沿墙无立管,使房间美观。同时,又可以降低膨胀水箱的安装高度。基于上述优点,水平串联系统已被广泛应用。但是必须指出,采用该系统要注意解决排气、热膨胀等问题,同时每一供水管串联的散热器组数不能太多。如果解决不好,势必会影响使用效果。

3. 分户计量热水采暖系统

分户计量热水采暖系统是近年来为适应热量计量和收费需要而兴起的一种采暖系统,大多数系统仍属机械循环系统。

新建住宅采用分户计量热水集中采暖系统时,用户应该能够分室控制室内温度,以满足用户舒适性的要求,同时也可以达节能的目的。因此,各房间散热器前必须安装恒温阀,以方便调节室温。条件具备时还应安装可靠的热计量表,以便计量收费。

分户计量热水采暖系统采用较多的是共用立管分户独立采暖系统,该系统的户内采暖系统是具有热量表的一户一环系统,由户内采暖系统入户装置、户内的供回水管道、散热器及室温控制装置等组成。

(1) 户内采暖系统入户装置。户内采暖系统入户装置可设于楼梯间的管道井内,并留有检查门。该入户装置包括调节阀、锁闭阀、热量表等部件,如图9.13所示。

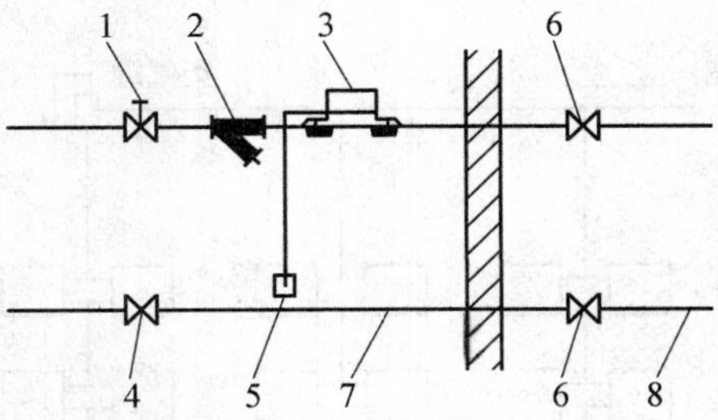

图9.13　户内系统热力入口图示

1— 调节阀;2— 过滤器;3— 热量表;4— 锁闭阀;5— 温度传感器;6— 关断阀;7— 镀锌管;8— 户内管道

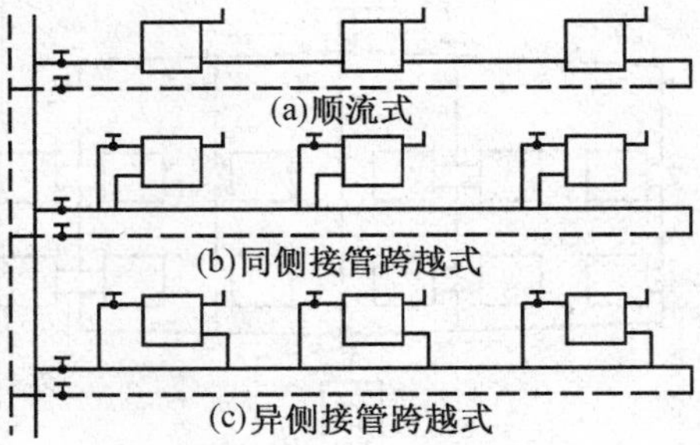

图9.14　分户独立水平单管系统示意图

(2) 户内采暖系统形式。户内采暖系统可采用地板辐射采暖系统和散热器采暖系统。地板辐射采暖系统参见9.5节。

散热器采暖系统主要有以下 3 种形式。

① 分户独立水平单管采暖系统。分户独立水平单管采暖系统中,每个水平支环路是一个户内采暖系统,支环路上各散热器是串联的,如图 9.14 所示。

分户独立水平单管采暖系统可采用顺流式(图 9.14(a))、散热器同侧接管的跨越式(图 9.14(b))、散热器异侧接管的跨越式(图 9.14(c))。

顺流式系统管路简单,每个支环路的回水管上装一个温控阀,对一户室温进行整体调节。该系统用于对供热质量要求不高的住宅内。

跨越式系统可以对单个散热器进行调节,该系统由于能对各采暖房间进行灵活的室温调节,多用于采暖标准较高的住宅。

分户独立水平单管采暖系统比水平双管采暖系统节省管材,管道易于布置,水平支环路阻力较大,建筑物内共用采暖系统可减少垂直失调,水力稳定性较好。

② 分户独立水平双管采暖系统。分户独立水平双管采暖系统中,每个水平支环路是一个户内采暖系统,支环路上各散热器是并联的,如图 9.15 所示。

根据水平供水管、回水管的布置方式可分为上供下回式(图 9.15(a))、上供上回式(图 9.15(b))、下供下回式(图 9.15(c))。

每组散热器都装设温控阀,控制和调节每组散热器的散热量,实行分室控温。

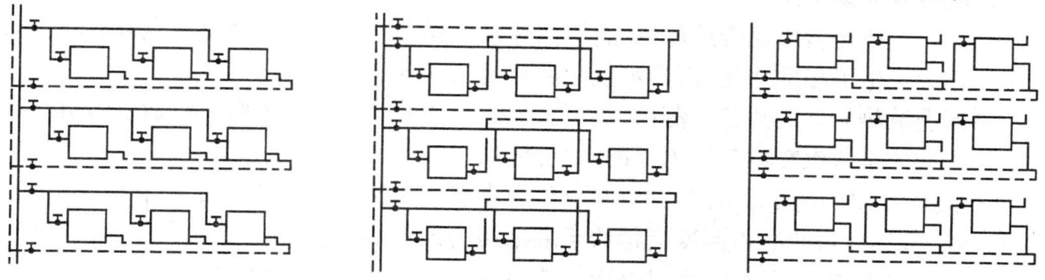

(a) 上供下回式　(b) 上供上回式　(c) 下供下回式

图 9.15　分户独立水平双管系统示意图

分户水平双管系统的温控阀调节效果好,但是其流动阻力小于分户水平单管系统的流动阻力,对建筑物内共用采暖系统来说,自然压头的影响较大一些,水力稳定性较差一些。

由于温控阀的调节,户内采暖系统实际上是变流量系统,为保证供暖效果,应该在建筑物热入口加设自力式压差控制阀。

③ 分户独立水平放射式系统。分户独立水平放射式系统在入户装置中设置小型分水器和集水器,户内各散热器并联在分水器和集水器之间。由于散热器支管呈辐射状布置,所以这种形式也称作"章鱼式"。在每组散热器支管上装有温控阀,可以进行分室调节、控温,如图 9.16 所示。

散热器支管暗敷于地板上层,常用塑料管材,管内热水工作压力不宜超过 0.6 MPa。这种敷设方式施工复杂,影响楼层高度,但避免了明管裸露。

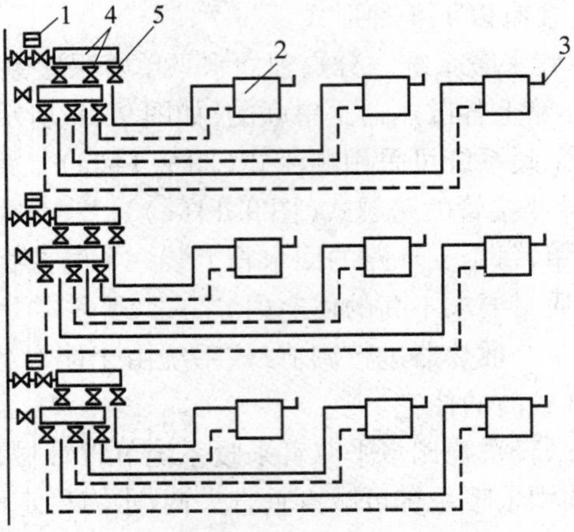

图 9.16　分户独立水平放射式示意图

1— 热表;2— 散热器;3— 放气阀;4— 分、集水器;5— 调节阀

9.1.3　蒸汽供暖系统

1. 蒸汽的放热特点

蒸汽在散热设备中靠凝结放热,而不像热水那样靠温差放热。就是说,蒸汽在散热设备中放热后发生了相的变化,而热水放热后只是温度降低。

当流进散热设备的是饱和蒸汽,而流出散热设备的是饱和凝水时,蒸汽在散热设备中的放热量即等于蒸汽在设备压力下的汽化潜热。

一般蒸汽供暖所用的蒸汽是饱和蒸汽,而不采用过热蒸汽。但为了保证散热设备的效果,流出散热设备的凝水温度则稍低于凝结压力的饱和温度。低于饱和温度的差值称为过冷度。由于过冷度很小,所以过冷却放热量很小,一般可忽略不计。

2. 蒸汽作为热媒与热水的区别

蒸汽作为热媒与热水的区别有如下几点:

(1) 蒸汽的汽化潜热 γ 值比起每千克热水温度降低的放热量要大得多(例如 1 kg 蒸汽常压下凝结放热 $\gamma = 2\ 255$ kJ/kg,而 1 kg 热水温度降低 1 ℃ 时放热量为 4.18 kJ/kg)。所以,对同样热负荷,蒸汽供暖的蒸汽用量比热水供暖时所需水量少得多。

(2) 蒸汽供暖设备中散热设备的平均温度比热水供暖系统的高,从而蒸汽系统的散热设备传热系数较大。在相同热负荷情况下,蒸汽供暖比热水供暖节省散热设备面积。

(3) 蒸汽和凝结水在系统内循环流动时,其状态参数变化比较大。当蒸汽流过阻力较大的阀门等处时,蒸汽做绝热节流,压力下降,湿饱和蒸汽节流后可变为干饱和蒸汽或过热蒸汽,干饱和蒸汽节流后可变为过热蒸汽。

蒸汽流动过程中,由于管壁散热,蒸汽逐渐冷却,过热蒸汽可变成饱和蒸汽,饱和蒸汽又可变为“途凝水”。

在以上的变化中,蒸汽的密度会发生较大的变化。此外,从散热设备中流出的凝结水,在流动过程中压力不断下降,从而沸点降低,致使部分凝水重新汽化,生成“二次蒸汽”。

(4) 供暖系统中使用的蒸汽的比容比热水的比容大得多,在一个大气压下,饱和蒸汽的比容约为饱和水比容的 1 700 倍。因此蒸汽在管内的流速可以比热水的流速大一些。

(5) 蒸汽的比容大,密度小,高层建筑供暖系统不会像热水供暖系统那样,产生很大的静水压力。

(6) 蒸汽系统的热惰性小。供热时热得快,停汽时冷得也快。因此,特别适于间歇供暖的用户。

(7) 蒸汽供暖系统的循环动力是靠蒸汽自身的压力,而机械循环热水供暖系统循环需要大量的电能来驱动水泵,因此蒸汽供暖系统较省电。

(8) 蒸汽供暖系统的"跑、冒、滴、漏" 现象较严重,而且凝结水又容易"二次汽化",所以蒸汽供暖系统的热损失较大。

(9) 蒸汽供暖系统一般间歇形式较多,而且系统的凝水管一般采用干式凝水管,所以蒸汽系统经常与空气接触,致使管道设备腐蚀严重,其使用寿命较短。

(10) 蒸汽供暖系统不像热水供暖系统那样,可以随室外温度变化进行调节。

3. 重力回水低压蒸汽供暖系统

散热设备出口的凝结水靠重力流回锅炉的蒸汽供暖系统,称为重力回水蒸汽供暖系统。重力回水低压蒸汽供暖系统简图如图 9. 17 所示,锅炉充水至 Ⅰ - Ⅰ 平面的高度,对锅炉加热后产生一定压力和温度的蒸汽。蒸汽在自身压力作用下,克服管道阻力流到散热器中,在散热器中放热后变成凝结水,凝水靠重力沿凝水管流回锅炉重新被加热。系统中的空气在蒸汽压力作用下,通过凝水管,被排挤到末端的空气管排出。为了排气,凝水管需选得大一些。使其断面下部是水,上部是空气,形成所谓的非满管流动。这样的凝水管称为干式凝水管。当管道断面全部充满凝水,形成满管流动,则称为湿式凝水管。

图 9. 17 所示系统中,因总凝水管主管与锅炉连通,在锅炉工作时,由于蒸汽压力的作用,总凝水主管中的水位将会升高,达到 Ⅱ - Ⅱ 水面。当凝水管与大气相通时,上升高度 h 应与锅炉压力对应的水柱高相等。如锅炉压力 $P = 0.3 \times 10^5$ Pa(0. 3 表压) 时,$h = 3$ m。从图中可知,要想使凝水干管为干式的,就必须将干管设在 Ⅱ - Ⅱ 水面以上。考虑锅炉压力浮动和留有余地,应使凝水干管末端高出 Ⅱ - Ⅱ 水面 200 ~ 250 mm。空气管 B 应接在干式凝水管道上。散热器应安装在 Ⅱ - Ⅱ 水面以上,才不至于被凝水充满,从而保证正常运行。

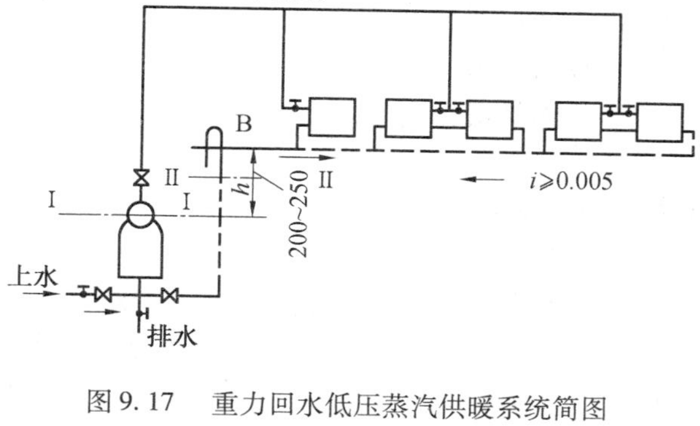

图 9. 17　重力回水低压蒸汽供暖系统简图

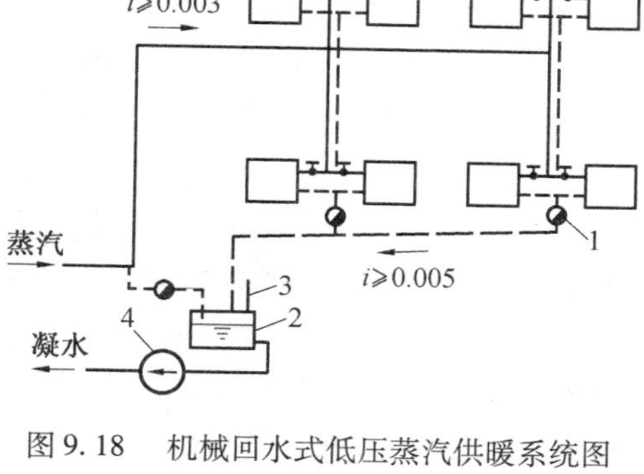

图 9. 18　机械回水式低压蒸汽供暖系统图

1— 疏水器;2— 凝水箱;3— 空气管;4— 凝水泵

4. 机械回水蒸汽供暖系统

当系统工作半径较大或锅炉处地势较高时，凝水靠自重很难流回锅炉。此时应采用机械回水方式。图 9.18 为机械回水式低压蒸汽供暖系统图，这种形式的蒸汽管道部分与重力回水方式相同，只是在凝水管上增加了疏水器 1，目的是阻汽和疏水，凝水箱 2 可以把散热器中流出的凝水集中起来，通过凝结水泵 4、再送回锅炉加热，系统中的空气在蒸汽压力作用下，被排挤进入凝水箱，然后通过空气管 3 排出。为防止水泵停运时锅炉里的水倒灌，在水泵出口设止回阀。为避免凝水在水泵入口汽化，保证凝水正常工作，凝水泵与凝水箱间的高差应受水泵最大吸水高度和最小正压头的限制。不同水温下的最大吸水高度和最小正压头，见表 9.2。

表 9.2　最大吸水高度与最小正压头

水温 /℃	0	20	40	50	60	75	80	90	100
最大吸水高度 /m	6.4	5.9	4.7	3.7	2.3	0			
最小正压头 /m							2	3	6

从表 9.2 可知，当凝水温度大于 75 ℃ 时，凝结水泵必须低于凝结水箱，以保证水泵有足够的正压头，当水泵安装高于凝水箱时，水泵在凝水箱中吸水，其最大吸水高度见表 9.2。

图 9.18 中，蒸汽干管的坡度是沿蒸汽流动方向下降的，其作用是便于蒸汽“沿途凝水”的排出，这与机械循环热水供水管的坡度方向有所不同，热水供水“抬头”走，是保证热水与空气同向流动；蒸汽“低头”走，是保证蒸汽与其沿途凝水同向流动。

9.1.4　热风供暖和空气幕

热风供暖系统中被加热的热媒是空气，通过较热的空气与室内空气混合来达到提高室温、供暖的目的。

热风供暖中加热热媒可以是蒸汽、热水，也可以是高温烟气。蒸汽或热水作为加热热媒时常采用的换热设备是空气加热器，该设备也属于表面式换热器。

热风供暖系统除了带有空调系统的集中送风和管道送风之外，应用较多的是暖风机供暖和空气幕。

在一些热负荷较大、空间较大的工业车间或大型公共建筑中，使用散热器供暖难以达到预期的效果时，可以考虑使用暖风机供暖。由于暖风机供暖是利用再循环空气的热风供暖，所以产生有害物的车间和对噪音指标要求较高的场所，不宜使用暖风机。空气幕一般是应用于公共建筑和工业厂房的入口，其主要功能是阻止室外的冷空气进入室内。

1. 暖风机的种类和构造

暖风机实际上就是空气加热器和通风机的联合体。空气加热使用的热媒是蒸汽或热水。被空气加热器加热的热风，由通风机送往供暖房间，达到供暖目的。

暖风机可分为离心式和轴流式两种。图 9.19 为轴流式暖风机，该暖风机体积较小，出风口风速较低，风量较小，气流射程较短，每台散热量在 116 kW 之内。轴流式暖风机结构简单，安装很方便，可以悬挂在墙上或柱子上。散热经百叶板调节，可以直接吹向工作区。

图9.20为离心式暖风机,它是用于集中输送大量热风的大型暖风机,它的出口风速高,风量大,气流射程长,产热量也很大。每台散热量在116 kW以上。由于该机体积较大,安装时应直接固定在地面上,出口气流不是直接吹向工作区,而是使工作区处于气流的回流区。

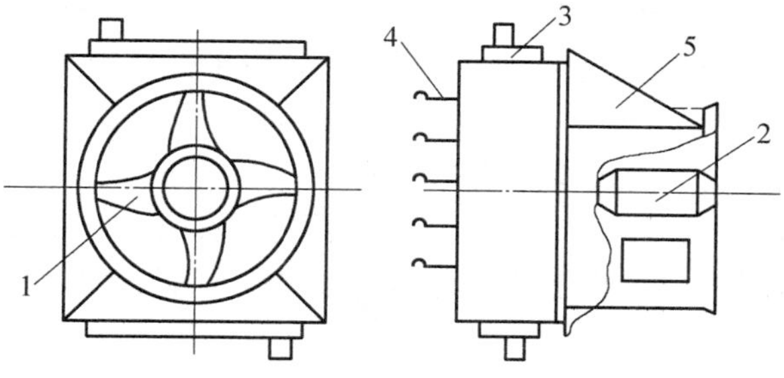

图9.19 轴流式暖风机

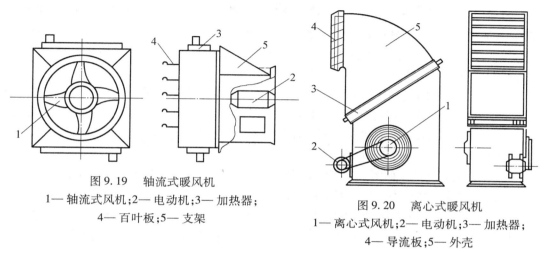

1—轴流式风机;2—电动机;3—加热器;4—百叶板;5—支架

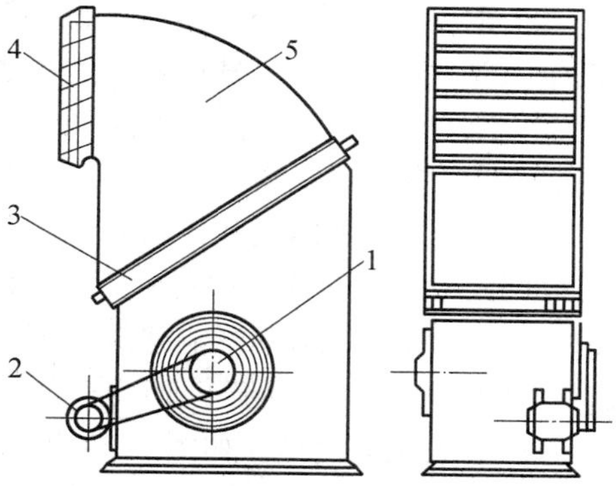

图9.20 离心式暖风机

1—离心式风机;2—电动机;3—加热器;4—导流板;5—外壳

2. 暖风机的布置

暖风机的布置应该尽量使房间的温度分布均匀。在决定具体布置方案时,应考虑房间的空间尺寸,房间工艺设备的布置等条件。一般来讲,暖风机布置在内墙朝外墙吹的效果要比布置在外墙效果好些。

图9.21介绍了3种常用的暖风机布置形式。图(a)为直吹,气流与房间短轴平行,吹向外墙,这样可以减少冷空气渗透。图(b)为斜吹,暖风机在房间中部长轴方向,气流吹向外墙,这种形式适于两面外墙的狭长房间而且房间中部有可能布置暖风机的情况下。图(c)为顺吹,这种形式对于在房间长轴方向无法布置暖风机时较为合适,而且出口气流互不干扰,室内气温较为均匀。

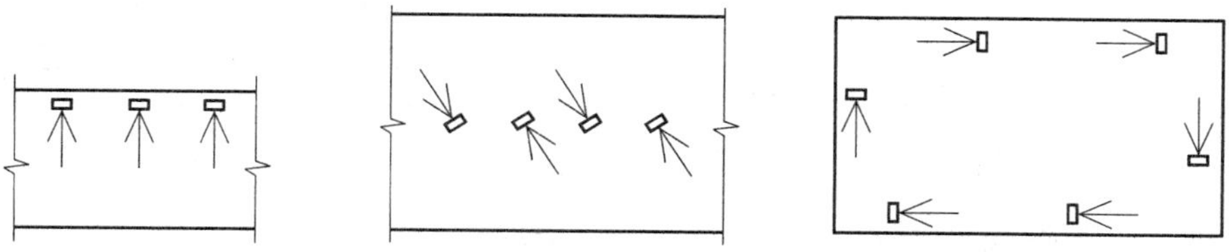

(a) 直吹　(b) 斜吹　(c) 顺吹

图9.21 轴流式暖风机布置方案

暖风机的安装高度与暖风机出口温度和风速有关。当出口风速小于5 m/s时,一般安装高度取2.5 ~ 3.5 m,出口温度一般在35 ~ 55 ℃之间。

3. 空气幕

空气幕是利用特制的空气分布器喷出一定速度和温度的幕状气流,借此封闭大门、门厅、门洞、柜台等,减少和隔绝外界气流的侵入,以维持室内或某一工作区域一定的环境条件,同时还可阻挡灰尘、有害气体和昆虫的进入。

按送出气流温度可分为热空气幕、等温空气幕和冷空气幕。

① 热空气幕。空气幕内设有加热器,以热水、蒸汽或电为热媒,将送出空气加热到一定温度。它适用于严寒地区。

② 等温空气幕。空气幕内不设加热(冷却)装置,送出空气不经处理,因而构造简单、体积小,适用范围更广,是目前非严寒地区主要采用的形式。

③ 冷空气幕。空气幕内设有冷却装置,送出一定温度的冷风,主要用于炎热地区而且有空调要求的建筑物。

按空气分布器的安装方式可分为上送式、下送式和侧送式 3 种。

① 上送式空气幕。如图 9.22 所示,安装在门洞上部,喷出气流的卫生条件较好,安装简便,占空间面积小,不影响建筑美观,适用于一般的公共建筑,如影剧院、会堂、旅馆、商店等,也越来越多地用于工业厂房。

② 下送式空气幕。如图 9.23 所示,空气分布器安装在门洞下部的地沟内,由于下送式空气幕的射流最强区在门洞下部,正好抵挡冬季冷风从门洞下部侵入,所以冬季挡风效率最好,而且不受大门开启方向的影响。下送式空气幕的缺点是送风口在地面下,容易被脏物堵塞和污染空气,维修困难,另外在车辆通过时,因空气幕气流被阻碍而影响送风效果,一般很少使用。

③ 侧送式空气幕。安装在门洞侧部,分为单侧和双侧两种,图 9.24 为单侧空气幕,图 9.25 位双侧空气幕。单侧空气幕适用于宽度小于 4 m 的门洞和车辆通过门洞时间较短的场合。双侧空气幕适用于门洞宽度大于 4 m,或车辆通过门洞时间较长的场合。侧送式空气幕挡风效率不如下送式,但卫生条件较下送式好。

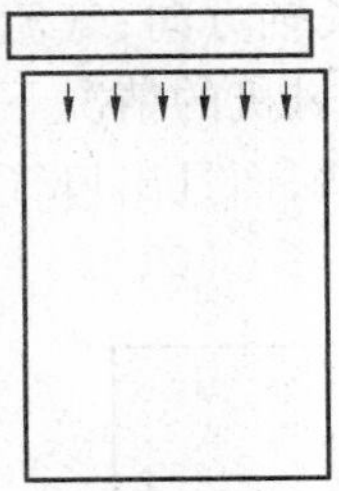

图 9.22　上送式空气幕

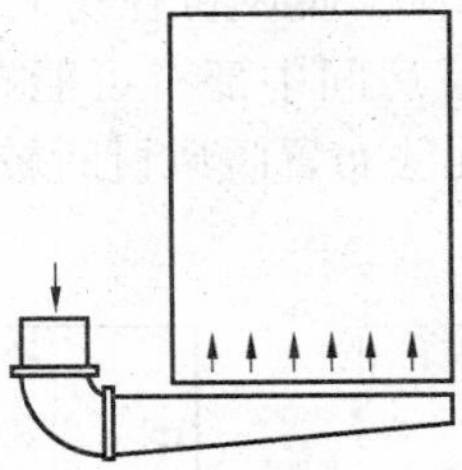

图 9.23　下送式空气幕

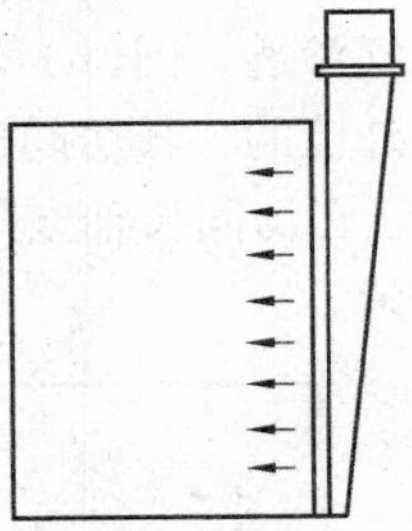

图 9.24　单侧空气幕

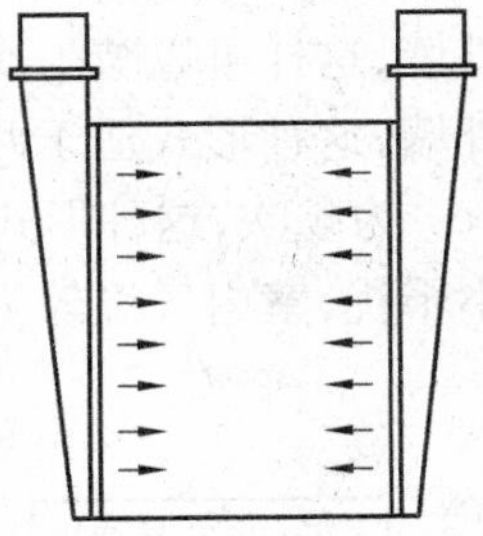

图 9.25　双侧空气幕

9.1.5　辐射供暖系统

1. 辐射采暖分类

当辐射表面温度小于 80 ℃ 时,称为低温辐射采暖。低温辐射采暖的结构形式是把加热管(或其他发热体)直接埋设在建筑构件内而形成散热面。当辐射采暖温度为 80 ~ 200 ℃ 时,称为中温辐射采暖。中温辐射采暖通常是用钢板和小管径的钢管制成矩形块状或带状散热板。当辐射体表面温度高于 500 ℃ 时,称为高温辐射采暖。燃气红外辐射器、电红外线辐射器等均为高温辐射散热设备。

2. 辐射采暖的热媒

辐射采暖的热媒可用热水、蒸汽、空气、电和可燃气体或液体(如人工煤气、天然气、液化石油气等)。根据所用热媒的不同,辐射采暖可分为:

低温热水式:热媒水温度低于100 ℃(民用建筑的供水温度不大于60 ℃);

高温热水式:热媒水温度等于或高于100 ℃;

蒸汽式:热媒为高压或低压蒸汽;

热风式:以加热后的空气作为热媒;

电热式:以电热元件加热特定表面或直接发热;

燃气式:通过燃烧可燃气体或液体经特制的辐射器发射红外线。

目前,应用最广的是低温热水辐射采暖。

3. 低温辐射采暖

低温辐射采暖的散热面是与建筑构件合为一体的,根据其安装位置不同分为顶棚式、地板式、墙壁式、踢脚板式等;根据其构造分为埋管式、风道式或组合式。低温辐射采暖系统的分类及特点见表9.3。

表9.3　低温辐射采暖系统分类及特点

分类根据	类型	特点
辐射板位置	顶棚式	以顶棚作为辐射表面,辐射热占70%左右
	墙壁式	以墙壁作为辐射表面,辐射热占65%左右
	地板式	以地面作为辐射表面,辐射热占55%左右
	踢脚板式	以窗下或踢脚板处墙面作为辐射表面,辐射热占65%左右
辐射板构造	埋管式	直径为15 ~ 32 mm的管道埋设于建筑表面内构成辐射表面
	风道式	利用建筑构件的空腔使其间热空气循环流动构成辐射表面
	组合式	利用金属板焊以金属管组成辐射板

(1)低温热水地板辐射采暖。低温热水地板辐射采暖具有舒适性强、节能、方便实施按户热计量、便于住户二次装修等特点,还可以有效地利用低温热源如太阳能、地下热水、采暖和空调系统的回水、热泵型冷热水机组、工业与城市余热和废热等。

低温热水地板辐射采暖构造。目前常用的低温热水地板辐射采暖是以低温热水(≤60 ℃)为热媒,采用塑料管预埋在地面不宜小于30 mm混凝土垫层内(图9.26)。

地面结构一般由结构层(楼板或土壤)、绝热层(上部敷设按一定管间距固定的加热管)、填充层、防水层、防潮层和地面层(如大理石、瓷砖、木地板等)组成。绝热层主要用来控制热量传递方向,填充层用来埋置保护加热管并使地面温度均匀,地面层指完成的建筑地面。当楼板基面比较平整时,可省略找平层,在结构层上直接铺设绝热层。当工程允许地面按双向散热进行设计时,可不设绝热层。但对住宅建筑而言,由于涉及分户热量计量,不应取消绝热层,并且户内每个房间均应设分支管,视房间面积大小单独布置成一个或多个环路。直接与室外空气或不采暖房间接触的楼板、外墙内侧周边,也必须设绝热层。与土壤相邻的地面,必须设绝热层,并且绝热层下部应设防潮层。对于潮湿房间如卫生间、厨房和游泳池等,在填充层上宜设置防水层。为增强绝热板材的整体强度,并便于安装和固定加热管,有时在绝热层上还敷设玻璃布基铝箔保护层和固定加热管的低碳钢丝网。

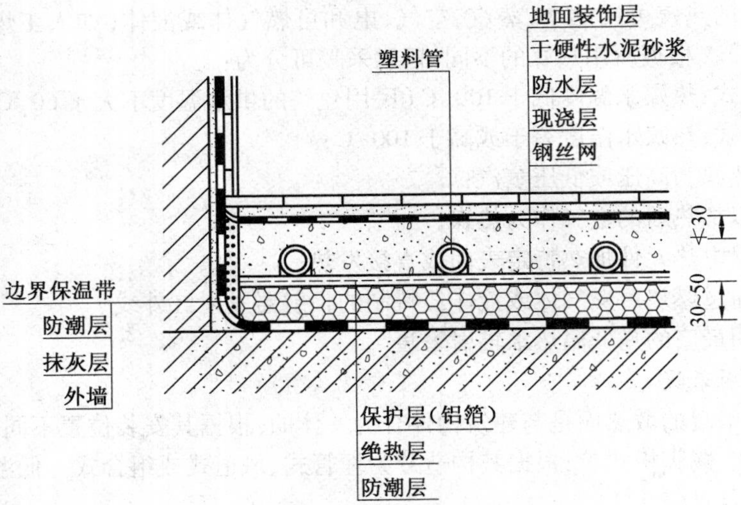

图 9.26　低温热水地板辐射采暖地面做法示意图

绝热层的材料宜采用聚苯乙烯泡沫塑料板。楼板上的绝热层厚度不宜小于 30 mm(住宅受层高限制时不应小于 20 mm),与土壤或室外空气相邻的地板上的绝热层厚度不宜小于 40 mm,沿外墙内侧周边的绝热层厚度不应小于 20 mm。当采用其他绝热材料时,宜按等效热阻确定其厚度。

填充层的材料应采用 C15 豆石混凝土,豆石粒径不宜大于 12 mm,并宜掺入适量的防裂剂。地面荷载大于 20 kN/m^2 时,应对加热管上方的填充层采取加固构造措施。

早期的地板采暖均采用钢管或铜管,现在地板采暖均采用塑料管。

塑料管均具有耐老化、耐腐蚀、不结垢、承压高、无污染、沿程阻力小、容易弯曲、埋管部分无接头、易于施工等优点。

(2) 系统设置。图 9.27 是低温热水地板辐射采暖系统示意图。其构造形式与前述的分户热量计量系统基本相同,只是户内加设了分、集水器而已。另外,当集中采暖热媒温度超过低温热水地板辐射采暖的允许温度时,可设集中的换热站,也有在户内入口处加热交换机组的系统。后者更适合于要将分户热量计量对流采暖系统改装为低温热水地板辐射采暖系统的用户。

低温热水地板辐射采暖的楼内系统一般通过设置在户内的分水器、集水器与户内管路系统连接。分、集水器常组装在一个分、集水器箱体内(图 9.27),每套分、集水器宜接 3 ~ 5 个回路,最多不超过 8 个。分、集水器宜布置于厨房、盥洗间、走廊两头等既不占用主要使用面积,又便于操作的部位,并留有一定的检修空间,且每层安装位置应相同。建筑设计时应给予考虑。

图 9.29 是低温热水地板辐射采暖管路布置图。为减少流动阻力,管路采用并联布置方式。一般情况下每一个房间布置成一个环路,较大房间可按房间面积 20 ~ 30 m^2 布置一个环路,几个分支环路并联接在分、集水器上。并且每个分支环路盘管长度尽量相同,一般为 60 ~ 80 m,最长不超过 120 m。

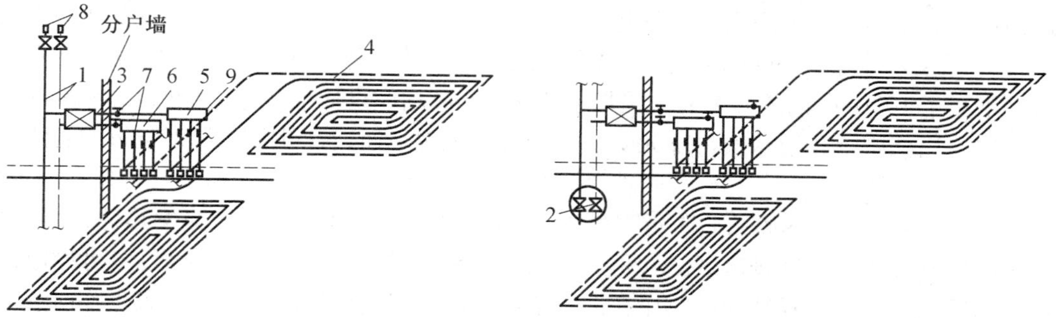

图 9.27　低温热水地板辐射采暖系统示意图

1— 共用立管;2— 立管调节装置;3— 入户装置;4— 加热盘管;5— 分水器;

6— 集水器;7— 球阀;8— 自动排气阀;9— 放气阀

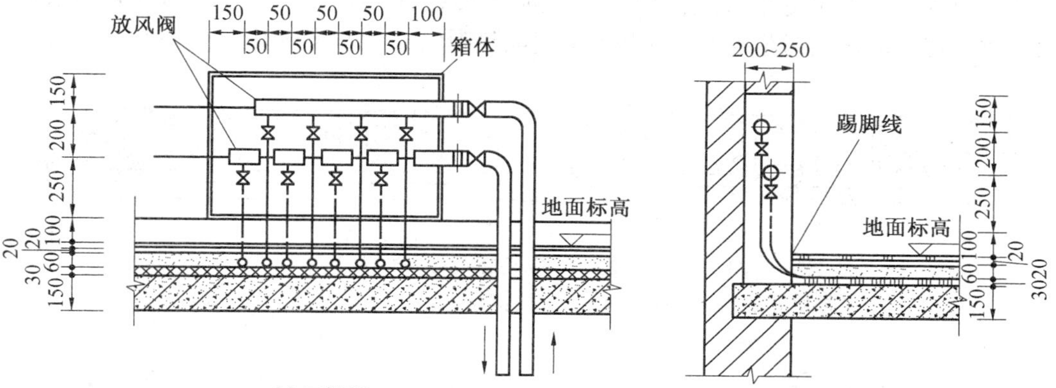

(a) 正视图　(b) 侧视图

图 9.28　低温热水地板采暖系统分、集水器安装示意图

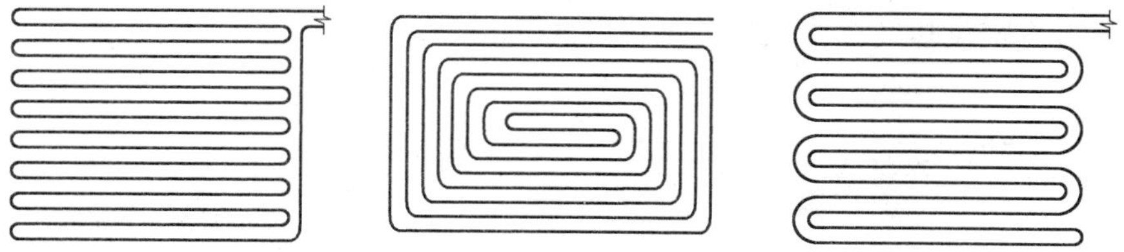

(a) 平行排管　(b) 回行盘管　(c) S 形盘管

图 9.29　低温热水地板辐射采暖管路布置图

卫生间一般采用散热器采暖,自成环路,采用类似光管式散热器的干手巾架与分、集水器直接连接。如面积较大有可能布置加热盘管时亦可按地暖设计,但应避开管道、地漏等,并作好防水。

埋地盘管的每个环路宜采用整根管道,中间不宜有接头,防止渗漏。加热管的间距不宜大于300 mm。PB管和PE－X管转弯半径不宜小于5倍管外径,其他管材不宜小于6倍管外径,以保证水路畅通。

加热管以上的混凝土填充层厚度不应小于 30 mm,且应设伸缩缝以防止热膨胀导致地面龟裂和破损。一般当采暖面积超过30 m^2 或长边超过6 m时，填充层应设置间距不大于6 m、宽度不小于5 mm 的伸缩缝，缝中填充弹性膨胀材料。加热管穿过伸缩缝处宜设长度不小于100 mm 的柔性套管。沿墙四周100 mm 均应设伸缩缝，其宽度为5 ~ 8 mm，在缝中填充软质闭孔泡沫塑料。为防止密集管路胀裂地面，管间距小于100 mm的管路应外包塑料波纹管。

（3）低温辐射电热膜采暖。低温辐射电热膜采暖方式是以电热膜为发热体，大部分热量以辐射方式散入采暖区域。它是一种通电后能发热的半透明聚酯薄膜，由可导电的特制油墨、金属载流条经印刷、热压在两层绝缘聚酯薄膜之间制成的。电热膜工作时表面温度为40 ~ 60 ℃，通常布置在顶棚上（图9. 30）或地板下或墙裙、墙壁内，同时配以独立的温控装置。

安装时，先将射钉1 固定在楼板7 上，再把吊件2 与射钉1 固定，轻钢龙骨3 被吊件2 卡住，2 和3 同时被包附在隔热层4 中。电热膜5 被夹在饰面板6 和隔热层4 中间，饰面板用自攻螺钉固定在轻钢龙骨上。安装的多组电热膜以导线连接到温控器，以便于调节。

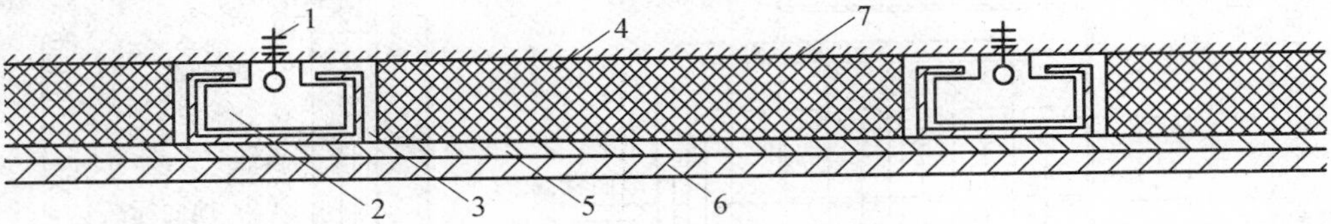

图9. 30　低温电热膜采暖顶板安装示意图

1— 带尾孔的射钉；2— 吊件；3— 轻钢龙骨；4— 隔热层；5— 电热膜；

6— 饰面板（石膏板等）；7— 钢筋混凝土楼板

（4）低温发热电缆采暖。发热电缆是一种通电后发热的电缆，它由实心电阻线（发热体）、绝缘层、接地导线、金属屏蔽层及保护套构成。低温加热电缆采暖系统是由可加热电缆和感应器、恒温器等组成，也属于低温辐射采暖，通常采用地板式，将发热电缆埋设于混凝土中，有直接供热及存储供热等系统形式，如图9. 31 所示。

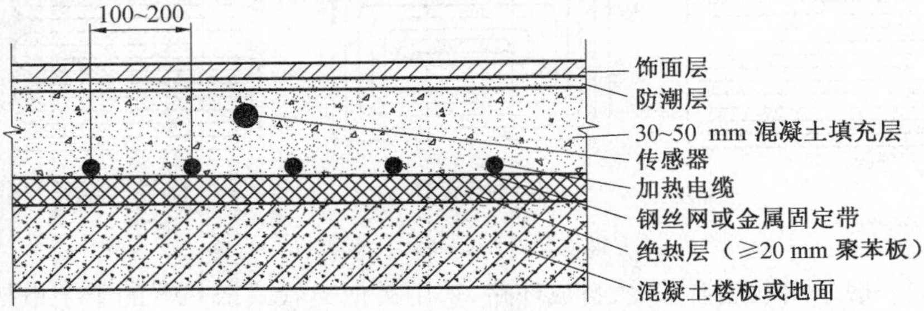

图9. 31　低温发热电缆辐射采暖安装示意图

4. 中温辐射采暖。

中温辐射采暖系统，主要应用于工业厂房，特别是高大的工业厂房，往往具有较好的实际效果。对于一些大空间的民用建筑，如商场、展览厅、车站等，也能取得较好的效果。

中温辐射采暖使用的散热设备通常都是钢制辐射板。按照钢制辐射板长度的不同可分为块状和带状两种类型。

块状辐射板通常用 $DN15 \sim 25$ 与 $DN40$ 的水煤气钢管焊成排管构成加热管,把排管嵌在 0.5 ~ 1 mm 厚的预先压好槽的薄钢板制成的长方形的辐射板内。辐射板在钢板背面加设保温层以减少热损失。块状辐射板的长度,一般以不超过钢板的自然长度,通常为 1 000 ~2 000 mm。

带状辐射板大都以几张钢板组装而成。卷材钢板制作则比较理想,长度方向不受自然长度的限制,而且还可以避免在此方向上有接缝。

钢制辐射板的特点是采用薄钢板,其厚度一般为 0.5 ~ 1.0 mm;加热管通常为水煤气管,管径为 15 mm,20 mm,25 mm;保温材料为蛭石、珍珠岩、岩棉等。

钢制辐射板分为单面辐射板和双面辐射板。单面辐射板背面加保温层,只占总散热量的 10%,其他大部分由板前散出。

如果辐射板背面不加保温层,就成为双面辐射板,它可以垂直安装在多跨车间的两跨之间,使它向两面散热,它的散热量比同样的单面辐射板约增加 30% 左右。

钢制块状辐射板的构造简单,加工方便,便于就地制作,在同样的放热情况下,它的耗金属量比铸铁散热器采暖系统节省一半左右。

带状辐射板的排管较长,加工、安装都没有块状辐射板方便;而且,排管的热膨胀补偿、空气排除、凝结水排除等也较难解决。

5. 高温辐射采暖系统

高温辐射采暖系统按能源分类可分为电红外线辐射采暖系统和燃气红外线辐射采暖系统。

电气红外线辐射采暖设备多采用石英管或石英灯辐射器。石英管红外线辐射器的辐射温度可达 990 ℃,其中,辐射热占总散热量的 78%。石英灯辐射器的辐射温度可达 2 232 ℃,其中,辐射热占总散热量的 80%。

燃气红外线是利用可燃的气体、液体或固体,通过特殊的燃烧装置 —— 辐射器进行燃烧而辐射出红外线。在整个红外线波段中,燃气红外线辐射器发射出的红外线波长在 0.76 ~ 40 μm,它的热特性最好。

燃气红外线辐射器,具有构造简单、外形小巧、发热量大、热效率高、安装方便等优点,所以应用比较广泛,不但用于室内外采暖,而且用于各种生产工艺的加热和干燥过程。

9.2　供暖热负荷

冬季由于室内外存在温差,室内的热量通过组成房间的围护结构(门、窗、墙等)传到室外,如果不采取措施,房间温度将降低,无法保证人们正常的生活和工作,为使房间温度恒定并维持在该温度下的热平衡而采取的措施称为采暖(供暖)。用于供暖的单位时间的热量称为供暖热负荷。

供暖热负荷在数值上应该等于房间的单位时间热量的消耗。在工程中,该热量消耗是以房间的得失热量之差来表示的。对于一般民用建筑或没有热量产生的车间，供暖热负荷等于房间的总失热量。它包括有围护结构耗热量 Q_1，加热由门、窗缝隙渗入的冷空气的耗热量 Q_2，以及加热由门或孔洞侵入的冷空气的耗热量 Q_3。于是对一般的民用建筑物，供暖热负荷可以由以下公式表示：

$$Q = Q_1 + Q_2 + Q_3 \tag{9.2}$$

9.2.1　建筑物围护结构耗热量

通过围护结构的传热，是在室内外存在温差的情况下进行的，该传热过程是一个很复杂的传热现象。它包括了围护结构内表面吸热、结构导热和外表面放热 3 个基本过程。各过程内都分别由导热、对流和辐射 3 种传热方式组成，而且各过程中的热量传递总是随时间变化的，因此，围护结构的传热过程是一个复杂的不稳定传热过程。

在工程中，为了使计算简化，通常把上述不稳定传热过程的计算用稳定传热的公式来进行计算，得出结果后，再考虑不稳定传热过程的实际条件，进而对计算结果加以适当的修正和附加。

在稳定传热条件下计算的，且在温差作用下通过围护结构的耗热量，称为围护结构的基本耗热量。而考虑不稳定传热条件下，诸如气象等条件的影响，对基本耗热量的补充、修正耗热量称为围护结构的附加耗热量。

1. 围护结构的基本耗热量 Q_j

房间围护结构的基本耗热量，是围护结构各部分（如门、窗、墙、天棚、地板）耗热量的总和，用公式表示为

$$Q_j = \sum KF(t_n - t'_w)a \tag{9.3}$$

式中　Q_j—— 围护结构的基本耗热量（W）；

K—— 围护结构综合传热系数（W/(m² · ℃)）；

F—— 围护结构传热面积（m²）；

t_n—— 室内计算温度（℃）；

t'_w—— 室外供暖计算温度（℃）；

a—— 围护结构温差修正系数。

下面对公式中各项参数讨论如下：

（1）室内计算温度。室内计算温度的高低要满足人们的生活、工作和生产工艺的要求。因此，确定室内计算温度时，要综合考虑建筑物性质、用途、人们的生活习惯以及具体的生产过程等因素。室内计算温度一般指室内地面 2 m 以内的人们活动区的空气平均温度。附表 9.4 给出了一些常用建筑的室内计算温度。

表 9.4　常用建筑的室内计算温度

建筑类别	房间名称	室内计算温度／℃
民用建筑	严寒地区的主要房间 夏热冬冷地区的主要房间	18 ~ 24 16 ~ 22
工业建筑	轻作业工作地点 中作业工作地点 重作业工作地点 过重作业工作地点	18 ~ 21 16 ~ 18 14 ~ 16 12 ~ 14
辅助建筑	浴室 更衣室 办公室　休息室 食堂 盥洗室　厕所	25 25 18 18 12
安排值班采暖房间		

(2) 室外计算温度。计算围护结构基本耗热量时,室外计算温度应取用某一固定数值,这样可以使设计热负荷值保持不变。而实际上在整个供暖期间,室外温度是不断变化的。这就出现了计算热负荷时,室外计算温度取值大小的问题。

从公式(9.3)中可以看出,室外计算温度 t'_w 取值越低,则基本耗热量 Q_j 越大。也就是说,热负荷随室外温度的降低而增加。热负荷增加,可以使室内温度升高一些,但同时也相应地提高了供暖费用。因此,室外供暖计算温度 t'_w 值的选取,既要保证供暖效果,而且又不过分增加供暖费用。

我国目前的相关规范中规定:"采暖室外计算温度,应采用历年平均每年不保证 5 天的日平均温度"。按这样的规定取值时,平均每年有 5 天的日平均温度低于此值。因此,按此值计算热负荷时,平均每年有 5 天时间不能保证室内计算温度,而其他绝大部分时间内实际需要的热负荷,都低于按 t'_w 计算得到的设计热负荷。

不同地区的供暖室外计算温度,可以根据当地气象资料确定,这样可得出不同的数值。表 9.5 给出了我国部分地区的供暖室外计算温度。

表9.5　我国某些主要城市室外气象参数(摘录)

地名	供暖室外计算温度/℃	日平均温度＜5 ℃天数	供暖期室外平均温度/℃	冬季室外平均风速/(m·s^{-1})	年平均温度/℃	冬季日照率/%	最大冻土深度/cm
北京	-7.6	123	-0.7	2.6	12.3	64	66
上海	-0.3	42	4.1	2.6	16.1	40	8
天津	-7.0	121	-0.6	2.4	12.7	58	58
哈尔滨	-24.2	176	-9.4	3.2	4.2	56	205
齐齐哈尔	-23.8	181	-9.5	2.6	3.6	68	209
长春	-21.1	169	-7.6	3.7	5.7	64	169
延吉	-18.4	171	-6.6	2.6	504	57	198
沈阳	-16.9	152	-5.1	2.6	8.4	56	148
锦州	-14.1	144	-3.4	3.2	9.5	67	108
大连	-9.8	132	-0.7	5.2	10.9	65	90
石家庄	-6.2	111	0.1	1.8	13.4	56	56
唐山	-9.2	130	-1.6	2.2	11.5	60	72
太原	-10.1	141	-1.7	2.0	10.0	57	72
呼和浩特	-17.0	167	-5.3	1.5	6.7	63	156
西安	-3.4	100	1.5	1.4	13.7	32	37
银川	-13.1	145	-3.2	1.8	9.0	68	88
西宁	-11.4	165	-2.6	1.3	6.1	68	123
兰州	-9.0	130	-1.9	0.5	9.8	47	18
乌鲁木齐	-19.7	158	-7.1	1.6	7.0	39	139
郑州	-3.8	97	1.7	2.7	14.3	47	27
济南	-5.3	99	1.4	2.9	14.7	56	35
武汉	-0.3	50	3.9	1.8	16.6	37	9
长沙	0.3	48	4.3	2.3	17.0	26	—
南京	-1.8	77	3.2	2.4	15.5	43	9
合肥	-1.7	64	3.4	2.7	15.8	40	8
拉萨	-5.2	132	-0.61	2.0	8.0	77	19
重庆	4.1	0	—	1.1	17.7	7.5	—
成都	2.7	0	—	0.9	16.1	17	—
昆明	3.6	0	—	2.2	14.9	66	—
贵阳	-0.3	27	4.6	2.1	15.3	15	—
南昌	0.7	26	4.7	2.6	17.6	33	—
杭州	0.0	40	4.2	2.3	16.5	36	—
福州	6.3	0	—	2.4	19.8	32	—
广州	8.0	0	—	1.7	22	36	—
南宁	7.6	0	—	1.2	21.8	25	—
海口	12.6	0	—	2.5	24.1	34	—

本表摘录于《民用建筑供暖通风与空气调节设计规范》(GB 50736—2012)

(3) 温差修正系数。在计算围护结构基本耗热量时，常常会遇到围护结构不是直接与室外空气接触，而是与不供暖房间(或空间)相邻，如地下室、闷顶、贮藏室等。在这种情况下，为了准确计算耗热量，公式(9.3)中 t'_w 应取不供暖房间的实际温度，而实际温度很难确定。为简化计算，仍取供暖室外计算温度 t'_w 进行计算，同时在公式中温差一项乘以修正系数 α。各种不同情况下的 α 值见表9.6。

表9.6　围护结构温度修正系数 α 值

围护结构特征	α
外墙、屋顶、地面以及与室外相通的楼板等	1.00
闷顶和与室外空气相通的非采暖地下室上面的楼板等	0.90
与有外门窗的不采暖楼梯间相邻的隔墙(1 ~ 6层建筑)	0.60
与有外门窗的不采暖楼梯间相邻的隔墙(7 ~ 30层建筑)	0.50
非采暖地下室上面的楼板，外墙上有窗时	0.75
非采暖地下室上面的楼板，外墙上无窗且位于室外地坪以上时	0.60
非采暖地下室上面的楼板，外墙上无窗且位于室外地坪以下时	0.40
与有外门窗的非采暖房间相邻的隔墙	0.70
与无外门窗的非采暖房间相邻的隔墙	0.40
伸缩缝墙、沉降缝墙	0.30
防震缝墙	0.70

当供暖房间与相邻房间温差小于5 ℃时，其相互传热量在工程中可忽略不计。

(4) 围护结构传热系数。围护结构传热系数分为以下几种情况：

① 外墙和屋顶的传热系数。常见的外墙、屋顶多属于多层平壁，其传热系数 K 用下式计算：

$$K = \frac{1}{R} = \frac{1}{\frac{1}{a_n} + \sum \frac{\delta}{\lambda} + \frac{1}{a_w}} \tag{9.4}$$

式中　K——传热系数[W/(m²·℃)]；

R——围护结构的传热热阻(m²·℃/W)；

a_n——围护结构的内表面换热系数[W/(m²·℃)]；

a_w——围护结构的外表面换热系数[W/(m²·℃)]；

δ——围护结构各层材料厚度(m)；

λ——围护结构各层结构的导热系数[W/(m²·℃)]。

a_n、a_ω 的值见附表9.7，常用建筑材料的导热系数 λ 值见附表9.8。

表 9.7　围护结构内外表面换热系数 α_n 和 α_ω　　$W/(m^2 \cdot ℃)$

序号	表　面　特　征	内表面换热系数 α_n	外表面换热系数 α_ω
1	墙、地面、表面平整或有肋状突出物的顶棚,当 $h/s \leq 0.3$ 时	8.7	
	有肋、井状突出物的顶棚,当 $0.2 < h/s \leq 0.3$ 时	8.1	
2	有肋状突出物的顶棚,当 $h/s > 0.3$ 时	7.6	
	有井状突出物的顶棚,当 $h/s > 0.3$ 时	7.0	
3	外墙和屋顶		23
4	与室外空气相通的非供暖地下室上面的楼板		17
5	闷顶和外墙上有窗的非供暖地下室上面的楼板		12
6	外墙上无窗的非供暖地下室上面的楼板		6

注:h 为肋高(m);s 为肋间净距(m)

表 9.8　常用建筑材料的导热系数 λ

材料名称	密度 ρ	导热系数 λ		材料名称	密度 ρ	导热系数 λ	
	kg/m^3	$W/(m \cdot ℃)$	$kcal/(m \cdot h \cdot ℃)$		kg/m^3	$W/(m \cdot ℃)$	$kcal/(m \cdot h \cdot ℃)$
石棉水泥块和板	1 900	0.350	0.30	防腐锯末	300	0.128	0.11
石棉水泥隔热板	500	0.128	0.11	胶合板	600	0.175	0.15
石棉水泥隔热板	300	0.093	0.08	建筑钢	7 850	58.000	50.00
石棉毡	420	0.116	0.10	铸铁	7 200	50.000	43.00
沥青焦砟	1 460	0.280	0.24	用重砂浆的实心砖砌体	1 800	0.814	0.70
钢筋混凝土	2 500	1.630	1.40	用轻砂浆的实心砖砌体	1 700	0.755	0.65
钢筋混凝土	2 400	1.550	1.33	水泥砂浆或水泥砂浆抹灰	1 800	0.930	0.80
碎石或卵石混凝土	2 200	1.280	1.10	混合砂浆或混合砂浆抹灰	1 700	0.872	0.75
碎砖混凝土	1 800	0.873	0.75	石灰砂浆	1 600	0.814	0.70
轻混凝土(矿渣混凝土)	1 500	0.698	0.60	外表面抹砂灰浆	1 600	0.875	0.75
				内表面抹砂灰浆	1 600	0.697	0.60
轻混凝土(矿渣混凝土)	1 200	0.523	0.44	木板条外表面抹石灰浆	1 400	0.697	0.60
				木板条内表面抹石灰浆	1 400	0.524	0.45
轻混凝土(矿渣混凝土)	1 000	0.407	0.35				
加气混凝土、泡沫混凝土	1 000	0.396	0.34	沥青纸毡	600	0.175	0.15
				窗玻璃	2 500	0.755	0.65
加气混凝土、泡沫混凝土	800	0.290	0.25	玻璃棉	200	0.058	0.05
				高炉熔渣、燃料渣	1 000	0.290	0.25
加气混凝土、泡沫混凝土	600	0.210	0.18	高炉熔渣、燃料渣	700	0.221	0.19
				矿渣砖	1 400	0.580	0.50

续表 9.8

材料名称	密度 ρ	导热系数 λ		材料名称	密度 ρ	导热系数 λ	
	kg/m^3	W/(m · ℃)	kcal/(m·h·℃)		kg/m^3	W/(m · ℃)	kcal/(m·h·℃)
加气混凝土、泡沫混凝土	400	0.151	0.13	矿渣棉	350	0.070	0.06
				建筑用毛毡	150	0.058	0.05
加气混凝土、泡沫混凝土	300	0.128	0.11	石棉	200	0.070	0.06
				泡沫水泥	297	0.190	0.163
纯石膏	1 250	0.465	0.40	泡沫水泥	468	0.298	0.256
松与纵木垂直木纹	550	0.175	0.15	硬泡沫塑料板	42	0.047	0.04
松与纵木顺木纹	550	0.350	0.30	软泡沫塑料板	62	0.047	0.04
密切的刨花	300	0.116	0.10	木丝板(刨花板)	730	0.081	0.07
木锯末	250	0.093	0.08	木纤维板	600	0.163	0.14

② 门窗的传热系数。单层门、窗可以按平壁传热公式计算,双层窗也可以按有空气间层的围护结构传热计算。但计算较为麻烦,所以实际工程中常采用查表法确定。

表 9.9 给出了常用的外墙、门、窗的传热系数值。对于天棚的传热系数,当有关手册查不到时,仍以公式(9.4) 计算。

③ 地面传热系数。一般地面常直接铺设在土壤上。该地面按不保温地面计算时,可直接查表得到各房间的平均传热系数。其值可分别在附表 9.10 和附表 9.11 中查得。

表 9.9　常用围护结构的传热系数 K 值　$W/(m^2 \cdot ℃)$

类　型		K	类　型		K
A. 门			金属框	单层	6.40
实体木质门	单层	4.65		双层	3.26
	双层	2.33	单框二层玻璃窗		3.49
带玻璃阳台外门	单层(木框)	5.82	商店橱窗		4.65
	双层(木框)	2.68	C. 外　墙		
	单层(金属框)	6.40	内表面抹灰砖墙	24 砖墙	2.08
	双层(金属框)	3.26		37 砖墙	1.56
单层内门		2.91		49 砖墙	1.27
B. 外窗及天窗			D. 内墙(双面抹灰)	12 砖墙	2.31
木框	单层	5.82		24 砖墙	1.72
	双层	2.68			

表 9.10 拐角房间直接铺设在土壤上非保温地板的平均传热系数 K 值 W/(m^2 · ℃)

房间长 /m	房间宽 /m									
	2	3	4	5	6	7	8	9	12	15
2	0.93	0.78	0.70	0.65	0.62	0.59	0.58	0.57	0.55	0.52
3	0.78	0.65	0.58	0.55	0.51	0.50	0.49	0.48	0.45	0.44
4	0.70	0.58	0.52	0.49	0.47	0.45	0.44	0.43	0.41	0.40
5	0.65	0.55	0.49	0.45	0.43	0.41	0.40	0.38	0.36	0.35
6	0.62	0.51	0.47	0.43	0.40	0.38	0.37	0.36	0.34	0.33
7	0.59	0.50	0.45	0.41	0.38	0.37	0.35	0.34	0.31	0.30
8	0.58	0.49	0.44	0.40	0.37	0.35	0.34	0.32	0.29	0.28
9	0.57	0.48	0.43	0.38	0.36	0.34	0.32	0.30	0.28	0.27
10	0.56	0.47	0.42	0.37	0.35	0.33	0.31	0.29	0.27	0.26
11	0.55	0.45	0.41	0.37	0.34	0.32	0.30	0.29	0.26	0.24
12	0.55	0.45	0.41	0.36	0.34	0.31	0.29	0.28	0.25	0.23

表 9.11 具有一面外墙房间直接铺设在土壤上非保温地板的平均传热系数 K 值

房间净深 /m	2	3	4	5	6	7	8	9	12	15	18
K	0.47	0.38	0.35	0.30	0.27	0.24	0.23	0.21	0.17	0.15	0.14

④ 围护结构最小热阻。围护结构热阻的大小，直接影响到围护结构内表面温度的高低。从热工方面考虑，围护结构内表面温度过低，可能引起围护结构内表面结露。这样不仅影响室内环境，而且还可以导致围护结构耗热量增加和寿命的降低。

从卫生方面考虑，围护结构内表面温度过低，会加剧人体对低温墙表面的热辐射，从而引起人体不适。

为满足围护结构内表面不结露和人体舒适感的要求而确定的围护结构的最低传热热阻，称为最小热阻，以 R_{min} 表示

$$R_{min}=\frac{(t_n-t_{ws})a}{\alpha_n\Delta t_y} \tag{9.5}$$

式中 R_{min}—— 围护结构的最低传热热阻(m^2 · ℃/W)；

Δt_y—— 供暖室内计算温度与围护结构内表面温度的允许温差(℃)，其值可查附表 9.12；

t_{ws}—— 冬季围护结构室外计算温度(℃)，其值可查有关手册。

表 9.12　允许温度差 Δt_y 值

℃

建筑物及房间类别	外墙	屋顶
居住建筑、医院和幼儿园等	6.0	4.0
办公建筑、学校和门诊部等	6.0	4.5
公共建筑(上述指明者除外)和工业企业辅助建筑物(潮湿的房间除外)	7.0	5.5
室内空气干燥的生产厂房	10.0	8.0
室内空气湿度正常的生产厂房	8.0	7.0
室内空气潮湿的公共建筑、生产厂房及辅助建筑物:		
当不允许墙和顶棚内表面结露时	$t_n - t_1$	$0.8(t_n - t_1)$
当仅不允许顶棚内表面结露时	7.0	$0.9(t_n - t_1)$
室内空气潮湿且具有腐蚀性介质的生产厂房	$t_n - t_1$	$t_n - t_1$
室内散热量大于 23 W/m³,且计算相对湿度不大于 50% 的生产厂房	12.0	12.0

注:① 表中 t_n 为室内计算温度,℃;t_1 为在室内计算温度和相对湿度状况下的露点温度,℃

② 与室内空气相通的楼板和非供暖地下室上面的楼板,其允许温度 Δt_y 值,可采用 2.5 ℃

⑤ 围护结构的传热面积。门、窗传热面积,按外表面上的净空尺寸计算;外墙的传热面积应是外墙的高与宽的乘积。高度是从本层地面到上层地面的距离,宽度是沿外缘到内墙中线之间或内墙中线到外墙角之间的距离;地面和天棚的传热面积,按外墙内表面到内墙中心线之间计算。具体丈量规则如图 9.32 所示。

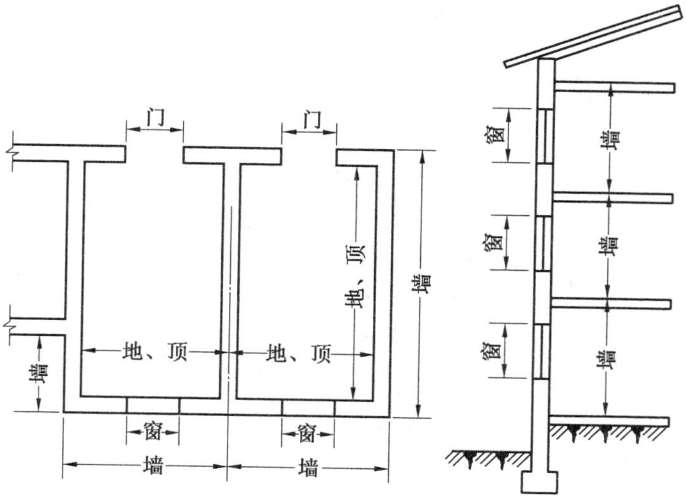

图 9.32　围护结构传热面积的丈量规则

2. 围护结构附加耗热量

如前所述,由于维护结构的传热是在不稳定条件下进行的,而公式(9.3)是在稳定条件下给出的。考虑气象等因素的影响,应该对围护结构基本耗热量进行修正,从而引出了维护结构的附加耗热量。其中包括朝向修正、风力附加和高度附加等 3 项附加耗热量。

（1）朝向修正耗热量。朝向修正是考虑太阳辐射对围护结构传热的影响而引出的修正。由于太阳辐射的影响，使建筑物维护结构表面温度升高、结构干燥，从而降低了耗热量。由于朝向不同，太阳辐射对围护结构传热的影响也不同。因此，在相同条件下，朝阳房间与不朝阳房间相比，前者的热负荷应小于后者。

具体的修正方法是按围护结构朝向不同采用不同的修正率，不同朝向的修正百分率按图 9.33 选用。

由图 9.33 可知，朝阳房间的朝向修正耗热量为负值，即朝阳房间的耗热量应该在计算的基本耗热量中减去一部分。还应该指出的是，朝向修正率的影响因素是很多的，如太阳辐射强度、日照时数、窗子的相对面积大小等等。对“三北”地区，一般的建筑均可以采用图 9.33 所示的修正率。

（2）风力附加耗热量。风力附加耗热量是考虑室外风速对围护结构外表面换热系数 a_w 的影响而引出的附加。在基本耗热量计算公式中，所给出的传热系数 K 值是对应于某一固定的室外风速下得出的。而实际风速大于该固定风速时，a_w 将增大，从而 K 值也增大，使传热量增加。因此，冬季室外风速越大，风力附加率也应该越大。

规范规定，建筑在不避风的高地、河边、海岸、旷野上的建筑或厂区或特别高出的建筑物，垂直的外围护结构附加率为 5% ～10%。但是，在习惯的设计中，对城市市区的一般建筑，可不计此项附加。

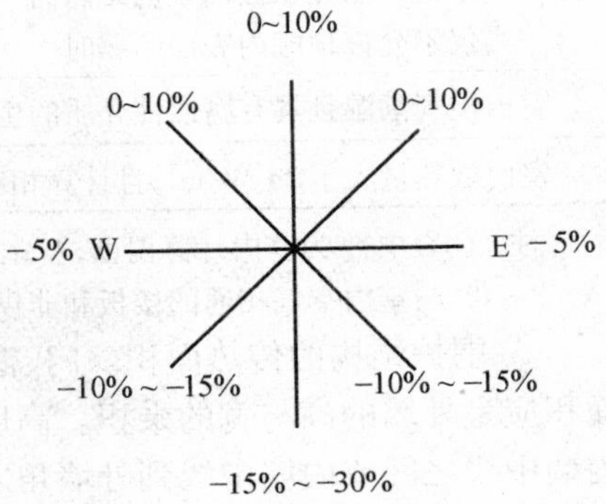

图 9.33　朝向修正百分率（%）

（3）高度附加耗热量。高度附加是考虑层高较高的房间，由于温度梯度对传热量的影响而引出的附加。

当房间层高较高时，由于热空气上升，使房间上部温度高于室内计算温度，而使上部的耗热量比计算耗量大，此时要考虑高度附加。当房间层高小于 4 m 时，不计算高度附加；当房间层高大于 4 m 时，每增高 1 m，耗热量增加 2%，但总附加值不超过 15%。地面辐射供暖的房间高度大于 4 m 时，每高出 1 m 宜附加 1%，但总附加率不宜大于 8%。

应该指出，高度附加计算方法与前两种附加的计算方法有所不同。在计算朝向和风力附加时，是把基本耗热量作为基数，然后乘上相应的附加（修正）率；而高度附加则是基本耗热量、朝向附加耗热量和风力附加耗热量 3 项之和为基数，再乘上相应的高度附加率，以此作为高度附加耗热量。

9.2.2　冷风渗透耗热量

对采暖房间的门、窗缝隙未采取密封措施或密封不严时，室外冷空气都会通过门、窗缝隙渗入室内。把这部分冷空气从室外温度加热到室内温度所消耗的热量，称为冷风渗透耗热量。冷风渗透耗热量 Q_2 的计算可采用缝隙法，这是现行暖通规范推荐的一种方法，其计算公式为

$$Q_2 = 0.278L \cdot l \cdot \rho_w \cdot C_p(t_n - t'_w)n \tag{9.6}$$

式中　Q_2——冷风渗透耗热量(W);

L——每米长门、窗缝隙的渗入冷空气量[$m^3/(m \cdot h)$],其值见表 9.13;

l——门、窗的缝隙长度(m);

ρ_w——对应于 t'_w 条件下的室外空气密度(kg/m^3);

C_p——冷空气比热($C_p = 1\ kJ/(kg \cdot ℃)$);

n——空气渗透的朝向修正系数,其值见表 9.14。

表 9.13　每米门、窗缝隙渗入的空气量 L

门窗类型	冬季室外平均风速 /($m \cdot s^{-1}$)					
	1	2	3	4	5	6
单层木窗	1.0	2.0	3.1	4.3	5.5	6.7
双层木窗	0.7	1.4	2.2	3.0	3.9	4.7
单层钢窗	0.6	1.5	2.6	3.9	5.2	6.7
双层钢窗	0.4	1.1	1.8	2.7	3.6	4.7
推拉铝窗	0.2	0.5	1.0	1.6	2.3	2.9
平开铝窗	0.0	0.1	0.3	0.4	0.6	0.8

注:① 每米外门缝隙渗入的空气量,为表中同类型外窗的两倍;
② 当有密封条时,表中数据可乘以 0.5 ~ 0.6 的系数。

表 9.14　渗透空气量的朝向修正系数 n 值(部分城市)

地点	北	东北	东	东南	南	西南	西	西北
哈尔滨	0.3	0.15	0.20	0.70	1.00	0.85	0.70	0.60
沈阳	1.00	0.70	0.30	0.30	0.40	0.35	0.30	0.70
北京	1.00	0.50	0.15	0.10	0.15	0.15	0.40	1.00
天津	1.00	0.40	0.20	0.10	0.15	0.20	0.40	1.00
西安	0.70	1.00	0.70	0.25	0.40	0.50	0.35	0.25
太原	0.90	0.40	0.15	0.20	0.30	0.40	0.70	1.00
兰州	1.00	1.00	1.00	0.70	0.50	0.20	0.15	0.50
乌鲁木齐	0.35	0.35	0.55	0.75	1.00	0.70	0.25	0.35

9.2.3　冷风侵入耗热量

冬季由于围护结构的孔、洞存在,以及开启外门将会有大量冷空气侵入室内。这部分冷空气从室外温度加热到室内温度所消耗的热量称为冷风侵入耗热量。原则上,冷风侵入耗热量应该由有关公式计算得出。但由于流进室内的冷空气量不易确定,所以在工程中,对开启时间不长的外门,常采用对外门基本耗热量附加的方法进行计算。

1. 民用建筑和工厂辅助建筑附加值

一道门,65n%;两道门(有门斗),80n%;三道门(两个门斗),60n%,其中 n 为楼层数,即外门所在楼层及以上的楼层数。对出入频繁的公共建筑主要出入口,其外门冷风侵入耗热量,按外门基本耗热量的 5 倍计算。

2. 工业建筑

对开启时间不长的单层工业车间外门,其冷风侵入耗热量按外门基本耗热量的 5 倍考虑。对开启时间较长的外门,其冷风侵入量应按《工业通风》或有关手册进行计算,从而确定冷风侵入耗热量。

9.3　供暖系统管道及附件的设置

室内供暖系统管道布置的合理与否直接影响着系统造价和使用效果。因此,系统布置时,应根据建筑物的具体条件,与外网的连接方式及运行情况等因素来选择合理的方案,所选定的方案,不但应使系统构造简单、节省管材、方便管理和易于调节,而且还要尽量保证各并联环路阻力容易平衡。

9.3.1　干管的布置

在布置干管之前,应首先确定比较合理的引入口位置和系统形式,一般地说,引入口设在建筑物中部较好,这样可缩短系统作用半径。同时,由于热负荷对称分配,也容易实现阻力平衡。图9.34为两个分支环路的异程系统平面示意图,图9.35为两个分支环路的同程系统。当建筑物较长时,可以有多个分支环路。图 9.36 为四个分支环路的异程系统。对较小的系统,也可采用无分支环路的系统。图 9.37 为无分支环路的同程系统。

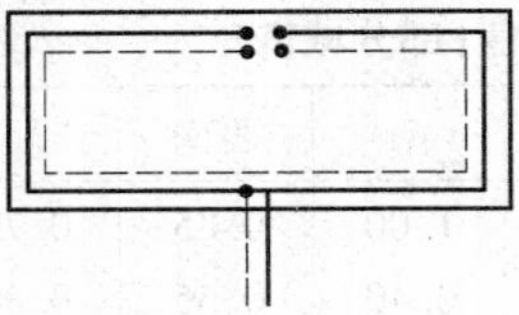

图 9.34　两个分支环路的异程系统

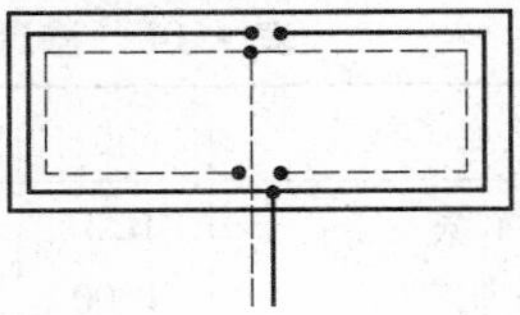

图 9.35　两个分支环路的同程系统

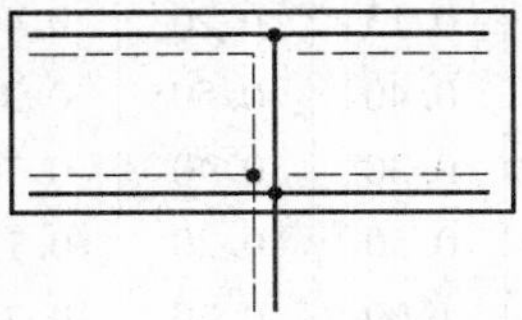

图 9.36　四个分支环路的异程系统

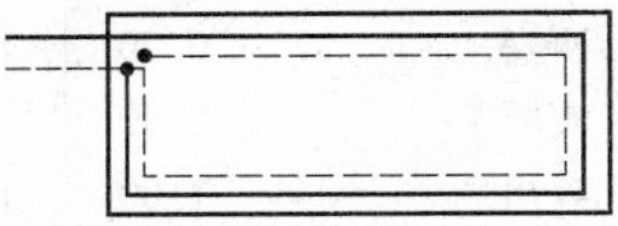

图 9.37　无分支环路的同程系统

上供下回式系统的供水干管,一般情况下,常设在顶层天棚以下。这时,天棚底面与窗户顶部间的距离应满足供水干管跑坡以及集气罐安装的要求。同时还要注意管道穿梁的处理。

回水干管一般设在地面上或地沟内,有条件的也可以设在地下室内。在工厂中,在不影响设备安装和工艺布置的情况下,可以设在地面上。这样施工检修都很方便,造价也低。但是管道在过门时应设过门地沟,并设放水装置。为排气方便,有时在干管局部采用反坡向,如图 9.38 所示。干管设在地沟时可采用半通行地沟或不通行地沟。采用不通行地沟时,应在检修处设活动盖板。室内地沟示意图如图 9.39 所示。

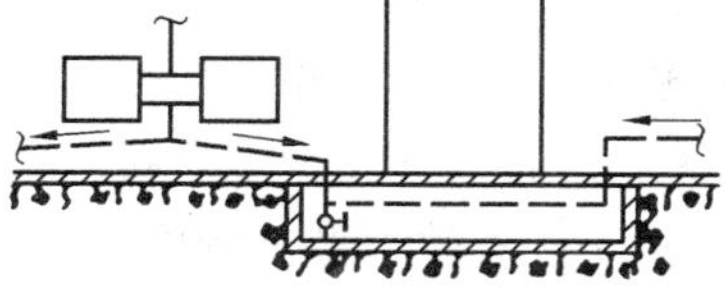

图9.38　热水供暖系统回水干管过门

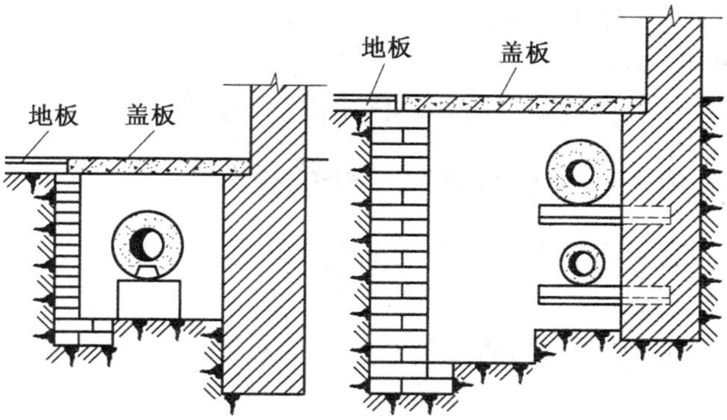

图9.39　室内地沟示意图

9.3.2　立管的布置

立管与干管一样,除了在建筑美观要求较高的房间内采用暗装外,一般都应明装,这样可方便安装和检修。立管应尽量布置在墙角,尤其是具有两面外墙的墙角,也可布置在两个窗子中间的墙处。为便于调节,每根立管上下均应设置一个阀门。

楼梯间最好单独设置立管,以免检修时影响其他房间。当与辅助房间(厕所、厨房等)相邻时,可以合用一根立管。

有关管道安装的具体要求,可参阅相应的规范和技术措施。

9.3.3　阀门设置

1. 阀门种类

热水采暖系统常用的阀门有如下几种:

(1) 闸阀。闸阀的优点是介质流动阻力较小,安装无方向性,阀件安装长度较小。其缺点是闸阀的闸板易磨损,而且其密封面的检修较困难,安装高度大,结构较复杂,价格较贵。

(2) 截止阀。截止阀的优点是密封性好,密封面检修方便,制造简单,价格较低。其缺点是介质流动阻力大,阀件安装长度较大。

(3) 旋塞。旋塞的优点是开启关闭迅速,只要旋转90°即可实现开、关的目的,而且其结构简单,外形尺寸小,介质流动阻力小。其缺点是密封面维修困难,阀芯在高温下易变形。

(4) 止回阀。止回阀的作用是限制流体只能单向流动。

(5) 调节阀。调节阀的作用主要是用以调节流体的参数以达到用户需要的数值。

2. 阀门的选用

(1) 单纯用以开闭的阀门,热水系统和低压蒸汽系统可选用闸阀,而高温水、高压蒸汽系统则应用截止阀。

(2) 作为调节流量用的阀门应选用调节阀。当调节参数要求不严格时,也可选用截止阀。

(3) 作为放水和放气的阀门，当热媒温度大于100 ℃ 时采用截止阀，当热媒温度小于100 ℃ 时可采用旋塞。

(4) 管道中只需要流体单向流动的地方，则必须选用止回阀。

9.3.4 热水供暖系统的排气

管路系统在充水前是充满空气的。充水后，水中溶解的空气也将随着水温的升高而不断析出。系统中空气若不及时排除，将会堵塞管道流通断面，影响水的正常循环，散热器里进入空气时，将使散热器的散热效果降低。因此，对系统中的空气必须及时排除。

由于空气比水轻，所以空气总是向高处聚集。在热水供暖系统的水平干管中，当水的流速超过0.15 m/s 时，空气将被水挟带一起流动。此时，为保证空气顺利排除，必须设法降低水的流速，才能把空气从水中分离出来。

自然循环供暖系统中，由于管径较大，水的流速较小，可以利用管道的坡度通过膨胀水箱将空气排出。机械循环系统中，由于水的流速较大，可利用集气罐把空气从水中分离出来，从而排掉。对上供式系统，可直接在每一环路供水干管末端各安装一个集气罐。同时要求把干管做成向集气罐升高的坡度，坡度值不小于0.002。对下供式系统，可以采用空气管加集气罐的办法或在散热器上装放气阀的办法排气。对水平串联系统，也可以在散热器上装放气阀，也可以设置空气管来排气。

9.4 供暖管道水力计算

在供暖设计中，为了使房间的散热器散热量满足室温恒定的要求，就应该保证进入散热器的水流量符合要求，从而系统中各管段的流量也应符合要求。为此就应该进行管道的水力计算。

管道水力计算是供暖设计中很重要的一步，水力计算必须在确定了系统热负荷、系统形式和在散热器选型之后才能进行。

9.4.1 管道计算的概念和公式

1. 热负荷和流量

流量 G 与热负荷 Q 的关系如下公式给出：

$$G = \frac{0.86Q}{t_g - t_h} \tag{9.7}$$

式中 G—— 流量(kg/h)；

Q—— 计算热负荷(W)；

t_g, t_h—— 系统的供、回水温度(℃)；

0.86—— 考虑单位换算给出的系数。

2. 管段和并联环路

在管道计算(又称水力计算)中，通常把管道中水流量和管径都相同的一段管子称为一个计算管段。任何一个供暖系统都是由许多不同的计算管段并联或串联组成的。

在供暖计算中,凡是两端有共同分流点和共同合流点的管道,称为并联环路。由流体力学可知,构成并联环路的各环路的阻力损失应该相等。如果计算时各环路的阻力损失不相等,则各环路的实际流量将会偏离设计流量,从而出现了所谓的水力失调。

3. 热媒流速

管内热媒流速以符号 v 表示,它与流量的关系为

$$v=\frac{G}{3\,600\,\frac{\pi d^2}{4}\rho}=\frac{G}{900\pi d^2\rho} \tag{9.8}$$

式中　v—— 热媒流速(m/s);

G—— 管内流体流量(kg/h);

d—— 管道内径(m);

ρ—— 流体的密度(kg/m^3)。

显然,流量一定时,流速越大,则管径越小,从而可降低材料消耗,但流速太大,阻力损失大,噪音也大。因此,对管道中水的流速也加以适当限制。热水供暖系统中允许流速见表 9.15。

表 9.15　管内热媒流动最大允许速度　m/s

室内热水管道管径 DN/mm	15	20	25	32	40	≥ 50
有特殊安静要求的热水管道	0.50	0.65	0.80	1.00	1.00	1.00
一般室内热水管道	0.80	1.00	1.20	1.40	1.80	2.00
蒸汽供暖系统形式	低压蒸汽供暖系统			高压蒸汽供暖系统		
汽水同向流动	30			80		
汽水逆向流动	20			60		

注:① 在低压蒸汽一栏括号内数值用于需要特别安静的建筑物,如剧院、图书馆、住宅等

② 高压蒸汽管网最远环路建议按最大允许流速的 50% ~ 60% 的范围内采用

③ 本表摘自《民用建筑采暖通风设计技术措施》,1983 年版

4. 资用压力和阻力损失

供暖系统中的压力又称压头,是物理学中压强的定义,其单位是 Pa。提供给热媒沿管道循环流动的推动力,叫系统的作用压力,即资用压力,也称作用压头。

流体在管道中流动过程由于摩擦或速度改变而产生的能量损失称为阻力损失(或压力损失)。由于流体本身与管道粗糙的内壁间的摩擦而产生的阻力称沿程阻力,而流体流过阀门、弯头、散热器等局部构件时由于方向或速度改变而产生的阻力损失称局部阻力。即

$$\Delta P=\Delta P_y+\Delta P_j=RL+Z \tag{9.9}$$

式中　ΔP—— 计算管段的总阻力损失(Pa);

ΔP_y—— 计算管段的沿程损失(Pa);

ΔP_j,Z—— 计算管段的局部损失(Pa);

R—— 每米管长的沿程损失,又称比摩阻(Pa/m);

L—— 计算管段长度(m)。

每米管长的沿程损失(比摩阻)可由流体力学中达西公式计算得出:

$$R=\frac{\lambda}{d}\frac{\rho v^2}{2} \tag{9.10}$$

式中　R—— 每米管长的沿程损失(Pa/m);

λ—— 管段的摩擦系数;

其余负荷同前。

热媒在管内摩擦系数 λ 值在不同的流态下有不同的计算公式。在实际工程计算中,可将管道的计算公式整理成 $R=f(d\cdot G)$ 的函数式。在 R,d,G 3 个参数中,只要知道其中两个,即可知道第三个数值。

将公式(9.8)整理并代入公式(9.10)后得

$$R=6.25\times 10^{-8}\,\frac{\lambda}{\rho}\,\frac{G^2}{d^5} \tag{9.11}$$

为方便计算,有关手册给出了供暖系统管道水力计算表,在计算时可减轻工作量。

局部阻力损失计算公式:

$$Z=\sum\xi\frac{v^2\rho}{2} \tag{9.12}$$

式中　$\sum\xi$—— 管道中总的局部阻力系数;

其余符号同前。

热水供暖系统管路的局部阻力系数 ξ 值可查阅有关手册。

9.4.2　管道水力计算任务

热水供暖系统水力计算的最终目的是选择合适的管径,使每一个循环环路上的压力损失及系统总阻力损失在规定的范围之内,从而保证每一管段的水流量满足设计要求。

管道水力计算一般有以下几种情况:

(1) 已知系统各管段流量 G 和系统作用压力 ΔP,确定管道管径 d,这是最常见的情况。

(2) 已知系统各管段流量和各管段管径,确定系统需要的作用压力。

(3) 已知系统中各管段管径和允许压力损失,确定管段的水流量。

在上述 3 种水力计算任务中,前两种为设计计算,主要是在系统施工以前用以确定系统的设施选配以作为施工、运行的依据。后一种为校核计算,多用于已建成系统的设施改造或者故障分析。

9.5　供暖系统的主要设备及附件

9.5.1　散热设备

在集中供暖系统中,为维持房间的温度恒定,用以补充供给房间热量的设备统称为散热设备。这类设备主要有散热器、暖风机和辐射板 3 大类。其中暖风机已在热风供暖中做了介绍，辐射板则主要用于工业建筑，对民用建筑和公用建筑则大部分采用散热器供暖。

1. 散热器类型

目前常用的散热器主要有铸铁散热器和钢制散热器两大类。铸铁散热器是长期以来使用较多的散热器，它具有结构简单、造价低、寿命长、防腐性和热稳定性好等优点，但其承压能力较低，一般为 0.4 MPa 左右。近年来，随着高层建筑的出现和区域供热的发展，开始采用钢制散热器。钢制散热器承压能力普遍高于铸铁散热器，其金属消耗量也较少，但其防腐能力较差，使用寿命较短。一些钢制散热器的水容量较小，热稳定性也差些。

(1) 铸铁散热器。铸铁散热器按其结构形式可分为翼型散热器和柱型散热器两大类。

① 翼型散热器。翼型散热器分圆翼型和长翼型两种。图 9.40 为圆翼型散热器，其规格以内径 *D* 表示。常见的规格有 D50（内径 50 mm、肋片 27 片）和 D75（内径 75 mm、肋片 47 片）两种。每根长度一般为 1 m，散热器连接采用法兰连接。

长翼型散热器如图 9.41 所示。因其高度大约为 60 cm，故又称 60 型散热器。长 28 cm 的（带 14 个翼片）称大 60，长 20 cm 的（10 个翼片）称小 60。

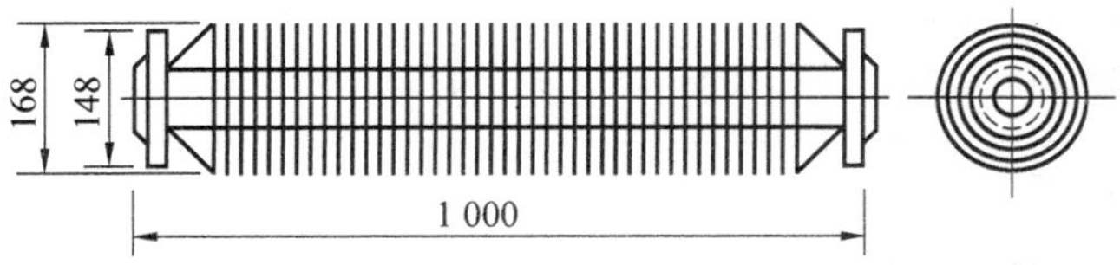

图 9.40　圆翼型散热器

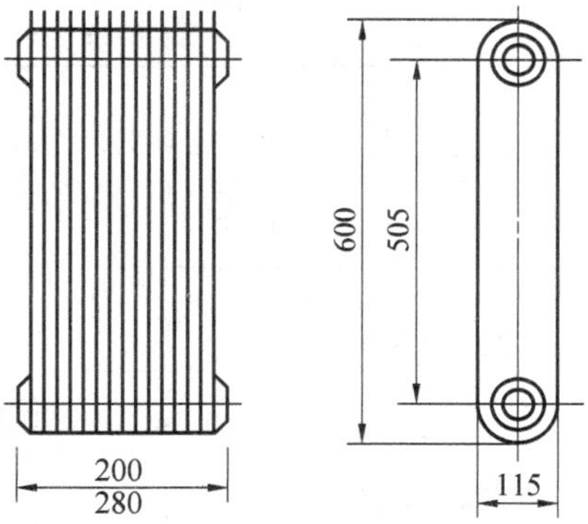

(大 60) 小 60 型

图 9.41　长翼型散热器

翼型散热器的优点是制造工艺简单，造价低，耐腐蚀。缺点是承压较低，表面易积灰且不便清扫。由于每片的散热面积较大，不易组装成需要的面积。长翼型散热器常用于民用建筑和工业建筑的辅助建筑中。

② 柱型散热器。目前常用的有四柱型、二柱型散热器。四柱型中又有四柱 813 型、四柱 760 型、四柱 640 型等几种，二柱型中又有 M132 型、二柱 700 型等几种。其中四柱 813 型和二柱 700 型又有带足片的和无足片的两种，带足片的可以落地安装。

四柱 813 型散热器外形如图 9.42 所示，其规格以其高度表示。二柱 M132 型散热器外形如图 9.43 所示，其规格以其宽度表示。

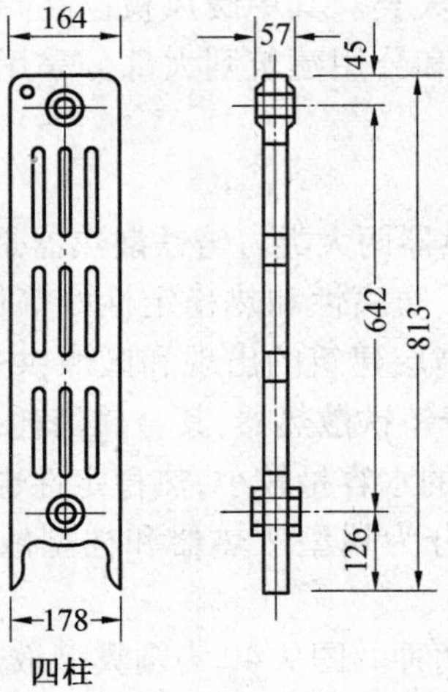

图 9.42　四柱 813 型散热器

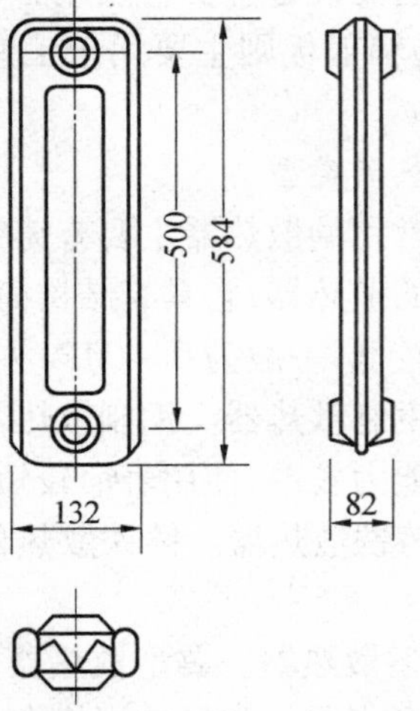

图 9.43　二柱 M132 型散热器

柱型散热器与翼型相比，传热系数较高，外形美观，易清除积灰，容易组装成所需要的面积。该散热器目前仍有相当广泛的市场。

常用的铸铁散热器规格尺寸和性能见表 9.16。

表 9.16　一些铸铁散热器规格及其传热系数 K 值

型号	散热面积 /(m^2·片$^{-1}$)	水容量 /(L·片$^{-1}$)	重　量 /(kg·片$^{-1}$)	工作压力 /MPa	热传系数计算公式 K/[W·(m^2·℃)$^{-1}$]	热水热媒当 $\Delta t = 64.5$ ℃时的 K 值 /[W·(m^2·℃)$^{-1}$]
TC0.28/5—4，长翼型（大 60）	1.16	8	28	0.4	$K = 1.734\Delta t^{0.28}$	5.59
TZ2—5—5，（M—132 型）	0.24	1.32	7	0.5	$K = 2.426\Delta t^{0.286}$	7.99
TZ4—6—5（四柱 760 型）	0.235	1.16	6.6	0.5	$K = 2.503\Delta t^{0.293}$	8.49
TZ4—5—5（四柱 640 型）	0.20	1.03	5.7	0.5	$K = 3.663\Delta t^{0.16}$	7.13
TZ2—5—5（二柱 700 型，带腿）	0.24	1.35	6	0.5	$K = 2.02\Delta t^{0.271}$	6.25
四柱 813 型（带腿）	0.28	1.4	8	0.5	$K = 2.237\Delta t^{0.302}$	7.87
圆翼型	1.8	4.42	38.2	0.5		
单排						5.81
双排						5.08
三排						4.65

注：① 本表前四项由哈尔滨建筑大学 ISO 散热试验台测试，其余柱型由清华大学 ISO 散热试验台测试

② 散热器表面喷银粉漆、明装、同侧连接上进下出

③ 圆翼型散热器因无实验公式，暂按以前一些手册数据采用

④ 此为封闭实验台测试数据，在实际情况下，散热器的 K 值比表中数值约增大 10%

(2) 钢制散热器。钢制散热器按其结构形式可分为光管散热器、对流串片式散热器、板式散热器、扁管散热器和钢柱型散热器等,以下介绍其中的几种:

① 光管散热器。光管散热器是用钢管焊接而成的。它是散热器中形式最简单的一种,又称为排管散热器。标准的排管散热器分为 A 型(用于蒸汽)和 B 型(用于热水)两种,如图 9.44 所示。排管散热器型号是以排管直径、排管长度、排管根数来表示的。如 D89 - 2000 - 3 型表示排管直径为 89 mm,管长 2 000 mm,3 根。

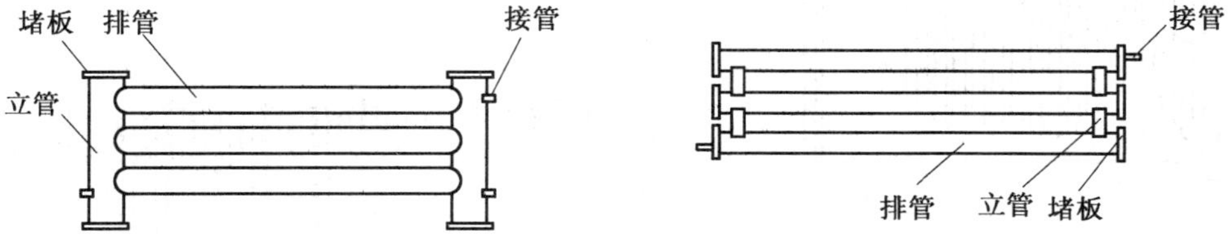

图 9.44　排管散热器

该散热器表面光滑,易清除积灰,且制造简单,承压能力高。但其耗用钢材较多,造价较高,占空间较大,也不美观。因此多用于临时性供暖处或多尘的工业车间。

② 对流串片散热器。图 9.45 为闭式对流串片散热器,该散热器主要由钢管和钢串片组成。该散热器的钢管为 D25 × 2.5 钢管,钢串片为 0.5 mm 厚薄钢板,每片尺寸为 150 mm ×80 mm。散热板规格以长度表示,其尺寸系列为 400,600,700,800,900,1 000,1 100,1 200,1 400 等。

该散热器的优点是体积小、重量轻、占地少、制作简单与维修方便。但其造价较高,片间积灰不易清扫。当水温较低时,散热效果明显降低。

将该散热器的每个串片两端折边 90° 形成封闭型,使每片间形成封闭的垂直空气通道。从而增强了对流放热能力,使用时无须再配置对流罩,又称折边串片散热器。

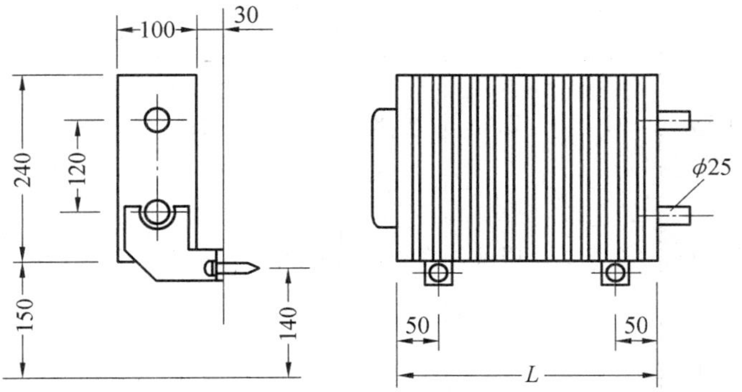

图 9.45　闭式对流串片散热器

③ 板式散热器。板式散热器由面板、背板、对流片和进出水接头等部件组成,如图 9.46 所示。 面板、背板由 1.2 mm 厚冷轧钢板冲压成型,对流片采用 0.5 mm 冷轧钢板冲压。

散热器主要水流通道直接压制在面板上,呈圆弧形或梯形,水平联箱压制在背板上,经复合滚焊形成整体。背板后面点焊对流片,以增大传热面积。散热器一般高为

600 mm，长度由 400 mm 起至 1 800 mm 共 8 种规格。

这种散热器外观比较美观。但其水流通道较窄，对水质的要求十分严格，否则将造成通道堵塞影响放热。

④ 钢柱式散热器。钢柱式散热器采用了铸铁型柱式散热器外形，增大了水流通道的截面，比板式和串片式的使用效果大为增强。目前常用的结构形式如图 9.47 所示。

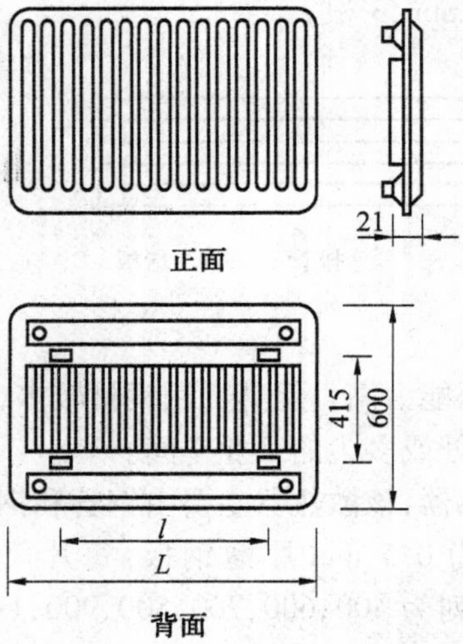

图 9.46　板式散热器

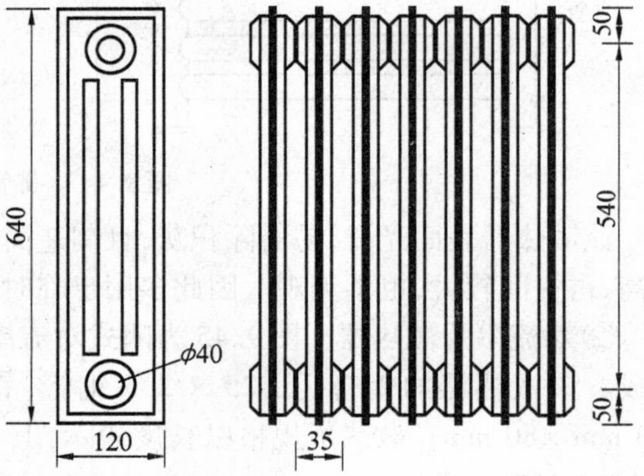

图 9.47　钢制柱式散热器

我国目前常用的几种钢制散热器的规格尺寸和性能指标见附表 9.17。

表 9.17　一些钢制散热器规格及其传热系数 K 值

型　号	散热面积 /(m^2·片$^{-1}$)	水容量 (L·片$^{-1}$)	质量 (kg·片$^{-1}$)	工作压力 /MPa	传热系数计算公式 K/[W·(m^2·℃)$^{-1}$]	热水热媒当 Δt = 64.5 ℃ 的 K 值[W/(m^2·℃)]	备注
钢制柱式散热器 600 × 120	0.15	1	2.2	0.8	$K = 2.489\Delta t^{0.306}$	8.94	钢板厚 1.5 mm，表面涂调合漆
钢制板式散热器 600 × 1 000	2.75	4.6	18.4	0.8	$K = 2.5\Delta t^{0.239}$	6.76	钢板厚 1.5 mm，表面涂调合漆
钢制扁管散热器							
单　板 520 × 1 000	1.151	4.71	15.1	0.6	$K = 3.53\Delta t^{0.235}$	9.4	钢板厚 1.5 mm，表面涂调合漆
单板带对流片 624 × 1 000	5.55	5.49	27.4	0.6	$K = 1.23\Delta t^{0.246}$	3.4	钢板厚 1.5 mm，表面涂调合漆

续表 9.17

型　号	散热面积/(m²·片⁻¹)	水容量(L·片⁻¹)	质量(kg·片⁻¹)	工作压力/MPa	传热系数计算公式 $K/[W\cdot(m^2\cdot℃)^{-1}]$	热水热媒当 $\Delta t = 64.5$ ℃的 K 值[W/(m²·℃)]	备注
	m²/m	L/m	kg/m				
闭式钢串片散热器							
150 × 80	3.15	1.05	10.5	1.0	$K = 2.07\Delta t^{0.14}$	3.71	相应流量 G = 50 kg/h
240 × 100	5.72	1.47	17.4	1.0	$K = 1.30\Delta t^{0.18}$	2.75	相应流量 G = 150 kg/h
500 × 90	7.44	2.50	30.5	1.0	$K = 1.88\Delta t^{0.11}$	2.97	相应流量 G = 250 kg/h

(3) 新型装饰型散热器

随着小区住宅建筑的迅猛发展和人们生活水平的不断提高,住宅装修开始较多采用装饰型散热器。这类散热器制造材料多采用不锈钢、铝合金、铜合金或铜铝复合材料,外表面采用喷塑处理,造型美观、别致新颖,容易与现代居室装饰风格协调。

一些生产厂家对原有的铸铁散热器采用最新的内腔无粘砂铸造工艺,在保证使用性能的条件下,减薄了壁厚,减轻了重量。外表面进行喷塑、着色处理后,一改过去老式铸铁散热器的形象,在美观上完全可以适应现代居室装修的要求。

2. 散热器的计算

散热器的计算目的是确定散热器的面积和片数。

(1) 散热器散热面积的计算。散热器面积按下式计算:

$$F = \frac{Q}{K(t_p - t_n)}\beta_1\beta_2\beta_3 \tag{9.13}$$

式中　F—— 散热器的散热面积(m);

Q—— 散热器的散热量(W);

K—— 散热器的传热系数[W/(m²·℃));

t_p—— 散热器内热媒平均温度(℃);

t_n—— 室内采暖计算温度(℃);

β_1—— 散热器片数修正系数:小于6片时,$\beta_1 = 0.95$;6 ~ 10片时,$\beta_1 = 1.00$;11 ~ 20片时,$\beta_1 = 1.05$;大于20片时,$\beta_1 = 1.10$;

β_2—— 暗装管道水冷却系数,表9.18,对明装热水管道或蒸汽管道,$\beta_2 = 1$;

β_3—— 散热器安装方式修正系数,见表9.19。

表 9.18　计算散热面积时，考虑水在未保温暗装管道内时冷却修正系数 β_2

房屋层数	散热器所在楼层						备　注
	一	二	三	四	一	六	
单管式系统(上给式)							① 本表适用于机械循环热水供暖系统，对自然循环系统应再各乘以 1.4 的系数 ② 本表适用于暗装情况，若为明装 $\beta_1 = 1.0$ ③ 热媒为蒸汽时，$\beta_1 = 1.0$ ④ 上给式指的是热水自上端给入立管，下给式指的是热水自下端给入立管
2	1.04	1.00	—	—	—	—	
3	1.05	1.00	1.00	—	—	—	
4	1.05	1.04	1.00	1.00	—	—	
5	1.05	1.04	1.00	1.00	1.00	—	
6	1.06	1.05	1.04	1.00	1.00	1.00	
双管式系统(上给式)							
2	1.05	1.00	—	—	—	—	
3	1.05	1.05	1.00	—	—	—	
4	1.05	1.05	1.03	1.00	—	—	
5	1.04	1.04	1.03	1.00	1.00	—	
6	1.04	1.04	1.03	1.00	1.00	1.00	
双管式系统(下给式)							
2	1.00	1.03	—	—	—	—	
3	1.00	1.00	1.03	—	—	—	
4	1.00	1.00	1.03	1.05	—	—	
5	1.00	1.00	1.03	1.03	1.05	—	
6	1.00	1.00	1.00	1.03	1.05	1.05	

表 9.19　散热器安装形式修正系数 β_3

装置示意	装置说明	系数 β_3
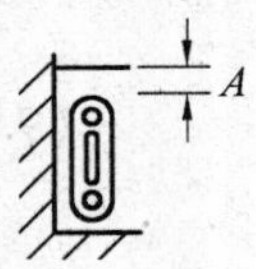	散热器安装在墙面上加盖板	当 $A = 40$ mm, $\beta_3 = 1.05$ $A = 80$ mm, $\beta_3 = 1.03$ $A = 100$ mm, $\beta_3 = 1.02$
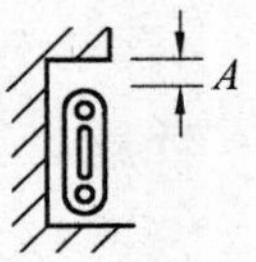	散热器装在墙盒内	当 $A = 40$ mm, $\beta_3 = 1.11$ $A = 80$ mm, $\beta_3 = 1.07$ $A = 100$ mm, $\beta_3 = 1.06$
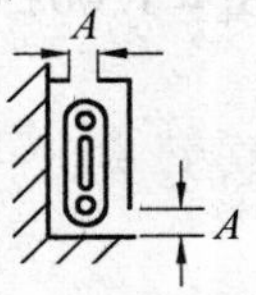	散热器安装在墙面，外面有罩，罩子上面和前面的下端有空气流通孔	当 $A = 260$ mm, $\beta_3 = 1.12$ $A = 220$ mm, $\beta_3 = 1.13$ $A = 180$ mm, $\beta_3 = 1.19$ $A = 150$ mm, $\beta_3 = 1.25$
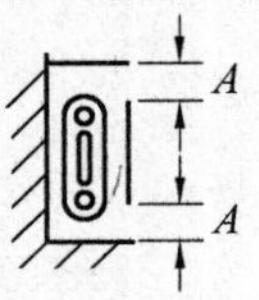	散热器安装形式同前，但空气流通孔开在罩子前面上下两端	当 $A = 130$ mm 孔口敞开　$\beta_3 = 1.2$ 孔口有格栅式网状物盖着 $\beta_3 = 1.4$

续表 9.19

装置示意	装置说明	系数 β_3
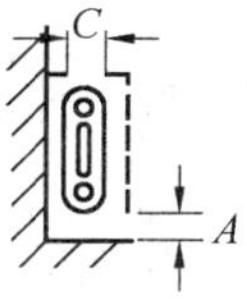	安装形式同前,但罩子上面空气流通孔宽度 C 不小于散热器的宽度,罩子前面下端的孔口高度不小于 100 mm,其他部分为格栅	当　$A = 100\ \mathrm{mm}, \beta_3 = 1.15$
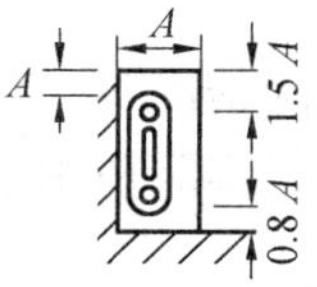	安装形式同前,空气流通口开在罩子前面上下两端,其宽度如图	$\beta_3 = 1.0$
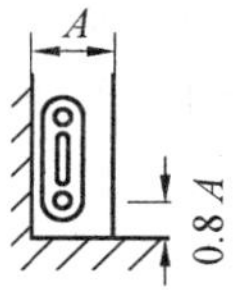	散热器用挡板挡住,挡板下端留有空气流通口,其高度为 0.8 A	$\beta_3 = 0.9$

注:散热器明装,敞开布置,$\beta_3 = 1.0$

(2) 散热器内热媒平均温度的计算。对热水供暖系统,散热器内热媒平均温度等于散热器进口水温与出口水温的算术平均值。但散热器进出口水温的确定是与热水供暖系统的形式有关的。

① 双管系统。由于各层散热器的环路是并联的,因此,散热器的进出口水温可直接取供暖系统的供回水温度。此时,散热器内热媒平均温度可表示为

$$t_p = \frac{t_g + t_h}{2} \tag{9.14}$$

式中　t_p—— 散热器内热媒平均温度(℃);

t_g—— 系统供水温度(℃);

t_h—— 系统回水温度(℃)。

② 单管系统。由于水顺次流过每一散热器,即前一组散热器出口水温等于后一组散热器进口水温。因此,单管系统散热器平均温度计算比起双管系统来要复杂一些。

散热器进水温度 t_i 由下式计算:

$$t_i = t_g - \frac{Q_q}{\sum Q}(t_g - t_h) \tag{9.15}$$

式中　t_i—— 散热器进水温度(℃);

Q_q—— 计算散热器进口前各组散热器散热量(W);

$\sum Q$—— 所在立管所有散热器的散热量(W)。

对蒸汽供暖系统,当蒸汽压力小于或等于 0.03 MPa(0.3 表压) 时,t_p 取 100 ℃;当蒸汽压力大于 0.03 MPa(0.3 表压) 时,t_p 取散热器进口蒸汽压力的饱和温度。

(3) 散热器的传热系数 K 值的计算。散热器传热系数 K 值在工程上是由实验方法确定的。在一定的实验条件下,把 K 值用公式的形式表达出来:

$$K = A(t_p - t_n)^B \tag{9.16}$$

式中　K—— 散热器的传热系数(W/(m² · ℃));

A、B—— 实验确定的系数。

由公式可以看出,散热器的传热系数主要取决于传热温差($t_p - t_n$),对同一种散热器,温差不同,K 值也不同。

实验系数 A、B 的值是依散热器的种类和实验方法的不同而有所区别的。我国的几种散热器传热系数 K 值的实验结果见表 9.16 和表 9.17。

前面已经指出,散热器传热系数 K 值是在一定条件下实验得出的,若实际情况与实验条件不同时,则应对得到的 K 值进行修正。公式(9.13)的 β_1,β_2,β_3 都是考虑实际使用条件与实验条件不同而引入的修正。

还应该指出,散热器与系统支管连接方式不同时,也会影响传热系数 k 值,实验条件下的标准连接方式是同侧上进下出,当实际的连接方式与标准连接方式不同时,K 值也要相应有些变化。表 9.20 给出了几种不同连接方式下传热系数 K 值的修正系数。

表 9.20　散热器连接形式不同时对 K 值的修正

连接形式	同侧上进下出	异侧上进下出	异侧下进下出	异侧下进上出	同侧下进上出
四柱 813 型	1.0	0.996	0.807	0.703	0.701
M—132 型	1.0	0.991	0.799	0.722	0.716
长翼型(大 60)	1.0	0.991	0.816	0.751	0.730

注:① 本表数值由原哈尔滨建筑大学供热研究室提供,该值是在标准状态下测定的

② 其他散热器可近似套用上表数据

(4) 散热器片数的确定。按公式(9.13)计算出所需的散热器面积之后,可依下式确定供暖房间所需的散热器片数 n:

$$n = \frac{F}{f} \tag{9.17}$$

式中　f—— 每片散热器的面积,可查表 9.16 和表 9.17。

由上式计算的 n 值,不一定恰好为整数。而实际选用的散热器片数,必须是整数。为此对于计算得到片数 n 的小数部分,可按下述原则取舍:柱型散热器面积可比计算值小 0.1 m²,翼型和其他散热器的散热面积可比计算值小 5%。

(5) 散热器计算示例。如图 9.48 所示,单管热水供暖系统,某立管各层负荷分别为 1 163 W,581 W,1 163 W,系统供回水温度为 95 ℃,70 ℃,试计算各层散热器的片数。散热器采用 M132 型,室内计算温度为 18 ℃。

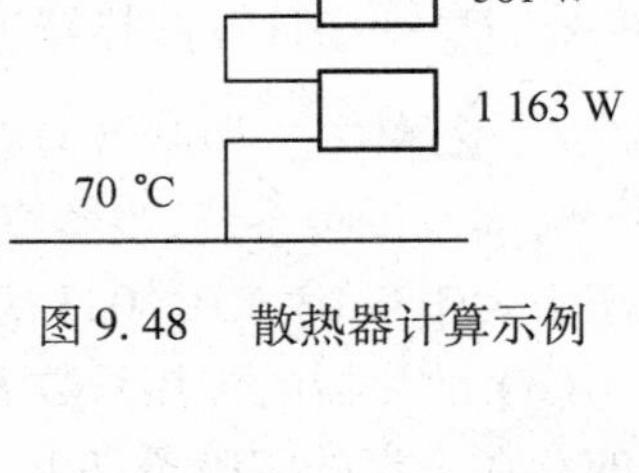

图 9.48　散热器计算示例

① 计算散热器进口水温和出口水温。三层散热器进口水温度应为 $t_g = 95$ ℃,二层散热器进口水温 t_2 依公式(9.15)得

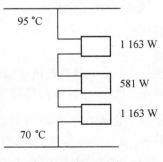

$$t_2 = t_g - \frac{Q_q}{\sum Q} = t_g - \frac{Q_3}{Q_1 + Q_2 + Q_3}(t_g - t_h) =$$

$$[95-\frac{1\ 163}{1\ 163+581+1\ 163}\times(95-70)]℃=85\ ℃$$

一层散热器进口水温 t_1 为

$$t_1=[95-\frac{1\ 163+581}{1\ 163+581+1\ 163}\times(95-70)]℃=80\ ℃$$

② 计算各散热器平均温度 t_p，三层散热器平均温度 t_{p3} 为

$$t_{p3}=\frac{95+85\ ℃}{2}=90\ ℃$$

二层散热器平均温度 t_{p2} 为

$$t_{p2}=\frac{85+80}{2}℃=82.5\ ℃$$

一层散热器平均温度 t_{p1} 为

$$t_{p1}=\frac{80+70}{2}℃=75\ ℃$$

③ 计算散热器传热系数 K 值。从表 9.16 查得 M132 型散热器 K 值的公式为

$$K=2.426\ (\Delta t_p)^{0.286}$$

对三层散热器：$K_3=[2.426\times(90-18)^{0.286}]\mathrm{W/(m^2\cdot ℃)}=8.24\ \mathrm{W/(m^2\cdot ℃)}$

对二层散热器：$K_2=[2.426\times(82.5-18)^{0.286}]\mathrm{W/(m^2\cdot ℃)}=7.99\ \mathrm{W/(m^2\cdot ℃)}$

对一层散热器：$K_1=[2.426\times(75-18)^{0.286}]\mathrm{W/(m^2\cdot ℃)}=7.71\ \mathrm{W/(m^2\cdot ℃)}$

④ 计算散热器面积及片数。依题意，管道明装 $\beta_2=1$，散热器明装 $\beta_3=1$。先假定片数修正 $\beta_1=1$，计算散热器面积 F'。根据公式(9.13)，对三层散热器有

$$F'_3=\frac{Q_3}{K_3\cdot\Delta t_{p3}}\beta_1\beta_2\beta_3=[\frac{1\ 163}{8.24\times(90-18)}\times1\times1\times1]\mathrm{m^2}=1.96\ \mathrm{m^2}$$

M132 型散热器每片面积 $f=0.24\ \mathrm{m^2}$，所以计算片数 $n'_3=\frac{F'_3}{f}=\frac{1.96}{0.24}$ 片 $=8.17$ 片，取整数 8 片。

当散热器片数为 6 ~ 10 片时，$\beta_1=1.0$。因此，实际需要的散热器面积为

$$F_3=F'\beta_1=(1.96\times1)\mathrm{m^2}=1.96\ \mathrm{m^2}$$

实际采用的片数 n_3 为

$$n_3=\frac{F_3}{f}=\frac{1.96}{0.24}\text{片}=8.17(\text{片})$$

取整数为 8 片，面积减少为 $(0.17\times0.24)\mathrm{m^2}=0.04\ \mathrm{m^2}$，$0.04\ \mathrm{m^2}<0.1\ \mathrm{m^2}$，所以符合要求。

对二层散热器：

$$F'_2=\left[\frac{581}{7.99\times(82.5-18)}\times1\times1\times1\right]\mathrm{m^2}=1.13\ \mathrm{m^2}$$

$$n'_2=\frac{F'_2}{5}=\frac{1.13}{0.24}\text{片}=4.71\text{ 片}$$

取整数为 $n'_2=5$ 片，则 $\beta_1=0.95$。因此实际需要的散热器面积为

$$F_2 = F'_2 \cdot \beta_1 = (1.13 \times 0.95)\ \text{m}^2 = 1.07\ \text{m}^2$$

实际采用的片数 n_2 为

$$n_2 = \frac{F_2}{f} = \frac{1.07}{0.24}\text{m}^2 = 4.46\ \text{m}^2$$

若取 4 片,则面积减少为$(0.46 \times 0.24)\ \text{m}^2 = 0.11\ \text{m}^2$,$0.11 > 0.1$,不符合规定。所以,最终取 $n_2 = 5$ 片。

同理一层散热器 $n_1 = 12$ 片。

3. 散热器的布置

散热器的安装布置应遵守以下原则:

(1) 散热器一般应安装在室内靠外墙的窗台下,以使上升的热气流能阻止和改善沿玻璃窗下降的冷气流及冷辐射的影响,从而保证室内工作区内空气暖和、舒适。

(2) 两道门中间不要设置散热器,以防冻坏散热器。楼梯间设置散热器时,散热器应由单独的立、支管供热。考虑楼梯间热流上升的特点,应尽量把散热器布置在楼梯间的底层,或者按一定比例(下多上少) 布置在下部几层。

(3) 散热器一般应明装,只有内装修要求较高的民用建筑可采用暗装。对暗装的散热器,应在散热器的前下方和上方的装饰板上留有适当的对流通风孔,以利散热。切忌把散热器全部封闭。

(4) 托儿所、幼儿园的散热器和公共建筑中高压蒸汽供暖的散热器应加装防护罩,以防发生烫伤事故。

(5) 在垂直式热水供暖系统中,同一房间的两组散热器可以串联连接。对于辅助房间的散热器,可同相邻房间串联连接。串联散热器之间的连通管直径宜采用 DN32mm。

(6) 铸铁散热器的每组片数不宜超过规定的数值:二柱(M133 型)——20 片;四柱型——25 片;长翼型——7 片。

9.5.2 膨胀水箱

1. 膨胀水箱的作用

膨胀水箱可以容纳系统中受热后膨胀的水量,同时又可以使系统中某点的压力恒定。对自然循环供暖系统,还可以起排气的作用。

2. 膨胀水箱的结构原理

膨胀水箱一般用钢板制成,有圆形和矩形两种。其配管示意图如图 9.49 所示。

膨胀管与系统干管相连,受热后膨胀水由此进入箱内。膨胀管上不准安装阀门,以免阀门偶然关闭时使系统压力过分增高,以致发生事故。

溢流管通常引到锅炉房洗涤盆上或直接引入下水。当膨胀水量过多,水位升高时,通过溢流管排入下水道。溢流管上也不准装阀门,以免阀门关闭时膨胀水从水箱盖溢出流入天棚内。

循环管是用来保证水箱的水不断循环以防冻结。它与系统的连接点和膨胀管与系统的接点间应保持 1.5 ~ 3 m 的距离,以使小循环环路有一定的作用压力,如图 9.50 所示。

信号管一般接到锅炉房洗涤盆上,出口装设阀门。系统充水时,操作人员可以通过出

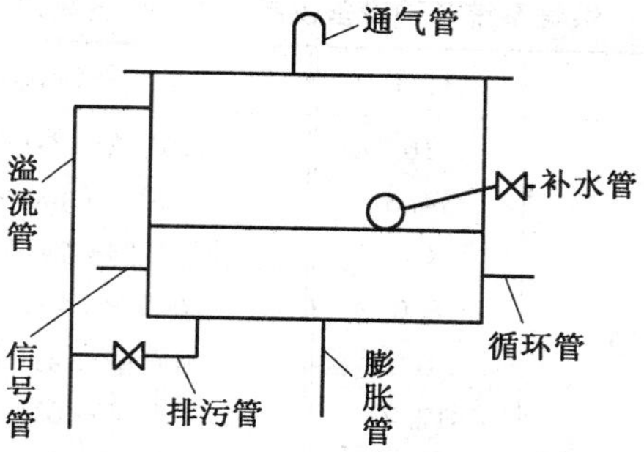

图 9.49　圆形膨胀水箱

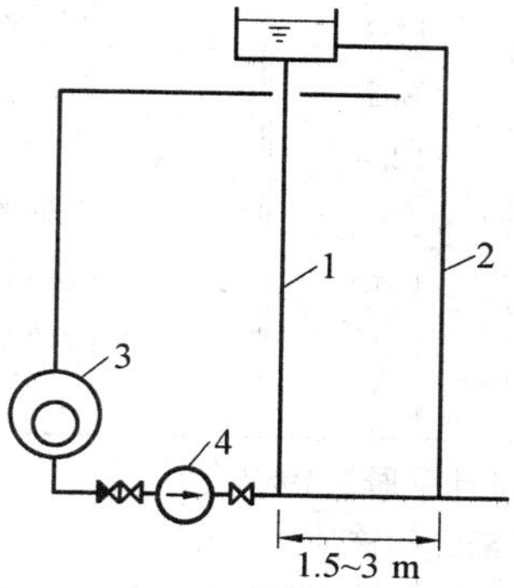

图 9.50　膨胀水箱与机械循环系统的连接方式

1— 膨胀管;2— 循环管;3— 热水锅炉;4— 循环水泵

口是否有水流出来确定系统是否满水。当出口有水流出时,可关闭出口阀门。信号管又称检查管,操作人员可以随时开启阀门检查系统充水情况。

3. 膨胀水箱容积计算及选择

膨胀水箱的有效容积是从信号管到溢流管间的容积。有效容积是根据一般系统水温的最大波动范围为 75 ℃ 计算得出的,以符号 V_p 表示:

$$V_p = \alpha \Delta t V_s = 0.000\,6 \times 75 \times V_s = 0.045 V_s \tag{9.18}$$

式中　V_p—— 膨胀水箱容积(L);

α—— 水的体积膨胀系数,$\alpha = 0.000\,6$;

Δt—— 水温最大波动值,取 $\Delta t = (95 - 20) = 75$ ℃;

V_s—— 系统的总容水量,包括锅炉、室内外管道、散热器中容水量之和(L)。

系统中每 1 000 W 放热量对应的各部分的水容量值见表 9.21。

表 9.21　供暖系统各种设备供给每 1 kW 热量的水容量 V_s

供暖系统设备和附件	V_s/L	供暖系统设备和附件	V_s/L
长翼型散热器(60 大)	16	板式散热器(带对流片)	
长翼型散热器(60 小)	14.6	600 × (400 ~ 1 800)	2.4
四柱 813 型	8.4	板式散热器(不带对流片)	
四柱 760 型	8.0	600 × (400 ~ 1 800)	2.6
四柱 640 型	10.2	扁管散热器(带对流片)	
二柱 700 型	12.7	(416 ~ 614) × 1 000	4.1
M132 型	10.6	扁管散热器(不带对流片)	
圆翼型散热器 d50	4.0	(416 ~ 614) × 1 000	4.4
钢制柱型散热器 600 × 120 × 45	12.0	空气加热器、暖风机	0.4
钢制柱型散热器 640 × 120 × 35	8.2	室内机械循环管路	6.9
钢制柱型散热器 620 × 135 × 40	12.4	室内中立循环管路	13.8
钢串片闭式对流散热器		室外管网机械循环	5.2
150 × 80	1.15	有鼓风设备的火管锅炉	13.8
240 × 100	1.13	无鼓风设备的火管锅炉	25.8
300 × 80	1.25		

注:① 本表部分摘自(供暖通风设计手册),1987 年

② 该表是按低温水热水供暖系统估算的

③ 室外管网与锅炉的水容量,最好按实际设计情况,确定总水容量

9.5.3　集气罐

1. 手动集气罐

手动集气罐一般用直径 100 ~ 250 mm 的短管制成。分立式与卧式两种,其构造原理如图 9.51。

集气罐顶部的放气管一般引至下水处或洗涤盆上,并装设阀门。

由于集气罐直径比连接的干管直径大得多,热水由管道进入集气罐时,流速降低,水中的气泡便自行浮升出来聚集在上部空间。系统充水时,打开集气罐上的放气管排气,直到有水流出时为止。系统工作时,应定期打开放气管排气。

虽然立式集气罐比卧式集气罐容纳空气多些,但在干管距顶棚距离太小时,仍采用卧式的为宜。各种不同型号的尺寸可参阅国家标准图集。

2. 自动集气罐

图 9.52 为立式自动集气罐。它的工作原理是靠罐内水的浮力自动开闭排气阀。当无空气时,水的浮力将浮漂浮起,封闭排气口,从而使水流不出来。当系统里的气体聚集到罐体上部时,气体压力大于水对浮漂的浮力,罐内浮漂下降打开排气口,空气自动排出。空气排净后,浮漂重新浮起,关闭排气口。

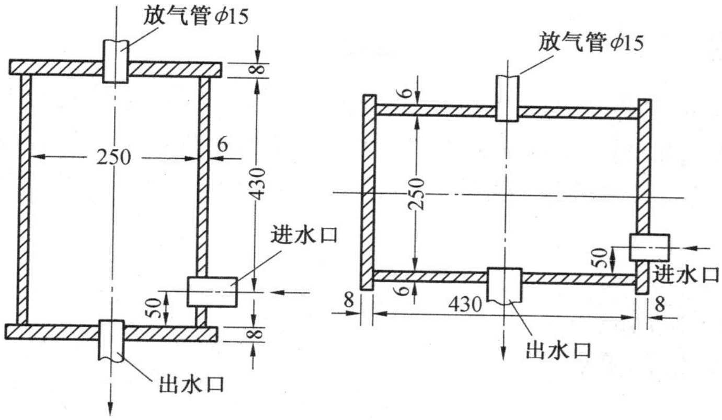

图 9.51　手动集气罐

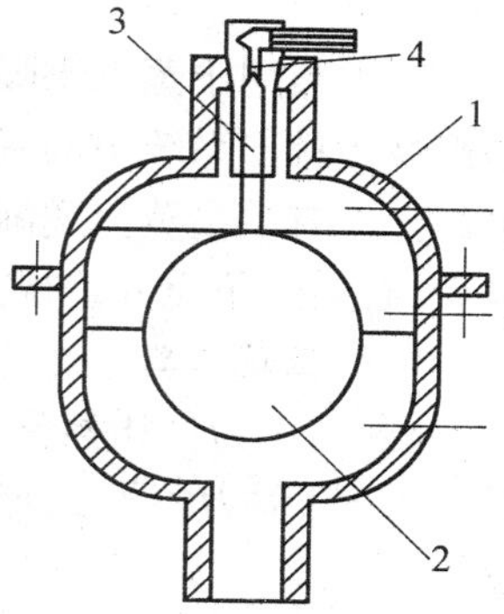

图 9.52　立式自动集气罐
1— 阀体;2— 浮球;3— 导向套管;4— 排气孔

9.5.4　除污器

除污器一般安装在用户入口供水总管上,用以阻留热网水中的污物,防止阻塞室内管路。其构造如图 9.53 所示。热网供水从进水管进入,水流速突然降低,使污物沉到筒底,较清净的水通过出水花管进入室内管道。除污器的详细规格,可参阅有关标准图。

对于较大型的集中供热系统,在热源处热网回水总管上也应安装除污器。由于目前热网安装时冲洗条件的限制,用于热网的除污器多采用旋流式除污器。旋流式除污器外形图如图 9.54 所示。

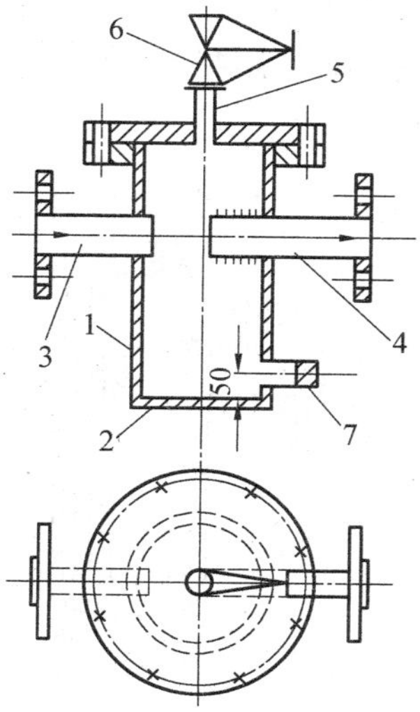

图 9.53　除污器(立式)
1— 筒体;2— 底板;3— 进水管;4— 出水花管;
5— 排气管;6— 截止阀;7— 排污丝堵

图 9.54　旋流式除污器

9.5.5　疏　水　器

疏水器用于蒸汽供暖系统中,其作用是阻气疏水。运行完好的疏水器,能够自动而且是迅速地排出系统中的凝结水,同时排出系统中的空气,并且能够阻止蒸汽逸出(有些疏水器允许有少量蒸汽逸漏)。疏水器的运行状况对蒸汽供热系统的可靠性、经济性影响极大,必须给予充分重视。

1. 低压疏水器

图 9.55 为低压蒸汽系统最常用的一种疏水器,称为恒温式疏水器,俗称回水盒。

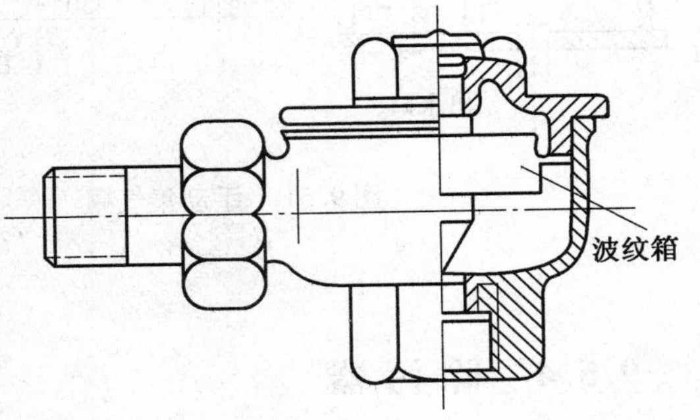

图 9.55　低压疏水器

疏水器的工作是由装在外壳里面的可以伸缩的金属波纹箱控制。波纹箱内装有少量易挥发液体(如酒精、苯、醚等),当蒸汽通过时,波纹箱被加热,液体蒸发,体积增大,使薄金属制成的波纹箱伸长,从而带动针阀关闭阀孔使蒸汽被阻;疏水器里面有凝结水时,温度降低,波纹箱冷却收缩,针阀打开,凝水流出。

恒温式疏水器规格有 DN15、DN20、DN25 3 种,并有直通式和直角式两种形式。

2. 高压疏水器

高压疏水器按其作用原理不同,可以分为机械型、热动力型、热静力型 3 大类。

图 9.56、图 9.57 分别为吊筒式疏水器和浮筒式疏水器结构示意图,该两种疏水器属机械型。图 9.58 为热动力型疏水器、图 9.59 为温调式疏水器结构原理图,它属热静力型。

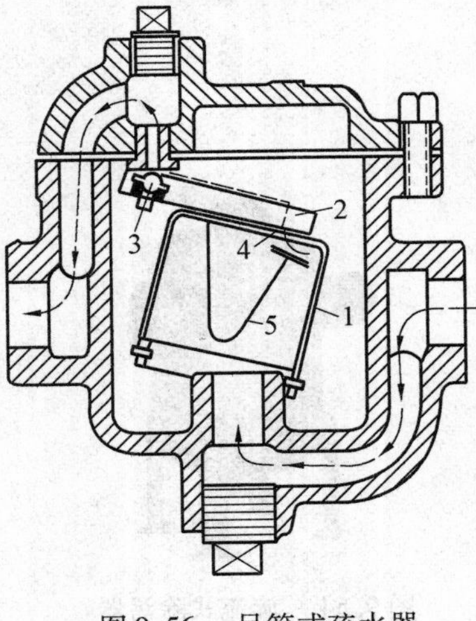

图 9.56　吊筒式疏水器

1— 吊筒;2— 杠杆;3— 珠阀;4— 快速排气孔;
5— 双金属弹簧片

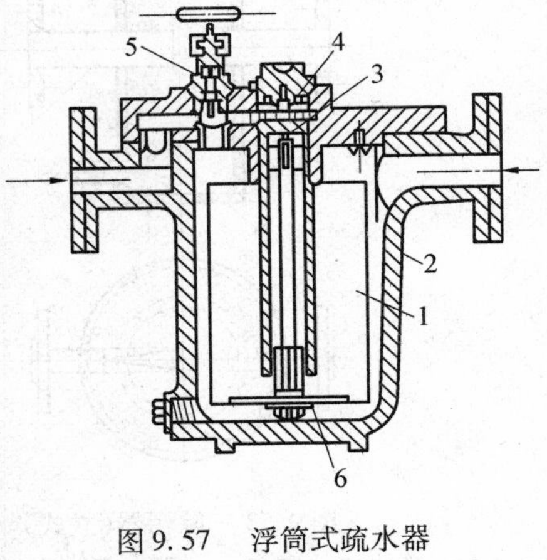

图 9.57　浮筒式疏水器

1— 浮筒;2— 外壳;3— 顶针;4— 阀孔;
5— 放气阀;6— 中央套管

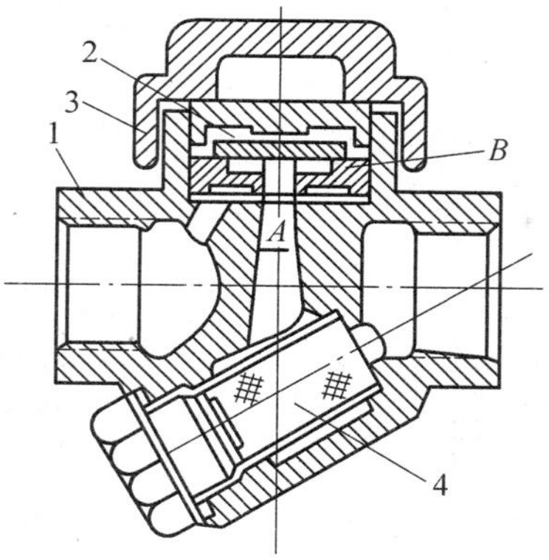

图 9.58　热动力型疏水器
1— 阀体;2— 阀片;3— 阀盖;4— 过滤器

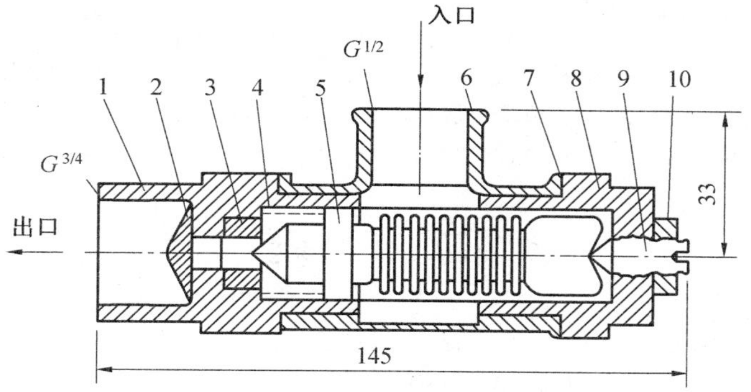

图 9.59　温调式疏水器结构原理图
1— 大管接头;2— 过滤网;3— 网座;4— 弹簧;5— 温度敏感元件;
6— 三通;7— 垫片;8— 后盖;9— 调节螺钉;10— 锁紧螺母

9.5.6　减压阀

减压阀的作用是将蒸汽的压力降低到需要的压力,并能自动地将阀后压力维持在一定范围内。在需要减压的地方,使用节流孔板或普通阀门也能起到减压作用。但当减压前的蒸汽压力波动,减压后的压力也相应地变化。显然,这对使用稳定压力的设备来说,是不合适的。所以,为了安全运行,一般情况下均应选用减压阀减压。只有当供暖热负荷较小,用汽设备承压较高或外网压力不超过设备承压能力时,才允许采用孔板或截止阀减压。

减压阀是通过启闭阀孔对蒸汽进行节流从而达到减压的目的。目前国产减压阀有活塞式、波纹管式和薄膜式等。图9.60 为活塞式减压阀的剖面图。图9.61 为波纹管式减压阀示意图。

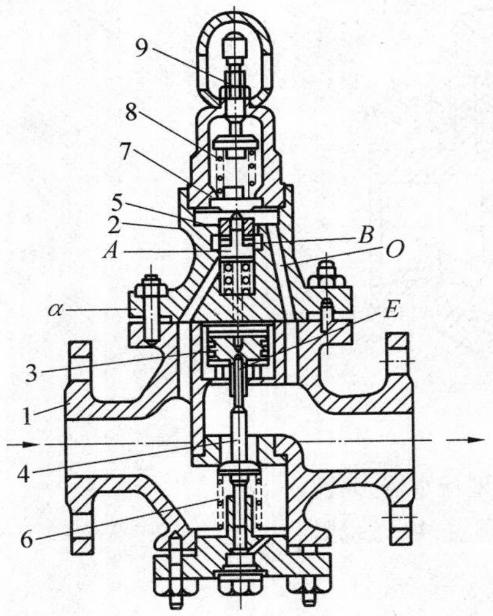

图 9.60　活塞式减压阀

1— 阀体;2— 阀盖;3— 活塞;4— 主阀;5— 脉冲阀;
6— 下弹簧;7— 薄膜片;8— 上弹簧;9— 螺丝

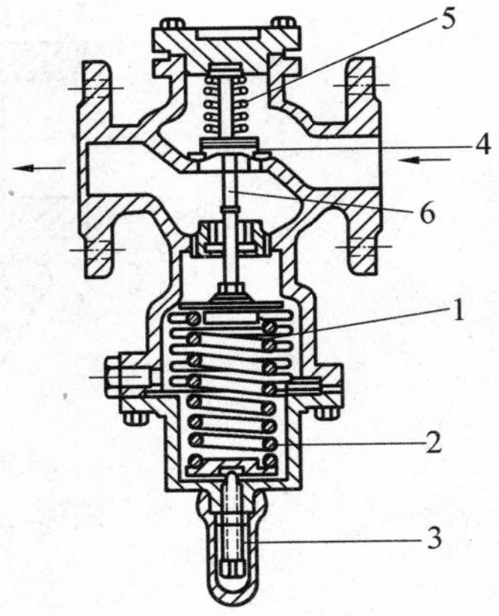

图 9.61　波纹管式减压阀

1— 波纹箱;2— 调节弹簧;3— 调整螺钉;
4— 阀瓣;5— 辅助簧;6— 阀杆

习　　题

一、解释名词术语

1. 供暖

2. 供暖系统

3. 供暖系统设计热负荷

4. 膨胀水箱有效容积

二、填空、简答题

1. 自然循环热水供暖系统与机械循环热水供暖系统的主要区别是什么?

2. 同程式热水供暖系统的主要优点是什么?

3. 简述供暖管道水力计算的目的和任务。

4. 简述常用散热器的种类。

5. 简述铸铁散热器与钢质散热器的优缺点。

6. 膨胀水箱的作用是什么?

7. 供暖系统集气罐应安装在(　　)

A. 系统起始端　　B. 系统末端　　C. 系统最低点　　D. 系统最高点

第10章　通　　风

10.1　建筑通风概述

通风就是利用换气的方法，把室内被污染的空气直接或经过净化后排至室外，把新鲜空气补充进室内，从而使室内环境符合卫生标准，满足人们生活或生产工艺的要求。

10.1.1　建筑通风的任务

根据建筑类型和建筑性质的不同，对室内空气环境的要求也有所不同，因而建筑通风可有如下几种任务：

（1）一般通风。一般的民用建筑以及一些污染轻微且发热量小的小工业厂房，通常只要求保持室内的空气清洁新鲜，并在一定程度上改善室内的温、湿度以及空气气流速度。此时，无需对进、排气进行专门处理，可通过门窗换气、穿堂风降温、电扇提高气流速度。

（2）工业通风。在工艺过程中产生大量的热、湿、工业粉尘以及有害气体和蒸汽的工业厂房，必须对工业有害物质采取有效的防护措施，以消除其对工人健康和生产的危害。同时对上述有害物尽量回收和利用，防止其对大气环境的污染。在此基础上创造较好的室内环境。这类通风称为“工业通风”。

（3）空气调节。在工农业生产、国防工程和科研领域的一些场所，以及某些有特殊要求的公共建筑和民用建筑中，为满足工艺特点和人体舒适的需要，对空气环境提出某些特殊要求，如温度、湿度，空气洁净度或气流速度等。实现这些要求的通风措施称为“空气调节”。有关“空气调节”的内容，将在第11章中介绍。

10.1.2　建筑通风分类及通风系统形式

建筑通风包括把室内不符合卫生标准的空气直接或经处理后排出室外，以及把室外新鲜空气或经处理后的空气送入室内。前者称为排风，后者称为送风。排风和送风的设施总称为通风系统。

1. 按作用范围分类

建筑通风按其作用范围不同可分为局部通风和全面通风两种。

局部通风仅限于车间的个别地点或局部区域。局部排风是将有害物在产生地点直接捕集后经过处理就地排出室外；局部通风是将新鲜空气或经处理的空气送到车间的局部地区，以改善局部地区的环境。

全面通风是对整个车间或房间进行换气，用新鲜空气或经处理的空气改变温度、湿度和稀释有害物浓度，使其空气环境符合卫生标准的要求。

局部通风风量小，效果好且可减小能耗，有条件时应优先选用局部通风。只有当有害物产生地点不固定或受工艺条件限制不能采用局部通风时才考虑采用全面通风。

2. 按工作压力分类

按通风系统的工作压力可分为自然通风和机械通风两种。

（1）自然通风。自然通风是借助于室外空气造成的风压和室内外空气由于温度不同而形成的热压使空气流动。

风压是由室外风力造成的室内外空气交换的一种作用压力。在风压作用下，室外空气通过建筑迎风面上的门、窗、孔洞进入室内，室内空气通过背风面及侧面上的门、窗、孔洞排出室外。风压自然通风如图 10.1 所示。

热压是由于室内外空气温度不同造成的密度不同从而形成的重力压差。室内温度较高时，空气密度较小，而室外气温较低，空气密度较大，从而使室内空气从上部窗孔排出，而室外空气从下部门、窗、孔洞进入室内。热压自然通风如图 10.2 所示。

同时利用风压和热压的自然通风如图 10.3 所示。管道式自然通风见图 10.4。

自然通风的最大优点是无需动力设备，因此比较经济，使用管理也较简单。缺点是作用压力较小，对进风、排风无法处理。同时其换气量也难以有效控制，通风效果不稳定。自然通风可分为如下几种方式：

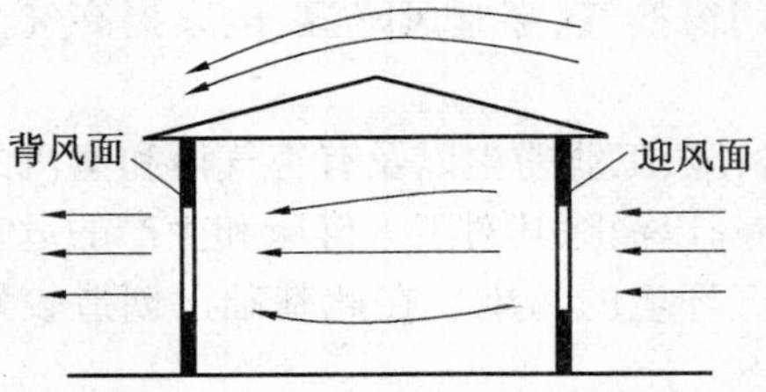

图 10.1　风压自然通风

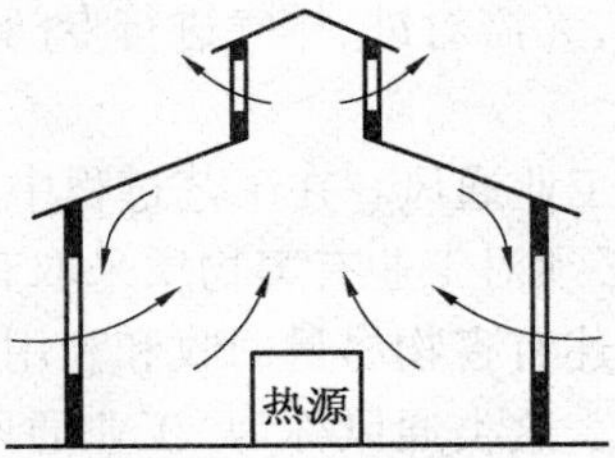

图 10.2　热压自然通风

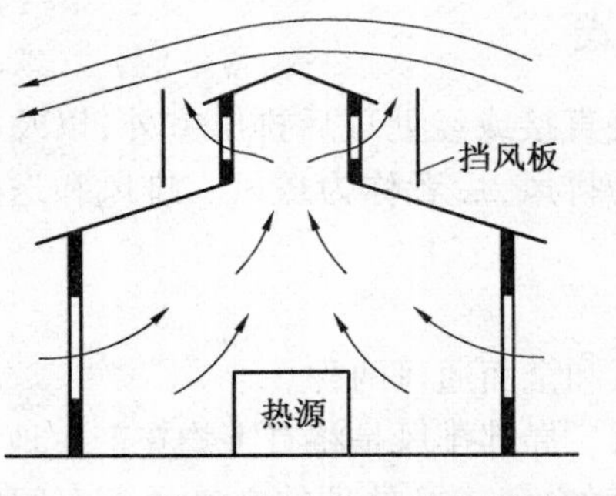

图 10.3　利用风压和热压的自然通风

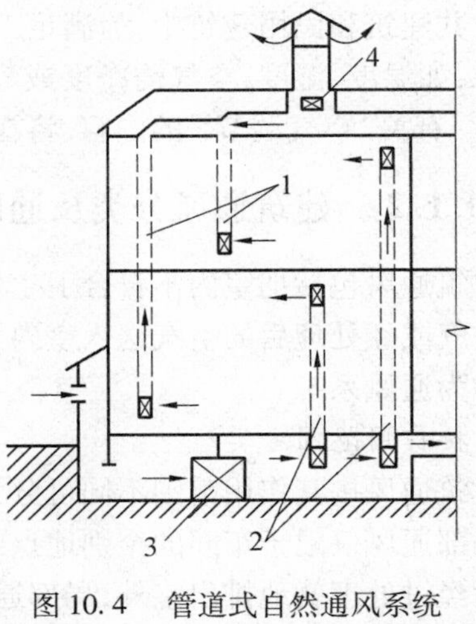

图 10.4　管道式自然通风系统

1— 排风管道；2— 送风管道；3— 进风加热设备；4— 排风加热设备（为增大热压用）

① 有组织的自然通风。根据设计计算的空气需要量，人为设置合适的门、窗等通风口面积并一次调节风量的自然通风方式称为有组织的自然通风。它无需任何机械，也没有任何能量消耗。因此，它是最简单的也是应用最普遍的一种通风方式。

② 管道式自然通风。利用热压作用通过管道输送空气的自然通风方式称为管道式自然通风方式。它也是有组织的自然通风方式。这种通风方式多用于民用建筑和公共建筑。

③ 渗透通风。在室内外空气压差以及风压、热压作用下，室内外空气通过围护结构的缝隙流通的过程称为渗透通风。该通风方式属于无组织通风，由于它不能调节换气量，也不能很好地组织气流方向，因此只能作为一种辅助性通风方式。

（2）机械通风。机械通风是依靠机械力（风机）强制空气流动的一种通风方式。由于该通风方式可以根据需要确定作用压力的大小，因此可以很好地组织气流方向，并按要求把空气送往任意地点以及从任意地点排除有害空气；可以根据需要对空气进行处理；同时还可以调整风量，其通风效果比较稳定。但是其电能消耗较大，设备占据空间较大。安装和管理较为复杂，因而其工程设备费用和维护费较高。

机械通风可分为如下几种方式：

① 局部机械通风。局部机械排风系统如图 10.5 所示，局部机械送风系统如图 10.6。

② 全面机械通风。图 10.7 为设置全面机械排风系统示意图。

该系统设置于产生有害物质的房间，其进风来自于比较干净的邻室，以及本房间的自然进风。由于机械排风造成了一定的负压，因此可防止有害物向邻室扩散。

图 10.8 为进风进行过滤和热处理的全面机械送风系统示意图。该系统通常将各种处理设备集中在一个专用的房间里。

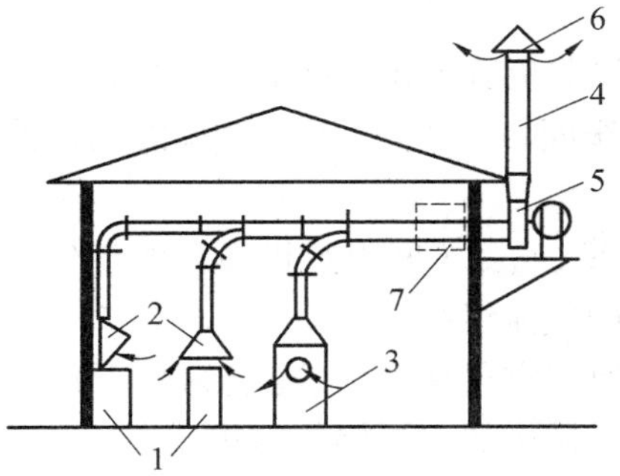

图 10.5　局部机械排风系统

1— 工艺设备；2— 局部排风罩；3— 排风柜；4— 风道；5— 风机；6— 排风帽；7— 排风处理装置

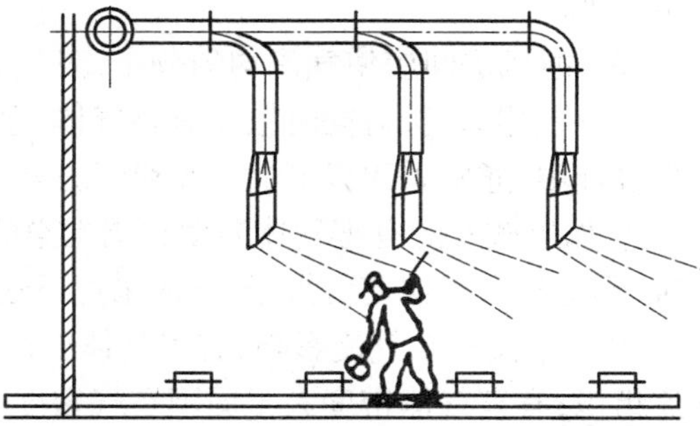

图 10.6　局部机械送风系统

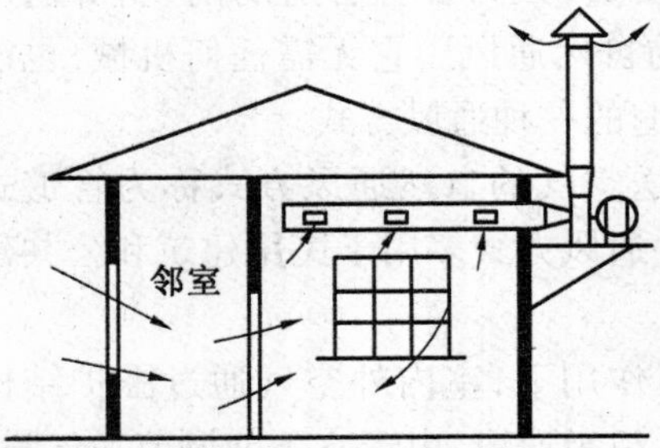

图 10.7　全面机械排风系统

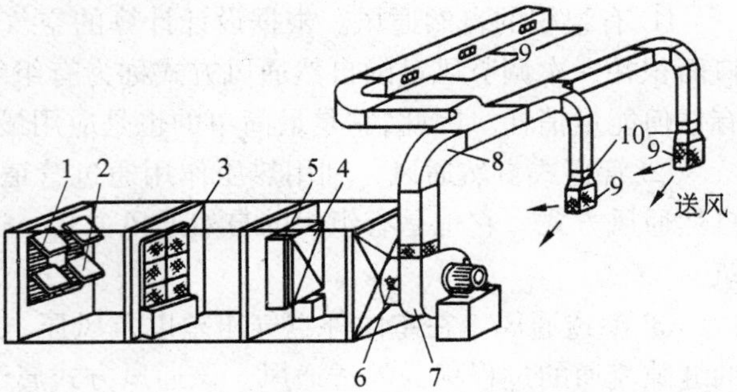

图 10.8　全面机械送风系统

1— 百叶窗;2— 保温阀;3— 过滤器;4— 空气加热器;
5— 旁通阀;6— 启动阀;7— 风机;8— 风道;9— 送风口;
10— 调节阀

10.2　全面通风换气量的确定

10.2.1　全面通风的气流组织原则

全面通风的效果好坏,与房间的气流组织有密切的关系。一般通风房间气流组织的方式有上送上排、下送上排、中送上下排等多种形式。采用哪种形式,可参考如下原则:

(1) 排风口尽量靠近有害物质浓度高的区域以便于把有害物迅速排出。

(2) 送风口应接近操作地点,进入房间的清洁空气要先经过操作地点,再经过污染区排至室外。

(3) 通风房间应使气流均匀分布,减少涡流,以避免有害物在局部地区积聚。

依据上述原则,对同时散发有害气体、余热的车间,一般采用下送上排的通风方式。工程设计中,通常采用以下的气流组织方式:

① 如果散发的有害气体温度比周围空气温度高,或受车间发热设备影响产生上升气流时,不论有害气体密度大小,均应采用下送上排的气流组织。

② 如果没有热气流影响,有害气体密度小于周围空气密度时,也应采用下送上排的气流组织;有害气体密度大于周围空气密度时,应采用中送上下排的方式。

10.2.2　室内外空气的计算参数

1. 室外空气计算参数

按我国现行的《采暖通风空气调节设计规范》,冬季通风室外计算温度是根据历年最冷月份平均值确定的;夏季通风室外计算温度是按历年最热月 14 时的日平均温度的平均值确定的。

(1) 冬季使用的局部送风,补偿局部排风的送风以及补偿排除有害气体的全面排风的送风,应采用供暖室外计算温度代替。

(2) 通风装置的计算,有时会涉及过渡季节的室外参数。过度季节的室外温度一般取为 10 ℃（超过 10 ℃ 时即可开窗放气）。

（3）管道式自然通风系统，由于热压以及换气量随室外温度升高而减小，为使计算的换气量能适应大多数时间的需要，常以 5 ℃ 作为计算热压时的室外计算温度。

2. 室内空气计算参数

按我国现行工业企业设计卫生标准规定，车间工作地点的夏季温度 t_{gz} 可根据夏季通风室外计算温度 t_{wz} 而定，两者的极限差值见表 10. 1；作业地带（工业地点所在地面以上 2 m 内的空间）的夏季温度 t_{dz} 应符合表 10. 2 的要求；当按表得出的 t_{dz} 值低于表 10. 1 的 t_{gz} 时可按表 10. 1 中的数据作为作业地带的温度。冬季室内工作地点的温度以及冬季通风室外计算温度可参阅有关暖通空调设计手册。

表 10. 1　车间内工作地点的夏季温度 t_{gz}

当地夏季通风室外计算温度 t_{wz}/℃	工作地点与室外温差 $\Delta t_1 = t_{gz} - t_{wz}$/℃
< 22	不得超过 10
23 ~ 28	相应地不得超过 9、8、7、6、5、4
29 ~ 32	不得超过 3
≥ 33	不得超过 2

表 10. 2　车间内作业地带的夏季温度 t_{dz}

车间散热强度 /（W · m^{-3}）	作业地带与室外温差 $\Delta t_2 = t_{dz} - t_{wz}$/℃
< 23	不超过 3
23 ~ 116	不超过 5
> 116	不超过 7

10. 2. 3　全面通风量的确定

全面通风量一般是指房间气流组织合理、有害物连续均匀发散时，把这些有害物稀释到卫生标准规定的允许浓度以下所必需的风量。

1. 消除有害气体所需的风量

按稳定状态考虑房间的通风过程，即通风时间足够长，室内的有害物初始浓度为零，则为消除有害气体所需风量 L 由下式给出：

$$L = \frac{X}{y_p - y_s} \tag{10.1}$$

式中　L—— 消除有害气体所需的风量（m^3/s）；

X—— 散入车间的某种有害气体的量（g/s）；

y_p—— 排风中含有害气体浓度（g/m^3），一般可取卫生标准规定的允许浓度；

y_s—— 送风中含有该有害气体浓度（g/m^3）。

2. 消除余热所需的风量 G_T

$$G_T = \frac{Q}{C(t_p - t_s)} \tag{10.2}$$

式中　G_T—— 消除余热所需风量（kg/s）；

Q—— 室内余热量(kJ/s);
C—— 空气的质量比热,其值为 1.01 kJ/(kg · ℃);
t_p—— 排风的温度(℃);
t_s—— 送风的温度(℃)。

也可采用下式表示消除余热量所需风量 L_T:

$$L_T = \frac{Q}{C\rho(t_p - t_s)} \tag{10.3}$$

式中 L_T—— 消除余热所需的风量(m^3/s);
ρ—— 空气密度,可按下式近似确定:$\rho = \frac{353}{T}(kg/m^3)$;
T—— 空气的绝对温度(K)。

3. 消除余湿所需的风量 G_s 或 L_s

$$G_s = \frac{W}{dp - ds} \tag{10.4}$$

或

$$L_s = \frac{W}{\rho(dp - ds)} \tag{10.5}$$

式中 G_s、L_s—— 消除余湿所需的风量(kg/s);
W—— 余湿量(g/s);
dp—— 排风含湿量(g/kg 干空气);
ds—— 送风含湿量(g/kg 干空气)。

按卫生标准规定,当数种溶剂(苯及同系物、醇类或醋酸类)蒸汽或数种刺激性气体(SO_3,SO_2,HF 及其盐类)同时放散于室内时,由于其对人体作用是相同的,全面通风量应按各种气体分别稀释到允许浓度所需空气量的总和计算,同时放散其他有害气体时,通风量应分别计算稀释各种有害物所需风量,然后取最大值。

当车间同时散发有害气体、余热和余湿时,全面通风量也应按其中所需最大风量计算。当散入室内的有害物量无法具体计算时,可按经验数据估算。具体估算采用"换气次数法",换气次数 n 是指通风量 L(m^3/h) 与房间体积 V(m^3) 的比值,即

$$n = \frac{L}{V}$$

显然通风量应为

$$L = nV \tag{10.6}$$

各种房间的换气次数可查阅有关手册。

10.2.4 空气平衡与热平衡

1. 空气平衡

对于一个通风房间,不论采用什么通风方式(机械的或自然的),必须保证单位时间进入室内的空气量等于同时间排出的空气量,这就是所谓的空气平衡。

当总进风量大于总排风量,则房间为正压;总进风量小于总排风量,则房间为负压。

在工程中,为保证房间的卫生条件,防止产生有害气体的房间向邻室扩散,可使其进

风量略小于排风量(一般相差10% ~ 20%),以形成一定的负压。不足的进风量可以邻室或本房间的自然渗透补充。反之,对较清洁的房间,为防止相邻房间产生的有害气体进入,则应使该房间的总进风量略大于总排风量(约为5% ~ 10%)以保证室内正压,多余的空气排至邻室或室外。一般的通风房间,在冬季为防止室外冷风渗透,也常维持一定的正压。

2. 热平衡

通风房间的热平衡,是指房间的得热量(包括送风带入的热量和其他得热量)与房间的失热量(包括排风带出的热量和其他失热量)应相等,从而维持室内温度的恒定。

在寒冷地区的冬季,房间不但要求保持一定的温度,同时也不允许将温度过低的室外空气直接送入房间,这就必须对送风进行加热处理。为了节能,可以对室内排风进行净化处理使其达到卫生标准,再送入室内循环使用。

在设计全面通风系统时,需要把空气量平衡和热量平衡两者联系起来考虑,以使其既能保证要求的通风量,又保证规定的室内温度。

10.3 自然通风

自然通风不消耗动力,是一种比较经济的通风方式,因此广泛应用于民用建筑和公用建筑。对余热量较大的热车间,也经常采用自然通风进行全面换气,以降低室内温度。自然通风换气量与室外气象条件密切相关,难以人为控制。某些热设备的局部排气系统也可以采用自然通风。

10.3.1 自然通风的作用原理

如果建筑物外墙上的窗子两侧存在压力差ΔP,就会有空气流过该窗的孔隙,空气流过孔隙时的阻力即为ΔP:

$$\Delta P = \xi \frac{v^2}{2}\rho \tag{10.7}$$

式中 ΔP—— 空气流过孔隙时的阻力(Pa);

v—— 空气流过孔隙时的流速(m/s);

ρ—— 空气密度(kg/m^3);

ξ—— 窗子孔隙的阻力系数。

变换上式:

$$v = \sqrt{\frac{2\Delta P}{\xi\rho}} = \mu\sqrt{\frac{2\Delta P}{\rho}} \tag{10.8}$$

式中 μ—— 窗孔的流量系数,$\mu = \frac{1}{\sqrt{\xi}}$,$\mu$ 值大小与窗孔的结构形式有关,一般 $\mu < 1$;

其余符号同前。

于是依据式(10.8)可得出通过窗孔的空气量 L 或 G:

$$L = vF = \mu F\sqrt{\frac{2\Delta P}{\rho}} \tag{10.9}$$

$$G = L \cdot \rho = \mu F \sqrt{2\Delta P \rho} \tag{10.10}$$

式中 L、G—— 通过窗孔的空气量(m^3/s、kg/s);

F—— 窗孔的面积(m^2)。

依上式可知,在窗子结构尺寸一定(μF 一定)的条件下,通过窗孔的空气量大小与窗孔两侧压力差 ΔP 有关。

为了计算自然通风空气量,必须首先分析 ΔP 产生的原因及提高 ΔP 的途径。

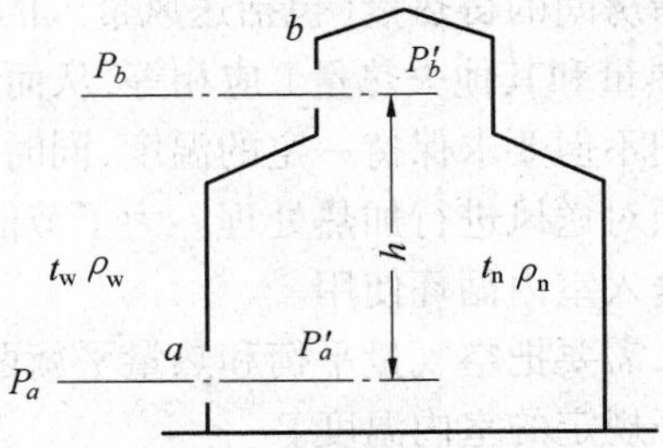

图 10.9 热压作用下自然通风

1. 热压作用下的自然通风

在图 10.9 所示的建筑物外围护结构的不同高度上设有窗孔 a 和 b,两孔中心高差为 h,设两窗孔外的静压力分别为 P_a 和 P_b,窗孔内的静压力分别为 P_a' 和 P_b',室内外空气密度分别为 ρ_n 和 ρ_w,室内外空气温度分别为 t_n 和 t_w,由于 $t_n > t_w$,所以 $\rho_n < \rho_w$。假定上部窗孔 b 关闭,由于空气通过下部孔 a 流动,则将有 $P_a = P_a'$,此时 $\Delta P_a = P_a' - P_a = 0$,空气停止流动。依流体静力学原理,窗孔 b 的内外压差 ΔP_b 可表示为

$$\Delta P_b = P_b' - P_b = (P_a' - gh\rho_n) - (P_a - gh\rho_w) = (P_a' - P_a) + gh(\rho_w - \rho_n) = \Delta P_a + gh(\rho_w - \rho_n) \tag{10.11}$$

式中 ΔP_a,ΔP_b——窗孔 a 和 b 的内外压差(Pa),$\Delta P > 0$,窗孔排风;$\Delta P < 0$,窗孔进风;

g—— 重力加速度(m/s^2)。

由式(10.11)可以看出,在 $\Delta P_a = 0$ 的情况下,由于 $t_n > t_w$,有 $\rho_w > \rho_n$,即有 $\Delta P_b > 0$,因此如果窗孔 a、b 同时开启,空气将会从孔 b 流出,随着室外空气通过孔 a 流入室内。一直到孔 a 进风与孔 b 排风量相等,室内静压才保持稳定。由于窗孔 a 进风,则 $\Delta P_a < 0$;窗孔 b 排风,则 $\Delta P_b > 0$。依式(10.11)可得

$$\Delta P_b + (-\Delta P_a) = \Delta P_b + |\Delta P_a| = gh(\rho_w - \rho_n) \tag{10.12}$$

我们把 $gh(\rho_w - \rho_n)$ 称为热压。显然热压即为车间空气流动的重力压头(这与自然循环热水供暖作用压头是相似的),它等于进风窗孔与排风窗孔两侧压差的绝对值之和。

通过上式可以得出,只要室内外空气存在温差且两个窗孔间有高差,就会产生热压,形成自然通风。如果只有一个窗孔,由于窗孔上下缝隙间的高差也会形成自然通风。

2. 余压

为了便于计算,我们把室内某一点的压力同室外同标高未受扰动的空气压力之差称为该点的余压。显然,仅有热压作用时,窗孔内外的压差即为窗孔内的余压。窗孔余压为正,则排风;窗孔余压为负,则进风。

在图 10.10 的右侧,给出了余压沿高度变化的示意图。在 0 - 0 面上,余压等于零,我

们把这个平面称为中和面。仅有热压作用时中和面上的窗孔没有空气流动。

以中和面为基准,窗孔 a 的余压 P_{za} 为

$$P_{za} = P_{z0} - h_1(\rho_w - \rho_n)g = h_1(\rho_w - \rho_n)g \tag{10.13}$$

窗孔 b 的余压 P_{zb} 为

$$P_{zb} = P_{z0} + h_2(\rho_w - \rho_n)g = h_2(\rho_w - \rho_n)g \tag{10.14}$$

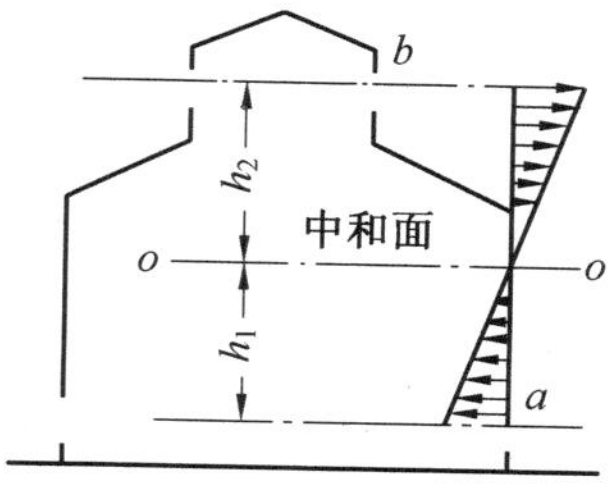

图 10.10　余压沿车间高度的变化

式中　P_{za}、P_{zb}—— 窗孔 a、b 的余压(Pa);

P_{z0}—— 中和面余压(Pa),$P_{z0} = 0$;

h_1,h_2—— 窗孔 a、b 至中和面的距离(m)。

3. 风压作用下的自然通风

当室外气流通过建筑物时,将发生绕流,只有经过一段距离后,气流才恢复平行流动,如图 10.11 所示。由于建筑物的阻挡,建筑四周室外气流的压力分布将发生变化。迎风面气流受阻,动压降低静压增高;侧风和背风面产生局部涡流,静压降低。与远处未受干扰的气流相比,这种静压的升高或降低统称为风压。静压升高,风压为正,称为正压,反之称为负压。负压区称为空气动力阴影。

建筑物周围的风压分布与该建筑物的几何形状和风向有关。风向一定时,某一点上的风压值 P_f 可表示为

$$P_f = K\frac{v_w^2}{2}\rho_w \tag{10.15}$$

式中　P_f—— 风压值(Pa);

K—— 空气动力系数,无因次;

v_w—— 室外空气流速(m/s);

ρ_w—— 室外空气密度(kg/m³)。

式中的空气动力系数 $K > 0$,表明该点风压为正值;$K < 0$,表明该点风压为负值;K 值应该在风洞内通过模型实验求得。

4. 热压和风压同时作用下的自然通风

当建筑物同时受到热压和风压作用时,外围护结构上各窗孔内外压差应该等于各窗孔的余压与室外风压之差。但是,由于室外风速和风向的变化是不稳定的,为了保证自然通风效果,实际计算时仅考虑热压作用,而不考虑风压的作用。这样,对迎风面,有利于进风;背风面则有利于排风。

10.3.2　自然通风的计算

对工业厂房,其自然通风计算包括设计计算和校核计算两种。设计计算是根据工艺条件和工业区温度计算必需的全面换气量,确定进排风窗孔位置和窗孔面积。校核计算是在工艺、土建、窗孔位置和面积确定的条件下,计算最大自然通风量,校核工作区温度是否满足卫生标准要求。

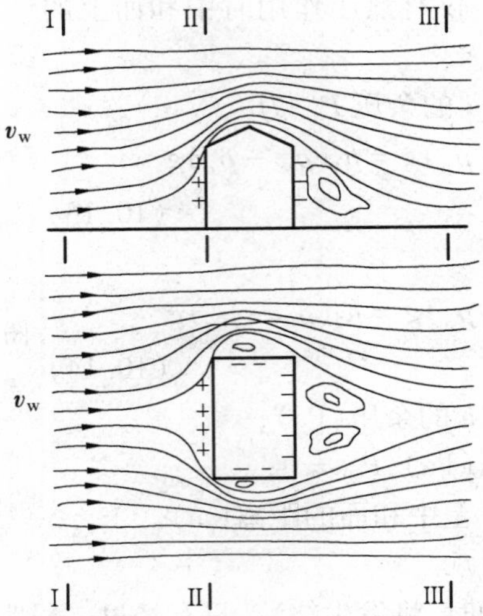

图 10.11　建筑物四周的气流分布

1. 自然通风计算的简化条件

(1) 通风换气过程是稳定的,影响自然通风的因素不随时间变化。

(2) 整个房间的温度在同一水平面上是不变的。

(3) 房间内同一水平面上各点静压相等,静压沿高度变化符合流体静力学规律。

(4) 房间内空气流动不受任何障碍。

(5) 不考虑局部气流的影响。

(6) 实验得出的 K 值适用于房间孔口。

2. 自然通风计算步骤

(1) 计算全面换气量,可采用式(10.2) 作为消除余热的全面换气量:

$$G_T = \frac{Q}{C(t_p - t_s)}$$

式中　G_T—— 全面换气量(kg/s);

Q—— 房间总余热量(kJ/s);

C—— 空气比热[kJ/(kg · ℃)];

t_s—— 送风温度(℃);

t_p—— 上部排风温度(℃),t_p 的确定可采用温度梯度法和有效热量法。

① 温度梯度法。温度梯度法是以车间内不同高度的气温与高度成正比为基础的。排风温度 t_p 为

$$t_p = t_d + \Delta t(H - 2) \tag{10.16}$$

式中　t_p—— 排风温度(℃);

t_d—— 工作地点的温度(℃);

Δt—— 温度梯度(℃/m);

H—— 排风中心距地面的高度(m)。

温度梯度 Δt 可参阅表 10.3 确定。

表 10.3　不同车间散热强度和厂房高度时的温度梯度

车间散热强度 /(W·m^{-3})	厂房高度 /m										
	5	6	7	8	9	10	11	12	13	14	15
11 ~ 23	1.0	0.9	0.8	0.7	0.6	0.5	0.4	0.4	0.4	0.3	0.2
24 ~ 27	1.0	1.2	0.9	0.8	0.7	0.6	0.5	0.5	0.5	0.4	0.4
48 ~ 70	1.5	1.5	1.2	1.1	0.9	0.8	0.8	0.8	0.8	0.8	0.5
71 ~ 93	—	1.5	1.5	1.3	1.0	1.2	1.2	1.2	1.1	1.0	0.9
94 ~ 116	—	—	1.5	1.5	1.5	1.5	1.5	1.5	1.5	1.1	1.3

② 有效热量法。在房间总余热量 Q 中把直接进入工作区的那部分热量 mQ 称为有效余热量，m 称为有效热量系数。排风温度 t_p 表示为

$$t_p = t_w + \frac{t_d - t_w}{m} \tag{10.17}$$

式中　t_p—— 排风温度(℃)；

t_w—— 夏季通风室外计算温度(℃)；

t_d—— 工作地点温度(℃)；

m—— 有效热量系数，按表 10.4 选用。

表 10.4　有效热量系数 m

f/F	0.05	0.1	0.2	0.3	0.4
m	0.35	0.42	0.53	0.63	0.7

注：①f 为发热源占地面积(m^2)

②F 为车间占地面积(m^2)

上述两种计算 t_p 的方法中，温度梯度法比较简单、方便。但是对于散热量较大的房间与实际情况相差较大，故该法只适于室内散热比较均匀，散热量不大于 116 W/m^3 的房间。

应该指出，由于热车间的温度分布和气流分布比较复杂，不同的研究者对此有不同的看法和解释，因而所提出的计算方法也不尽相同。

有效热量法是目前采用较多的有代表性的一种方法。

(2) 确定各窗孔的位置，分配各窗孔的进排风量。

(3) 计算各窗孔的内外压差和窗孔面积。

仅有热压作用时，先假定某一窗孔的余压(或中和面的位置)，然后依式(10.13)或式(10.14)计算其余各窗孔的余压。

应该指出，最初假定的余压值大小将会影响到最后窗孔面积分配。以图 10.2 为例，在热压作用下，送、排风窗孔的面积 F_a，F_b 分别为

$$F_a = \frac{G_a}{\mu_a\sqrt{2\,|\,\Delta P_a\,|\,\rho_w}} = \frac{G_a}{\mu_a\sqrt{2h_1 g(\rho_w - \rho_n)\rho_w}} \tag{10.18}$$

$$F_b = \frac{G_b}{\mu_b\sqrt{2\Delta P_b \rho_p}} = \frac{G_b}{\mu_b\sqrt{2h_2 g(\rho_w - \rho_n)\rho_p}} \tag{10.19}$$

式中　F_a, F_b—— 送、排风窗孔的面积(m^2);

$\Delta P_a, \Delta P_b$—— 窗孔 a, b 的内外压差(Pa);

G_a, G_b—— 窗孔 a, b 的进、排风量(kg/s);

μ_a, μ_b—— 窗孔 a, b 的流量系数;

ρ_w—— 室外空气密度(kg/m^3);

ρ_p—— 上部排风的空气密度(kg/m^3);

ρ_n—— 室内平均温度下空气密度(kg/m^3);

h_1, h_2—— 中和面至 a, b 的距离(m)。

室内平均温度由工作地点温度 t_d 与上部排风温度 t_p 的算术平均得到,即

$$t_n = \frac{t_d + t_p}{2}$$

根据空气平衡方程式,$G_a = G_b$,则近似认为 $\mu_a = \mu_b$,$\rho_w = \rho_p$,将式(10.18)、式(10.19)整理为如下形式:

$$\frac{F_a}{F_b} = \frac{\sqrt{h_2}}{\sqrt{h_1}} \text{或} \frac{h_2}{h_1} = \left(\frac{F_a}{F_b}\right)^2 \tag{10.20}$$

由式(10.20)可以看出,送、排风窗孔面积之比是随中和面位置的变化而改变的。中和面上移(h_1 增大、h_2 减小),排风窗孔面积减小;中和面下移则相反。对于热车间,一般都采用上部大窗排风,而天窗造价高于侧窗,所以中和面位置不宜选得太高。

10.3.3　进风窗和避风天窗

1. 进风窗

对于单跨车间,进风窗应设在车间外墙上。在集中供暖地区,最好设上、下两排。下排进风窗供夏季使用,其窗沿高出车间地坪 0.3 ~ 1.0 m,以使室外新鲜空气直接进入工作地点。上部进风窗供冬季使用,窗沿高度不宜低于 4.0 m,以防冷空气直接进入工作地点。在夏季下部窗进风,上部窗排风。

双层窗的内扇转轴宜安装在上部,即用下悬窗扇,并向车间内开启,如图 10.12 所示。冬季当开启角 < 90° 时,可使室外冷空气进入工作地点前被车间上部空气加热,以防冷空气直接吹到人身上。

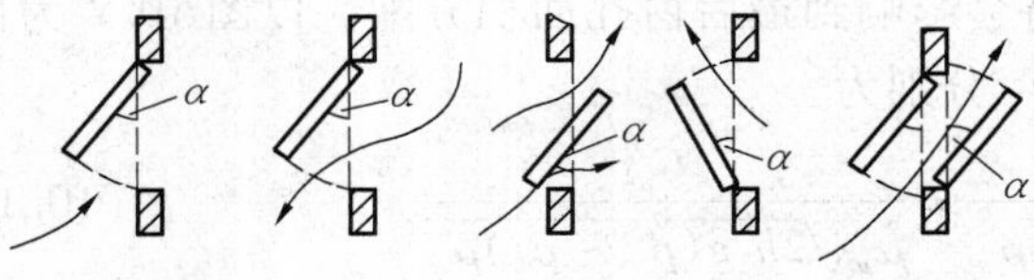

图 10.12　双层窗上下悬

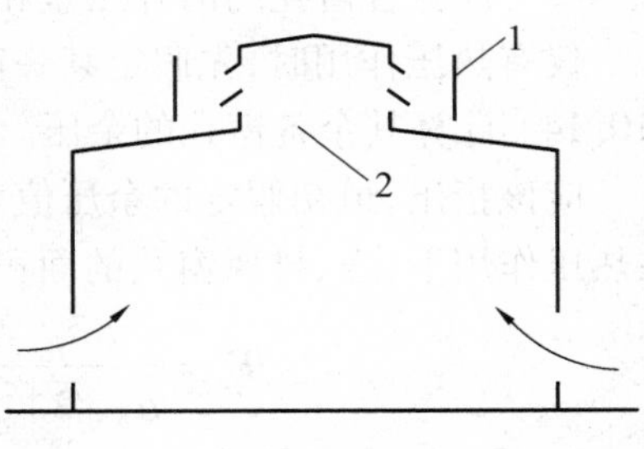

图 10.13　矩形避风天窗

1— 挡风板;2— 喉口

2. 避风天窗

在风力作用下,普通天窗迎风面的排风窗孔会发生倒灌。因此,在平时要及时关闭迎风天窗,而依靠背风天窗排风。其结果不但增大了天窗面积,又给天窗管理带来了诸多不便。为了使天窗稳定排风,避免倒灌,可以在天窗上增设挡风板(图 10. 13),或采用特殊结构形式的天窗,以保证天窗排风口在任何风向下都处于负压区。这种天窗称为避风天窗。

常用的避风天窗有以下几种形式:

(1) 矩形天窗。其结构形式如图 10. 13 所示,这是应用较多的一种天窗。该窗采光面积大,窗孔集中在车间中部,当热源集中布置在车间中部时,便于热气流迅速排出。其缺点是结构较复杂,造价较高。

(2) 下沉式天窗。该天窗的特点是把部分屋面下移,放在屋架的下弦上,利用屋架本身的高度,即上下弦之间的空间形成天窗。与矩形天窗凸出屋面不同,下沉式天窗是凹入屋盖里面的。因处理方法不同,下沉式天窗分为纵向下沉式、横向下沉式和天井式 3 种,如图 10. 14(a),(b),(c) 所示。下沉式天窗与矩形天窗相比较,厂房高度降低 2 ~ 5 m,节省了天窗架和挡风板,因此造价较低。缺点是受屋架高度限制,清灰和排水比较困难。

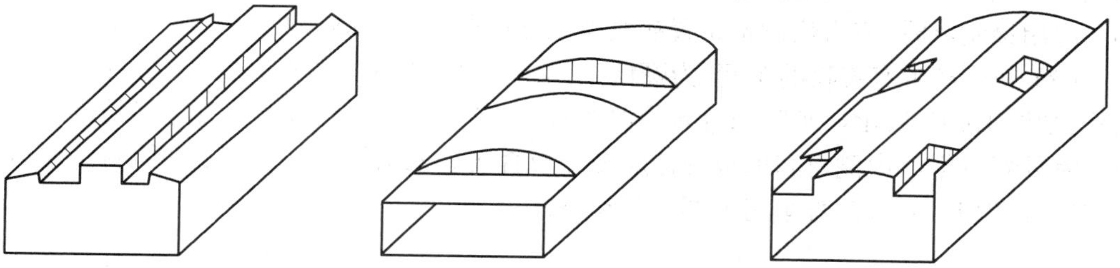

(a) 纵向下沉式天窗　(b) 横向下沉式天窗　(c) 天井式天窗

图 10. 14　下沉式天窗

(3) 曲线(折线) 形天窗。这是一种新型的轻型天窗,其结构如图 10. 15 所示。它的挡风板是按曲线(折线) 制作的,因此阻力比垂直挡风板的天窗小,排风能力大。其优点是构造简单,质量轻,施工方便,造价低。

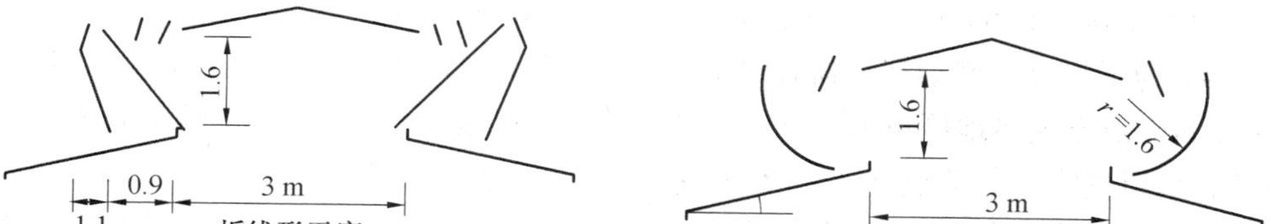

折线形天窗　曲线形天窗

(a)　(b)

图 10. 15　曲(折) 线形天窗

避风天窗在自然通风计算中是作为一个整体考虑的,计算时只考虑热压作用。在热压作用下,天窗口的内外压差 ΔP_t 为

$$\Delta P_t = \xi \frac{v_t^2}{2}\rho_p \tag{10.21}$$

式中　ΔP_t—— 天窗口的内外压差(Pa)；

ξ—— 天窗的局部阻力系数；

v_t—— 天窗喉口处的空气流速(m/s)；

ρ_p—— 天窗排风温度下的空气密度(kg/m^3)。

10.3.4　自然通风与工艺、建筑设计的配合

工业厂房的建筑形式、总体平面布置和车间内的工艺布置对自然通风均有较大的影响,处理不当将造成经济上的浪费,而且会影响工人的劳动条件。因此,确定设计方案时,工艺、建筑、通风等专业应密切配合,综合考虑。

1. 建筑形式

(1) 为增大进风面积,以自然通风为主的热车间应尽量采用单跨厂房。

(2) 一般的民用建筑或冷车间可采用“穿堂风”,某些热车间也可采用“穿堂风”。穿堂风的形成,要求迎风面、背风面外墙开孔面积占外墙面积25% 以上,且车间内部阻挡较小。应用穿堂风时,应将热设备布置在夏季主导风向的下风侧,如图 10.16 所示。

(3) 某些产生有害物的车间,为降低工作区温度,冲淡有害物浓度,厂房可采用双层结构,如图 10.17 所示。车间的有害物源布置在二层,其两侧地板上设置连续的进风格子板。室外新鲜空气由侧窗和地板的送风格子板直接进入工作区。该双层建筑自然通风量大,工作区温升小,可改善车间中部的劳动条件。

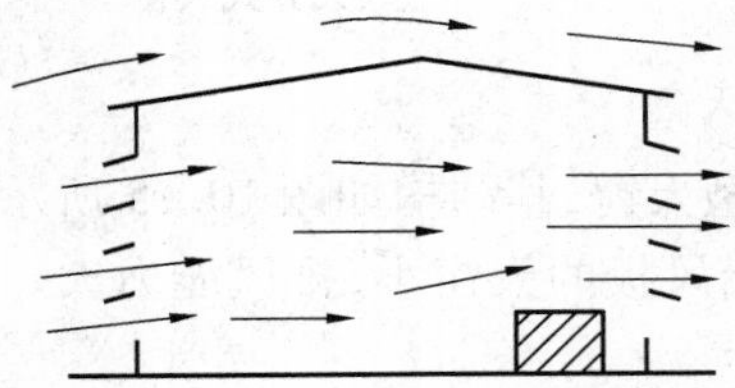

图 10.16　开敞式厂房的自然通风

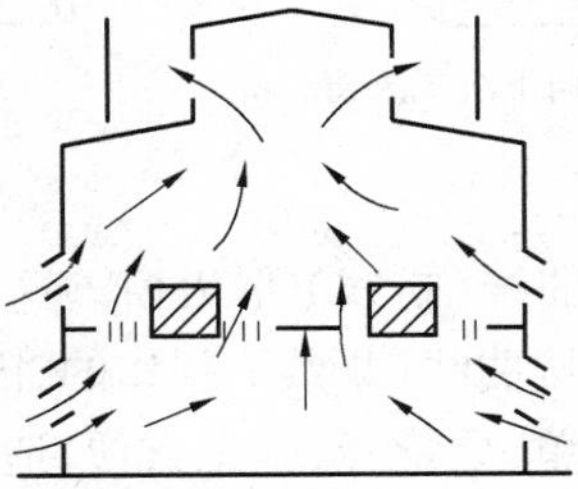

图 10.17　双层厂房的自然通风

(4) 为了提高自然通风的降温效果,应尽量降低进风侧窗离地面的高度,一般不宜超过 1.2 m。南方炎热地区可取 0.6 ~ 0.8 m。集中供暖地区,冬季自然通风进风窗应设在 4 m 以上,以使室外气流进入工作区前能和室内空气充分混合。

(5) 不需调节天窗开启度的热车间,可以采用不带窗扇的避风天窗,但应考虑防雨措施。

2. 厂房的布置

(1) 厂房主要进风侧一般应与夏季主导风向成60° ~ 90°角,不宜小于45°,且同时应避免有大面积外墙外窗受到西晒。不宜将过多的附属建筑布置在厂房四周,特别是厂房迎风面。

(2) 为保证低矮建筑能够正常进风、排风,各建筑物之间有关尺寸应保持适当比例。

见图10.18和表10.5。

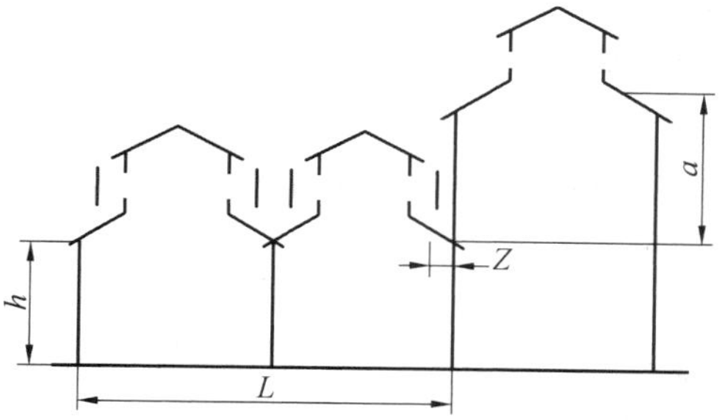

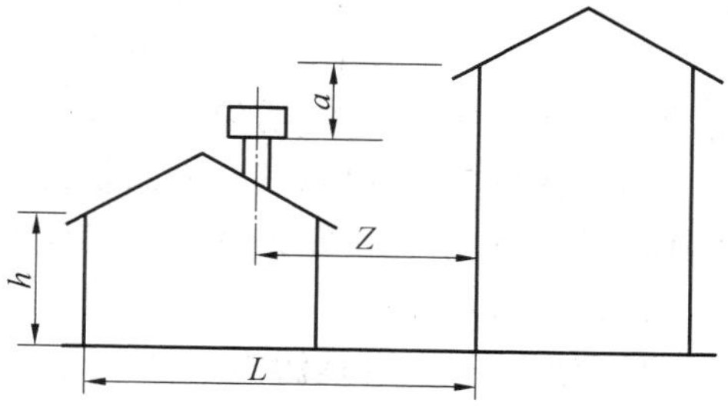

图10.18　避风天窗或风帽与建筑物相关尺寸

表10.5　避风天窗或风帽与建筑物的相关尺寸

Z/a	0.4	0.6	0.8	1.0	1.2	1.4	1.6	1.8	2.0	2.1	2.2	2.3
$\frac{L-Z}{h}$	1.3	1.4	1.45	1.5	1.65	1.8	2.1	2.5	2.9	3.7	4.6	5.6

注：$Z/a>2.3$时，厂房相关尺寸可以不受限制

3. 工艺布置

工艺布置的总原则是保证被污染的空气顺利排出室外，并使新鲜空气能直接进入工作区。为此，工作区应尽可能布置在靠外墙一侧，热源尽量布置在天窗下部或下风侧。

10.4　除　　尘

人类在生产和生活的过程中，需要有一个清洁的空气环境，包括室外环境和大气环境。但是，某些工业生产过程以及锅炉排烟中散发出的大量粉尘，如果不加处理任意排放，将会污染大气，危害人体健康，影响工农业生产，因此必须对其进行净化处理。

10.4.1　粉尘及其防治的综合措施

粉尘是指能在空气中悬浮一定时间的固体微粒。按其粒径大小可分为：

(1) 可见粒子。粒径大于10 μm的粉尘。人呼吸时不能进入肺泡，对人危害不大。

(2) 显微镜粒子。粒径在0.25～10 μm之间。人呼吸时大部分可进入肺泡，并滞留在肺泡内，对人危害大。

(3) 超显微镜粒子。粒径小于0.25 μm。可吸入肺，但又可呼出，对人危害不大。

1. 粉尘的性质

粉尘除具有它原生成物所具有的物理、化学性质外，还具有以下特性：

(1) 自然状态下的粉尘是不密实的，颗粒间及颗粒内充满空隙。

(2) 粉尘之间可以凝聚，又可以堆积于管壁上，这些都与其黏附性有关。前者使尘粒变大，对除尘有利；后者会使管道或除尘设备堵塞。

(3) 部分粉尘可以被水润湿，而发生凝聚，而一部分则不能。容易被水润湿的粉尘称为亲水性粉尘；难于被水润湿的粉尘称为憎水性粉尘；与水接触后发生黏结变硬的称为水硬性粉尘。

（4）悬浮于空气中的粉尘，由于摩擦、碰撞和吸附，会带一定电荷。电除尘器就是利用尘粒带电特性工作的，粉尘带电也可能引起爆炸。

固体物料被粉碎后，其总表面积大大增加。由于与空气接触的表面积增大，因而提高了其化学活泼性，在一定条件下会燃烧或爆炸。

2. 粉尘的危害

粉尘的危害主要是污染空气。某些粉尘本身有毒，进入体内使人中毒。有毒和无毒的粉尘吸入肺内均可产生“粉尘病”，影响动植物生长，损害生产设备。

3. 防治粉尘的综合措施

多年来防治粉尘的经验表明，大多数情况下，单靠通风方法防治粉尘，效果不一定好。首先应改革工艺设备和工艺操作方法，从根本上消除或减少粉尘。在此基础上再采用合理的通风除尘措施。

10.4.2 常用除尘器形式及除尘机理

根据除尘机理不同，目前常用的除尘器可分为重力沉降室、惯性除尘器、旋风除尘器、过滤除尘器、湿式除尘器和电除尘器等。

1. 重力沉降室

重力沉降室是通过气流中尘粒自身的重力使其沉降分离的，其结构如图 10.19 所示。

2. 惯性除尘器

利用尘粒的惯性碰撞，使尘粒沉降从而被捕集。这种除尘器实际上是在重力沉降室的基础上增设挡板，改善除尘效果而成的。图 10.20 为惯性除尘器结构原理图。

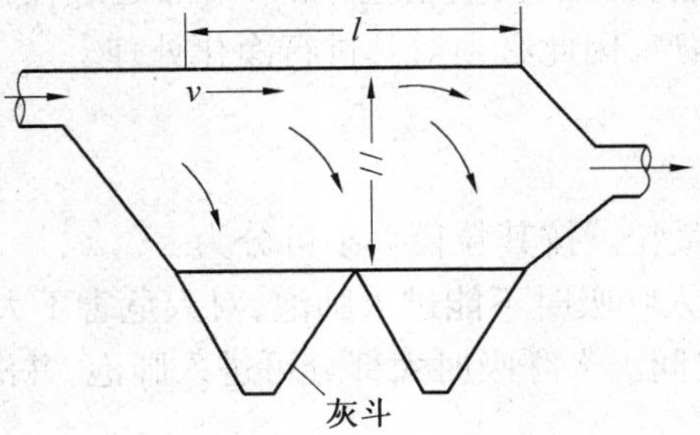

图 10.19 重力沉降室

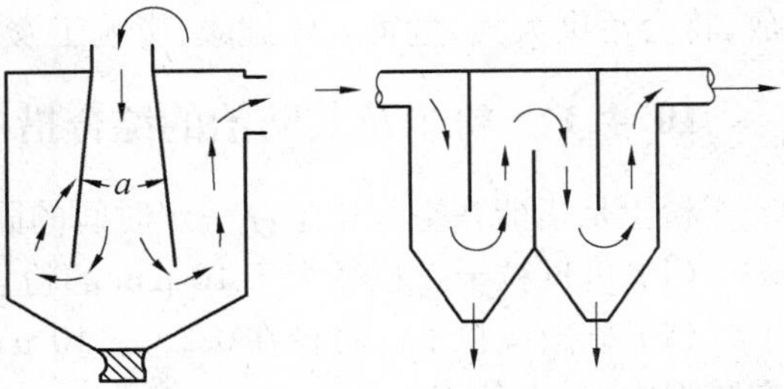

图 10.20 惯性除尘器

上述两种除尘器主要用于捕集粗大尘粒。重力沉降室仅适用于50 μm以上粉尘。其效率低，占地大，通风工程中应用较少。惯性除尘器主要用于捕集 20 ~ 30 μm 以上的尘粒，常用作多级除尘的第一级。

3. 旋风除尘器

旋风除尘器除尘器是利用气流旋转过程中作用在尘粒上的惯性离心力，使尘粒从气流中分离的。它结构简单、体积小，维修方便，对于 10 ~ 20 μm 的粉尘，效率为 90% 左右。旋风除尘器主要应用于粒径 10 μm 以上的粉尘。除了一般工艺的通风工程以外，在锅炉的烟气净化中被广泛应用。按其结构形式可分为立式、卧式，单级、双级、单管、多管等几大类。离心式旋风除尘器原理如图 10.21 所示。

4. 过滤除尘器

过滤除尘器是通过滤料（纤维、织物滤纸、碎石等）使粉尘与气流分离的。它除尘效率高，结构简单，处理风量范围广，广泛用于工业排气净化和进气净化。

按过滤方式可分为表面过滤和内部过滤。袋式除尘器是典型的表面式过滤形式，如图 10.22 所示。内部过滤方式主要用于含尘浓度较低的进气净化。按其过滤效率可分为粗效、中效和高效 3 种，其过滤材料可采用金属丝网、铁屑、瓷环、玻璃丝、聚酯泡沫塑料、合成纤维（无纺布）、超细玻璃纤维、超细棉纤维等材料。图 10.23 为玻璃纤维中效过滤器。

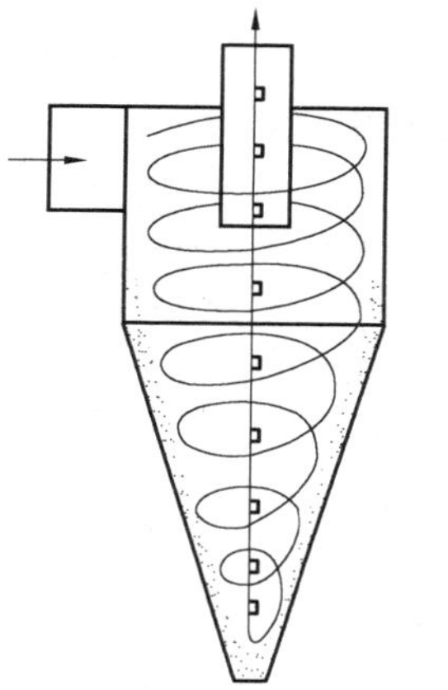

图 10.21　离心式旋风除尘器示意图

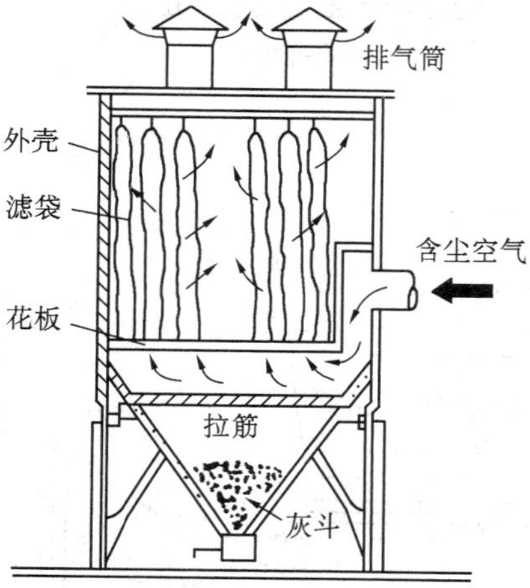

图 10.22　简易袋式除尘器

5. 湿式除尘器

湿式除尘器是通过含尘气体与液滴或液膜的接触使尘粒从气流中分离的。其优点是结构简单、投资低、占地面积小、效率高，并可进行气体的净化。其缺点是有用物料不能干式回收，泥浆处理比较困难。有时要设专门的废水处理设备。图 10.24 所示为卧式旋风水膜除尘器。

6. 电除尘器

电除尘器又称静电除尘器，它是利用电场产生的静电力使尘粒从气流中分离的，属干式高效过滤器，对 1 ~ 2 μm 的尘粒，效率可达 98% ~ 99%。其优点是阻力较低，可以处理高温、高湿气体，处理的气量越大，经济性越明显。其缺点是设备占地大、耗钢多、结构复杂、制造安装要求精度高、投资较高。

目前国外已广泛应用于火力发电、冶金、化工和水泥等工业部门。在国内，受经济条件限制，目前主要用于某些大型工程。小型的电除尘器用于进气和净化。图 10.25 为板式电除尘器示意图。

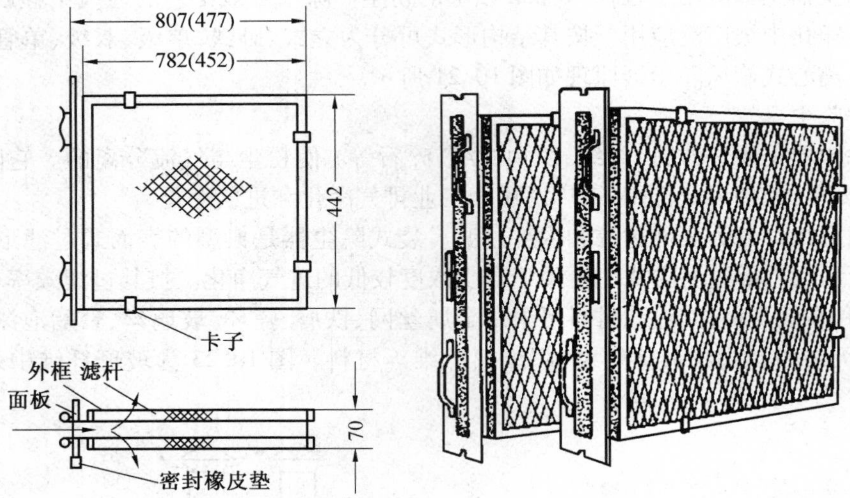

图 10.23　玻璃纤维过滤器

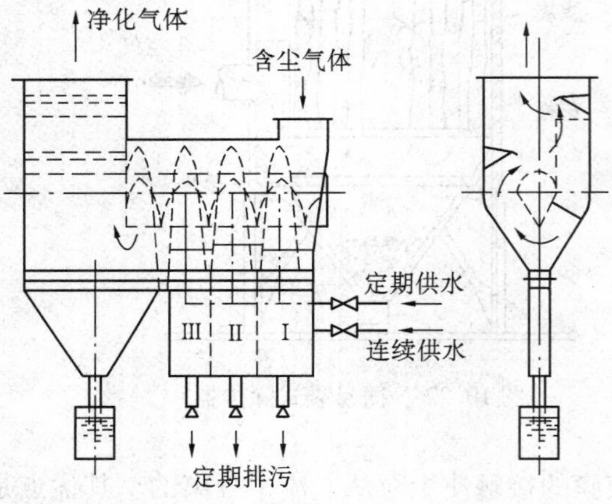

图 10.24　卧式旋风水膜除尘器

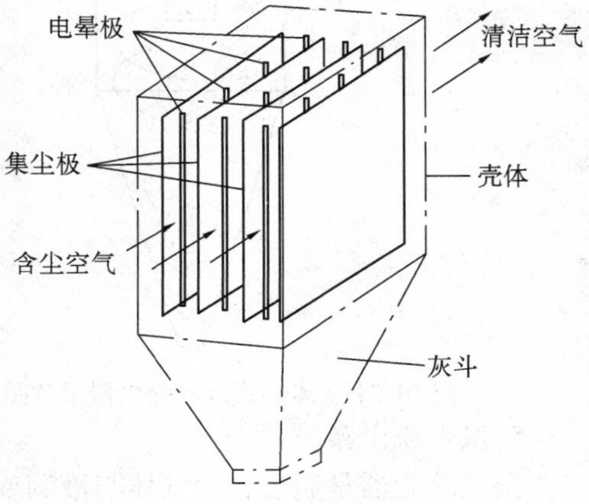

图 10.25　板式电除尘器

10.4.3　除尘器效率

除尘器效率是评价除尘器的重要指标，在一定的运行工况下，除尘器除下的粉尘量 G_2 与进入除尘器的粉尘量 G_1 之比称为除尘器的全效率 η：

$$\eta = \frac{G_2}{G_1} \times 100\%$$

当除尘系统有两级除尘器串联时，两个除尘器的总效率为

$$\eta = \eta_1 + \eta_2(1 - \eta_1) = 1 - (1 - \eta_1)(1 - \eta_2)$$

10.4.4　除尘系统的设计要点

除尘系统设计要考虑下列因素：

（1）除尘系统的风速要考虑不使尘粒沉降，同时使风管内的粉尘浓度小于爆炸下限的 50%。

（2）风管避免水平敷设，以防粉尘沉积。

（3）用防爆风机，如采用皮带传动，应用接地电刷以消除静电。

（4）系统应设置泄压装置。

10.5　通风系统的主要设备和附件

通风系统的设备和构件，根据通风系统形式的不同而有所不同。对自然通风，其设备装置只需进、排风窗以及附属开关等简单装置。在机械通风和管道式自然通风系统中，则由较多的设备和构件组成，其中比较主要的设备是通风机。除此之外，全面排风系统有室内排风口和室外排风装置；局部排风系统有局部排风罩，排风处理设备以及室外排风装置、进风系统有室外进风装置、进风处理设备及室内送风口等。

10.5.1　室内送、排风口

室内送风口是在送风系统中把风道输送来的空气以适当的速度分配到各指定地点的风道末端装置。

室内排风口是全面排风系统的一个组成部分，其作用是把室内被污染的空气通过排风口进入排风管道。

两种最简单的送风口如图 10.26 所示，孔口直接开在风管上，用于侧向或下向送风。其中图(a) 风口无调节装置，图(b) 风口则可调节送风量。

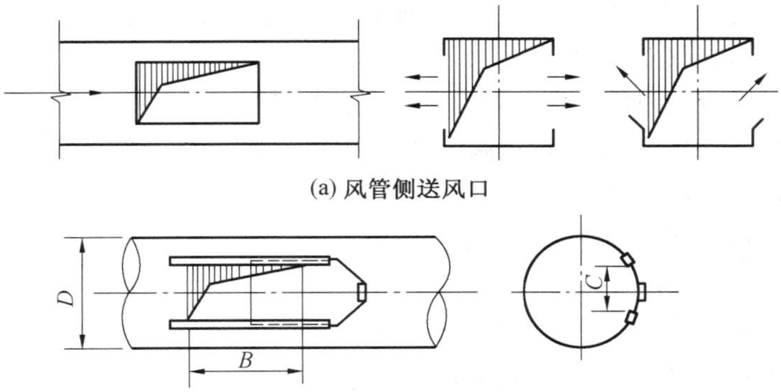

(a) 风管侧送风口

(b) 插板式送、吸风口

图 10.26　两种最简单的送风口

图 10.27 是比较常用的百叶式风口。该风口可以安装在风管上或风口末端，也可以安装在墙上。其中双层百叶式风口可以同时调节气流的角度和气流的流速。

在某些工业厂房中，有时需要通过上部风道向工作区送出大量的空气，同时又要求迅速降低送风口附近的气流速度以避免有“吹风”感觉。满足这种要求的送风口称为空气分布器，常用的空气分布器如图 10.28 所示。

送风口及空气分布器的形式、规格以及构造等可查阅供暖通风标准图集。

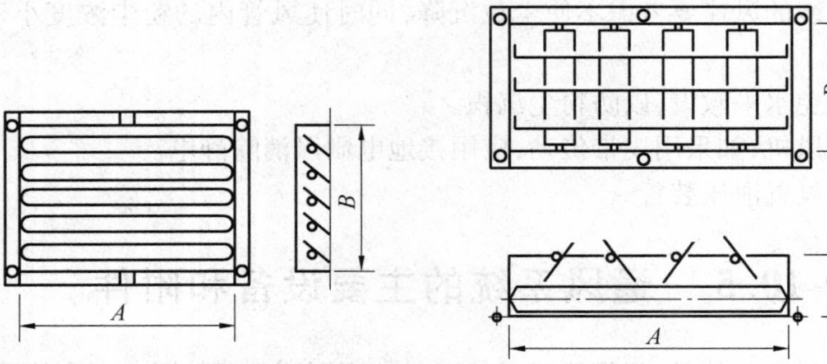

(a) 单层百叶风口　(b) 双层百叶风口

图 10.27　百叶式送风口

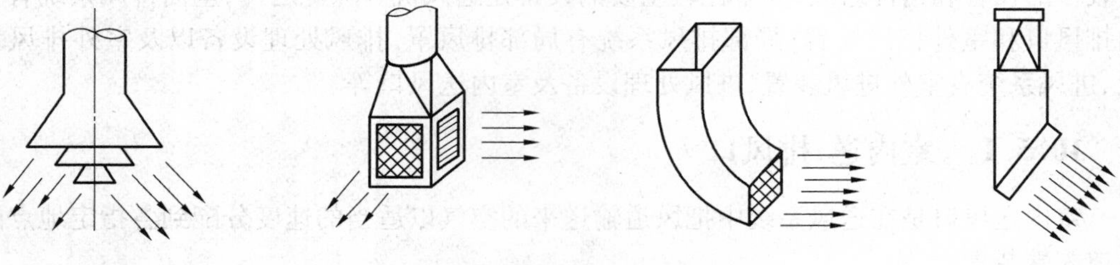

图 10.28　空气分布器

10.5.2　风　道

1. 风道的材料

制造风道的材料很多,在我国可选用的材料有薄钢板、硬聚氯乙烯塑料板、胶合板、纤维板、矿渣石膏板、砖和混凝土等。

通风系统多用薄钢板制造风道,截面可做成圆形或矩形。依据用途及截面尺寸的不同,钢板厚度为 0.5 ~ 0.6 mm。输送腐蚀性气体的通风风道可采用涂刷防腐漆的钢板或硬聚氯乙烯塑料板。截面仍可做成圆形或矩形,厚度为 3 ~ 8 mm。地下风道通常采用混凝土板做底,两侧砌砖,内表面抹光,上盖用钢筋混凝土板。若地下水位较高,尚应加做防水层。

在体育馆,影剧院等公共建筑以及纺织厂的空调工程中,常利用建筑空间组成通风管道。胶合板、木屑板、纤维板等经过防腐处理后也可做风道材料。

一般的通风管道,以圆形居多,但大多数空调系统,特别是室内部分多以矩形为主,以便于与建筑协调。

2. 风道截面的确定

风道截面积 F 可按下式确定:

$$F = \frac{L}{3\,600v} \tag{10.22}$$

式中　F—— 风道截面积(m^2);

　　L——通过风道的风量(m^3/h);

v—— 风道中的风速(m/s)。

从上式可以看出,确定风道截面积必须先确定风道中的风速。如果 v 取得较大,可以减小的风道面积,节约造价并少占空间。但由此造成风道阻力加大,风机电耗增加,同时系统噪音加大。若 v 值取得较小则情况相反。为此,必须对流速的确定进行技术经济比较,以使通风系统的初投资和运行费用总和最小。

按有关规定,风管内风速列于表10.6中。

表10.6 风管内流速

m/s

风管类别	钢板及塑料风管	砖及混凝土风道
干管	6 ~ 14	4 ~ 12
支管	2 ~ 8	2 ~ 6

对除尘系统,其空气流速应根据避免粉尘沉积,尽可能减小流动阻力以及对系统磨损的原则来确定。目前除尘系统风速一般在12 ~ 18 m/s的范围内。

与供暖和给排水工程相比较,通风(含空调)工程的风道截面积一般都比较大,其尺寸范围为:圆形风道 D = 100 ~ 2 000 mm;矩形风道 $A \times B$ = 120 mm × 120 mm ~ 2 000 mm × 1 250 mm;砖砌风道最小断面为120 mm × 120 mm;其他非金属风道最小断面为100 mm × 100 mm。

3. 风道布置

合理的风道布置必须满足生产工艺以及通风系统总体布局的需要,同时应尽量与建筑、结构及其他专业协调。

对居住建筑和公共建筑,垂直的砖风道宜砌筑在墙内,但不允许设在外墙中而应设在间壁墙中,以避免结露和影响自然通风的作用压力。相邻两个同类竖风道的间距不能小于120 mm,进风与排风竖风道的间距不小于240 mm。如果墙壁较薄,可在墙外设置贴附风道,如图10.29所示。贴附风道沿外墙设置时,在风道与墙壁之间应留40 mm厚的空气保温层。

对工业通风系统地面以上的风道一般采用明装,风道用支架支撑沿墙及柱子敷设。当风道距墙较远时,可用吊架吊在楼板或桁架下面。

设在不供暖房间的水平风道,在正常湿度下,可采用40 mm厚双层矿渣石膏板(图10.30)。当湿度较大时,可用40 mm厚双层矿渣混凝土板,当湿度很大时,可用薄钢板外加防腐保温层。

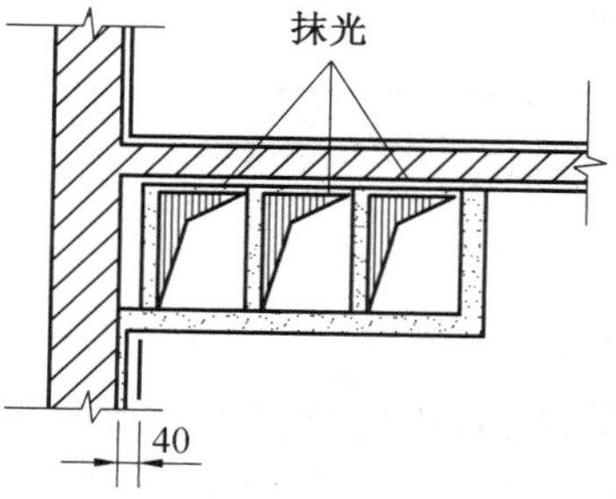

图10.29 贴附风道

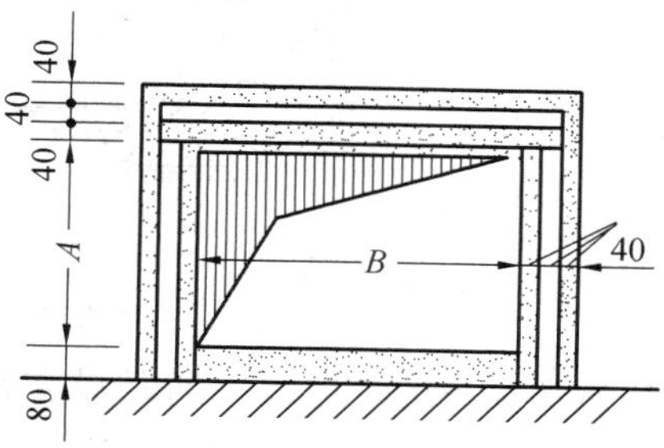

图10.30 水平风道

不同楼层内性质相同的房间的竖向排风道可在上部汇合。对高层建筑，按防火规范要求，每 4 ～ 6 层内各竖向风道可以汇合一起通到建筑上部水平风道，再经排风塔至室外。

风管一般不宜穿过防火墙、沉降缝和伸缩缝，如必须穿过时应在相应的位置设置防火阀。

图 10.31 是采用锯齿形结构的纺织厂风道与建筑物结构互相协调的实例。该布置方式既不影响采光，又不影响工艺，而且整齐美观。

地下敷设的风道应设置必要的检查口。

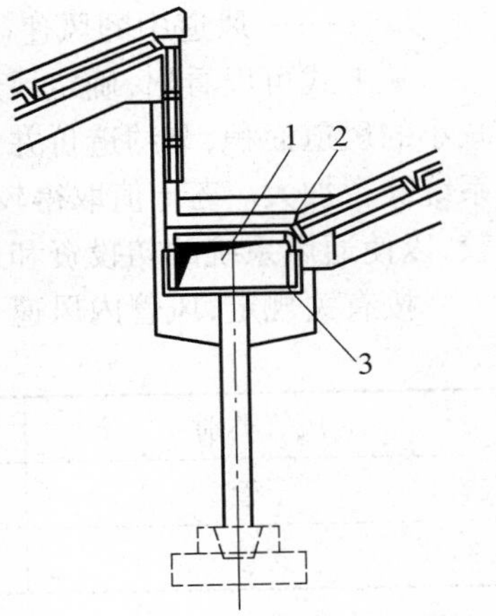

图 10.31　与建筑结构结合的钢筋混凝土风道

1— 钢筋混凝土风道；2— 钢筋混凝土风道壁；3— 风道的底板

10.5.3　室外进、排风装置

1. 进风装置

进风装置应该尽量设置在空气比较清洁的地方，并且远离污染源。

进风口的底部距室外地坪高度不宜小于 2 m，进口处应装设木制或薄钢板制百叶窗。

图 10.32 表示两种构造形式的进风装置。其中图 10.32(a) 为贴附于建筑外墙上的，图 10.32(b) 为离开建筑物的独立构筑物。

在屋顶吸入室外空气时，进风装置可做成竖向筒形，并应高出屋顶 1 m 以上，如图 10.33 所示。

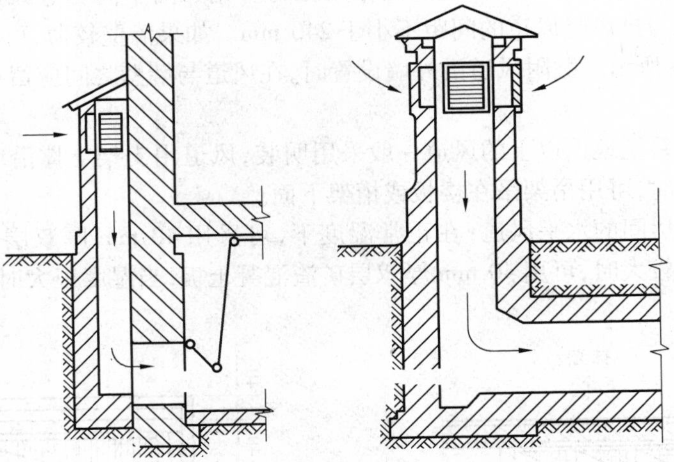

(a)　　(b)

图 10.32　室外进风装置

机械送风系统的进风室通常设在地下室或底层，以防止可能的漏水并减小楼板负荷。在某些工艺厂房里为减少占地面积，也可以设在专门的平台上，如图 10.34、图 10.35 所示。

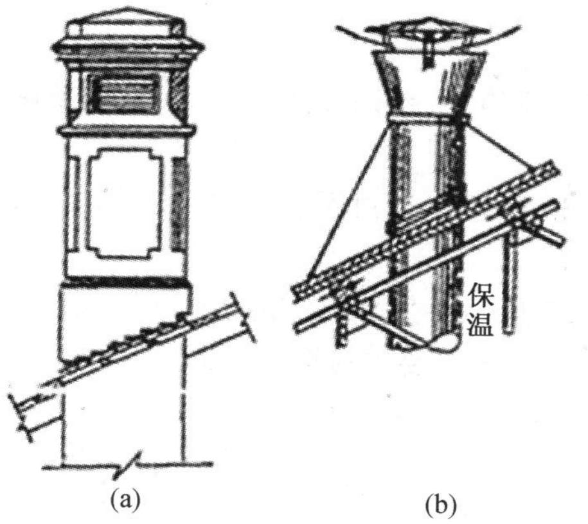

图10.33　设在屋顶上的室外进、排风装置

2. 排风装置

排风系统一般通过屋顶向室外排风，排风装置构造与顶部进风装置相同。管道式自然排风的构造如图10.33(a)所示，其排风口一般高出屋顶0.5 m以上，若附近有进风装置，则应比进风口至少高出2 m。

对机械排风系统，为减轻对附近环境的污染，保证排风效果，往往在排风口上加设一个风帽，如图10.33(b)所示。

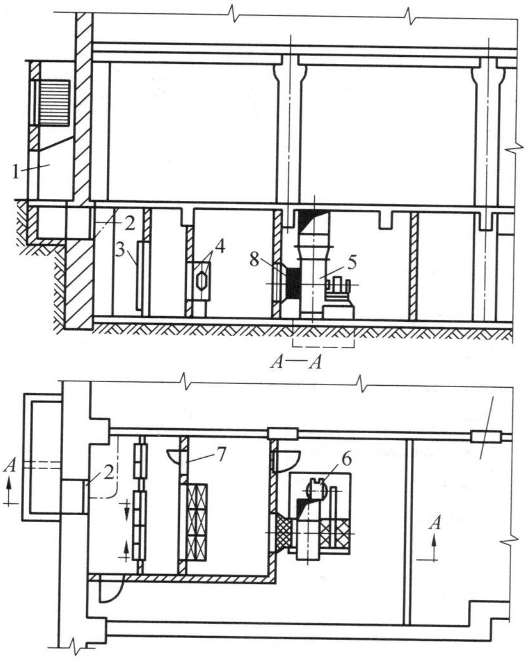

图10.34　设在地下室的进风室

1— 进风装置；2— 保温阀；3— 过滤器；4— 空气加热器；5— 风机；6— 电动机；7— 旁通阀；8— 帆布接头

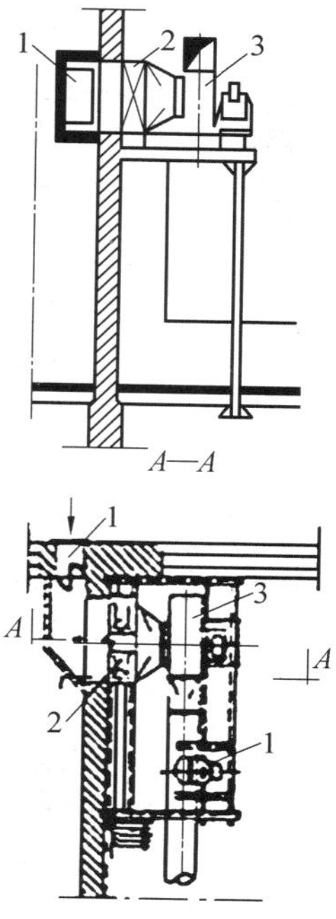

图10.35　设在平台上的进风室

1— 进风口；2— 空气加热器；3— 风机；4— 电动机

10.5.4　阀　门

通风系统的阀门安装在风道上，用以关闭风道、风口以及调节装置。常用的阀门有如下几种：

（1）闸板阀，如图 10.36 所示。通过手柄移动改变风量，调节效果好，但占地面积较大。

（2）防火阀，如图 10.37 所示。发生火灾时能切断气流，防止火焰蔓延。易熔片的熔点温度一般为 72 ℃，设计时可选需要的易熔片来确定关闭温度。

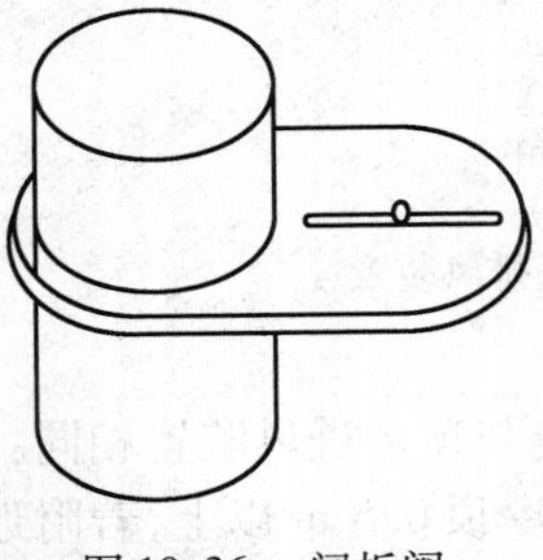

图 10.36　闸板阀

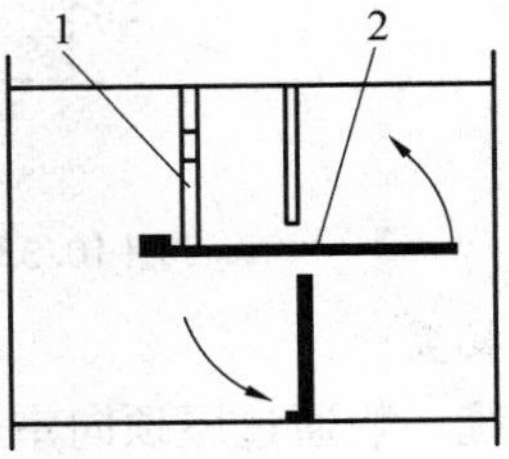

图 10.37　圆形风管防火阀

1— 易熔片；2— 阀门

（3）蝶阀，如图 10.38 所示。转动阀板的角度即可调节风量，调节比较方便，但严密性较差，若风道尺寸较大，可做成多叶调节阀，如图 10.39 所示。

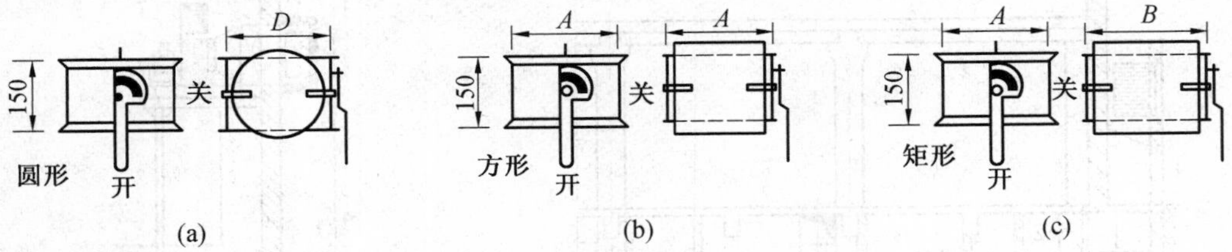

图 10.38　蝶阀

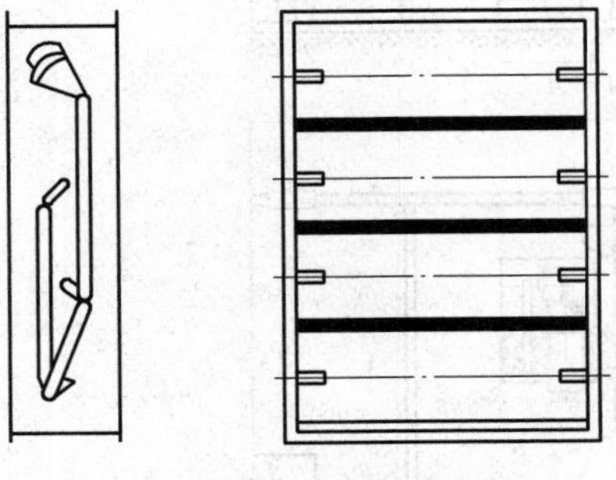

图 10.39　矩形对开多叶调节阀

10.5.5　风　机

风机是输送气体的机械，也是机械通风系统和空调工程中必需的动力设备。

1. 风机的类型

按风机的作用原理分为轴流式、离心式和贯流式 3 大类。其中前两种是工程中经常应用的,后一种是近年来由于空调技术的发展而出现的小风量、低噪音、安装上易于与建筑配合的小型风机。

(1) 轴流风机。轴流风机的外形结构如图 10.40 所示,它主要由叶轮、机壳、进风口和电动机组成。叶轮由轮毂和铆在其上的与其平面成一定角度的叶片组成。改变叶片的安装角度可以改变风量和全压。因此某些大型轴流风机叶片的安装角度是可调的。

较小型的轴流风机叶轮与电动机是同轴的。有些风机根据需要把电动机放在机壳外面做成长轴式,如图 10.41 所示。大型的轴流风机则采用三角皮带传动。

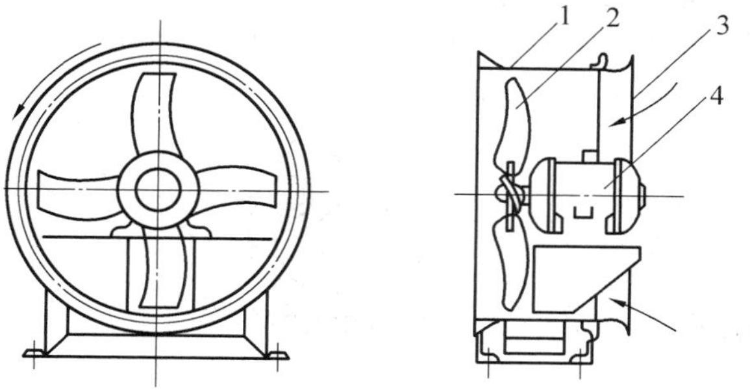

图 10.40　轴流风机的构造简图

1— 圆筒形机壳;2— 叶轮;3— 进口;4— 电动机

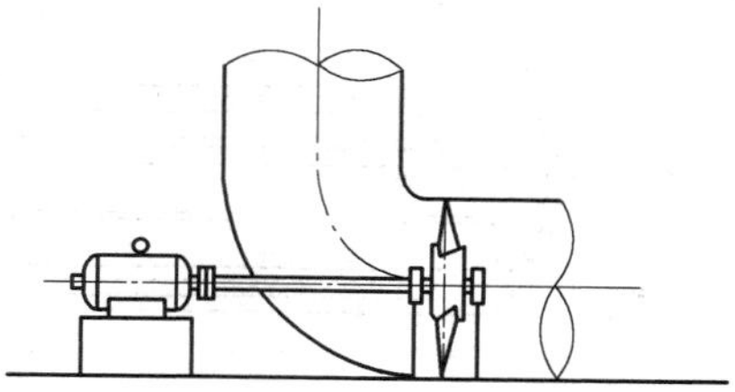

图 10.41　长轴式轴流风机

轴流风机是借叶轮的推力促使气体流动的,气流的方向与机轴平行。其全压较小,因此适用于管道阻力较小以及无需设置管道的场合。

(2) 离心式风机。离心风机的工作原理与离心水泵相同,主要是借助于叶轮旋转时产生的离心力使气体获得能量的。因其全压较大,适用于阻力较大的系统中,离心风机的结构示意图如图 10.42 所示。当风机的叶轮转数一定时,风机的风量与全压、轴功率和效率之间是互相制约的。工程中常用离心风机的性能曲线来表示。或者列成一一对应的数据来表示。各生产厂家均有较详细的样本备查。

(3) 贯流风机。贯流风机的结构示意图如图 10.43 所示。该风机的叶轮一般是多叶式前向型的,其两端面是封闭的。因此,它不像离心机那样在机壳侧板开口使气流轴向进入,而是把机壳部分敞开使气流直接径向进入,从而横穿叶片两次。

由于风机的叶轮宽度 b 没有限制,因此,可通过增减宽度来增加或减小风量。

该风机的另一特点是进、出风口均为矩形,容易与建筑协调。

2. 风机的主要参数及形式代号

(1) 风量。表示风机在标准状态(大气压为 $P = 101\ 352$ Pa,气温 $t = 20$ ℃)下的条件时,单位时间内输送的空气量,单位为 m^3/h。

(2) 全压 H。表示在标准状态下,通过风机每 1 m^3 空气所获得的能量,单位为 Pa。

离心风机按全压大小可分为低压风机($H < 100$ Pa)、中压风机(H 在 1 000 ~ 3 000 Pa)和高压风机($H > 3\ 000$ Pa)。

(3) 功率 N。电动机加在风机轴上的功率称为轴功率。空气通过风机后实际获得的

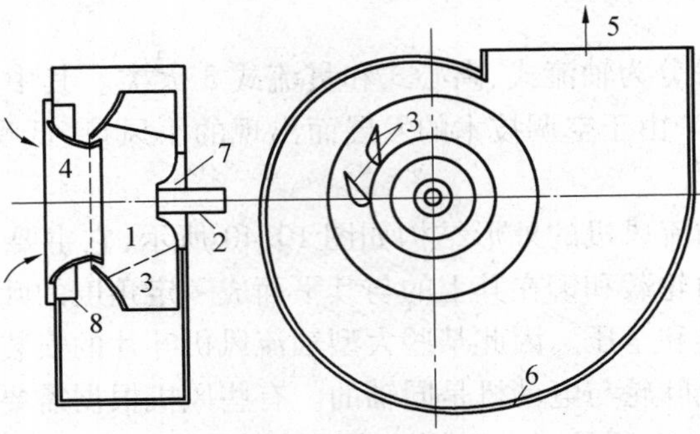

图 10.42　离心风机构造示意图

1— 叶轮;2— 机轴;3— 叶片;4— 吸气口;5— 出口;6— 机壳;7— 轮毂;8— 扩压环

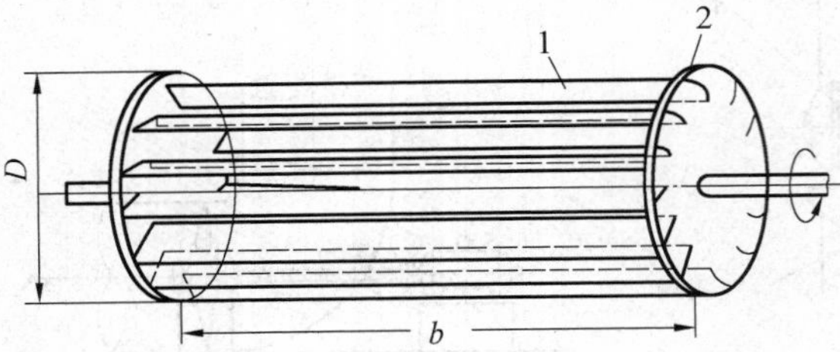

(a) 贯流风叶轮结构示意图

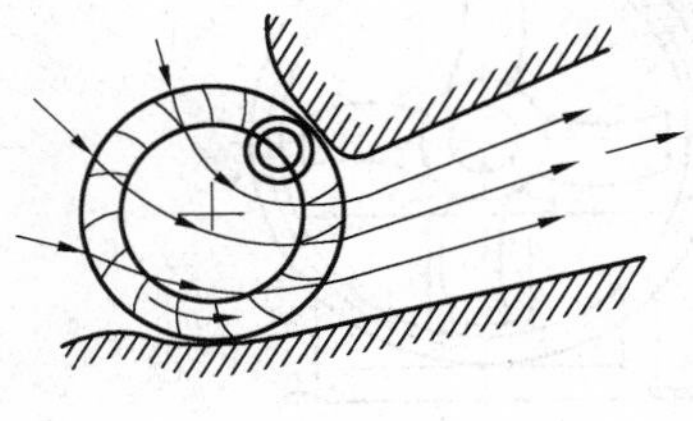

(b) 贯流风机中的气流

图 10.43　贯流风机示意图

1— 叶片;2— 封闭端面

功率为有效功率,有效功率以 N_z 表示,单位为 kW。

$$N_z = \frac{L \cdot H}{3\ 600} \tag{10.23}$$

(4) 转数 n。表示叶轮每分钟旋转的转数,单位为 r/min。

(5) 效率 η。表示风机的有效功率与轴功率的比值。

$$\eta = \frac{N_z}{N} \times 100\% \tag{10.24}$$

(6) 风机的形式代号。离心式风机型号表示方法包括名称、机号、传动方式、出风口位置等,现举例如图 10.44 所示。

3. 风机的安装

轴流风机一般安装在墙洞内或风管中。在风管中安装时,可将风机装在用角钢制成的支架上,再将支架固定在墙上、柱上或混凝土楼板下面,轴流风机在墙上安装的示意图,如图 10.45 所示。

对小型直联传动的离心风机,也可以像轴流风机一样,用支架安装在墙上、柱上及平台上,或通过地脚螺栓安装在墙上、柱上及平台上,或通过地脚螺栓安装在地面的混凝土基础上,如图 10.46(a) 所示。大型的离心机一般都安装在混凝土基础上,如图 10.46 所示。

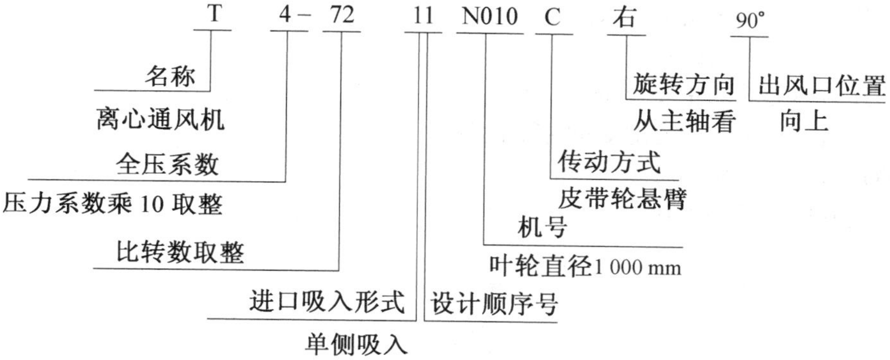

图 10.44　离心风机型号

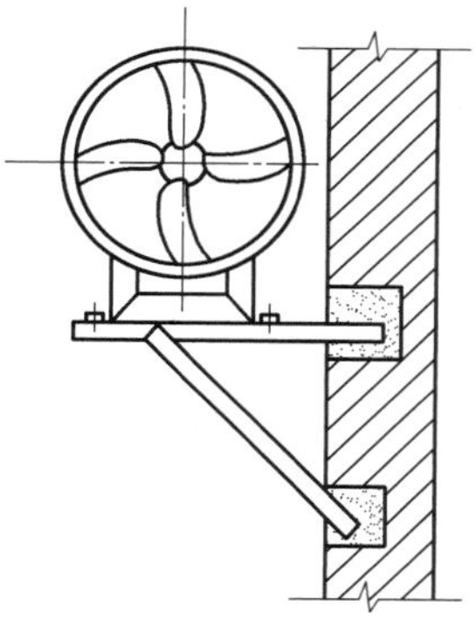

图 10.45　轴流风机在墙上安装

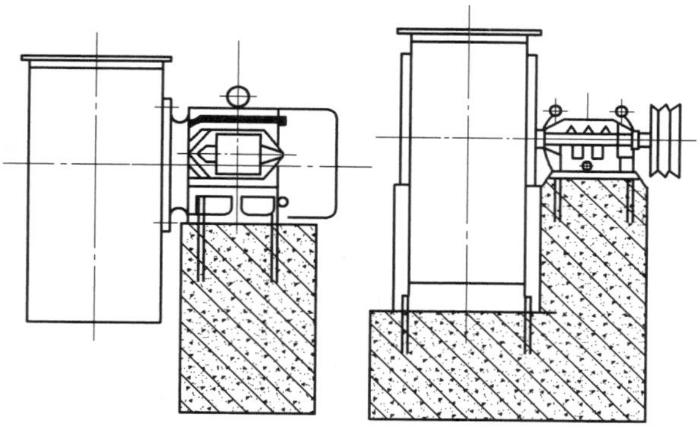

(a)　　(b)

图 10.46　离心风机在混凝土基础上安装

习　　题

一、解释名词术语

1. 通风
2. 工业通风
3. 自然通风
4. 热压
5. 余压
6. 中和面
7. 粉尘
8. 可见粒子
9. 显微镜粒子
10. 除尘器全效率

二、填空、简答题

1. 简述自然通风的应用范围。

2. 简述常用避风天窗的形式。
3. 简述常用除尘器的形式。
4. 简述自然通风的主要设备。
5. 简述机械通风与管道通风的主要设备。
6. 简述常用通风机的种类。
7. 简述常用风道的材料。

第11章　空气调节

11.1　空气调节概述

用人工的方法,使房间或封闭空间的温度、湿度、洁净度和气流速度等状态参数,达到给定要求的技术,称为空气调节,简称空调。

11.1.1　空调的任务和作用

人们的生活、生产工艺和某些科研过程所要求的空气环境,必须满足舒适和工艺过程的要求。现代技术发展中,有时还对空气的压力、成分和气味等提出一定的要求。这些就是空气调节的任务。

对大多数空调房间而言,主要是控制空气的温度和相对湿度两个参数。该参数的要求常用"空调基数"和"允许波动范围"来表示。空调基数是要求保持室内温度和相对湿度的基准值,允许波动范围是允许控制点的实际参数偏离基准参数的差值。例如温度 $t_n = 20\ ℃ \pm 0.5\ ℃$ 表示基准参数是 20 ℃, ±0.5 ℃ 是允许波动范围。

某些电子工业的大规模集成电路生产,除对温度、相对湿度有严格要求外,对空气中的含尘粒的大小和数量也有严格的要求。这类净化空气的空调方式在原子能工业中防止放射性污染、医药卫生及生物制品工业中的无菌作业,以及高纯物质的提取和食品工业等都是不可缺少的。

此外,对某些工业车间的恒温恒湿要求,农业生产的大型温室和粮食保存、地下工程的通风减湿,以及航天、军事等领域都必须有空气调节做保证。

11.1.2　空调的分类

空调系统一般由空气处理设备、输送空气的管道和空气分配装置组成。空调系统可以有许多不同的分类方法。

1. 按空气处理设备的设置分类

这是最常用的分类方法,具体的系统形式分为以下 3 种。

(1) 集中式空调系统。是把所有的空气处理设备和风机都集中在空调机房内。其优点是作用面积大,便于集中管理和控制;缺点是占地面积大,当被调节房间负荷变化较大时,不易精确调节。图 11.1 为 3 种不同形式的集中空调系统示意图。

(2) 半集中式空调系统。除了有集中空调机房外,尚有分散在各空调房间内的二次设备(又称末端装置)。其中大多设有冷热交换装置,其主要功能是作为集中空气处理设备的补充,处理未经集中空调设备处理的室内空气。

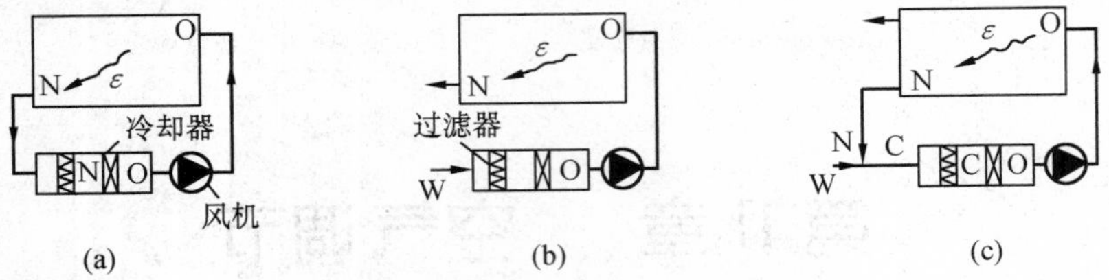

图 11.1　按处理空气的来源不同对空调系统分类示意图
N— 室内空气；W— 室外空气；C— 混合空气；O— 冷却器后空气状态

该系统的优点是易于分散控制、管理，设备所占空间较小，安装方便；缺点是维修量大，无法常年维持室内温、湿度恒定。

(3) 分散空调系统，又称局部机组。它是把冷源、热源、空气处理设备、风机以及自控设备等组装在一起的机组，并分别对各空调房间进行空气处理。该机组一般设置在空调房间或相邻地点，无需集中的机房。因此，该设备使用灵活，布置方便，但维修量较大。

常用的局部空调机组有恒温恒湿机组、普通空调（含窗式、分体式、柜式）和热泵式空调器等几种形式。

2. 按空调房间的性质分类

按空调房间的性质分类可分为满足人体舒适要求的舒适性空调、严格控制温度和相对湿度在一定范围内的恒温恒湿空调以及严格要求空气的含尘量和尘粒大小的净化空调等 3 类。

3. 按负担室内负荷所用的介质种类分类

按负担室内负荷所用的介质种类分类可分为如下 4 种系统：

(1) 全空气系统。空调房间的室内负荷全部由经过处理的空气来负担。

(2) 全水系统。空调房间的热湿负荷全靠水作为冷热介质来负担。

(3) 空气 - 水系统。同时使用空气和水来负担空调的室内负荷。诱导空调系统和带新风的风机盘管系统即属这种形式。

(4) 冷剂系统。把制冷系统的蒸发器直接放在室内来吸收余热余湿。

上述 4 种系统分类示意图，如图 11.2 所示。

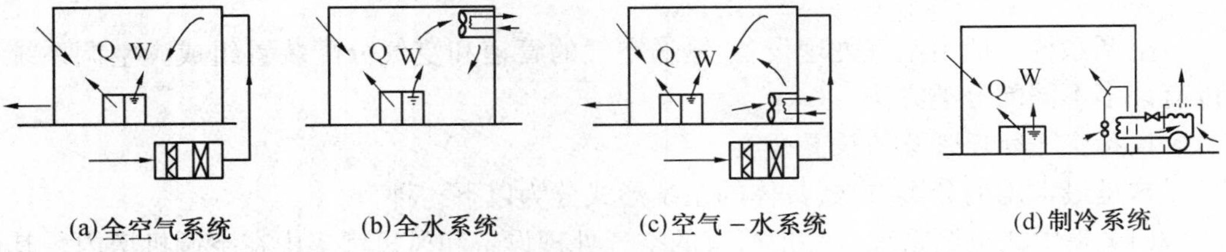

图 11.2　按负担室内负荷所用介质的种类对空调系统分类示意图

4. 按处理空气的来源分类

按处理空气的来源分类可分为以下 3 种系统：

(1) 封闭式系统。所处理的空气全部为再循环空气。空气全部来自空调房间，没有室外空气补充。该系统冷热消耗量最省，但卫生效果差，如图 11.1(a) 所示。

(2) 直流式系统。所处理的空气全部来自室外，与封闭式系统比较，其特点完全相反，如图 11.1(b) 所示。

(3) 混合式系统。所处理的空气由室内空气和室外空气两部分组成，即室外新风和室内部分回风混合。该系统即可满足卫生要求，又经济合理，是应用最多的一种形式，如图 11.1(c) 所示。

11.2　空气的物理性质

11.2.1　空气的组成

从通风空调技术的角度来看，环绕地球表面的大气是由干空气和水蒸气两部分组成的。其中干空气由几种不同容积比例的气体组成：氮(N_2)78.084%；氧(O_2)20.946%；氩(Ar)0.934%；二氧化碳(CO_2)0.033%；氖(Ne)0.001 8%。

我们通常说的空气，实质上是包括上述干空气和水蒸气的混合物，该混合物又称为湿空气。

干空气中各成分比例基本保持不变。水蒸气在空气中的含量很少而且又无固定比例，但它的含量多少，对人们的生活和工业过程都有很大影响。

11.2.2　湿空气的状态参数

空气的物理性质不仅取决于它的成分组成，而且与它所处的状态有关。为简化工程计算，可以将湿空气看作理想气体，因此其状态变化遵循理想气体定律，常用的状态参数如下。

1. 大气压力与水蒸气分压力

地球表面的空气层在单位面积上所形成的压力称为大气压力，其单位以 Pa(帕) 或 kPa(千帕) 表示。气象上习惯以 bar(巴) 或 mbar(毫巴) 表示，物理上则以标准大气压或物理大气压(atm) 表示，上述各单位间的关系见表 11.1。

表 11.1　大气压力单位换算表

帕(Pa)	千帕(kPa)	巴(bar)	毫巴(mbar)	物理大气压(atm)	毫米汞柱(mmHg)
1	10^{-3}	10^{-5}	10^{-2}	$9.869\,23\times10^{-6}$	$7.500\,62\times10^{-3}$
10^3	1	10^{-2}	10	$9.869\,23\times10^{-3}$	7.500 62
10^5	10^2	1	10^3	$9.869\,23\times10^{-1}$	$7.500\,62\times10^{-2}$
10^2	10^{-1}	10^{-3}	1	$9.869\,23\times10^{-4}$	$0.750\,062\times10^{-1}$
101 325	101.325	1.013 25	1 013.25	1	760
133.332	0.133 332	$1.333\,32\times10^{-3}$	1.333 32	$1.315\,79\times10^{-3}$	1

由前述大气的组成可知，大气压力 P_0 应该是干空气的分压力 P_g 与水蒸气分压力 P_q 之和，即

$$P_0 = P_g + P_q \tag{11.1}$$

显然，空气中水蒸气含量越多，其分压力就越大。

2. 温度

温度是衡量物质冷热程度的指标。常用的摄氏温度 t 与热力学温度 T 之间的关系为

$$t = (T - 273)\,℃$$

$$T = (t + 273)\,\mathrm{K} \tag{11.2}$$

3. 含湿量

湿空气中每千克干空气所含的水蒸气量称为空气的含湿量，以符号 d 表示：

$$d = \frac{m_q}{m_g} \tag{11.3}$$

式中　d—— 空气的含湿量(g/kg 干空气)；

m_q—— 湿空气中水蒸气质量(g)；

m_g—— 干空气质量(kg)。

以大气压力、干空气分压力和水蒸气分压力表示的含湿量为

$$d = 622\frac{P_q}{P_g} = 622\frac{P_q}{P_0 - P_q} \tag{11.4}$$

4. 相对湿度

在一定温度下，湿空气所含的水蒸气量有一个最大限度，超过这个限度，多余的水蒸气就会从湿空气中凝结分离出来。含有最大限度水蒸气量的湿空气称为饱和空气。饱和空气所具有的水蒸气分压力和含湿量称为该温度下湿空气的饱和水蒸气分压力和饱和含湿量。

所谓相对湿度，就是空气中水蒸气分压力 P_q 与同温度下饱和水蒸气分压力 P_{qb} 之比，以 φ 表示：

$$\varphi = \frac{P_q}{P_{qb}} \times 100\% \tag{11.5}$$

相对湿度也可近似用湿空气的含湿量 d 与湿空气的饱和含湿量 d_b 之比表示：

$$\varphi = \frac{d}{d_b} \times 100\% \tag{11.6}$$

5. 焓

在热力学中，焓的定义是工质的内能和流动功之和。湿空气的焓是指每千克干空气连同其中的 d g 水蒸气所具有的总的热量 i，以公式形式表示为

$$i = i_g + \frac{d}{1\,000}i_q \tag{11.7}$$

式中　i—— 总热量(kJ/kg 干空气)；

i_g——1 kg 干空气的焓(kJ/kg 干空气)；

i_q——1 kg 水蒸气的焓(kJ/kg 干空气)。

3. 焓湿图($i - d$ 图)及其应用

上述各状态参数中，湿度 t、含湿量 d、大气压力 P_0 是基本参数，它们可以决定空气的状态并由此计算该状态下其余各参数值。由于计算相当复杂，因此，以线算图的方式，不但可以联系各状态参数，又可以表达空气的各种状态变化过程。

图 11.3 是目前经常使用的焓湿图($i-d$ 图) 该图为斜角坐标系,图中包括下述 4 组等值线:

(1) 平行于横坐标的等焓 i 线。

(2) 平行于纵坐标的等含湿量 d 线。

(3) 近似垂直纵坐标的等温 t 线。

(4) 自左向右成放射状散开的等相对湿度 φ 线。

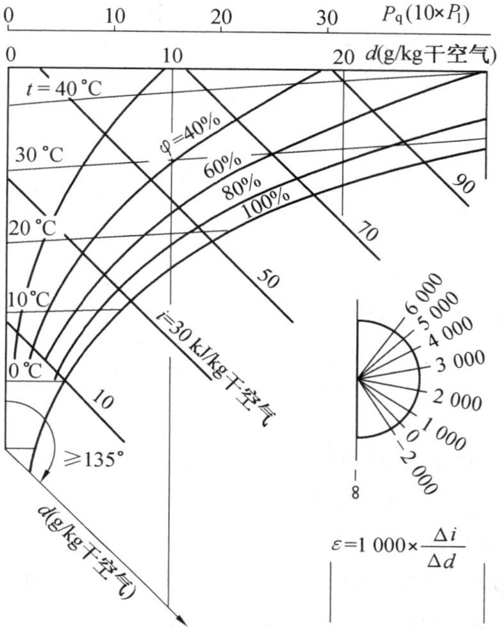

图 11.3　焓湿图

图 11.3 中右下方为角系数线 $\varepsilon = 1\ 000 \times \dfrac{\Delta i}{\Delta d}$,又称热湿比线。$\varphi = 100\%$ 线称为饱和线,饱和线以上 $\varphi < 100\%$,为不饱和空气区;饱和线以下为饱和空气区,即雾区。

应用 $i-d$ 图可以显示任意的空气状态变化过程。其变化过程的方向和特征可用热湿比值来表示。图 11.4 给出了几种典型的空气状态变化过程。

过程线 AB 为干式加热过程,整个过程中含湿量不变,焓值增大。$d_A = d_B, i_B > i_A$。

过程线 AC 为干式冷却过程,含湿量不变,焓值减小。$d_B = d_C, i_C < i_A$。

过程线 AD 为等焓减湿过程,焓值不变,含湿量减小。$i_A = i_D, d_D < d_A, \varepsilon = 0$。

过程线 AE 为等焓加湿过程,焓值不变,含湿量增加。$i_A = i_B, d_E > d_A, \varepsilon = 0$。

过程线 AF 为等温加湿过程,温度不变,含湿量增加。$t_A = t_F, d_F > d_A, \varepsilon > 0$。

在上述干式冷却过程(AC 线) 中,当空气湿度下降至与 $\varphi = 100\%$ 曲线相交时,相对湿度为 100%。此时空气本身含湿量已经饱和,继续冷却,则会有凝水产生。空气沿等含湿量线冷却达到饱和时所对应的温度称为露点温度,该点称为露点。

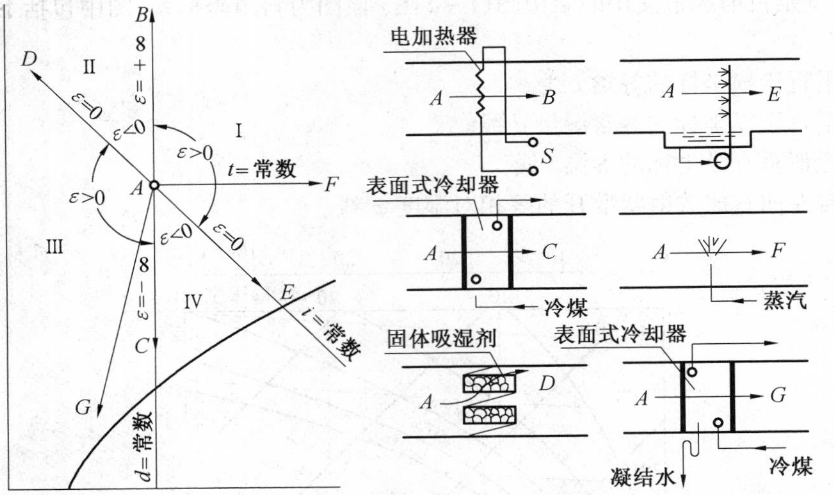

图 11.4　几种典型的空气状态变化过程

11.3　空气处理

在空调工程中，必须对送入室内的空气进行处理，以使其达到室内空气参数。为了达到这一要求的送风状态点，可以采用不同的热湿处理过程。对洁净度要求较高的净化空调还应该增加除尘、净化处理。

图 11.5 是几种不同的空气处理过程在 $i-d$ 图上的表示。室外空气状态分别为 W(夏季) 和 W'(冬季)，欲将其处理到送风状态 O，然后沿过程线 ε 送至室内 N 点，可以采用图中所示的几种处理过程。表 11.2 是上述几种处理过程的简单说明。究竟采用什么样的处理过程，工程中应结合现场实际并经技术经济分析后确定。

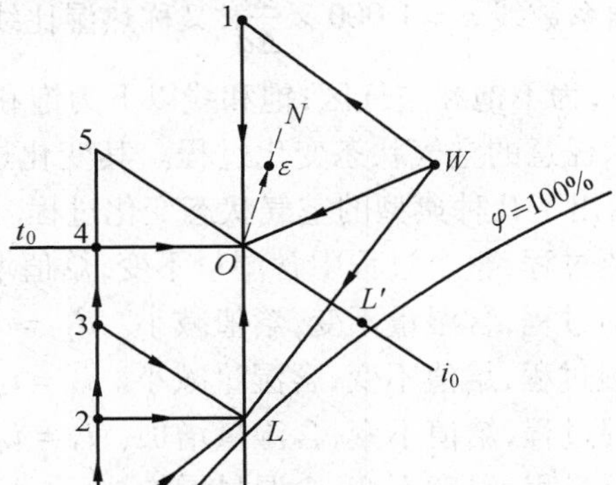

图 11.5　空气处理的各种途径

表 11.2　空气处理各种途径的方案说明

季节	空气处理途径	处理方案说明
夏季	(1) $W \to L \to 0$	喷水室喷冷水(或用表面冷却器)冷却减湿 → 加热器再热
	(2) $W \to 1 \to 0$	固体吸湿剂减湿 → 表面冷却器等湿冷却
	(3) $W \to 0$	液体吸湿剂减湿冷却
冬季	(1) $W' \to 2 \to L \to 0$	加热器预热 → 喷蒸汽加湿 → 加热器再热
	(2) $W' \to 3 \to L \to 0$	加热器预热 → 喷水室绝热加湿 → 加热器再热
	(3) $W' \to 4 \to 0$	加热器预热 → 喷蒸汽加湿
	(4) $W' \to L \to 0$	喷水室喷热水加热加湿 → 加热器再热
	(5) $W' \to 5 \to L' \to 0$ \ 5 /	加热器预热 → 一部分喷水室绝热加湿 → 与另一部分未加湿的空气混合

11.3.1　空气加热

空气的加热过程如图 11.5 中 $L-0$。目前广泛使用的加热设备有表面式空气加热器和电加热器两种。前者用于集中式空调系统的空气处理室和半集中式空调系统的末端装置中,后者主要用于各空调房间的送风支管上作为精调设备,以及用于空调机组中。

图 11.6 是表面式空气加热的外形图。它是以水和蒸汽作为热媒通过金属表面传热的一种换热设备。为强化传热,采取金属管外绕片做成肋片管的形式。

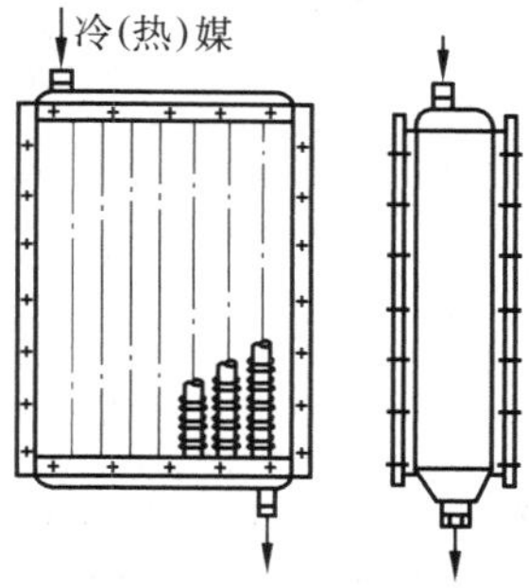

图 11.6　表面式空气加热器

用于半集中式空调系统末端装置中的加热器,通常称为"二次盘管",该二次盘管夏季可作为冷却器使用,其构造原理与上述加热器相同,只是容量小,体积小,一般用有色金属制作(如钢管绕铝片等)。

电加热器有裸线式和管式两种结构形式。裸线式电热器的构造如图 11.7 所示,根据需要电阻丝可以做成多排组合。管式电加热器是由若干管状电热元件组成。管状电热元件是把螺旋形的电阻丝装在细钢管里,并在空隙处填以导热而不导电的结晶氯化镁绝缘,其结构示意图如图 11.8 所示。

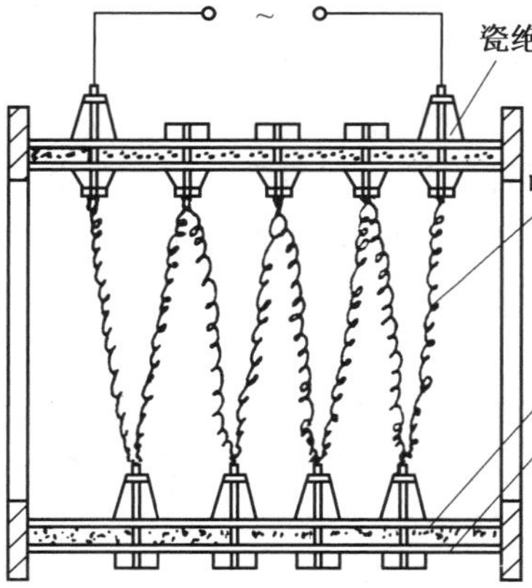

图 11.7　裸线式电加热器

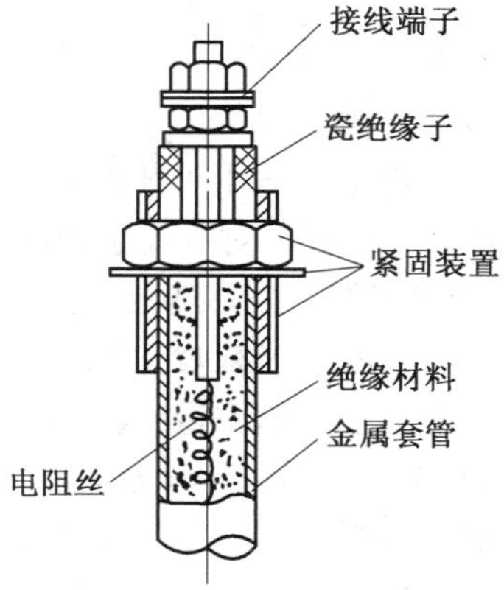

图 11.8　管状电热元件

11.3.2　空气冷却

空气冷却，是夏季空调送风的基本处理过程，如图 11.5 中 1 - 0 或 W - 0（减湿冷却），该过程常采用以下处理方法。

在喷水室中直接向空气喷淋大量的低温水，当空气与水滴接触时，两者间发生热湿交换从而使空气冷却。

1. 用喷水室处理空气

喷水室由喷嘴、喷水管路、挡水板、集水池和外壳等组成。集水池内有回水、溢水、补水和泄水等 4 种管路和附属部件。图 11.9 是单级卧式喷水室的构造示意图。

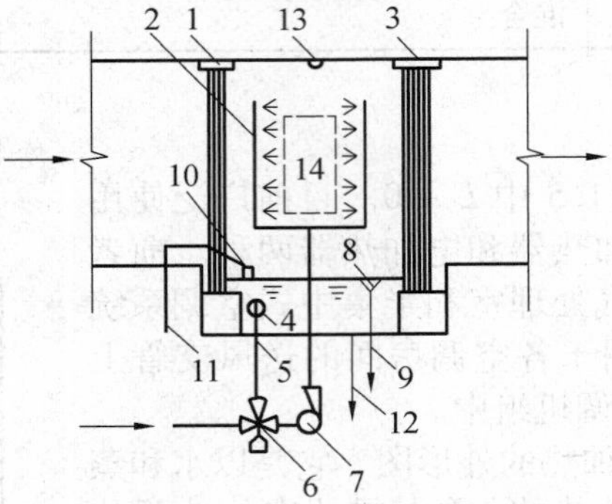

图 11.9　单级卧式喷水室

1— 前挡水板；2— 喷嘴及喷水管；3— 后挡水板；4— 滤水器；5— 回水管；6— 三通混合阀；7— 喷水泵；8— 溢水器；9— 溢水管；10— 浮球阀；11— 补水管；12— 溢水管；13— 防水灯；14— 检查门

喷嘴的排数和喷水方向应根据计算确定，多采用两排对喷。当喷水嘴达不到要求时可采用三排。

喷水室的横断面积应依设计风量和常用流速 v = 2 m/s ~ 3 m/s 来确定。喷水室的长度取决于喷嘴排数和喷嘴方向。喷水室的高宽比约为 1.2∶1。

挡水板分前、后两个挡水板，前挡水板的作用是挡住可能飞溅出的水滴，后挡水板的作用是防止处理后的空气带走水量。挡水板由 0.75 ~ 1 mm 厚的镀锌钢板制作。

喷水室的集水池容积一般按容纳 3 min 左右的总喷水量考虑，池深一般为 500 ~ 600 mm。

喷水室处理空气适用于任何空调系统，特别是有条件利用自然冷源（地下水、山洞水等）的场合更为适宜。对于要求较高相对湿度的纺织厂或要求严格控制相对湿度的化纤厂等，其优点更为突出。其缺点是耗水量大、机房占地面积大、水系统比较复杂。

2. 用表面式冷却器处理空气

表面式冷却器（简称表冷器）分为水冷式和直接蒸发式两种类型。水冷式表冷器实质上就是图 11.6 所示的空气加热器。空气加热器以蒸汽或热水作热媒，而表冷器则以冷水或制冷剂作冷媒。直接蒸发式表冷器就是制冷系统中的蒸发器。

用表冷器处理空气，可以实现干式冷却器和冷却减湿两种过程，当表冷器表面温度低于空气的干球温度但高于其露点温度时，发生的是减湿冷却过程。实际工程中以减湿冷却过程较为普遍。

与喷水室比较,表冷器处理空气具有占地面积小、结构紧凑、水系统简单、冷冻水消耗少等优点,因此其应用比较广泛。其缺点是它不具备喷水室可以进行加湿处理的功能,同时也难以精确调节空气的相对湿度。

11.3.3　空气加湿

空气加湿按加湿地点不同可分为集中加湿和局部补充加湿两大类,前者是在空气处理室或空调机组中进行,后者则在空调房间内进行。

局部补充加湿还可以用来给高温车间降温、多尘车间降尘,有时也用以降低空调房间热湿比,以便尽量加大送风温差,节省风量。

空气加湿的方法除前面介绍过的喷水室加湿之外,还有蒸汽加湿、电加湿、直接喷水加湿和水表面自然蒸发加湿等。从本质上讲,这些加湿方法可分为两类,一类是用外界热源产生的蒸汽混合到空气中加湿,该加湿过程在 $i-d$ 图上表现为等温加湿过程;另一类是由水吸收空气中的湿热而蒸发加湿,这类加湿在 $i-d$ 图上表现为等焓加湿过程。

1. 等温加湿

最简便的方法是把蒸汽与空气直接混合实现等温加湿,常用蒸汽加湿设备有蒸汽喷管、干式蒸汽加湿器和电加湿器。

图 11.10 所示为干式蒸汽加湿器示意图。该加湿器在喷管外设一蒸汽保温外套,外套内的蒸汽压力高于喷管内压力,因而保证喷管外壁维持较高温度,从而避免普通蒸汽喷管内产生凝结水。

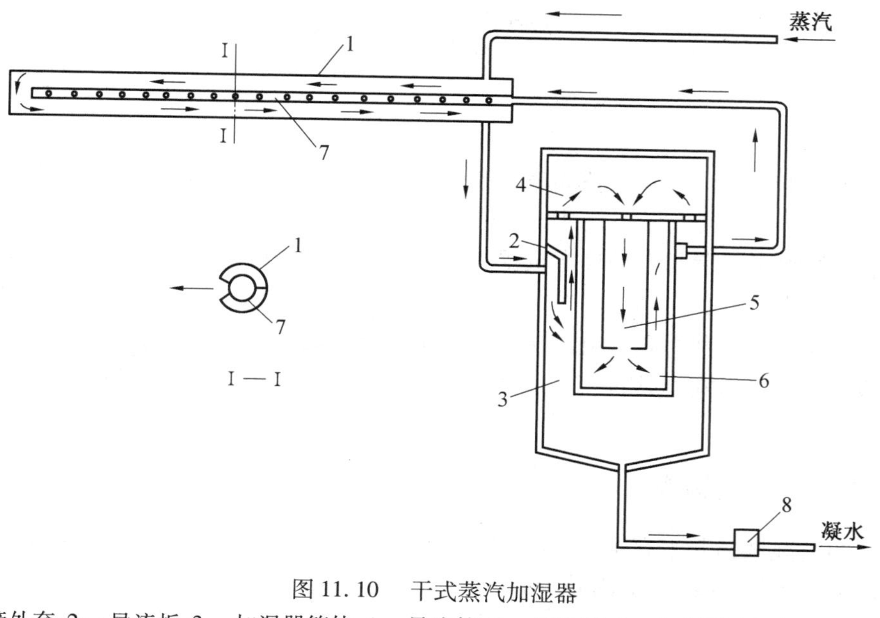

图 11.10　干式蒸汽加湿器

1— 喷管外套;2— 导流板;3— 加湿器筒体;4— 导流箱;5— 导流管;6— 加湿器内筒体;7— 加湿器喷管;8— 疏水器

电加湿器实际上是通过电能产生蒸汽,然后直接混合到空气中去的设备,依据工作原理的不同,电加湿器又分为电热式和电极式两种。电热式加湿器是采用管状电热元件放置在水槽中做成的,元件通电后将水加热产生蒸汽。

电极式加湿器的构造如图 11.11 所示,它是利用三根铜棒或不锈钢棒插入盛水的容器中做电极。电极与三项电源接通后,水中即有电流通过。水作为电阻,在有电流通过时,产生热量从而被蒸发成蒸汽。产生蒸汽量的多少可以通过水位高低来控制。水位高低可以通过改变溢流管高度来调节。

该加湿器结构紧凑、加湿量容易控制,所以应用较多;其缺点是耗电量较大,电极易积垢和腐蚀。因此宜用于小型空调系统。

2. 等焓加湿

等焓加湿过程可以通过向空调房间直接喷水来实现。具体的设备可采用压缩空气喷水装置、电动喷雾机和超声波加湿器等。

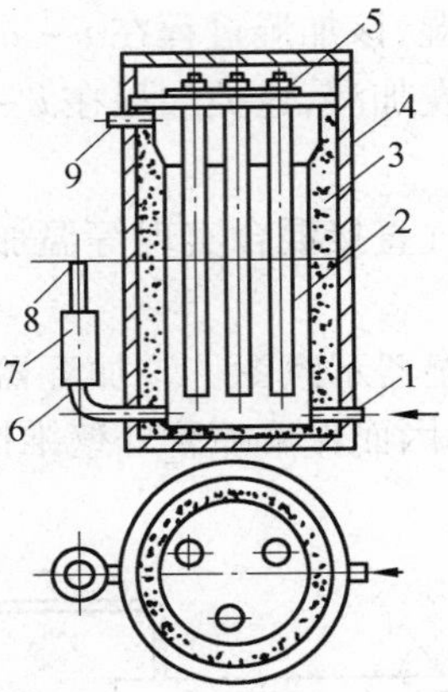

图 11.11　电极式加湿器

1— 进水管;2— 电极;3— 保温层;4— 外壳;5— 接线柱;6— 溢水管;7— 橡皮短管;
8— 溢水嘴;9— 蒸汽出口

压缩空气喷水装置和电动喷雾机都有固定式和移动式两种。该两种加湿装置在一般的空调装置中应用较少。

超声波加湿器是利用高频电流从水中向水面发射超声波,使水面产生细小的水柱从而在端部产生雾状水滴。其优点是水滴颗粒细、运行安静可靠、安装方便,但其价格较贵。

11.3.4　空气减湿

空气的减湿概括起来有 4 种方法,即加热通风减湿、冷却减湿、液体吸湿剂减湿(吸收减湿)和固体吸湿剂减湿(吸附减湿)。

1. 加热通风减湿

通风减湿是一种比较经济的方法,除机械通风之外,还可以利用含湿量较低的室外空气进行自然通风。但单纯的通风减湿无法调节室内温度,因此对一些余热量较小的房间,空气的相对湿度还可能较高。

把加热和通风结合起来的方法克服了上述不足，可以保证房间有比较合适的温度和相对湿度。此外该减湿方法设备简单、投资低。条件允许时，应优先采用。

2. 冷却减湿

在空调工程中，可以使用冷冻水供喷水室和表冷器来冷却、干燥空气，也可以采用冷冻减湿机。图 11.12 是冷冻减湿机原理图，该减湿机比较适于既需加湿，又需加热的地方，比如某些地下建筑经常使用减湿机。当室内余湿量大、余热量也大时，也可以与水冷式冷凝器并联工作，以调节出风温度来满足要求。

冷冻减湿机的优点是效果可靠、使用方便；缺点是投资大、运行费较高，使用条件也受到了一定限制。

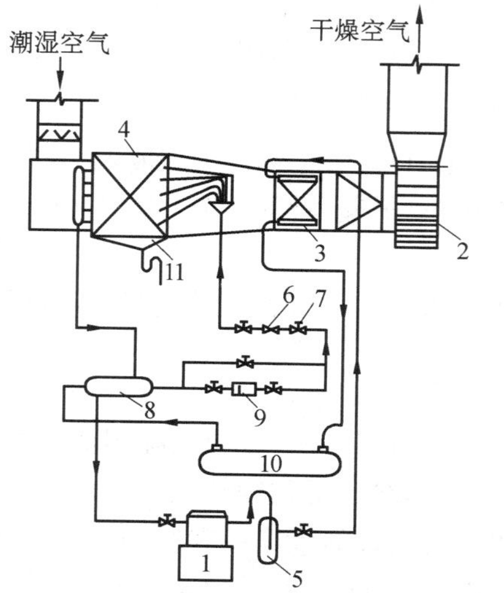

图 11.12　冷冻减湿机原理图

1— 压缩机；2— 送风机；3— 冷凝器；4— 蒸发器；5— 油分离器；
6、7— 节流装置；8— 热交换器；9. 过滤器；10— 贮液器；11— 集水器

3. 液体吸湿剂减湿（吸收减湿）

当空气中的水蒸气分压力大于盐水表面的水蒸气分压力时，空气中的水蒸气分子将向盐水中转移，即被盐水吸收。盐水吸收水分后，其浓度逐渐降低，吸湿能力逐渐下降。因此，为重复使用被稀释的盐液，需进行再生处理，除去其中部分水分，提高吸收能力。

空调工程常用的吸湿剂有氯化钙（$CaCl_2$）、氯化锂（$LiCl_2$）和三甘醇（$C_4H_{14}O_4$）等。

图 11.13 为蒸汽冷凝再生式液体减湿系统。室外新风经空气过滤器净化后，在喷液室与氯化锂溶液接触，空气中水分被吸收。减湿后的空气与回风混合，经表冷器降温后，由风机送往室内。

4. 固体吸湿剂吸湿（吸附吸湿）

固体吸湿剂有两种类型，一种是具有吸附能力的多孔性材料，吸湿后材料的固体形态并不改变，如硅胶（SiO_2）、铝胶（Al_2O_3）等，另一种是具有吸附能力的固体材料，吸湿后由固态逐渐变为液态，最后失去吸附能力，如碳酸钙（$CaCO_3$）、五氧化二磷（P_2O_5）等。

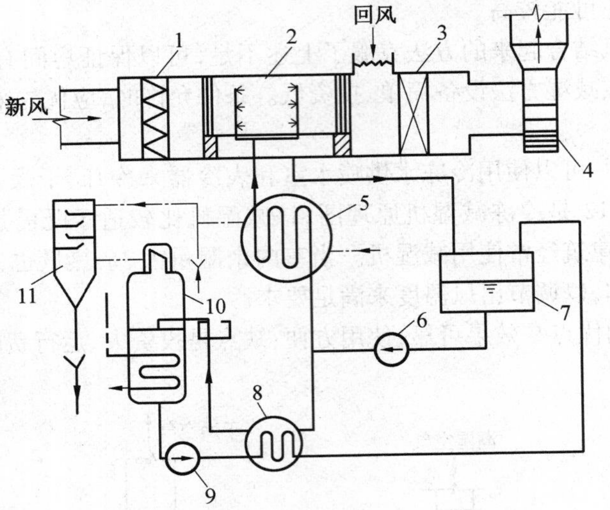

图 11.13　蒸发冷凝再生式液体减湿系统

1— 空气过滤器;2— 喷液室;3— 表面冷凝器;4— 送风机;5— 溶液冷凝器 ;6— 溶液泵;
7— 溶液箱;8— 热交换器;9— 再生溶液泵;10— 蒸发器;11— 冷凝器

同液体吸湿剂一样,固体吸湿剂在使用一段时间后,吸湿能力下降,也要进行再生处理,以提高其吸附能力。

5. 氯化锂转轮除湿机

转轮除湿机是近年发展起来的用固体吸湿剂除湿的技术,是利用一种特制的吸湿纸采用吸附的方法除去空气中的水分。氯化锂转轮除湿机的关键部件为除湿转轮,转轮是由交替放置的平吸湿纸和压成波纹的吸湿纸卷绕而成。在纸轮上形成了许多蜂窝状通道,因而也形成了相当大的吸湿面积。转轮以每小时数转的速度缓慢旋转,潮湿空气由转轮一侧的270°扇形区域进入干燥区。再生空气从转轮另一侧90°扇形区域进入再生区。

工作过程中,当湿空气通过处理区,空气中的水汽被吸湿纸吸附(热、质同时传递),湿空气被处理成为干燥空气。由于转轮的连续运转,相对吸湿饱和的转轮部分连续进入再生区,被加热后的再生空气变温脱附再生,从而实现连续提供干燥空气的目的,如图 11.14 所示。

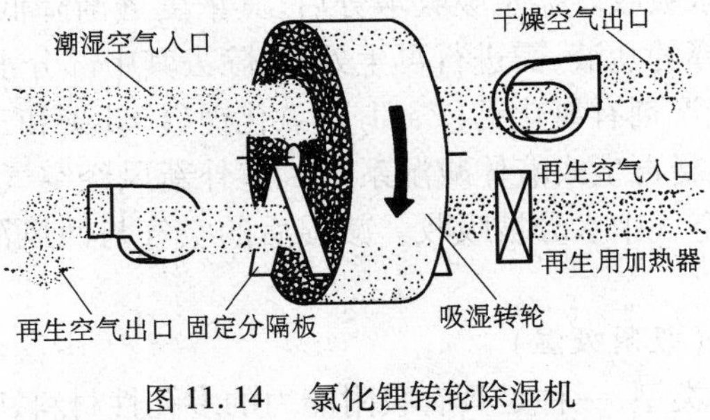

图 11.14　氯化锂转轮除湿机

氯化锂作为吸附材料,有着吸附量大,除湿效果好,再生能耗低的效果;但由于溶液腐蚀性大且容易飘逸,会损害周边设备。硅胶作为吸附材料,其在吸附过程中稳定性好且易于清洗;但其吸附性能和热稳定性都较差。金属掺杂硅胶相对于硅胶,其吸附性能和热稳定性得到了改善,但其制造工艺较为复杂。而分子筛作为吸附材料,其在低湿度和高温下吸附性能好,但在常规条件下吸附量较小,且再生能耗高。

氯化锂转轮除湿机吸湿能力较强,维护管理方便,是一种较理想的除湿设备。目前,我国已有定型产品可以选用。

11.3.5　空气净化

空气净化的内容包括除尘、消毒、除臭和离子化等。

1. 空气过滤器的除尘处理

对送风的除尘处理,一般采用空气过滤器。根据过滤器效率的高低可分为高效、中效和低效 3 种过滤器。在 10.4 节,已介绍了一种泡沫塑料中效过滤器。

金属网格浸油低效过滤器的构造示意图如图 11.15 所示,其安装方式如图 11.16 所示,图中括号外尺寸适用于大型过滤器,括号内尺寸适用于小型过滤器。

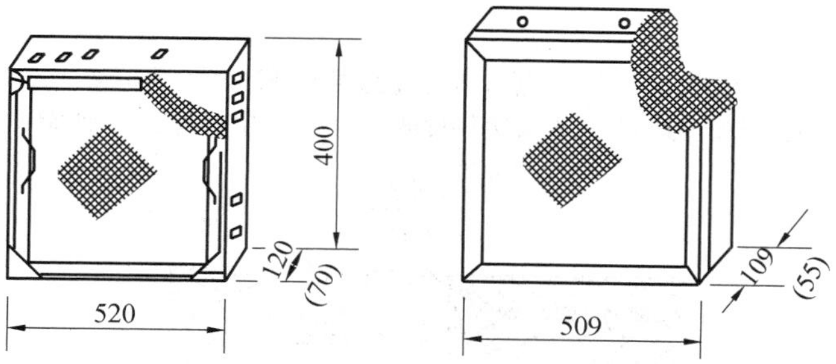

图 11.15　金属网格浸油过滤器

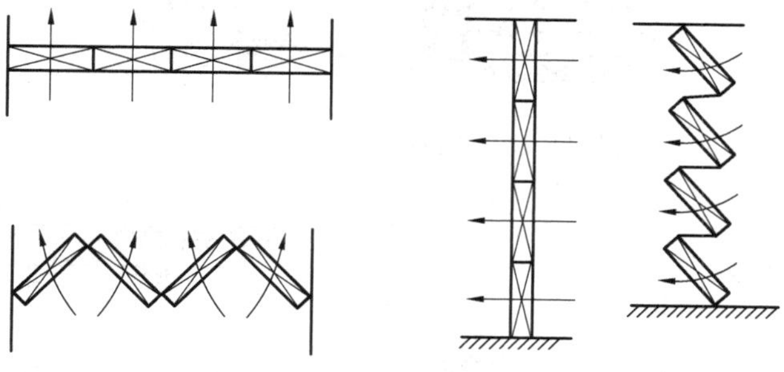

图 11.16　网格过滤器的安装方式

M 型泡沫塑料中效过滤器的外形和安装框架图如图 11.17 所示。

GB、GS 型高效过滤器的构造示意图如图 11.18 所示。这两种过滤器由木质外框、滤纸和波纹状分隔片组成。GB 型用超细玻璃纤维纸,GS 型用超细石棉纤维纸。图 11.19 和图 11.20 分别是在送风口处和在整个顶棚或侧墙上布置高效过滤器的安装方式示意图。

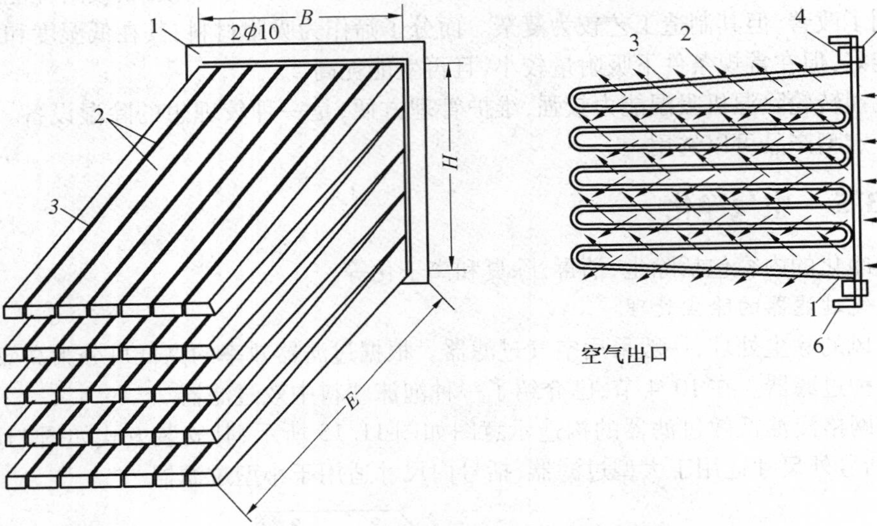

图 11.17　M 型泡沫塑料过滤器的外形和安装框架

1— 角钢边框;2—ϕ3 铅丝支撑;3— 泡沫塑料过滤层;4— 固定螺栓;5— 螺帽;6— 现场安装框架

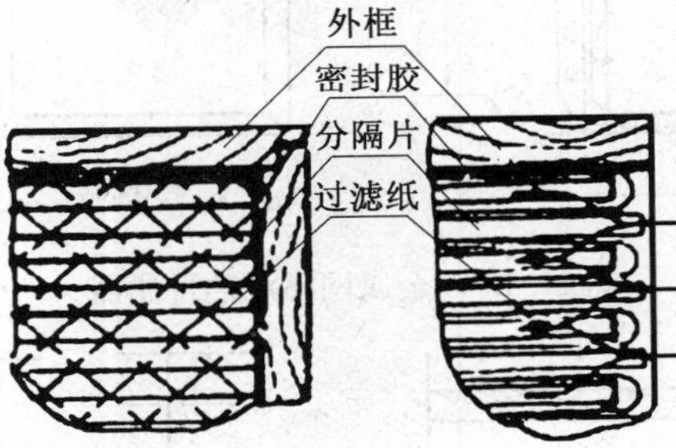

图 11.18　高效过滤的构造示意图

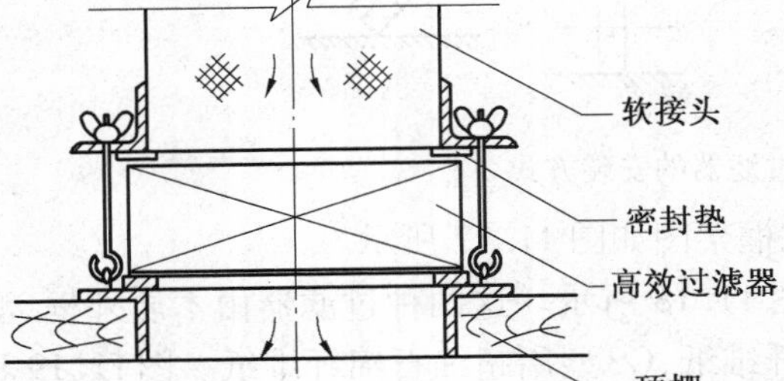

图 11.19　在送风口处安装高效过滤器

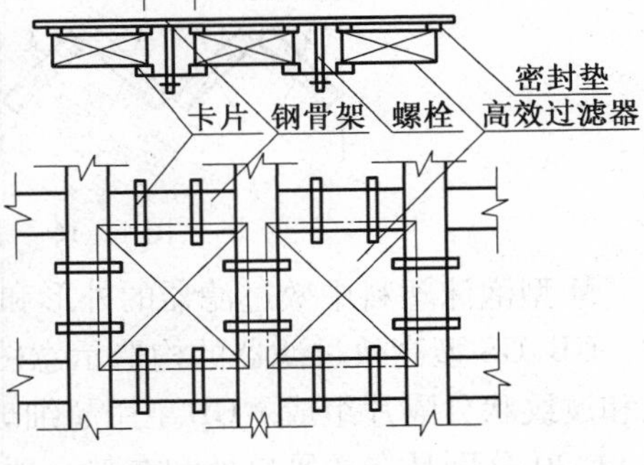

图 11.20　在顶棚或侧墙上安装高效过滤器

2. 空气的其他净化处理

空气中的某些有毒、有臭味的气体可以采用活性炭过滤器。活性炭主要采用有机物通过专门加工而成。

大气中的离子分为轻离子中离子以及重离子等 3 类。空调房间中要求室内空气具有适当的轻离子,最好是负离子,因为负离子对人体有良好的生理作用。产生空气离子的方法有电晕放电、紫外线照射或利用放射性物质使空气电离。

近年来市场上出现的多种小型空气净化器则是把活性炭过滤和负离子发生器结合在一起。这种空气净化器安装简便,广泛用于家庭的居室中。

11.3.6　空调箱(空气处理室)

空调箱是集中设置各种空气处理设备的专用小室或箱体。空调箱的外壳可用钢板或非金属材料制作,用非金属材料制作外壳时,喷水室部分和整个空调箱的顶部均由钢筋混凝土制成的,而其余部分可用砖砌。大型空调箱多为卧式,小型的可做成立式或折叠式。定型生产的多为卧式,外壳用钢板制作。空气的冷却方式有喷水室和表冷器两种。最大的处理风量可达 40 000 m^3/h。

图 11.21 是一个非金属空调箱组合示意图,其包括过滤段、一次加热段、喷水段和二次加热段等 4 个完整的组成部分。根据要求,也可以不设其中的一次加热段和二次加热段。空调箱的组合长度和一些平剖面尺寸,见表 11.3、表 11.4。

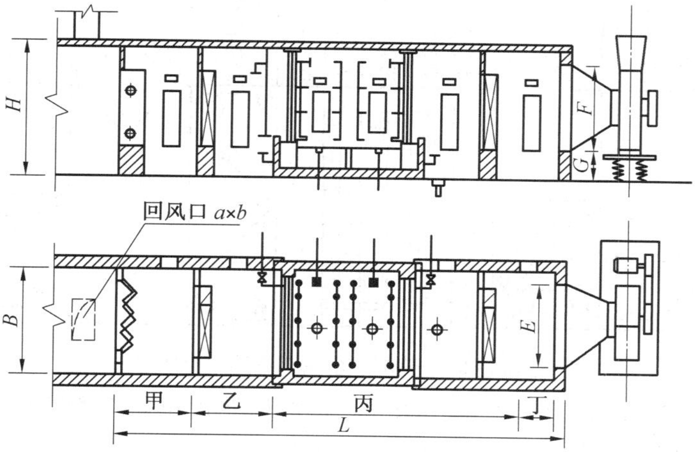

图 11.21　非金属空调箱组合示意图

表 11.3　非金属空调箱组合长度表

组合段代号	甲	乙	丙		丁	L	
	空气过滤段	一次加热段	喷水段		二次加热段	组合段长度	
			双级	单级		双级	单级
Ⅰ	1 200	1 200	5 080	3 480	1 200	892	7 320
Ⅱ	1 200	1 200	5 080	3 480	—	7 720	6 120
Ⅲ	1 200	—	5 080	3 480	1 200	7 720	6 120
Ⅳ	1 200	—	5 080	3 480	—	6 520	4 920

注:表中的尺寸是根据如下条件制定的

① 空气过滤器(低效)的外形尺寸为 520 mm × 520 mm × 70 mm,并采用人字形安装

② 喷水段适合于单级双排、单级三排及双级(每两排对喷)等形式

表 11.4　非金属空调箱的构造尺寸　mm

构造尺寸	空调箱的风量范围/($m^3 \cdot h^{-1}$)					
	22 000 ~ 32 000	29 000 ~ 44 000	36 000 ~ 54 000	45 000 ~ 57 000	54 000 ~ 81 000	65 000 ~ 97 000
B	1 500	2 000	2 500	2 500	3 000	3 000
H	2 800	2 800	2 800	3 300	3 300	3 800
H_1	2 020	2 020	2 020	2 520	2 520	3 020
E	1 030	1 530	2 030	2 030	2 030	2 030
F	1 530	1 530	2 030	2 030	2 030	2 030
G	540	540	530	540	540	510
$a \times b$	600 × 1 000	800 × 1 000	800 × 1 000	800 × 1 000	1 000 × 1 500	1 000 × 1 500

图 11.22 是工厂生产的装配式空调箱示意图。该空调箱处理空气量从小型的几百 m^3/h 到大型的几万甚至几十万 m^3/h。目前国产最大处理量可达 160 000 m^3/h。

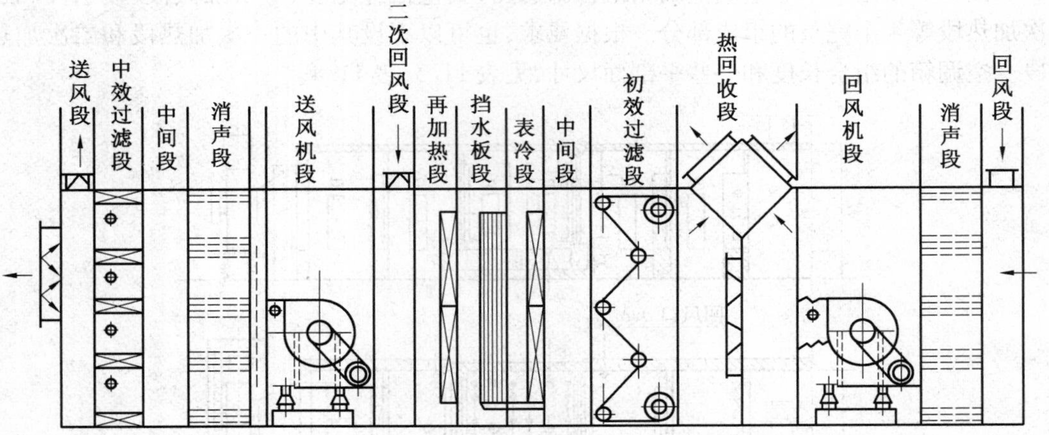

图 11.22　装配式金属空调箱示意图

装配式空调箱的结构除整体分段的以外,还有框架式和全板式两种。框架式空调箱由框架和带保温层的板组成,框架的接点可以拆卸。除喷水段有检查门外,其他各段均不设检查门,检修时可将箱体的侧板整块拆卸下来。

全板式空调箱没有框架,由不同规格的、刚度较大的复合钢板(中间有保温层)拼装组成,因而尺寸可进一步缩小。

空调箱内各种设备的间隔尺寸,主要是考虑维护检修的可能(如更换过滤器等)、空气混合的必要空间(新、回风的混合)以及喷水室的结构尺寸、表冷器的落水距离等。喷水室的结构尺寸可查阅有关手册,对使用表冷器的空调箱,其不同截面所对应的设备间隔尺寸见表 11.5。

表 11.5　使用表冷器的空调箱内各种设备的间隔尺寸

空调箱横截面积 /m^2	箱内设备的间隔尺寸	
	A/mm	B/mm
~0.25	H	$a+300$
0.2 ~ 1.0	500	$a+300$
1.0 ~ 3.0	600	$a+300$
3.0 ~ 6.0	700	$a+300$
6.0 ~ 9.0	800	$a+300$
>9.0	0.3H 或 900	$a+300$

注：当混合室内须进行操作时，$B=A$

11.4　空调房间

空调房间是空调系统的一个重要组成部分，空调房间的冷（热）、湿负荷是选择空调设备容量的基本依据。

为保证空调房间和系统要求的空气参数所应供给房间的单位时间的冷量称为冷负荷。为保持空调房间要求的空气参数而必须除去或加入的湿流量称为湿负荷。

空调房间的建筑布置和建筑热工对冷、湿负荷以至于对空调系统的经济性具有十分重要的意义。空调房间的气流组织则是影响空调房间空气参数以及运行效果的重要因素。

11.4.1　空调房间的建筑布置和建筑热工

在布置空调房间和确定其建筑热工性能时应尽量满足下列要求：

(1) 空调房间布置。空调房间应尽量集中布置，并且对室内温、湿度和使用要求相接近的房间宜相邻布置或上下对应布置，空调房间不宜与高温高湿房间毗邻。

(2) 围护结构传热系数。空调房间维护结构传热系数，应根据建筑物的用途和空调类别，通过技术经济比较确定，但最大传热系数不宜大于表 11.6 的规定。

(3) 围护结构热惰性。工艺性空调房间，当室温允许波动范围小于等于 ±0.5 ℃ 时，其围护结构热惰性指标，不宜小于表 11.7 的规定。

(4) 外墙。工艺性空调房间的外墙、外墙朝向及其所在层次，应符合表 11.8 的规定。

(5) 外窗面积。空调房间的外窗面积应尽量减少，并应采取密封和遮阳措施，舒适性空调房间和室温允许波动范围较大的房间，部分窗扇宜能开启。

(6) 外窗朝向。工艺性空调房间，当室温允许波动范围大于 ±1.0 ℃ 时，外窗应尽量北向；±1.0 ℃ 时不应有东、西向外窗；±0.5 ℃ 时，不宜有外窗，宜向北。

(7) 门和门斗。工艺性空调房间的门和门斗，应符合表 11.9 的要求，舒适性空调房间开启频繁的外门宜设门斗，必要时可设置空气幕。

(8) 其他。空调房间应尽量避免设在有两面相邻外墙的转角处或有伸缩缝的地方。

如必须设在转角处,则不宜在转角的两面外墙都设窗户。

空调房间应尽量远离产生大量粉尘或腐蚀性气体的房间,以及产生噪音和振动的场所。应尽量布置在产生有害气体车间的上风向。

空调房间的高度除应满足生产、建筑需要外,尚需满足气流组织和管道布置等方面要求,对洁净度或美观要求高的空调房间,可设技术阁楼或技术夹层。

表 11.6　维护结构最大传热系数　W/(m² · ℃)

维护结构名称	工艺性空气调节			舒适性空气调节
	室温允许波动范围/℃			
	±(0.1 ~ 0.2)	±0.5	≥ ±0.1	
屋盖	—	—	0.8(0.7)	1.0(0.9)
顶棚	0.5(0.4)	0.8(0.7)	0.9(0.8)	1.2(1.0)
外墙	—	0.8(0.7)	1.0(0.9)	1.5(1.3)
内墙和楼板	0.7(0.6)	0.9(0.8)	1.2(1.0)	2.0(1.7)

注:① 有中内墙和楼板的有关数值,仅适用于相邻房间的温差大于 3 ℃ 时

② 确定维护结构的传热系数时,尚应符合规范的规定。括号内数据为工程单位制

表 11.7　维护结构最小热惰性指标

维护结构名称	室温允许波动范围/℃	
	±(0.1 ~ 0.2)	±0.5
外墙	—	4
屋盖和顶棚	4	3

表 11.8　外墙、外墙朝向及所在层次

室温允许波动范围/℃	外墙	外墙朝向	层次
≥ ±1.0	宜减少外墙	宜向北	宜避免顶层
±0.5	不宜有外墙	如有外墙时宜向北	宜底层
±(0.1 ~ 0.2)	不应有外墙	—	宜底层

注:① 室温允许波动范围小于或等于 ±0.5 ℃ 的空气调节房间,宜布置在室温允许波动范围较大的空气调节房间之中,当布置在单层建筑物内时,宜设通风屋顶

② 本条规定的"北向",适用于北纬23.5°以北的地区;北纬23.5°以南的地区,可相应地采用南向

表 11.9　门和门斗

室温允许波动范围/℃	外门和门斗	内门和门斗
≥ ±1.0 ±0.5	不应有外门,如有经常开启的外门时,应设门斗不应有外门,如有外门时,必须设门斗	门两侧大于或等于 7 ℃ 时,宜设门斗;门两侧温差大于 3 ℃ 时,宜设门斗
±(0.1 ~ 0.2)	—	内门不宜通向室温基数不同或室温允许波动范围大于 ±1.0℃ 时的邻室

注:外门门缝应严密,当门两侧的温差大于或等于 7 ℃ 时,应采用保温门

11.4.2　空调冷负荷的估算

空调冷负荷的估算一般是采用概算指标计算。设计概算指标是根据不同类型和用途的建筑物不同使用空间单位建筑面积或单位空调面积负荷量的统计值，在可行性研究或初步设计阶段可用来进行设备容量概算。表 11.10 是国内部分建筑的单位空调面积冷负荷指标的概算值。表 11.11 是按整个建筑考虑的单位建筑面积冷负荷概算指标。

表 11.10　国内部分建筑空调冷负荷设计指标（W/m^2）的统计值

序号	建筑类型及房间名称	冷负荷指标	序号	建筑类型及房间名称	冷负荷指标
1	旅游旅馆：标准客房	80 ~ 100	17	医院：高级病房	80 ~ 100
2	酒吧、咖啡厅	100 ~ 180	18	一般手术室	100 ~ 150
3	西餐厅	160 ~ 200	19	洁净手术室	300 ~ 500
4	中餐厅、宴会厅	180 ~ 350	20	X 光、B 超、CT 室	120 ~ 150
5	商店、小卖部	100 ~ 160	21	影剧院：观众席	180 ~ 350
6	中庭、接待厅	90 ~ 120	22	休息厅（允许吸烟）	300 ~ 400
7	小会议室（允许少量吸烟）	200 ~ 300	23	化妆室	90 ~ 120
8	大会议室（不允许吸烟）	180 ~ 280	24	体育馆：比赛馆	120 ~ 250
9	理发室、美容室	120 ~ 180	25	观众休息厅（允许吸烟）	300 ~ 400
10	健身房、保龄球	100 ~ 200	26	贵宾馆	100 ~ 120
11	弹子室	90 ~ 120	27	展览厅、陈列室	130 ~ 200
12	室内游泳池	200 ~ 350	28	会堂、报告厅	150 ~ 200
13	交谊舞厅	200 ~ 250	29	图书阅览室	75 ~ 100
14	迪斯科舞厅	250 ~ 350	30	科研、办公室	90 ~ 140
15	办公室	90 ~ 120	31	公寓、住宅	80 ~ 90
16	商场、百货大楼、营业室	150 ~ 250	32	餐馆	200 ~ 350

表 11.11　每 m^2 建筑面积冷负荷估算指标

建筑类别	指标 /W	备　注	建筑类别	指标 /W	备　注
旅馆	70 ~ 81		商店	56 ~ 65	只营业厅空调
中外合资旅游馆	105 ~ 116		商店	105 ~ 122	全部空调
办公楼	84 ~ 98		体育馆	209 ~ 244	按比赛馆面积计算
图书馆	35 ~ 41		体育馆	105 ~ 119	按总建筑面积计算
大剧院	105 – 112 ~ 119 – 130		影剧院	84 ~ 98	电影厅空调
医院	56 – 70 ~ 65 – 81				

空调系统的冷、热源设备容量也可通过类似方法进行概算。根据我国 50 多个高层旅游旅馆的统计，单位建筑面积空调制冷设备容量的设计指标 R 的最大变化范围为 $R = 65 \sim 132\ W/m^2$，平均值为 $89\ W/m^2$，其中 $R = 75 \sim 110\ W/m^2$ 的旅馆约占总统计数的 75%。其他类型的建筑可参考国外的指标。现在国内常用的一种方法是以旅馆为基础，其他建筑的冷冻机容量可用旅馆的基数乘以修正系数来求出。表 11.12 给出了几种建筑的 β 值，旅馆的冷冻机容量按 $80 \sim 93\ W/m^2$ 计。不同类型建筑的空调面积的百分比参见

表 11.13。

表 11.12　冷冻机容量估算指标修正系数 β

建筑类别	β 值	备　注	建筑类别	β 值	备　注
办公楼	1.2		体育馆	1.5	按总建筑面积计算
图书馆	0.5		大会堂	2 ~ 2.5	
商店	0.8	只营业厅空调	影剧院	1.2	电影厅空调
商店	1.5	全部空调	影剧院	1.5 ~ 1.6	大剧院
体育馆	3.0	按比赛馆面积计算	医院	0.8 ~ 1.0	

表 11.13　不同类型建筑的空调面积的百分比　　%

建筑类型	空调面积占建筑面积的百分比	建筑类型	空调面积占建筑面积的百分比
旅游旅馆、饭店	70 ~ 80	医院	15 ~ 35
办公楼、展览中心	65 ~ 80	百货商品	50 ~ 65
影剧院、俱乐部	75 ~ 85		

11.4.3　空调房间的气流组织

不同性质的空调工程对气流组织有着不同的要求。影响气流组织的因素很多,其中主要是送、回风方式和送风射流的运动参数。常用的气流组织方式有如下几种。

1. 侧向送风

这是空调房间中最常用的一种气流组织形式,图 11.23(a) 是一种单侧送风方式(上送下回) 示意图。送风口在上,回风口在下,位于房间同一侧。送风射流到达对面的墙壁处,然后下降回流,使整个工作区全部处于回流之中,为避免射流中途下落(图 11.23(b)),常采用贴附射流(使送风射流贴附于顶棚表面流动),以增大射流流程。

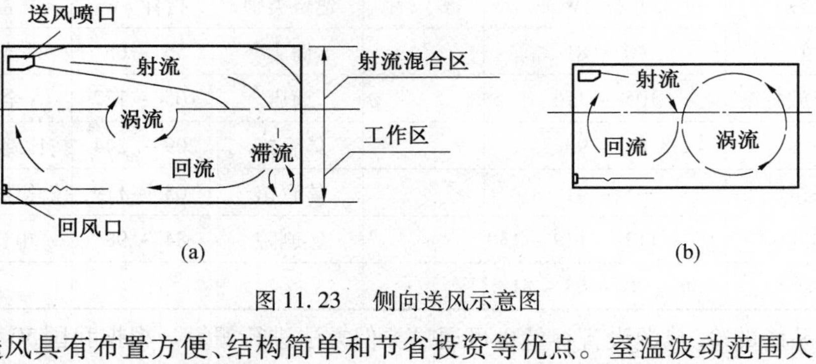

图 11.23　侧向送风示意图

侧向送风具有布置方便、结构简单和节省投资等优点。室温波动范围大于或等于 ±0.5 ℃ 的空调房间一般均可采用。图 11.24 是几种布置实例,其中:图(a) 是将回风立管设在室内或走廊内;图(b) 是利用送风管道周围的空间作为回风干管;图(c) 是利用回廊回风。

2. 散流器送风

散流器是装在顶棚上的一种送风口,它的特点是气流从风口向四周辐射状射出、诱导

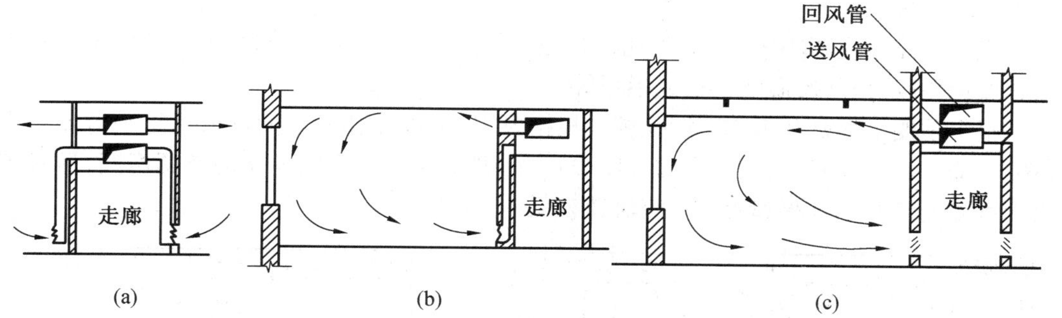

图 11.24　侧向送风的布置实例

室内空气使之与射流迅速混合。散流器送风分平送和下送两种方式。

图 11.25 是散流器平送的气流流型,图 11.26 是两种平送散流器的结构示意图。这种气流方式,气流沿顶棚横向流动,形成贴附,而不是直接射入工作区。

如果房间面积较大,可采用几个散流器对称布置。散流器中心距墙不宜小于 1 m,各散流器的间距一般在 3 ~ 6 m。

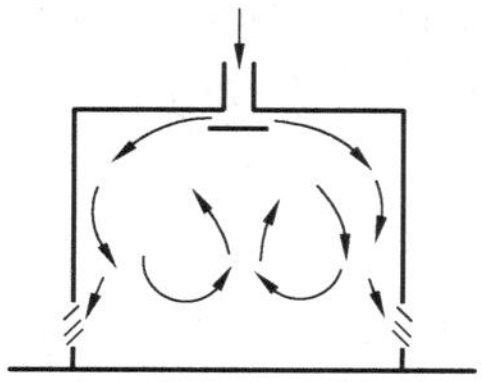

图 11.25　散流器平送的气流流型

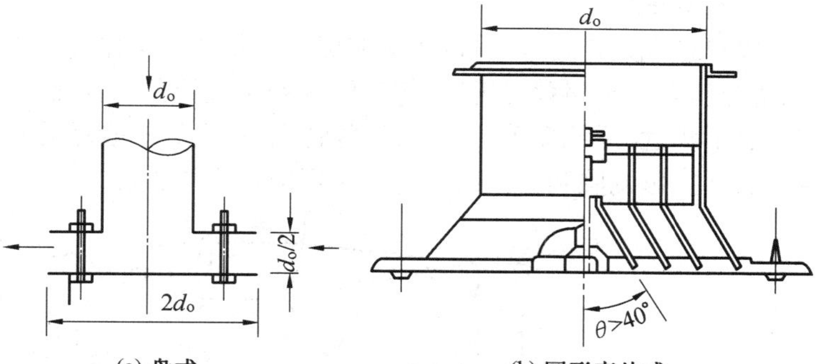

图 11.26　平送散流器示意图

图 11.27 是散流器下送的气流流型。图 11.28 是一种流线型散流器示意图。这种气流组织方式主要用于有高度净化要求的车间,房间高度以 3.5 ~ 4 m 为宜,散流器间距一般小于 3 m。

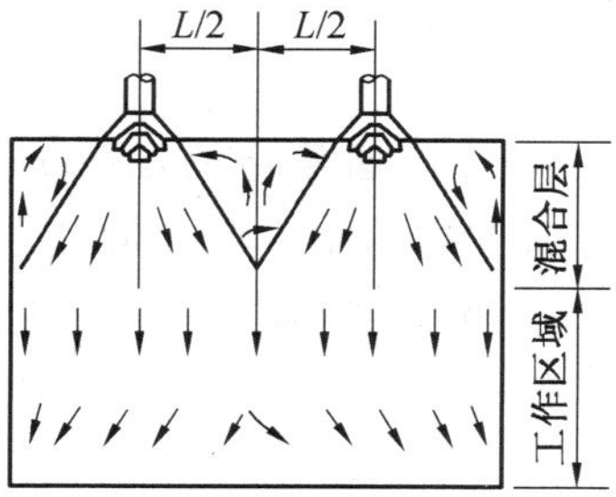

图 11.27　散流器下送的气流流型

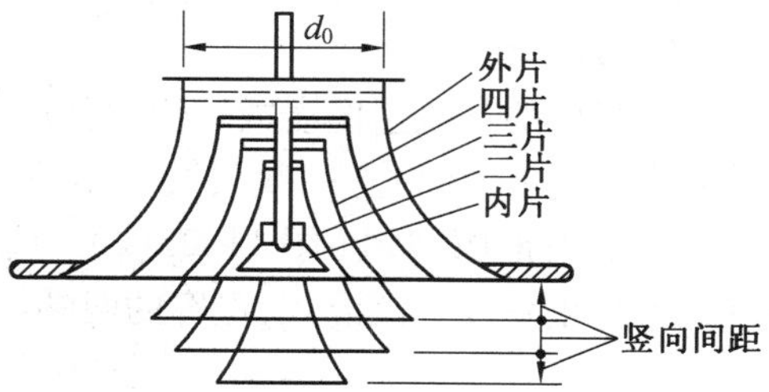

图 11.28　流线型散流器的构造示意图

3. 孔板送风

孔板送风是将空调送风送入顶棚上面的稳压层中,在稳压层作用下,通过顶棚上的大量小孔均匀进入房间。

稳压层净高应不小于0.2 m。孔板孔径一般为4 ~6 mm,孔径为40 ~100 mm。孔板材料可选用胶合板、硬质塑料板或铝板等。

整个顶棚全部是孔板称全面孔板。根据要求,可以在孔板下面形成下送平行流流型(图11.29)或者不稳定流流型(图11.30)。前者主要用于高度净化的空调房间,后者则用于室温允许波动较小和要求气流流速较低的房间。

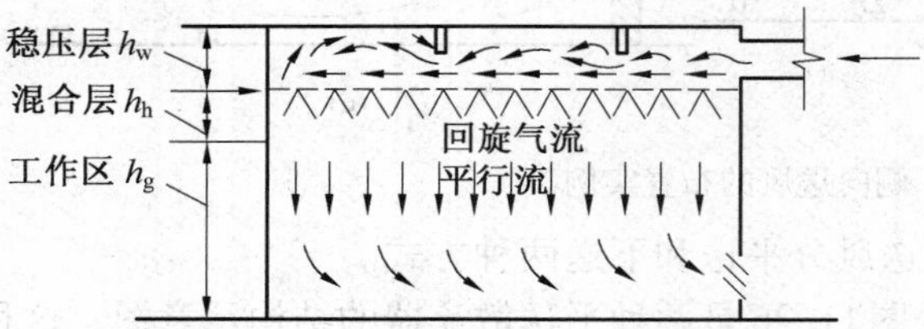

图11.29 全面孔板下送平行流流型

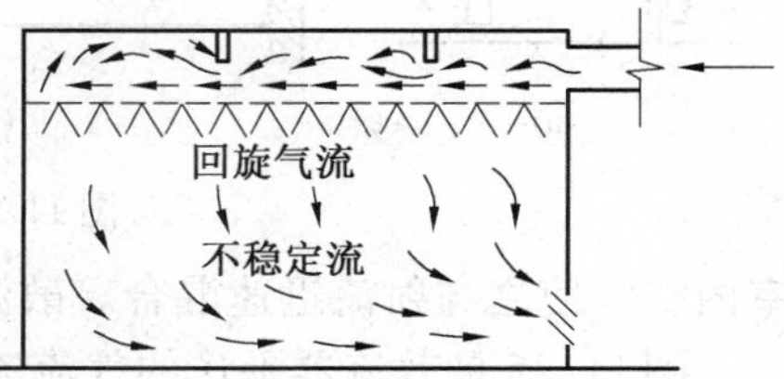

图11.30 全面孔板不稳定流流型

只在局部地点布置孔板的叫做局部孔板。采用局部孔板送风时,在孔板下面同样可以形成平行流或不稳定流流型,但在孔板的周围则形成回旋气流。

4.喷口送风

喷口送风是将送、回风口布置在房间同侧,并以较高速度将大风量集中在少数风口射出,射流行至一定路程后折回,使工作区处于气流的回流之中,如图11.31所示。这种风口具有射程远,系统简单,节省投资等特点,可满足一般舒适要求,因此广泛应用于大型体育馆、礼堂、影剧院和一些高大的工业厂房和公共建筑中。

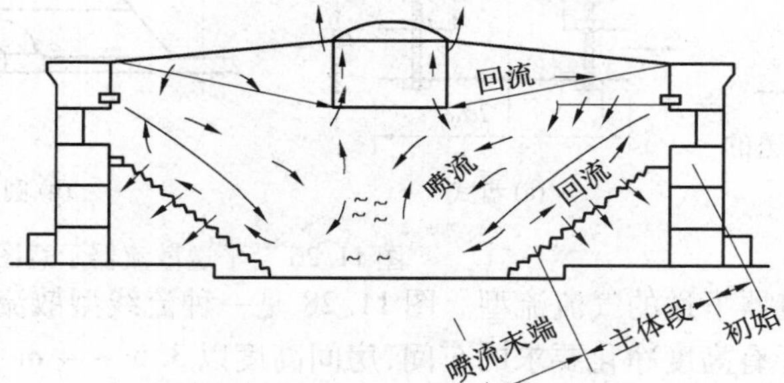

图11.31 喷口送风流型

5.回风口

回风口的气流速度衰减较快,所以对室内气流的影响较小。通常设在房间的下部,回风的构造简单,孔口上一般要装设金属网,以防吸入杂物,回风口下缘距地面0.15 m以上。当采用走廊回风(图11.23(c))时,可在居室门下端或墙壁底部设置可调百叶风口。为防止室外气流混入,走廊的两端需设置密封门。

11.5　空调冷源与机房布置

11.5.1　空调冷源

空气调节用的冷源包括天然冷源和人工冷源两种。

1. 天然冷源

目前工程中使用的天然冷源主要有地下水和地道风，在我国的大部分地区，尤其是北方地区，可做舒适性空调冷源，用深水井喷淋空气都有一定的降温效果。当地下水温度较低时，例如东北地区的中部、北部地下水温度为 4 ~ 12 ℃，还可以满足恒温恒湿空调的需要。但是，我国的水资源尚不够丰富，尤其近年来许多大中城市对地下水的过量开采，导致地下水位明显降低，以致造成地面沉陷，为解决这一矛盾，我国创建的"深井回灌技术"已在许多地区应用。该技术利用地下深井，夏季储热用冷，冬季储冷用热，不但可以解决地面沉陷，而且也节约了大量水资源。

地道风是指通过地下隧道、人防地道和天然隧洞的空气，在夏季，由于上述地道壁面温度很低，因此利用地道风能够实现冷却或减湿冷却的处理过程。

除深井水和地道风之外，天然水、深湖水和山涧水等也都可以作为天然冷源。

2. 人工冷源

当天然冷源无法满足空调要求时，则应采用人工冷源。人工冷源的制冷设备称为制冷机。空调中使用的制冷机有压缩式、吸收式和蒸汽喷射式 3 种，其中以压缩式制冷应用最为广泛。

(1) 压缩式制冷。压缩式制冷机根据工作原理不同，可分为容积式压缩机和离心式压缩机两类。常用的容积式压缩机有往复活塞式压缩机和回转式压缩机两种。图 11.32 是活塞式压缩机外形图。

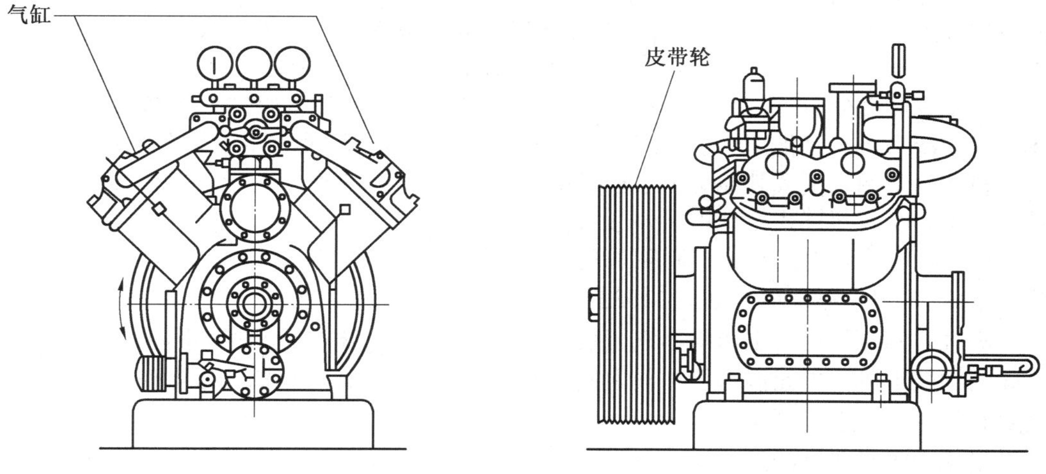

图 11.32　活塞式压缩机外形图

表 11.14 列出了几种常用的活塞式压缩机的外形尺寸和制冷量。表中的制冷量是指

蒸发温度为 5 ℃（氨和 R_{22}）或 10 ℃（R_{12}）。冷凝温度为 40 ℃ 时的值。该值通常被称为空调制冷量。

表 11.14　几种常用制冷压缩机的规格尺寸

型号	特点	制冷量/(kW·(10⁴)·h⁻¹)			外形尺寸长×宽×高/(mm×mm×mm)	注
		氨	R_{12}	R_{22}		
$8AS_{12.5}$	开启式	579 (49.8)			2 505 × 1 472 × 1 580	型号代号如下： 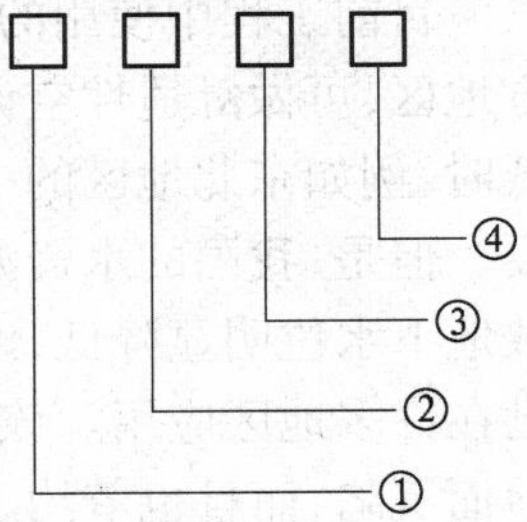
$6AW_{12.5}$	开启式	442 (38.0)			2 480 × 1 330 × 1 480	
$4AV_{12.5}$	开启式	278 (23.9)			2 100 × 980 × 1 410	
$4FV_{10}$	开启式压缩冷凝机组		105 (9.0)	16.3 (14.0)	1 820 × 787 × 1 305	①气缸数目
$2FV_{10}$	开启式压缩冷凝机组		52 (4.5)		1 525 × 720 × 1 400	②制冷剂（A-氨　F-氟里昂）
$8FS_7B$	半封闭式压缩冷凝机组		79 (6.8)	122 (10.5)	1 920 × 620 × 1 170	③气缸布置形式 ④气缸的直径

压缩式制冷系统是由制冷压缩机、冷凝器、膨胀阀和蒸发 4 个主要部分组成，由管道连接，其工作循环原理如图 11.33(a) 所示。系统中采用的制冷剂主要是氨和氟利昂（R）两种。冷凝器的工作原理和表面式换热器相同。常用的冷凝器有卧式壳管型和立式壳管型两种。

蒸发器也有两种类型，一种是用于直接冷却空气的表冷器。它直接安装在空调机房的空气处理室中。另一种是冷却盐水或普通水箱式蒸发器，在矩形水箱中装有蒸发排管。另外还有一种卧式壳管型蒸发器可用于氨和氟利昂制冷系统。

为了安装方便，很多生产厂家把制冷系统的部分或全部设备组装在一起，成为一个整体。比如冷水机组是把压缩机、冷凝器、蒸发器、节流机构、辅助设备以及自控元件等组成一个整体为空调末端或其他工艺过程提供冷水。如图 1.34 所示为活塞式冷水机组外形图。图 11.35 为螺杆式冷水机组外形图。

(2) 吸收式制冷。吸收式制冷系统主要由发生器、冷凝器、膨胀阀、蒸发器、吸收器等设备组成，其工作循环原理如图 11.33(b) 所示。

吸收式制冷使用的工质与蒸汽压缩制冷的单一工质（氨、氟利昂）不同，是两种沸点不同的物质组成的二元混合体。其中低沸点的为制冷剂，高沸点的为吸收剂。常用的工质对有氨 - 水溶液和溴化锂 - 水溶液。

溴化锂吸收式制冷近年来在我国发展非常迅速。该制冷系统以低沸点的水做制冷剂，而以高沸点（1 265 ℃）的溴化锂做吸收剂，其制冷温度在 0 ℃ 上。图 11.36 为直燃溴化锂吸收式冷水机组外形图。

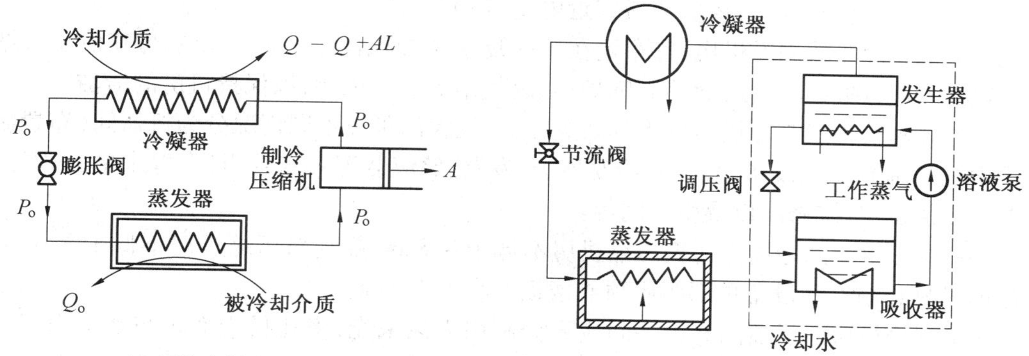

(a) 压缩式制冷系统　(b) 吸收式制冷系统

图11.33　制冷系统循环原理图

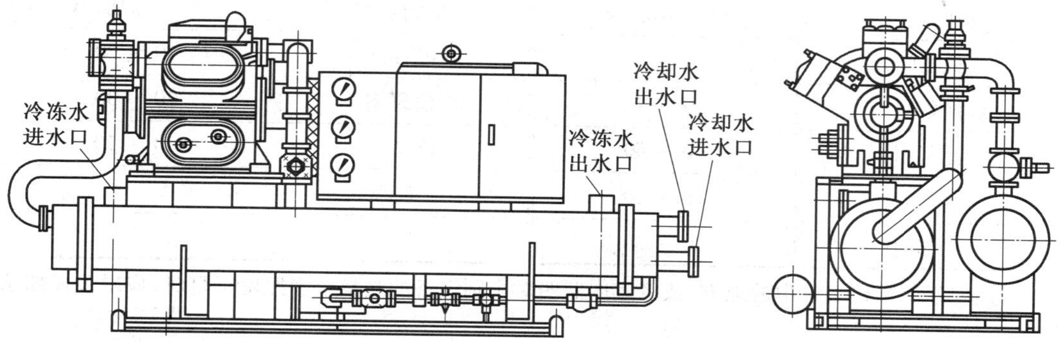

图11.34　活塞式冷水机组的外形图

图11.35　螺杆式冷水机组外形图

图11.36　直燃溴化锂吸收式冷水机组

11.5.2　制冷机房

制冷机房也称制冷站，是设置制冷设备的房间。小型制冷机房一般附设在主体建筑内，氟利昂制冷设备也可设在空调机房内。规模较大的制冷设备，特别是氨制冷设备，则应单独设置机房。

1. 对制冷机房的要求

(1) 制冷机房应尽可能靠近冷负荷中心布置，以缩短冷却水和冷水管路，当制冷机房是全厂的主要用电负荷时,还应尽量靠近电站(所)。

(2) 单独设置的制冷机房,宜布置在厂区夏季主导风向下风侧。如果与其他动力站房布置在一起,则应布置在乙炔站、锅炉房、煤气站等的上风侧,以保持机房的清洁。

(3) 规模较小的制冷机房可不分间隔,规模较大的可按不同情况分为机器间(布置制冷压缩机和调节站)、设备间(布置冷凝器、蒸发器、储液器等)、水泵间(布置水泵、水箱)、变电站和值班室、维修间以及生活间等。

(4) 制冷机房间净高。对氨压缩机房不低于 4.8 m,氟利昂压缩机房不低于 3.6 m,溴化锂吸收式制冷的设备顶部距屋顶或楼板不小于 1.2 m。

(5) 制冷机房的机器间和设备间应充分利用天然采光,窗孔投光面积与地板面积比例不小于 1∶6,采用人工照明的照度,建议按表 11.15 选用。

表 11.15　制冷机房的照度标准

房间名称	照度标准 /lx	房间名称	照度标准 /lx
机器间	30 ~ 50	贮存间	10 ~ 20
设备间	30 ~ 40	值班室	20 ~ 30
控制间	30 ~ 50	配电室	10 ~ 20
水泵间	10 ~ 20	走廊	5 ~ 10
维修间	20 ~ 30		

注:对于测量仪表集中的地方,或者室内照明对个别设备的测量仪表照度不足时,应增设局部照明。

(6) 制冷机房的供暖、通风、给水、排水、电讯和建筑防火要求,应按现行的有关规范执行。

(7) 对氨制冷机房,应考虑如下安全措施:机房应设两个互相尽量远离的出口,其中至少应有一个出口直接对外,且应由室内向外开门,机房的窗也应由室内向室外开。机房的电源开关应布置在外门附近,发生事故时,应有立即切断电源的可能性(但事故电源不得切断)。机房的电器设备应设置在通风良好,即使氨气泄漏也难以滞留的地方。

2. 机房设备布置

机房内的设备布置在保证操作、检修方便的同时,应尽可能紧凑,以节约建筑面积,氟利昂压缩式制冷装置可布置在民用建筑、生产厂房和辅助建筑内,但不得布置在楼梯间、走廊和建筑物入口处。

氨压缩制冷装置不得布置在民用建筑和工业企业辅助建筑内,其附属设备可布置在室外。

溴化锂吸收式制冷装置布置在建筑物内,条件许可也可露天布置。布置在室外的设备相应要采取遮阳和防雨措施,其电气设备、控制仪表应设在室内。

制冷机房的设备布置和管道连接,应符合工艺流程的要求,并应便于安装、操作和维修。

制冷机突出部分与配电盘之间的距离和主要通道宽度不应小于 1.5 m;制冷机突出部分之间的距离不应小于 1 m,制冷机与墙壁之间的距离和非主要通道的宽度不应小于 0.8 m。

布置卧式管壳式冷凝器、蒸发器以及冷水机组和溴化锂吸收制冷机时,应考虑有清洗或检修时抽出管芯的空间。

图 11.37 是氟利昂制冷系统与空调设备布置在同一机房的小型机房实例。图 11.38 是单独建筑的配有三套 8AS17 型氨压缩机的机房布置实例。

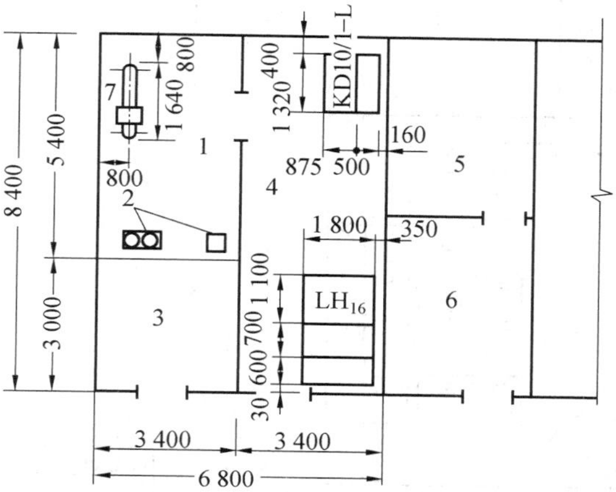

图 11.37　小型空调制冷机房

1— 压缩机间及电源间;2— 计算机电源设备;3— 辅助间;4— 空调机间;5— 贮存间;6— 穿孔间;7—2F10 制冷压缩机

11.5.3　空调机房

空调机房是用以布置空调箱(空气处理器)、风机、自动控制屏以及其他一些附属设备,并在其中进行运行管理的专用房间。

空调房间的布置,应以管理方便、不影响周围房间使用、占地小以及节约投资和运行费用为原则。

1. 机房位置选择

空调机房应尽量靠近空调房间,同时又要防止振动、噪音及灰尘对空调房间的影响。

空调机房宜设在建筑物的底层,以减少振动的不良影响。风机、水泵和制冷压缩机等设备一般要采取减振措施。

对消声、减振要求严格的空调房间,可单独设置空调机房,或将空调机房和空调房间分别布置在建筑物沉降缝两侧。

设在楼房上的空调箱,应考虑其重量对楼板的影响。

2. 机房的布置

空调机房的面积和层高,应根据空调箱的尺寸、风机大小、风管和附属设备的布置情况确定。同时要保证各设备、仪表之间的操作距离以及管理、检修所需的通道。

设备和仪表的操作面宜保证不小于 1 m 的距离,需检修的设备之间以及与墙之间距离应大于 0.7 m。

自动控制屏一般应设在机房内,以便于同时管理。控制屏与各转动机件(风机、水泵、压缩机等)之间应有适当距离,以防振动的影响。

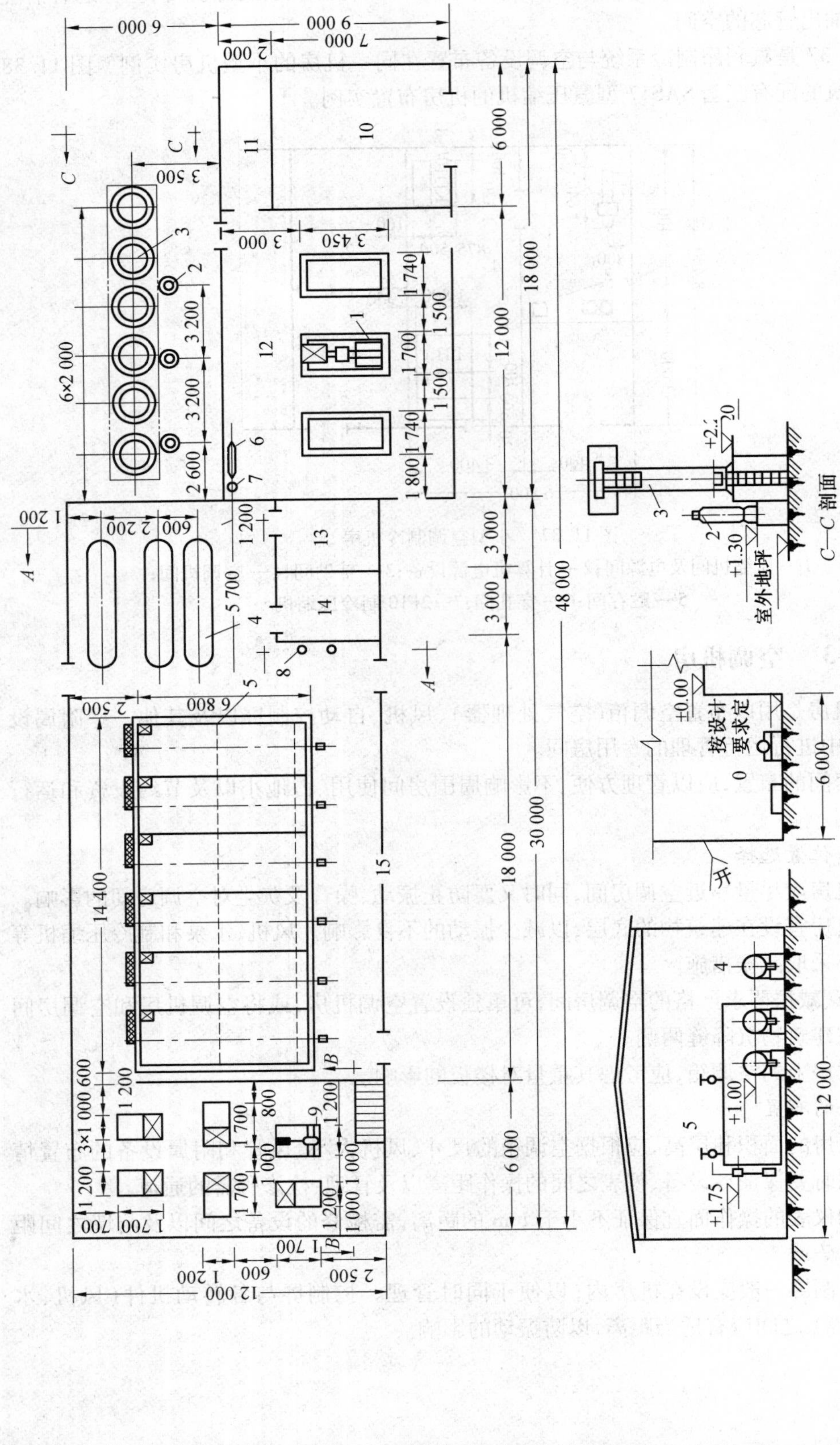

图 11.38 单独建筑的氨制冷机房布置实例

1—8AS17 压缩机；2—氨油分离器 YF-125；3—立式冷凝器 IN-150；4—氨贮液器 ZA-5.0；5—立式蒸发器 LZ-240；6—空气分离器 KF-32；7—水封；8—集油器 JY-300；9—冷冻水泵；10—变电站；11—贮存室；12—机器间；13—值班室；14—维修室；15—设备间

空调箱及自控仪表操作面应有充足的光线，最好采用自然采光。需检修的地方应设检修照明。

较大型空调机房应设单独的管理人员值班室，值班室应设在便于观察机房的位置，此时自控屏应设在值班室内。

机房应设置单独的出入口，以防人员出入、噪音等对空调房间的影响。机房的门和装拆设备通道应考虑最大构件的顺利出入，否则应考虑预留安装孔洞或运输通道。

11.5.4　消声与减振

在空调机房和制冷机房中，某些设备如风机、水泵、压缩机等在运行中会产生噪音和振动，同时会通过管道或其他结构传入空调房间。因此，对于要求控制噪声和防止振动的空调工程应采取消声、减振措施。

1. 消声

消声措施包括两方面内容：一是设法减少噪声的产生；二是在系统中设置消声器。为减少噪声，可采取如下措施：

(1) 空调机房、制冷机房等应尽量与空调房间隔开或独立设置。

(2) 有条件时可对空调机房、制冷机房和风管中的内壁表面贴吸声材料以降低噪声。

(3) 选用高效、低噪声风机。风机与电动机传动方式最好采用直接连接或联轴器连接。

(4) 适当降低风管中的空气流速。对一般的消声要求，主风管流速小于 8 m/s，对严格要求消声的系统，主风管流速小于 5 m/s。

(5) 将风机安装在减振基础上，并且在风机的进出风口与风管间采用柔性连接。

系统中设置消声器、消声弯头等构件可以有效地消除噪声的影响。常用的消声器有如下几种：

①阻性消声器。该消声器用多孔松散的吸声材料制成，如图 11.39(a) 所示。它对于高频和中频噪声有一定效果，但对低频噪声性能较差。

② 共振性消声器。该消声器是利用弹性振动系统产生的空气共振，从而使声能因克服摩擦阻力而消耗，如图 11.39(b) 所示。该消声器可消除低频噪声，但其频率范围较窄。

③ 抗性消声器。该消声器是利用风管截面的突然改变而使声波向声源方向反射回去而起到消声作用，如图 11.39(c) 所示。该消声器对消除低频噪声有一定效果。

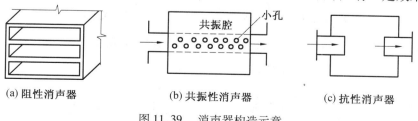

(a) 阻性消声器

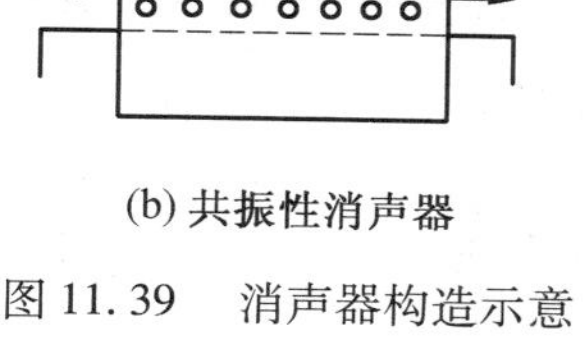

(b) 共振性消声器

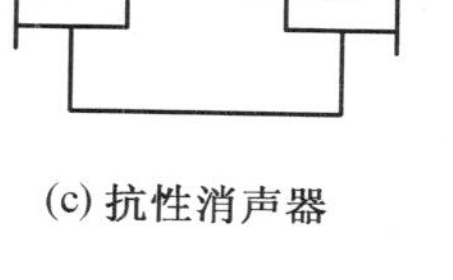
(c) 抗性消声器

图 11.39　消声器构造示意

④ 宽频带复合消声器。该消声器是上述几种消声器的综合体，以集中它们各自特点从而弥补单独使用的不足。这类消声器对于高、中、低频噪音均有较好的效果。

各种消声器的性能和构造尺寸可查阅供暖通风标准图集。

2. 减振

为减弱设备运行时产生的振动，可将设备固定在型钢支架上或钢筋混凝土板上，下面安装减震器。图 11.40 是风机安装减振器示意图。

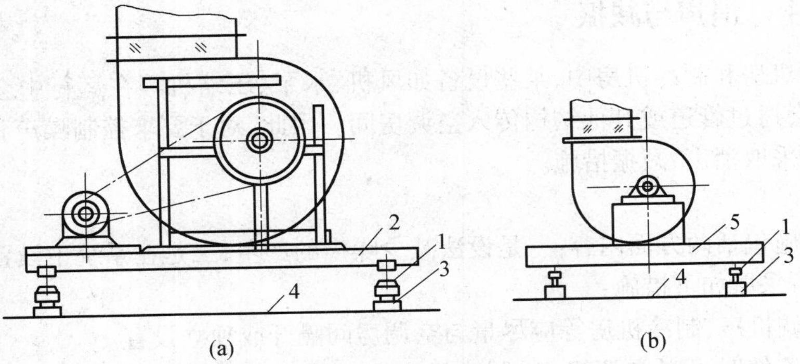

图 11.40　风机减振器安装

1— 减振器；2— 型钢支架；3— 混凝土支墩；4— 支撑结构；5— 钢筋混凝土板

减振器是用减振材料制成的。空调中的减振材料可采用橡胶和金属弹簧。图 11.41 是几种不同形式的减振器结构示意图。

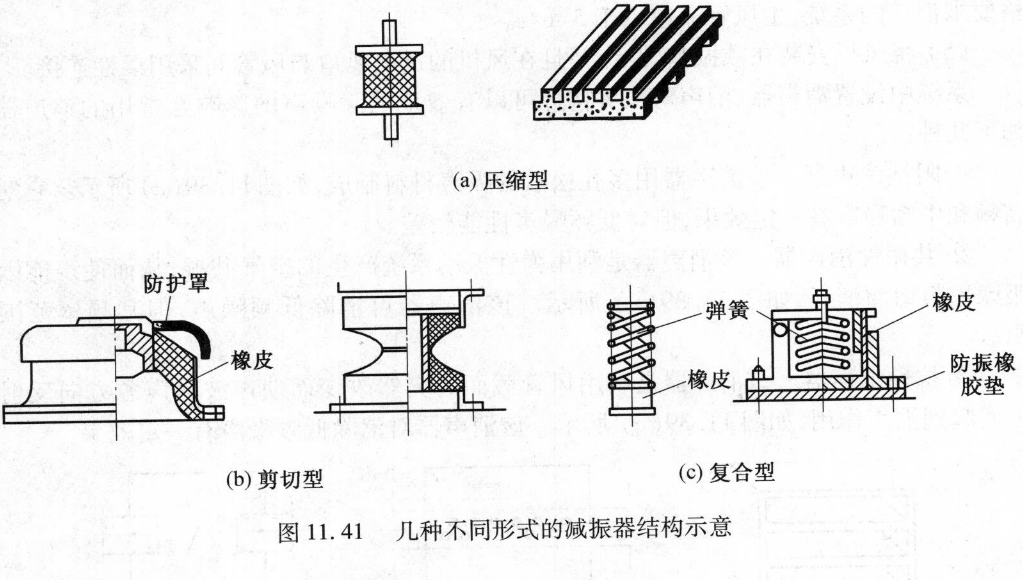

图 11.41　几种不同形式的减振器结构示意

11.6　常用空调系统

11.6.1　集中式空调系统

1. 恒温恒湿空调

集中式恒温恒湿空调系统,属工艺性空调,是目前应用非常多的一种形式。

恒温恒湿空调房间的送风量,可依据房间的热湿负荷通过计算确定。常用的送风量及送风温差(夏季室温与送风温度的差值)应符合表 11.16 的要求。

表 11.16　送风温差与换气次数

室温允许波动范围/℃	送风温差/℃	换气次数/(次·h^{-1})
> ±1	人工冷源:≤15;天然冷源:采用可能最大值	
±1	6 ~ 10	不小于 5
±0.5	3 ~ 6	不小于 8
±(0.1 ~ 0.2)	2 ~ 3	不小于 12

为了节约处理空气所需要的冷量和热量,空调系统在可能的情况下都应尽量采用回风。室内产生有害气体的场合则不允许使用回风。回风量的多少是依必需的新风量确定的。新风量除了按现行卫生标准规定的保证每人不少于 30 ~ 40 m^3/h 以外,还必须保证补偿局部排风、全面排风和室内正压(防止外界空气渗入空调房间)所需风量总和。

恒温恒湿房间的正压值一般为 5 ~ 10 Pa。概略计算房间正压所需风量可以按表 11.17 的换气次数确定。

表 11.17　保持室内正压所需的风量

房间特征	换气次数/(次·h^{-1})	房间特征	换气次数/(次·h^{-1})
无外门,无窗	0.25 ~ 0.5	无外门,两面墙上有窗	1.0 ~ 1.5
无外门,一面墙上有窗	0.5 ~ 1.0	无外门,三面墙上有窗	1.5 ~ 2.0

集中式恒温恒湿空调系统根据回风使用情况可分为两种类型。

(1)一次回风式系统。回风全部被引至空调箱的前端,集中一次使用,这样的系统称一次回风式系统。

对一次回风式系统,采用喷水室处理空气时,除过滤外,夏季对空气的热、湿处理常用如下两段联合处理过程:

首先利用喷水室对混合空气(由状态为 W_x 的新风和状态为 n 的回风混合)进行减湿冷却,使其由初态混合形态 C_x 变为机器露点 L_x 的状态(空气经喷淋处理后,终态相对湿度可达 90% ~ 95% 接近饱和状态,习惯上称这种空气终状态为"机器露点")。

然后再进行加热处理,使空气由 L_x 状态变为要求的送风状态 S_x。

热湿处理全过程为:

$$\left.\begin{matrix} n \\ W_x \end{matrix}\right\rangle \xrightarrow{\text{混合}} C_x \xrightarrow[\text{喷水室}]{\text{减湿冷却}} L_x \xrightarrow[\text{二次加热器}]{\text{加热}} S_x\left(\xrightarrow[\text{空调房间}]{\text{吸热吸湿}} n\right)$$

所需设备有喷水室和二次加热器。

冬季对空气的热湿处理常采用如下 3 段过程:

$$\left.\begin{matrix}n\\W_x\end{matrix}\right\rangle \xrightarrow{\text{混合}} C_x \xrightarrow[\text{一次加热器}]{\text{加热}} B \xrightarrow[\text{喷水室}]{\text{加热}} L_x \xrightarrow[\text{二次加热器}]{\text{加热}} S_x\left(\xrightarrow[\text{空调房间}]{\text{放热吸湿}} n\right)$$

所需设备有一次加热器,喷水室(冬季喷淋循环水)和二次加热器。

(2) 二次回风系统。二次回风系统是将回风分在两处使用,即分别引至空调箱的前端和尾部。

2. 舒适性空调

大型公共建筑空调多为舒适性空调,因此它对室内空气参数不要求恒定。随季节变化,室内参数也有较大变化。夏季室温一般以 26 ~ 28 ℃ 为宜,相对湿度不大于 65%;冬季室温为 18 ~ 22 ℃,相对湿度不小于 40%。新风量的确定应根据房间性质以及吸烟情况综合考虑,一般为 8 ~ 20 $m^3/(h \cdot 人)$。表 11.18 所列数据可供参考。

表 11.18 某些房间空调系统中的最小新风量

房间名称	最小新风量/$(m^3 \cdot h^{-1} \cdot 人^{-1})$	吸烟情况
影剧院	8.5	无
体育馆	8	无
图书馆、博物馆	8.5	无
百货商店	8.5	无
高级旅馆客房	30	少量
餐厅	20	少量
舞厅	18	无
小卖部	8.5	无
会议室	50	大量
办公室	25	无
医院一般病房	17	无
医院特护病房	40	无

该空调方式由于对室内温、湿度的要求不是很严格,因此可以采用较大的送风温差,并相应地采用一次回风系统,以减少送风量。使用人工冷源时,送风温差不超过 15 ℃。使用天然冷源时,在夏季可将减湿冷却后达到机器露点状态的空气直接送入室内,而不进行二次加热。

大型公共建筑空调系统的送、回风方式,多采用上送下回、喷口送风或两者结合的形式。图 11.42 是采用喷口送风与顶部下送相结合的某体育馆空调系统送、回风方式示意图。

3. 净化空调

净化空调不但要保证房间的温度、湿度符合要求,同时对房间的压力、噪声,特别是对空气中含尘数量都有极严格的要求。对上述参数进行控制的房间称为洁净室。

按我国现行的《洁净厂房设计规范》规定的空气洁净度的 4 个等级标准见表 11.19。

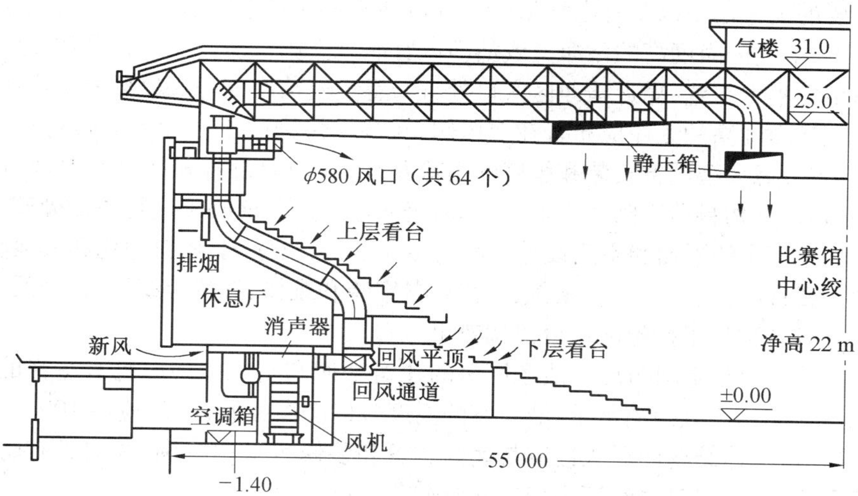

图 11.42　某体育馆空调系统的送、回风方式

表 11.19　空气洁净度等级

等级	每立方米(每升)空气中 ≥0.5 μm 尘粒数	每立方米(每升)空气中 ≥5 μm 尘粒数
100 级	≤35×100(3.5)	
1 000 级	≤35×1 000(35)	≤250(0.25)
10 000 级	≤35×10 000(350)	≤2 500(2.5)
100 000 级	≤35×100 000(3 500)	≤25 000(25)

注:对于空气洁净度为 100 级的洁净室内大于等于 5 μm 尘粒的计数应进行多次采样,当其多次出现时,方可认为该测试数值是可靠的

使整个室内空间的空气含尘浓度达到规定的洁净等级的措施,称全室空气净化;而仅使室内局部空间的空气含尘浓度达到规定的洁净等级措施,称局部空气净化。

目前常用的洁净室,除采用土建结构外,还可采用装配式结构。装配式洁净室安装周期短、拆卸方便,对现场建筑装修要求不高。其洁净度指标可达 100 级。

工程中若工艺条件允许,应尽量采用局部空气净化,以降低工程造价。

在对洁净厂房总体设计以及建筑设计时应参考如下要求:

(1) 厂房位置选择。应根据下列要求并经技术经济方案比较后确定。应在大气含尘浓度较低,自然环境较好的区域;应远离铁路、码头、飞机场、交通要道和散发大量粉尘以及有害气体的工厂、贮仓、堆场等有严重空气污染、振动或噪声干扰的区域,如不能远离严重空气污染源时,则应位于其最大频率风向上风侧,或全年最小频率风向下风侧;应布置在厂区内环境清洁,人流、货流不穿越或少穿越的地段。

对于兼有微振控制要求的洁净厂房的位置选择,应实际测定周围现有振源的振动影响,并应与精密设备、精密仪器仪表允许的环境振动值进行分析比较。

洁净厂房周围应进行绿化。道路面层应选用整体性好、发尘量少的材料。

(2) 工艺布置。工艺布置应符合下列要求:工艺布置合理、紧凑,洁净室或洁净区内只布置必要的工艺设备以及有空气洁净度等级要求的工序和工作室；在满足生产工艺要求的前提下，空气洁净度高的洁净室或洁净区宜靠近空调机房，空气洁净度等级相同的工序和工作室宜集中布置，靠近洁净区入口处宜布置空气洁净度等级较低的工作室；洁净室内要求空气洁净度高的工序应布置在上风侧，易产生污染的工艺设备应布置在靠近回风口的位置；应考虑大型设备安装和维修的运输路线，并预留设备安装口和检修口；应设置单独的物料入口，物料传递路线应最短，物料进入洁净区之前必须进行清洁处理。

(3) 洁净厂房的平面和空间设计。宜将洁净区、人员净化、物料净化和其他辅助用房进行分区布置；同时应考虑生产操作、工艺设备案装和维修、气流组织形式、管线布置和净化空调系统等各种技术措施的综合协调效果。

(4) 建筑平面和空间布局。洁净厂房的建筑平面和空间布局应具有适当的灵活性，洁净区的主体结构不宜内墙承重；洁净室的高度应以净高控制，净高应以 100 mm 为基本模数；洁净厂房主体结构的耐久性应与室内装备和装修水平相协调，并应具有防火、控制温度变形和不均匀沉陷性能，厂房变形缝应避免穿过洁净区。

(5) 净化设备。洁净厂房内应设置人员净化、物料净化用室和设施，并应根据需要设置生活用室和其他用室。

(6) 维护结构和室内装修。洁净厂房的建筑维护结构和室内装修，应选用气密性良好，且在温、湿度等变化作用下变形小的材料；室内墙壁和顶棚的表面应符合平整、光滑、不起尘、避免眩光和便于除尘等要求；地面应符合平整、耐磨、易除尘清洗、不易积聚静电、避免眩光并有舒适感等要求。

4. 其他形式空调系统

(1) 双风道系统。双风道系统属全空气系统。它区别于单风道的主要特征是从集中空气处理室送出的风由冷风和热风两个风道并行布置。冷风和热风在每一区或房间所设的混合箱内混合，经调节达到室内送风状态后向室内送风。

由于两个风道占据建筑空间较单风道大，因此，通常管内采用高速送风，以节约空间。

该系统调节灵活、适应性强。但是其设备投资较高，且动力消耗也较大，因此国内目前尚未采用。在国外，双风道系统常采用于多层多室的办公楼，旅馆等建筑。对某些较大规模的办公楼，内区全年要求供冷，外区冬季要求供暖时，采用双风道系统是合理的。

(2) 变风量系统。保持送风温度，通过改变送风量控制室内空气状态参数的空调系统，简称为变风量系统。

该系统以风量变化来适应和满足负荷变化，因此节能效果明显，尤其是对大容量空调装置更为显著。同时还可以独立控制一个大型综合商场的各个房间温度。由于风道尺寸较小，分区极为方便，控制也较方便。

但是该系统由于采用了较复杂的改变风量设备，因此其投资费用较高。国外受能源危机的影响，采用变风量空调系统较多。对变风量系统也做了很多研究和推广工作。我国在纺织厂、体育馆等建筑中都曾采用变风量系统。近年来，某些合资旅游馆的部分商场中也开始采用变风量系统。

11.6.2　半集中空调系统

半集中空调系统除了空调机房外，还有分散在空调房间的二次设备，对进入房间的空气作进一步补充处理。诱导器系统和风机盘管系统都是半集中式空调系统。本节将主要介绍目前应用最多的风级盘管系统。

风机盘管机组作为系统的末端装置，由低噪音风机（机用电极为单相电容调速电机）、盘管（换热器）以及过滤器、室温调节装置和箱体等组成。其形式有立式和卧式两种。可以明装，也可以暗装。图 11.43 为风机盘管构造图。

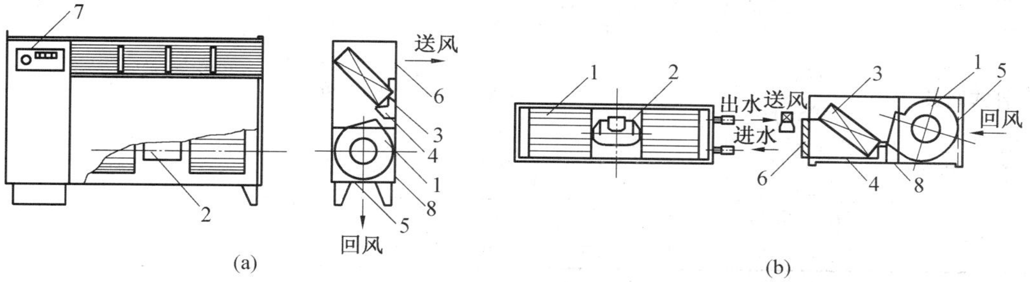

图 11.43　型风机盘管构造

1— 双进风多叶离心式风机；2— 低噪声电动机；3— 盘管；4— 凝水管；5— 空气过滤器；6— 出风格栅；7— 控制器（电动阀）；8— 箱体

风机盘管空调系统工作时，风机盘管机组不断地使室内空气循环，并通过盘管被冷却或加热，从而保证房间要求的温度及一定的相对湿度。盘管使用的冷水和热水，由集中的冷源和热源供给。机组设有高、中、低 3 挡变速装置，通过调整风量来调节冷、热量以及噪声。

国内几种风机盘管机组的主要性能列于表 11.20 中。

表 11.20　国内几种风机盘管机组的主要技术性能

型号	产冷量 / [kW(kcal/h)]	加热量 / [kW(kcal/h)]	风量 /($m^3 \cdot h^{-1}$)	噪声 A 声级 /dB	尺寸 /mm		
					高(长)	宽	厚
FP - 5 卧式暗装	2.33 ~ 2.9 (2 000 ~ 2 500)	3.5 ~ 4.65 (3 000 ~ 4 000)	≈ 500	29 ~ 30	600	990	220
立式明装	2.33 ~ 2.9 (2 000 ~ 2 500)	3.5 ~ 4.65 (3 000 ~ 4 000)	≈ 500	30 ~ 45	615	990	235
F - 79 卧式暗装	3.6 (3 100)	7.0 (6 000)	530	23 ~ 35	595	930	288
立式明装	3.6 (3 100)	7.0 (6 000)	530	23 ~ 35	710	1 000	250

续表 11.20

型号	产冷量／[kW(kcal/h)]	加热量／[kW(kcal/h)]	风量／($m^3 \cdot h^{-1}$)	噪声 A声级／dB	尺寸／mm		
					高(长)	宽	厚
FPG－2 立式明装	3.14 (2 700)		700	29～43	630	1 040	230
FP－2 立式明装	2.33～2.56 (2 000～2 200)	5.12～6.05 (4 400～5 200)	470		650	1 010	220
K－5 卧式暗装	2.6 (2 250)	3.26 (2 800)	400	28～36	480	830	230
立式明装	2.6 (2 250)	3.26 (2 800)	400	28～36	636	1 000	205
FP－83	2.56～5.47 (2 200～4 700)	3.84～6.28 (3 300～5 400)	450～1 200				

风机盘管空调系统可采用如下两种方法补给新风：

(1) 从墙洞引入新风。在立式机组的背后墙壁上开设新风采风口，并以短管与机组相连，就地引入室外新风。墙上设百叶窗，以防雨、虫和噪声的影响，短管部分设粗效过滤器。对于要求不高或者旧有建筑中增设空调的场合常用这种方式，如图 11.44 所示。

(2) 设置新风系统。在要求较高的场合下，宜设置单独的新风系统，即把新风经过集中处理后分别送入各个房间。新风可用侧送风口送入，风口紧靠机组出口，便于两股气流很好混合，如图 11.45 所示。

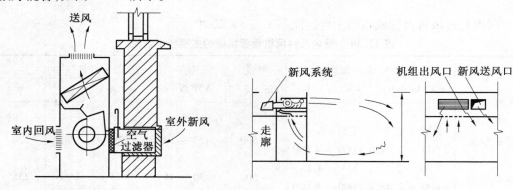

图 11.44　从墙洞引入新风的风机盘管空调系统图

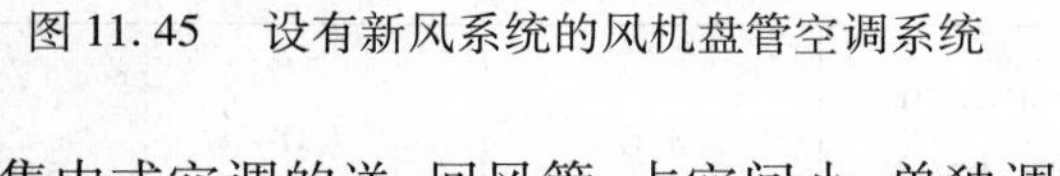

图 11.45　设有新风系统的风机盘管空调系统

风机盘管空调系统布置、安装方便，无集中式空调的送、回风管，占空间小，单独调节性能好，各房间的空气互不串通。目前已成为国内外高层建筑的主要空调方式之一。

11.6.3　分散式空调系统(局部空调机组)

空调机组是把空调系统(含冷源、热源)的全部设备或部分设备配套组装而成的整体。按设备的组成可分为整体空调机组和分体式空调机组。前者是把空调和制冷系统中的全部主要设备组装在一个箱体内;而后者是把空调器和压缩冷凝机组分成两个组成部分。该机组结构紧凑、体积小,安装方便、使用灵活且无需专人管理。在中小型空调工程中应用非常广泛。

空调机组可按下述方法分类:按容量大小,可分为柜式和窗式两种;按制冷用冷凝器冷却方式,可分为水冷式和风冷式;按机组用途,可分为恒温恒湿机组、冷水机组和冷风机组;按供热方式,可分为普通式和热泵式。

1. 立柜式恒温恒湿机组

立柜式恒温恒湿机组把空气处理、制冷和电控 3 个系统组装在同一箱体内,风管中另设电加热器,如图 11.46 所示。

立柜式恒温恒湿机组可自动调节房间的空气温度和相对湿度,以满足房间在全年内的恒温恒湿要求。室温一般控制在(20 ~ 25 ℃) ± 1 ℃,相对湿度在(50% ~ 60%) ± 10% 之内。

目前国产机组的冷量为 7 ~ 116 kW,风量为 1 700 ~ 18 000 m^3/h。

2. 立柜式冷风机组

立柜式冷风机组无电加热器和电加湿器,一般也无自控设备,因此只能用于一般房间夏季降温减湿用,各种型号的机组产冷量在 3.5 ~ 210 kW 之间。

3. 窗式空调

窗式空调是可以安装在窗上或窗台下预留孔洞内的一种小型空调机组,如图 11.47 所示。该机组有降温、供暖和恒温等多种功能。恒温机组又分常年恒温和仅用于室内降温情况下的恒温。前者的制冷 - 热泵系统或者制冷系统另配电加热器,后者的制冷系统不设电加热器。

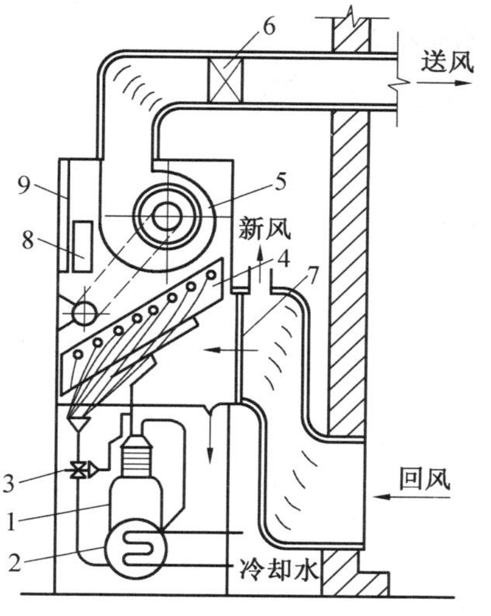

图 11.46　恒温恒湿空调机组

1— 氟利昂制冷压缩机;2— 水冷式冷凝器;
3— 膨胀阀;4— 蒸发器;5— 风机;
6— 电加热器;7— 空气过滤器;
8— 电加湿器;9— 自动控制屏

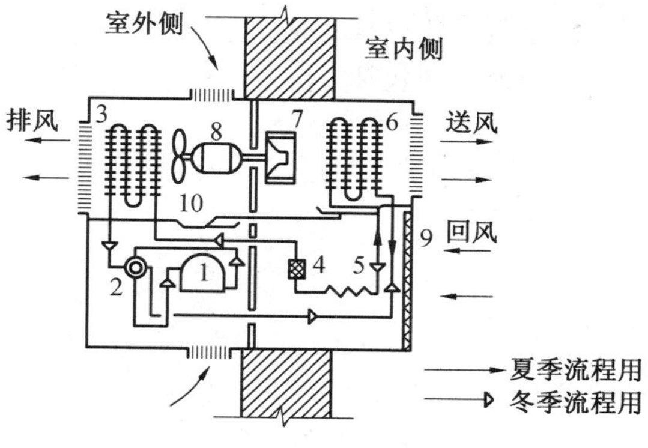

图 11.47　热泵型窗式空调器

1— 全封闭氟利昂压缩机;2— 四通换向阀;3— 室外侧盘管;4— 制冷剂过滤器;5— 节流毛细管;
6— 室内侧盘管;7— 风机;8— 电动机;
9— 空气过滤器;10— 凝水盘

国产的窗式恒温空调可控室温范围为(20 ~ 28 ℃) ±(1 ~ 2 ℃),产冷量为3.5 ~ 4 kW,循环风量为500 ~ 800 m^3/h。

图11.47是热泵型窗式恒温空调器的结构示意图,该图的冷凝器冷却方式为风冷式。四通电磁转向阀的作用是控制供暖和降温。冬季制冷系统运行时,四通阀转向使制冷剂逆向循环,把原蒸发器作为冷凝器,原冷凝器作为蒸发器。此时,空气通过时被加热,以作供暖用。

习　题

一、解释名词术语

1. 空气调节
2. 空调基数
3. 湿空气
4. 饱和蒸汽
5. 相对湿度
6. 冷负荷
7. 湿负荷

二、填空、简答题

1 集中设置空调机组、热媒通过管道送至房间,由风机盘管完成空调任务的空调系统称为________。

2. 房间设置窗式空调的系统为________。

(集中式空调系统、半集中式空调系统、分散式空调系统)

3. 空调中使用的制冷机有________、________、________等三种。

4. 风机减震器常用的材料可采用________、________。

5. 空气净化过程包括________、________、________、________。

6. 空调冷源包括____________、____________两大类。

第12章　热水供应

随着国民经济的发展和人民生活水平的提高，热水供应的需求量越来越大。特别是近年来的城市建设及小区开发的飞速发展，对热水供应的要求也更加迫切。

热水供应的主要任务是把符合卫生标准的冷水加热到用户需要的温度并输送给热用户的各用水点。

12.1　热水供应系统

热水供应系统是加热和储存热水的设备、输配热水的管路和使用热水的热用户的设施的总称。热水供应主要包括一般的洗脸、洗澡、洗涤衣物器皿等用热水和饮用开水两大类。

12.1.1　热水供应系统分类

1. 按热水供应范围分类

热水供应系统按供应范围可分为局部热水供应系统、集中热水供应系统和区域热水供应系统。

局部热水供应系统用于小型旅馆、住宅、医院、饭店以及用水比较分散的其他公共建筑和车间卫生间。其热源可采用小型蒸汽加热器、煤气加热器或电加热器，也可采用太阳能热水器或小型炉灶。加热设备一般设置在卫生用具附近或单个房间内，配水点只有一个或少数几个。

集中热水供应系统用于热水用量较大、用水点比较集中的宾馆、饭店、医院、疗养院、体育馆、公共浴池等建筑中，一般为楼层数较多的一幢或几幢建筑物。其热源可采用专用锅炉或集中供热系统的换热器。被加热的热水通过配水管道输送到建筑物内部供用户使用。

区域热水供应系统的供应范围更大些。一般是采用热电厂或区域锅炉房作为热源，或通过热交换器换热，然后通过市政配水管网把热水送往各建筑小区的建筑物内。该系统一般是在城市或工业区有室外热网条件下采用的一种形式。每幢建筑物使用的生活热水，可直接从热网取用或通过热网的热媒再加热后得到。

目前我国大部分城市采用的是集中热水供应系统。

2. 按热水管网循环方式分类

按生活热水管网循环方式可分为全循环管网系统、半循环管网系统和不循环管网系统三类。

全循环管网是在所有配水管道（干管、立管甚至支管）上均装设循环管，以保证在运行时可以随时得到要求温度的热水。该系统适于高级宾馆、饭店、疗养院等建筑。

半循环管网只是在干管上设置循环管,对一般的宾馆、饭店或较高级住宅建筑可采用该系统。

不循环管网系统只有配水管而不另设循环管,对于定时供应热水的单位和场所多采用此类系统。

在循环管网、半循环管网中又可分为全天循环和定时循环两种方式。全天循环是循环水泵连续运转,以使管内热水在任何时刻均保持要求水温;定时循环则是在可能集中大量用水的时间内启动水泵运行以保持管内水温。

3. 按循环系统循环动力分类

按循环动力可分为自然循环和机械循环两大类。

自然循环是利用管网配水管和循环管的水温不同所造成的密度差从而形成自然循环作用压头来维持管道中水的流动。

机械循环则是利用水泵的工作来维持管道中水的流动。

4. 按管道布置形式分类

按室内热水配水管道的布置形式可分为上分式和下分式两大类。上分式的配水管在上,下分式的配水管在下。

12.1.2 热水供应系统形式

1. 局部热水供应系统

几种常用的不用热源的局部热水供应系统形式如图 12.1 所示。其中图 12.1(a) 是利用炉灶加热的形式。这种形式用于单户或单个房间使用热水的建筑。选用时要求卫生间尽量靠近有炉灶的房间,以使输送距离小、热效率高。

图 12.1(b) 是汽、水直接混合加热的方式。当热水用户附近有蒸汽管道,而且室内用水量不多、用水器具较少时可以选用。用于加热的蒸汽必须采用小于 70 kPa 的低压蒸汽。该系统的缺点是调节水温比较困难。

图 12.1(c) 是管式太阳能热水器的系统示意图。冷水在保温箱内盘管中被加热并进入贮水箱以备用户使用。该系统节约燃料、无污染,但是其加热效果受季节和日照时间的限制。在寒冷地区的冬季以及阴雨天难以保证用户的使用效果。

图 12.2 为太阳能热水器和热水箱的不同设置的示意图。

2. 集中热水供应系统

常用的几种形式的集中热水供应系统如图 12.3 所示。

其中图 12.3(a) 为下分式全循环管网热水供应系统示意图。其热源为专用的蒸汽锅炉,加热热媒自蒸汽管进入加热器把冷水加热,然后从上部的配水管供出热水,再通过配水管道送往用户各用水点。自各立管引出的循环管,在用户没有用水时把用户配水点的热水通过循环水泵引回加热器继续加热。进入加热器的蒸汽放热后变成凝结水,通过疏水器进入凝水箱(池) 再由凝结水泵送回锅炉继续加热。

该形式热水供应的热源也可以采用专用的热水锅炉通过加热器加热冷水后送至用户;也可以通过热水管网的水加热冷水后送至用户。

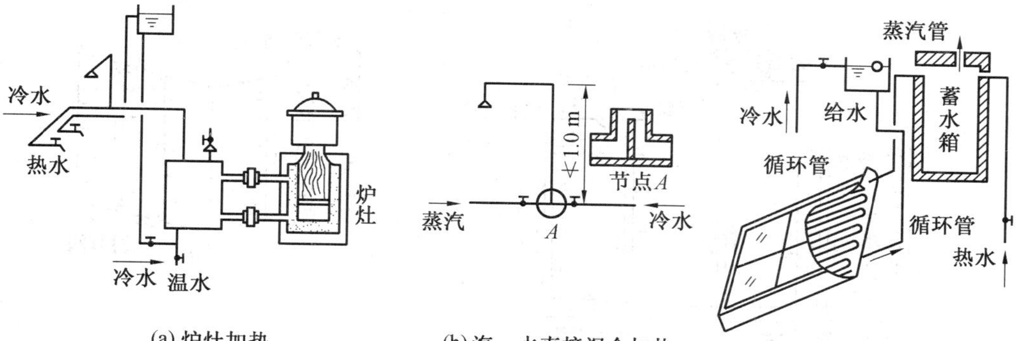

(a) 炉灶加热　(b) 汽－水直接混合加热　(c) 管式太阳能热水装置

图 12.1　局部热水供应方式

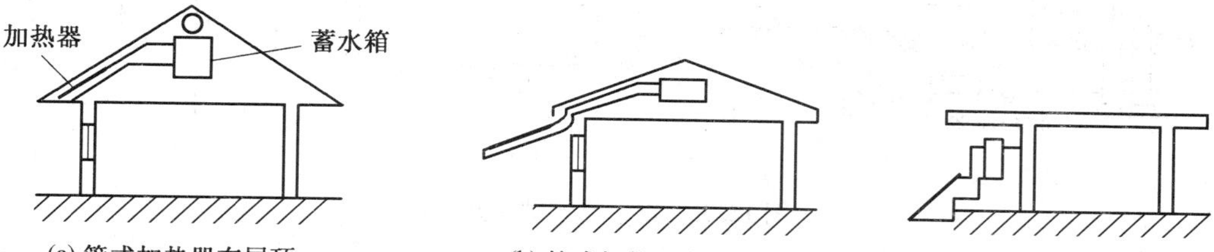

(a) 管式加热器在屋顶　(b) 管式加热器充当窗户遮篷　(c) 管式加热器在地面上

图 12.2　太阳能热水器设置方式

图 12.3(b) 为上分式全循环管网示意图。这种系统形式当配水干管和循环管干管高差较大时,可不设循环水泵而采用自然循环方式完成循环。

图 12.3(c) 为下分式半循环管网示意图。这种系统适于对水温稳定性要求不高的、层数较低的建筑物,该系统比全循环管网节约管材,并减少了施工安装工作量。

图 12.3(d) 为上分式不循环管网示意图。这种系统适于浴室、生产车间或一般的住宅建筑。其优点是节约管材,缺点是每次供应热水之前,要放掉管路中的冷水,造成资源浪费。

上述的几种集中热水供应系统中加热热媒不直接混合,而是通过换热器换热完成对冷水的加热。如果条件允许,采用直接混合加热的方式将会简化设备以节约造价。

图 12.4 为几种直接加热的示意图。其中图 12.4(a),(b) 为热水和冷水混合方式,图 12.4(c),(d),(e) 为蒸汽和冷水混合加热方式,水箱兼起加热和贮水作用。该方式加热迅速、设备简单,缺点是噪声大、凝水不能回收。其主要用于工业企业生产车间的生活间或独立的公共浴室。

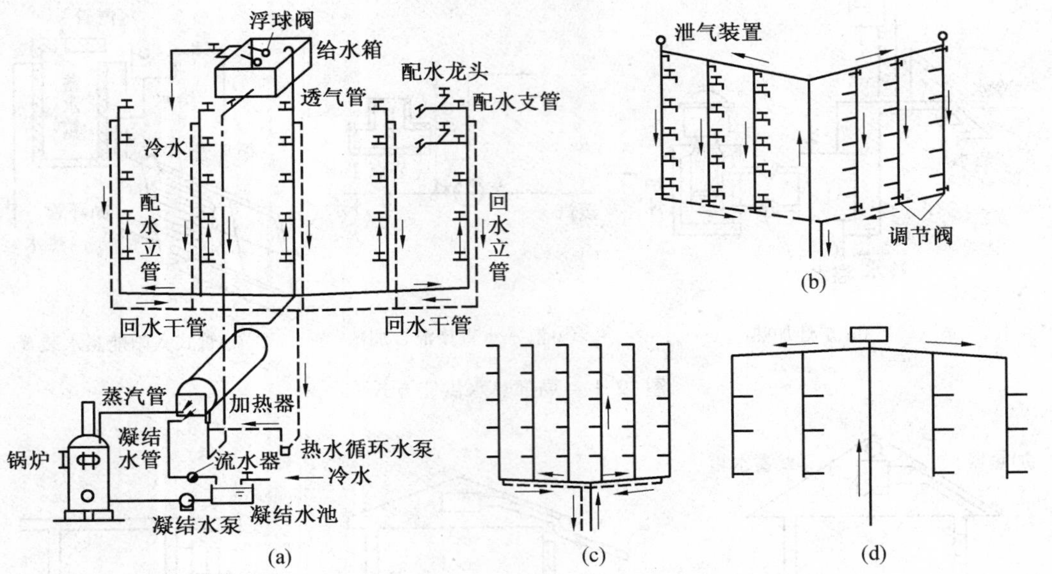

图 12.3　集中热水供应方式

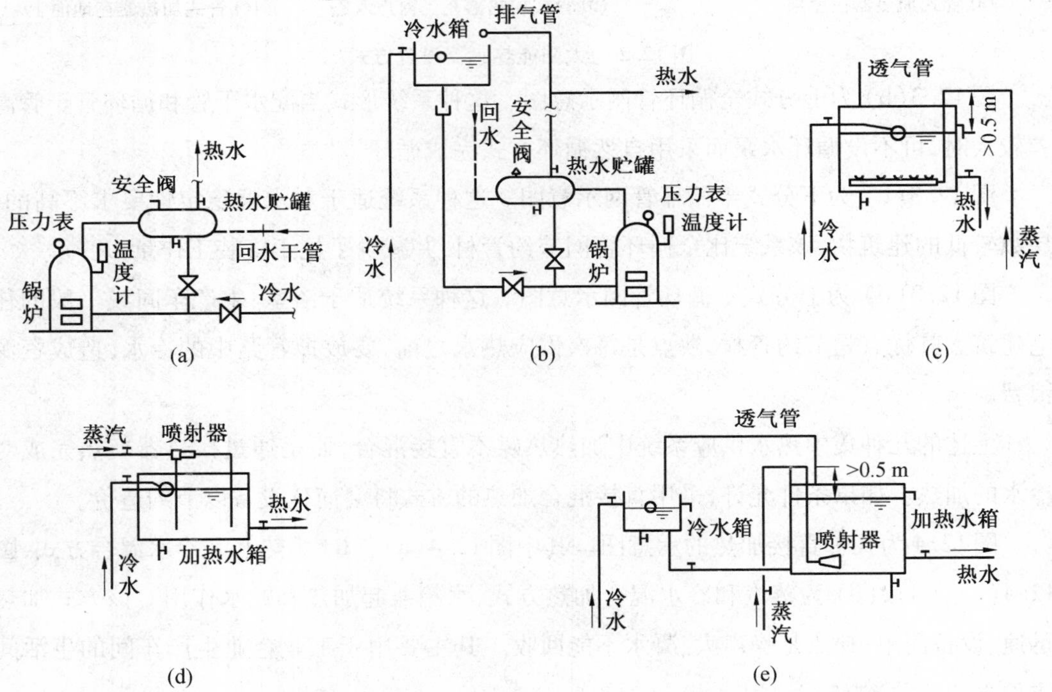

图 12.4　热源或热媒直接加热冷水方式

12.2　热水供应的用水量、水温和水质标准

12.2.1　热水供应的用水量标准

生活用热水的水量标准有两种:一种是按建筑物的使用热水的单位(如每人、每床位等)数确定的热水量,另一种是按建筑物内卫生器具一次或一小时热水用量确定。表12.1和表12.2为上述两种用水量标准。

表 12.1　60 ℃热水用水定额

序号	建筑物名称	单位	用水定额(最高日)/L
1	普通住宅、每户设有沐浴设备	每人每日	85 ~ 130
2	高级住宅和别墅、每户设有沐浴设备	每人每日	110 ~ 150
3	集体宿舍　有盥洗室	每人每日	27 ~ 38
	有盥洗室和浴室	每人每日	38 ~ 55
4	普通旅馆、招待所　有盥洗室	每床每日	27 ~ 55
	有盥洗室和浴室	每床每日	55 ~ 110
	设有浴盆的客房	每床每日	110 ~ 160
5	宾馆　客房	每床每日	160 ~ 215
6	医院、疗养院、休养所　有盥洗室	每病床每日	30 ~ 65
	有盥洗室和浴室	每病床每日	65 ~ 130
	设有浴盆的病房	每病床每日	160 ~ 215
7	门诊部、诊疗所	每病床每次	5 ~ 9
8	公共浴室、设有淋浴器、浴盆浴池及理发室	每顾客每次	55 ~ 110
9	理发室	每顾客每次	5 ~ 13
10	洗衣房	每干衣公斤	16 ~ 27
11	公共食堂　营业食堂	每顾客每次	4 ~ 7
	工业企业、机关、学校、居民食堂	每顾客每次	3 ~ 5
12	幼儿园、托儿所　有住宿	每儿童每日	16 ~ 32
	无住宿	每儿童每日	9 ~ 16
	体育场　运动员淋浴	每人每次	27

注:表中所列用水量均已包括在给水用水量标准中

表 12.2　卫生器具一次和一小时热水用水定额及水温

序号	卫生器具名称	一次用水量 /L	一小时用水量 /L	水温 /℃
1	住宅、旅馆　带有淋浴器的浴盆	150	300	40
	无淋浴器的浴盆	125	250	40
	淋浴器	70 ~ 100	140 ~ 200	37 ~ 40
	洗脸盆、盥洗槽水龙头	3	30	30
	洗涤盆(池)	—	180	50
2	集体宿舍　淋浴器:有淋浴小间	70 ~ 100	210 ~ 300	37 ~ 40
	无淋浴小间	—	450	37 ~ 40
	盥洗槽水龙头	3 ~ 5	50 ~ 80	30
3	公共食堂　洗涤盆(池)	—	250	60
	洗脸盆:工作人员用	3	60	30
	顾客用	—	120	30
	淋浴器	40	400	37 ~ 40
4	幼儿园、托儿所　浴盆:幼儿园	100	400	35
	托儿所	30	120	35
	淋浴器:幼儿园	30	180	35
	托儿所	15	90	35
	盥洗槽水龙头	1.5	25	30
	洗涤盆(池)	—	180	50
5	医院、疗养院、休养所　洗手盆	—	15 ~ 25	35
	洗涤盆(池)		300	50
	浴盆	125 ~ 150	250 ~ 300	40
6	公共浴室　浴盆	125	250	40
	淋浴器:有淋浴小间	100 ~ 150	200 ~ 300	37 ~ 40
	无淋浴小间	—	450 ~ 540	37 ~ 40
	洗脸盆	5	50 ~ 80	35
7	理发室　洗脸盆	—	35	35
8	实验室　洗涤盆	—	60	50
	洗手盆	—	15 ~ 25	30
9	剧院　淋浴器	60	200 ~ 400	37 ~ 40
	演员用洗脸盆	5	80	35
10	体育场　淋浴器	30	300	35
11	工业企业生活间　淋浴器:一般车间	40	180 ~ 100	37 ~ 40
	脏车间	60	360 ~ 540	40
	洗脸盆或盥洗槽水龙头:			
	一般车间	3	90 ~ 120	30
	脏车间	5	100 ~ 150	35
12	净身器	10 ~ 15	120 ~ 180	30

注:一般车间指现行的《工业企业设计卫生标准》中规定的 3 级、4 级卫生特征的车间,脏车间指该标准中规定的 1 级、2 级卫生特征的车间

12.2.2　热水供应系统的水温计算标准

一般的生活用热(饮用开水除外)水温约在 25 ~ 60 ℃ 之间。考虑热水输送的经济性要求,配水温度一般按 65 ~ 70 ℃ 确定。按建筑物使用热水单位数确定的用水量标准中,水温一律按 60 ℃ 确定。

当采用热网的热水作为加热热媒、以间接连接方式加热生活水时,热网的水温应不低于 65 ~ 70 ℃(换热器的传热温差按 5 ~ 10 ℃ 考虑)。

热水供应系统中冷水计算温度应以当地最冷月平均水温为标准。如无当地冷水计算温度资料可按表 12.3 确定。

对饮用开水的供水温度,一般按 100 ℃ 考虑。

表 12.3　冷水计算温度表

分区	地面水水温 /℃	地下水水温 /℃
第一分区	4	6 ~ 10
第二分区	4	10 ~ 15
第三分区	5	15 ~ 20
第四分区	10 ~ 15	20
第五分区	7	15 ~ 20

注:分区的具体划分,应按现行的《室外给水设计规范》的规定确定

12.2.3　热水供应的水质

热水供应的水质标准,除应符合国家现行的《生活饮用水水质标准》(见表 12.3) 要求外,冷水的碳酸盐硬度不宜超过 5.4 ~ 7.2 mg/L,以减少管道和设备结垢,提高热效率。

12.3　热水供应系统的计算

热水供应系统的计算主要包括用水量、耗热量、加热热媒消耗量的计算和管道的水力计算。其中有些内容已在供热和建筑供暖等章节中做了介绍,本节主要介绍用水量计算和管道水力计算。

12.3.1　用水量计算

生活热水的设计用水量 Q_T 按上一节的两种用水量标准,可以有两种计算方法,即按使用热水单位数(人数、床位数等) 确定和按卫生器具总数确定。

1. 按用水单位数确定的用水量

$$Q_T = K_h \frac{mq_T}{T} \tag{12.1}$$

式中　Q_T—— 生活热水的设计用水量(L/h);

m—— 使用热水单位数（人数、床位数等）；

q_T—— 热水的用水量标准（升／每人、每日）；

K_h—— 考虑用水不均衡性引出的小时变化系数，按表 12.4 选用；

T—— 每日的热水供应小时数，全日供应时取 $T = 24$。

表 12.4　热水小时变化系数 K_h 值

建筑物性质	住宅、旅馆为居住人数，医院为床位数																
	35	50	60	75	100	150	200	250	300	400	450	500	600	900	1 000	3 000	6 000
住宅	—	4.5	—	—	3.5	3.0	2.9	2.8	2.7	—	—	2.5	—	—	2.3	2.1	2.0
旅馆	—	—	4.6	—	—	3.8	—	—	3.3	—	3.1	—	3.0	2.9	2.9	2.9	2.9
医院	3.2	2.9	—	2.6	2.4	2.2	2.0	—	1.9	1.8	—	1.7	—	—	1.6	—	—

2. 按卫生器具数确定的用水量

$$Q_T = \sum \frac{q_h n_0 b}{100} \tag{12.2}$$

式中　q_h—— 卫生器具的一次和一小时用水量（L/h）；

n_0—— 同类卫生器具数；

b—— 同类卫生器具在同一小时内使用的最大百分数，按表 12.5 选用。

表 12.5　卫生器具同一小时内使用的最大百分数

浴盆数 n_0	1	2	3	4	5	6	7	8	9	10	25	50	100	150	200	300	400	> 1 000
b	100	85	75	70	65	60	57	55	52	49	39	34	31	29	27	26	25	24
公共浴室、工业企业生活间、学校、剧院、体育馆等浴室的淋浴器及洗脸盆 $b = 100$																		

对住宅、集体宿舍、旅馆、医院、幼儿园、办公楼、学校等建筑的生活热水也可采用设计秒流量法确定用水量。详细内容参见本书室内给水部分。

12.3.2　耗热量计算

热水供应系统的耗热量计算公式是在热水供应的用水量计算公式基础上得出的。在工程中，一般按平均小时耗热量和最大小时耗热量两种方法计算。

1. 平均小时耗热量 Q_{sp}

$$Q_{sp} = \frac{mq_T C(t_T - t_L)}{T} \tag{12.3}$$

式中　Q_{sp}—— 平均小时耗热量（kJ/h）；

C—— 水的比热［kJ/(kg · ℃)］，取 $C = 4.187$；

t_T—— 热水温度（℃），取 $t_T = 65$ ℃；

t_L—— 冷水温度（℃），按表 12.3 确定。

其余符号同前。

2. 最大小时耗热量 Q_{smax}

$$Q_{smax} = K_h Q_{sp} = \frac{K_h m q_T C(t_T - t_L)}{T} \tag{12.4}$$

式中符号同前。显然最大小时耗热量就是热水供应系统的设计热负荷。

在对居住区的生活热水热负荷进行估算时，可采用生活热水面积热指标法：

$$Q_{sp} = q_s \cdot F \cdot 10^{-3}\ \text{kW} \tag{12.5}$$

式中　F—— 居住区总建筑面积(m^2)；

q_s—— 居住区生活热水面积热指标(W/m^2)。

表 12.6 列出了居住区生活热水面积热指标值。

表 12.6　居住区生活热水面积热指标

用水设备情况	热指标 /($W \cdot m^{-2}$)
住宅无生活热水设备，只对公共建筑供热水	2 ~ 3
全部住宅有浴盆并供给生活热水	5 ~ 15

注：冷水温度较高时采用较小值；冷水温度较低时采用较大值。热指标中已包括约 10% 的管网热损失在内

12.3.3　管道的水力计算

热水供应系统的管路系统分两类：一类是加热热媒的管路(又称第一循环水系统)；另一类是被加热热媒的管路(又称第二循环系统)。

上述加热热媒管道的水力计算与第 9 章中介绍过的供暖管路的原理和任务基本相同。其计算公式仍可采用公式(9.10)和公式(9.11)进行计算。但对被加热热媒管路，有些计算过程和方法与供暖管路计算又存在着一些差异。

被加热热媒管道分为配水管(热水供水管)和循环管(又称回水管，但区别于供暖系统回水管)两类，对有循环管的系统，又有自然循环和机械循环两种。

1. 配水管路计算

配水管的计算内容主要是确定管径和管路总阻力损失。其计算步骤如下：

(1) 确定管径 d。具体的计算方法和步骤与室内给水管路计算相同。为降低噪音，管内流速应小于等于 1.2 m/s。

(2) 计算管段及整个管路系统的阻力损失，阻力计算中比摩阻的公式仍可采用供暖部分的公式(9.10)、(9.11)。在具体计算时，也采用查表法确定比摩阻 R。但应注意，热水供应管道应采用如下参数条件下的水力计算表：计算水温 t = 60 ℃；水的密度 ρ = 983.24 kg/m^3；管壁绝对粗糙度 K = 1.0 mm，考虑管道结垢的影响计算管内径相应缩小，对 DN 15 ~40 mm 的管道，内径缩小 2.5 mm；对 DN 50 ~ 100 mm 的管道，内径缩小 3.0 mm。

同一般室内给水管道水力计算一样，配水管的局部阻力损失不详细计算，按沿程阻力损失的 25% ~ 30% 估算。

2. 循环管路计算

(1) 自然循环管路计算。自然循环管路系统的计算内容为确定循环管的管径、管内循环流量和自然循环作用压头。具体的计算步骤如下：

① 确定循环管的管径。各循环管可按与之对应的配水管管径小一号的原则初步确

定管径，然后再经计算确定。

② 确定循环管各管段的循环流量。循环流量应等于与循环管相对应的配水管热损失所需热水流量。

③ 计算各循环管各管段起点和终点的水温。该计算是在假定水的温降与管段长度成正比的条件下进行的。

④ 计算总循环流量。由于管路系统的总热损失和管路起点、终点水温均为已知，所以很容易得出总循环流量。

⑤ 确定管路中各点的实际水温。这是针对上述假定条件下计算得出的结果进行的修正。

⑥ 计算循环流量在管路中的总阻力损失 ΔH。该阻力损失包括配水管阻力损失和循环管的阻力损失。其中局部阻力也应详细计算，不应估算。

⑦ 计算管路系统自然循环作用压头 ΔP。自然循环作用压头计算，仍可按第9章有关章节的公式(9.1) 进行计算。

⑧ 校核计算。如果系统的自然循环作用压头大于管路的总阻力损失，即 $\Delta P > \Delta H$，则该自然循环系统可以正常进行。否则，将无法保证循环。此时，应该加大循环管管径重新计算。如果加大循环管在经济上不合理时，可采用机械循环方式。

(2) 机械循环管路计算。对于全日循环的管路系统，其计算任务是确定配水管路热损失、确定循环流量、确定循环水泵扬程。其计算步骤如下：

① 初选各循环管径。仍按循环管管径比对应的配水管管径小 1 ~ 2 号的原则确定循环管管径。

② 确定配水管路的温差。一般按 5 ~ 15 ℃ 确定。

③ 计算各配水管的热损失及总热损失。

④ 计算总循环流量和各管段的循环流量。

⑤ 计算配水管路和循环管路的阻力损失。

⑥ 选择循环水泵。循环水泵的流量除正常循环流量之外，还应考虑一部分附加流量，附加流量按设计小时用水量的 15% 计算。

循环水泵的扬程 H_b 也应考虑附加流量对配水管路阻力增大的因素对配水管路阻力损失进行适当修正。其计算公式如下：

$$H_b = \left(\frac{q_f + q_z}{q_z}\right)^2 H_p + H_z \tag{12.6}$$

式中 H_b—— 循环水泵的扬程(kPa)；

q_z—— 循环流量(kg/h)，估算时配水管路热损失可按设计小时耗热量的 5% ~ 10% 计算；

q_f—— 循环附加流量(kg/h)，估算时取设计小时用水量的 15%；

H_p，H_z—— 循环流量通过配水管和循环管路的阻力损失(kPa)。

对于定时循环的热水供应循环管路，只要求在每次供应热水之前，把管路中的冷水每小时循环 2 ~ 4 次，即可保证一定的水温。此时循环水泵的流量 V_b 和扬程 H_b 可按下式计算：

$$V_b = \frac{60V_{sg}}{t_s} \tag{12.7}$$

$$H_b = H_p + H_z + H_j \tag{12.8}$$

式中　V_b—— 循环水泵的流量(L/h)；

V_{sg}—— 循环管路的全部容积(L)；

t_s—— 循环一次所需时间，一般取 $t_s = 0.25 \sim 0.5$ h；

H_j—— 通过水加热器的阻力损失；

其余符号同前。

12.4　饮用开水供应

饮用水可分为凉水和开水两大类，本节只对饮用开水的制备以及开水供应计算作一般介绍。

12.4.1　饮用开水制备方法

按饮用开水供应方式可分为分散制备方式、集中制备分装供应方式和集中制备管道输送方式 3 类。按制备方法可分为直接加热制备和间接加热制备两种。直接加热可采用蒸汽直接加热、燃气开水器加热和电开水器加热等几种形式。蒸汽直接加热分装供应方式如图 12.5 所示。这种加热方式的蒸汽必须保证卫生质量，当蒸汽与冷水混合后，其水质要符合生活饮用水水质标准。

在各楼层间接加热制备开水的方式如图 12.6 所示。

具体的开水制备方式，应考虑热源种类、使用要求、建筑物性质和设备情况等因素综合确定。

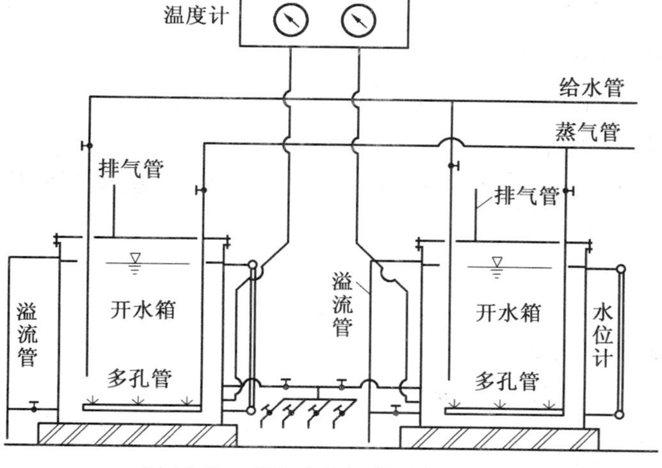

图 12.5　蒸汽直接加热开水的方式

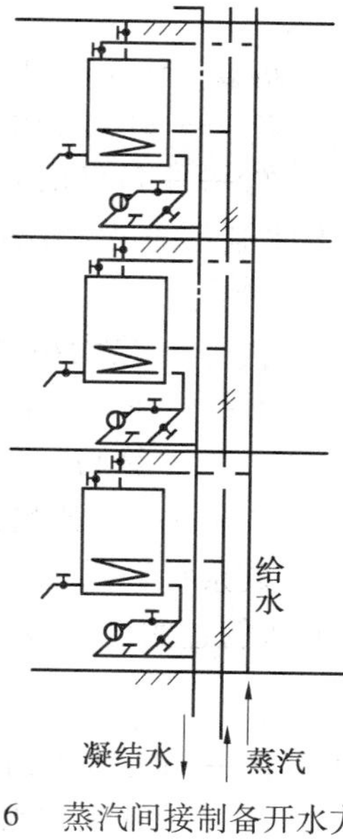

图 12.6　蒸汽间接制备开水方式

12.4.2　开水供应计算

饮用水的水量标准,可参考表 12. 7 所列数值确定。

表 12. 7　饮用开水量标准及小时变化系数

建筑名称	单位	饮用开水量标准 /L	小时变化系数 K_h
热车间	每人每班	3 ~ 5	1. 5
一般车间	每人每班	2 ~ 4	1. 5
工厂生活间	每人每班	1 ~ 2	1. 5
办公楼	每人每班	1 ~ 2	1. 5
集体宿舍	每人每日	1 ~ 2	1. 5
教学楼	每学生每日	1 ~ 2	2. 0
医院	每病床每日	2 ~ 3	1. 5
影剧院	每观众每日	0. 2	1. 0
招待所、旅馆	每客人每日	2 ~ 3	1. 5
体育馆	每观众每日	0. 2	1. 0

注:小时变化系数系指开水供应时间内的变化系数。

饮用开水总量 q_K 按下列公式计算:

$$q_K = mq \tag{12.9}$$

式中　q_K—— 饮用开水总量(L/ 天);

q—— 饮用开水量标准,按表 12. 7 选用;

m—— 使用开水单位数(人或病床数)。

设计的最大小时饮用开水量 q_{Kmax} 可按下式计算:

$$q_{Kmax} = K_h \frac{q_K}{T_K} \tag{12.10}$$

式中　q_{Kmax}—— 设计的最大小时饮用开水量(kg/h);

K_h—— 小时变化系数,可按表 12. 7 选用;

T_K—— 每日供应开水小时数(h)。

开水制备的最大小时供热量 Q_K 按下式计算:

$$Q_K = (1.05 \sim 1.10) q_{Kmax} \Delta t C \tag{12.11}$$

式中　Q_K—— 最大小时供热量(kJ/h);

Δt—— 开水与冷水温差(℃),开水温度可按 100 ℃ 计算(闭式系统按 105 ℃ 计算);

C—— 热水比热,取 $C = 4.187$ kJ/(kg · ℃);

其余符号同前。

开水管道的设计秒流量 q_s 按下式计算:

$$q_s = \sum q_0 n_b \tag{12.12}$$

式中　q_s—— 开水管道的设计秒流量(L/s);

q_0—— 开水配水龙头计算秒流量(L/s);

n—— 同一类型开水配水龙头数；

b—— 同时使用百分数，全日供水时按 30% ～ 50% 选用，定时供应按 80% ～ 100% 选用。

开水管道设计秒流量确定后，可按水力计算表选择管径。但考虑水温高，管内易结垢，应选用比计算管径大一号的管道。

12.5　热水供应系统主要设备

热水供应系统的主要设备包括加热（换热）设备、管路附件、热水输送设备和水箱等几大类。

12.5.1　加热设备

热水的主要加热设备有锅炉、换热器、太阳能热水器、电加热热水器和燃气热水器等。其中锅炉、换热器已在第 8 章中做过介绍。热水供应系统的换热器经常采用容积式换热器，该换热器可兼作贮水箱用。图 12.7 和图 12.8 为两种不同形式的电加热器结构示意图。

使用电加热器，必须有安全可靠的保护措施。包括电加热器本身的接地保护、电源火线上的过电流保护和电加热器本身的过热保护及压力保护措施。

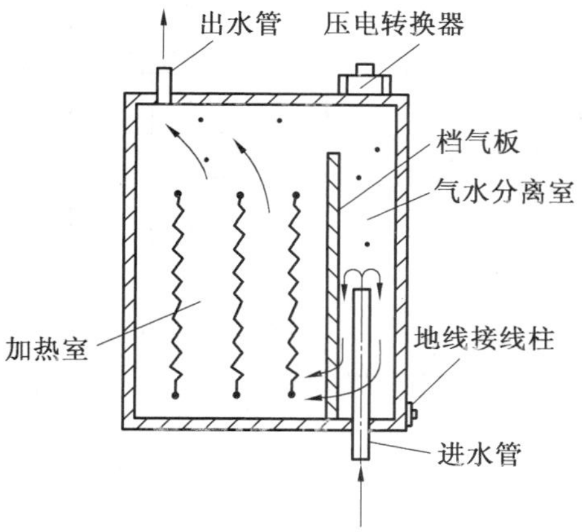

图 12.7　快速式电加热器

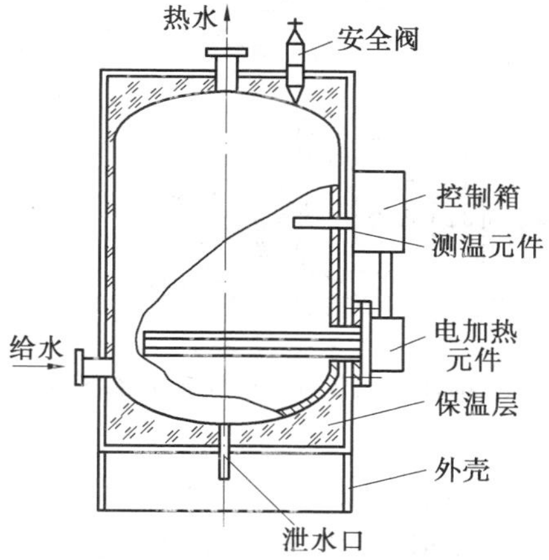

图 12.8　容积式电加热器

12.5.2　水　　箱

热水供应系统设置水箱的主要作用是用以调节用水的均衡性。由于热水的水温不高，所以可采用一般的水温小于 100 ℃ 的开式水箱。水箱有方形和圆形两种，用钢板制作。方形开式水箱的有效容积为 1.2 ～ 31.1 m^3（型号 1# ～ 22#），钢板厚度为 4 ～ 8 mm，具体的规格尺寸见《动力设施国家标准图集》R108（一）。

12.5.3　其他设备和附件

热水供应系统的管道敷设及管路附件与供暖系统基本相同，作为热水输送设备的水泵选择也在本章的有关部分做了介绍，这里不再重复。

习　题

1. 集中热水供应系统的型式有哪几种？说明各种系统的特点。

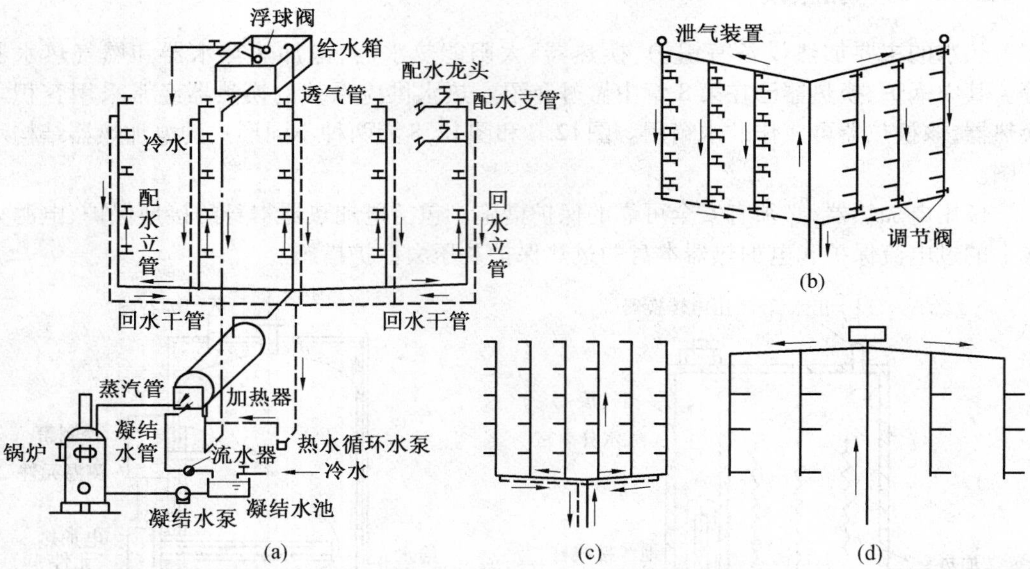

2. 指出图 12.9 中全循环系统为图________，半循环系统为图________，不循环系统为图________。

3. 热水供应系统采用的主要加热设备有几种？

4. 热水供应的水温标准为________ ℃，饮用开水的水温为________ ℃。

5. 热水供应的小时变化系数________（$K_h > 1$、$K_h < 1$、$K_h = 1$）。

6. 考虑热水输送经济性要求，生活热水配水温度一般应为(　　)。

A. 20 ℃　　B. 35 ~ 40 ℃　　C. 65 ~ 70 ℃　　D. 70 ~ 95 ℃

第13章　燃气供应

利用燃气代替固体燃料不仅能够节约能源，提高效率和产品质量，实现生产自动化，改善劳动条件，同时能够减轻城市交通运输量，提高人民生活水平，更重要的是可以改善大气污染，保护环境。城市燃气化是城市现代化的重要标志之一。

13.1　燃气的分类及质量要求

13.1.1　燃气的分类

城市燃气是由几种气体组成的混合气体，其中含有可燃气体和不可燃气体。可燃气体有碳氢化合物、氢和一氧化碳。燃气的种类很多，主要有天然气、人工煤气和液化石油气。

1. 天然气

天然气有气田气（纯天然气）、石油伴生气、凝析气田气和矿井气4种。

纯天然气的组分以甲烷为主，还含有少量的二氧化碳、硫化氢和氮等气体。石油伴生气除含有大量的甲烷外，乙烷、丙烷和丁烷等含量约为15%左右。凝析气田气的组分以甲烷为主，还含有2%～5%戊烷以上的碳氢化合物。矿井气的主要组分是甲烷，其含量随开采方式而变化。天然气的热值因产地、种类及开采方式的不同而不同，变化范围在33 500～48 400 kJ/Nm^3。

2. 人工煤气

（1）固体燃料干馏煤气。利用焦炉、连续式直立碳化炉等对煤进行干馏所获得的煤气称为干馏煤气。这类煤气中甲烷和氢的含量较高，热值一般在16 750 kJ/m^{3}左右。

（2）固体燃料气化煤气。其包括压力气化煤气、水煤气和发生炉煤气等。高压气化煤气组分以氢和甲烷为主，热值约为15 100 kJ/m^3。水煤气和发生炉煤气的主要组分为一氧化碳和氢。水煤气的热值约为10 500 kJ/m^3，发生炉煤气的热值约为5 450 kJ/m^3。

（3）油制气。我国一些城市利用重油、石脑油制取城市燃气。按制取方法不同可分为热裂解油制气和催化裂解油制气两种。热裂解油制气以甲烷、乙烷和丙烷为主要组分，热值约为42 000 kJ/m^3。催化裂解油制气中氢的含量最多，也含有甲烷和一氧化碳，热值为17 600～21 000 kJ/m^3。

（4）高炉煤气。高炉煤气是冶金工厂炼铁时的副产气，主要组分是一氧化碳和氮气，热值约为3 770～4 200 kJ/m^3。

3. 液化石油气

液化石油气是开采和炼制石油过程中，作为副产品而获得的一部分碳氢化合物。液化石油气的主要组分是丙烷、丙烯、丁烷和丁烯。气态液化石油气的热值为92 100 ~ 121 400 kJ/m³，液态液化石油气的热值为45 200 ~ 46 000 kJ/kg。

一些燃气的组分和热值见表13.1。

表13.1　各种常用燃气的组成和特性

燃气种类名称			燃气成分(容积成分百分数)/%													密度/(kg · Nm⁻³)
			H_2	CO	CH_4	C_2^+							O_2	N_2	CO_2	
						C_2H_4	C_2H_4	C_2H_4	C_2H_2	C_4H_4	C_4H_{22}	C_5^+				
人造燃气	煤制气	炼焦煤气	59.2	8.6	23.4				2.0				1.2	3.6	2.0	0.468 6
		直立炉气	56.0	17.0	18.0				1.7				0.3	2.0	5.0	0.552 7
		混合煤气	48.0	20.0	13.0				1.7				0.8	12.0	4.5	0.669 5
		发生炉气	8.4	30.4	1.8				0.4				0.4	56.4	2.2	1.162 7
		水煤气	52.0	34.4	1.2								0.2	4.0	8.2	0.700 5
	油制气	催化制气	58.1	10.5	16.6	5.0							0.7	2.5	6.6	0.537 4
		热裂化制气	31.5	2.7	28.5	23.8	2.6	5.7					0.6	2.4	2.1	0.790 9
天然气		四川干气			98.0				0.3		0.3	0.4		1.0		0.743 5
		大庆石油伴生气			81.7				6.0		4.7	4.9	0.2	1.8	0.7	1.041 5
		天津石油伴生气			80.1		7.4		3.8		2.3	2.4		0.6	3.4	0.970 9
液化石油气		北京			1.5		1.0	9.0	4.5	54.0	26.2	3.8				2.527 2
		大庆			1.3		0.2	15.8	6.6	38.5	23.2	12.6		1.0	0.8	2.526 8

燃气种类名称			相对密度	热值/(kJ · Nm⁻³)		华白值:高热值/密度	理论烟气量/(Nm³ · Nm⁻³)		理论空气/需要量(Nm³ · Nm⁻³)	爆炸极限(空气中体积百分数)/%		理论燃烧温度/℃
				高热值	低热值		湿	干		上	下	
人造燃气	煤制气	炼焦煤气	0.362 3	19 820	17 618	32 928	4.88	3.76	4.21	35.8	4.5	1 998
		直立炉气	0.427 5	18 045	16 136	27 599	4.44	3.47	3.80	40.9	4.9	2 003
		混合煤气	0.517 8	15 412	13 858	21 418	3.85	3.06	3.18	42.6	6.1	1 986
		发生炉气	0.899 2	6 004	5 744	6 332	1.98	1.84	1.16	67.5	21.5	1 600
		水煤气	0.541 8	11 451	10 383	15 557	3.19	2.19	2 616	70.4	6.2	2 175
	油制气	催化制气	0.415 6	18 472	16 521	28 653	4.55	3.54	3.89	42.9	4.7	2 009
		热裂化制气	0.611 6	37 953	34 780	48 530	9.39	7.81	8.55	25.7	3.7	2 038
天然气		四川干气	0.575 0	40 403	36 442	53 282	10.64	8.65	9.64	15.0	5.0	1 970
		大庆石油伴生气	0.805 4	52 833	48 383	58 871	13.73	11.33	12.52	14.2	4.2	1 986
		天津石油伴生气	0.750 3	48 077	43 643	55 503	12.53	10.3	11.40	14.2	4.4	1 973
液化石油气		北京	1.954 5	123 678	115 062	88 466	30.67	26.58	28.28	9.7	1.7	2 050
		大庆	1.954 2	122 284	113 780	87 475	30.04	25.87	28.94	9.7	1.7	2 060

13.1.2　城市燃气的质量要求

作为供给城市工业和民用的燃气，对其质量提出以下要求：

(1) 燃气的热值要高。目前我国规定城市燃气的低热值应不小于14 654 kJ/m³。

(2) 供应城市的燃气毒性要小。在煤制气及油制气中含有相当数量的一氧化碳，它是一种有毒气体。城市燃气中的一氧化碳的含量应控制在10% 以下。

（3）燃气中所含的杂质要少。燃气中所含的氨、萘、灰尘等均是有害杂质。我国对人工燃气中的有害杂质含量的规定见表 13.2。

（4）燃气中含氧量应少于 1%。

表 13.2　人工燃气中有害杂质的允许范围

有害杂质	含量/($mg \cdot Nm^{-3}$)	备注
萘	夏天 < 100 冬天 < 50	仅适用于低压输送的城市燃气
硫化氢	< 20	
氨	< 50	
焦油及灰尘	< 10	

（5）加臭。城市燃气应具有可以察觉到的臭味。无臭味的燃气应加臭，加臭量要求如下：有毒燃气在达到允许的有害浓度以前，应能察觉到臭味；无毒燃气在相当于爆炸下限 20% 的浓度时，应能察觉到臭味。

13.2　燃气供应系统概况

城市燃气供应系统包括由气源到用户的燃气输送管路及设备。它的基本任务是从气源接受燃气，并将燃气输送给用户。

13.2.1　燃气管道的分类

燃气管道是城市燃气供应系统的重要组成部分，占整个供应系统投资的 60%。燃气管道可根据输气压力、用途和敷设方式进行分类。

1. 根据输气压力分类

燃气管道之所以要根据输气压力分级，是因为燃气管道输送的是易燃易爆气体，气密性与其他管道相比，有特别严格的要求。燃气管道中的压力越高，管道出现泄漏的可能性越大。管道内燃气压力不同时，对管道材质、安装质量、检验质量和运行管理的要求也不同。我国城市燃气管道的压力分级见表 13.3。

表 13.3　我国城市燃气管道压力分级　MPa

高压燃气管道 A	$0.8 \leqslant P \leqslant 1.6$
高压燃气管道 B	$0.4 \leqslant P \leqslant 0.8$
中压燃气管道 A	$0.2 \leqslant P \leqslant 0.4$
中压燃气管道 B	$0.005 \leqslant P \leqslant 0.2$
低压燃气管道	$P \leqslant 0.005$

2. 根据用途分类

燃气管道根据用途可分为长距离输气管线、城市燃气管道和工业企业燃气管道。

（1）长距离输气管线用以从气源接受燃气，并供给远离气源的用气区。

(2) 城市燃气管道包括市区燃气管道、庭院燃气管道、用户引入管及室内燃气管道。其任务是将燃气分配给用户，并输送到用户的燃具前。

(3) 工业企业燃气管道包括工厂引入管、厂区燃气管道、车间燃气管道和炉前燃气管道。其任务是将燃气从市区管道引入厂区，并输送到用气设备。

3. 根据敷设方式分类

根据敷设方式可分为地下燃气管道和架空燃气管道。地下燃气管道是燃气管道常用的敷设方式，一般要求敷设在冰冻线以下。架空燃气管道通常用于跨越障碍等特殊工艺中。

13.2.2　城市燃气供应系统

城市燃气供应系统一般由长距离输送系统、城市燃气输配系统、用户燃气供应系统及贮存、加压、调压和计量设备等构成。

1. 长距离输送系统

长距离输送系统通常由起点站、输气干线、输气支线、中间调压计量站、压气站、燃气分配站、管理维修站、通讯与遥控设备、阴极保护站（或其他电保护装置）等组成，如图 13.1 所示。长距离输送系统的任务是连接气源及远离气源的用气区。为用户区供应燃气并满足用气区对燃气量、燃气压力等的要求。长距离输送系统的场站因气源的种类、压力、气质和输送距离等不同也有差异。

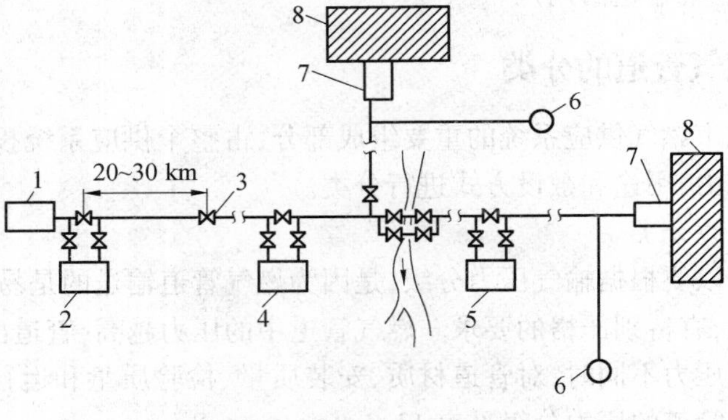

图 13.1　长距离输气系统

1— 气源；2— 起点站；3— 管线阀门；4— 中间压气站；5— 终点压气站；6— 储气设施；7— 燃气分配站；8— 用气区

2. 城市燃气输配系统

城市燃气输配系统是复杂的综合设施，通常由以下几部分构成：低压、中压、高压等不同压力的燃气管网；城市燃气分配站、调压计量站或区域调压站、储气站；电讯与自动化设备、电子计算机中心等。

城市燃气输配系统的任务是保证不间断地、可靠地将燃气输送、分配给用户，并保证满足不同用户对燃气量、燃气压力的要求。

城市燃气管网是城市燃气输配系统的主要部分。根据所采用的管网压力机制不同，城市燃气输配系统可分为单级系统、两级系统、三级系统及多级系统。

（1）单级系统。只有一个压力等级的燃气管网分配和供应燃气的系统称为单级系统。

仅用低压燃气管网来分配和供应燃气的单级系统，系统简单、维护管理方便、不需要压送设备、输配费用小，但供气范围较大时，输送等量燃气的管材用量将急剧增加，从而增大了系统投资。因此只适用于较小的城市，如图 13.2 所示。

近年来楼栋调压或用户调压的中压单级系统也得到广泛采用。这种系统用户灶前压力比较稳定，管网投资较小，但维修量大，管理不够方便。

（2）两级系统。一般由低压和中压 A 或低压和中压 B 两级管网组成。和低压单级系统相比，中、低压两级系统供气范围大，低压燃气管网的压力工况较好。但是因为使用了压送设备，运行费用高，运行管理相对复杂。目前，我国大多数采用中、低压两级燃气输配系统，如图 13.3 所示。

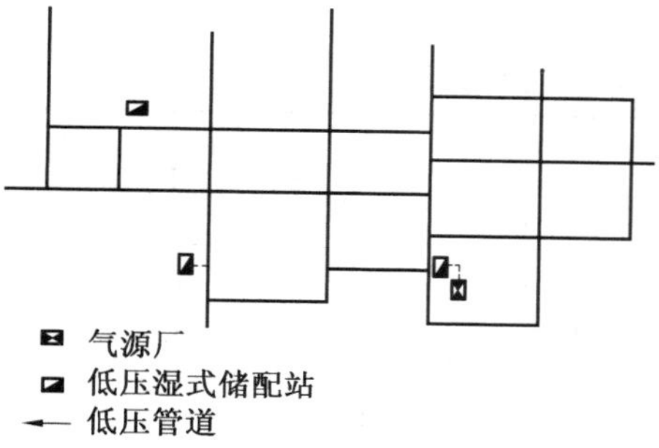

图 13.2　低压单级系统示意图

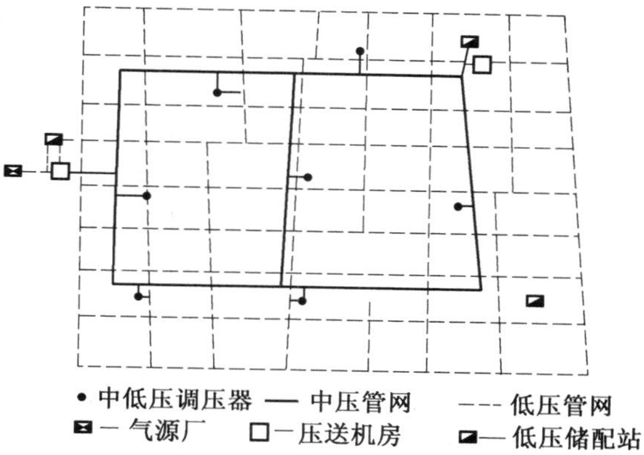

图 13.3　中、低压两级系统示意图

（3）三级系统和多级系统。包括低压、中压和高压的三级或多级燃气管网的城市燃气输配系统。这种系统燃气输送量大、输送距离远，但运行管理复杂。一般用于大型城市、旧有燃气管网改造的城市或多气源城市。

13.3　用户燃气供应系统

用户燃气供应系统泛指用户室内燃气供应管路及设备。

13.3.1　城市燃气用户

城市燃气用户有居民、公共建筑、工业企业及建筑采暖用户。

居民用户用气主要用于炊事和日常生活用热水。公共建筑用户包括职工食堂、饮食业、幼儿园、托儿所、医院、旅馆、理发店、浴室、洗衣房、机关、学校及科研单位等，燃气主要用于炊事和热水。对于学校和科研单位，燃气还用于实验室。工业企业用气主要用于生产工艺。

近年来，随着国家对环保要求的提高以及采暖分户计量的需要，采用燃气采暖的呼声日渐增高，同时也有一定数量的建筑采用燃气采暖。但是由于采用燃气采暖的季节性因素，具有突出的不均匀用气的特点，严重影响燃气输配系统的运行工况，为运行管理带来不便。同时也由于燃气资源和经济性的限制，燃气采暖用户尚没有作较大的发展。

1. 用户用气量计算

(1) 居民用户用气量。影响居民用气量的因素很多，如住宅用气设备情况、公共服务网的发展程度、居民的生活水平和生活习惯、居民每户平均人口数、地区的气候条件、燃气价格、住宅有无集中采暖设备和热水供应设备等。这些影响因素随居民用气量的影响无法精确确定，通常都是根据典型用户进行调查和测定，并通过综合分析得到平均用气量，作为居民用气量指标。我国一些城市的居民生活用气量指标见表 13.4。

(2) 公共建筑用气量。影响公共建筑用气量的重要因素是用气设备的性能、热效率、加工食品的方法和地区的气候条件等。我国几种公共建筑用气量指标见表 13.5。

(3) 工业企业用气量。工业企业用气量可利用各种产品的用气定额及其年产量来计算。在缺乏产品用气定额资料的情况下，通常是将工业企业其他燃料的年用量，折算成用气量。

表 13.4　一些城市居民生活现状用气量指标

城市名称	居民生活用气量指标 /(10^4 千焦 · 人$^{-1}$ · 年$^{-1}$)		全年平均气温 /℃
	无集中采暖设备	有集中采暖设备	
北京	251 ~ 272	272 ~ 306	11.8
上海	197 ~ 201		15.2
南京	205 ~ 218		15.4
大连	155 ~ 168	197 ~ 209	10.3
沈阳	159 ~ 172	201 ~ 218	7.3
哈尔滨	168 ~ 180	243 ~ 251	3.7

注：燃气热值按低位发热值计算。

表 13.5　几种公共建筑用气量指标

类别	单位	用气量指标
职工食堂	10^4 kJ/kg 粮食	1.68 ~ 2.10
饮食业	10^4 kJ/(座位 · 年)	796 ~ 921
幼儿园、托儿所		
全托	10^4 kJ/(人 · 年)	168 ~ 209
日托	10^4 kJ/(人 · 年)	63 ~ 105
医院	10^4 kJ/(床位 · 年)	272 ~ 356
旅馆(无餐厅)	10^4 kJ/(床位 · 年)	67 ~ 84
理发店	10^4 kJ/(床位 · 年)	0.34 ~ 0.42

2. 燃气的小时计算流量

燃气的小时计算流量是指小时最大流量，小时计算流量的确定关系着燃气供应系统的经济性和可靠性。定得偏高，将增加系统的投资；定得偏低，又会影响用户的正常用气。确定燃气的小时计算流量的方法有不均匀系数法和同时工作系数法。

（1）不均匀系数法。城市燃气各类用户的用气情况是不均匀的，是随月、日、时而变化的，分别用月不均匀系数 K_1（可取 $K_1 = 1.10 \sim 1.30$）、日不均匀系数 K_2（可取 $K_2 = 1.05 \sim 1.20$）及小时不均匀系数 K_3（可取 $K_3 = 2.20 \sim 3.20$），表示月、日和小时用气不均匀性。不均匀系数法的公式为

$$Q = \frac{Q_y}{365 \times 24} K_1 K_2 K_3 \tag{13.1}$$

式中　Q—— 计算流量（m^3/h）；

Q_y—— 年用气量（m^3/年）。

（2）同时工作系数法。同时工作系数法是说所有相同燃具或相同组合燃具不可能在同一时间内使用，所以实际上燃气小时计算流量不会是所有燃具额定流量的总和。用户越多，相同燃具或相同组合燃具在同一时间内使用的可能性越小。同时工作系数法的公式为

$$Q = \sum K_0 Q_n N \tag{13.2}$$

式中　Q—— 小时计算流量（m^3/h）；

K_0—— 相同燃具或相同组合燃具的同时工作系数，K_0 按总户数选取；

N—— 相同燃具或相同组合燃具数；

Q_n—— 相同燃具或相同组合燃具的额定流量（m^3/h）。

双眼灶同时工作系数见表 13.6。

表 13.6　居民生活用的燃气双眼灶同时工作系数

相同燃具数 N	1	2	3	4	5	6	7	8	9	10	15	20	25
同时工作系数 K_0	1.00	1.00	0.85	0.75	0.68	0.64	0.60	0.58	0.55	0.54	0.48	0.45	0.43
相同燃具数 N	30	40	50	60	70	80	100	200	300	400	500	600	1 000
同时工作系数 K_0	0.40	0.39	0.38	0.37	0.36	0.35	0.34	0.31	0.30	0.29	0.28	0.26	0.25

当相同用户在1 000 户以下时用同时工作系数法，超过1 000 户时用不均匀系数法。通常庭院管道和室内燃气管道计算均采用同时工作系数法，而市区燃气管网采用不均匀系数法。

13.3.2　用户燃气供应系统

用户燃气供应系统指用户内部所有燃气供应设施构成的系统。由燃气管道、阀门、燃气计量装置等组成，有些系统还设有调压设备。

1. 液化石油气瓶装供应系统

液化石油气瓶装供应指用液化石油气钢瓶充装液态液化石油气供给用户。液化石油气瓶装供应具有建设周期短、系统简单、使用灵活、金属耗量少、投资省和气化率高的优点。但是这种系统也有很多缺点，如采用单个钢瓶供给用户，使用不够安全；人工装卸钢瓶劳动量大；钢瓶运输增加了城市交通运输量；系统分散不易管理等。

液化石油气瓶装供应主要作为城市燃气管道供应的补充方式，供给分布较分散的单

层或低层居民用户及小型公共建筑用户，用以提高城市的气化百分率。此外，还常作为中、小城市早期气化的燃气供应方式。

液化石油气瓶装供应有单瓶系统和双瓶系统，目前在我国主要采用单瓶供应系统。

(1) 单瓶供应系统。单瓶供应系统如图 13.4 所示，该系统由钢瓶、调压器及连接管道组成。液化石油气钢瓶直接置于用户厨房内，靠吸收周围环境的热量使液态液化石油气气化。使用时打开钢瓶角阀，液化石油气借助本身压力（一般为 0.3 ~ 0.7 MPa），经过调压器降至 2 500 ~ 3 000 Pa 进入燃具燃烧。单瓶供应系统主要用于居民住宅和小型公共建筑用户。

(2) 双瓶供应系统。双瓶供应系统图 13.5 所示，该系统由两个钢瓶、调压器、连接管道等组成。系统工作时，一个钢瓶工作，而另一个为备用瓶，两个钢瓶装有自动切换调压器，当一个钢瓶中的燃气用尽后，另一个钢瓶自动启动。这一系统能保证用户不间断用气。

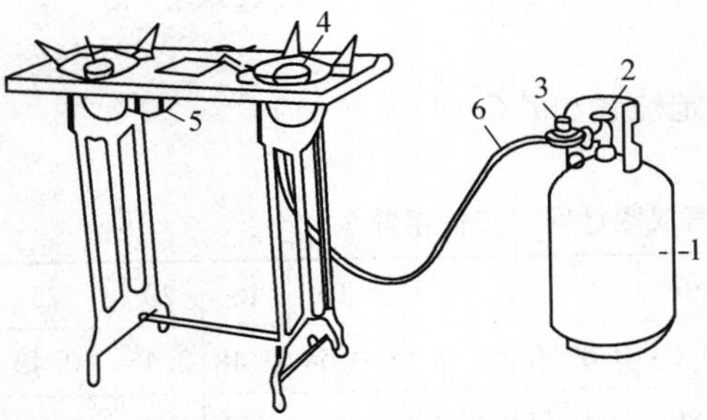

图 13.4　单瓶供应系统示意图

1— 钢瓶；2— 钢瓶角阀；3— 调压器；4— 燃具；5— 燃具开关；6— 耐油胶管

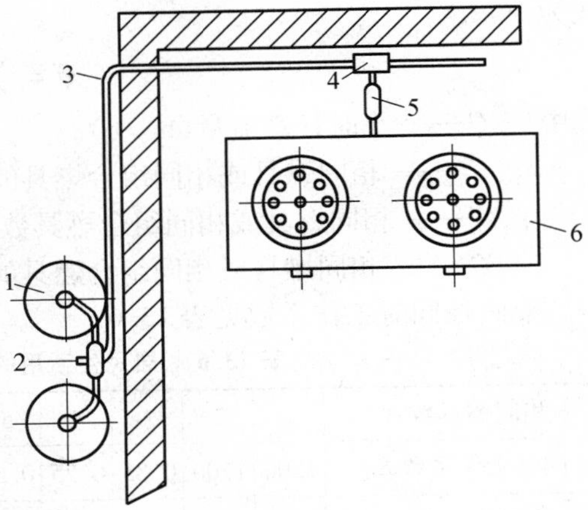

图 13.5 双瓶供应系统示意图

1— 钢瓶；2— 调压器；3— 钢管；4— 三通；5— 橡胶管；6— 燃具

2. 燃气管道供应系统

燃气管道供应系统是指与城市市区燃气管网相配合，采用室内燃气管道供应用户。这种系统供气量大、安全可靠、不需城市运输、运行管理方便。但金属耗量大、投资多、建设周期长。燃气管道供应系统是城市燃气合理的供应方式，它适用于采用各种气源的居民用户、公共建筑用户及工业企业用户。这种供应方式是城市燃气供应的最终发展方向。

(1) 居民用户管道供应系统。居民用户燃气管道供应系统有中压进户和低压进户两种，在我国主要采用低压进户系统。但是，近年来随着液化石油气管道供应的增多，中压进户系统也逐步发展起来。

居民用户燃气管道供应系统一般由用户引入管、水平干管、立管、用户支管、燃气计量表和用具连接管等组成，如图 13.6 所示。

用户引入管是室外管与室内管之间的联络管段，也称进户管，一般在室内距地面

0.8 m 处设有用户总阀门。

水平干管是当一根引入管与多根立管相连时，引入管与立管的连接管，又称盘管。

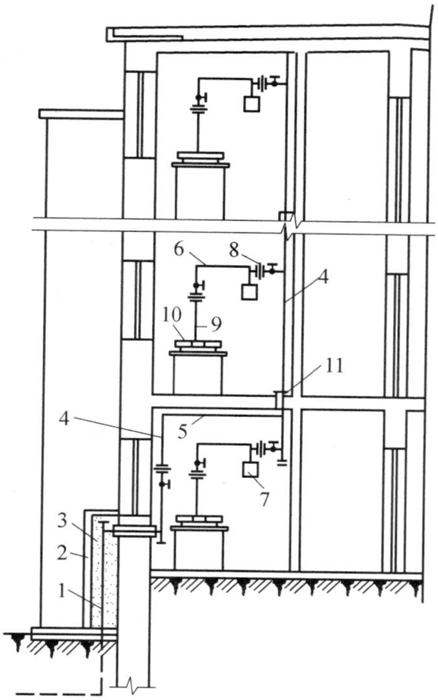

图 13.6　室内燃气管道系统剖面图

1—用户引入管；2—砖台；3—保温层；4—立管；5—水平干管；6—用户支管；7—燃气计量表；8—旋塞及活接头；9—用具连接管；10—燃气用具；11—套管

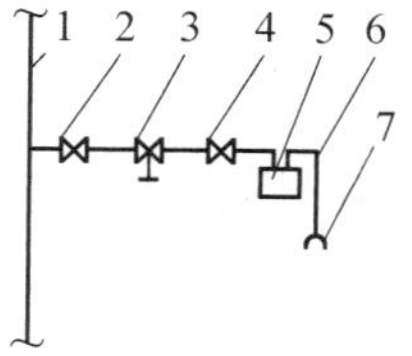

图 13.7　中压进户燃气管道供应系统

1—立管；2、4—阀门；3—调压器；5—燃气表；6—下垂管；7—旋塞、胶管接头

立管是多层居民用户一个立庭中各个用户的燃气分配管。

用户支管从立管引出，连接每户居民的燃气设施。用户支管上设有表前阀和燃气表。

用具连接管又称下垂管，指连接用户支管与燃气用具的垂直管段，在距地面 1.5 m 左右装有旋塞阀和灶具软管接头。

中压进户和低压进户燃气管道供应系统很相似，仅在用户支管上的用户阀门与燃气计量表之间加装一用户调压器，如图 13.7 所示。

(2) 公共建筑用户管道供应系统。小型食堂(幼儿园、机关食堂等)的燃气管道供应系统,由引入管、用户阀门、燃气计量表、燃具连接管等组成,如图 13.8 所示。

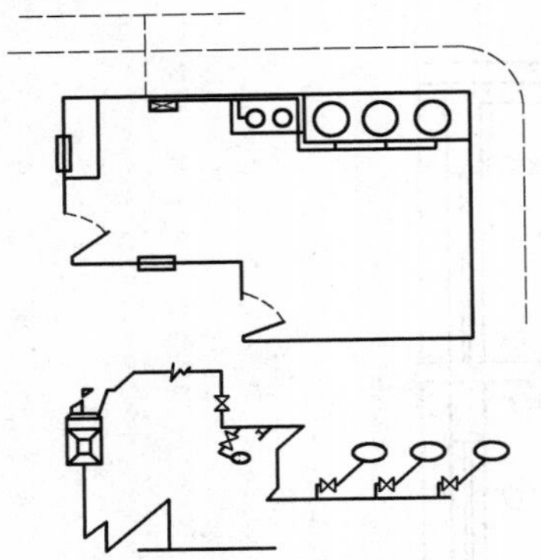

图 13.8　小型食堂燃气管道系统

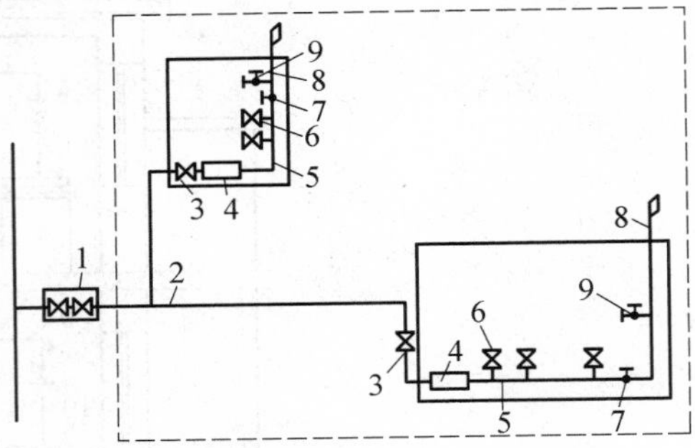

图 13.9　工业企业燃气管道系统

1— 工厂引入口处的总阀门及补偿器;2— 厂区管道;3— 车间引入口的总阀门;4— 用气计量的装置;5— 车间燃气管道;6— 燃烧设备前的总阀门;7— 放散管阀门;8— 放散管;9— 吹扫时取样用的短管

公共建筑用户也可采用中压进户,其系统与低压进户相似,只在燃气计量表前加装用户调压器。

(3) 工业企业用户管道供应系统。工业企业用户燃气管道供应系统由引入管、厂区燃气管道、车间燃气管道、燃气计量表、阀门及炉前燃气管道等组成,如图 13.9 所示。工业企业燃气管道供应系统的燃气计量较大,其计量设备、调压设备宜设置在单独的房间内,此外,还应有安全防暴装置,如放散管、安全切断阀或其他自控设备。

13.3.3　用户燃气管道的布置和敷设

燃气管道输送的是易燃易爆气体,所以对用户燃气管道的布置和敷设有特别严格的要求。确保供气安全可靠,并且便于安装和检修。

1. 用户燃气管道的布置

(1) 管线位置。用户燃气管道不得穿越易燃易爆品仓库、配电间、变电间、电缆沟、烟道、进风道、潮湿或有腐蚀性介质的房间等;引入管一般直接从厨房引入,若直接引入有困难,可以从楼梯间引入,然后进入厨房或燃气表房;燃气管道敷设高度(从地面到管道底部)应遵循下列规定:在有人行走的地方,敷设高度不应小于 2.2 m。在有车通行的地方,高度不小于 4.5 m。立管应尽量布置在厨房内,立管上端应设 *DN*15 的放气口丝堵。立管严禁布置在卧室、浴室、厕所等非用气房间内。

室内燃气管道和电气设备、相邻管道之间的最小净距见表 13.7。

表 13.7　燃气管道和电气设备、相邻管道之间的净距　cm

序号	管道和设备		与燃气管道的净距	
			平行敷设	交叉敷设
1	电气设备	明装的绝缘电线或电缆	25	
		暗装的或放在管子中的绝缘电线	5(从所制的槽或管子的边缘算起)	
		电压小于 1 000 V 的裸露电线的导电部分	100	1
		配电盘或配电箱	30	不允许
2	相邻管道		应保证燃气管道和相邻管道的安装、安全维护和修理	2

注:当明装电线与燃气管道交叉净距小于 10 cm 时,电线应加绝缘套管。绝缘套管的两端应各伸出燃气管道 10 cm

(2) 阀门位置。室内燃气管道上应设置必要的阀门,以方便使用和维修,保证安全。

① 进户总阀门。设在总立管(引入管在室内的上升部位) 上,距地面 1.0 m 左右。

② 燃气表控制阀。额定流量 $Q_n \leqslant 3\ m^3/h$ 的燃气表前应安装一个旋塞阀(用户阀门);$Q_n \leqslant 25\ m^3/h$ 的燃气表,若靠近总立管,则进户总阀门可兼作燃气表的控制阀;$Q_n \leqslant 40\ m^3/h$ 的燃气表或不能中断供气的用户,燃气表前后均应安装阀门,并加设旁通阀。

③ 灶具控制阀。每台灶具前均应安装控制阀门。对于仅安装一台灶具的居民厨房,若燃气表与灶具的距离不超过 3 m,燃气表控制阀操作方便时可不设灶具控制阀。灶具控制阀安装在灶具支管距地面 1.4 ~ 1.5 m 处。

④ 燃烧器控制阀。一台燃具上往往安装多个燃烧器,每个燃烧器前均应安装控制阀。控制阀位于炉门旁的燃烧器支管末端。

⑤ 点火控制阀。每台公用灶具均应安装点火控制阀,点火控制阀采用单头燃气旋塞,一般安装在灶前管多灶具连接管上。

(3) 套管的位置。引入管穿越建筑物基础、墙体或管沟时,应设置在套管中。一般套管管径比燃气管道大两号,设置时应根据建筑物沉降量确定,燃气管道应放置在套管内下部 1/3 处,且燃气管道上部净空不得小于建筑物的最大沉降量,如图 13.10 所示。

室内燃气管道穿越楼板、楼梯平台或墙壁时,必须安装在套管中,如图 13.11 所示。套管应伸出地面或墙面 3 ~ 5 cm。套管规格见表 13.8。

表 13.8　套管规格

燃气管公称直径 /mm	20	25	32	40	50	70	80
套管公称直径 /mm	32	40	50	70	80	100	100

水平管穿越卫生间、闭合间、卧室和各种管沟时,其穿越管段必须全部设在套管内,并且套管内不准有接头。

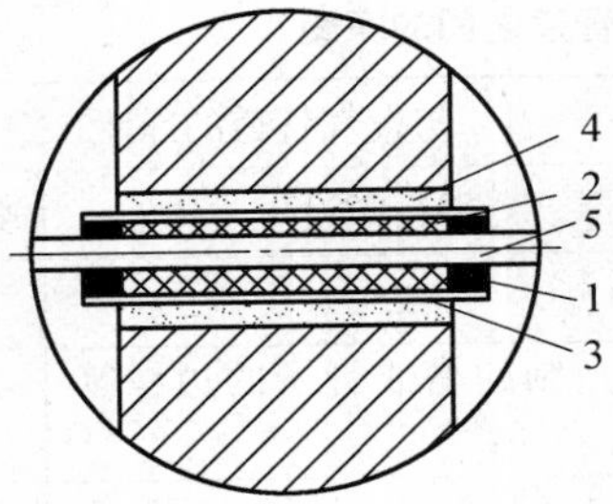

图 13.10　用户引入管套管

1— 沥青密封层;2— 套管;3— 油麻填料

4— 水泥砂浆;5— 燃气管道

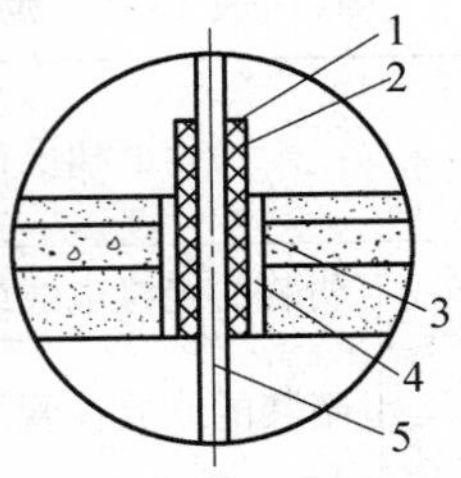

图 13.11　燃气管穿楼板套管

1— 沥青密封层;2— 套管;3— 油麻填料;

4— 水泥砂浆;5— 燃气管道

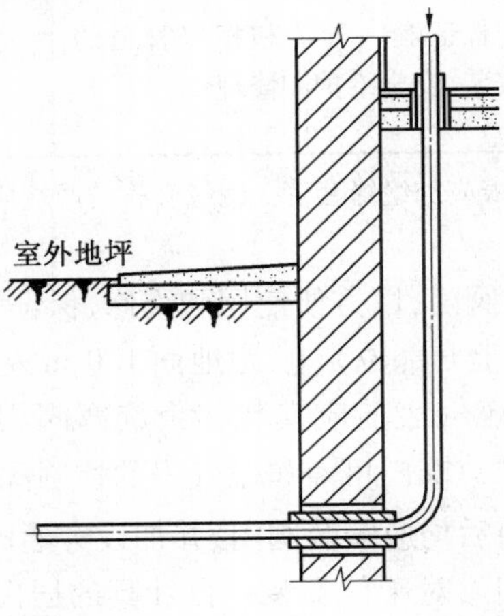

图 13.12　地下引入管 A

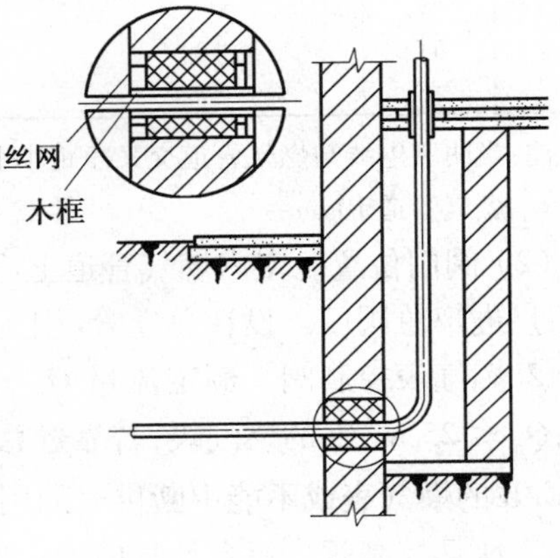

图 13.13　地下引入管 B

2. 用户引入管的敷设

(1) 用户引入管敷设形式。用户引入管有地下引入、地上引入、嵌墙引入形式等。

① 地下引入式。燃气管道在地下直接穿过外墙基础后沿墙垂直升起,从室内地面伸出高度不小于 0.15 m,如图 13.12 所示。这种形式适用于墙内侧无暖气沟或密闭地下室的建筑物,构造简单,运行管理安全可靠。但凿穿基础墙洞的操作较困难,室内地面破坏较大。

对于墙内侧具有暖气沟、密闭地下室或管廊的建筑,若必须采用地下引入,如图 13.13 所示,用砖墙将引入管位于地沟内的管段隔离封闭,基础墙洞的管子上方保留建筑物最大沉降量的空间,并用沥青油麻堵严,洞口两端封上铁丝网,网上抹灰封口。

② 地上引入式。燃气管道在墙外垂直伸出地面,从距室内地面 0.5 m 的高度进入室内。对墙外垂直管段要求采取保护措施,北方冰冻地区还应采取绝热保温措施,如图 13.14 所示。这种形式适用于墙内侧有暖气沟或密闭地下室的建筑物,结构复杂,施工及运行管理困难,对建筑物外观有破坏作用。但是,凿墙洞容易,对室内地面无破坏。

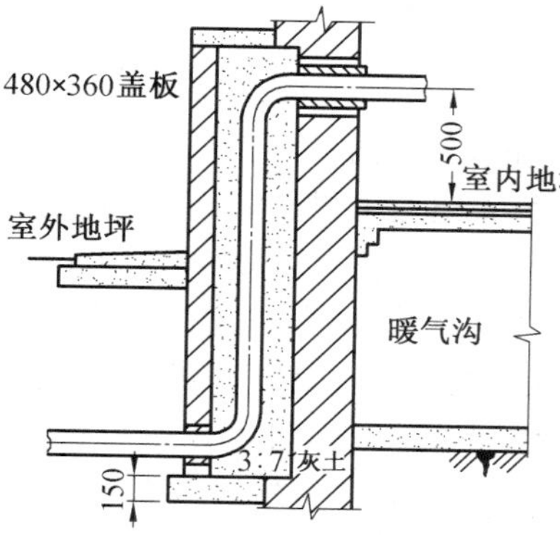

图 13.14　带保温台的地上引入管

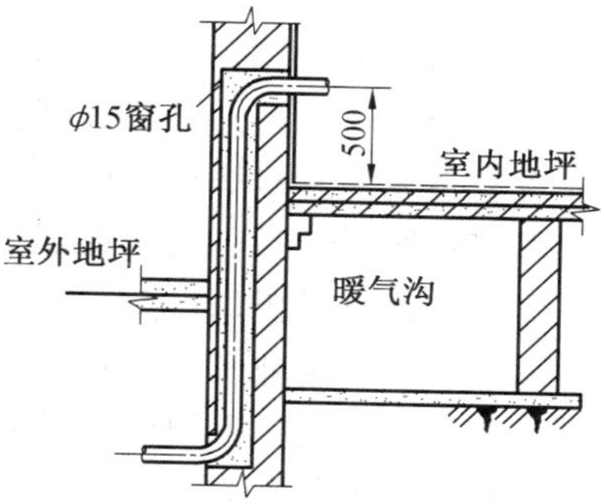

图 13.15　嵌墙引入管

③ 嵌墙引入式。如图 13.15 所示，在建筑外墙凿一条管槽，将燃气管的垂直管段嵌入管槽内垂直伸出地面，从距室内地面 0.5 m 高度处穿过外墙进入室内。为避免地上引入管对建筑物美观的破坏可采用这种形式，但管槽应在外墙的非承重部位开槽。

（2）引入管敷设的基本要求。引入管进入密闭空间时，密闭空间必须改造，设置换气孔，通风换气次数每小时不得小于 3 次；输送湿燃气的引入管埋设深度应在土壤冰冻线以下，应有不小于 0.01 的坡度，坡向燃气分配管道。

3. 室内燃气管道的敷设

室内燃气管道的敷设，根据建筑对美观的要求不同，可采用明设和暗设两类。明设是指管道在室内可沿墙、梁、柱、天花板下、地板处暴露敷设。优点是造价低、施工与维修方便。缺点是影响美观。暗设是指管道可在地下室、顶层吊顶或管道井、管槽、管沟中隐蔽敷设。其优点是美观、整洁；缺点是施工复杂、造价高、检修困难。

（1）明设燃气管道的基本要求。室内燃气管道一般应采用明设，明设燃气管道敷设应满足下列要求：沿墙、柱、楼板和加热设备构架上明设的燃气管道应采用支架、管卡或吊卡固定，固定间距见表 13.9。

表 13.9　燃气钢管固定件的最大间距

管道公称直径 /mm	无保温层管道的固定件的最大间距 /m	管道公称直径 /mm	无保温层管道的固定件的最大间距 /m
15	2.5	100	7
20	3	125	8
25	3.5	150	10
32	4	200	12
40	4.5	250	14.5
50	5	300	16.5
70	6	350	18.5
80	6.5	400	20.5

输送湿燃气的管道敷设在气温低于 0 ℃ 的房间或输送气相液化石油气的管道外环

境温度低于其露点温度时，均应采取保温措施。

工业企业用气车间、锅炉房以及大、中型用气设备的燃气管道上应设放散管，放散管管口应高出屋脊1 m以上，并应采取防止雨雪进入管道和吹扫物进入房间的措施。

（2）暗设燃气管道的基本要求。有特殊要求时，燃气管道可暗设，暗设燃气管道应符合下列要求：暗设燃气立管，可设在墙上的管槽或管道井中，暗设的燃气水平管可设在平吊顶内或管沟内；暗设燃气管道的管槽应设活动门和通风孔，暗设燃气管道的管沟应设活动盖板，并填充干砂；工业和实验室用的燃气管道可敷设在混凝土地面中，燃气管道的引进和引出处应设套管，套管应伸出地面5～10 cm，套管两端应采用柔性的防水材料密封；管道应有防腐层；暗设燃气管道可与空气、惰性气体、上水、热力管道等一起敷设在管道井、管沟或设备层中。这时，燃气管道应敷设在其他管道的外侧，并且燃气管道应采用焊接连接或法兰连接；燃气管道不得敷设在可能渗入腐蚀性介质的管沟中；当敷设燃气管道的管沟与其他管沟相交时，管沟间应密封，并且燃气管道应敷设在套管中；敷设燃气管道的设备层和管道井应通风良好，每层的管道井应设与楼板耐火等级相同的防火隔断层，并应有进出方便的检修门；暗设燃气管道应涂以黄色的防腐识别漆。

4. 建筑预留孔洞

用户燃气供应系统宜与建筑同时施工，以避免二次施工对建筑物造成不必要的破坏。建筑施工时，根据燃气管道施工图确定预留孔洞的位置，预留孔洞规格见表13.10。

表13.10　预留孔洞规格

燃气管公称直径/mm	打洞直径/mm	燃气管公称直径/mm	打洞直径/mm
DN15	45	DN50	90
DN20	50	DN70	115
DN32	60	DN80	140
DN40	75	DN100	165

13.4　燃气供应系统

燃气供应系统主要有调压、计量、贮存、加压和燃烧等设备，这里仅介绍调压、计量和燃烧设备。

13.4.1　燃气调压设备

燃气调压设备是调压器，作用是根据燃气的使用情况将燃气调至不同压力。在燃气供应系统中，所有调压器均是将较高的压力降至较低的压力，因此调压器是一个降压设备。通常调压器根据作用方式不同可分为直接作用式和带有指挥器的间接作用式两种。

1. 直接作用式调压器

（1）液化石油气减压器。目前常用的YJ－0.6型液化石油气减压器，是一种小型家用调压设备。它直接连接在液化石油气钢瓶的角阀上，流量在0～0.6 m^3/h范围内变化，能保证有稳定的出口压力，工作安全可靠。减压器构造如图13.16所示。

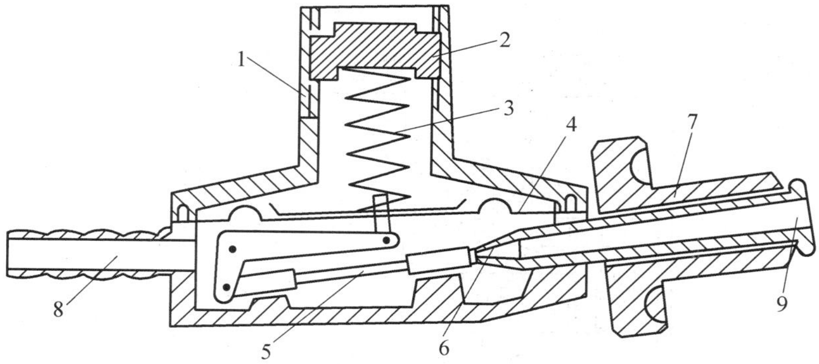

图 13.16　液化石油气减压器

1— 壳体;2— 调节螺丝;3— 调节弹簧;4— 薄膜;5— 横轴;6— 阀口;7— 手轮;8. 出口;9— 入口

(2) 用户调压器。用户调压器带有安全切断装置,体积小、重量轻、流量大、性能稳定、安全可靠。适用于中压进户的居民和小型公共建筑用户,可满足高层建筑用户的使用要求。用户调压器结构如图 13.17 所示。

(3) 箱式调压器。箱式调压器可用于居民用户、公共建筑用户和小型工业企业用户。这种调压器体积小、重量轻、安全可靠,不要求专用房间,可直接挂在用户的外墙上,但是在北方要考虑保温问题。箱式调压器结构如图 13.18 所示。

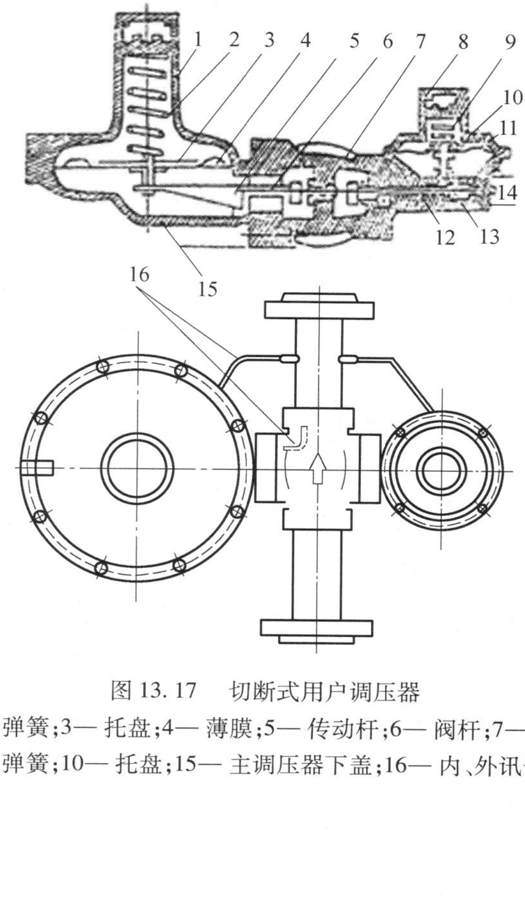

图 13.17　切断式用户调压器

1— 主调压器上盖;2— 弹簧;3— 托盘;4— 薄膜;5— 传动杆;6— 阀杆;7— 阀口;8— 切断阀上盖;9— 弹簧;10— 托盘;15— 主调压器下盖;16— 内、外讯号管

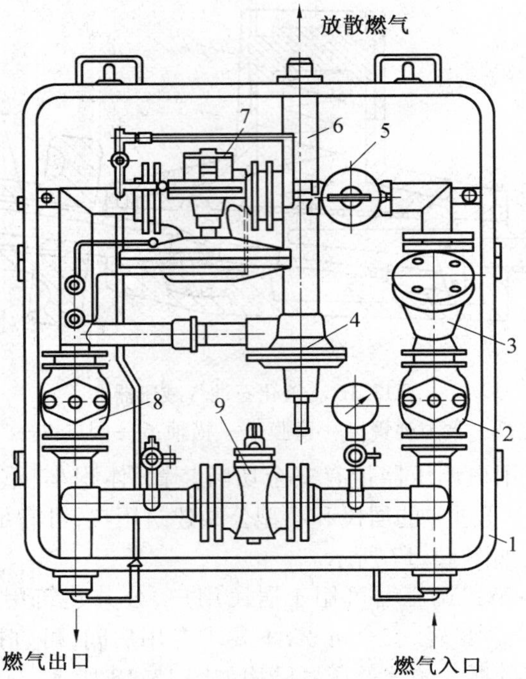

图 13.18　箱式调压器

1— 金属箱;2— 关闭旋塞;3— 网状过滤器;4— 放空安全阀;5— 安全切断阀;
6— 放散阀;7— 调压器;8— 关闭旋塞;9— 旁通管阀门

2. 间接作用式调压器

间接作用式调压器有雷诺式调压器、T 型调压器、自力式调压器等多种,是城市燃气供应系统的大型调压设备。通常设置在单独的建筑物内,用作区域调压站或大型工业企业用户专用调压站。

13.4.2　燃气计量装置

1. 干式皮膜计量表

干式皮膜计量表有单管煤气表和双管煤气表,如图 13.19 和图 13.20 所示。膜式表主要用于居民用户,也可用于用气量不大的公共建筑用户和工业企业用户。但是,由于它体积大、占地面积大、价格昂贵等缺点,限制了它在用气量较大的工业企业用户中的使用。

2. 罗茨流量计

罗茨流量计主要由外壳、转子和计数结构 3 部分构成,如图 13.21 所示。这种流量计体积小,流量大,能在较高的压力下工作。目前主要用于大型公共建筑用户和工业用户的燃气计量。

图 13.19　3 m^3/h 单管煤气表

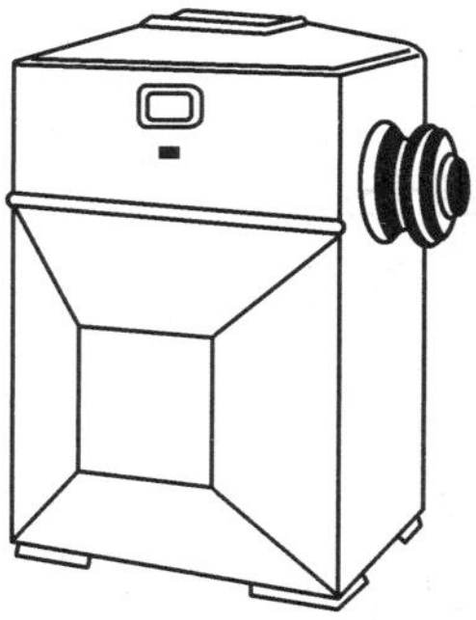

图 13.20　100 m^3/h 双管煤气表

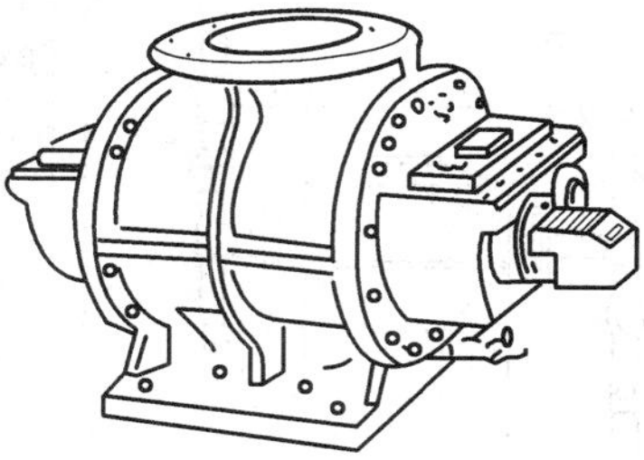

图 13.21　300 m^3/h 罗茨流量计

3. 燃气计量装置的安装

（1）居民用户燃气表的安装。居民用户燃气表的安装方式如图 13.22 所示。一般安装时要求：表底距地面大于或等于 1.8 m，表背距墙不小于 0.01 m；安装后要横平竖直，不得倾斜，表的垂直偏差为 1 cm，表下应设支托；燃气表的进出口管道应用钢管或铅管，丝扣连接要严密，铅管弯曲后成圆弧形，保持铅管管径。表前水平支管坡向立管，表后水平支管坡向下垂管。

（2）公共建筑用户和工业企业用户燃气计量装置的安装。干式皮膜表的安装方式如图 13.23 所示。流量小于 57 m^3/h 的皮膜表还可安装在墙面上，表下用型钢支架固定；罗茨流量计的安装方式如图 13.24 所示，罗茨表必须垂直安装，高进低出，并要求过滤器与流量计直接连接（不许加短节）。

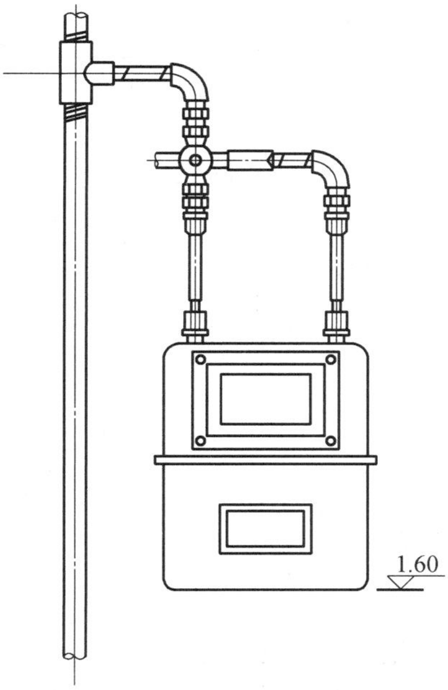

图 13.22　居民用户燃气表安装图

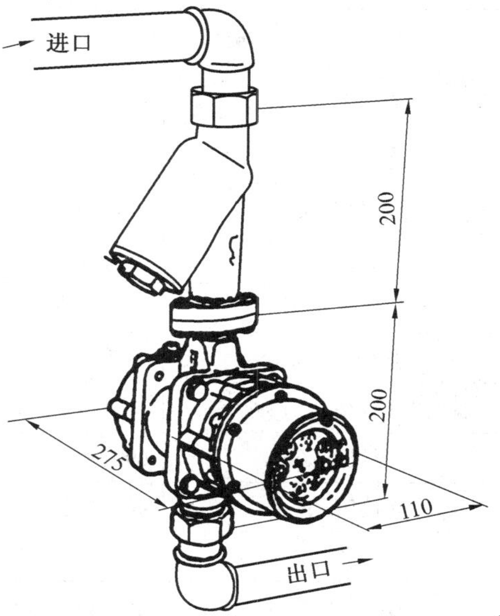

图 13.23　干式皮膜表安装图

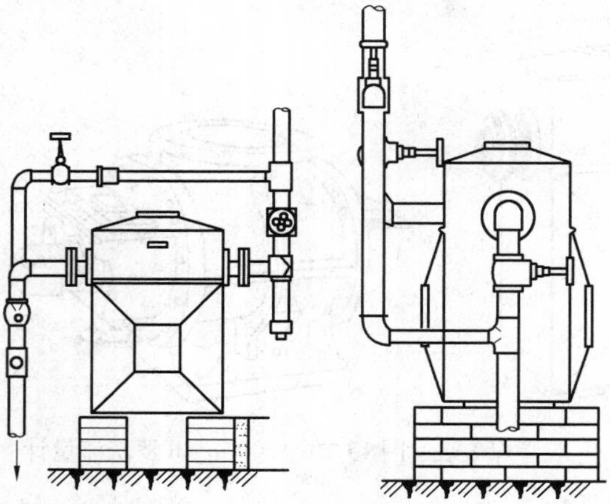

图 13.24　罗茨表安装图

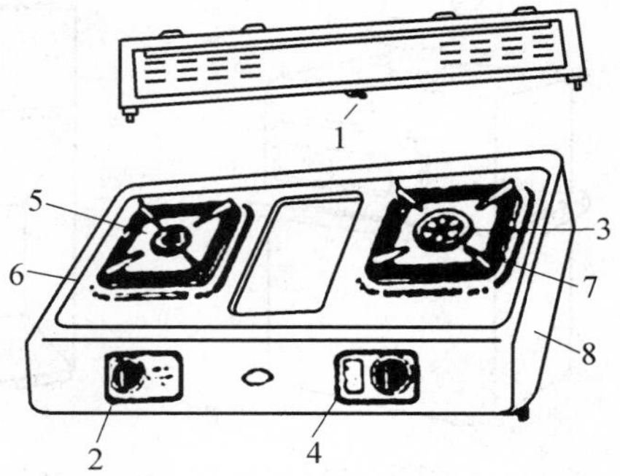

图 13.25　家用双眼灶结构示意图

1— 进气管;2— 开关钮;3— 燃烧器;4— 火焰调节器;5— 剩液盘;6— 灶面;7— 钢支架;8— 灶框

13.4.3　燃气燃烧设备

燃气燃烧设备将燃气的化学能转变为热能,从而满足人们的需求。燃气燃烧设备种类很多,这里仅介绍燃气炊事用具和燃气热水器。

1. 燃气炊事用具

燃气炊事用具形式很多,有灶具、烤箱、带有烤箱的多眼灶及大锅灶、中餐灶、烤炉等。自动点火民用双眼灶的结构如图 13.25 所示。它的主要技术参数见表 13.11。

表 13.11　双眼灶主要技术参数

型号 / 技术参数 / 名称	JZY2	JZR2	JZT2
燃气种类	液化石油气	人工燃气	天然气
燃气压力 /Pa	2 800 ~ 3 000	800 ~ 1 000	2 000
热负荷 /kW	主火眼 3.2 ~ 3.8,辅助火眼 2.3 ~ 3.0		
热效率 /%	> 55		
烟气中 CO 体积分数 /%	< 0.05%		
外形尺寸 /mm	690(长) × 383(宽) × 151(高)		
连接管 /mm	ϕ9 增强塑料管		
净重 /kg	7.8		

为了提高燃气灶的工作安全性,避免发生中毒、火灾或爆炸事故,当前高档燃气灶增设了熄火保护装置。它的作用是一旦灶具熄火,立即发出信号将燃气通路切断。

烤箱由外部围护结构和内箱组成。内箱包以绝热材料层用以减少热损失。在内箱上部空间里装有恒温器的感热元件(敏感元件),它与恒温器联合工作,控制烤箱内的温度。烤箱的玻璃门上装有温度指示器,如图 13.26 所示。

2. 燃气热水器

(1) 热水器的分类。按水的加热方式分有直流式快速热水器和容积式热水器;按排烟方式分有直排式热水器、烟道式热水器和平衡式热水器。

(2) 燃气热水器的特点。容积式热水器是贮存较多的水,间歇将水加热到所需的温度。直流式快速热水器是冷水流经带有翼片的蛇形管即被热烟气加热到所需的温度。直流式快速热水器能快速、连续供应热水,热效率比容积式热水器高 5% ~ 10%。

直排式热水器燃烧用的空气取自室内,燃烧后产生的烟气亦排在室内。该种热水器易发生 CO 中毒事故,故只有在热水器热负荷较小时(热负荷小于 11.63 kW) 才允许使用。烟道式热水器燃烧用的空气亦取自室内,但烟气通过烟道排出室外。该种热水器在室内通风不良及长时间使用,或者存在倒灌风烟气无法排出室外时,也可能引起 CO 中毒事故。平衡式热水器燃烧用的空气取自室外,燃烧后的烟气亦排出室外,整个燃烧系统与室内隔绝,而且炉内静压状况不受室外风力影响,因为当风吹到外墙上的空气吸入口时,同样也吹到烟气排出口上,两者所受压强相同。因此平衡式热水器基本上可以杜绝 CO 中毒事故。

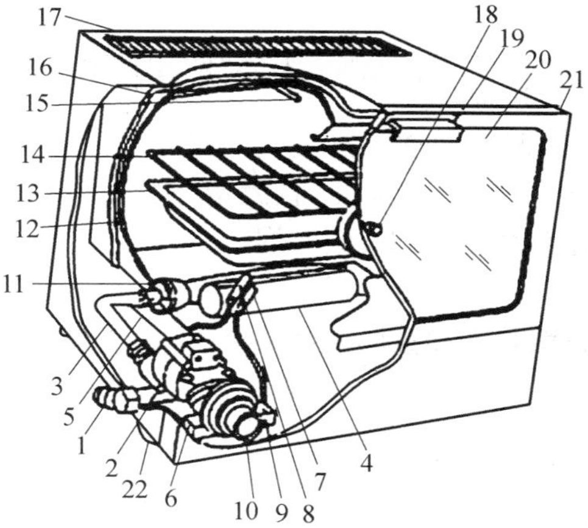

图 13.26　燃气烤箱

1— 进气管;2— 恒温器;3. 燃气管;4— 主燃烧器;5— 主燃烧器喷嘴;6— 燃气阀门;7— 点火电极;8— 点火辅助装置;9— 压电陶瓷;10— 燃具阀钮;11— 空气调节器;12— 烤箱内箱;13— 托盘;14— 托网;15— 恒温器感温件;16— 绝热材料;17— 排烟口;18— 温度计;19— 拉手;20— 玻璃;21— 门;22— 烤箱腿

烟道直流式快速热水器如图 13.27 所示,其性能参数见表 13.12。平衡式快速热水器如图 13.28 所示,其性能参数除外形尺寸中高度为 700 mm 外,其他项均同表 13.12。

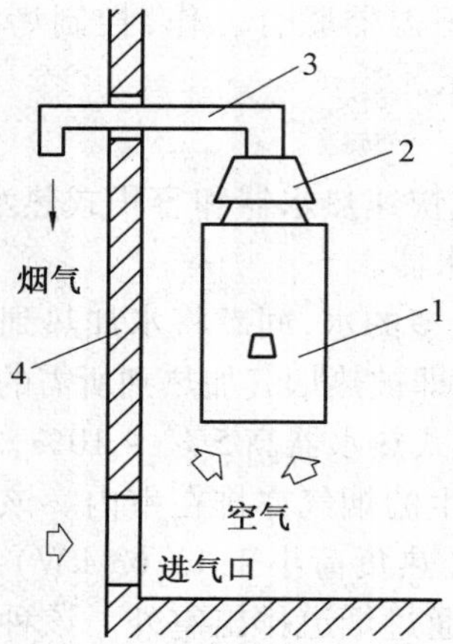

图 13.27　烟道直流式快速热水器

1— 机体;2— 安全排气罩;3— 排气筒;4— 墙

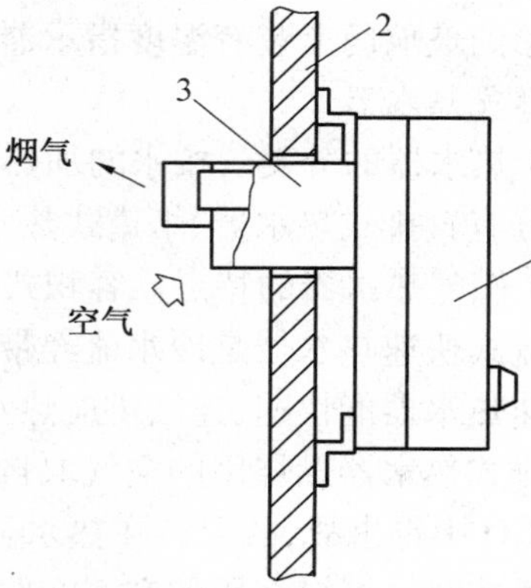

图 13.28　平衡式快速热水器

1— 机体;2— 墙;3— 给排气管

表 13.12　燃气热水器主要技术参数

使用水压	0.035 ~ 0.35MPa	点火方式	压电陶瓷点火、脉冲点火
适用水源	人工燃气	烟气中 CO	< 0.06%
燃气进口	(3/4)"	燃气压力	800 ~ 1 000 Pa
燃气耗量	4.4 m^3/h	外形尺寸	725 mm × 350 mm × 255 mm
燃气热值	15 MJ/m^3	热效率	≥ 80%
热水产率	(温升 25 ℃)8 L/min	冷热水管接口	(1/2)"

从燃气热水器的发展趋势看,安全型、直流型、大容量、烟道式、平衡式、水控脉冲点火以及多功能的燃气快速热水器普遍受到欢迎。

3. 民用燃具的安装

燃气灶应安装在有自然采光和通风良好的厨房内,接近卧室的厨房应有门隔开。房间高度应不低于 2.2 m。

灶具不应靠近或对着窗户,灶具上部边缘与墙之间的距离不应小于 5 cm。灶具与墙壁之间的过道不小于 1 m。

房间内允许安装的燃气用具的热负荷应按下式计算:

$$Q = qV/K \tag{13.3}$$

式中　Q—— 允许安装的燃具热负荷(kW);

K—— 燃具同时工作系数,见表 13.6;

V—— 房间容积(m^3);

q—— 允许的房间容积热负荷(kW/m^3),见表 13.13。

表 13.13　q 值

房间换气次数	1	2	3	4	5
$q/(kW \cdot m^{-3})$	0.465 2	0.581 5	0.697 8	0.814 1	0.930 4

热水器应安装在通风良好的厨房或单独房间内,房间体积不小于 12 m^3,换气次数大于 3 次 /h,安装热水器的房间高度应大于 2.5 m。

直排式热水器严禁安装在浴室内,安装它的房间外墙或窗的上部应有排风扇或百叶窗。烟道式热水器原则上不安装在浴室内。平衡式热水器可安装在浴室内,浴室门应朝外开。安装热水器房间的门或墙的下部应预留有断面积不小于 0.02 m^2 的百叶窗或在门与地面之间留有高度不小于 30 mm 的间隙。

燃气热水器应安装在不燃墙壁上,与墙壁的净距不得小于 20 mm。安装在非耐火墙壁上时,应垫隔热板,隔热板每边应比热水器外壳尺寸大 100 mm。热水器应装在不易被碰撞的地方,其前面的空间宽度应大于 0.8 m。

4. 民用燃具的烟气排除

当燃气发生不完全燃烧时,烟气中含有浓度不同的有害气体,主要是 CO 和 NO_x。因此,凡是设有燃气设施的房间内,要注意烟气的排除,一般设置排气筒将烟气排出。

(1) 单独排气筒。单独排气筒的构造如图 13.29 所示,由 3 部分组成,即安全排气罩、排气筒和风帽。安装尺寸要求已在图中给出。

排气筒的截面积按热负荷每千瓦 5.20 ~ 7.31 cm^2 选取,且保证烟气流速为 1.5 ~ 2 m/s。

布置单独排气筒应尽量减少转弯,弯头数不大于 3 个最好。水平管道的总长应小于 3 m,为了排除冷凝水,水平管道坡向燃具,坡度不小于 0.01。

(2) 共用排气筒。在同一水平面上,若有两个以上燃气用具,烟气可共用一个排气筒排出室外。在中、高层建筑中,将每层的燃气用具的排气筒接到一个由下而上、贯通整个建筑的共用排气筒上,如图 13.30 所示。

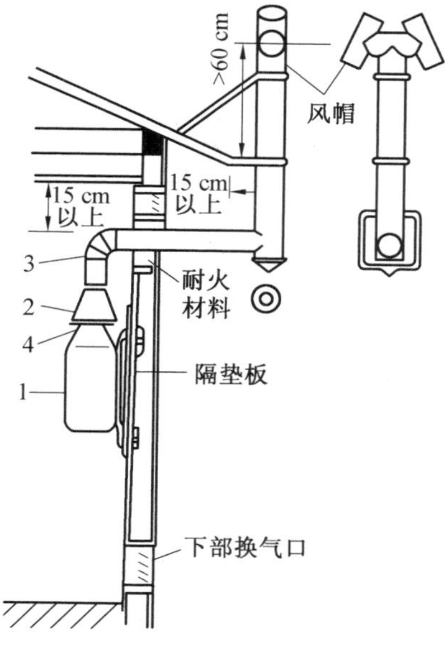

图 13.29 单独排气筒装置示意图
1— 燃气用具;2— 安全排气罩;
3. 二次排气筒;4— 次排气筒

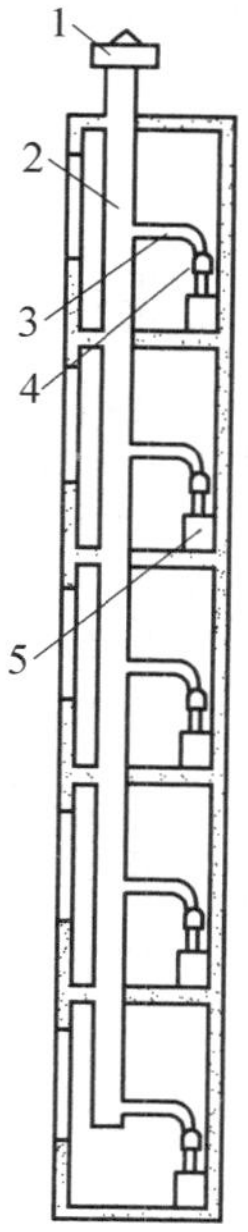

图 13.30 多层建筑共用排气筒装置图
1— 风帽;2— 烟囱;3— 烟气导管;
4— 安全排气罩;5— 燃具

多层建筑共用排气筒设计时,应注意以下两点。

首先共用排气筒断面积 F 应满足条件

$$F \geqslant f_1 + (f_2 + f_3 + \cdots + f_n)/2 \tag{13.4}$$

式中 f_1—— 分支排气筒中最大一个的断面积(cm^2);

$f_2,f_3,\cdots,f_n$—— 其余分支排气筒断面积(cm^2)。

其次,共用排气筒应当采用耐热材料构筑,贯通建筑物的排气筒要完全封闭。但是排气筒下端不能堵死,而要安装严密的封盖,以便检查和排除冷凝水。

(3) 平衡式热水器的供排气系统。在多层建筑中,平衡式热水器的共同供排气系统有两种形式,即 U 型和 ⊥ 型,如图 13.31、13.32 所示。

U 型风道的供气与排气管道的断面积必须相等,且与进、出口断面积相等。在供、排气管道里烟气流速应当小于4.5 m/s。设计U型烟道顶部时,必须防止排出的烟气循环到供气通道中,以免恶化燃烧。⊥ 型风道的顶端不可位于承受风压的范围;设计进气口时,必须考虑到容易通风。

供、排气通道的断面积尺寸用下式计算:

$$F = ZKQ/1\,000 \tag{13.5}$$

式中 F—— 供、排气通道断面积(cm^2);

Z—— 断面系数,取 $Z = 22.36\ cm^2/kW$;

K—— 燃具同时工作系数,见表 13.14。

Q—— 连接在同一垂直供、排气通道上的燃具总热负荷(kW)。

利用上式求出 F 之后,必须配合建筑物的具体情况来确定风道的断面尺寸(即长和宽的比值),要求长宽比大于或等于 1∶1.4,小于等于 1.4∶1。

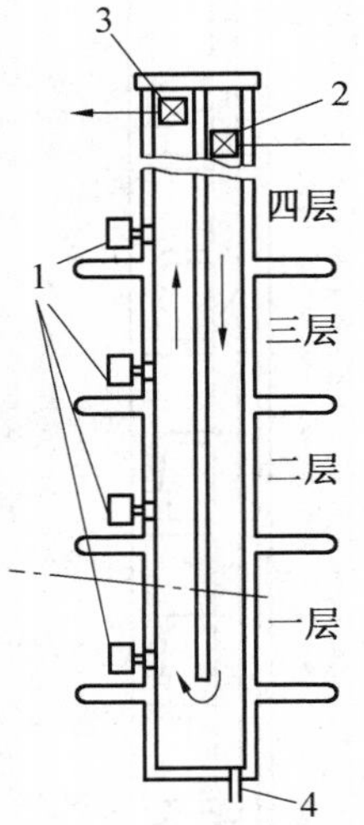

图 13.31 U 型风道示意图

1— 燃具;2— 进风口;3— 排气口;4— 排水堵头

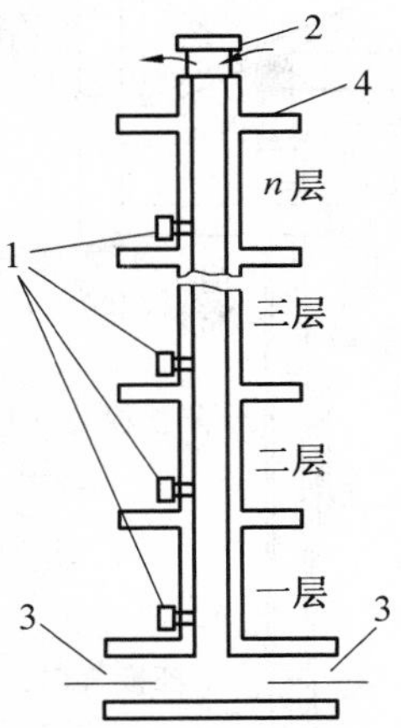

图 13.32 ⊥ 型风道示意图

1— 燃具;2— 排气口;3— 逆风口;4— 屋顶

表 13.14　燃具同时工作系数

连接燃具数	燃具同时工作系数		连接燃具数	燃具同时工作系数	
	浴盆热水器	采暖用燃具		浴盆热水器	采暖用燃具
1	1.00	1.00	12	1.00	1.00
2	1.00	1.00	13	1.00	1.00
3	1.00	1.00	14	1.00	1.00
4	0.90	0.95	15	0.90	0.95
5	0.83	0.92	16	0.83	0.92
6	0.77	0.89	17	0.77	0.89
7	0.72	0.86	18	0.72	0.86
8	0.68	0.84	19	0.68	0.84
9	0.65	0.82	20	0.65	0.82
10	0.63	0.81	21 以上	0.63	0.81
11	0.61	0.80		0.61	0.80

习　题

一、解释名词术语

1. 高压燃气管道 A
2. 高压燃气管道 B
3. 中压燃气管道 A
4. 中压燃气管道 B
5. 低压燃气管道
6. 城市燃气输配单级系统
7. 城市燃气输配两级系统
8. 城市燃气输配多级系统

二、填空、简答题

1. 燃气的种类含________、________、________等三大类。

2. 天然气含有________、________、________、________等四种，其中的主要组分是什么？

3. 人工燃气含有________、________、________、________等四种，其中的主要组分是什么？

4. 城市燃气的质量要求有哪些？

5. 燃气管道可否与其他管道安装在同一管道井？应如何设置？

6. 直流式快速热水器与容积式热水器的主要区别是什么？

第14章　高层建筑暖通空调、热水及燃气供应

高层建筑系指楼层数在10层（含10层）以上的住宅建筑和同时满足建筑高度超过24 m、楼层在二层以上的其他民用建筑和工业建筑。

由于高层建筑高度的增加，其建筑顶部的风速增大，建筑物外表面与大气的长波辐射作用增强，同时热压作用也明显增强。由此造成高层建筑暖通空调负荷计算有别于普通建筑；由于高度的增加，在暖通空调和热水、燃气供应的系统形式上也与普通建筑有些不同。本章将阐述高层建筑的供暖、空调、建筑防火、防烟排烟、热水和燃气供应等内容。

14.1　高层建筑供暖

14.1.1　高层建筑供暖的特点

对供暖而言，高层建筑区别于普通多层建筑的特点在于热负荷计算和系统形式的确定。

1. 高层建筑热负荷计算

普通的多层建筑，计算冷风渗透耗热量时只考虑风压的作用，高层建筑由于热压增大，因此计算冷风渗透耗热量时必须考虑热压和风压的综合作用。

（1）热压作用。由建筑物室内、外空气密度差和高度形成的理论热压差以及热压差有效系数可以得出有效热压差 ΔP_r 的公式：

$$\Delta P_r = C_r(h_z - h)(\rho_w - \rho'_n)g \tag{14.1}$$

式中　ΔP_r—— 有效热压差（Pa）；

ρ_w—— 供暖室外计算温度下的空气密度（kg/m^3）；

ρ_n—— 形成热压的室内空气密度（kg/m^3）；

h—— 计算（任意）高度（m）；

h_z—— 中和面标高（m），在单纯热压作用下，可近似取建筑物总高度的一半；

C_r—— 有效热压系数，其范围为0.2 ~ 0.5。

（2）风压作用。对高层建筑，室外风速随高度增加的变化规律可用如下公式表示：

$$v_h = \left(\frac{h}{h_0}\right)^a v_0 \tag{14.2}$$

式中　v_h—— 高度为 h 处的风速（m/s）；

v_0—— 基准高度 h_0 处的风速（m/s）；

a—— 风速指数，一般可取 $a = 0.2$。

我国的有关规范给出的各地的室外风速 v_0，是对应基准高度 $h_0 = 10$ m 处的风速。因

此不同高度 h 处的室外风速 v_h 可简化为

$$v_h = \left(\frac{h}{10}\right)^{0.2} v_0 = 0.631h^{0.2}v_0 \tag{14.3}$$

在任意高度 h 处，有风速 v_h 作用形成的计算风压差 Δp_f 按下式给出：

$$\Delta p_f = C_f \cdot \frac{\rho w}{2}v_0^2 \tag{14.4}$$

式中　Δp_f—— 风压差（Pa）；

C_f—— 风压差系数，依建筑物内部气流流通阻力的大小不同，可取 $C_f = 0.3 \sim 0.7$；

其余符号同前。

（3）热压和风压综合作用。在热压和风压综合作用下，通过门窗缝隙渗入室内的冷空气耗热量 Q'_2 可由如下公式计算：

$$Q'_2 = 0.278C_pLl(t_n - t'_wB)\rho_w \cdot m \tag{14.5}$$

式中其余的符号、包括公式的表达形式，与第 9 章中的公式（9.6）式完全相同。

系数 m 由如下公式给出：

$$m = C_h[n + (1 + C)^b - 1] \tag{14.6}$$

$$C_h = (0.4h^{0.4})^b \tag{14.7}$$

$$C = \frac{\Delta p_r}{\Delta p_f} = 50\frac{C_r(h_z - h)}{C_f h^{0.4}v_0^2} \cdot \frac{t'_n - t'_w}{273 + t'_n} \tag{14.8}$$

式中　b—— 与门窗构造有关的特性系数，对木窗，$b = 0.56$，对钢窗，$b = 0.67$，对铝窗，$b = 0.78$。

2. 高层建筑供暖系统形式与特点

高层建筑热水供暖系统与普通建筑的主要区别有两点：其一是高层建筑供暖系统的水静压力较大。因此，它与热网连接时，应根据散热器的承压能力、热网的压力状况等因素确定系统形式及连接方式。其二是由于高层建筑楼层较高，从而容易产生垂直失调。

针对上述特点，高层建筑供暖系统形式及连接方式的确定，主要应考虑隔绝高层水静压力和改善垂直失调。

14.1.2　高层建筑供暖系统形式

目前在实际工程中常用的系统形式可给出如下几种。

1. 换热器隔绝分层式系统

系统图示如图 14.1 所示，该系统为间接连接，适于热网水温高于用户设计水温时采用。根据建筑物的高度，可分为上下若干区：下部（低层区）可与外网直接连接，上部（高层区）以水 - 水换热器进行热交换并与外网隔绝。其优点是可以避免高层区的水静压力对低层区散热器造成的超压。

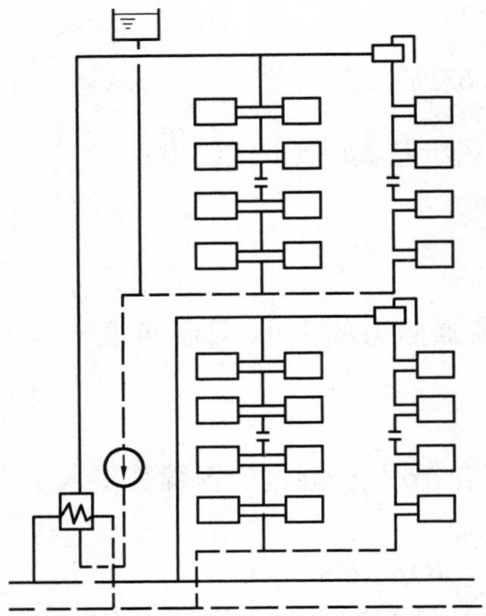

图 14.1　换热器隔绝分层式系统

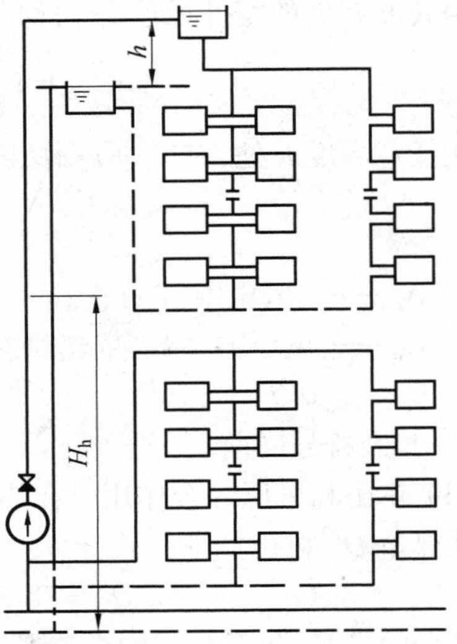

图 14.2　双水箱隔绝分层式系统

2. 双水箱隔绝分层式系统

双水箱隔绝分层式系统图示如图 14.2 所示，该系统为直接连接，适合于热网与热用户设计水温相同的场合。其作用与系统 1 相同，但其隔绝方式是采用低水箱溢流管的非满流实现的。与系统 1 比较，其造价较低，但由于水箱为开式，可能会增加系统的腐蚀。

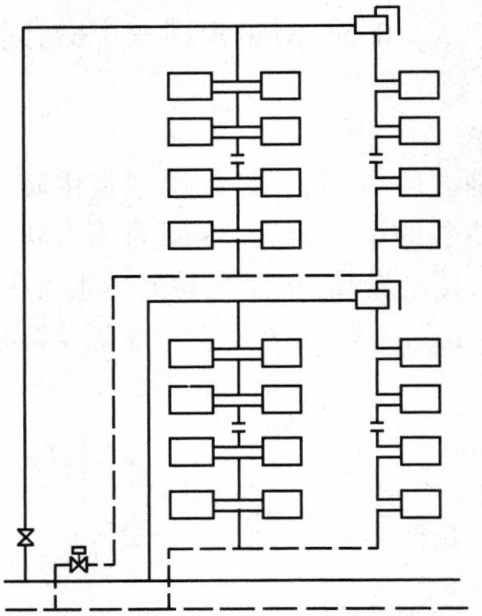

图 14.3　阀门隔绝分层式系统

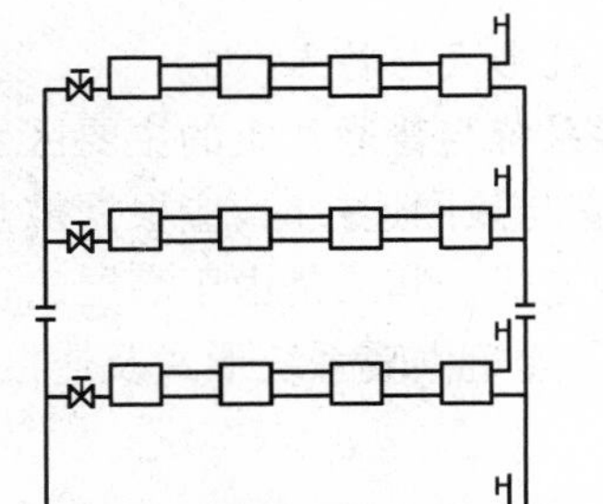

图 14.4　分层式水平串联系统

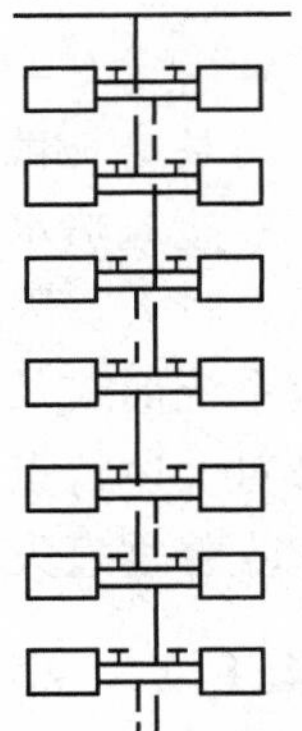

图 14.5　单双管混合系统

3. 阀门隔绝分层式系统

阀门隔绝分层式系统图示如图 14.3 所示，该系统用户高区与外网的隔绝分别由供回水管设置的阀门来实现。供水管一般加止回阀，回水管隔绝则采用阀前压力调节器或有关闭性能的减压阀，还可采用与循环水泵连锁的自动关断阀门等。

4. 分层式水平串联系统

分层式水平串联系统图示如图 14.4 所示，该系统在每层楼的水平串联环路上都安装了调节阀用以改善垂直失调，但由于系统没有隔绝措施，所以高层水静压力的影响仍然存在。

5. 单双管混合系统

单双管混合系统图示如图 14.5 所示，该系统的主要作用是改善垂直失调，同前一个系统一样，仍然不能消除高层高区水静压力的影响。

14.2　高层建筑空调

高层建筑空调系统与普通多层建筑比较，其主要区别可从负荷计算、冷热源的设置、设备层和系统形式等几方面来考虑。

14.2.1　负荷计算的特点

高层建筑墙体多采用轻质材料，且窗面积比较大，因此围护结构传热系数较大。而且高层建筑上部的室外风速较大，也会使传热系数增大。

高层建筑物与室外空气接触的表面积比同等建筑面积的低层建筑物的表面积大得多，因此很容易受室外空气温度波动和日照的影响。同时，高层建筑外表面积与室外空气之间进行的长波辐射换热将持续进行，这也是其传热系数增大的原因之一。

另外，随着建筑物高度的增加，在风压和热压综合作用下的空气渗透也将增加，因此在冬季将会增加房间的热量消耗。

14.2.2　冷热源的设置

高层建筑空调系统冷热源的位置将直接影响到工程的技术经济合理性。因此，必须在设计阶段综合各方面因素，选择最佳方案。冷热源的设备布置方案如图 14.6 所示，对图 14.6 中的 6 个方案，分别介绍如下。

1. 冷热源设置在地下室

该方案对维修、管理和处理噪声、振动等比较有利，同时还可以利用地下结构作蓄冷水槽。但设备(指蒸发器、冷凝器和泵等)承压较大，应按水系统高度校核设备承压能力。同时，烟囱占据建筑空间较大，如有裙房，可将冷却塔放在裙房屋顶上。如图 14.6(a)所示。

2. 冷热源集中在顶层

该系统的优点是冷却塔和制冷机之间接短管，管道节省，设备承压小，烟囱占建筑空间小，但其燃料供应、防火、消声、防振和设备安装等比较复杂，如图 14.6(b)所示。

3. 热源在地下室、制冷机在顶层

该系统兼有 1 和 2 两种系统的优点，但其烟囱占有建筑空间仍较大，如图 14.6(c)所示。

4. 热源在地下室，制冷机部分在地下室、部分在中间层

该系统适于层数较高的建筑，对于使用功能上分低区(中区)和高区的建筑物可采用此方案。中间层的制冷机应采用吸收式，以减少噪声和振动的影响，如图 14.6(d)所示。

5. 冷热源集中在中间层

该系统管理方便,设备承压适中。但由于噪声和振动容易上下传递,因此,必须在结构上做好消声防振处理,以避免对标准层的影响,如图 14.6(e) 所示。

6. 冷热源设在独立机房中

对无地下室可利用的高层建筑或增加空调的原有高层建筑,多采用该方案,其优点是利于消声防振,但管线较长,图 14.6(f) 所示。

在上述几种设置方式中,我国目前采用较多的是冷热源设置在地下室和冷热源设在独立机房中两种。

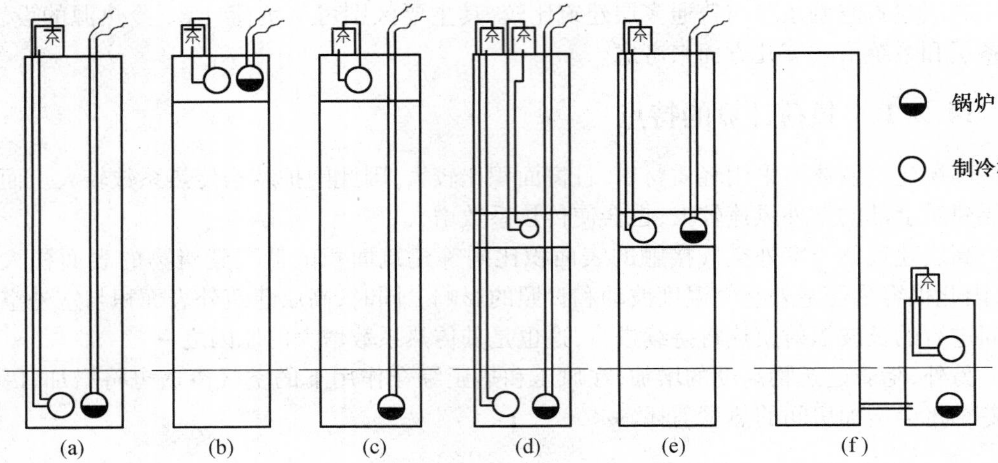

图 14.6　冷热源设备布置方案

14.2.3　设备层设置

根据需要,在高层建筑物的某一层,其有效面积的大部分作为暖通空调、给排水、电气等机房设备间,该层即称为设备层。对较高层数的建筑物,除了把顶层和底层作为设备层外,还在中间层设置设备层。设备层的设置原则如下:

(1)20 层以下的高层建筑,宜在上部或下部设一个设备层。

(2)20 ~ 30 层的高层建筑,宜在上部和下部各设一个设备层。

(3)30 层以上的超高层建筑,宜在上、中、下部分别设置设备层。

对于中间设备层,其地板的结构强度应大于标准层地板,同时要考虑防水防振措施。

对安装制冷机和锅炉的设备层,层高均高于一般标准层,具体的层高,以能够布置各类设备和管道为准。

表 14.1　设备层层高

建筑面积 /m^2	1 000	3 000	5 000	10 000	15 000	20 000	25 000	30 000
设备层层高 /m	4.0	4.50	4.5	5.0	5.5	6.0	6.0	6.5

表 14.1 为设备层(含制冷机和锅炉)层高的概略值,若设备层不布置制冷机和锅炉,

层高一般可取 2.2 m。

14.2.4　高层建筑空调分区及系统形式

1. 高层建筑空调分区

高层建筑物内部，其平面方向各房间和竖向各房间的负荷差别较大，而且各房间的用途、使用时间也各有差异。另外，不同高度的设备承受的水静压力和设备的承压能力也不尽相同。因此，为保证空调系统能经济、合理、可靠地运行并保证房间要求的参数，就应该将系统分区。系统分区的原则如下：

(1) 按室内设计参数分区。对室内温湿度、洁净度和噪声等要求相同或接近的房间，宜划分为一个系统。

(2) 按负荷特性分区。对较大型建筑而言，周边区与大气接触，受室外空气和日照的影响较大，因此其冬夏季空调负荷变化较大。而内区因没有与大气接触的外围护结构，同时照明量较大，可能全年需要供冷。而外区除供冷外，冬季尚需供热。因此，把大型建筑的周边区与内区分成单独的空调系统。对周边区，还可按不同朝向再分区。

(3) 按建筑物高度分区。由于不同高度的设备，在水系统的水静压力作用下，承受着不同的压力。因此，应根据不同设备的承压能力，在高度方向分区。一般可分为低区、中区和高区。

常用的冷水机组、换热器以及水泵等设备，承压能力一般在 1 MPa 以上，对 30 层以下的建筑，可不必分区。对 30 层以上的超高层建筑，可在竖向分 2 ~ 3 个区。

2. 高层建筑空调系统形式

根据高层建筑的性质、用途和使用特点，空调负荷的特点以及初投资和运行费、维护管理费用的实际情况，同时考虑对空调机房面积和位置要求，可以采用的空调系统有如下几种方式：

(1) 单风道定风量系统。这是一种最基本、最常用的全空气集中空调方式，其优点是送风量充足、卫生条件好，若设置回风机，则可利用新风供冷，同时系统简单、维护管理方便。该系统适用房间较大、层高较高、室内人数较多的旅馆、办公楼、医院的公用部分和大型商场的空气调节。

(2) 变风量方式。变风量空调系统最主要的优点是节能。除此之外，它还具有设备容量和风道尺寸较小的特点。在过渡季，可利用新风自然冷量而停用制冷机。而且因末端装置有定风量机构，无需进行风道阻力平衡。

该系统形式的缺点是：风量过小时，新风量和室内气流组织受到一定影响，当散湿量较大时，保持一定的相对湿度比较困难。

(3) 各层机组方式。如图 14.7(a) 所示，在每一楼层设置空调机房。空调器设在屋顶，新风经过空调器过滤、预冷或预热、加湿，再由竖直风道分别送到各层空调机房。有些工程中不设屋顶空调器，而直接从竖井取新风。该机组形式的优点是节省建筑空间，各层可独立运行，调节方便；缺点是过渡季不能采用全新风运行，且在各层内无法再进行分区。该方式多用于高层办公楼的内区。

为改变机组上的缺点，可采用图 14.7(b) 的改进后形式，各层回风全部引至屋顶，改进后的各层机组方式，在过渡季节可以采用全新风运行。各层空调机组采用立式空调器，隔层空调器可配置 2 台以上。该方式的主要优点是可集中处理空气，便于各层再分区，可利用新风供冷。

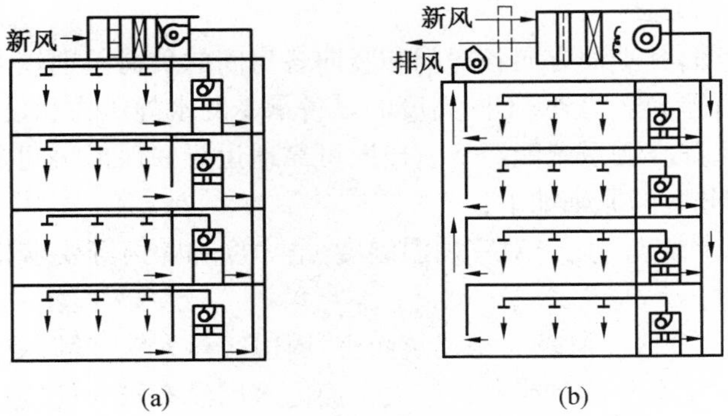

图 14.7　各层机组方式

(4) 风机盘管加新风系统。该系统是空气 - 水系统半集中式空调方式，是目前应用最广的一种形式。在旅馆、办公楼、医院、商场、餐厅、别墅等建筑中大多采用这种方式。其优点是布置灵活、各房间可单独调节温度，而且节约建筑空间，机组定型化，便于安装。与单风道系统比较，综合投资大体相同，但运行费用却低 20% ~ 30%。该系统的缺点是机组分散，管理不便，过渡季节不能用全新风。

在上述的几种空调系统中，我国目前采用的是第(1)、(3)、(4)种，其中第(1)种形式和第(4)种形式应用最多，第(3)种形式在我国应用时多不设置屋顶新风空调器。

14.3　高层建筑防火、防烟和排烟

14.3.1　高层建筑防火

1. 建筑分类与防火分区

高层民用建筑应根据其使用性质、火灾危险性、疏散和扑救难度等进行分类，详见表 14.2。

高层民用建筑的耐火等级分为一、二两级，一类建筑的耐火等级为一级，二类建筑的耐火等级不低于二级。详细的耐火等级分组可查阅《高层民用建筑防火规范》(GB 50045)。

高层民用建筑应按建筑类别设置防火墙划分防火分区，每一防火分区最大允许建筑面积不应超过表 14.2 的规定。

表 14.2　防火分区最大允许建筑面积

类别名称	每层防火分区面积
一类建筑	1 000
二类建筑	1 500
地下室	500

对上下连通的可敞楼梯、自动扶梯、传送带、跨层窗等开口部位,应按上下连通层作为一个防火分区,其面积之和应符合表 14.2 规定。

2. 对总平面和平面布置的要求

高层建筑主体内不宜布置燃油、燃气锅炉、可燃油的油浸变压器和高压电容器等。若必须布置在主体建筑内,则应采取相应的防火措施。

建筑物内附设观众厅、会议厅等人员密集场所,宜设在底层或二三层,且靠近安全出口。不宜设在地下室,若必须设在地下室,其面积应不超过 300 m^2。

高层民用建筑内使用可燃气体时,应采用管道供气,使用可燃气体的部位应设在靠近外墙且通风良好的房间。

高层民用建筑之间及高层民用建筑与其他用建筑、易燃品存放处、燃气调压站、液化石油气站之间应保证一定的防火间距。

高层民用建筑的周围、建筑物内院或天井,应按规定设置消防车道以及尽头式消防车道的回车道(场)。

高层民用建筑的消防车道,净宽净高不应小于 4 m。如穿过门垛时,净宽不应小于 3.5 m。

消防车道下的管道及管沟应能承受大型消防车的压力。

3. 对建筑、结构和建筑构造的要求

高层民用建筑必须按规定要求设置防火墙和防火门窗。当设置防火墙和防火门窗有困难时,可设防火卷帘。

输送可燃气和可燃液体的管道,严禁穿防火墙。其他管道也不宜穿过防火墙,如必须穿越时,应采用非燃材料填塞管道周围缝隙。

电梯井、管道井、屋顶承重构件和变形缝的设置,均应满足有关防火规范的要求。

考虑火灾时安全疏散的要求,应在高层建筑内按规定设置安全出口、安全通道、疏散楼梯和楼梯间。

4. 对暖通空调的要求

高层建筑的通风空调系统,横向应按每个防火分区设置;竖向不宜超过 5 层,但排风管道设有防止回流措施以及各层设有自动喷水灭火设备时,其新风管道可不受此限。

垂直的风管应设在管道井内。垂直风管与每层水平风管交接处的水平支管上应设防火阀。送、回风总管,在穿越重要房间或火灾危险较大的房间隔墙、楼梯处也应设置防火阀。

对厨房、浴室、厕所等机械排风管道或垂直的自然排风管道,应采取防回流措施。

通风空调系统的风管应采用非燃料材料制作。管道和设备的保温、消声材料和黏结材料,也应采用非燃材料。

风管不宜穿过防火墙和变形缝,如必须穿过时,应在穿过防火墙处设防火阀,穿过变形缝的两侧设防火阀。

空气中含有易燃易爆或危险物质的房间,应设置独立的通风系统,其空气不能循环使用。通风设备应符合防火防爆要求。

14.3.2 高层建筑防烟和排烟

1. 防排烟的目的和任务

合理地设置防、排烟设施,可以把火灾中产生的烟气控制在一定的流动路线,防止烟气扩散并及时排除烟气。

建筑防排烟设计的任务,就是在建筑平面布置中研究可能起火时烟气的流向在各种假定的条件下,提出经济、合理并有效的设计方案,以控制烟气流向,并选用适当的防排烟设备,确定进、排风口以及管道的尺寸和位置,以保证人员安全疏散。

2. 防排烟的设置部位及防烟分区

按我国《高层民用建筑设计防火规范》的规定,下列部位应设置防烟和排烟设施:

(1) 防烟楼梯间及其前室、消防电梯前室和合用前室。

(2) 一类建筑和建筑高度超过32 m的二类建筑的下列走道或房间:无直接天然采光和自然通风、但长度超过60 m的走道;面积超过100 m^2,且经常有人停留或可燃物较多的无窗房间,设固定窗扇的房间和地下室的房间。

需要设置排烟设施的走道、净高不超过6 m的房间,应采用挡烟垂壁、隔墙或从顶棚下突出不小于50 cm的梁划分防烟分区。每个防烟分区的建筑面积不宜超过500 m^2,且防烟分区不应跨越防火分区。

3. 防排烟的设计方法

防排烟的基本原则,是防止烟气进入疏散通道。为此,可以采取措施,使烟气不能从起火房间流出或者将其从排烟口排出。这些措施包括利用防火阀截断空调管道、(利用防火门) 关闭起火房间通向走道的门和设置必须的排烟口等。

防排烟设计的方法就是在防火分隔区范围内,分析火灾时空气压力分布,然后布置堵烟、进风和排烟口位置。通过各种形式的组合,采用自然排烟或机械强制排烟等方式。最终方案的选择,要经过分析比较,优化后确定。

一般的防排烟设计,都尽量把烟气从远离楼梯间的位置排出。为了使烟气不能进入楼梯间,维持楼梯间正压,常在楼梯间外设置前室,并把进风口放在楼梯间内。

4. 防排烟的具体措施

火灾发生时的排烟,可以采用自然排烟和机械排烟两种方法。在建筑物的某些部位,为防止烟气侵入,可采用机械加压送风以保持其正压。

(1) 自然排烟。靠外墙的防烟楼梯间前室,消防电梯前室和合用前室,宜采用自然排烟方式。自然排烟是利用浴室外相通的窗户、阳台凹廊或专用排烟口将室内烟气排出的。因此,采用自然排烟时,应设阳台、凹廊或在外墙的上部设置有便于开启装置的排烟窗,其开窗面积不应小于2 m^2,合用前室不应小于3 m^2。

（2）机械排烟。机械排烟是利用排烟风机进行强制排烟的。根据排烟风机的设置可分为局部排烟和集中排烟两种形式，局部排烟是在每个房间内设置风机进行排烟，集中排烟时将建筑物划分为若干区，在每个区内设置排烟风机，通过风道排出各房间烟气。

高层民用建筑的排烟，采用的是集中机械排烟方式。采用机械排烟的防烟楼梯前室、消防电梯前室和合用前室，其排烟量不小于 14 400 m^3/h（合用前室排烟量不小于 21 600 m^3/h）。

采用自然进风时，竖井的面积不应小于 2 m^2，合用前室不小于 3 m^2，进风口有效面积不小于 1 m^2，合用前室不小于 1.5 m^2。

走道或房间采用机械排烟时，排烟量不同的防烟分区确定：对一个防烟分区，应按该分区面积每平方米小于 60 m^3/h 计算，最小排烟量不小于 7 200 m^3/h；担负两个或两个以上防烟分区排烟时，应按最大防烟分区面积每平方米不小于 120 m^3/h 计算。

机械排烟系统宜与通风空调系统分开独立设置。若有可能利用通风空调系统排烟时，必须采取可靠的安全措施以及切换装置。

（3）机械加压送风。采用机械加压送风的防烟楼梯间及其前室、消防电梯前室和合用前室，应保持正压，且楼梯间的压力应略高于前室压力。

加压送风的风速，当采用金属风道时，应不超过 20 m/s，采用内壁光滑的非金属风道时不超过 15 m/s。

（4）排烟口与排烟风机。排烟口应设置在防烟分区顶棚上或靠近顶棚的墙面上，且距该防烟分区最远点的水平距离不应大于 30 m。

排烟口平时应处于关闭状态，可采用手动或自动开启方式，手动开启装置应便于操作。

走道或房间采用自然排烟时，其排烟口总面积应不小于该防烟分区面积的 2%。

排烟口与排烟风机应设有连锁装置，即当任何一个排烟口开启时，排烟风机能自行启动。排烟风机宜采用离心式风机，并应保证在 280 ℃ 时能连续工作 30 min，其入口处应设置烟气温度超过 280 ℃ 能自动关闭的装置。

排烟口的风速不宜大于 10 m/s，送风口的风速不宜大于 7 m/s，风道的风速与加压送风相同。

排烟口、排烟阀门、排烟道等与烟气接触的部分，必须采用非燃料材料制成，并应与可燃物保持不小于 15 cm 的距离。

14.4　高层建筑热水供应

高层建筑热水供应系统与高层建筑的冷水管网一样，应做竖向分区。冷水和热水的分区数和范围相同，以保证两个系统的任一用水点的冷热水压力均衡，具体的分区原则、方法和要求与室内给水系统相同。

高层建筑对使用热水的要求标准较高，而且管路又长，因此宜设置带有循环管的热水供应系统。

热水供应分区供水分集中加热和分散加热两种形式。在某些场合还采用局部热水供应系统。

14.4.1　集中加热热水供应方式

集中加热热水供应方式如图 14.8 所示，各分区由容积式水加热器、循环水泵、排水管和循环管组成的热水循环网路自成独立系统。容积式水加热器集中设置在建筑底层或地下室，被加热的冷水来自各区给水箱。由于其采用了与冷水相同的分区方式，因此可使室内卫生器具的冷热水出水均衡。该管网一般为上行下给（上分）式。

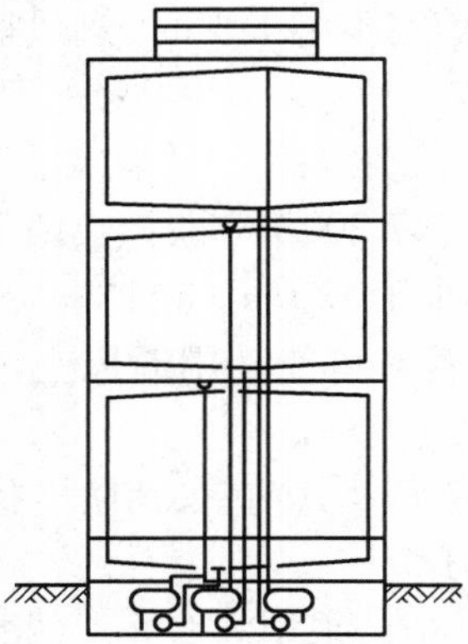

图 14.8　集中加热热水供应方式

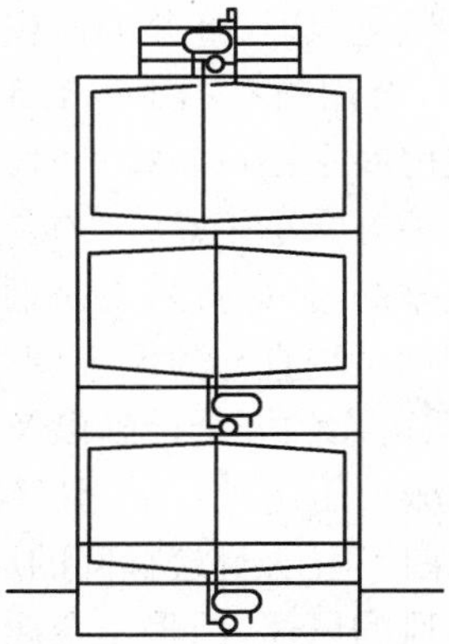

图 14.9　分散加热热水供应方式

集中加热的热水供应方式的优点是设备集中，维护管理方便；其缺点是高区的水加热器承受压力较大。因此，这种方式适于建筑物高度在 100 m 以内的建筑。

14.4.2　分散加热热水供应方式

分散加热热水供应方式如图 14.9 所示，容积式水加热器和循环水泵分别设在各分区的技术层（技术层可设在建筑物顶部或底部），由于分散布置，各区水加热器承压较小，构造要求低，造价也较低。其缺点是设备分散，维护管理不方便。热媒管道长，这种方式适于建筑物高度超过 100 m 的超高层建筑。

对某些用水量较大的楼层，如洗衣房、厨房、洗浴中心等（一般设置在底层），由于其用水特点不同于一般房间，因此应单独设置热水供应系统，以便于维护和管理。

为便于检修和调节热水循环的均衡性，应在立管的上下部，以及水平管的适当地方、管段节点和横支管上设置闸阀及调节阀。

14.4.3　局部热水供应系统

对于一般的单元式高层住宅、公寓和某些局部需要热水的高层建筑，可采用局部热水供应系统。局部热水供应系统的热源多采用安装方便的小型燃气热水器、蒸汽加热器、电加热器、太阳能加热器等。这种系统简单、灵活、维护管理方便、改建容易，是近年来发展较快的一种形式。

至于高层建筑热水供应系统的管网水力计算、设备选择、管网布置及安装等，与普通的热水供应系统基本相同。

14.5　高层建筑燃气供应

高层建筑有其自身的特点，对燃气供应系统的安全可靠性提出了比一般建筑更高的要求。

14.5.1　高层建筑燃气供应系统的敷设原则

高层建筑燃气供应系统除满足一般用户供应系统的敷设原则外，还应满足下述各项要求：

（1）高层建筑燃气管道应采用厚壁钢管。

（2）高层建筑的燃气供应系统应有如下的安全措施：引入管应设快速切断阀；管道上宜设自动切断阀、泄漏报警阀和送排风系统等自动切断连锁装置；建筑宜设集中监视装置和压力控制装置，并宜有检修值班室。

14.5.2　高层建筑燃气供应系统的特点

1. 补偿高层建筑的沉降

高层建筑自重大，沉降量显著，易在燃气引入管处造成破坏，为消除建筑物沉降的影响，可在引入管处安装伸缩补偿接头，伸缩补偿接头有波纹管接头、套管接头和铅管接头等形式。图 14.10 为引入管的铅管补偿接头，建筑物沉降时有铅管吸收变形，以避免破坏，铅管前设有阀门，并设有阀井，以便于检修。

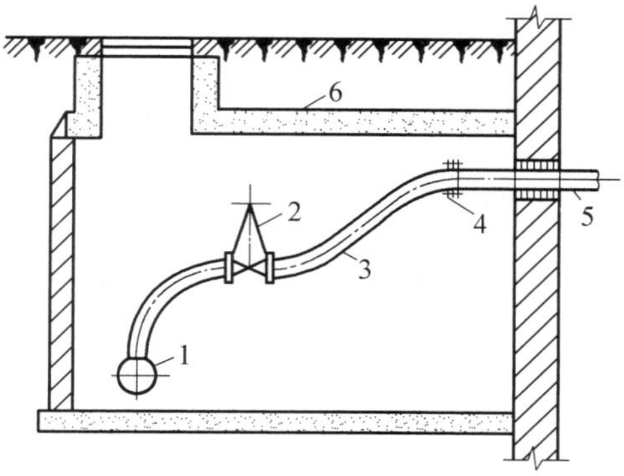

图 14.10　引入管的铅管接头

1— 楼前供气管；2— 阀门；3— 铅管；4— 法兰；5— 穿墙管；6— 阀井

2. 克服高程差引起附加压头的影响

因燃气与空气的密度不同，随建筑物高度的增大，附加压头也增大。附加压头值由下式确定：

$$\Delta P = g(\rho_a - \rho_g)\Delta H \tag{14.9}$$

式中　ΔP—— 附加压头（Pa）；

g—— 重力加速度（m/s^2）；

ρ_a—— 空气密度(kg/m^3);

ρ_g—— 燃气密度(kg/m^3);

ΔH—— 管段终端和始端的标高差(m)。

民用和公共建筑燃具的工作压力,具有一定的允许压力波动范围。当高程差过大时,为了使建筑物上下各层的燃具都能在允许的压力波动范围内正常工作,高层建筑燃气供应系统可采取下述措施克服附加压头的影响。

(1) 如果该项压头增值不大,可采取增加管道阻力的办法,减低其增值。例如,在燃气立管上每隔若干层增设一分段阀门,进行压力调节。

(2) 分开设置高层供气系统和低层供气系统,以分别满足不同高度的燃具工作压力的需要,如图 14.11 所示。

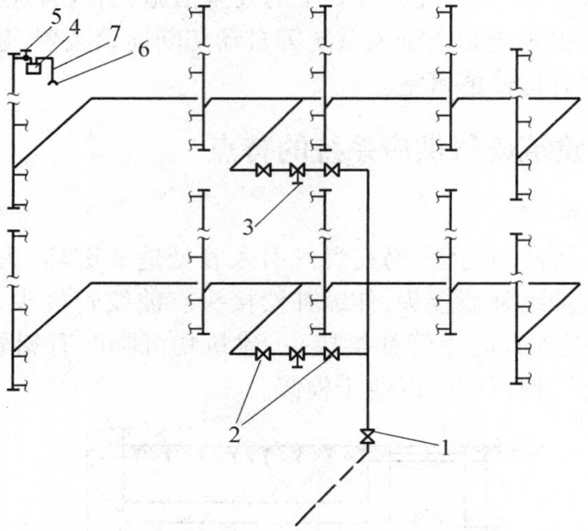

图 14.11　高层建筑分层供气系统

1— 用户总阀门;2— 阀门;3— 调压器;4— 燃气表;5— 表前阀;6— 旋塞;7— 用户支管

(3) 设置用户调压器,各用户由各自的调压器将燃气降压,达到稳定的、燃具所需的压力值。

3. 补偿温差产生的变形

高层建筑燃气立管的管道长、自重大、受温度影响产生的变形大。为消除立管自重的影响,需在立管底部设置支墩或分段分解立管的自重,如图 14.12 所示。为补偿由于温差产生的变形,需要将管道两端固定,并在中间安装吸收变形的挠性管或波纹补偿装置,如图 14.13 所示。这些补偿装置还可以消除地震或大风时建筑物震动对管道的影响,管道的补偿量可按下式计算:

$$\Delta l = 0.012 l \Delta t \tag{14.10}$$

式中　Δl—— 管道的补偿量(mm);

Δt—— 管段安装时与运行中的最大温差(℃);

l—— 两固定端之间管道的长度(m)。

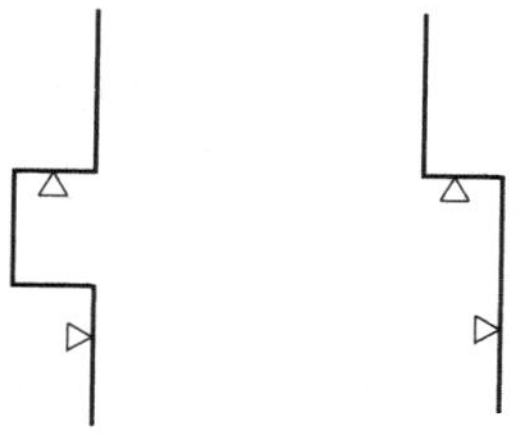

图 14.12　立管支撑方式

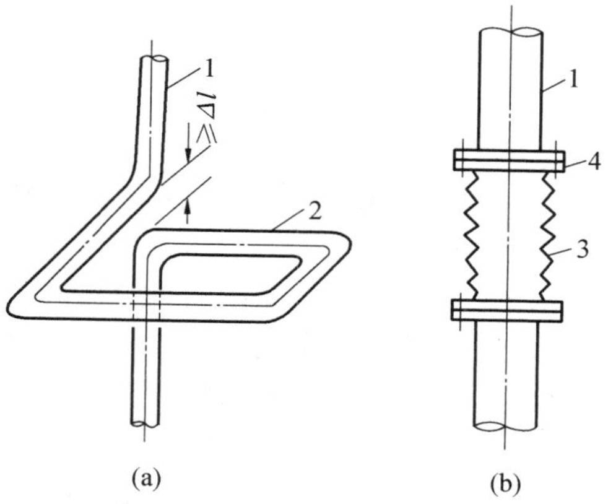

图 14.13　燃气立管的补偿装置

1— 燃气立管;2— 挠性管;3— 波纹管;4— 法兰

习　　题

1. 高层建筑的定义?
2. 高层建筑供暖系统的特点?
3. 高层建筑供暖系统的主要形式?
4. 高层建筑空调系统冷热源的设置?
5. 高层建筑空调系统设备层的设置?
6. 高层建筑空调系统如何分区?
7. 高层民用建筑每一防火分区最大允许建筑面积如何确定?
8. 高层民用建筑防火和防排烟对总平面布置的要求?
9. 高层民用建筑防火和防排烟对建筑结构和建筑构造的要求?
10. 高层民用建筑防火和防排烟对暖通空调的要求?

第15章 建筑供配电系统

本章主要介绍电力系统的一般知识，能对发电、输电、变电、配电和用电有一个基本概念。重点介绍电力负荷的分级与计算、变电所的主接线和组成。要求掌握低压配电线路的敷设方式、电缆与导线的选择方法。

15.1 电力系统

15.1.1 电力系统概述

电力是现代工业的主要动力，在各行各业中都得到了广泛应用。对于从事建筑工程的技术人员，应该了解电能的产生、输送和分配。

电力系统由发电、输电和变配电系统组成。

1. 发电

我们所使用的电能多是由发电厂提供的，发电是将水力、火力、核能、风力和沼气等自然资源（非电能）转换成电能的过程。我国以水力和火力发电为主，近几年也在发展原子能发电。如水力发电厂是利用水流的能量、火力发电厂是利用煤炭或油燃烧的热能量、原子能发电厂是利用核裂变产生的能量进行发电。发电机组发出的电压一般为6 kV，10 kV或13.8 kV。大型发电厂一般都建于能源的蕴藏地，距离用电户几十至几百公里，甚至几千公里以上。

2. 输电

输电是将发电厂发出的电能经铁塔上的高压线输送到各个地方或直接输送到大型用电户。其输送的电功率为

$$P = \sqrt{3}UI\cos\varphi \tag{15.1}$$

由式(15.1)可知，当输送的电功率P和功率因数$\cos\varphi$一定时，电网电压U越高，则输送的电流I越少，使输电线路的能量损耗下降，而且可以减少输电线的截面积，节省造价。这就需要将发电机组发出的10 kV电压经升压变压器变为35 ~ 550 kV的高压。所以，输电网由35 kV及以上的输电线路与其相连接的变电所组成，它是电力系统的主要网络。

3. 变配电

输电是联系发电厂与用户的中间环节。可通过高压输电线远距离地将电能送到各个地方。在进入市区或大型用电户前，再利用降压变压器将35 ~ 550 kV高压变为3 kV，6 kV，10 kV高压，又称为区域变电所。

配电由10 kV及以下的配电线路和变配电（降压）变压器组成。它的作用是将6 ~

10 kV 高压降为 380 V/220 V 低压,又称为用户变(配)电所,再通过低压输电线分配到各个用户(工厂及民用建筑)的用电设备。

电力网的电压在 1 kV 及以上的电压称为高压,有 1 kV,3 kV,6 kV,10 kV,35 kV,110 kV,220 kV,330 kV,550 kV 等。1 kV 及以下的电压称为低压,有 220 V,380 V 和安全电压 6 V,12 V,24 V,36 V,42 V 等。

为了保证供电的可靠性和安全连续性,电力系统是将各个地区、各种类型的发电机、变压器、输配电线、变配电装置和用电设备等连成一个环形的整体,对电能进行不间断地生产、传输、分配和使用的联合系统。电力系统的示意图如图 15.1 所示。

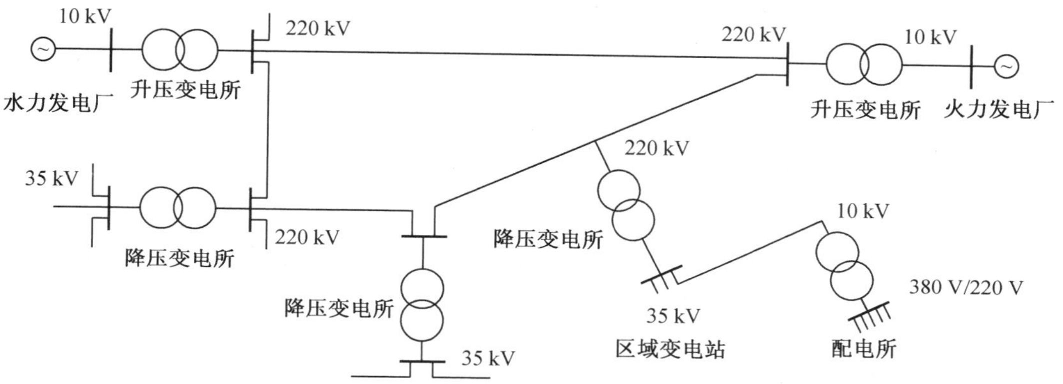

图 15.1　电力系统的示意图

15.1.2　电力负荷的分级与计算

在配电网上连接的一切用电设备所需的功率称为电力负荷。电力负荷分为正常用电负荷和防灾用电负荷。

正常用电负荷主要是动力和照明用电设备的负荷。动力用电设备包括:各种机床、水泵、运输机、鼓风机、引风机、空调机、通风机、制冷机、吊车、搅拌机、客梯、货梯和扶梯等电动机负载及电焊机电热器类用电负荷。照明用电设备包括:各种灯具、家用电器和弱电用电设备(电话、广播、有线电缆电视、办公自动化、楼宇自控等单相负载)。

防灾用电负荷主要是防灾动力、应急照明、火灾和防盗报警用电设备的负荷。防灾动力用电设备包括:消火栓泵、喷淋泵、排烟机、加压送风机、防火卷帘门、消防电梯和防盗门窗等。应急照明用电设备包括:疏散指示照明、事故照明、警卫照明和障碍照明等。火灾和防盗报警用电设备包括:火灾报警及联动器、消防通信、消防广播、防盗报警器和防盗监控器等。

1. 电力负荷的分级

电力负荷按其使用性质和重要程度分为 3 级,并以此采取相应的供电措施来满足对供电可靠性的要求。

(1) 一级电力负荷。当供电中断时,将造成人身伤亡、重大的政治影响、重大的经济损失或将造成公共场所秩序严重混乱的用电负荷,称为一级电力负荷。如国家级的大会堂、国际候机厅、四星级及以上的宾馆、医院手术室和分娩室等建筑的照明;国家气象台和银行等专业用的实时处理计算机及计算机网络的用电负荷；一类高层建筑的火灾应急照明与疏散指示标志灯及消防电梯、喷淋泵、消火栓泵和排烟机等消防用电；大型钢铁厂、矿山和弹药库等供电中断时，将发生爆炸、火灾及严重中毒等特别重要企业的用电负荷等，均属一级电力负荷。

一级负荷应由两个独立高压电源供电，以确保供电的可靠性和连续性。两个电源可一用一备，亦可同时工作，各供一部分电力负荷。若其中任意一个电源发生故障或停电检修时，都不致影响另一个电源继续供电。对于一级电力负荷中特别重要的负荷，如医院手术室和分娩室、计算机用电和防灾用电等负荷，还必须增设应急备用电源，如快速自启动的柴油发电机组和不间断电源（UPS）等。严禁将其他负荷接入应急供电系统。

（2）二级电力负荷。当供电中断时，将造成较大的政治影响、较大的经济损失或将造成公共场所秩序混乱的用电负荷，称为二级电力负荷。如省市级体育馆和展览馆的照明；交通枢纽、大型影剧院与冷库的用电负荷；二类高层建筑的火灾应急照明与疏散指示标志灯及消防电梯、喷淋泵、消火栓和排烟机等消防用电；大型机械厂的用电负荷等，均属二级电力负荷。

二级电力负荷宜采用两个回路高压电源供电，供电变压器亦宜选两台（两台变压器不一定在同一变电所内）。若地区供电条件困难或负荷较小时，可由一条6 kV及以上的专用架空线路供电。若采用电缆供电，应同时敷设一条备用电缆，并经常处于运行状态。也可以采用柴油发电机组或不间断电源作为备用电源。

（3）三级电力负荷。供电中断仅对工作和生活产生一些影响，不属于一级或二级的电力负荷，称为三级电力负荷。

三级电力负荷对供电无要求，只需一路（单回路）高压电源供电既可。如旅馆、住宅、学校和小型工厂的用电负荷。

2. 电力负荷的计算

为了正确地选择变压器、开关柜和导线的截面积，首先应进行电力负荷的分级和电力负荷的计算。

计算电力负荷的方法很多，本书仅介绍常用的需要系数法。需要系数法是根据统计规律，按照不同类别，先分类进行计算（不考虑备用设备的容量），最后计算总电力负荷。

（1）分类计算设备负荷。

①不对称单相负载的设备负荷计算。对于接于相电压（220 V）的单相负载，如照明、电热器、单相电动机、单相电焊机等单相负载，先将它们均匀地分配到三相电路上，若负载不能平衡对称时，取其中最大一相负荷乘以3，即

$$P_{1a}=3P_{1m} \tag{15.2}$$

式中 P_{1m}——单相最大一相负荷的额定有功功率（kW）；

P_{1a}——不对称单相负载的三相设备负荷（kW）。

对于接于线电压（380 V）的单相负载，如额定线电压为380 V的电热器、单相电动机、单相电焊机等单相负载，若有2台（或5台）单相负载，应按3台（或6台）进行设备负荷计算。

只有一台设备时容量乘以$\sqrt{3}$，三相等效设备负荷为

$$P_{2a} = \sqrt{3} P_N = \sqrt{3} S_N \cos \varphi \tag{15.3}$$

式中　P_N—— 接于线电压的单相负载额定有功功率(kW);

S_N—— 电焊机等单相负载的额定视在功率(kV · A);

$\cos \varphi$—— 电焊机等单相负载的额定功率因数;

P_{2a}—— 三相等效设备负荷(kW)。

② 长期工作制的设备负荷计算。用电设备在规定的环境下,能长期连续运行,如水泵、通风机等。长期工作制的设备负荷按同类铭牌上的额定功率求和计算,即

$$P_{3a} = \sum P_N = \sum (P_{1N} + P_{2N} + \cdots + P_{nN}) \tag{15.4}$$

式中　P_{3a}—— 同类设备的总设备负荷的额定有功功率(kW);

$P_{1N}, P_{2N}, \cdots, P_{nN}$—— 同类设备中的各额定有功功率之和(kW)。

③ 断续周期工作制的设备负荷计算。在建筑物中使用的客梯、货梯等;在建筑工地使用的电焊机、卷扬机、吊车和起重机等负载都是不连续工作的,称为断续周期工作制的负载。计算负荷时,应考虑它们的负载持续率 JC,通常以百分数来表示,即

$$JC = \frac{\text{负载工作时间}}{\text{负载工作时间} + \text{空载时间}} \times 100\% =$$

$$\frac{t_B}{T} \times 100\% = \frac{t_B}{t_B + t_0} \times 100\% \tag{15.5}$$

式中　t_B—— 一个负载工作周期的工作时间(s);

t_0—— 空载(停歇)时间(s);

T—— 一个工作周期的时间(s)。

负载持续率 JC 在设备铭牌或产品说明书中给出。因此在计算断续周期工作制的负荷时,应先进行换算。

a. 电梯、卷扬机、吊车和起重机类负载。应先将它们的额定有功功率换算到统一负载持续率为 25% 时的设备功率,即

$$P_{4a} = P_N \sqrt{\frac{JC_N}{JC_{25}}} = P_N \sqrt{\frac{JC_N}{25\%}} = 2P_N \sqrt{JC_N} \tag{15.6}$$

式中　P_N—— 铭牌给出的额定有功功率(kW);

JC_{25}—— 负载持续率为 25%;

P_{4a}—— 换算到统一负载持续率为 25% 时的等效有功功率(kW)。

b. 电焊机类负载。电焊机的标准负载持续率有 50%,65%,75%,100% 等,若不等于 100% 应先将它的额定视在功率换算到统一负载持续率为 100% 时的视在功率,再求有功功率。即

$$S_{5a} = S_N \sqrt{\frac{JC_N}{JC_{100}}} = S_N \sqrt{JC_N}$$

$$P_{5a} = S_{5a} \cos \varphi = S_N \sqrt{JC_N} \cos \varphi \tag{15.7}$$

式中　S_N—— 铭牌给出的额定设备视在功率(kV · A);

$\cos \varphi$—— 额定功率因数;

JC_{100}—— 负载持续率为 100%；

S_{5a}—— 换算到统一负载持续率为 100% 时的设备视在功率(kV · A)；

P_{5a}—— 换算到统一负载持续率为 100% 时的设备有功功率(kW)。

(2) 分组计算负荷的确定。先将用电设备分组，按组别查出同类设备的需要系数和功率因数。单独运转、容量接近的电动机负荷的需要系数见表 15.1；民用建筑照明负荷的需要系数和功率因数，见表 15.2；民用建筑动力负荷的需要系数和功率因数见表 15.3；建筑工地设备的需要系数和功率因数见表 15.4。

表 15.1　单独运转、容量接近的电动机负荷需要系数

电动机 / 台	< 3	4	5	6 ~ 10	10 ~ 15	15 ~ 20	20 ~ 30	30 ~ 50
K_X	1	0.85	0.8	0.7	0.65	0.6	0.55	0.5

表 15.2　民用建筑照明负荷需要系数和功率因数

建筑物名称		需要系数 K_X	功率因数 $\cos\varphi$	备注
一般住宅楼	20 户以下	0.6	0.9 ~ 1	单元式住宅，每户两室为多数，两室户内设 6 ~ 8 个插座
	20 ~ 50 户	0.5 ~ 0.6		
	50 ~ 100 户	0.4 ~ 0.5	0.9	
	100 户以上	0.4		
高级住宅楼		0.6 ~ 0.7	0.9 ~ 1	
单身宿舍楼				一个开间内设 1 ~ 2 盏灯，2 ~ 3 个插座
一般办公楼		0.7 ~ 0.8	0.9 ~ 1	一个开间内设 2 盏灯，2 ~ 3 个插座
高级办公楼		0.6 ~ 0.7		
科研楼		0.8 ~ 0.9	0.9	一个开间内设 2 盏灯，2 ~ 3 个插座
教学楼				
图书馆		0.6 ~ 0.7	0.9 ~ 1	一个开间内设 6 ~ 11 盏灯，1 ~ 2 个插座
托儿所、幼儿园		0.8 ~ 0.9		
小型商业、服务业用房		0.85 ~ 0.9	0.9	
综合商业、服务楼		0.75 ~ 0.85		
食堂、餐厅		0.8 ~ 0.9	0.8 ~ 0.9	
高级餐厅		0.7 ~ 0.8		
一般旅馆、招待所		0.7 ~ 0.8	0.9 ~ 1	一个开间内设 1 盏灯，2 ~ 3 个插座
高级旅馆、招待所		0.6 ~ 0.7		带卫生间
旅游宾馆		0.35 ~ 0.45		单间客房内设 4 ~ 5 盏灯，4 ~ 6 个插座
电影院、文化馆		0.7 ~ 0.8	0.9	

表 15.3　民用建筑动力负荷的需要系数和功率因数

用电设备名称	用电设备数量／台	需要系数 K_X	功率因数 $\cos\varphi$	正切值 $\tan\varphi$
电梯		0.18 ~ 0.22	0.7(交流梯)	1.02
			0.8(直流梯)	0.75
冷冻机房、锅炉房	1 ~ 3	0.7 ~ 0.9	0.8 ~ 0.85	0.75 ~ 0.62
	> 3	0.6 ~ 0.7		
热力站、水泵房	1 ~ 5	0.8 ~ 1	0.8 ~ 0.85	0.75 ~ 0.62
	> 5	0.6 ~ 0.8		
厨房、洗衣机房	≤ 100 kW	0.4 ~ 0.5	0.8	0.75
	> 100 kW	0.3 ~ 0.4		
窗式空调	4 ~ 10	0.6 ~ 0.8	0.8	0.75
	10 ~ 50	0.4 ~ 0.6		
	> 50	0.3 ~ 0.4		

表 15.4　建筑工地设备的需要系数和功率因数

序号	用电设备名称	用电设备数量／台	需要系数 K_X	功率因数 $\cos\varphi$	正切值 $\tan\varphi$
1	混凝土搅拌机及砂浆搅拌机	10 以下	0.7	0.68	1.08
2	混凝土搅拌机及砂浆搅拌机	10 ~ 30	0.6	0.65	1.16
3	混凝土搅拌机及砂浆搅拌机	30 以上	0.5	0.6	1.33
4	破碎机、筛洗机	10 以下	0.75	0.75	0.88
5	破碎机、筛洗机	10 ~ 50	0.7	0.7	1.02
6	给排水泵、泥浆泵(缺准确工作情况资料时)		0.8	0.8	0.75
7	对焊机		0.43 ~ 1	0.7	1.02
8	自动焊接变压器		0.62 ~ 1	0.6	1.33
9	皮带运输机(当机械联锁时)		0.7	0.75	0.88
10	工地照明		0.8	1	0

①同类设备的有功功率计算负荷。同类设备的有功功率计算负荷为

$$P_j = K_X P_a \tag{15.8}$$

式中　K_X——同类设备的需要系数；

P_a——同类设备的总额定设备有功功率(kW)；

P_j——同类设备的有功功率计算负荷(kW)。

其中同类设备的总额定有功功率的计算应根据用电设备的性质来确定。

②同类设备的无功功率计算负荷。同类设备的无功功率计算负荷为

$$Q_j = P_j \tan \varphi \tag{15.9}$$

式中 Q_j—— 同类设备的无功功率计算负荷(kVar);

$\tan \varphi$—— 同类设备的正切函数。

【例 15.1】 某建筑工地有一台卷扬机,其额定功率为 22 kW,负载持续率 JC_1 为 40%。另有两台单相电焊机,其额定设备视在功率为 3 kV·A,功率因数为 0.45,负载持续率 JC_2 为 50%。分别计算换算后的设备负荷。

解 ① 卷扬机的换算功率为

$$P_{a1} = 2P_N\sqrt{JC_1} = (2 \times 22 \times \sqrt{40\%})\text{kW} = 27.83\ \text{kW}$$

② 单相电焊机(2 台单相电焊机按 3 台计算)的换算功率为

$$P_{a2} = 3S_N\cos \varphi\sqrt{JC_2} = (3 \times 3 \times 0.45\sqrt{50\%})\text{kW} = 2.86\ \text{kW}$$

(3) 总计算负荷的确定。总计算负荷是由不同类型的多组用电设备容量组成的。

① 总设备有功功率计算负荷为

$$P_{\Sigma j} = \sum (P_{j1} + P_{j2} + P_{j3} + \cdots) = P_{jN} \quad (\text{kW}) \tag{15.10}$$

② 总设备无功功率计算负荷为

$$Q_{\Sigma j} = \sum (Q_{j1} + Q_{j2} + Q_{j3} + \cdots) = Q_{jN}(\text{kVar}) \tag{15.11}$$

③ 总设备视在功率计算负荷为

$$S_{\Sigma j} = \sqrt{P_{\Sigma j}^2 + Q_{\Sigma j}^2} \quad (\text{kV} \cdot \text{A}) \tag{15.12}$$

由于各组用电设备的最大负荷往往并不是同时出现,所以在确定变压器的容量或者选择低压配电干线时,要考虑乘以同时(期)系数 K_Σ(一般取 0.8 ~ 1),即

$$S_N \geqslant K_\Sigma S_{\Sigma j} \quad (\text{kV} \cdot \text{A}) \tag{15.13}$$

根据容量 S_N 来选择变压器。S_7 系列电力变压器的技术数据,见附表 3。树脂浇注干式电力变压器的技术数据,见附表 4。

(4) 总计算电流的确定。为了正确选择开关及导线截面积,还应计算总电流,即

$$I_{\Sigma j} = \frac{S_{\Sigma j}}{\sqrt{3}\,U_N} \times 10^3 \quad (\text{A}) \tag{15.14}$$

式中 $S_{\Sigma j}$—— 总视在计算功率(kV·A);

U_N—— 电源的额定线电压(380 V);

$I_{\Sigma j}$—— 总计算电流(A)。

(5) 总功率因数的确定。因为各类用电设备的功率因数不同,所以总功率因数也要小于 1。为了充分利用电源设备的容量,减少输电线路的电能损耗,电力部门规定工矿企业负载的总功率因数不得低于 0.9。否则要考虑功率因数的补偿(一般采用电容器并联补偿)。总功率因数按下式计算,即

$$\cos \varphi_\Sigma = \frac{P_{\Sigma j}}{S_{\Sigma j}} \tag{15.15}$$

【例 15.2】 某高级旅馆的正常用电动力设备共 620 kW($\cos \varphi = 0.75, \tan \varphi = 0.88$);照明设备共 360 kW($\cos \varphi = 1$);消防用电设备共 120 kW($\cos \varphi = 0.7, \tan \varphi = 1.02$),试选择变压器的容量和数量。

解　该大楼为二级电力负荷，应有两路高压电源进户，所以要选择两台变压器。先将正常用电设备和消防用电设备分别进行计算负荷。

① 正常用电动力设备的计算负荷。查表 15.3 可知，$K_X = 0.7$，则

$$P_{j1} = K_X P_{a1} = (0.7 \times 620)\ \text{kW} = 434\ \text{kW}$$

$$Q_{j1} = P_{j1} \tan \varphi = (434 \times 0.88)\ \text{kVar} = 382\ \text{kVar}$$

② 正常用电照明设备的计算负荷。查表 15.3 可知，$K_X = 0.7$，则

$$P_{j2} = K_X P_{a2} = (0.7 \times 360)\text{kW} = 252\ \text{kW}$$

$$Q_{j1} = 0$$

③ 正常用电设备的视在功率。

$$S_{j1} = \sqrt{(P_{j1} + P_{j2})_{j1}^2 + Q_{j1}^2} = \sqrt{(434 + 252)^2 + 382^2}\text{kV} \cdot \text{A} = 873.2\ \text{kV} \cdot \text{A}$$

④ 消防用电设备的计算负荷。消防用电 K_X 取 1，$\cos \varphi = 0.75$，$\tan \varphi = 0.88$，则

$$P_{j2} = K_X P_{a2} = (1 \times 120)\text{kW} = 120\ \text{kW}$$

$$Q_{j2} = P_{j2} \tan \varphi = (120 \times 1.02)\ \text{kVar} = 122.4\ \text{kVar}$$

⑤ 消防用电设备的视在功率。

$$S_{j2} = \sqrt{P_{j2}^2 + Q_{j2}^2} = \sqrt{120^2 + 122.4^2}\ \text{kV} \cdot \text{A} = 171.41\ \text{kV} \cdot \text{A}$$

⑥ 变压器的容量选择。消防用电负荷仅在火灾发生时才投入使用，而此时正常用电的负荷已经断电，又由于消防用电的计算负荷 S_{j2} 远小于正常用电的计算负荷 S_{j1}，故选择变压器的容量时，可不考虑消防用电设备的负荷，取同期系数 K_Σ 为 0.9。

$$S_T \geqslant K_\Sigma S_{j1} = (0.9 \times 873)\ \text{kV} \cdot \text{A} = 785.3\ \text{kV} \cdot \text{A}$$

正常用电设备负荷可平均分配在两台变压器（动力和照明负荷分开）低压回路中。消防用电由其中一台变压器低压回路供电，另一台变压器作为备用回路，使用时应先切断正常用电设备负荷，如通风机、水泵、扶梯、锅炉房等用电设备。故选择 2 台 $S_7 - 400/10$ 型电力变压器。

【例 15.3】　某车间有冷加工机床 30 台（2.0 kW × 5 台、3.0 kW × 10 台、4.0 kW × 5 台、5.50 kW × 6 台、11.0 kW × 4 台），通风机（2.2 kW）5 台，照明共 12 kW。试计算总负荷、总电流及总功率因数。

解　(1) 同类设备的计算负荷。

① 冷加工机床类。查表 15.2 可知，$K_X = 0.2$，$\tan \varphi = 1.33$，则

$$P_{j1} = [0.7 \times (2.2 \times 5 + 3.0 \times 10 + 4.0 \times 5 + 5.50 \times 6 + 11.0 \times 4)]\text{kW} = 137\ \text{kW}$$

$$Q_{j1} = P_{j1} \tan \varphi = (137 \times 1.33)\text{kVar} = 182.21\ \text{kVar}$$

② 通风机类。查表 15.2 可知，$K_X = 0.7$，$\tan \varphi = 0.75$，则

$$P_{j2} = K_2 \sum P_{a2} = K_1 \sum P_{a1} = [0.2 \times (2.0 \times 5)]\text{kW} = 2.0\ \text{kW}$$

$$Q_{j2} = P_{j2} \tan \varphi = (2.0 \times 0.75)\ \text{kVar} = 1.5\ \text{kVar}$$

③ 照明类。查表 15.3，$K_X = 0.8$，$\tan \varphi = 0$，则

$$P_{j3} = K_3 P_{a3} = (0.3 \times 12.0)\text{kW} = 3.6\ \text{kW}$$

$$Q_{j3} = P_{j1} \tan \varphi = 3.6 \times 0 = 0$$

(2) 总计算负荷的确定。

$$P_{\Sigma j} = \sum (P_{j1} + P_{j2} + P_{j3}) = (137 + 2.0 + 3.6)\text{kW} = 142.6\ \text{kW}$$

$$Q_{\Sigma j} = \sum (Q_{j1} + Q_{j2} + Q_{j3}) = (182.21 + 1.5 + 0)\text{kVar} = 183.71\ \text{kVar}$$

$$S_{\Sigma j} = \sqrt{P_{\Sigma j}^2 + Q_{\Sigma j}^2} = \sqrt{142.6^2 + 183.71^2}\ \text{kV} \cdot \text{A} = 232.56\ \text{kV} \cdot \text{A}$$

(3) 总电流。

$$I_{\Sigma j} = \frac{S_{\Sigma j}}{\sqrt{3}U_N} \times 10^3 = \left(\frac{232.56}{\sqrt{3} \times 380} \times 10^3\right)\text{A} = 353.3\ \text{A}$$

(4) 总功率因数。

$$\cos\varphi_{\Sigma} = \frac{P_{\Sigma j}}{S_{\Sigma j}} = \frac{143.21}{232.56} = 0.62$$

15.1.3　6 ~ 10 kV 变电所

变电所是接受电能、变换电压和分配电能的场所。变电所主要由变压器、高压开关柜(高压断路器、电流互感器、计量仪表等)、低压开关柜(隔离刀闸、断路器、电流互感器、计量仪表等)、高或低压电容补偿柜、母线及电缆等组成。用电设备容量大于 160 kV · A 时,采用高压供电、变压器降压的方式。高压开关柜设备组如图 15.2 所示。

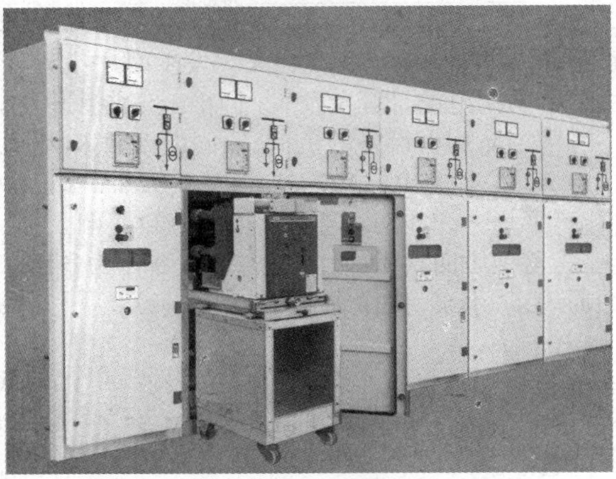

图 15.2　高压开关柜设备组

用电设备容量小于 160 kV · A 时,采用低压配电方式。配电所(室)主要由低压开关柜(隔离刀闸、断路器、电流互感器、计量仪表等)、电容器补偿柜、母线及电缆等组成。

1. 变电所选择的原则

变电所选择的原则有以下几个方面:

① 确定进线方式。根据用电负荷等级确定进线方式,一路或是两路进线。

② 确定变压器。根据计算负荷确定变压器的型号和台数,若考虑发展的需要,变压器的容量应留有余地。

③ 确定变电所的位置。变电所的位置应选在进出线方便,靠近负荷中心的地方。

④ 确定变电所的环境场所。变电所应避免设于多尘、潮湿和有腐蚀性气体的场所,避免设在有剧烈震动的场所和低洼积水地区。若变压器的容量小于 316 kV · A 时,可架设在水泥柱上,选择油浸式变压器;若变压器的容量大于 316 kV · A 时,可设于水泥台上

或高层建筑的室内,设于高层建筑的室内,应选择干式变压器。

⑤ 确定电容器柜。计算总功率因数小于 0.9 时,应考虑功率因数补偿,装设电容器柜。

2. 主接线

变电所内供电系统的一次接线,称为主接线。主接线是由变压器、各种开关电器、电气计量仪表、母线、电力电缆和导线等电气设备按一定顺序相连接的电路。供电电路常画成单线条系统图,也就是用单线来代表三相系统的主接线图。

(1) 主接线的选择。主接线的选择原则有以下几个方面:

① 根据用电负荷的要求,保证供电可靠性。

② 接线系统应力求简单,运行方式灵活,倒闸操作方便。

③ 应保护运行操作人员和维修人员的安全,来进行运行维护和实验工作。

④ 高压配电装置的布置应紧凑合理,排列尽可能对称,有利于巡检。

⑤ 从发展角度,适当留有增容的余地。还应符合经济原则,做到设备一次投资和年运行费用最低。

(2)6 ~ 10 kV 变电所的主接线要求。6 ~ 10 kV 变电所的主接线要求有以下几个方面:

① 装设阀型避雷器和高压断路器。从外界引入变电所的进线侧,应先接阀型避雷器,防止雷电侵入,再装设高压(10 kV) 断路器,以便对设备起短路事故保护和隔离作用。如:需要带负荷断电源的;变电所总出线有 10 个回路以上者;自动装置或继电保护电路所要求的。

② 母线接线。变电所的高压及低压母线,须采用单母线或单母线分段的接线方式。

③ 母线采用隔离开关或断路器分段。采用单母线分段时,一般采用隔离开关分段。当出线回路或继电保护有要求时,用断路器分段。

④ 装设线路隔离开关。配电线路的出线侧,在架空出线或有反馈供电可能的出线中,要求装设线路隔离开关。

(3) 主接线方式。主接线方式有以下几个方面:

① 单电源母线接线 。进户为一路 6 ~ 10 kV 高压,若只有一台变压器可通过断路器和母线隔离开关接到变压器的原绕组线圈上,如图 15.3(a) 所示。若有两台变压器可通过断路器和母线隔离开关接到公共母线如图 15.3(b) 所示。单母线的优点是主接线简单、设备投资少、操作方便,适用于三级电力负荷使用。

② 双电源单母线分段式主接线。为提高双路电源单母线的供电可靠性和灵活性,采用高压断路器连接分段的单母线,可适用于一、二级电力负荷使用。其双电源单母线分段式主接线如图 15.4(a) 所示。该供电系统两路高压同时工作,当其中一路发生故障或停电时,由母线联络断路器对故障回路供电。切换方式可采用自动或手动(二级负荷) 方式,但必须采取措施将与切换有关的开关进行联锁,以保证两路电源不并联运行。在双母线式主接线中,工作母线上的隔离开关平时闭合,备用母线上的隔离开关则断开。当工作母线断电时,工作母线上的隔离开关将打开,备用母线上的隔离开关则闭合,负荷借助联络开关在不中断供电的情况下,从一条母线转移到另一条工作母线上。当母线发生短路时,全部装置将断开。

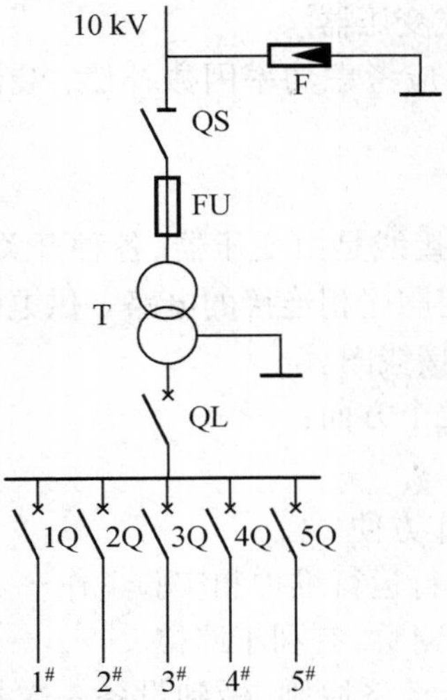

(a) 高压无母线接线图

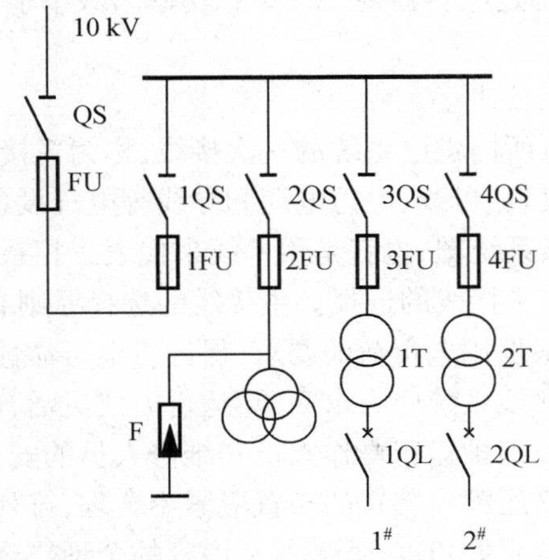

(b) 单母线接线图

图 15.3　高压单电源主接线图

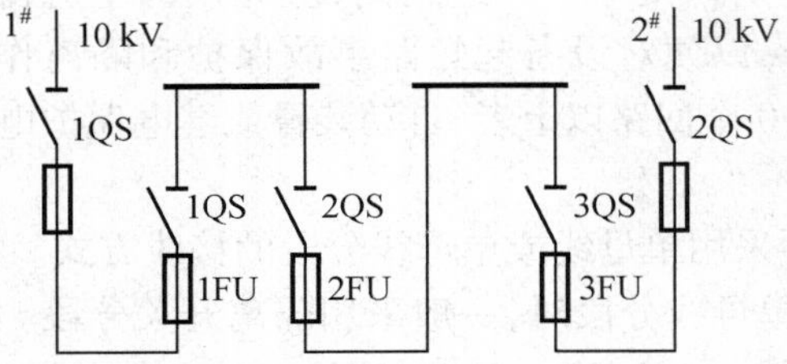

(a) 双电源单母线分段式

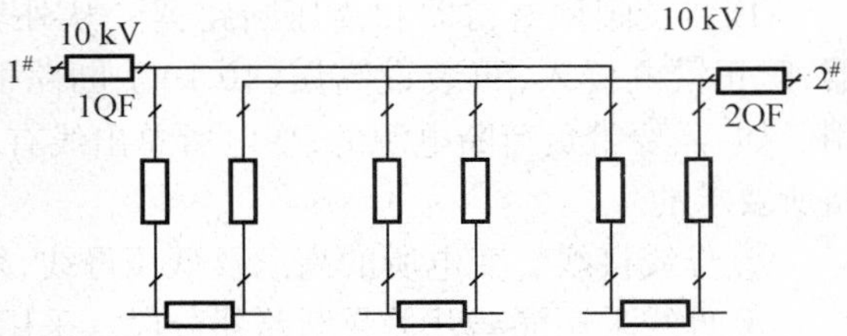

(b) 双电源双母线分段式

图 15.4　双电源主接线

③ 低压母线联络。具有低压母线联络的电气系统图如图 15.5 所示。在图 15.5(a) 中,由双电源双变压器分别供电,在低压母线处进行联络。当某台变压器发生故障或需要检修时,其所带的低压回路将由另外一台变压器通过母线联络负责供电。但需要指出,应首先将低压回路中的非重要性用电设备(如扶梯、空调机、热风幕、锅炉房用电等) 切断,再合上母线联络开关 3QL,以防变压器超载运行,达到重要性用电设备(如客梯、生活水泵、商场照明等) 不断电。在图 15.5(b) 中,由单电源单变压器与柴油发电机组分别供电,在低压母线处进行联络。当高压或变压器发生故障或需要检修时,其所带的低压回路将由柴油发电机组通过母线联络负责供电。但柴油发电机组的容量是按低压回路中的消防用电设备或重要性用电设备来选择的。在发生故障或需要检修时,同样先将低压回路中的非重要性用电设备切断,快速启动柴油发电机组,断开1QL断路器再自动合上母线联络开关 3QL。

3. 变电所的布置

(1) 变电所的组成。6 ~ 10 kV 的变电所由高压配电室、变压器室和低压配电室 3 部分组成。

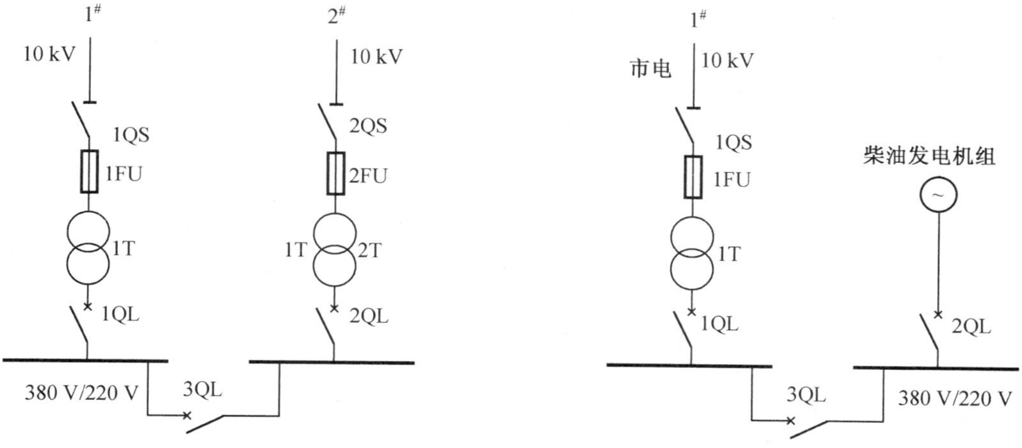

(a) 双回路供电　(b) 市电与柴油发电机组供电

图 15.5　具有低压母线联络的电气系统图

① 高压配电室。高压配电室内设置高压开关柜，柜内设置高压断路器、隔离开关、电压互感器和母线等。高压配电室的面积取决于高压开关柜的数量和柜的尺寸。一般设有高压进户柜、计量柜、电容补偿柜和配出柜等。高压柜前留有巡查操作通道（应大于 1.8 m）。柜后及两端应留有检修通道（应大于 1 m）。高压配电室的高度应大于 2.5 m。高压室的门应大于设备进出的宽度，门应往外开。

② 变压器室。为使变压器与高、低压开关柜等设备隔离，应单独设置变压器室。对于多台变压器，特别是油浸变压器，应将每台变压器都相互隔离。当使用多台干式变压器时，也可采用开放式，只设一大间变压器室（应取得当地电力部门的批准）。变压器室要求通风良好，进出通风口的面积应达到(0.5 ~ 0.6) m^2。对于设在地下室的变电所，可采用机械通风。变压器室的面积取决于变压器的体积和台数，还要考虑周围的维护通道（应大于 1 m）。变压器室内的高低压电气装置应分别同高低压配电室相同。10 kV 及以下的高压裸导线要求离地高度大于 2.5 m。而低压裸导线要求离地高度大于 2.2 m。

③ 低压配电室。低压配电室应靠近变压器室，低压裸导线（铜母排）架空穿墙引入。由于低压配出回路多，低压开关柜数量也多。有进线柜、仪表柜、配出柜、低压电容器补偿柜（采用高压电容器补偿时可不设）等。低压配电室的面积取决于低压开关柜数量的多少（应考虑发展，增加备用柜），柜前应留有巡检通道（大于 1.8 m），柜后应留有检修通道（大于 0.8 m）。低压开关柜有单列布置和双列布置（柜数较多时采用）等。

(2) 变电所的建设。变电所的建设还应满足以下条件：

① 变电所应保持室内干燥，严防雨水漏入。变电所附近或上层不应设置卫生间、厨房、浴室等，也不应设置有腐蚀性或潮湿蒸汽的车间。

② 变电所应考虑通风良好，使电气设备正常工作。

③ 变电所高度大于 4 m，应设置便于大型设备进出的大门，宽度取决于变压器的宽度。

④ 变压器的容量较大时，应单设值班室、设备维修室和设备库房等。

单台变压器变电所的平面布置如图 15.6 所示。双台变压器变电所的平面布置如图 15.7 所示。

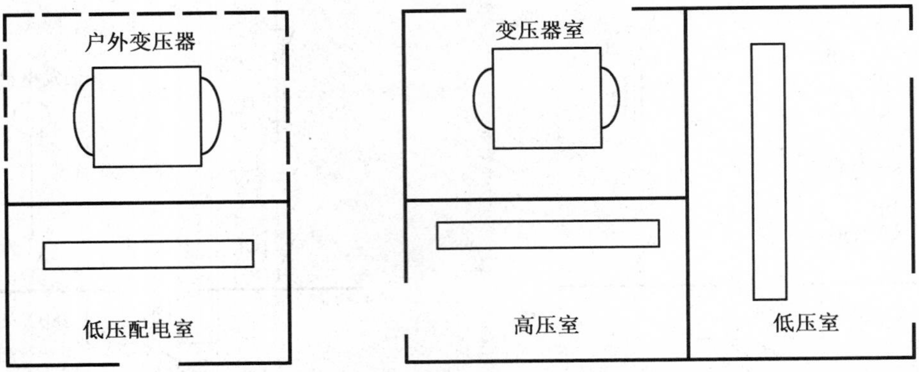

(a) 户外变压器　(b) 室内变压器

图 15.6　单台变压器变电所的平面布置

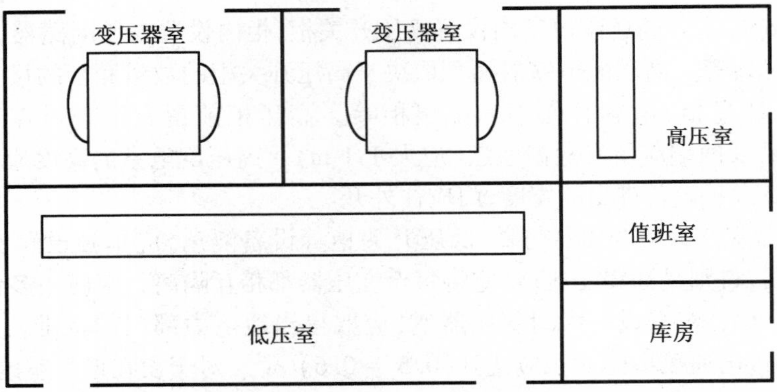

图 15.7　双台变压器变电所的平面布置

15.2　建筑低压配电系统

低压配电系统由配电装置(配电柜或配电箱)和配电线路(干线及分支线)组成。低压配电系统又分为动力配电系统和照明配电系统(详见第 16 章)。

15.2.1　低压配电方式和敷设方式

1. 低压配电方式

低压配电的方式有放射式、树干式及混合式 3 种。

(1) 放射式。由配电箱直接供给分配电箱或负载。优点是各负荷独立受电,一旦发生故障只局限于本身而不影响其他回路,如图 15.8(a) 所示。放射式配电适用于重要负荷和电动机配电回路。

(2) 树干式。树干式配电是指由总配电箱与分配电箱之间采用链式连接。优点是投资费用低、施工方便,但故障影响范围大,常用于照明电路。一条干线可连接多个照明分配电箱,如图 15.8(b) 所示。

(3) 混合式。在大型配电系统中,经常是放射式与树干式混合。变电所配出是放射式,分支是树干式。分配电箱中既有放射式,也有树干式如图 15.8(c) 所示。

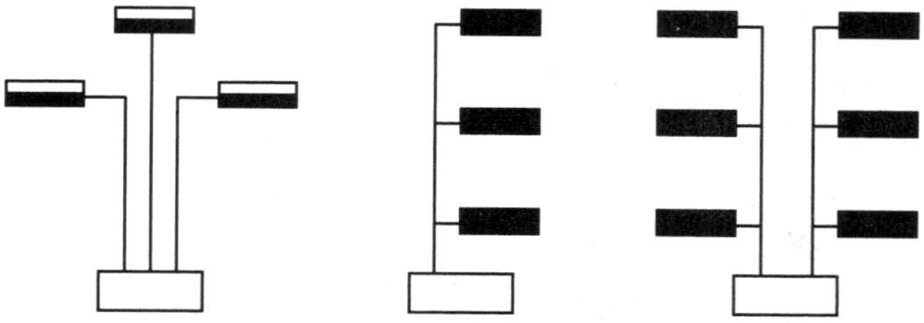

(a) 放射式配电　(b) 树干式配电　(c) 混合式配电

图 15.8　低压配电的方式

2. 低压配电线路的敷设方式

低压供电线路是指由市电电力网(6 ~ 10 kV) 引至变电所的电源引入线。低压配电线路是指由变电所的低压配电柜中引出至分配电盘和负载的线路,分为室外和室内配线。

(1) 室外配电线路。室外配电线路有架空线路和电缆线路。

① 架空线路。架空线路包括电杆架空线路和沿墙架空线路。电杆架空线路是将导线(裸铝或裸铜) 或电缆架设在电杆的绝缘子上的线路。将绝缘导线或电缆,沿建筑外墙架设在绝缘子上的线路,称为沿墙架空线路。

a. 电杆架空线路。电杆有水泥杆和木杆两种,现多采用水泥杆及角钢横担。架空线路的档距(电杆间的距离)、架空线距地高度和架空线与建筑物的最小距离见表 15.5。

表 15.5　架空线路的档距与距离　m

档距与距离	地区与部位	线路电压	
		高　压 (6 ~ 10 kV)	低　压 (380 V/220 V)
架空线路的档距	城区	40 ~ 50	30 ~ 45
	郊区	50 ~ 100	40 ~ 60
	住宅区或院墙内	35 ~ 50	30 ~ 40
架空线距地高度	居民区	6.5	6.0
	非居民区	5.5	5.0
	交通困难地区	4.5	4.0
架空线与建筑物的最小距离	建筑物的外墙	1.5	1.0
	建筑物的外窗	3	2.5
	建筑物的阳台	4.5	4
	建筑物的屋顶	3	2.5

b. 沿墙架空线路。由于建筑物之间的距离较小,无法埋设电杆的场所适用于沿墙架空。架设的部位距地高度应大于2.5 m。与上方窗户的垂直距离应大于800 mm,与下方窗户的垂直距离应大于300 mm。所以最好设在无门窗的外墙上。若无法满足上下窗户间距大于1 100 mm时,现多采用导线穿钢管或电缆沿墙明设。

② 电缆地下暗敷设。为了安全和美化环境,常采用电缆地下暗敷设方式。电缆地下暗敷设分为直埋、穿排管、穿混凝土块及隧道内明设等。在繁华地区,进户线多采用电缆地下暗敷设。电力电缆按其绝缘分为纸绝缘、塑料绝缘和橡皮绝缘;按保护方式又分带铠装(绝缘导线外装设金属铠保护,铠装外有防腐护套)和不带铠装之分。

a. 电缆直埋。采用电缆直埋方式时,应选用聚氯乙烯绝缘、聚氯乙烯护套钢带铠装电缆,如 VV_{22} 或 VLV_{22} 型等。其埋设深度为0.7 ~ 1 m。电缆四周填充细沙,加盖板或砖(根数较少时)然后回填土。在适当位置(转弯处或起止点)埋设标示桩,以便后期检修。直埋电缆穿过马路或进入建筑物时,需穿钢管保护。钢管在建筑物外部的长度,应大于建筑物散水的宽度。进户穿基础时,应预留孔洞。直埋电缆进户施工简单、造价低,应用较普遍,但出故障后检修及更换电缆较困难。

b. 电缆穿排管或混凝土管块敷设。电缆穿排管或混凝土管块敷设时,可采用塑料护套电缆,排管由石棉水泥管组成,外部包以混凝土(如预制空心楼板),排管内径应大于电缆外径的1.5倍。混凝土管块为预制,多为6孔一块,通信电缆常用,也可用于电力电缆。排管和混凝土管块的顶部距地面应大于0.7 m。

c. 电缆在隧道内敷设。电缆在隧道内敷设时,可沿隧道单侧或双侧用支架敷设,当根数少时,也可用圆钢或扁钢吊挂敷设。隧道内应有大于1 m的人行通道,净高大于1.8 m。隧道内设低照度的安全照明(电压36 V以下)。电缆隧道的尺寸,取决于电缆根数及排列位置。电缆间水平净距为100 mm,上下层间距为250 mm,最下层的电缆距沟底一般为100 mm,最上层的电缆距沟顶一般为250 mm。电缆隧道进入建筑物处应设带门的防火墙。隧道内的电缆宜选用裸铠装电缆或阻燃塑料护套电缆。电缆支架的间距不大于1 m,并应可靠接地。

3. 室内线路

室内配电支线主要有绝缘导线明配线和暗配线两种敷设方式。

(1) 明配线。明配线主要用于原有建筑物的电气改造或因土建无条件而不能暗敷设线路的建筑。明配线有铝片卡、瓷瓶、瓷夹、塑料线夹、塑料槽板、铝合金线槽、钢板线槽、塑料管、金属蛇皮管和钢管等配线方式。

明配线走向横平竖直,转弯处的夹角为90°,采用黏接、射钉螺栓及胀管螺丝等固定线路。在高层建筑中,还常采用电缆桥架和封闭母线吊装明设。

(2) 暗配线。暗配线主要用于新建筑及装修要求较高的场所,现已被普遍采用,既美观又安全。暗配线分为钢管、电线管、镀锌铁皮线槽、PVC阻燃硬塑料管、半硬塑料管等暗敷设。

① 钢管暗配线。钢管暗配线一般敷设于现浇混凝土板内、地面垫层内、砖墙内及吊顶内。钢管走向可以沿最短的路径敷设并牢固地绑扎在钢筋网上,要求所有钢管焊接成一体,统一接地。由于钢管施工困难、造价高,一般用于一类建筑电气的配线及特殊场合(如锅炉房等动力)的配线。

② 塑料管暗配线。塑料管暗配线的敷设方法同钢管，特别适用于预制混凝土结构的建筑，多采用穿空心楼板暗敷设。由于半硬塑料管具有可挠性、硬度好，并具有阻燃性，施工方便，现已被广泛采用。

室内配电干线及分支干线在沟、隧道、桥架、电井内等场所，常采用电缆明设、封闭式母线明设、绝缘导线穿钢管、塑料管明设或暗敷设。绝缘导线穿管敷设时，其导线总截面积不应超过管内径截面积的 40% 。电缆穿钢管敷设时，直线段电缆外径占钢管直径的 3/5；有一个弯时，不应小于 1/2；有两个弯时，不应小于 1/4。

15.2.2　配电导线

1. 电线与电缆型号的选择

(1) 电线型号。电线有裸导线和绝缘导线之分。裸导线型号有 LJ(TJ) 裸铝(铜) 绞线、LGJ 铝钢芯绞线等，常用于电杆架空。绝缘导线型号有 BBLX，BBX，BLVV，BLV，BVV 和 BV 型等。BBLX(BBX) 型为橡皮绝缘铝(铜) 芯导线，常用于工地架空、建筑物架空引入线或厂房室内明配线等。BLV(BV) 型为聚氯乙烯绝缘铝(铜) 芯导线，常用于室内暗配线。BLVV(BVV) 型为聚氯乙烯绝缘、聚氯乙烯护套铝(铜) 芯导线，常用于室内明配线。

(2) 电缆型号。电缆型号有 VLV，VV，ZLQ 和 ZQ 型等。VLV(VV) 型为聚氯乙烯绝缘、聚氯乙烯护套铝(铜) 芯电力电缆，又称全塑电缆，常用于室内配电干线。ZLQ(ZQ) 型油浸纸绝缘铅包铝(铜) 芯电力电缆，常用于室外配电干线。电缆型号中有下脚标，表示有铠装层保护、抗拉力强、耐腐蚀等，可直埋地下。如 VV_{22} 型表示为聚氯乙烯绝缘、聚氯乙烯护套内钢带铠装电力电缆。KVV 型表示为聚氯乙烯绝缘、聚氯乙烯护套控制电缆。

低压配电常用的塑料绝缘电力电缆种类及用途见表 15.6。

表 15.6　塑料绝缘电力电缆种类及用途

型号		名　称	主　要　用　途
铝芯	铜芯		
VLV	VV	聚氯乙烯绝缘、聚氯乙烯护套电力电缆	敷设在室内、隧道内及管道中，电缆不能承受机械外力作用
VLV_{22}	VV_{22}	聚氯乙烯绝缘、聚氯乙烯护套钢带铠装电力电缆	敷设在室外地下、隧道内及管道中，电缆能承受机械外力作用
VLV_{32}	VV_{32}	聚氯乙烯绝缘、聚氯乙烯护套内细钢丝铠装电力电缆	敷设在室外地下、矿井中、水中，电缆能承受相当的拉力
YJVL	YJV	交联聚乙烯绝缘、聚氯乙烯护套电力电缆	敷设在室内、隧道内及管道中，电缆可经受一定的敷设牵引，但不能承受机械外力作用
$YJVL_{32}$	YJV_{32}	交联聚乙烯绝缘、聚氯乙烯护套内钢丝铠装电力电缆	敷设在高落差地区或矿井中、水中，电缆能承受相当的拉力和机械外力作用
	KVV	聚氯乙烯绝缘、聚氯乙烯护套控制电缆	敷设在室内、隧道内及管道中，主要用于电力系统的控制线路和弱电控制线路
	KVV_{22}	聚氯乙烯绝缘、聚氯乙烯护套钢带铠装阻燃控制电缆	敷设在室外地下、隧道内及管道中，主要用于消防系统的动力控制线路和火灾报警与联动控制系统的线路

2. 导线截面积的选择

根据电线和电缆所使用的环境条件，确定电线或电缆的型号后，正确选择电线和电缆的截面积是保障用电安全可靠必不可少的重要条件。选择时既要考虑安全性，还要考虑经济性。

（1）电线和电缆截面积的选择原则。电线和电缆截面积的选择原则，主要从发热条件、电压损失和机械强度 3 个方面来考虑：

① 发热条件（载流量法）。载流量是指导线或电缆在长期连续负荷时，允许通过的电流值。若负荷超载运行，将导致导线或电缆绝缘过热而破坏（或加速老化），造成短路事故，甚至会发生火灾造成重大的经济损失。

② 电压损失条件。电压损失是指线路上的损失，线路越长引起的电压降也就越大，将会使线路末端的负载不能正常工作。

③ 机械强度条件。导线和电缆应有足够的机械强度，可避免在刮风、结冰或施工时被拉断，造成供电中断和其他事故的发生。

（2）电线与电缆截面积的选择方法。电线与电缆截面积的选择方法是依据上述 3 条原则，先用一种方法计算，再用另外两种方法验算，最后选择能满足要求的截面积（取最大的截面积）。

① 载流量法选择。这种方法适合于动力系统及负载距离供电点小于200 m的电线和电缆截面积的选择。先求得负载的计算电流，再根据载流量来选取截面积，其计算公式为

$$I_N = I_{\Sigma j} = \frac{K_X P_{\Sigma j}}{\sqrt{3} U_N \cos \varphi} \times 10^3 \tag{15.16}$$

式中 $P_{\Sigma j}$—— 负载的计算负荷（kW）；

$I_{\Sigma j}$—— 负载的计算电流（A）；

K_X—— 负载的需要系数；

U_N—— 额定线电压（380 V）；

$\cos \varphi$—— 总功率因数；

I_N—— 电线截面积长期连续允许通过的工作电流（载流量）（A）。

电线与电缆的载流量 I_N 不仅仅取决于截面积，还要受到环境温度及敷设方式的影响。温升和穿管也都会减少其工作电流，穿管中的根数越多，载流量越少。裸导线及电力电缆长期连续负荷允许载流量表见附表 5；铝芯绝缘导线长期连续负荷允许载流量表见附表 6；铜芯绝缘导线（500 V）长期连续负荷允许载流量表见附表 7。

【例 15.4】 某车间总计算负荷为 120 kW，总功率因数为 0.75，其中一条支线的有功功率为 3 kW，功率因数为 0.66。试求干线和支线的导线截面积（干线电源三相 380 V，支线电源单相 220 V，环境温度为 25 ℃）。

解 干线计算电流为

$$I_{\Sigma j} = \frac{P_{\Sigma j}}{\sqrt{3} U_N \cos \varphi} = \frac{120 \times 10^3}{\sqrt{3} \times 380 \times 0.75} \text{ A} = 243.1 \text{ A}$$

电线的载流量查附表 7，选择铜芯塑料线穿钢管保护，其相线截面积为 120 mm²，载流量为 245 A，即 BV－（3 × 120 ＋ 1 × 75）－ SC120。其中相线 3 根 120 mm²，中线截面积为

75 mm², 穿钢管直径 φ120 mm 保护。

支线计算电流为

$$I_j = \frac{P_j}{U_N \cos\varphi} = \frac{3 \times 10^3}{220 \times 0.66} \text{ A} = 20.66 \text{ A}$$

查附录表 7, 选铜芯塑料线两根穿钢管保护, 环境温度为 25 ℃ 时, 截面积为 2.5 mm², 载流量为 24 A, 穿钢管直径 φ15 mm 保护, 即 BV - 2 × 2.5 - SC15。

② 按电压损失条件选择。由于线路存在阻抗, 电线与电缆在传输中会产生电压损失。线路越长, 线路始末端电压降越大, 末端的电气设备将因电压过低而不能正常工作。为保证供电质量, 在按发热条件(载流量法)选择导线截面积之后, 须用电压损失条件进行验证, 其计算公式为

$$\Delta U(\%) = \frac{P_j L}{CS}(\%) \tag{15.17}$$

式中　$\Delta U(\%)$—— 电压损失见表 15.7;

P_j—— 计算负荷功率(kW);

L—— 线路距离(m);

C—— 电压损失常数见表 15.8;

S—— 导线的截面积(mm^2)。

表 15.7　电压损失 ΔU

设备名称及情况	ΔU	说　明
1. 照　明		
一般照明	5	例如:线路较长或与动力共用的线路自 12 V 或 36 V 降压变压器开始计算
应急照明	6	
12 ~ 36 V 局部或移动	10	
厂区外部照明	4	
2. 动　力		
正常工作	5	
正常工作(特殊情况)	8	例如:事故情况, 数量少及容量小的电机, 且使用不长
起动	10	
起动(特殊情况)	15	例如:大型异步电动机, 且起动次数少, 尖峰电流小的情况下
吊车(交流)	9	
电热及其他设备	5	

若用电压损失条件验证结果大于表 15.7 中规定值，需增大一级导线的截面积，然后再进行验证。

一般在照明线路中，为了保证供电质量，常采用电压损失条件来选择导线。若线路较远（$L \geqslant 200$ m）时，也应先按电压损失条件选择导线，其计算公式为

$$S = \frac{M}{C\Delta U} = \frac{P_j L}{C\Delta U} \tag{15.18}$$

式中　M—— 负荷距（kW · m）；

P_j—— 有功功率计算负荷（kW）；

L—— 线路距离（m）；

ΔU—— 电压损失（%）见表 15.7；

C—— 电压损失的计算常数见表 15.8；

S—— 电线的截面积（mm^2）。

表 15.8　电压损失的计算常数 C

线路系统及电流种类	C 表达式	额定电压 /V	C 值	
			铜线	铝线
三相四线制	$\frac{U_N^2}{\rho \times 100}$	380/220	77	46.3
单相交流或直流	$\frac{U_N^2}{2\rho \times 100}$	220	12.8	7.75
		110	3.2	1.9
		36	0.34	0.21
		24	0.153	0.092
		12	0.038	0.023

注：表中 ρ 为导线材料的电阻率。

【例15.5】　某建筑工地的计算负荷为30 kW，$\cos\varphi$ 为0.78，距变电所180 m，采用架空配线，环境温度为 30 ℃，试选择输电线路的电线截面。

解　（1）首先按发热条件选择电线截面，然后按电压损失条件校验。

按发热条件选择，先计算工作电流，即

$$I_j = \frac{P_j \times 10^3}{\sqrt{3}\,U_N \cos\varphi} = \frac{30 \times 10^3}{\sqrt{3}\,380 \times 0.78}\text{ A} = 58.43\text{ A}$$

查附表6，按铝芯明设，环境温度为30 ℃时，大于58.43 A的橡皮绝缘导线截面为16 mm^2，其安全载流量为80 A，若选用 BLX－4×16 电线能否满足对工地的配电要求呢？需用电压损失条件进行验证。

（2）按电压损失条件验证。查表 15.8，得 $C = 46.3$，则

$$\Delta U = \frac{M}{CS} = \frac{P_j L}{CS} = \frac{30 \times 180}{46.3 \times 16} \times 100\% = 7.2\%$$

根据动力线路允许电压损失不超过5%，故不满足要求，需加大一级电线截面选择25 mm^2 再进行验证。

$$\Delta U = \frac{M}{CS} = \frac{P_j L}{CS} = \frac{30 \times 180}{46.3 \times 25} \times 100\% = 4.665\%$$

可以满足要求，故选择 BLX - 4 × 25 橡皮绝缘导线架空明设。

c. 按电压损失条件选择导线。由于 $L = 200$ m，故可以先按电压损失条件选择导线，再按导线发热条件进行验证。取 $\Delta U\% = 5\%$，$C = 46.3$，则

$$S = \frac{M}{C\Delta U} = \frac{P_j L}{C\Delta U} = \frac{30 \times 180}{46.3 \times 5}\text{mm}^2 = 23.23\ \text{mm}^2$$

显然，选择 BLX - 4 × 25 橡皮绝缘导线，可以满足条件。

③ 按机械强度条件选择。导线与电缆在户外架空时，应承受足够的拉力和张力，在室内敷设，特别是穿管时，也应考虑拉力的作用。所以选择电线与电缆时，应有足够的机械强度。规范规定：根据电线与电缆的敷设方式，按机械强度要求导线允许的最小截面见表 15.9。

表 15.9　按机械强度要求导线和电缆允许的最小截面

导线用途	导线和电缆允许的最小截面 /mm²	
	铜芯线	铝芯线
照明：户内	0.5	2.5
户外	1.0	2.5
用于移动用电设备的软电线或软电缆	1.0	—
户内绝缘支架上固定绝缘导线的间距：		
2 m 以下	1.0	2.5
6 m 以下	2.5	4.0
25 m 以下	4.0	10.0
裸导线：户内	2.5	4.0
户外	6.0	16.0
绝缘导线：槽板敷设 　　　　　穿管敷设	1.0	2.5
绝缘导线：户外沿墙敷设	2.5	4.0
户外其他方式	4.0	10.0

一般导线与电缆截面积的选择是先按发热条件（载流量法）或电压损失条件选择，最后按机械强度条件验证，取其中最大值，再按导线与电缆的标称值来选定，中线与相线为等截面。

15.2.3　低压配电系统的保护装置

为了保证用电设备、电线和电缆的可靠工作，还必须采用短路保护措施，以避免因用电设备或线路的短路事故，而烧毁用电设备或电线，发生火灾事故等。常用的短路保护装置有熔断器、负荷开关、断路器等，现主要选用断路器。

1. 断路器

断路器又称自动空气开关，是低压配电系统中的重要保护电器之一。它在电路发生短路、过载及欠电压时，能自动分断电路。

(1) 断路器的类型和技术数据。断路器按结构形式可分为塑壳式(装置式)、框架式(万能式)、快速式、限流式等;按电源种类可分为交流和直流两种断路器。

① 塑壳式断路器。塑壳式断路器的开关等元器件均装于塑壳内,体积小、重量轻,一般为手动操作,适于对小电流(几安至数百安)的保护。它的型号有 DZ 系列、C45N 系列、TAN 系列、TO 系列、ELCB 系列、XS 系列、XH 系列等。

② 框架式断路器。框架式断路器的结构为断开式,它通过各种传动机构实现手动(直接操作、杠杆连动等)或自动(电磁铁、电动机或压缩空气)操作,适于对大电流(几百安至数千安)的保护。有 DW 系列、ME 系列、AH 系列、QA 系列、M 系列等。

部分断路器的技术数据见表 15.10。

表 15.10　断路器的技术数据

<table>
<tr><th>型 号</th><th>额定电流/A</th><th>脱扣器最大额定电流/A</th><th>分断能力/kA</th><th>寿命/次</th><th>备注</th></tr>
<tr><td>C45N - 1P</td><td>40</td><td>1,3,6,10,16,20,25,32,40</td><td>6</td><td rowspan="4">20 000</td><td>一极</td></tr>
<tr><td>C45N - 2P</td><td>63</td><td rowspan="3">1,3,6,10,18,20,25,32,40,50,63</td><td rowspan="3">4.5</td><td>二极</td></tr>
<tr><td>C45N - 3P</td><td>63</td><td>三极</td></tr>
<tr><td>C45N - 4P</td><td>63</td><td>四极</td></tr>
<tr><td>DZ20Y - 100</td><td>100</td><td>16,20,32,40,50,63,80,100</td><td>15</td><td>4 000</td><td rowspan="6">三极</td></tr>
<tr><td>DZ20Y - 250</td><td>250</td><td>100,125,160,180,200,225,250</td><td>30</td><td>6 000</td></tr>
<tr><td>TAN - 100B</td><td>100</td><td>15,20,32,40,50,63,75,100</td><td>40</td><td>15 000</td></tr>
<tr><td>TAN - 400B</td><td>400</td><td>250,300,350,400</td><td>42</td><td rowspan="6">10 000</td></tr>
<tr><td>TO - 225BA</td><td>225</td><td>125,150,175,200,225</td><td>25</td></tr>
<tr><td>TO - 600BA</td><td>600</td><td>450,500,600</td><td>45</td></tr>
<tr><td>E4CB - 106/3</td><td>6</td><td>6</td><td rowspan="3">8</td><td>一极</td></tr>
<tr><td>E4CB - 210/3</td><td>10</td><td>10</td><td>二极</td></tr>
<tr><td>E4CB - 332/3</td><td>32</td><td>32</td><td>三极</td></tr>
</table>

(2) 断路器的选择。在低压配电系统中,保护变压器及配电干线时,常选用 DW 等系列,保护照明线路和电动机线路时,常选用 DZ 等系列。断路器额定电流等级规定为:1 ~ 63 A,100 ~ 630 A,800 ~ 12 000 A。

断路器的选择,一般采用长延时和短路瞬时的保护特性。其选择方法如下:

① 选择额定电压。断路器的额定电压必须大于或等于安装线路电源的额定电压,即 $U_N \geqslant U_L$。

② 选择额定电流。断路器的额定电流应大于或等于安装线路的计算电流,即 $I_N \geqslant I_j$。

③ 选择脱扣器的额定电流。脱扣器的额定电流应大于或等于安装线路的计算电流,即

$$I_{Nd} \geqslant I_j$$

④ 选择瞬时动作过电流脱扣器的整定电流。瞬时动作过电流脱扣器的整定电流应从以下几方面来考虑：

a. 照明线路。在照明线路中，选择瞬时动作过电流脱扣器的整定电流按下式计算，即

$$I_{zd} \geqslant K_1 I_j \tag{15.19}$$

式中 I_j—— 照明线路的计算电流(A)；

K_1—— 瞬时动作可靠系数，一般取 1.2 ~ 1.6；

I_{zd}—— 过电流脱扣器瞬时动作(或短延时)的整定电流(A)。

b. 单台电动机。对单台电动机，选择瞬时动作的过电流脱扣器的整定电流按下式计算，即

$$I_{D..zd} \geqslant K_2 I_{st} \tag{15.20}$$

式中 I_{st}—— 单台电动机的起动电流(A)；

K_2—— 可靠系数，DW 系列取 1.35，对于 DZ 系列取 1.7 ~ 2；

$I_{D..zd}$—— 过电流脱扣器瞬时动作(或短延时)的整定电流(A)。

c. 配电线路。对供多台设备的配电干线，不考虑电动机的起动时，选择瞬时动作的过电流脱扣器的整定电流按下式计算，即

$$I_{szd} \geqslant K_3 I_j \tag{15.21}$$

式中 I_j—— 配电线路中的尖峰电流(A)；

K_3—— 可靠系数，取 1.35；

$I_{s.zd}$—— 过电流脱扣器瞬时动作(或短延时)的整定电流(A)。

⑤ 选择长延时动作过电流脱扣器的整定电流。长延时动作过电流脱扣器的整定电流按下式计算，即

$$I_{g.zd} \geqslant K_4 I_j \tag{15.22}$$

式中 I_j—— 线路的计算电流，对于单台电动机，即为其额定电流(A)；

K_4—— 可靠系数，单台电动机取 1.1，照明线路取 1 ~ 1.1；

$I_{g.zd}$—— 过电流脱扣器长延时动作的整定电流(A)。

(3) 保护装置与配电线路的配合。在配电线路中采用的熔断器或断路器等保护装置，主要用于对电缆及导线的保护。

① 用于对电缆及导线的短路保护。当采用熔断器做短路保护时，其熔体的额定电流不大于电缆及导线长期允许通过电流的 250%。

当采用断路器做短路保护时，宜选用带长延时动作过电流脱扣器的断路器。其长延时动作过电流脱扣器的整定电流应不大于电缆及导线长期允许通过电流的 100%，且动作时间应躲过尖峰电流的持续时间；其瞬时(或短延时)动作过电流脱扣器的整定电流应躲过尖峰电流。

② 用于对电缆及导线的过负荷保护。当采用熔断器或断路器做过负荷保护时，其熔体的额定电流或断路器长延时动作过电流脱扣器的整定电流应不大于电缆及导线长期允许通过电流的 80%。

保护装置的整定值与配电线路允许持续电流的配合关系见表 15.11。

表 15.11　保护装置的整定值与配电线路允许持续电流的配合关系

保护装置	无爆炸危险场所			有爆炸危险场所	
	过负荷保护		短路保护	橡皮绝缘电缆及导线	绝缘电缆
	橡皮绝缘电缆及导线	绝缘电缆	电缆及导线		
	电缆及导线允许持续电流 I/A				
熔断器熔体的额定电流	$I_{e.r} \leqslant 0.8I$	$I_{e.r} \leqslant I$	$I_{e.r} \leqslant 2.5I$	$I_{e.r} \leqslant 0.8I$	$I_{e.r} \leqslant I$
断路器长延时脱扣器的整定电流	$I_{e.zd} \leqslant 0.8I$	$I_{e.zd} \leqslant I$	$I_{e.zd} \leqslant I$	$I_{e.zd} \leqslant 0.8I$	$I_{e.zd} \leqslant I$

3. 漏电保护装置

漏电保护装置(又称漏电保护开关)主要是用于保护人身安全或防止用电设备漏电的一种安全保护电器。漏电保护装置按照结构形式,分为电磁式和电子式。按照动作原理,可分为电压型和电流型。电流型漏电保护装置有单相和三相之分,其主要结构是在一般断路器中增加一个零序电流互感器和漏电脱扣器。电流型漏电保护装置的工作原理如图 15.9 所示。

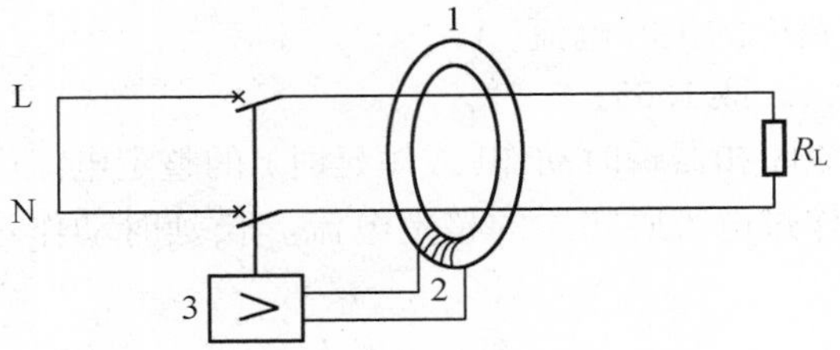

图 15.9　漏电保护装置的工作原理图

1— 零序电流互感器;2— 次级线圈;3— 脱扣器执行机构

图 15.9 中零序电流互感器 1 作为检测漏电电流的感应元件,它是一个用高导磁材料制成的环形封闭铁芯,在其上面绕有次级线圈 2,次级线圈与脱扣器执行机构 3 连接。初级线圈是直接穿过环形铁芯的单相负载的 2 根导线(或三相四线制的 4 根导线)。用电负载正常工作时,由于单相负载的 2 根导线中的电流大小相等、方向相反,环形封闭铁芯中的磁通等于零,则在次级线圈中没有信号输出。一旦发生触电、漏电或相线接地故障(漏电电流 ≥30 mA)时,2 根导线中的电流不等,环形封闭铁芯中产生磁场,使次级线圈有感应电流输出,经放大器放大信号让执行机构动作、脱扣器跳闸,自动切断电源(切断时间 ≤0.1 s),达到保护的目的。

漏电保护装置的种类很多,其主要型号有 DZL18 - 20,DZL25 - 63,DZL21B - 100,VC45ELE,ELEMD,FIN,FNP 等。漏电保护装置一般采用低压干线的总保护和支线末端保护。三相四线制电源选用 4 极漏电保护开关,三相三线制电源选用 3 极漏电保护开关,单相电源选用 2 极漏电保护开关。漏电保护开关的技术数据见表 15.12。

表 15.12　漏电保护开关的技术数据

型　号	极数	额定电流/A	分断能力电流/A	过电流脱扣器额定电流/A	额定动作漏电电流/mA	额定不动作漏电电流/mA	电寿命/次	备　注
DZL18 - 20/1	2	20	500	10,16,20	10、15、30		20 000	漏电
DZL18 - 20/4	4							漏电 过负载 过电压
VC45ELM - 40	2 3 4	40	2 000	10,15,20, 30,40,60	10、15、30		20 000	电磁式
E4EBE - 210/30	2	10	8 000	10	30	30	10 000	电子式
E4EL - 30/2/300	2	30		32	300	300		
E4EL - 30/4/30	4	30		32	30	30		
E4EBEM - 216/30	2	16		16	30	15		电磁式

15.3　建筑电气动力配电系统

15.3.1　动力配电系统

1. 动力配电方式

民用建筑中的动力负荷按使用性质分为建筑设备机械(水泵、通风机等)、建筑机械(电梯、卷帘门、扶梯等)和各种专用机械(炊事、医疗、实验设备)等。按电价分为非工业电力电价和照明电价两种。因此先按使用性质和电价归类,再按容量及方位分路。对集中负荷(水泵房、锅炉房、厨房的动力负荷)采用放射式配电干线。对分散的负荷(医疗设备、空调机等)应采用树干式配电,依次连接各个动力分配电盘。电梯设备的配电采用放射式专用回路,由变电所电梯配电回路直接引至屋顶电梯机房。

2. 动力配电箱(柜)

动力配电箱内由刀开关、熔断器、断路器、交流接触器、热继电器、按钮开关、指示灯和仪表等组成。电气元件的额定值是由动力负荷的容量来选定,配电箱的尺寸是根据这些电气元件的大小来确定。配电箱有铁制、塑料制等。一般分为明装、暗装或半暗装。为了操作方便,配电箱中心距地的高度为 1.5 m。动力负荷容量大或台数多时,可采用落地式配电柜或控制台,应在柜底下留沟槽或用槽钢支起以便管路的敷设连接。配电柜有柜前操作和维护(靠墙设立),也有柜前操作柜后维护。要求柜前有大于 1.5 m 的操作通道,柜后应有 0.8 m 的维修通道。

3. 动力配电系统图

在动力配电设计与施工时,应掌握动力配电系统图、电机控制原理图和动力配电平面图。动力配电系统中一般采用放射式配线,一台电机一个独立回路。在动力配电系统图中要标注配电方式,有三相电度表、断路器(或开关熔断器)、交流接触器、热继电器等电气元件的型号、电流整定值等,还应标有导线的型号、截面积、配管及敷设方式等,在系统图中也可附材料表和说明。例如某车间的动力配电系统如图 15.10 所示。

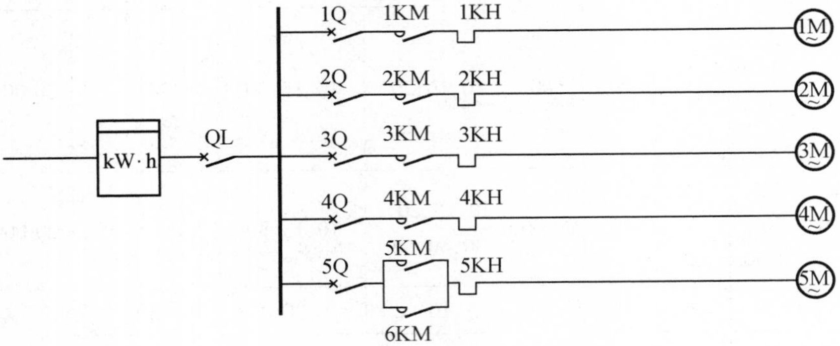

图 15.10　水泵房动力配电系统

4. 异步电动机控制原理图

对小容量的异步电动机(小于 7 kW)可采用刀闸开关或断路器直接起动。一般异步电动机均采用交流接触器来控制电路。根据动力设备的控制要求,设计异步电动机的控制原理图。有异步电动机连续运行控制电路、异步电动机两地控制电路、异步电动机正反转控制电路、异步电动机多台顺序起动控制电路等。例如某水泵房三台异步电动机的两地控制主电路及按钮箱面板平面布置如图 15.11 所示,单台异步电动机两地控制原理如图 15.12 所示。图中断路器、交流接触器、按钮、热继电器等均设在水泵控制室的配电箱中,异地按钮箱(图中虚线部分)设在水泵附近,就地安装。

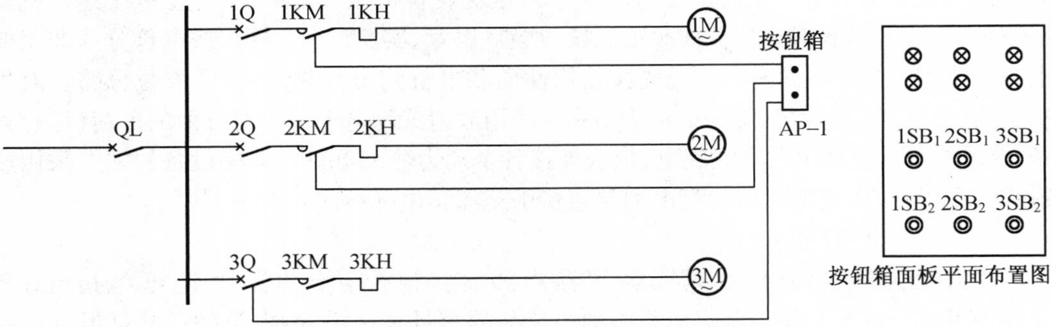

图 15.11　异步电动机两地控制主电路及异地按钮箱面板平面布置图

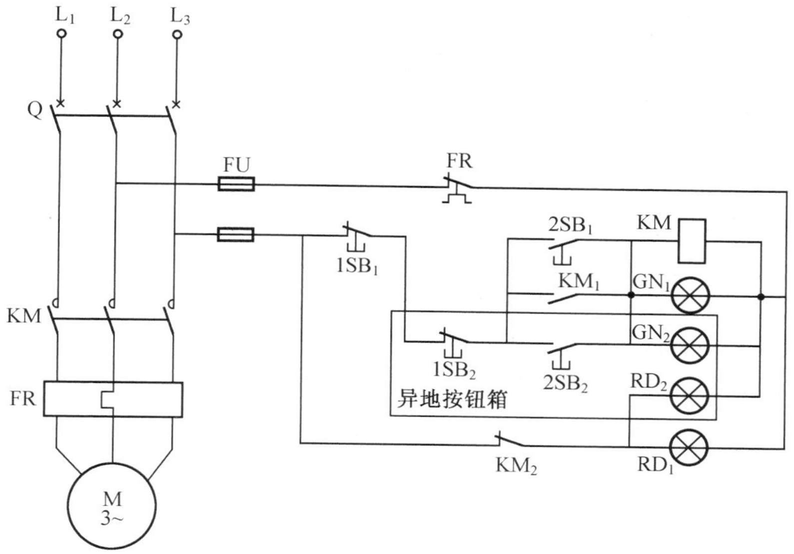

图 15.12　单台异步电动机两地控制原理图

15.3.2　动力配电平面布置图

在动力配电平面布置图上,画出动力干线和负载支线的敷设方式、导线根数、配电箱(柜)及设备电动机出线口的位置等。某水泵房动力配电平面布置如图 15.13 所示。图中水泵控制配电箱 AP - 1 和消防水泵控制双电源配电箱 AEP - 1 均设于水泵控制室内,生活给水泵异地控制按钮箱 AP - 2 和消防水泵异地控制按钮箱 AP - 3 设于水泵房内墙上,1 ~ 3 号为生活给水泵,4 ~ 7 号为消防水泵(均一用一备)。配电方式为放射式,绝缘导线穿铁管地下暗敷设。

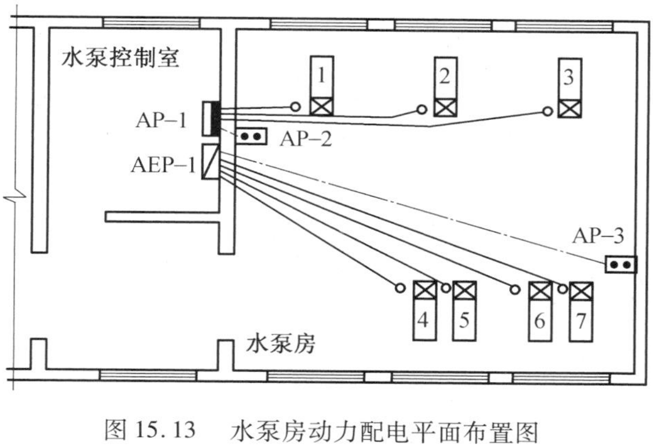

图 15.13　水泵房动力配电平面布置图

本 章 小 结

1. 电力系统是发电厂、输电线、变电所及用电设备的总称。电力网由多种不同电压等级的输配电线路和变(配)电所组成。输电系统采用高电压输出,以便减少线路中的损耗,达到远距离送电的目的。配电系统采用低电压输出(380 V/220 V),以便降低用电设备的成本和保证用电的安全。

2. 电力负荷根据用电设备的重要程度和供电可靠性的要求,共分 3 级。一级电力负荷须有两个独立高压电源及备用(柴发)电源供电;二级电力负荷须有两个高压电源及备用(柴发)电源供电;三级电力负荷有一个高压电源供电即可。

3. 变电所是变换电压和分配电能的场所,它主要由高压室、变压器室和低压室组成。变电所应设置在用电负荷的中心,以便减少电能的损耗。为考虑今后发展的需要,应增大变压器的容量和预留低压柜或低压回路。

4. 电力负荷的计算是正确选择变压器、导线截面积及开关整定值的重要依据,常采用需要系数法,其计算方法如下:

(1) 分类计算负荷。将用电设备分类,先求设备负荷,再求出分类计算负荷,包括有功功率 P_j 和无功功率 Q_j

$$P_{j1} = K_x(P_{a1} + P_{a2} + \cdots + P_{an})$$

$$Q_{j1} = P_{j1} \times \tan\varphi$$

(2) 总计算负荷。按照分类计算负荷的总有功功率 $\sum P_j$(kW) 和总无功功率 $\sum Q_j$(kVar),求出总计算负荷 $\sum S_j$(kV · A)。

$$P_{\Sigma j} = P_{j1} + P_{j2} + P_{jn}$$

$$Q_{\Sigma j} = Q_{j1} + Q_{j2} \cdots + Q_{jn}$$

$$S_{\Sigma j} = K_\Sigma \sqrt{P_{\Sigma j}^2 + Q_{\Sigma j}^2}$$

(3) 变压器的容量选择。变压器的容量 S_N 选择根据总计算负荷 $S_{\Sigma j}$ 求得

$$S_N \geq K_\Sigma S_{\Sigma j}$$

5. 电线和电缆截面积的选择原则是根据发热条件、电压损失条件和机械强度条件 3 个方面来确定,以确保供电线路经济合理、安全可靠地运行。对于供电线路长度小于 200 m 时,考虑用发热条件来确定电线和电缆截面积;对于供电线路长度大于 200 m 时,考虑用电压损失条件来确定电线和电缆截面积;然后用其他两种方法进行校验。

6. 低压配电方式有放射式、树干式和混合式。动力系统常采用放射式配电方式,照明系统常采用树干式或混合式配电方式。

7. 在低压配电线路中,均应装设短路保护装置。在低压动力支线路上应有过载保护,在照明插座支线上还应装设过负荷及漏电保护装置。

8. 低压配电常用保护装置有熔断器、断路器、热继电器、电流及电压继电器和漏电保护装置等。这些保护装置应根据线路的计算电流来选择,并考虑与导线的配合关系。

9. 建筑工地的用电设备包括:临时用变压器、配电箱、照明和动力机械(塔吊、卷扬机、混凝土搅拌机、砂浆搅拌机、振捣器、电焊机及木工机械)等。建筑工地一般采用架空线路敷设,由配电箱至用电负载常采用橡皮绝缘软电缆敷设。

思考题

1. 电力负荷共分几级？其供电要求有什么不同？

2. “计算负荷”与“设备负荷”有什么不同？

3. “计算负荷”对供电设计有什么意义？

4. 6 ~ 10 kV 变电所选择的原则是什么？

5. 高压配电室内都设置哪些设备？

6. 低压配电室内都设置哪些设备？

7. 低压配电的方式共分几种？其特点有什么不同？

8. 低压动力配电系统包括哪些内容？

9. 室外配电线路有哪些敷设方式？

10. 选择导线截面积的原则是什么？

11. 在低压动力线路中，为什么先用发热条件选择导线截面积，再用电压损失条件和机械强度检验？在低压照明线路中，为什么先用电压损失条件选择导线截面积，再用发热条件和机械强度检验？

12. 室外线路与室内线路的导线选择有什么不同？

13. 低压配电系统的短路保护有哪些方式？

习　　题

1. 某大楼实验室采用 3 N ~ 50 Hz、380 V/220 V 配电，室内装有 5 台单相电阻炉，每台 2 kW；有 4 台单相干燥器，每台 3 kW；照明用电为 4.5 kW。试将各类单相的用电负荷合理地分配在三相四线制线路上，并确定大楼实验室的计算负荷。

2. 某工厂动力车间变电所，电压为 10 kV/0.4 kV，无其他备用电源。现计算出总有功功率为 260 kW、功率因数为 0.75，其中含有二级负荷有功功率为 140 kW，试选择变压器的容量和台数。

3. 某加工厂共有 10 台车床，每台 7.5 kW；有 5 台铣床，每台 10 kW；有 6 台刨床，每台 5.5 kW；有 5 台砂轮机，每台 1.0 kW；有 3 台大吊车，每台 13 kW（$JC_N = 36\%$），试计算加工厂的电力负荷。

4. 某宾馆共有 2 部客梯，每台 15 kW（$JC_N = 40\%$）；有 4 台水泵，每台 7.5 kW；有 50 台空调机，每台 3 kW；有 4 台热风幕，每台 5.5 kW；还有照明 16 kW。试计算该宾馆的计算负荷，并选择变压器的容量。

5. 某高级写字大楼的用电设备有：客梯 4 部，每部 16 kW（$JC_N = 40\%$）；锅炉房用电设备（鼓引风机、出渣机等）共 120 kW；集中空调用电设备（制冷机组、空调机等）共 260 kW；水泵 8 台，每台 5.5 kW；厨房等其他动力设备共 45 kW；照明用电设备共 90 kW。消防用电设备有：消防电梯 2 部，每部 22 kW；消防水泵、喷淋泵等共 4 台（一用一备），每台 30 kW；排烟机、加压送风机等共 80 kW。试选择该大楼变压器的容量和数量。

6. 某工地的施工用电设备有：有2台混凝土搅拌机，每台7.5 kW；有1台砂浆搅拌机，5.5 kW；有4台振捣器，每台2.8 kW；有1台卷扬机，7.5 kW（$JC_N = 25\%$）；塔吊有3台电动机，共22.7 kW（其中起重电机15 kW、行走电机5.5 kW、回转电机2.2 kW）（$JC_N = 25\%$）；2台电焊机，每台2 kV · A（单相380 V、$JC_N = 50\%$、功率因数为0.45）；工地照明共9 kW。试选择变压器的容量和架空导线的截面积（环境温度为25 ℃）。

7. 有一条电压为380 V/220 V的车间配电线路，采用铝芯橡皮绝缘导线室内架空敷设（环境温度为30 ℃），其负荷计算视在功率为28 kV · A，供电距离为60 m，试选择导线的截面积。若改用铜芯橡皮绝缘导线，其截面积又为多少？

8. 在上题中，铝芯塑料绝缘导线穿钢管室内暗设，试选择导线的截面积。若改用塑料管室内暗设，其导线截面积又为多少？

9. 距离供电点220 m的教学楼，其计算负荷P_C为35 kW，cos φ为0.7，设架空干线的电压损失为5%，环境温度为30 ℃，试选择其截面积。

10. 某工地的动力计算负荷P_C为60 kW，功率因数cos φ为0.75，导线长度为120 m，环境温度为25 ℃，要求电压损失为5%，采用铝芯橡皮绝缘导线架空敷设时，导线的截面积为多少？若采用铝芯电力电缆地下直埋，其截面积又为多少？

11. 距离供电点280 m的宾馆，其计算负荷P_C为50 kW，cos φ为0.65。设铜芯橡皮绝缘导线架空干线的电压损失为5%，环境温度为30 ℃，试选择其截面积。若改用铜芯塑料绝缘电力电缆地下直埋，其截面积又为多少？

12. 某低压架空配电线路，如图15.14所示。P_1为30 kW，cos φ_1为0.65；P_2为20 kW，cos φ_2为0.75，当地环境温度为25 ℃，电压损失为5%，试选择其截面积。

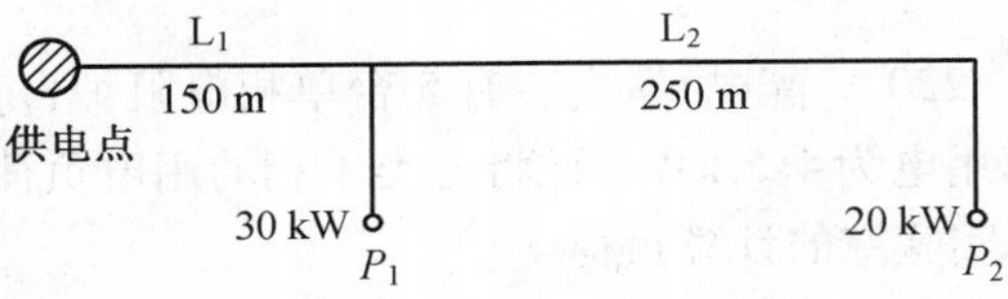

图15.14　12题图

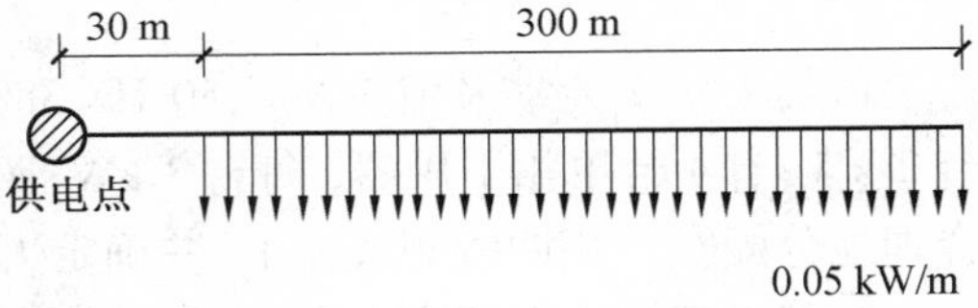

图15.15　13题图

13. 如图15.15所示，路灯配电中，当地环境温度为30 ℃、电压损失为3%、cos φ为1，采用铝芯橡皮绝缘导线架空敷设时，试选择其截面积（提示：均匀配电的负荷距取总长的一半）。

14. 有一条低压配电线路，采用铜芯橡皮绝缘导线架空敷设。车间距变电所200 m，计算负荷为120 kW，环境温度为25 ℃，电压损失为5%，试选择其截面积。若改用铝芯塑料绝缘电力电缆地下直埋，其截面积又为多少？

15. 某变电所低压回路配电到180 m的教学楼，其计算负荷为76 kW。试选择何种断路器？整定值为多少？

16. 一台水泵功率为22 kW，功率因数为0.75，试选择断路器的整定值和导线的截面积（环境温度为25 ℃）。

第16章　建筑电气照明系统

电气照明是建筑物的重要组成部分。它是一门综合性的技术,不仅应用光学和电学方面的知识,还涉及建筑学、生理学和美学等方面的知识。电气照明是现代人工照明极其重要的手段,是现代建筑中不可缺少的部分。本章主要介绍电气照明的基本概念,民用建筑的照明种类和照度标准,电光源和灯具的选择及布置,民用建筑常用照明技术措施和设计要求,电气照明平面布置图等。

16.1　照明技术的基本概念、照明方式和种类

16.1.1　照明技术的基本概念

光是一种能量,通过辐射方式从一个物体传播到另一个物体。光的本质是一种电磁波,它在电磁波的极其宽广的波长范围内仅占很小一部分。通常把可见光、紫外线和红外线统称为光,而人眼所能感觉到的光,仅是可见光。为了正确合理地进行电气照明设计,首先应该熟悉照明技术的一些基本概念。

1. 光通量

按人眼对光的感觉量为基准来衡量光源在单位时间内向周围空间辐射并引起光感的能量大小,称为光通量。光通量用符号 ϕ 表示,其单位为流明(lm)。

2. 发光强度

光源在某一个特定方向上的单位立体角内(单位球面度内)所发出的光通量,称为光源在该方向上的发光强度。它是用来反映发光强弱程度的一个物理量,简称光强,用符号 I_a 表示,其单位为坎德拉(cd),其公式为

$$I_a = d\phi / dw \tag{16.1}$$

式中　$d\phi$—— 在立体角元内传播的光通量(lm);

　　　dw—— 给定方向的立体角元;

　　　I_a—— 发光强度(cd)。

3. 亮度

亮度是一个单元表面在某一方向上的光强密度。即使两个光源的发光强度完全相同,它们在视觉上引起的明亮程度也不一样。例如电功率相同的两个白炽灯,一个是普通灯泡,另一个是磨砂灯泡,显然,后者看起来不及前者亮。这是因为磨砂灯泡表面凹凸不平,发光面积较大的缘故。

光源的亮度用 L 表示,它的单位称为熙提(cd/m^2),其公式为

$$L = I_a / A \tag{16.2}$$

式中　I_a—— 发光强度(cd)；

A—— 沿法线方向的发光面积(m^2)；

L—— 光源在某方向上的亮度(cd/m^2)。

4. 照度

为了研究物体被照明的程度,工程上常用照度这个物理量。物体的照度不仅与它表面的光通量有关,而且与物体的表面积有关。通常是用照射在物体表面单位面积上的光通量来度量物体的照度,用符号 E 表示,其单位为 lm/m^2 或称勒克斯(lx),其公式为

$$E = \frac{\phi NUK}{A} \tag{16.3}$$

式中　ϕ—— 光通量(lm)；

N—— 光源数量(盏)；

U—— 利用系数；

K—— 灯具的维护系数(办公室取 0.8,营业厅取 0.75,室外取 0.7)；

A—— 工作面面积(m^2)；

E—— 照度(lx)。

在日常生活中,常常将灯放低一些或移到工作面的上方,来减小距离或入射角,以增加工作面的照度。为了对照度有一些实际概念,举例如下：

① 在 40 W 白炽灯下 1 m 远处的照度为 30 lx,加搪瓷罩后会增加 3 lx。

② 晴天中午太阳直射时,照度可达 $(0.2 \sim 1) \times 10^5$ lx。

③ 在无云满月的夜晚,地面照度约为 0.2 lx。

④ 阴天室外的照度约为 $(8 \sim 12) \times 10^3$ lx。

在照明心理研究方面指出,需要很高的照度才是舒适的。但从节能的观点出发,照度超过一定值,视力增加很少,因而认为把照度规定在一定范围内是经济的。我国规定照明设计中最低的照度标准见表 16.1。

表 16.1　照明设计中最低的照度标准

房间或场地名称	推荐照度/lx	房间或场地名称	推荐照度/lx
办公室、教室、会议室、实验室、阅览室	200 ~ 300	楼梯间、走廊、厕所、盥洗室库房	50 ~ 100
设计室、打字室、绘图室、黑板	500	起居室、客厅、餐厅、厨房	75 ~ 150
计算机房、室内体育馆	300 ~ 500	单身宿舍、活动室	30 ~ 50
手术室、X 射线扫描室、加速器治疗室	500 ~ 750	商店、菜市场、邮电局、营业室	300 ~ 500
手术台专用照明	2 000 ~ 10 000	理发室、书店、服装商店	300 ~ 500
候诊室、理疗室、扫描室	200 ~ 300	字画商店、百货商场	300 ~ 500
比赛用游泳场馆	300 ~ 750	宾馆客房、台球房、电梯厅	75 ~ 150
田径、举重馆	300 ~ 500	酒吧、咖啡厅、游艺厅、茶室	100 ~ 150

续表 16.1

房间或场地名称	推荐照度/lx	房间或场地名称	推荐照度/lx
篮排球、体操、乒乓球、冰球、网球馆	500 ~ 750	大宴会厅、大门厅、宾馆厨房	150 ~ 300
综合性正式比赛大厅	750 ~ 1 500	大会堂、国际会议厅	300 ~ 750
足球场、棒球场、冰球场	200 ~ 500	国际候机大厅、业务大厅	300 ~ 500
国际比赛用足球场	1 000 ~ 1 500	影剧院	100 ~ 300

5. 显色性

当某种光源的光照射到物体上时，该物体的色彩与阳光照射时的色彩是不完全一样的，有一定的失真度。我们将光源呈现被照物体颜色的性能称为显色性。评价光源显色性的方法是用“显色指数(R_a)”表示。光源的显色指数越高，其显色性越好。一般显色性取 80 ~ 100 为优，50 ~ 79 为一般，小于 50 为差。

6. 眩光

眩光是照明质量的重要特征。视场中有极高的亮度或强烈的亮度对比时，将造成视觉降低和人眼睛不舒适甚至痛感，这种现象称为眩光。眩光分为直射眩光和反射眩光两种。

直射眩光是在观察方向上或在附近存在亮的发光体所引起的眩光。

反射眩光是在观察方向上或在附近由亮的发光体镜面反射所引起的眩光。

16.1.2　照明方式和种类

1. 照明方式

照明装置按照建筑物的功能和照度的要求，照明方式有 3 种。

(1) 一般照明。一般照明用于室内某些场所或场所的某部分照度基本均匀的照明。对于工作位置密度很大而对光照方向又无特殊要求，或工艺上不适宜装设局部照明装置的场所，宜单独使用一般照明。它的优点是在工作表面和整个视野范围中，具有较佳的亮度对比。可采用较大功率的灯泡，因此光效较高；且照明装置数量少，安装费用低。例如办公室、教室、商场等场所的照明。

(2) 局部照明。局部照明仅局限于工作部位固定或移动场所的照明。对于局部地点需要较高照度并对照射方向有要求时，宜采用局部照明。例如绘画馆、展览馆等展柜的照明；车间内车床的照明等。

(3) 混合照明。混合照明是一般照明和局部照明共同组成的照明。它适合于对工作位置需要较高照度并对照射方向有特殊要求的场所。混合照明的优点是能在工作平面、垂直面或倾斜表面上以及工作的内腔里，获得高的照度和提高光色。混合照明中一般照明的照度不应低于 $20I_x$。例如绘画馆大厅为一般照明，墙壁上的油画等采用局部照明。

2. 照明种类

照明种类按其使用情况不同，可分为以下几种。

(1) 正常照明。在正常情况下，为了保证人们工作和生活的顺利进行，采用的人工照明,称为正常照明。

在室内的办公室、教室、车间、居室、走廊等场所,以及室外的道路、庭园和场地等均设置正常照明。

(2) 事故照明。在正常照明因故熄灭后,为保证人们工作的继续进行或供人员疏散使用的照明,称为事故照明。事故照明设置的场所有:

① 在医院的手术室、分娩室、急救室,消防控制室、监控室、电话室、微机室、变电所、警卫室等重要场所,应设置事故照明。一般采用能瞬间可靠点燃的带蓄电池的应急灯具。

② 在大商场、博物馆、展览馆、影剧院、候机厅、候车室等公共场所,供人员疏散的走廊、楼梯、太平门等场所,应设置事故照明。

③ 在高层建筑的消防控制中心、配电室、消防水泵室、消防电梯室及其前室、疏散楼梯及其前室、自备发电机房、变电所以及建筑高度超过 24 m 的公共建筑物内的宴会厅、多功能厅、餐厅、商场营业大厅、报告厅、观众大厅、疏散楼道等场所,应设置事故照明。

事故照明作为正常照明的一部分经常点燃时,事故照明的照度不应低于工作照明的照度。若仅供人员疏散,事故照明的照度不应低于 0.5 lx。当采用蓄电池作为疏散用应急灯备用电源时,要求其连续供电时间不应少于 20 min。

(3) 装饰照明。为了美化市容和建筑物,根据室外装饰、室内装饰的需要而设置的照明,称为装饰照明。如装饰建筑物轮廓的节日彩灯、投光灯;用于音乐喷泉内的防水彩灯;室内门庭的装饰吊灯、壁灯等。

16.2 光源和灯具

16.2.1 电光源

电光源自从被采用以来,先后制成了钨丝白炽灯、荧光灯、荧光高压汞灯、卤钨灯等,近年又制成了高压钠灯、金属卤化灯和 LED 等新型光源。光源的光效、寿命、显色性等均不断地得到提高。电光源基本上分为热辐射光源和气体放电光源两大类。

1. 白炽灯

白炽灯问世已近百年,在设计和工艺上经历了很多改进,才成为现在这样的性能和使用方便的光源。白炽灯主要由灯头、灯丝和玻璃泡等组成。大功率灯泡内抽成真空。灯丝用熔点高和高温蒸发率低的钨制成,一般为螺旋状。当白炽灯加上额定电压后,灯丝通过电源加热到白炽状态而发光。输入灯泡的电能其中大部分转换为辐射能(主要是红外线)和热能(传导和对流热能)。只有百分之几到百分之几十的电能转化为可见光,因此白炽灯的光效很低。目前用昂贵的惰性气体充入灯泡内,使热损失降低,光效可提高 10%。白炽灯除普通灯泡外,还有汽车灯、指示灯、装饰彩灯、摄影灯、电影放映灯等,灯头一般分为螺旋式和卡口式两种。

使用白炽灯的注意事项:

① 应按额定电压使用白炽灯,因为电压的变化对它的寿命和光效影响较大。如电压

高出 5% 时,白炽灯的寿命将缩短 50%。故电压偏移不宜大于 ±2.5%。

② 白炽灯的钨丝冷态电阻比热态电阻小得多,所以在起燃时的电流约为额定值的 6 倍以上。白炽灯发热的玻壳温度较高,其温度近似值见表 16.2。故已很少使用,现常选用紧凑型节能灯来取代白炽灯。

表 16.2　白炽灯发热的玻壳温度近似值

白炽灯额定功率/W	15	25	40	60	100	150	200	300	500
玻壳温度近似值/℃	42	64	94	111	120	151	147.5	131	178

2. 荧光灯

荧光灯为现有各种气体放电中最成功、使用最广泛的一种。它的特点是显色性好、发光效率高、表面亮度和温度均较低,而且价格低廉,已成为多用途的光源。特别是高效节能荧光灯的出现,将取代白炽灯。

(1) 结构及附件。如图 16.1 所示,荧光灯由内壁涂有荧光粉的玻璃管 1 和灯两端头的热阴极 2 组成。热阴极为涂有热发射电子物质的钨丝。管内抽真空后,充入少量的汞和惰性气体氩等。管内壁涂有荧光粉,可根据需要分为日光色、冷白色、暖白色、彩色等。荧光灯的主要附件有启辉器 3 和镇流器 4,另有灯座和灯架。

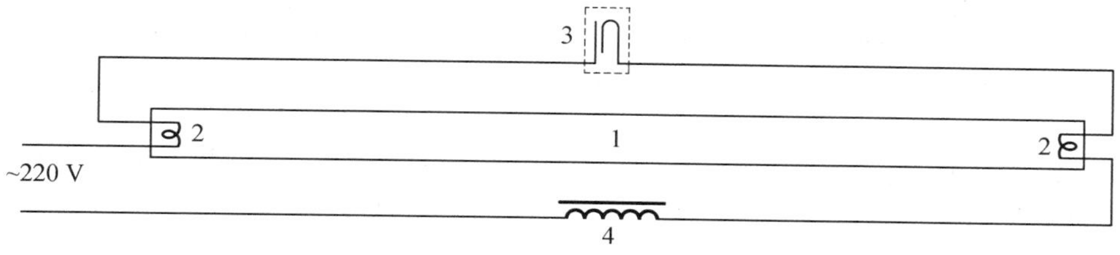

图 16.1　荧光灯的工作原理

1—玻璃管;2—热阴极;3—启辉器;4—镇流器

(2) 荧光灯的工作原理。荧光灯的工作原理如图 16.1 所示。当开关合上后,电源电压加在充入惰性气体氖的启辉器两端,由于其端电压大于 127 V 即可辉光放电(发红光),而发热使内部热膨胀系数不同的双金属片弯曲,让触点闭合接通电路,使热阴极发射电子,荧光灯两端亮。由于双金属片闭合后,辉光停止放电,双金属片开始冷却,经过一段时间,双金属片冷却收缩将触点弹开分离。在分离这一瞬间,串联在电路中的电感线圈(镇流器)产生较高的自感电动势和电源电压一起加在荧光灯管的两端,由于阴极已发射大量的电子,就使管内气体和汞蒸气电离而导电。汞蒸气放电时产生紫外线激发灯管内壁的荧光物质发出可见光。灯管起燃后,在灯管的两端就有电压降(约 100 V),使启辉器上两端达不到启辉电压而不再辉光。镇流器在灯管预热和起燃后,都起着限制和在一定程度上稳定热电流及工作电流的作用。荧光灯的缺点是功率因数低,约 0.5,而且受电网电压影响很大,电压偏移太大,这会影响光效和寿命,甚至不能启辉。荧光灯对环境温度一般要求在18 ~ 25 ℃,过高或过低都会使启动困难和光效下降。环境湿度应在 75% ~ 80%,否则起燃也会损坏镇流器和灯管。现在已生产出一种高效电子镇流器,利用电子电路取代电感线圈,可使功率因数提高到 0.9 以上。而且解决了荧光灯随交流电的变化,而引起的频闪现象(发光也按周期性明暗变化)。这种电子镇流器启辉快,不受环境温度、湿度的影响,寿命长,现已被广泛使用。

现在还有多种光源被广泛应用,如荧光高压汞灯、卤钨灯、高压钠灯、金属卤化物灯、节能荧光灯、LED 灯和管型氙灯等。几种光源性能比较表见表 16.3。

表 16.3 几种光源性能比较

灯泡类型	名称	发光效率/($lm \cdot W^{-1}$)	显色指数 R_a	平均寿命/h
白炽灯	钨丝灯泡	6 ~ 20	95 ~ 99	1 000
	卤钨灯	20 ~ 22	95 ~ 99	1 500
荧光灯	低压水银灯	50 ~ 60	78 ~ 90	2 000 ~ 3 000
	高压水银灯	40 ~ 60	23	5 000
金属卤化物灯	镝灯	80 ~ 100	85	
	其他灯	50 ~ 80	65 ~ 92	
钠灯	高压钠灯	110	20 ~ 25	1 000
	低压钠灯	150	20 ~ 25	2 000 ~ 5 000
氙灯	长弧氙灯	25	90 ~ 94	500 ~ 1 000

16.2.2 灯 具

灯具包括灯泡(管)、灯座和灯罩。灯座的功能为固定灯泡(管),并提供电源通道,灯罩的功能是对光源光通量做重新分配,使工作面得到符合要求的照度和光能量的分布,避免强光刺目;灯罩还起着装饰和美化建筑环境的作用,改善了人们的视觉效果。

灯具的作用主要是配光和限制眩光,它将光源的光通量进行合理的分配,避免由光源引起的眩光。眩光是指由于亮度分布不当或亮度变化太大所产生的视觉状态。可能由于光源直接照射到眼睛造成,也可能由于强烈的反光造成。眩光对视力危害很大,严重的可使人晕眩,甚至造成事故。长时间的轻微眩光也会使人视力逐渐下降;当被视物质与背景的亮度超过 1∶100 时,就容易产生眩光。所以眩光的限制是衡量照明质量的重要指标之一。限制眩光最常用的方法是使灯具有一定的保护角,并配合适当的安装位置和悬挂高度,或者限制灯具的表面亮度。封闭式半透明灯罩,将使灯具的表面亮度降低,可有效地减弱眩光。对避免直接眩光要求较高的地方,可采用格栅型灯具等。

(1) 灯具的分类。灯具通常以灯具的光通量在空间上、下两半球的分配比例来分类或按灯具的结构来分类。

① 直射型灯具。由反光性良好的不透明材料制成。如搪瓷、铝和镀银镜面等这类灯具可按配光曲线的形状分为广照型、均匀配光型、配照型、深照型和特深照型 5 种。特深照型和深照型灯具,由于它们的光线集中,适用于高度较大的厂房或要求工作面上有高照度的场所;配照型灯具适用于一般厂房和仓库等地方。广照型灯具一般用于街道和公路照明。直射型灯具效率高,但灯的上部几乎没有光线,顶棚很暗,与明亮灯光容易形成对比眩光,又由于它的光线集中,方向性强,产生的阴影也较浓。

② 半直射型灯具。它能将较多的光线照射到工作面上,又使空间环境得到适当的亮

度，改善了房间内的亮度比。这种灯具常用半透明材料制成下面开口的样式。如玻璃菱形灯罩、玻璃碗形灯罩等。

③ 漫射型灯具。比较典型灯具，如乳白玻璃球形灯。这种灯具是用漫射透光材料制成的封闭式灯罩，造型美观、光线柔和均匀，但光的损失较多。

④ 间接型灯具。这种灯具全部光线都由上半部射出，经顶棚反射到地面。因此能最大限度地减弱阴影和眩光，光线均匀柔和，但光损失较大不经济。适用于美术馆、展览馆、医院和剧院等场所，还可和其他类型灯具配合使用。

⑤ 半间接型灯具。这类灯具上半部用透明材料、下半部用漫射透光材料制成，由于上半部光通量的增加，加强了室内反射光的效果，使光线更均匀柔和。在使用过程中，上部很容易积灰尘影响灯具的效率。它适用于实验室和教室的照明。

（2）灯具的选择。选择灯具时，主要考虑光的技术特性（配光、显色性、眩光、表面亮度等）、环境条件、灯具的外形与建筑装饰的协调性和经济性等。

① 按光的技术特性选择灯具。

a. 车间一般采用配照（直接）型工厂灯具，使光源直接照射在工作面上。厂房较高时，宜采用深照型工厂灯具，以防眩光。

b. 住宅、办公室等公共建筑物内常采用半直接型灯具、均匀扩散型灯具或荧光灯等，使室内空间照度分布均匀。

c. 对要求垂直照射时，可采用斜照型灯具，如黑板前的弯头灯。

d. 对美术馆、绘画馆、照相馆等场地，应选择显色性高的灯具。如美术馆常采用三基色荧光灯，照相馆常采用碘钨灯和白炽灯。

e. 对影剧院、音乐厅、舞厅、体育馆、手术室等特殊场所，应选择专用的灯具。

② 按环境条件选择灯具。

a. 干燥场所。采用开启型灯具。

b. 潮湿场所。采用瓷质开启型灯头、防溅型或防水防尘型灯具。如厨房、水泵房等地的照明。

c. 含有粉尘的场所。采用瓷质灯头金属罩开启型或防水防尘型灯具。如锅炉房等地的照明。

d. 有易燃易爆的场所。采用防爆式隔爆型灯具。如油库、弹药库房等地的照明。

e. 在特别潮湿及低矮的坑道、锅炉和汽车维修的场所。采用安全电压 36 V 以下的灯具。如锅炉炉膛维修照明的手把灯。

f. 露天的场所。采用防雨型灯具。如航空障碍灯、泛光灯和建筑工地的照明。

③ 按建筑装饰的协调性选择灯具。对酒店、宾馆、会议室、门厅等地的照明，除满足照度外，还要按建筑装饰的协调性选择灯具。如各种类型的花灯、壁灯、门灯、草坪灯等。

16.2.3　灯具的布置和容量确定

1. 灯具的布置

灯具的布置就是确定灯具在房间的空间位置，这与它的投光方向、工作面的布置、照度的均匀度以及限制眩光和阴影都有直接的影响。灯具布置是否合理，还关系到照明安装容量和投资费用以及维护、检修方便等。灯具的布置应根据工作物的布置情况,建筑结构形式和视觉工作特点等条件来进行。灯具的布置主要有两种方式。

(1) 均匀布置。灯具有规律地对称排列,以便使整个房间内的照度分布比较均匀。均匀布灯有正方形、矩形、菱形等方式如图 16.2 所示。

(2) 选择布置。为适应生产要求和设备布置,加强局部工作面上的照度及防止工作面上出现阴影,而采用灯具位置随工作表面安排的方式,称选择布置。

室内一般照明,大部分采用均匀布置的方式,均匀布灯是否合理,主要取决于灯具的间距 L 和计算高度 h_C(灯具距工作面的距离如图 16.3 所示)的比值(L/h_C 称距高比)是否恰当。距高比小,照度的均匀度好,但经济性差,距高比过大,布灯则稀少,不能满足规定照度的均匀度。因此,实际距高比必须小于照明手册中规定的灯具最大距高比。荧光灯的最大允许距高比值见表 16.4(表中 L_A 为两个灯管端头之间的距离,L_B 为两个平行灯管中端之间的距离),各种灯具最有利的 L/h_C 值见表 16.5。

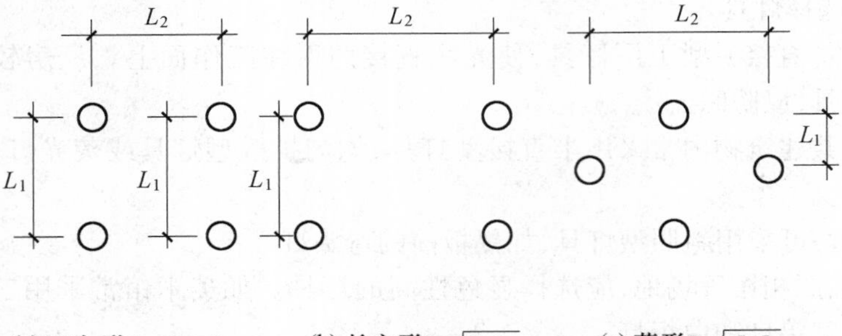

(a) 正方形 $L=L_1=L_2$　(b) 长方形 $L=\sqrt{L_1L_2}$　(c) 菱形 $L=\sqrt{L_1L_2}$

图 16.2　均匀布灯方式图

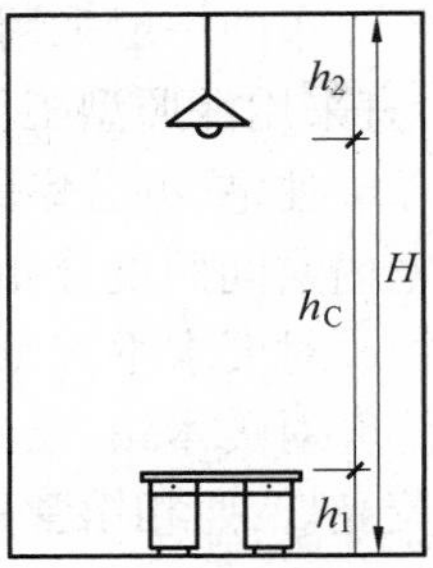

图 16.3　灯具的计算高度 h_C

表 16.4　荧光灯的最大允许距高比 L/h_C 值

序号	名　称	功率/W	型号	效率/%	光通量/lm	L/h_C		图　例
						L/L_A	L/L_B	
1	筒式荧光灯	1×40	YG 1－1	81	2 400	1.62	1.22	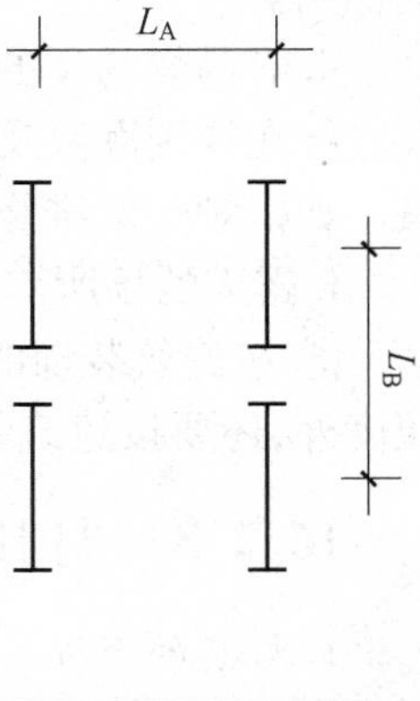
2		1×40	YG2－1	88	2 400	1.46	1.28	
3		2×40	YG 2－2	97	2×2 400	1.33	1.28	
4	封闭型	1×40	YG 4－1	84	2 400	1.52	1.27	
5	封闭型	2×40	YG 4－2	80	2×2 400	1.41	1.26	
6	吸顶式	2×40	YG 6－2	86	2×2 400	1.48	1.22	
7	吸顶式	3×40	YG 6－3	86	3×2 400	1.50	1.26	
8	塑料格栅嵌入	3×40	YG 15－3	45	3×2 400	1.07	1.05	
9	铝格栅嵌入	2×40	YG 15－2	63	2×2 400	1.28	1.20	

表 16.5　灯具最有利的 L/h_C 值

灯具类型	多列布置时的 L/h_C		单列布置时的 L/h_C		有单列灯具的合理照明时，该列的最大宽度
	最有利值	最大允许值	最有利值	最大允许值	
广照型灯、圆球灯	2.3	3.2	1.9	2.5	1.3h
配照型灯	1.8	2.5	1.8	2.0	1.2h
深照型灯	1.6	1.8	1.5	1.7	1.0h
下部有格栅的荧光灯	1.2	1.4	1.2	1.4	0.75h

灯具距工作面的距离为计算高度 h_C，即

$$h_C = H - h_1 - h_2 \tag{16.1}$$

式中　H—— 房间高度(m)；

h_1—— 工作面高度(m)；

h_2—— 灯具垂吊高度(m)。

2. 单位容量法确定灯的容量

照明设计的主要任务是选择合适的照明器具，进行合理的布局，以获得符合要求的亮度分布。照明的计算主要是照度的计算，只有在特殊的场合，才需要计算某些表面的亮度。照度的计算通常包括：计算已知照明系统在被照射面上产生的照度；根据照度要求和照明布局。确定照明器的数量及光源功率两个方面。照度计算一般采用光通量法、单位容量法和逐点法等。这里仅介绍常用的单位容量法。

单位容量法适用于一般均匀照明计算。一般民用建筑和生活福利设施和环境反射条件较好的小型房间，可利用此法进行计算。

(1) 确定最低照度值下的单位容量值。对于同类型房间表面的反光特性接近时，在同一照度要求下，每平方米所需照明设备的安装容量是一定的，即

$$W_d = P/S \tag{16.2}$$

式中　W_d—— 在最低照度值下的单位容量值(W/m^2)；

P—— 全部灯泡的总安装功率(W)；

S—— 被照房间面积，单位为 m^2。

根据房间面积 S、灯具的计算高度 h_C、房间所要求的最低照度 E，查所选灯具的单位容量值表，找出 W_d 值。带反射罩荧光灯单位面积安装功率见表 16.6。圆球形工厂灯、吸顶灯单位面积安装功率见表 16.7。

表 16.6　带反射罩荧光灯单位面积安装功率　　W/m²

计算高度/m	房间面积/m^2	荧光灯照度/lx					
		30	50	75	100	150	200
2 ~ 3	10 ~ 15	3.2	5.2	7.8	13.2	15.6	21.0
	15 ~ 25	2.7	4.5	6.7	12.9	13.4	18.0
	25 ~ 50	2.4	3.9	5.8	10.7	11.6	15.4
	50 ~ 150	2.4	3.4	5.1	8.8	10.2	13.6
	150 ~ 300	1.9	3.2	4.7	6.9	9.4	12.5
	300 以上	1.8	3.0	4.5	6.2	8.9	11.8
3 ~ 4	10 ~ 15	4.5	7.5	11.3	17.1	23.0	30.0
	15 ~ 25	3.3	6.2	9.3	14.3	19.0	25.0
	20 ~ 30	3.2	5.3	8.0	12.5	15.9	21.2
	30 ~ 50	2.7	4.5	6.8	10.7	13.6	18.1
	50 ~ 120	2.4	3.9	5.8	9.0	11.6	15.4
	120 ~ 300	2.1	3.4	5.1	7.3	10.2	13.5
	300 以上	1.9	3.2	4.8	5.9	9.5	12.6

表 16.7　圆球形工厂灯、吸顶灯单位面积安装功率　　W/m²

计算高度/m	房间面积/m^2	白炽灯照度/lx					
		5	10	15	20	30	40
2 ~ 3	10 ~ 15	4.9	8.8	11.6	13.2	20.9	27.6
	15 ~ 25	4.1	7.5	10.1	12.9	17.7	23.1
	25 ~ 50	3.6	6.4	8.8	10.7	11.8	19.3
	50 ~ 150	2.9	5.1	7.0	8.8	11.8	15.7
	150 ~ 300	2.4	4.3	5.7	6.9	9.9	12.9
	300 以上	2.2	3.9	5.2	6.2	8.9	11.5
3 ~ 4	10 ~ 15	6.2	10.4	13.8	17.1	21.7	30.9
	15 ~ 25	5.1	8.7	11.2	14.3	21.4	26.9
	20 ~ 30	4.3	7.9	9.9	12.5	18.4	23.5
	30 ~ 50	3.7	6.2	8.8	10.7	15.2	19.5
	50 ~ 120	3.0	5.3	7.2	9.0	13.4	16.2
	120 ~ 300	2.3	4.1	5.7	7.3	9.7	12.8
	300 以上	2.0	3.5	4.7	5.9	8.5	10.8

续表 16.7

计算高度/m	房间面积/m^2	白炽灯照度/lx					
		5	10	15	20	30	40
4 ~ 6	10 ~ 15	7.8	12.4	17.1	21.9	18.2	40.0
	15 ~ 25	6.0	9.7	13.3	17.1	15.4	31.8
	20 ~ 30	4.9	8.3	11.1	14.5	13.3	26.4
	30 ~ 50	4.0	7.0	9.4	12.3	11.2	22.2
	50 ~ 120	3.3	5.8	8.2	10.6	9.1	18.2
	120 ~ 300	2.9	4.9	7.0	8.8	7.6	15.9
	300 以上	2.3	4.0	5.7	7.1	6.3	12.9

(2) 计算房间安装功率。若房间的照度标准为平均照度值时，应考虑最小照度系数 Z 值。

① 计算总安装功率。房间总安装功率为

$$P = W_d S/Z \tag{16.3}$$

式中　W_d—— 单位容量值(W/m^2)；

S—— 房屋的面积(m^2)；

Z—— 最小照度系数。

部分照明灯具的最小照度系数 Z 值见表 16.8。

表 16.8　部分照明灯具的最小照度系数 Z 值

灯具类型	L/h			
	0.8	1.2	1.6	2.0
广照型灯	1.27	1.22	1.33	1.55
配照型灯	1.20	1.15	1.25	1.50
深照罩型灯	1.15	1.09	1.18	1.44
荧光灯 YG1 - 1	1.00	1.00	1.28	1.28
荧光灯 YG2 - 2	1.00	1.00	1.29	1.29

② 计算每盏灯的功率。每盏灯的功率为

$$P_1 = P/N \tag{16.4}$$

式中　P_1—— 每盏灯的功率(W)；

P—— 房间总安装功率(W)；

N—— 在规定照度下所需灯具数量(盏)。

灯具选用白炽灯时，按灯泡标准值大于 P_1 值即可。灯具选用荧光灯时，应考虑镇流器消耗的功率(约占定额功率的 20%)。一般建筑物公用地点灯泡的安装功率见表 16.9。

表 16.9 一般建筑物公用地点灯泡的安装功率 W/m²

灯具形式	5 lx			10 lx		
	楼梯间	走廊		楼梯间	走廊	
		灯距 < 10 m	灯距 > 10 m		灯距 < 10 m	灯距 > 10 m
乳白玻璃水晶灯				100	100	150
圆球灯	60	60	100	100	100	150
半圆吸顶灯（双灯泡）	2 × 25	2 × 25	2 × 40	2 × 40	2 × 40	2 × 60
半圆吸顶灯（单灯泡）	40	40	60	60	60	100
天棚灯座（带伞）	25	25	40			

【例 16.2】 某教室长 12 m，宽 6 m，层高 3.9 m，课桌平均照度为 200 lx，试确定布灯方案和灯具功率。

解 ①选择灯型及布灯。教室应选带反射罩荧光灯 YG2 – 2 型。最大允许距高比值见表 16.4，查得 L/L_A 为 1.33、L/L_B 为 1.28，其光通量为 2 × 2 400 lm。

计算高度为

$$h_C = (3.9 - 0.6 - 0.8)\text{ m} = 2.5\text{ m}$$

荧光灯的轴线与窗线平行，设置两排灯，如图 16.4 所示。

纵向：$L_1 = 1.46h = (1.46 \times 2.5)\text{ m} = 3.65\text{ m}$，取灯间距 3.6 m；灯与墙之间的距离为 1.2 m。

横向：$L_2 = 1.28h = (1.28 \times 2.5)\text{ m} = 3.2\text{ m}$，取灯间距 3 m；灯与墙之间的距离为 1.5 m。

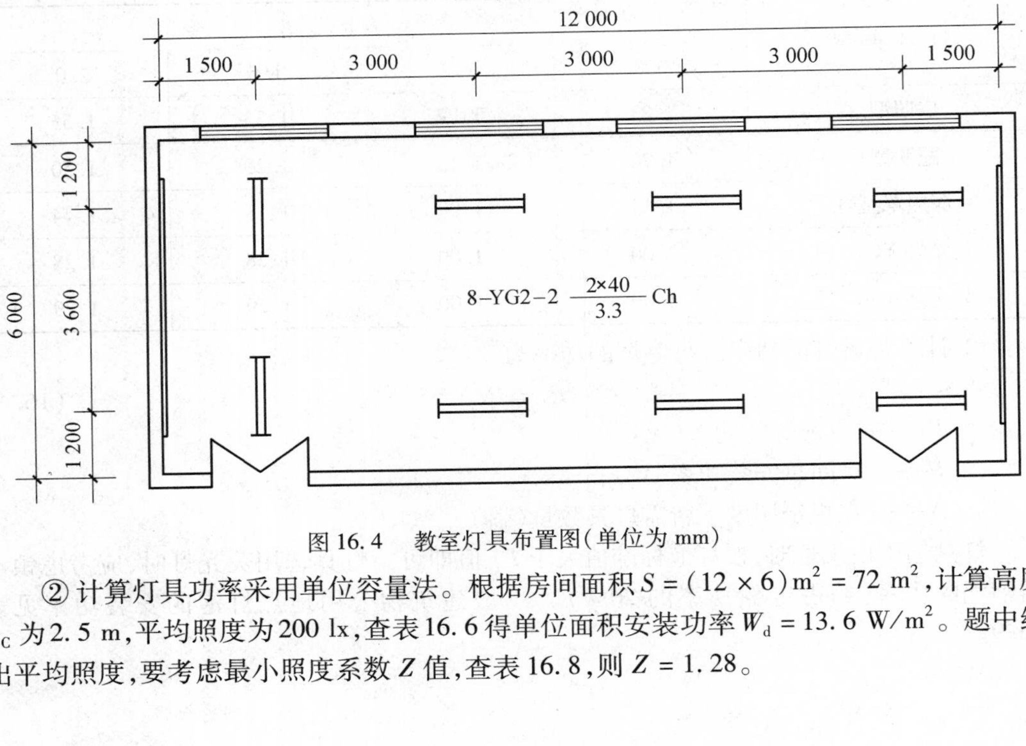

图 16.4 教室灯具布置图(单位为 mm)

② 计算灯具功率采用单位容量法。根据房间面积 $S = (12 \times 6)\text{ m}^2 = 72\text{ m}^2$，计算高度 h_C 为 2.5 m，平均照度为 200 lx，查表 16.6 得单位面积安装功率 $W_d = 13.6\text{ W/m}^2$。题中给出平均照度，要考虑最小照度系数 Z 值，查表 16.8，则 $Z = 1.28$。

房间总安装功率为

$$P=\frac{W_{\mathrm{d}}S}{Z}=\frac{13.6\times 72\ \mathrm{W}}{1.28}=765\ \mathrm{W}$$

每盏灯的功率为

$$P_1=P/N=\frac{765}{8}\ \mathrm{W}=95.6\ \mathrm{W}$$

考虑 40 W 荧光灯的镇流器消耗 8 W 功率，故该教室选择 8 套 YG2－2 型 2×40 W 带反射罩荧光灯。

16.2.4　室外照明

室外照明包括建筑的立面和装饰照明、庭院和广场照明、道路照明和体育照明等。现代建筑群不仅有美观的建筑物本身，也包括庭院、广场、道路停车场和喷水池等，使整个环境形成和谐的统一。室外照明则是展现建筑物夜间壮观的景色和绚丽的气氛。

1. 投光照明

现代建筑特别是高层建筑，为了表现建筑物的立面效果，采用投光照明，又称泛光照明。投光灯使用的光源有白炽灯、高压汞灯、卤钨灯等，投光灯按其构造有开启型和密闭型两种。开启型的特点是散热条件好，但反射器易被腐蚀；密闭型则保护反射器不受腐蚀、防水，但散热条件差。投光灯的玻璃镜有汇聚型和扩散型，它与光源组合构成不同类型的配光。对于高层建筑的立面照明，采用分组分段（窄光束或中光束）投射，也可采用不同色彩照明，当投光灯只能在建筑物体上安装时，投光灯凸出建筑物 0.7 ～ 1 m。

2. 门庭照明

为装饰公共建筑的正门，如宾馆、影剧院、商场、办公楼、图书馆、医院和公安部门等均需设门灯。门灯包括门顶灯、壁灯、雨棚座灯、球形吸顶灯等。

3. 庭园照明

庭园灯用于庭园、公园、大型建筑物的周围和屋顶花园等。要求庭园灯造型美观新颖，既是照明器具，又是艺术欣赏物。庭园灯的选择应和建筑物和谐统一，如园林小径灯、草坪灯等。若庭园设有喷泉，也可设水池彩灯（采用防水型卤钨灯），光经过水的折射，会产生色彩艳丽的光线。

4. 道路照明

道路照明包括装饰性照明和功能性照明。装饰性道路照明要求灯具造型美观，风格和建筑物相配，主要设于建筑物前、车站和码头的广场等。功能性道路照明要有良好的配光，使光照均匀射在道路中央。施工照明常采用白炽灯或投光灯。广场和道路照明推广应用光效高的高压钠灯。一般 6 m 高的电杆选 100 W，8 m 高的电杆选 250 W，10 m 高的电杆选 400 W 高压钠灯。

5. 障碍照明

障碍照明是为了防止飞机夜间航行与建筑物或烟囱等相撞的标志灯。障碍照明灯设于 60 m 的建筑物或构筑物凸起的顶端（避雷针以下）若建筑屋顶面积较大或是建筑群时，除在最高处设置外，还应在其外侧顶端设置障碍灯。障碍照明灯设在 100 m 高的烟囱时,为了减少对灯具的污染,宜设置在低于烟囱顶部4 ~6 m的部位同时在其高度的1/2处也装障碍灯。烟囱顶端宜设3盏障碍灯,并呈三角形排列。障碍灯分红色和白色,至少装一盏,最高端最少装两盏,功率不小于100 W,有条件的宜采用频闪障碍灯。障碍灯应处在避雷针保护范围之内,灯具的金属部分应与屋顶钢构件等进行等电位连接。障碍照明应采用单独的供电回路,障碍灯的配线要穿过防水层,因此应密闭、不漏水。

16.3 照明工程识图

16.3.1 照明线路的配置

在照度、灯具的功率和灯具的布置确定后,便可进行照明线路的设计。照明线路主要包括照明电源的进线、配电线路的布置与敷设,灯具、开关和插座的安装等3部分。

1.照明线路的供电要求

照明负载一般为单相交流220 V两线制,若负载电流超过30 A时,应考虑采用380 V/220 V三相四线制电源。生产车间可采用动力和照明统一供电,但照明电源要接在动力总开关之前,以保证一旦动力总开关跳闸时,车间仍有照明电源。当电力线路中的电压波动超过所允许的照明要求时,照明负荷应由单独变压器供电。对于应急照明及疏散指示照明电路,应有两路独立的供电电源,一路取自变电所单独回路,另一路可取自备用电源(如柴油发电机组)的低压回路。在配电末端进行自动切换,确保供电的可靠性。

局部照明线路的电压为交流36 V,设在有触电危险和工作面狭窄的地方,在特别潮湿的地方,局部照明和移动式照明应采用24 V或12 V安全电压,并由380 V(或220 V)/(36 ~12 V)干式变压器供电(不允许采用自耦变压器供电)。工作用的局部照明线路接动力线路时,检修用局部照明按一般照明线路配电,以便在动力检修时,仍能保证检修照明的使用。为了保证电气设备的正常运行和防止人身触电,照明线路必须采取安全的措施。

2.照明线路的布置

从室外架空线路的电杆到建筑物外墙的支架,这段线路称为引入线。从外墙支架到总照明配电盘这段线路称为进户线。从总照明配电盘到分配电盘的线路称为三相支线、三相支线供电半径一般不超过60 ~80 m。从分配电盘到负载的线路,称为单相支线,单相支线供电半径一般不超过30 ~50 m。每单相支线上的电流以不超过16 A为宜,每单相支线上所装的灯具数不应超过20个,单独插座支线不超过10个。分支线截面积不小于2.5 mm^2铜导线。若单相负载电流超过30 A时,应采用三相四线制供电。

(1)进户方式。进户方式有架空进线和电缆进线两种。架空进线简单、经济被广泛采用。进户点接近电源供电线路,同时考虑接近用电的负荷中心;进户点离地应大于3 m,多层楼一般设在二层屋顶。电源引下线和外墙进线支架的位置,最好在建筑物的侧面或背面。

(2)照明配电盘。配电盘分为配电箱和配电板两大类。配电箱有明装、暗装和半暗装,材质有金属和塑料壳体之分,底口距地1.5 m。配电板明装,底口距地不低于1.8 m。

配电盘内包括照明总开关、总断路器、电度表、各干线的断路器等;分配电盘上有分断路器等;若为插座配电箱,箱内有分断路器、漏电保护器、单相或三相插座等。

(3)典型的照明配电线路。

①车间的照明配电线路。车间的用电负荷主要由动力、电热和照明负荷组成。照明负荷配电应单独计量,车间的照明配电和动力共用一路电源,但须计量分开,其系统图如图16.5所示。

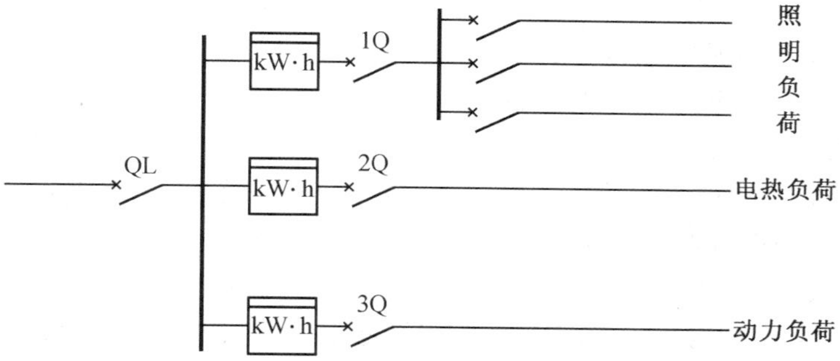

图16.5　车间的照明配电

②多层公共建筑的照明配电线路。办公大楼、教学实验楼等公共建筑物的照明配电线路采用380 V/220 V三相四线制供电。进户线连接大楼的传达室或单独设置配电间中的照明总配电盘。由照明总配电盘经中央楼梯、两侧走廊处或强电井,采取干线立管(或电缆)的敷设方式向各层分配电箱或插座配电箱供电。各层的分配电盘安装的位置应在同一垂线上以便干线立管的敷设。各分配电盘引出的支线对各房间的照明灯具、开关和插座等用电器进行配电。

③住宅照明配电线路。以每个楼梯间作为一个单元,若单元在3个以内,可以用单相220 V;若超过这个范围,宜采用三相四线制供电。由进户线送到住宅总配电盘。由干线引到每个单元的分配电盘,单元的分配电盘分几路支线立管,到各层用户配电盘上。住宅总配电盘上安装总断路器,单元配电盘上安装单元断路器和各支线的断路器,用户配电板上安装电度表和出线断路器,以便各用户单独计算电费。

住宅总配电盘和单元分配电盘一般安装在楼梯过道的墙壁上,以便于支线立管的敷设。用户配电盘安装在用户进门处的室内墙壁上。现在有些地区采用单元集中电表箱,在单元三楼楼梯间暗设,以放射方式送到各用户的漏电保护装置上。

④室内照明线路的敷设方式。室内的配线可分明敷设和暗敷设两大类。

明敷有瓷珠、瓷瓶、铝夹片和槽板等敷设方式及穿管和封闭式母线敷设的方式。

暗敷有采用塑料管、电线管(薄壁管)和焊接钢管(厚壁管)埋入墙内、顶棚内或地坪内敷设的方式。

敷设方式的选择,要根据建筑物的要求和房屋环境来决定。一般来说,干燥的民用建筑常用绝缘导线穿塑料管明设、塑料绝缘护套导线铝夹片明设及槽板配线等,潮湿的民用建筑常用瓷珠或瓷瓶明敷设。暗敷设主要有塑料管和铁管暗敷设。对民用住宅常采用半硬塑料管穿空心楼板暗设,进户干线采用铁管暗敷设。

16.3.2 识读照明电气施工图

建造一座房屋,应提供土建施工图。安装房屋内的电气照明设备,也应具备电气施工图。电气照明施工图是电气施工安装和使用维修的主要依据文件,包括电气施工说明书、电气外线总平面图、照明电气配电系统图和照明电气平面布置图等。

1. 电气施工说明书

在电气施工说明书中,主要说明电气施工的电源、电气设备(配电箱、灯具、开关、插座等)的安装、配管配线的敷设方式等。电气施工说明书可以单独出图,小型建筑电气施工说明也可以放在照明电气配电系统图中。

2. 电气外线总平面图

在电气外线总平面图中,应标明电源进户方式;架空线路电杆的高度和杆的间距或电缆引入的位置与高度等。

3. 照明电气配电系统图

照明配电系统图中表示建筑内总的配电线路情况,包括进入配电箱后,各分支的连接情况,导线型号、穿管材料与直径、敷设方式、开关、或低压断路器的型号,以及各支路的容量等。在配电系统图中,还附有电气设备材料表。

4. 照明电气平面布置图

照明平面布置图中应注明各层灯具的安装位置与高度,灯具的形式与功率(如办公室选荧光灯,厨房、卫生间选防水防尘灯等),开关和插座的形式与位置(如卫生间、厨房的开关设在房间外,每个居室、办公室应对面设置两个插座等),线路敷设的走向、导线的截面和每段根数,配电盘位置和从中引入的分支线路等。总之这是一份详细的施工图,一般每层画一张,多层建筑可给出标准层照明平面布置图,所注内容不厌其详,以利实施。对于大型建筑供电照明,以上 3 种图可以分别绘制,对宾馆、旅社等建筑物还应有标准客房照明平面布置图。对于一般的房屋,供电照明也可合并绘于一张图上。为了看懂电气照明施工图,首先应熟悉电气照明图例符号、文字标注的形式见附录 2 中附表 1 和附表 2。下面以某住宅电气照明设计为例加以说明。

【例 16.3】 试分析某住宅的照明电气系统图(图 16.6)。其住宅照明干线平面布置图,如图 16.7 所示。

解 分析照明电气施工图时,首先要读懂照明的电气系统图与照明干线平面布置图,两张图应结合起来一起看。分析如下:

① 进户线。住宅共有两个单元,进户线共一处,每单元有两户。图 16.6 中进户线为 BX - (3 × 50 + 1 × 25) - SC70 - WC,表示橡皮绝缘铜芯导线相线三根 50 mm^2,零线一根 25 mm^2,穿直径为 70 mm 的钢管(兼做 PE 保护线),沿二层屋顶内暗敷设,进入二层楼梯间的总配电箱。

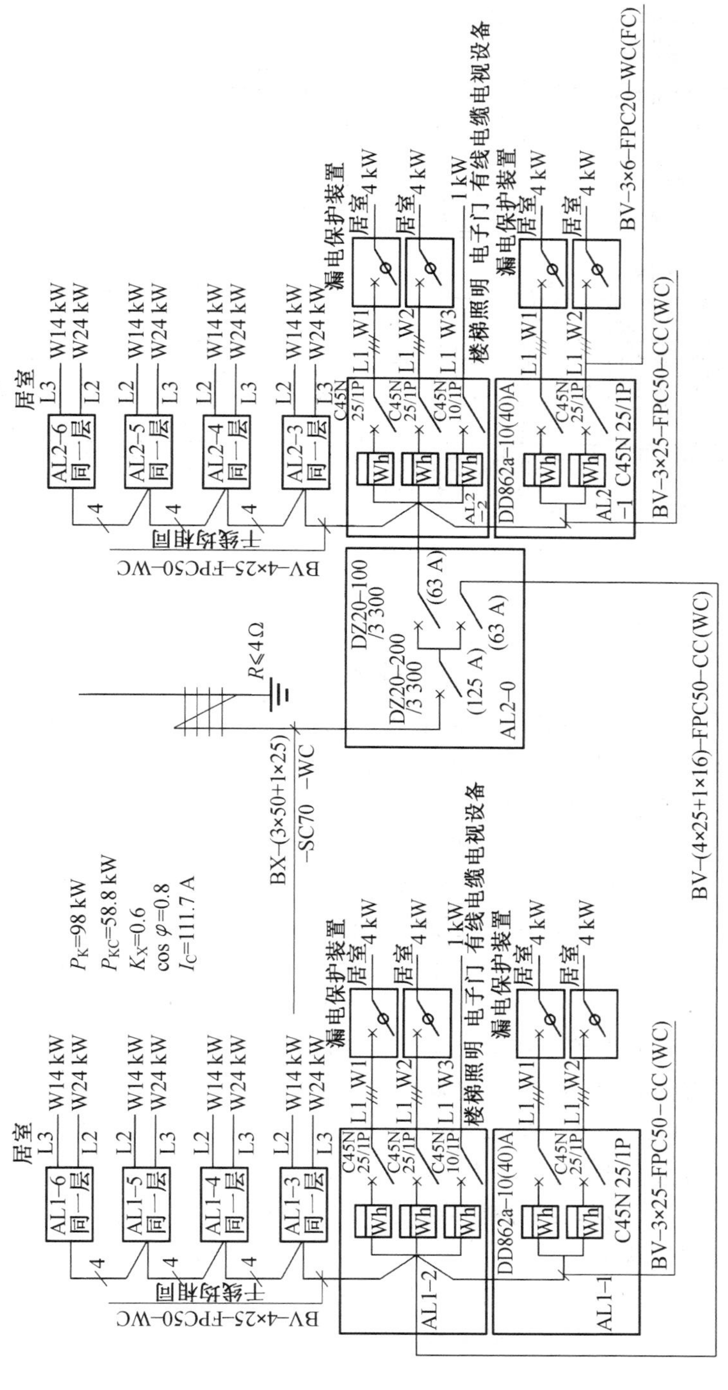

图 16.6 某住宅照明电气系统图

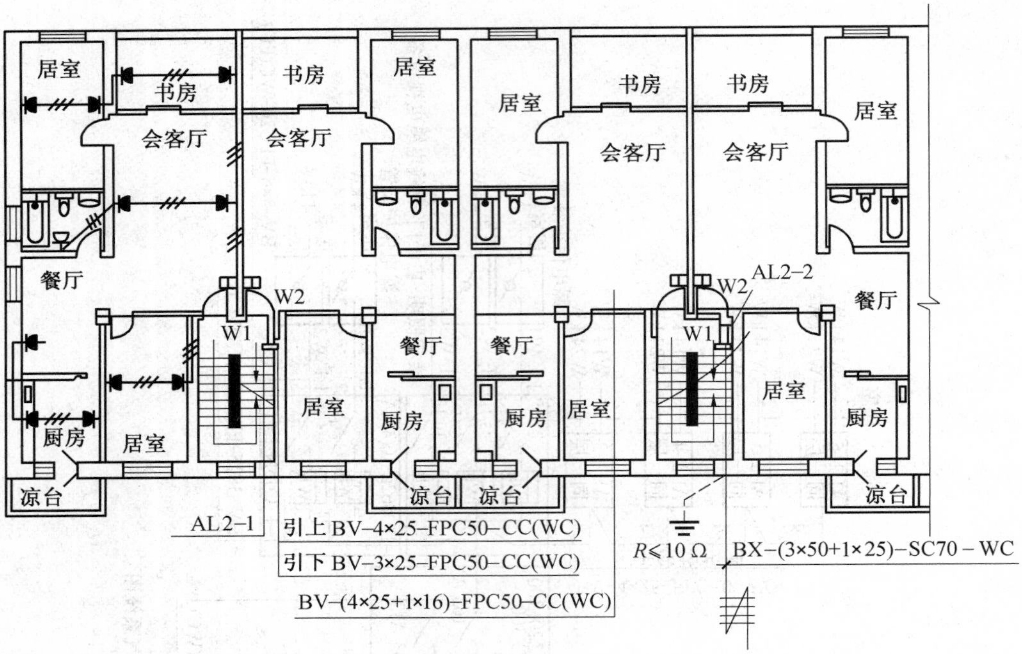

图 16.7　某住宅照明干线平面布置图

② 照明干线。由总配电箱分 2 路干线，均为 BV –（4 × 25 + 1 × 16）– FPC50 – CC（WC），表示塑料绝缘铜芯导线 4 根 25 mm^2 加 1 根 16 mm^2PE 保护线，穿直径 50 mm 的阻燃塑料管，沿墙（或顶棚内）暗敷设，引入二层楼梯间内单元住宅分配电箱 AL2 – 0。再由分配电箱上下引入各层楼梯间内住宅电表箱。除一层和六层导线为 BV – 3 × 25 – FPC50 – CC（WC）之外均为 BV –（4 × 25 + 1 × 16）– FPC50 – CC（WC）。每户电度表为 DD862a – 10（40）A，每户住宅照明设计容量为 4 kW。

③ 照明支干线。每户住宅照明支干线为 BV – 3 × 6 – FPC20 – WC（FC），表示塑料绝缘铜芯导线 3 根 6 mm^2，穿直径为 20 mm 的阻燃塑料管，沿墙内（或地下）暗敷设引入户内漏电保护装置。照明支线为 BV – 2 × 2.5 – FPC15 – WC（FC），表示塑料绝缘铜芯导线 2 根 2.5 mm^2，穿直径为 15 mm 的半硬阻燃塑料管，沿墙内（或顶棚空心楼板内）暗敷设。插座支线为 BV – 3 × 2.5 – FPC20 – WC（FC），表示塑料绝缘铜芯导线 3 根 2.5 mm^2，穿直径为 20 mm 的阻燃塑料管，沿墙内（或地下）暗敷设；空调插座支线为 BV – 3 × 2.5 – FPC20 – WC（CC），表示塑料绝缘铜芯导线 3 根 2.5 mm^2，穿直径为 20 mm 的阻燃塑料管，沿墙内（或顶棚内）暗敷设。

④ 电子门、电缆电视前端箱、楼梯间照明支线。该支线为 BV – 2 × 2.5 – FPC15 – WC（CC），表示为塑料绝缘铜芯导线 2 根 2.5 mm^2，穿直径为 15 mm 的半硬阻燃塑料管，沿墙内（或顶棚内）暗敷设。

【例 16.3】　试分析某住宅单元标准层照明平面布置图（图 16.8）。

解　读某住宅单元标准层照明平面布置图（图 16.8）时，应和照明电气系统图（图 16.6）与照明干线平面布置图（图 16.7）结合起来看，才容易弄懂设计意图。

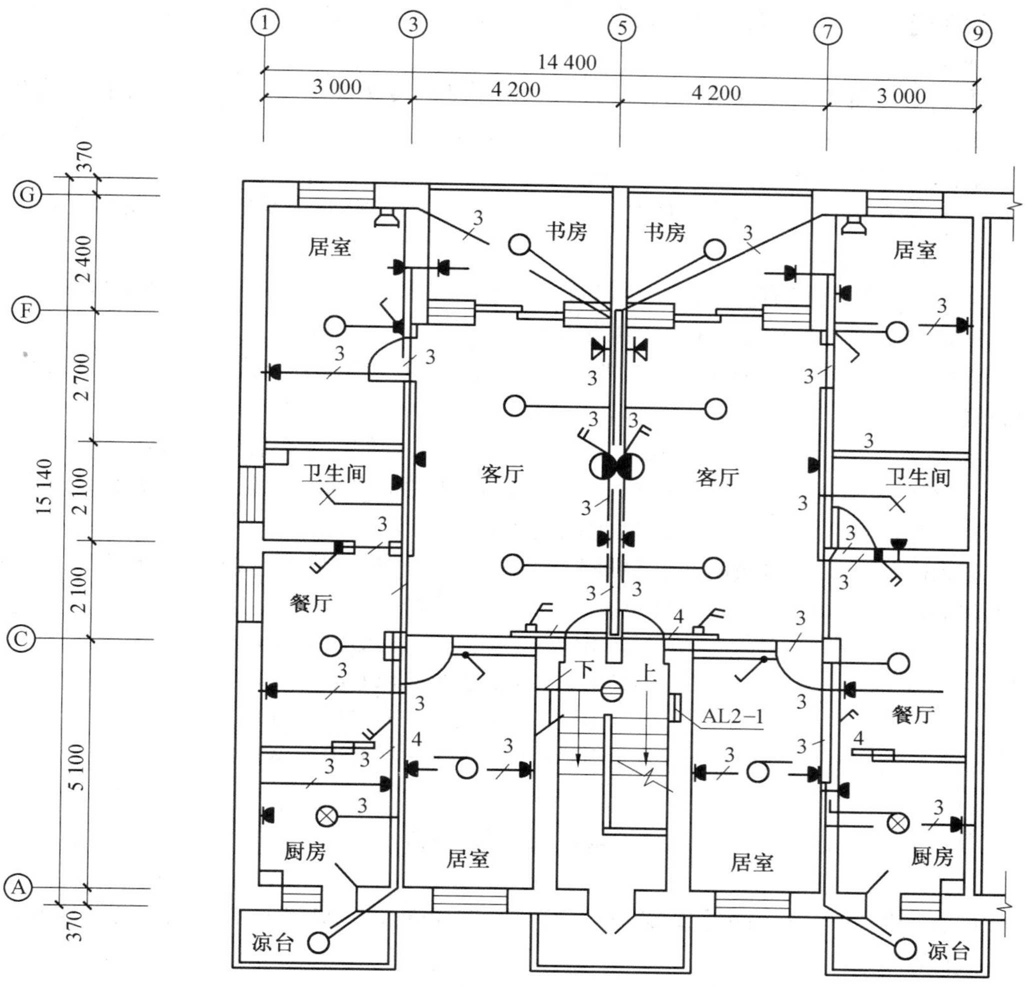

图 16.8　某住宅单元照明标准层平面布置图

① 客厅。每户住宅入口处设有漏电保护装置配电箱，距地高度 1.5 m。配电线路分成四路：照明支线、居室漏电保护装置插座支线、厨房漏电保护装置插座支线和空调漏电保护装置插座支线，其住宅单元系统如图 16.9 所示。

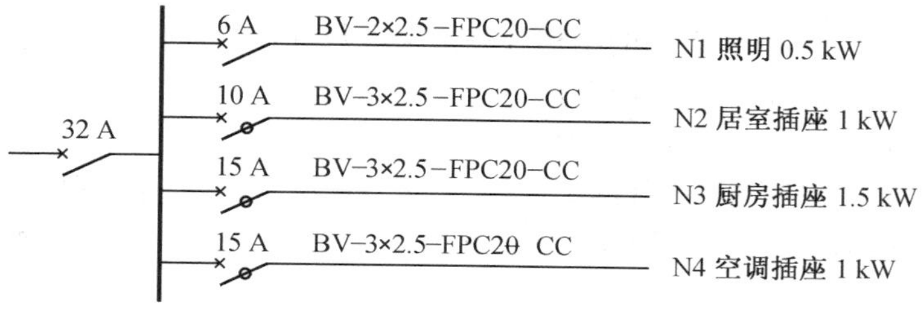

图 16.9　住宅单元系统图

客厅选用两只线吊白炽灯，双联开关设在入口处。一只壁灯，距地高度为 2.0 m，其开关设在壁灯下1.3 m处。客厅设有两只三孔插座,距地高度为0.3 m。一只空调三孔插座,距地高度为1.8 m。

② 居室。每个居室选用一只线吊白炽灯,距地高度为2.2 m,其开关设在距门边0.2 m,距地高度为1.3 m处。每室设有两只三孔插座,距地高度为0.3 m,朝南向居室还设有一只空调三孔插座,距地高度为1.8 m。

③ 书房。书房设有白炽灯吸顶安装,由室内开关控制,距地高度为1.3 m。有两只三孔插座,距地高度为0.3 m。

④ 厨房。厨房设有防水防尘线吊灯,其开关设在餐厅灯开关处,距地高度为1.3 m。有两只防水防溅三孔插座,距地高度为1.8 m。

⑤ 厕所。厕所设有防水防尘灯吸顶安装,有一只接热水器的防水防溅三孔插座,距地高度为1.8 m。

⑥ 凉台。凉台设有白炽灯吸顶安装,由室内开关控制, 设在餐厅开关处。

⑦ 餐厅。餐厅设有一只线吊白炽灯,距地高度为2.2 m,其三联开关距地高度为1.3 m。 设有一只冰箱三孔插座,距地高度为0.3 m。

图16.8表明,室内照明线路穿硬塑料管沿墙内(或顶棚空心楼板内)暗敷设。跷板开关和插座均为86系列,墙内暗敷设。图中导线根数的标注为

————————　表示 BV – 2 × 2.5 – FPC15 – WC

————3————　表示 BV – 3 × 2.5 – FPC20 – WC

————4————　表示 BV – 4 × 2.5 – FPC20 – WC

————5————　表示 BV – 5 × 2.5 – FPC20 – WC

本 章 小 结

1. 在照明技术中,有4个重要基本物理量:发光强度I_a、亮度L、光通量ϕ和照度E。其相互之间的关系为

$$I_a = d\varphi/dw, L = I_a/A, E = \phi/A$$

2. 光源的显色性是表现光源对被照物体的颜色呈现的性质。用显色指数R_a来评价光源的显色性高低的指标,显色指数越高越好。其标准显色指数为100。

3. 电光源分热辐射光源和气体放电光源两大类。应根据环境要求和使用的场所来选择电光源和灯具。

4. 灯具的布置应配合建筑物的结构和装饰来进行选择,达到协调和统一。

灯具的布置有均匀布置、局部布置和混合布置。在均匀布置中,常用最佳距高比选择灯位,用单位容量法确定灯位的容量值。

5. 电气照明工程图包括:电气施工说明书、电气配电系统图、电气外线总平面图、电气平面布置图及防雷接地系统图等。

思考题

1. 说出光通量的定义,它常用什么符号来表示?其单位是什么?

2. 说出照度的定义,它常用什么符号来表示?其单位是什么?

3. 照明的方式有哪些?

4. 照明的种类有哪些?

5. 用照射在物体表面单位面积上的光通量来度量,称为(　　)。用符号(E,I_a,ϕ,R_a,F,L) 来表示,其单位为(I_x,lm,cd,cd/cm^2,lm/cm^2)。

A. 发光强度　B. 光通量　C. 照度　D. 亮度　E. 显色性

6. 用来反映光源发光强弱程度的物理量,称为(　　)。用符号(E,I_A,ϕ,R_a,F,L) 来表示,其单位为(I_x,lm,cd,cd/cm^2,lm/cm^2)。

A. 发光强度　B. 光通量　C. 照度　D. 亮度　E. 显色性

7. 一个单元表面在某一方向上的光强密度,称为(　　)。用符号(E,I_a,ϕ,R_a,F,L) 来表示,其单位为(I_x,lm,cd,cd/cm^2,lm/cm^2)。

A. 发光强度　B. 光通量　C. 照度　D. 亮度　E. 显色性

8. 在单位时间里通过某一面积的光能多少,称为(　　)。用符号(E,I_a,ϕ,R_a,F,L) 来表示,其单位为(I_x,lm,cd,cd/cm^2,lm/cm^2)。

A. 发光强度　B. 光通量　C. 照度　D. 亮度　E. 显色性

9. 电光源有哪几种?各自的特点是什么?

10. 灯具按结构形式,有哪些常用类型?其选择原则是什么?

11. 灯具的布置有哪些方式?

12. 室外照明包括哪些内容?

13. 投光灯使用的光源有哪些?

14. 道路照明包括哪些内容?

15. 为什么要设置障碍照明?

16. 照明按用途分几种类型?简述其内容。

17. 灯具有哪些特性?

18. 室内照明有哪几种形式?其特点是什么?

19. 举例说明灯具选择的原则是什么?

20. 室内照明线路敷设方式有几种?

21. 什么是单位容量法?

22. 单项选择题

(1) 从总照明配电盘到各分配电盘的这段线路称为(　　)。从各分配电盘到负载的这段线路称为(　　)。

A. 进户线　B. 引下线　C. 单相支线　D. 三相支线

(2) 照明单相支线的电流以不超过(　　)为宜,若单相电流超过(　　),应为三相配电。

A. 10 A　B. 15 A　C. 20 A　D. 30 A

(3) 每单相支线上装灯具数量不应超过(　　)个。每单相支线上装设的单独插座数量不应超过(　　)个。

A. 10　B. 15　C. 20　D. 25

(4) 灯具的布置应根据工作物的布置情况，建筑结构形式和视觉工作特点等条件来进行。主要有(　　) 等方式。

A. 投光照明　　B. 局部照明　　C. 混合照明　　D. 均匀照明

(5) 照明架空进户点离地距离应大于(　　)m。照明配电箱有暗装安装时，箱中心距地(　　)m。

A. 1.4　　B. 1.5　　C. 1.6　　D. 1.7

23. 电气照明工程施工图由哪几部分组成？其内容是什么？

习　题

1. 某教室长 9 m、宽 6 m、高 3.6 m，试为其均匀布置灯具。

2. 试用单位容量法(取 $E = 150$ lx)，为题 16.1 确定每盏灯具的容量和型号。

3. 某微机室长 12 m、宽 6 m、高 4.2 m，选塑料格栅荧光灯嵌入顶棚安装。试为其均匀布置灯具，并确定每盏灯具的容量 (取 $E = 200$ lx)。

4. 某机加车间长 18 m、宽 9 m、高 6 m，试为其均匀布置灯具并确定每盏灯具的容量和型号(取 $E = 30$ lx)。

5. 某水泵房长 9 m、宽 9 m、高 4.5 m，试为其均匀布置灯具并确定每盏灯具的容量和型号(取 $E = 20$ lx)。

6. 某走廊长 24 m、宽 3 m、高 3.6 m，试为其均匀布置灯具并确定每盏灯具的容量和型号(取 $E = 15$ lx)。

7. 试说明下列灯具安装符号标注的意义：

(1) $12 - \mathrm{YG2} - 2\dfrac{2 \times 40}{2.8}\mathrm{Ch}$

(2) $8 - \mathrm{GN}\dfrac{100}{3.0}\mathrm{P}$

(3) $4 - \mathrm{YG6} - 3\dfrac{3 \times 40}{-}\mathrm{S}$

(4) $4\dfrac{60}{3.0}\mathrm{W}$

8. 试说明下列导线敷设符号标注的意义：

(1) BX − 4 × 16 − TC32 − WC

(2) BLV − 5 × 10 − FPC25 − CC

(3) $\mathrm{VV_{22}}$ − (3 × 50 + 1 × 25) − SC 70 − FC

(4) BV − 2 × 2.5 − PC15 − CE

(5) VLV − 5 × 16 − WE

9. 试为一屋一厨住户布置照明平面图(图 16.10)。

10. 试为两屋一厨住户布置照明平面图(图 16.11)。

11. 试为某招待所标准层布置照明平面图(图 16.12)。

12. 试为某招待所标准层画出照明系统图(图 16.12)。

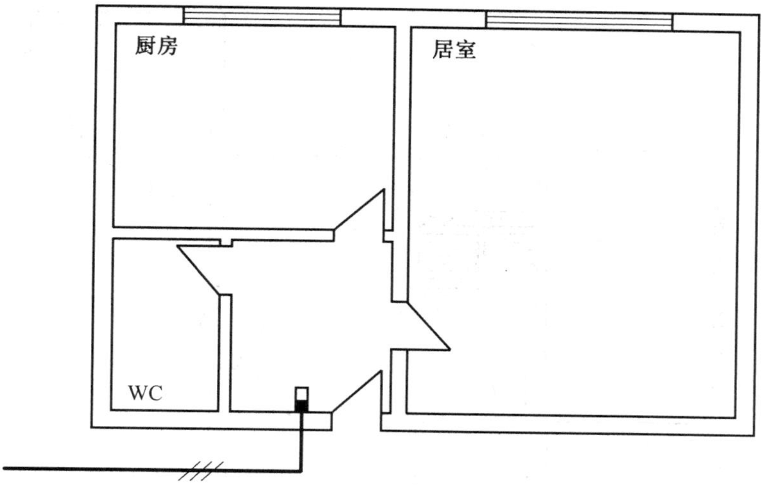

图 16.10　9 题图

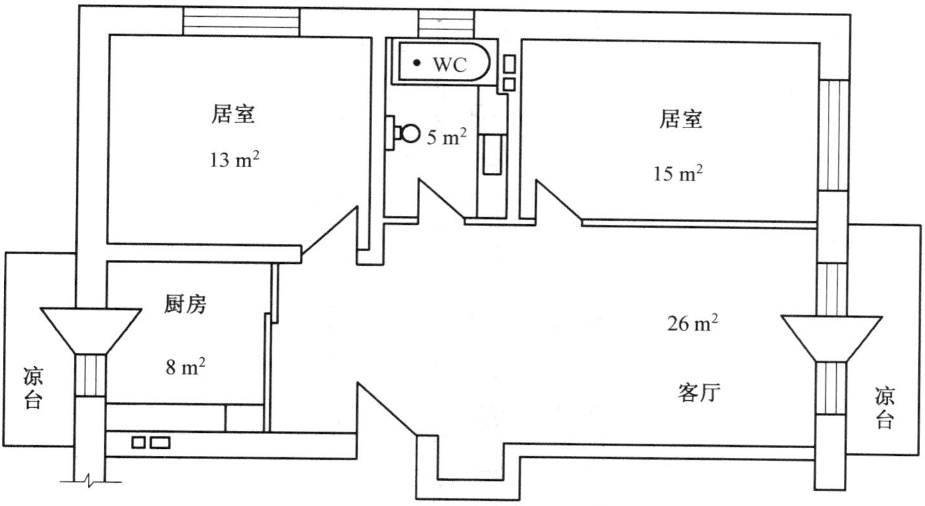

图 16.11　10 题图

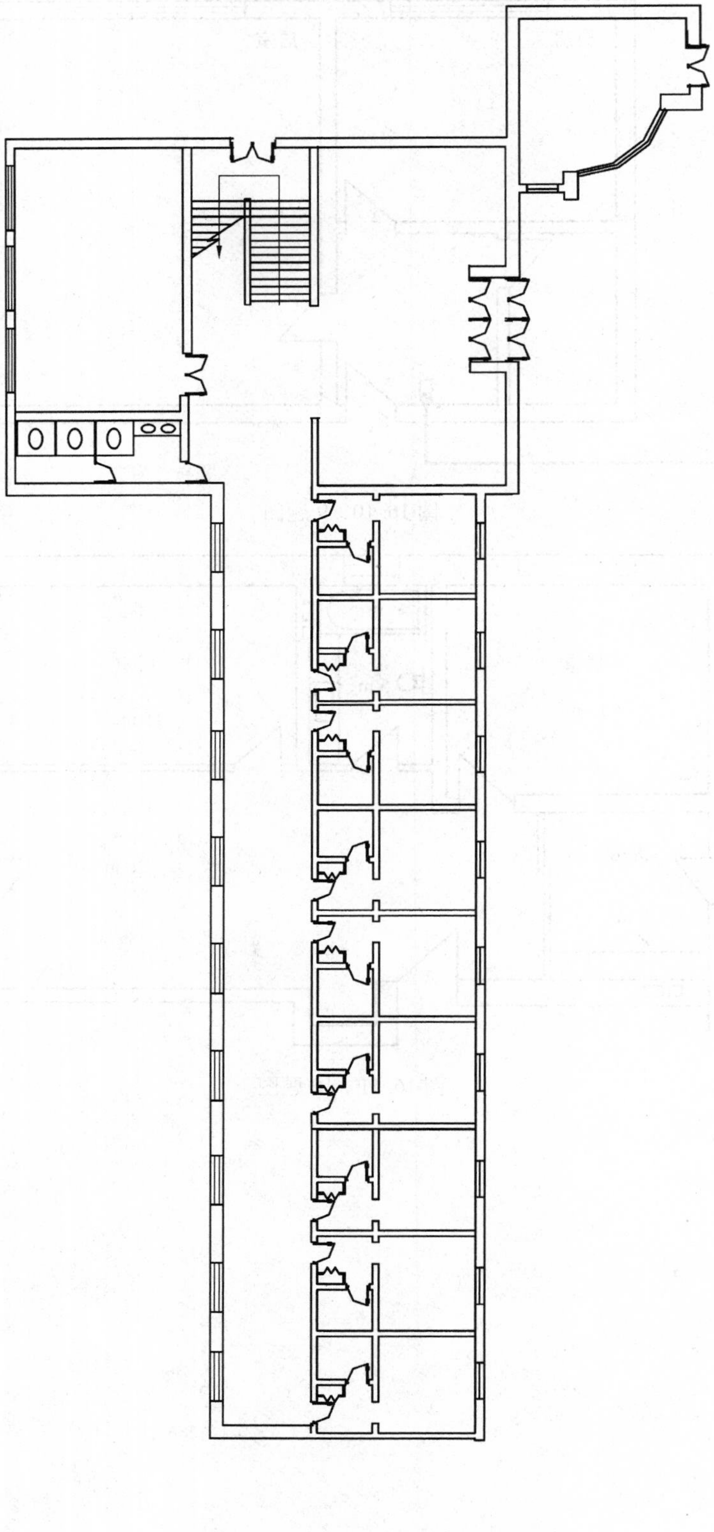

图 16.12 11~12 题图

第17章　智能建筑信息系统

现在人类社会已经跨入信息化时代，信息化使国家更加繁荣昌盛，使社会更加发展进步。现代化的建筑物离不开信息系统。智能建筑信息系统包括建筑的信息通信系统、有线电缆电视和卫星电视接收系统、建筑的扩声音响系统、火灾报警与消防联动控制系统、建筑的保安管理系统和建筑设备管理自动化系统等。

17.1　建筑的信息通信系统

随着计算机技术的飞跃发展，特别是通信技术与计算机技术的紧密结合以及软件技术的突飞猛进，使现代化的通信网络正向智能化、数字化、综合化、宽带化、个人化方向高速发展。人们对信息的需求已不单单是听觉信息（话音），还需要视觉信息（文字、图像、视频等）和非话音信息（计算机业务）。建筑的信息通信系统包括程控数字用户系统、数据信息处理系统、可视电话及图文系统、数字无绳电话系统、数字微波通信系统和卫星通信系统等。

17.1.1　程控数字用户交换机系统

现代建筑中，在人员密集的地方，特别是写字楼、高级宾馆、高级住宅楼等，对通信设施要求极为重要。随着科学技术的高速发展，电话通信系统越来越先进，通信范围也越来越广。建筑通信系统包括电话、电话传真、电传、无线传呼等。电话通信设计主要有通信设施的种类、交换机程控中继方式和电话站位置等。电话已成了人们密不可分的伙伴，所以要了解电话交换技术、电话交换站、电话电缆线路的配接与线路的敷设和配套设备等。

1. 电话交换技术

电话交换技术可分为两大类：一类为布控式，它是用布好的线路进行通信交换，因而通信功能较少；另一类为程控式，它是按软件的程序进行通信交换，可以实现百余种通信功能。

电话交换机可分为人工电话交换机和自动电话交换机。磁石式交换机经过几代的发展变化，现已被程控数字用户交换机等取代。

程控交换机除了具有多种通话功能外，还可以和传真机、个人用计算机、文字处理机、主计算机等办公自动化设备连接起来，形成综合的业务数据网。这样既可以有效地利用声音、图像进行数据交换，又可以实现外围设备和数字资源的共享。

程控交换机主要由话路系统、中央处理系统和输出系统3部分组成，它预先把交换动作的顺序编成程序集中存放在存储器中，然后由程序的自动执行来控制交换机的工作，进行程序控制。因此数字程控交换机可以根据不同的需要实现众多的服务功能，这是其他各种交换机难以完成的。在为数百种服务功能中，有些是交换机的基本功能，有些则属可选功能。设计时应根据实际需要参考交换机的产品说明书来确定。程控数字用户交换机系统框图如图 17.1 所示。

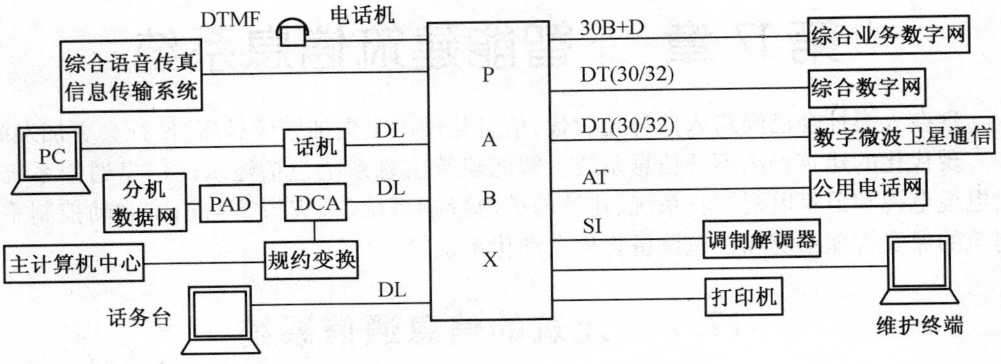

AT —— 摸拟中继　　　DT —— 数字中继

DTMF —— 双音多频　　　DL —— 数字

PAD —— X25 分组拆装　　　SI —— RS232C 串行接口

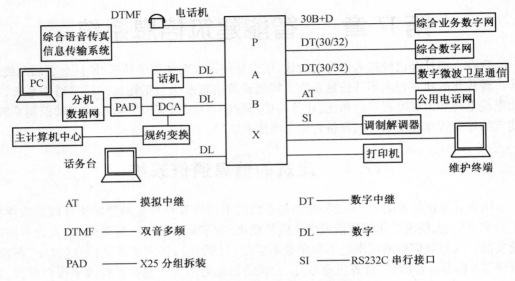

图 17.1　程控数字用户交换机系统框图

2. 电话交换站

电话交换站由程控数字用户交换机、配线设备、电源设备、接地装置及辅助设备组成。

(1) 电话交换机容量的确定。电话交换机初装机容量按照建筑物的类别、应用的对象、使用的功能以及用户单位所提供的电话数量表为依据，并结合电话用户单位的实际需要量、近期发展的初装容量与远期发展的终装容量进行统筹考虑来确定。

(2) 配线设备与接地。

① 配线设备。配线设备用于交换机及用户之间的线路连接，使配线整齐、接头牢固，并可进行跨接、跳线和在障碍时，做各种测试。配线设备还包括保安设备，其功能是在外线遭到雷击或与电力线相碰超过规定电流、电压时，能自动旁路接地，以保护设备和人身的安全。配线设备有箱式和架式两类。配线设备的容量一般为电话机门数的 1.2 ~ 1.6 倍。配线架需设置在单独的配线架室内。

② 电源设备。电源设备包括交流电源、整流装置、蓄电池及直流屏等。电话系统的供电方式分为直供方式充放及浮充供电制。电话站交流电源的负荷等级应与该建筑工程中的电气设备的最高负荷分类等级相同。电话站交流电源可引自低压配电室或临近的交流配电箱，从不同点引来两路独立的电源，并采用末级自动互投。当有困难时，亦可只引入一路交流电源。电话站内的蓄电池，应尽量采用密封防爆酸性蓄电池组或碱性镉镍蓄电池组。

③ 接地。电话站通信接地装置包括：直流电源接地、电信设备金属框架和屏蔽接地、入站通信电缆的金属护套或屏蔽层的接地、架空明线和电缆入站接地。上述几种接地均

应与全站共用的通信接地装置相连。电话站与办公楼或高层民用建筑合建时，通信用接地装置宜单独设置。如因地形限制等原因无法分设时，通信用接地装置可与建筑物防雷接地装置以及工频交流供电系统的接地装置互相连接在一起，总等电位联结其接地电阻值不应大于 1 Ω。

电话站通信接地装置如与电气防雷接地装置合用时，采用专用接地干线引入电话站内，其专用接地干线应选用截面积不小于25 mm^2 的绝缘铜芯导线引入接地装置。电话站内各通信设备间的接地连接线应采用绝缘铜芯导线。

（3）电话站位置的选择。电话站位置的选择应结合建筑工程远、近期规划及地形、位置等因素确定。电话站与其他建筑物合建时，宜设在四层以下、一层以上的房间朝南并有窗。在潮湿地区，首层不宜设电话交换机室，也不宜设在以下地点：

① 浴室、热水房、卫生间、水泵房、洗衣房等易积水的房间附近。

② 变压器室、变配电室的楼上、楼下或隔壁。

③ 空调及通风机房等有强磁场和震动的场所附近。

④ 产生烟气、粉尘和腐蚀性气体的场所。

3. 电话电缆线路的配接与线路的敷设

（1）电话电缆线路的配接方式。电话电缆线路的配接方式很多，有单独式、复接式、递减式、交接式和混合式。从经济性和合理性出发，常采用以下 3 种形式：直接配线方式、交接箱配线方式和混合配线方式。

① 直接配线方式。直接配线是由总配线架直接引出主干电缆，再从主干电缆上分支到用户的组线箱。其优点是：投资小、施工与维护简单，但线芯使用率低、灵活性差。直配系统的每条电缆容量一般不超过 100 对。

② 交接箱配线方式。交接箱配线系统是将电话电缆线路网分为若干个交接配线区域，每区域内设一个总交接箱（不大于 100 对）。由总配线架各引一条联络电缆至各区域交接箱中。当某条主干电缆出故障时，能保证重要的通信及部分用户的调整。如 100 对电缆经交接箱后，再配出 20 对、30 对或 50 对电缆分别送给各自交接箱内。由于各楼层的电话电缆线路互不影响，引发故障就少，特别适用于各楼层需要对数不同，且变化较大的场合。由于通信可靠，芯线使用率高，常用于建筑群、办公大楼、高级旅馆等。交接式配线方式如图 17.2（a）所示。

③ 混合配线方式。混合配线方式是结合不同配线方式的优点，在技术和经济上都占有优势。它既有复接式，也有递减式等多种组合。电话组线箱有室外分线箱和室内分线箱两种。它是把电话电缆变为电话配线的交接处，箱内设置专用电话接线端子板，端子板有 5，10，20，30，50，100 对等。将一般为纸包绝缘的主干电缆换接为塑料包绝缘电缆后与电话接线端子板的一端连接，另一端引出普通电话线与电话用户盒连接，内设一对接线端子（一端与线路连接，另一端与电话机连接）。如图 17.2（b）所示。

（2）电话电缆线路的敷设方式。电话电缆线路的敷设方式可分为管道电缆、墙壁电缆、沿电力电缆沟敷设的托架电缆、架空明线、建筑物内明和暗配线等方式。

① 室外电话电缆线路的敷设方式。室外电话电缆线路的敷设方式又分为架空和地下敷设方式。

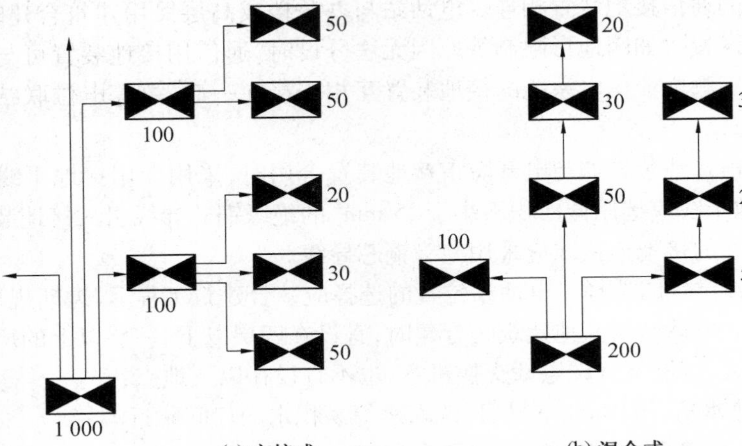

(a) 交接式　　(b) 混合式

图 17.2　电话电缆的配线方式

室外电话电缆线路的架空敷设多采用电话电缆。电话电缆不宜与电力线路同杆敷设,如需同杆敷设时,应采用铅包电缆,且与低压380 V线路相距1.5 m以上。电话电缆亦可沿墙卡设,卡钩间距为0.5 ~ 0.7 m。室外距地架设高度宜为3.5 ~ 5.5 m。室外电话电缆线路架空敷设时宜在100 对以下。但是冰凌严重地区不宜采用架空电缆。

室外电话电缆线路多采用地下暗敷设,一般情况下可采用直埋电缆。直埋电缆敷设一般采用钢带铠装电话电缆,在坡度大于 30° 的地区或电缆可能承受拉力的地段应采用钢丝铠装电话电缆,并采取加固措施。直埋电缆四周铺50 ~ 100 mm厚沙或细土,并在上面盖一层红砖或者混凝土板保护,穿越街道时应采用钢管保护,并应适当预留备用管。与市内电话管道有接口要求或线路有较高要求时,宜采用管道电缆,管道电缆敷设可采用混凝土多孔管块、钢管、塑料管、石棉水泥管等。管道内布放裸铅包电缆或塑料护套电缆,管道内不应做电缆的接头。电话电缆可与电力电缆敷设在同一电缆沟内,应尽量分别设置在两侧,宜采用铠装电话电缆。

市内电话电缆的型号规格见表 17.1。

表 17.1　市内电话电缆的型号规格

型　号	名　　称	用　　途	线芯直径/mm	线芯对数
HYQ	聚乙烯绝缘铅护套市内电话电缆	敷设于电缆管道和吊挂钢索上	0.4,0.5,0.6,0.7	10 ~ 100
HPVQ	聚乙烯绝缘铅包配线电缆	适用于配线架、交接箱、分线箱、分线盒等配线设备的始端或终端连接,便于与 HQ,HQ_2 等铅包电缆的套管进行焊接	0.5	5 ~ 400
HYV	金属化纸屏蔽聚乙烯护套市内通信电缆	适用于室内或管道内	0.5 0.63 0.9	10 ~ 300 10 ~ 300 10 ~ 200
HYY		适用于架空或管道内		

续表 17.1

型　号	名　　称	用　　途	线芯直径/mm	线芯对数
HYVC	聚氯乙烯绝缘聚氯乙烯护套自承式市内电话电缆	可用专用夹具直接挂于电杆上(5,10 对为同心型自承,20 对及以上为葫芦形自承)	0.5	20 ~ 100
HPVV	聚氯乙烯绝缘聚氯乙烯护套配线电缆	适用于配线架、交接箱、分线箱、分线盒等配线设备的始端或终端连接,但不能与铅包电缆的套管焊接	0.5	5 ~ 400

② 室内电话电缆线路的敷设方式。从电话站配出的分支电缆线路的敷设方式有室内电缆沟、托架与金属线槽吊装、钢管与塑料管的明或暗敷设、卡钉明敷设等。

a. 进户干线的敷设。电话电缆的进户干线多采用钢管保护暗敷设。进入室内应穿管引入室内电话支线,分为明配和暗配两种。明配线用于工程完成后,根据需要在墙脚板处用卡钉敷设。室内暗敷设可采用钢管(或塑料管)埋于墙内或楼板内。暗敷设时,保护管径的选择应使电缆截面不小于管子截面的 50%。从电话站配出引至弱电竖井的电话线路也可采用托架吊装或金属线槽敷设于吊顶内。井内电缆应穿金属管或线槽沿墙明敷,套管应在离地 2 m 左右处留出 150 ~ 200 mm 间隙,供作“T”形接本层电话电缆之用。室内配线应尽量避免穿越楼层的沉降缝。不宜穿越易燃、易爆、高温、高压、高潮湿及有较强震动的地段或房间。

b. 电缆支线敷设。从楼层的电话分线箱到用户电话出线盒,可采用塑料绝缘软线穿管暗敷设保护。多对电话线可共管敷设,但管内不宜超过 10 对,否则改用线槽敷设。室内电话配线的型号规格见表 17.2。

表 17.2　室内电话配线的型号规格

型　号	名　　称	线芯直径 mm	线芯截面/(根数 × mm^2)	导线外径/mm
HPV	铜芯聚氯乙烯绝缘电话配线	0.5 0.6 0.7 0.8 0.9		1.3 1.5 1.7 1.9 2.1
HVR	铜芯聚氯乙烯绝缘及护套电话软线(用于电话机与接线盒之间的连接)	6 × 2/1.0		二芯圆形 4.3 二芯扁形 3 × 4.3 三芯 4.3 四芯 4.3

续表 17.2

<table>
<tr><th>型　号</th><th>名　　称</th><th>线芯直径
mm</th><th>线芯截面/
（根数 × mm²）</th><th>导线外径/
mm</th></tr>
<tr><td>RVB</td><td>铜芯聚氯乙烯绝缘平型软线（用于明敷或穿管）</td><td rowspan="2"></td><td rowspan="2">2 × 0.2
2 × 0.28
2 × 0.35
2 × 0.4
2 × 0.5
2 × 0.6
2 × 0.7
2 × 0.75
2 × 1
2 × 1.5
2 × 2
2 × 2.5</td><td rowspan="2"></td></tr>
<tr><td>RVS</td><td>铜芯聚氯乙烯绝缘绞型软线（用于穿管）</td></tr>
</table>

4. 配套设备

配套设备有交接箱、电话出线盒、电话机等。

（1）交接箱。交接箱是联络电话与电话分线盒的枢纽，一般按楼层设置。配线干线应不大于 100 对，通过电缆送入设于弱电井内的交接箱，并要考虑进出线方便，横向敷设电缆容量不宜超过 50 对。若建筑面积过大（含裙房部分）有沉降缝时，按两个分区设置交接箱。电缆过沉降缝穿金属管暗设时，两侧加盒采取保护措施或采用电缆桥架吊装过沉降缝。在各层的弱电井内设置电话组线箱，一般明挂墙上，底口距地 1.5 m。若在墙内暗装时，底口距地 0.3 m。

（2）电话出线盒。在办公室、住宅等房间内一般设一个出线盒（或出线插座）。特殊要求的房间应设两个或两个以上出线盒（如总统套房、总经理室及需设传真机等设备的房间）。

（3）电话机。当建筑采用数字程控交换机时，一般配用双音频按键式话机，也可选用留言电话机及多功能电话机等。

（4）电源与接地。

① 电源。电话站的交流电源（220 V/380 V ±10%），应采用双路独立电源，由末级自动切换装置引入，以确保供电的可靠性。若供电负荷等级低于二级，或交流电源不可靠时，需增加蓄电池容量，延长放电时间，一般采用镉镍电池（－48 V）。

② 接地。电话站中应有设备接地和工作接地。通信设备的金属外壳或金属构筑物，应同 TN－S 系统的保护线（PE）共用。接地电阻应小于 1 Ω。对于高层建筑选用的程控电话交换机（微机）需用引下线接地，而且不能同防雷引下线共用。一般采用 25 mm^2 铜线，直接引入地基基础接地线。条件是，做单独接地线引入电缆手孔（或人孔）内。某住宅小区电话系统如图 17.3 所示。

目前我国通信事业飞速发展，正赶超世界先进水平。数字程控用户交换机充分地利

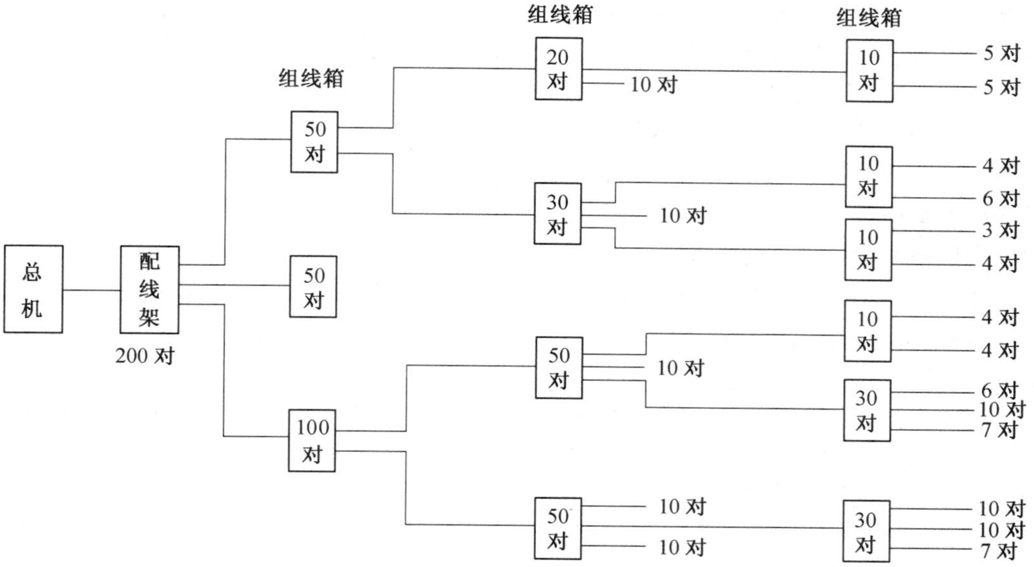

图 17.3　某住宅小区电话系统

用了数字交换技术,数字信号处理技术及计算机多媒体技术,具有语言交换、数据通信、专网通信、天线通信、语言邮箱、宾馆或医院管理、自动话务量分配、计费处理等诸多业务功能,现已在建筑中得到广泛应用。

17.1.2　图文信息通信系统

在智能建筑中,用户的信息通信除了语音等之外,今后更重要的是图文信息通信。常用的有语音与传真服务系统、可视图文系统、可视电话系统、数字无绳电话系统、数字微波通信系统和卫星通信系统等。本文仅介绍其中的几个系统。

1. 语音与传真服务系统

语音信息、图文传真服务系统是计算机技术和通信技术紧密结合的产物,由公共电话上网获得语音信息和图文传真邮筒式服务。它可以使人们无论在何时何地都能用电话机或传真机,通过设备上的拨号和按键来对语音信息和图文传真服务系统操纵,从中存取、管理语音信息和传真文件。

(1) 语音信箱系统。语音信箱系统是随着电子计算机技术、语音处理技术的发展以及信息交换的需求增长而发展起来的智能建筑物内电话用户,即可通过建筑物内公用小型语音信箱或通过楼内各公司的专用小型语音信箱系统以及通过公用电话网上大型语音信箱系统来获取建筑物内外界的语音信息,并在系统语音的引导下,用按键电话机对系统进行访问、存储、提取和管理信息。语音信箱增加了电话通信的服务内容和质量,避免了电话通信时无人应达、占线、断线和语音内容传递错误,节省用户的通话时间,提高电话呼叫的一次接通率。

语音信箱系统的功能特点有以下几点:

① 计算机话务台自动转接功能。信箱系统与程控交换机相连,可提供计算机话务台

应答与计算机话务台转接功能。系统将自动接通主叫用户，并提示用户输入他所要的被叫用户机号，实现自动转接。当被叫用户电话忙或缺席时，系统将主叫用户自动转接回被叫用户的信箱，并提示留言或留下电话号码。主叫用户也可选择接至人工话务台。

② 电话自动应答功能。信箱系统自动应答大量的来话。在用户各自的信箱内可预先录制好电话、手机的号码，进行留言跟踪呼叫。信箱系统能预先录制好公司或企业各部门的对外查词索引，提示并自动转接到指定部门或录制好各类语音信息，供公司内、外用户全天候咨询和自动查询服务。

③ 语音邮件功能。信箱系统的用户可以任意设置密码，随时随地打开自己的信箱，听取留言，防止重要信息丢失和延误，还可使公司和企业上下级之间向个人信箱内发送及索取语音留言，加强内部联系。

（2）小型综合语音信箱系统。小型综合语音信箱系统不但有语音信箱服务、声讯服务子系统的功能，而且还有传真信箱服务、图文传真服务子系统的功能。综合语音信箱系统具有完善的电话通信功能。系统中用户个人信息的拥有者在语音信箱（服务）系统的（综合语音信箱）语音引导下，可以根据自己设定的密码进入信箱，在任何时间、任何地点用双音频电话来听取收到的留言。语音信箱系统可根据综合语音信箱用户语音占用量的大小来设定用户语音信箱。语音信箱系统可以连接在智能建筑中各种不同类型的程控用户交换机上，并可提供话务自动接转功能，该系统也是智能建筑商务办公自动化不可缺少的设施之一。

（3）传真信箱系统。传真信箱实际上是指在计算机数据库的存储器中拥有一块内存空间，存放输入信箱中经过数字化及压缩编码处理后的传真文件。智能建筑中应设置小型综合式传真信箱系统。小型综合式传真信箱系统不但有传真信箱服务的功能，而且还有语音信箱服务的功能。该系统从服务功能上分为图文传真服务和传真信箱服务两个子系统。

① 图文传真服务子系统。图文传真服务系统能将不同类型的文件以传真文件的形式建立在服务系统的数据库中（库容量可达几千条）。使用者可以通过语音的引导或文件编号来索取所需文件。

图文传真服务子系统可以设置使用者的密码和全部记录。使用者可以通过普通传真机，在任何地点直接索取所需的文件或通过普通电话机间接地索取文件。每条文件都具有语音简介，能提供给使用者在索取文件前一个确认的机会。

② 传真信箱服务子系统。传真信箱具有完整的语音引导功能。使用者通过语音的引导，进入自己所需要的传真信箱索取传真文件。还可随意设定自己拥有信箱的密码，并通过普通的传真机，在任何地点直接索取信箱中的文件。也可通过普通电话机，输入所指定的传真机号，间接地索取信箱中的文件。传真信箱服务子系统具有转移呼叫功能，每当信箱中收到传真文件，系统会根据用户预先设定的电话号码通知到用户。系统还具有转移接通功能、呼叫功能，根据用户预先设定的传真机号，自动转移到用户自己的传真机上。

传真收发机中设有自动文件输送器，每次机内可存放几十页文件，并具有文件缩放功能。在收发文件的同时，可分别记录年、月、日、开始时间、张数及情况报告等。传真通信涉及报纸、图片、录像及影像等传递技术。它属于一种低速度、远距离的有线传真式通信，其传输速度较一般通信设备慢，但相比传统的邮递服务快得多。传真收发机的最大优点是能方便地传递图文的真迹，无论是印刷体的文稿、图表、图形，还是手写稿件或名人手迹，均可保持原样向远方传送。传真机和电话机共用一对电路，也可单设，适用于公用电话交换网络和双向专用电路。

(4) 电子信箱(E－mail)。电子信箱又称电子邮政或电子邮件。它实际是一个计算机系统，通过电信网来实现各类信件和图文的传送、接收、存储、投送。每个计算机用户都有一个属于自己的电子信箱，通信的过程就是把信件传送到对方的电子信箱中，再由收信用户使用特定号码从电子信箱中提取。若发信方需将信件直投到非信箱用户终端，电子信箱系统可利用存储转发方式自动完成。拥有计算机的用户只要配置调制解调器，通过电子信箱软件就可以实现全球联网。电子信箱系统的通信原理如图 17.4 所示。

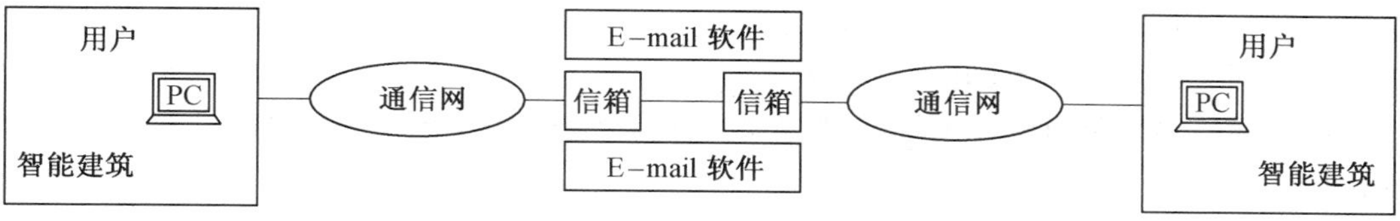

图 17.4　电子信箱系统的通信原理图

2. 数字无绳电话系统

数字无绳电话系统发展得相当快，其最基本的构成形式有家庭住宅(私用基站)、公共场所(公共基站)和商务办公场所(办公或商场基站)。

近几年发展的数字无绳电话系统功能更完善，它具有无缝越区切换、双向呼叫和干扰回避功能。该系统能提供多种无线接入形式，如使用标准手机和带有适配卡的计算机，可以在不同的专网和公网之间漫游，提供无线的语音和数据通信。我国无绳电话系统的通信频段为839 ～ 843 MHz，无线收发基站通常采用DC 48 V或AC 220 V供电，其发射功率为10 ～800 mW，手机的发射功率为 10 ～ 200 mW。

3. 数字微波通信系统

随着通信事业的飞跃发展，在智能建筑中除了采用通信电缆与光缆、无绳通信、卫星通信之外，还可采用数字微波通信系统的传输链路。数字微波通信系统是指用户利用微波(射频)携带数字信息(即经过多路复接的数字信号进行中频数字调制，然后再进行微波频段的射频调制)，通过微波天线发送，经过空间微波通道传输电波，到达另一端数字微波天线接收(发送)设备进行再生用户数字信号的通信方式。

数字微波采用先进的数字传输技术，具有传输效率高、施工简单、见效快、成本低等优点，并可以在地形复杂的地方建站，组成专用网，是用户普遍采用的无线通信传输手段之一。

在建筑物之间的无线传输中，数字微波通信不但可以传输语音、数据，构成专用网络，还能传输会议电视、监控电视的图像信号等。

在智能建筑物之间(或智能建筑与当地电话局之间)用户可以采用数字微波通信设备，建立数字微波空间传输链，进行语音、数据、图像等信息的相互通信。数字微波还可以做到有线通信电缆（如光缆等）所不能达到的区域，如跨江河、小山脉、较偏远的地区等。它作为数字通信的传输办法，配合 PCM 复接分接器，可实现用户分机的延伸、计算机数据通信的组网、各个专业用户内部专用网的互联及网络内各种设备的连接、会议电视、监控电视的联网。

4. 卫星通信系统

卫星通信系统是微波中继技术与空间技术的结合。它把微波中继站设在卫星上（称为转发器），终端站设在地球上（称为地球站），形成卫星至地球站（或地球站至卫星）的中继距离，传输线路可达几千至几万公里。

卫星上设置多个转发器，其工作频率约为 500 MHz。它是把一个地球站送来的信号经变频和放大后，再发射到另一个地球站。可允许多个地球站同时进入，并可同时提供电话和电视等业务。

地球站是将卫星传输来的极其微弱的微波信号放大为合格的信号，就需采用低噪声放大器和强大的发射功率（几百至几千瓦）。

卫星通信系统具有实现国际联网、企业通信和应急通信组网等方面都具有无可比拟的优势。

17.2　电缆电视系统

由于城市建筑发展迅速，高层建筑不断增多，电视台发射的电波会被建筑物遮挡和反射；另外，城市建筑的结构大量采用钢筋混凝土壁板、楼板，使电视信号被吸收和屏蔽。以上原因，会造成用户电视机仅收到微弱的信号或杂散电波的干扰而无法收看，另外也仅能收看到当地的几个电视节目。现中央及各省市电视台的几十套节目已都传输到卫星，再发射回地面。所以不再选用建筑物楼顶共用天线接收系统，而采用城市数字有线电缆电视系统。它可提供几十路高质量的开路和闭路电视节目、付费电视节目、图文电视节目及互联网传输节目等。

17.2.1　电缆电视系统的主要设备

有线电缆电视系统由接收信号源、前端设备、干线传输及用户分配系统组成。一般设于城市中心。

1. 接收信号源

接收信号源包括：广播电视接收天线、FM 天线、卫星电视地面接收站、视频设备、音频设备、电视转播车及计算机等。

（1）广播电视接收天线。天线是接收空间电视信号的器件。广播电视接收天线包括单频道天线、分频段天线和全频段天线。

目前我国电视信号使用两个频段范围，分为甚高频段、超高频段，这两个频段均属超短波范畴。其中 VHF 频段的频率范围为 48.5 ~ 223 MHz，UHF 频段的频率范围为 470 ~ 958 MHz。我国规定 1 ~ 5 频道的信号称为 VHF 低频段；6 ~ 12 频道的信号称为 VHF 高频段；13 ~ 30 或 31 ~ 44 频道的信号称为 UHF 低频段；45 ~ 68 频道信号的称为 UHF 高频段。各电视台的节目均设于不同的频段中。

天线有无源天线和有源天线两种。有源天线需加设天线信号放大器来实现高增益、高信噪比的接收。

(2)FM 天线。FM 天线用于接收无线调频广播节目的音频信号。

(3) 卫星电视地面接收站。卫星电视接收站是由室外的抛物面天线、馈源和高频头等部分;室内的接收机(调谐解调器)、放大器和监视器等组成。我国卫星电视广播的频率范围为 C 波段(3.7 ~ 4.2 GHz) 和 Ku 波段(11.7 ~ 12.2 GHz)。

各城市的有线电视台主要是通过多台卫星天线来接收不同频道的电视节目。

(4) 视频设备和音频设备。视频设备包括 DVD 影碟机、录像机和摄像机等自办节目所需的设备。音频设备包括收音机、CD 机、录音机、麦克风及扩音机等设备。

(5) 电视转播车及计算机。电视转播车是利用摄像机在现场(重要会议、文艺演出、体育比赛、新闻报道等) 录制的画面进行编辑,通过转播车内的设备直接播出。

计算机已成为电视节目制作和编辑的重要工具,随着计算机功能的升级换代和软件的开发,会使电视画面愈来愈精彩美观。

2. 前端设备

前端设备是接在天线与传输分配网络之间的设备,用来处理要传输的信号。前端一般包括天线放大器、频道放大器、线路放大器、频率变换器、混合器及调制器等设备。

3. 干线传输及用户分配系统

(1) 干线传输系统。干线传输系统是将前端设备经过接收、处理并混合后的电视信号,通过干线传输给各地用户的传输设备。干线传输设备包括干线电缆、干线放大器及电源设备。

① 干线电缆。为传输高质量高清晰的电视信号,应选用优质高效低耗同轴电缆或光缆。现远距离的主干线均采用光缆,故需要光缆传输设备,即光发射器、光分波器、光合波器、光接收机和光缆等。

② 干线放大器及电源设备。干线放大器的作用是抵消电缆的衰减,提高电视信号的增益。在主干线上尽可能减少分支,可使干线放大器的选用数量最少。若需传输双向节目时,必须选用双向传输干线放大器。用干线放大器的地方,应配备电源设备。

(2) 用户分配系统。用户分配系统的作用是放大线路信号,保证用户终端有足够的电视信号,并能使用户自由选择频道。主要设备包括线路放大器、分配器、分支器、同轴电缆、电视出线口和用户插座。

17.2.2　传输系统

有线电视网络是电视的干线传输系统,是连接有线电视台与用户终端的桥梁,主要采用光缆和同轴电缆。

1. 光缆

光缆具有传输损耗小、频带宽、质量高、速率快、容量大、体积小、重量轻及寿命长等优点,被广泛用于干线传输。

光缆传输系统由光发射机、光缆和光接收机组成。

① 光发射机。光发射机将电视的视频和音频信号经过混合、调制放大后,由驱动器把电信号转化成光信号,通过发光二极管来发射光信号。

② 光缆。用光缆传输电视信号时,光的调制方式分为模拟和数字两种。由于数字调制方式传输电视信号高质量、频带宽、无失真,特别适用于远距离传输。现各大中城市均采用数字调制方式传输。光缆可多路传输,即一根光缆同时传输多路电视信号。

③ 光接收机。光接收机是将传输的电视光信号调制转化成电信号,然后再进行放大、解调、分配、还原成视频和音频信号送至用户端。

2. 同轴电缆

同轴电缆用来传输高频率的电视信号,它由同轴的内外两个导体组成。内导体为单股铜芯硬导线,外导体为金属编织网,两者之间充有高频绝缘介质,最外面还有塑料保护层。所以衰减大,且距离越远,损耗越大。目前多用于用户端的分配网络中,干线常用 SYV－75－9(内径为9 mm)型,支线常用 SYV－75－5(内径为5 mm)型。

同轴电缆的主要技术数据有特性阻抗和衰减常数两种:

① 特性阻抗。它是指无限长传输线上各点电压与电流的比值。

② 衰减常数。信号在馈线里传输时,除有导体的电阻损耗外,还有绝缘材料的介质损耗。前一种损耗随馈线长度的增加而增加,后一种则随工作频率的增高而增加。损耗量的大小用衰减常数表示,单位为1 dB/100 m。

同轴电缆的技术数据见表17.3。

表17.3 同轴电缆的技术数据

型号	特性阻抗/Ω	衰减常数/[dB·(100 m)$^{-1}$]			电缆外径/mm
		45 Hz	100 Hz	300 Hz	
SYV－75－5－1	75	8.2	11.3	20	7.3
SYV－75－9		4.8	7	13	13
SYV－75－5－4		6	9	16	7
SYV－75－7－4		3.7	6.1	12	10

17.2.3 用户分配系统

用户分配系统是将干线传输的信号分配到各用户终端的最后环节。用户分配系统由前端设备、同轴电缆和用户终端盒组成。

1. 前端设备

前端设备是接在有线干线传输与分配网络之间的设备,用来处理要传输的信号。前端一般包括线路放大器、频率变换器、混合器、调制器和分配器等设备。

(1) 线路放大器。线路放大器主要是为提升增益、补偿电平损失的作用,又称为宽频带放大器。根据设置的位置分为干线放大器、分配放大器、分支放大器和线路延长放大器等。

① 干线放大器。设置于系统干线,用于干线的电平补偿。当用户集中户数较多时,主要用于分配器和分支器损失的补偿,其最高增益达22 ~ 25 dB。

② 分配放大器。设置于系统干线或支线的末端。供多路分配线输出的电平补偿。分配放大器的输出电平约为 100 dBμV。

③ 分支放大器。设置于系统干线或支线的末端。供一个干线或支线输出的电平补偿。

④ 线路延长放大器。线路延长放大器设置于系统的支干线,用于补偿分支器的插入损耗和同轴电缆的传输损耗。其输出电平为 103 ~ 105 dBμV。

(2) 混合器。混合器是将多路电视信号混合成一路信号的装置,具有一定的抗干扰能力。混合器通常由高通滤波器、低通滤波器、阻带滤波器及放大器等组成。按组合方式分为无源和有源混合器。按使用频率分为频道和频段混合器。

它的主要技术数据包括插入损失、相互隔离度和电压驻波比等。混合器分为二、三路及多路混合器等。混合器的路数多,则插入损失相应大一些。

① 插入损失。它是混合器的输入输出功率之间的损耗,此值越小越好。

② 相互隔离度。表示混合器各输入端子之间的信号影响程度,当一个输入端子加信号后,其信号电平与其他输入端子的信号电平之比称相互隔离度。因此,各输入端子之间的电平差越大,相互干扰就越小。

③ 驻波比。它表示混合器的实际阻抗与标称阻抗的偏差程度,其值越小越好。理想的匹配情况,驻波比为 1。一般情况下,应选用驻波比不大于 2.5,插入损耗不大于 2 dB,相互隔离度不小于 20 dB 的产品。VHF 段的混合器的技术数据见表 17.4。

表 17.4　VHF 频段的混合器的技术数据

型　号	频率范围(VHF 频段)	插入损失/dB	相互隔离/dB	输入、输出阻抗/Ω	电压驻波比
SHH - 3	任意不相邻 3 个频道	< 3	> 20	75	< 2.5
SHH - 5	任意不相邻 3 个频道	< 3	> 20	75	< 2.5
SHH - 7	任意不相邻 7 个频道	< 3	> 20	75	< 2.5
SHH - 9		< 6	相邻频道 > 10 不相邻频道 > 10	75	< 3

(2) 分配器。分配器是分配高频信号的电能装置。将混合器或放大器传输的信号再分成若干路,送给不同区域的电视用户。按分配器的端数分有二分配器、三分配器、四分配器和六分配器等。

二分配器的衰减为 3.5 ~ 4.5 dB,四分配器的衰减为 7 ~ 8 dB。分配器的技术数据见表 17.5。

表 17.5　分配器的技术数据

型　号	名　称	阻抗 /Ω		驻波比	分配损失 / dB		相互隔离 / dB	
		输入	输出		VHF	UHF	VHF	UHF
SEP2 – UV	二分配器	75	75	2	3.6	4.2	> 20	> 15
SEP3 – UV	三分配器				5	6		
SEP4 – UV	四分配器				8	8.5		

在不需要线路放大器或由独立电源供电的线路放大器的系统中选用普通型分配器。在线路放大器由前端供电的系统中，应选用电流通过型分配器。

(3) 分支器。分支器是从干线分取部分电视信号，经分支器衰减后馈送至用户电视机。分支器的输入端至输出端之间具有反向隔离作用（正向传输损耗小，反向传输损耗大）属于单向传输特性。由于隔离性好，所以抗干扰能力强。

分支器的主要技术数据有：

① 插入损失。指分支器主路输入电平与主路输出电平之差。一般在 0.5 ~ 2 dB。

② 分支损失。等于分支器主路输入电平与支路输出电平之差。一般在 7 ~ 35 dB。

③ 相互隔离。是指一个分支器各分支输出端相互影响程度，一般要求大于20 dB。

④ 反向隔离。是指一个分支端加入一个信号电平后对该信分支器的其他输出端的影响。一般为 16 ~ 40 dB，其值越大，抗干扰能力越强。

⑤ 驻波比。它表示分支器输入端和输出阻抗的匹配程度。分支器的技术数据可见表 17.6。

根据需要场强、当地场强及干扰信号强弱的情况，在 57 ~ 83 dB 之间选择用户电平值。在民用住宅中常选用串联一分支器，在高层建筑中采用二分支器或四分支器。设计时根据分支器的插入损失和分支损失合理地选择分支器是满足用户电平均匀的保证。

表 17.6　分支器的技术数据

型　　号	名　称	使用频率 / MHz	输入、输出阻抗 / Ω	插入损失 / dB	分支损失 / dB	分支隔离 / dB	反向隔离 / dB	驻波比
SCF – 0571 – D	串联一分支器	48.5 ~ 223	75	≤ 4	5		> 26	≤ 1.6
SCF – 0971 – D				≤ 2	9			
SCF – 1571 – D				≤ 0.9	15			
SCF – 2071 – D				≤ 0.6	20			
SCF – 2571 – D				≤ 0.6	25			

续表 17.6

型　号	名　称	使用频率/MHz	输入、输出阻抗/Ω	插入损失/dB	分支损失/dB	分支隔离/dB	反向隔离/dB	驻波比
SFZ - 1072 SFZ - 1372 SFZ - 1672 SFZ - 2072 SFZ - 2572 SFZ - 3072	二分支器	48.5 ~ 223	75	2 1 1 0.7 0.5 0.5	10 13 16 20 25 30	20	25	1.6
SFZ - 1074 SFZ - 1474 SFZ - 1774 SFZ - 2074 SFZ - 2574 SFZ - 3074	四分支器	48.5 ~ 223	75	4 2.5 1.6 1 1 1	10 14 17 20 25 30	20	25	1.6

(4) 用户终端盒。用户终端盒又称电视用户盒、终端盒、电视插座盒等。它是将分支器与用户连接的装置，一般合为一体的叫一分支器终端盒。二分支器终端盒还可分出一路至另一个电视用户插座盒。

用户插座的电平一般设计为 70 ±5 dBμV，用户终端盒安装高度为 0.3 m 或 1.8 m。

(5) 干线输出端到末端用户插座的总损失计算。干线输出端到末端用户插座的总损失计算的方法如下：

总损失 = 混合器损失 + 分配器损失 + 分支器插入损失 + 最后一个分支器耦合衰减值 + 同轴电缆电缆总长度传输损耗值(dB)

其中

分支器插入损失 = (串接分支器个数 - 1) × (0.9 ~ 1.2)(dB)

将天线输出电平减去总损失，其值能满足最末一个用户电平的设计值要求，则该方案是基本可行的。

分配系统各点电平值的计算采用递推法，从始到末顺序选取分支器的耦合衰减值，从而确定其插损值。再用减法，以次得到各个分支器的输出电平值。最后检查各点电平值是否合理，并进行修正。

(6) 数字机顶盒。数字机顶盒(含智能卡)是专门收看有线数字电视节目的转换装置。一机一盒，其输入端接墙上电视插座，输出端连接电视机，通过数字遥控器来进行选台。数字机顶盒由有线数字电视台提供。

2. 有线电缆电视系统施工图

有线电缆电视系统施工图包括系统图和施工平面布置图。某住宅小区的有线电缆电视系统如图 17.5 所示。

一般施工平面布置图中有前端箱(放大器、分配器、混合器等)、分线盒和出线盒等，该图往往与电话布置平面图画在一起，如图 17.5 所示。

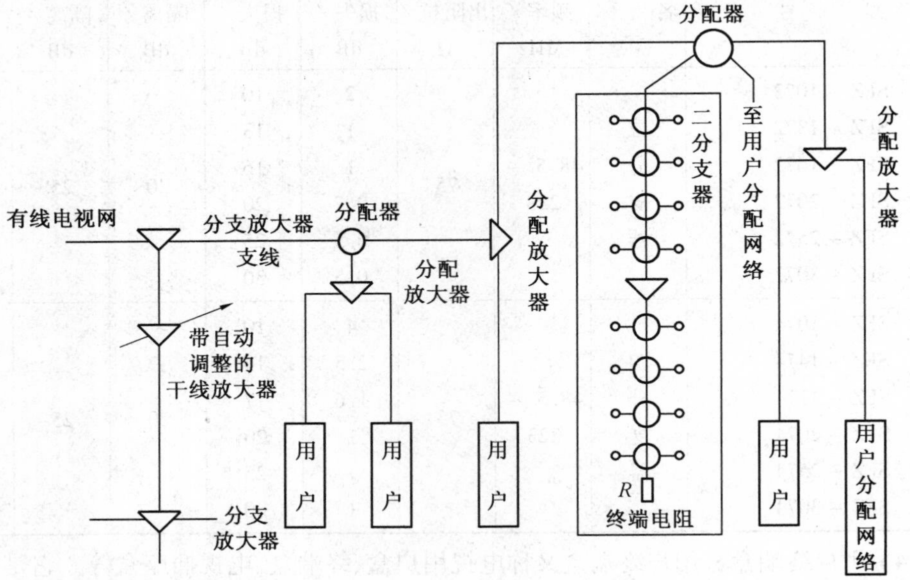

图 17.5　某住宅小区的有线电缆电视系统图

17.3　建筑的扩声音响系统

在大型建筑或高层建筑中，根据建筑功能的要求，设有讲演厅、大会议室、多功能厅、剧场、舞厅等扩声系统，商场背景音乐和高级客房的多路音响等有线广播系统。

17.3.1　扩声音响系统的组成

对于大会议室、讲演厅等，采用语言扩声系统；对于音乐厅、影剧院等，采用音乐扩声系统；对于多功能讲演厅等采用语言和音乐兼用的扩声系统。扩声音响（有线广播）系统由信号源、前端控制设备(调音台、激励器、均衡器)、功率放大设备和扬声器等几部分组成。信号源(又称为音源)由话筒、AM/FM 收录机、CD 唱盘和线路输入插孔等组成。扩声系统常采用定阻输出，一般输出阻抗有 3.5 Ω,4 Ω,8 Ω,16 Ω 等，功率放大设备(功放)分左(L)右(R)两个声道。扬声器以声柱形式安装在台口两侧，声柱内采用多只 8 Ω/3 W(或 5 W)扬声器串并联方式连接，其等效阻抗为 8 Ω，与功率放大设备的输出阻抗相匹配。扩声设备一般就近设置，如讲演厅耳房、台侧等。其系统方框图如图 17.6 所示。

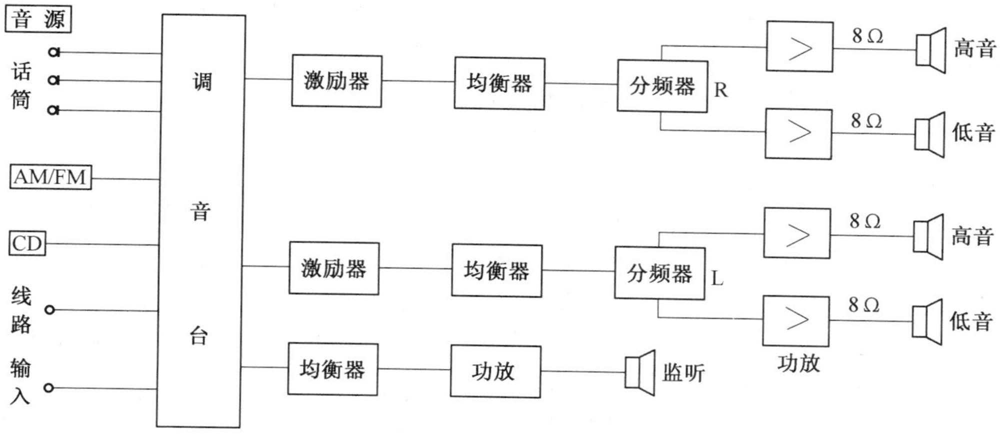

图 17.6　扩声系统方框图

17.3.2　建筑的扩声音响系统

在大型建筑及高层建筑中均设扩声音响系统，包括商场、宴会厅、公共走廊、餐厅、酒吧间等处的背景音乐，以及宾馆客房床头柜设置的音响，一般为 3 ~ 5 套音乐节目。有线广播系统由各种信号源、前置放大设备、功率放大设备、接线端子箱、扬声器和传输线路等组成。信号源一般由 AM/FM 收音机、录放机、(卡座)、CD 唱盘、MP3 和话筒等组成。

广播输出功率的信号传输方式有有线 PA 方式和电视电缆 CAFM 方式传输系统两种，其性能比较见表 17.6。

表 17.6　有线 PA 方式和电视电缆 CAFM 方式性能比较表

序号	有线 PA 方式传输系统	电视电缆 CAFM 方式传输系统
1	使用传输线路多	共用 CATV 电视系统的电缆
2	集中控制功率放大及输出	每个客房单独设置调频收音设备
3	广播音质较好	音质一般，但抗干扰能力强
4	造价费用低，线路传输损失大	一次性投资高，但较节省电力
5	中央控制为集中系统，便于维修	由于设置调频收音机，影响电视收视效果

1. 有线 PA 方式高电平信号传输系统

有线 PA 方式高电平信号传输系统为中央集中控制系统。由信号源(收音机、卡座、开盘机、CD 唱盘、话筒、线路输入等)、前置放大装置和功率放大器等组成。设备均设置在中央广播音响控制室内。通过线路传输高电平信号(70 ~ 240 V，又称定压输出)送出多路节目信号至各客房的床头控制柜。床头控制柜内扬声器为宽频带、功率为 3 ~ 5 W、大口径的扬声器(ϕ150 mm)。在工程设计中考虑到各客房不能同时收听节目，也不会全收听同一套节目，故可按每只扬声器的计算容量为 0.5 W 考虑。

2. 有线 PA 方式低电平信号传输系统

有线 PA 方式低电平信号传输系统是由中央广播系统输出低电平 0 dB(其电压为

0.75 V、标准阻抗为600 Ω)传送至各个客房的多波段节目信号。此传输线路不能直接驱动扬声器,故在床头柜内设置接收信号的放大器,其功放容量为1 ~ 3 W。该系统的优点是传输低电平,信号损失小,难有串音,收音效果佳。但增加了接收信号的放大器,费用较高。

3. CAFM 调频传输系统

CAFM 调频传输系统由节目源(录音机、调频接收机等)、调制器(将音频信号调制到射频信号)、混合器(将多套节目混合后再送到电缆电视接收系统去混合输出)放大器(调频放大器、带宽放大器)、分配器和分支器等组成。该系统的特点是广播系统线路和电缆电视系统线路共用一条同轴电缆配线,节省了广播系统的线路敷设费用,施工简单,维修容易。但必须在客房内设置 FM 调频收音设备,所以初投资高。

在高层建筑广播音响系统工程设计中,主要根据建筑工程的规模和要求不同,选用不同的传输系统。对于中小规模的旅馆、饭店等工程,均采用有线 PA 方式高电平信号传输系统;对于大型、高层旅馆、饭店工程等,由于层数高、距离长,可以采用有线 PA 方式低电平信号传输。对于 CAFM 调频传输系统,在大、中、小型宾馆中都可选用。特别是对旅馆、饭店的改建工程非常适用,施工较简单。

17.4 建筑设备管理自动化系统

对于大型现代化建筑及高层建筑物,为保证整栋建筑的安全性、节能性、现代管理性等,就需要对楼内的照明、动力(空调、给水、采暖、电梯等)变配电与自备电源通信、防盗、巡更等进行全面监控。利用计算机技术达到智能化控制目的。如对于全空调的建筑,采用建筑设备管理自动化系统(Building Automation System)后,可以节能20% ~ 30%,使投资很快得以收回,效益显著。对具有建筑设备管理自动化系统(BAS)的建筑物称为智能型大厦。

BAS 系统的整体功能包括:对建筑设备实现以最佳控制为中心的过程控制自动化;以运行状态监视和计算为中心的设备管理自动化;以节能运行为中心的能量管理自动化。

17.4.1 建筑设备管理自动化系统的组成和设备

1. BAS 系统的组成

BAS 系统是通过中央计算机系统的网络将分布在各监控现场的区域分站(子系统)连接起来,共同完成集中操作、管理、和分散控制的综合监控系统,共享一套软件进行系统管理。其子系统由变配电监测系统、空调监控系统、冷冻站监控系统、给排水监控系统、热力站监控系统、电梯运行监视系统和照明控制系统等组成。BAS 系统的框图如图 17.7 所示。

2. 建筑设备管理自动化系统的设备

该系统的设备包括传感器、数据采集盘(DCP)和计算机监控中心。

(1) 传感器。传感器有模拟量和数字量之分。模拟量有温度、压力、湿度、流量、电流、电压、功率等参数,数字量有设备运行状态信号和故障报警信号等。这些传感器都装

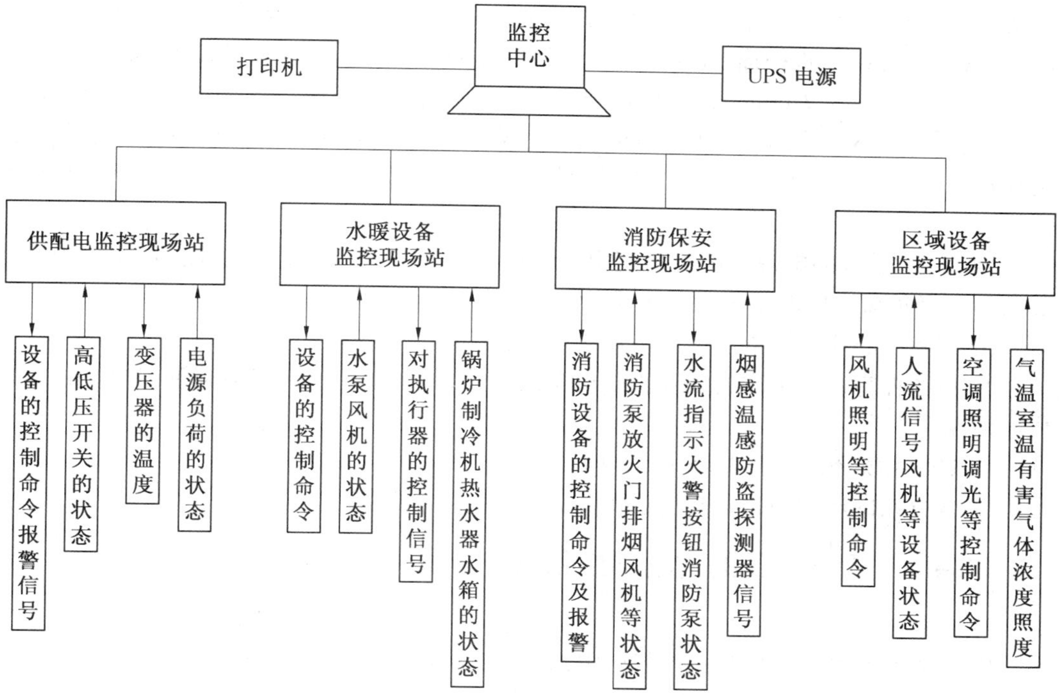

图 17.7　BAS 系统的框图

在被监控设备的末端。它们由温度传感器、压力传感器、相对湿度传感器、蒸气流量转换器、液位检测器、水流开关、开关继电器、功率转换器、压差器、调节器等组成。传感器有气动式、电动式和电子式 3 种,以电子式为最佳。在管理中心发出各种操作指令,将通过继电器、调节器等执行元件对设备进行遥控。

(2) 数据采集盘(分站)。数据采集(DCP) 盘是将设备端传感器送来的模拟量与数字量进行分析处理后,存入存储器中,待中心计算机发出的各种操作指令传送给执行机构。DCP 盘在计算机和传感器中间起连接桥梁作用,内部以微处理器为核心的可编程序设备,称为"智能控制分站"。DCP 盘设在被监控设备附近,如空调机房、变电所等地,便于原始数据的搜集采样工作。DCP 盘容量的大小取决于被监控点的多少,可按监控总表及建筑平面图进行编排选定。为保障使用的安全性和发展,应考虑扩展。规定输入量/输出量的总和超过允许量的 80 % 时,就应设置扩展箱或设两个分站的措施。DCP 盘一般明设,也可以暗设,底口距地 1.5 m。

(3) 监控中心(总站)。计算机监控中心由中央处理机及外围设备组成。中央处理机采用微处理机或小型计算机。外围设备是通过 DCP 外围设备接口接入,包括彩色显示屏及操作键盘磁盘机、磁带机记录打印机、报警打印机曲线记录仪、对讲机。其计算机中心,由标准模块组成,可用不同模块组成不同功能的计算机系统,以便扩展和维修。每个功能化模块,由若干个 CMOS 功能化印刷电路板构成。其中央处理机采用有可调值时钟的小型计算机和图像显示用软件制成。计算机对外有多路信号通道,每条通道都可接若干个 DCP 盘。通道由软件控制其工作,以便对 DCP 的询问取得同步,每隔一秒或几秒被询问一次,分站则将采集的数据报告给计算机中心。总站进行连续不断的扫描,若遇紧急警报时,可就优先等级停止扫描,先发警报。监控中心对整栋建筑的被监控设备不断地进行扫描,扫描周期为 1 ~ 2 min。其计算机中心根据收集分站的各项参数,进行比较分析,按照规定的程式,发出指令进行遥控。同时在彩色荧光屏上可显示出设备的运转参数和遥控动作指令,并进行自动打印记录。当发生故障时,除立即警报外,还可将故障点自动打印出来。

(4)BAS 系统的电源。BAS 系统由于长期连续对各种参数进行监控,其监控中心的负荷为一级负荷。BAS 对电源的要求为:

① 监控中心应从变电所引入专用供电回路。

② 在监控室设置末端自动互投双电源配电箱,其中备用电源引自柴油发电机组专用供电回路。

③BAS 系统还须配置 UPS 自备电源。

④ 各分站的电源应由监控中心配出,确保供电的可靠性。

17.4.2 BAS 系统的传输网络和综合布线

1. 传输网络

BAS 系统采用分层分布式控制结构,即第一层为中央计算机系统;第二层为区域控制器;第三层为数据采集与调控终端。BAS 系统的传输网络不仅仅是对楼宇内的子系统进行联络控制,能方便地与外部计算机网络系统联网,进行信息交换,还可从楼宇外部通过电信网络进入 BAS 系统。其传输网络由通信主干网和资源子网组成。

(1) 通信主干网。通信主干网是楼宇内的信息通信主干道、连接资源子网的枢纽。它能为各子网的用户提供中央的数据服务,也是与外界信息系统进行网络通信的主要通道之一。通信主干网一般采用光纤电缆,从总站到分站的信号传输,也可采用二进制进行,一般利用双绞线式、宽带同轴电缆及光缆等连接传输网络,多采用串行方式,可使线路简化、比较经济。线路敷设可用线槽明设或铁管暗设。

(2) 资源子网。资源子网是楼宇内各部门或某些专业应用所形成的信息处理局域网。它作为通信网络中的一个结点,通过高速主干网,实现相互之间的通信,并可通过多种方式与外部计算机网络互连。从分站到设备各监控点的数据通信,多采取一对一传输、矩阵码共用传输及多路复用传输。对于小系统主机与现场之间为数不多的信号传输,多采取一对一传输方式,优点是造价低,维护简单。

2. 结构化综合布线系统

为了满足建筑设备管理自动化、办公自动化等系统的通信要求,与国际标准的布线系统接轨,智能型大厦均采用结构化综合布线系统。该系统具有实用、灵活、可靠、模块化及可扩展等特性。

结构化综合布线系统是将计算机网络线、电信线、BAS 数据线缆和同轴线统一采用一套完整的布线系统,以满足今后的扩展。综合布线系统的结构有 6 个子系统:

(1) 建筑群子系统。建筑群子系统采用多芯光缆进行建筑物与电信网之间的连通。光缆先进入楼内光纤配线架,经过光端机和数字复用设备分路连接到数字配线架,再经数字配线架连接到总配线架，最后分别进入各个楼层的垂直子系统。

（2）设备管理子系统。设备管理子系统由设备间中的线缆、连接器和相关支撑硬件组成，它把公共系统的各种不同设备互连起来。

（3）主干子系统。主干子系统由建筑物内所有的（垂直）干线多对数线缆所组成，即有多对数铜缆、同轴电缆和多模多芯光纤，以及将此光缆连接到其他地方的相关支撑硬件组成，以提供设备间总（主）配线架（箱）与干线接线间楼层配线架（箱）之间的干线路由。

（4）管理区子系统。管理区子系统由交叉连接配线的（配线架）连接硬件等设备组成。以提供干线接线间、中间（卫星）接线间、主设备间中各个楼层配线架（箱）、总配线架（箱）上水平线缆（铜缆和光缆）与（垂直）干线线缆（铜缆和光缆）之间通信线路连接通信、线路定位与移位的管理。

（5）水平干线子系统。水平干线子系统由每个工作区的信息插座开始，经水平布置一直到管理区的内侧配线架的线缆组成。水平布线线缆均沿大楼的地面或吊顶中布线，最大的水平布线线缆长度应小于 90 m。

（6）工作区子系统。工作区子系统由工作区内的终端设备连接到信息插座的连接线缆（3 m 左右）组成。它包括带有多芯插头的连接线缆和连接器（适配器），起到工作区的终端设备与信息插座插入孔之间的连接匹配作用。

本 章 小 结

1. 电话通信系统主要由电话交换机、交接箱、电话分线箱、电话电缆与电线、电话出线口插座与电话机组成。

2. 室内电话通信系统的配线方式，通常采用电话电缆或塑料绝缘铜芯软导线穿钢管暗敷设。

3. 有线电缆电视系统由接收信号源、前端设备、干线传输及用户分配系统组成。

用户分配系统主要由线路放大器、分配器、分支器、同轴电缆、电视出线口和用户插座组成。

4. 室内电缆电视系统的配线方式通常采用同轴电缆穿钢管暗敷设。

5. 室内广播系统是一种通信和宣传的工具，主要由公共广播、客房音乐、紧急广播等。其输入信号有调制调幅收音机、录音机、激光唱盘、话筒等；其功率放大器有阻抗（一般为 8 Ω）输出和定压（一般为 120 V）输出两种。

6. 室内广播系统的配线方式，通常采用塑料绝缘铜芯软导线穿钢管暗敷设。

7. 建筑设备管理自动化系统（BAS）的建筑物称为智能型大厦。BAS 系统的整体功能包括：对建筑设备实现以最佳控制为中心的过程控制自动化；以运行状态监视和计算为中心的设备管理自动化；以节能运行为中心的能量管理自动化。

8. 建筑设备管理自动化系统是由变配电监测系统、空调监控系统、冷冻站监控系统、给排水监控系统、热力站监控系统、电梯运行监视系统和照明控制系统等组成。该系统的设备包括传感器、数据采集盘（DCP）和计算机监控中心。

9. 传感器有模拟量和数字量之分。模拟量有温度、压力、湿度、流量、电流、电压、功率等参数，数字量有设备运行状态信号和故障报警信号等。这些传感器都装在被监控设备的末端。它们由温度传感器、压力传感器、相对湿度传感器、蒸气流量转换器、液位检测器、水流开关、开关继电器、功率转换器、压差器、调节器等组成。传感器有气动式、电动式和电子式3种。

10. 计算机监控中心由中央处理机及外围设备组成。中央处理机采用微处理机或小型计算机。外围设备通过DCP外围设备接口接入，包括彩色显示屏及操作键盘磁盘机、磁带机记录打印机、报警打印机曲线记录仪、对讲机。

11. 综合布线系统的结构有6个子系统：建筑群子系统、设备管理子系统、主干子系统、管理区子系统、水平干线子系统、工作区子系统。

思考题

1. 选择电话站站址的基本原则是什么？
2. 电话站的初装机容量应如何确定？
3. 电话系统包括哪些内容？
4. 室内电话配线线路有哪些方式？
5. 无线呼叫有哪些优点？
6. 电缆电视系统由哪几部分组成？
7. CATV系统的前端设备包括哪些？
8. CATV系统的分配系统包括哪些？
9. CATV系统的分支器包括哪些？
10. 高层建筑的CATV系统包括哪些内容？
11. 有线广播系统由哪几部分组成？
12. 有线广播有几种输出馈送方式？它们的特点是什么？
13. 高层建筑的有线广播系统包括哪些内容？
14. 建筑物的BAS系统包括哪些内容？
15. BAS传感器的模拟量中有哪些参数？
16. BAS传感器的数字量信号有哪些？
17. DCP数据采集盘在BAS系统中起什么作用？
18. 计算机监控中心由哪些设备组成？
19. BAS系统的电源有哪些要求？
20. 综合布线系统的结构有哪些子系统？

习　题

1. 试为如图17.8所示某招待所首层布置电话平面图。

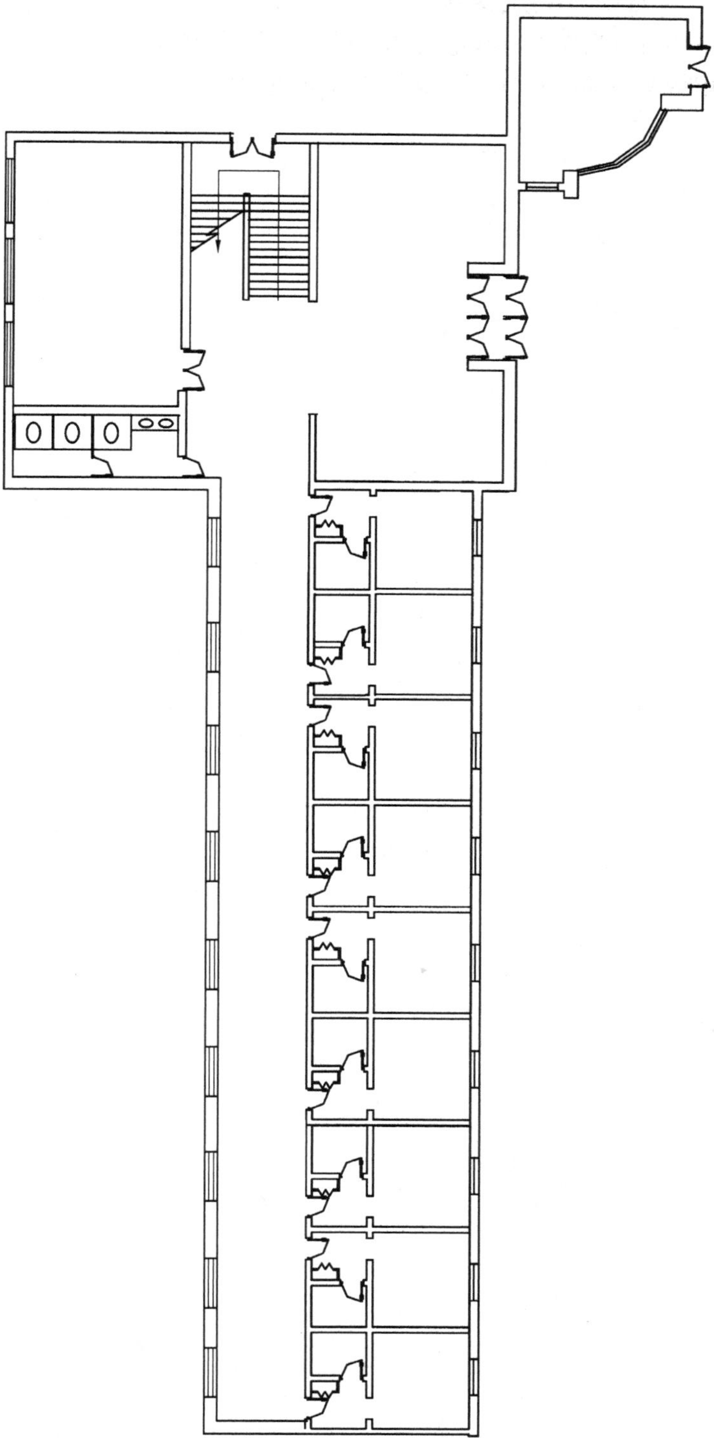

图 17.8　1 题图

2. 在 1 题中，招待所为 6 层，试画出电话系统图。

3. 试为某招待所首层布置有线电视和广播平面图（同图 17.8）。

4. 试为某招待所标准层布置火灾报警平面图（同图 17.8）。

第 18 章　建筑防灾系统

18.1　火灾报警与消防联动控制系统

18.1.1　火灾报警控制系统

大型建筑及高层建筑等，由于人员密集、设备复杂、装修标准高，存在的火灾隐患就多，使火灾扑救和人员疏散很困难，所以对火灾自动报警和消防联动提出了更高的要求。

1. 火灾的形成与防护的方法

（1）火灾的形成。在建筑物中，火灾的形成与发展有以下几个阶段：

① 前期。火灾尚未形成，只出现一定的烟雾，基本上还未造成物质损失。

② 早期。火灾刚开使形成，烟量大增已出现火光，造成了较小的物质损失。

③ 中期。火灾已经形成，火势上升很快，造成了较大的物质损失。

④ 晚期。火灾已经扩散，造成了重大的物质损失，甚至危急人身安全。

（2）建筑防火灾的保护方式。建筑防火灾的保护方式共有 3 种。

① 超高层建筑的保护方式。超高层建筑应采用全面保护方式，即在建筑物中，所有建筑面积均设火灾探测器，并设置自动喷水灭火设备。

② 一类建筑的保护方式。一类建筑应采用总体保护方式，即在建筑物的主要场所和部位，都要设置火灾探测器，并设置自动喷水灭火设备。

③ 二类建筑的一般保护方式。二类建筑采用区域保护方式，即在建筑物的主要区域、场所或部位设置火灾探测器，重要的区域也可采用总体保护方式。

（3）防火分区、报警区域和消防中心。

① 防火分区。防火分区按建筑面积大小来设置，对于一类建筑，每层每个防火分区为 1 000 m^2；对于二类建筑，每层每个防火分区为 1 500 m^2；对于地下室，每层每个防火分区为 500 m^2。建筑物内如设有上下连通的走廊、自动扶梯、可蔽楼梯等开口部位时，应按上下连通层作为一个防火分区。

② 报警区域。报警区域是将火灾自动报警系统警戒的范围按划分单元，即报警区域应按防火分区和楼层划分。一个报警区域宜由一个防火分区或楼层的几个防火分区组成。

③ 消防中心。消防中心，又称消防指挥中心。它负责整座大楼的火灾监控与消防工作的指挥，发现早期的火灾并发出警告，通过消防广播指挥引导疏散，起动消火栓泵、喷淋泵、防排烟机、应急照明等消防设备。它是消灭初期火灾及其他原因所发生事故的处理中心。

消防中心内应设置自动报警器,包括监视器、打印机、消防联动控制器、紧急广播扩大器、紧急通信对讲器等,还要设置直通 119 专用电话。消防中心的电源应采用两路专用电源供电,且互为备用并能自动切换。室内照明宜用应急日光灯,也由双电源切换箱提供电源。消防中心室应设在首层出入方便的地方,要有直接对外出口。房间面积取决于被监控的点数。可根据火灾报警器、消防联动控制器、消防广播、消防通信等设备进行布置。

2. 火灾报警探测器

火灾探测器是一种能自动反应火灾伴随现象的报警信号器,即利用各种不同敏感元件来探测烟雾、温度、火光及可燃气体等火灾参数,并转换成电信号的传感器。

(1) 火灾探测器的种类。火灾探测器的种类很多,常用的有以下几种。

① 感烟探测器。感烟探测器能敏感地反应出空气中含有的燃烧产物(悬浮物质)。它分为定点型和线型。定点型包括离子感烟探测器和光电感烟探测器;线型有红外光束线型感烟探测器。

② 感温探测器。感温探测器能敏感地反应出环境温度的升高变化。它分为定温(热最高值)式、差温(热差值)式探测器和混合式(差定温)式探测器。

③ 感光探测器。感光探测器能明感地反应出由火焰产生的热辐射,即火焰探测器。其分为紫外线火焰探测器和红外线探测器。

(2) 火灾探测器的性能指标。

① 工作电压。工作电压是指探测器正常工作时所需要的电压值,一般为 DC 24 V ± 20% 。

② 线制。线制是指探测器的接线方式或根数,有二线、三线与四线制。二线制的探测器布线节省、安装方便,目前应用较多。

③ 灵敏度。在一定浓度的烟雾作用时,探测器所显示的灵敏程度,称为灵敏度。灵敏度分为三级,感烟探测器的灵敏度用减光率 $\delta\%$ 来表示,感温探测器的灵敏度则是根据响应时间来确定。

④ 保护面积。探测器保护面积是指其能够有效探测的地面面积。保护面积与很多因素有关,如安装高度、安装位置、安装方式、被监视区的建筑结构以及监视区内存放物的情况等,都影响探测器的实际保护面积。

⑤ 使用环境。它是指正常工作时所需要的工作环境。一般包括温度范围、相对湿度和允许最大风速等条件。通常温度范围为 -10 ~ +55 ℃,相对湿度 RH 小于95% ±3%,最大风速为 5 m/s(感烟探测器)。

(3) 火灾探测器的选择。选择火灾探测器的原则是能极早发现并报告火情,避免误报和漏报。因此,要根据保护区场所的要求,来正确地选择探测器的种类和灵敏度。

① 火灾初起,产生大量烟的场所。火灾初起有阴燃阶段,会产生大量的烟和少量的热,且很少有或没有火焰辐射时,应选择感烟探测器。如办公室、客房、计算机房、会客厅、营业厅、空调机房、餐厅、电梯机房、楼梯前室、走廊、电井、管道井的顶部及其他公共场所等,宜选择离子感烟探测器和光电感烟探测器。

② 火灾发展迅速,产生大量热的场所。火灾燃起迅速,会产生大量的烟、热和火焰辐射的场所。可选择感温、感烟、火焰探测器或其组合。如厨房、发电机房、汽车库、锅炉房、

茶炉房或者经常有烟雾、蒸气滞留的场所，宜选择感温探测器。

③ 火灾发展迅速，有强烈的火焰辐射和少量烟的场所。如存放易燃材料的房间，在散发可燃气体和可燃蒸气的场所，选择感光探测器。

④ 火灾特点不可预测的场所。可先进行模拟试验，根据试验结果来选择探测器。

选择探测器的种类时，还应考虑房间高度的影响。感烟探测器适用低于 12 m 的房间。感温探测器按其灵敏度来选择：一级灵敏度适用低于 8 m 的房间；二级灵敏度适用低于 6 m 的房间；三级灵敏度适用低于 4 m 的房间。火焰探测器适用低于 20 m 的房间。

（4）火灾探测器的布置与数量计算。

① 火灾探测器的布置。在探测区域内，按每个房间至少布置一只火灾探测器。屋顶无梁为平面时，为一个探测区。当屋顶有梁，且梁的高度大于 0.4 m 时，被梁阻挡的每一部分均划分为一个探测区。但对于在楼梯、斜坡路及走廊等处，可不受此限制。

② 感烟、感温探测器的保护面积和保护半径。感烟、感温探测器的保护面积和保护半径见表 18.1。

表 18.1　感烟、感温探测器的保护面积和保护半径

地面面积 S /m²	火灾探测器的种类和级别		房间高度 h /m	探测器的保护面积 A 和保护半径 R					
				屋顶坡度 θ					
				$\theta < 15°$		$15° \leqslant \theta \leqslant 30°$		$\theta > 30°$	
				A /m²	R /m	A /m²	R /m	A /m²	R /m
$S \leqslant 80$	感烟探测器		$H \leqslant 12$	80	6.7	80	7.2	80	8.0
			$6 < h \leqslant 12$	80	6.7	100	8.0	120	8.0
			$H \leqslant 6$	60	5.8	80	7.2	80	9.0
$S \leqslant 80$	感温探测器	一级	$6 < h \leqslant 8$	30	4.4	30	4.9	30	5.5
		二级	$4 < h \leqslant 6$						
		三级	$H \leqslant 4$						
$S \leqslant 30$		一级	$6 < h \leqslant 8$	20	3.6	30	4.9	40	6.3
		二级	$4 < h \leqslant 6$						
		三级	$H \leqslant 4$						

③ 火灾探测器的数量计算。在一个探测区域内，所需设置火灾探测器的数量，按下式计算

$$N \geqslant \frac{S}{KA} \tag{18.1}$$

式中　N——一个探测区域内，所需设置火灾探测器（取整数）的数量（只）；

S——一个探测区的面积（m²）；

K——修正系数，一般保护建筑取 1.0，重点保护建筑取 0.7 ~ 0.9；

A——一个探测器的保护面积（m²）。

3. 火灾报警控制器

火灾报警控制器是给火灾探测器供电、接收、显示及传递火灾报警信号,并能输出控制指令的一种自动报警装置。它可以单独作为火灾自动报警用,也可以与自动防灾及灭火系统联动,组成自动报警与联动控制系统。火灾报警自动控制器是组成火灾自动报警系统的主要设备,按其作用性质可分为区域报警控制器、集中报警控制器和通用报警控制器3种。区域报警控制器是直接接收火灾报警探测器、手动报警按钮等装置发来报警信号的多路报警控制器。集中报警控制器是接收区域报警控制器发来报警信号的多路报警控制器。通用报警控制器既可作为区域报警控制器,又可作为集中报警控制器的多路报警控制器。

(1) 区域报警控制器。区域报警控制器一般由火警部位记忆显示单元、自检单元、总火警和故障报警单元、电子钟、电源、浮充备用电源以及与集中报警控制器相配合所需要的巡检单元等组成。区域报警控制器的线制有多线制和总线制之分,目前应用的大多是总线制形式。与多线制相比,除系统配线有区别外,对探测器也有不同要求。总线制区域报警控制器要求控制器必须具有编码底座,这实际上就是探测器与总线之间的接口元件。编码底座有两种基本形式,一种是采用机械式的微型编码开关,另一种是电子式的专用集成电路。由于这两种编码信息的传输技术不同,前者需要4根传输线,称四总线制。后者只需2根传输线,称二总线制。区域报警控制器的技术指标是设计人员选择控制器的主要依据,同时也是系统规划、布线的基础。它的技术指标如下:

① 容量。控制器的容量是指它的回路数和连接探测器的最大数量。不同厂家、不同型号的控制器其容量也不相同。

② 线制。它是指每个回路的导线根数。目前大多数厂家都开发出两总线、无极性连接的总线制控制器。每回路探测总线长度可达1 500 m,回路导线的截面为1.0 ~ 1.5 mm^2 铜芯导线。

③ 电源。AC 220 V ±20%,50 Hz。

④ 使用环境。环境温度为10 ~ +50 ℃,相对湿度为95% ±3% 以下。

⑤ 输出信号接点。接点有两种:一种是火灾继电器引出的接点两对,一般容量为DC 30 V,3 A;另一种是外部警铃接线端子,报警时提供DC 30 V电压,最大负载能力一般为0.6 A。

⑥ 其他接口。其他接口有:与集中报警控制器的接口,用RS - 485口,两总线;打印接口,可接微型打印机。

⑦ 功耗。在监视状态时的功耗为20 W左右,报警状态时的功耗为60 W左右。

⑧ 安装方式与尺寸。安装方式为挂墙式,其外形尺寸由于各厂家型号不同,略有差异。

(2) 集中报警控制器。由于高层建筑和建筑群体的监视区域大,监视部位多,为了能够全面、随时了解整个建筑物各个监视部位的火灾和故障的情况,实现对整个建筑消防系统设备的自动控制,就要在消防控制中心控制室设置集中报警控制器。这是与若干个区域报警控制器配合使用的一种自动报警和监控的装置,从而有效地解决了区域报警控制器监控的区域小、部位少的问题。集中报警控制器巡回检测各区域报警控制器有无火警信号、故障信号，并能显示信号的区域和部位，同时还能发出声光报警信号，也具有外控功能。集中报警控制器的主要性质指标如下：

① 电源电压。AC 220 V ±20%，50 Hz ±1 Hz。

② 容量与功耗。容量是指集中报警控制器所能监测的最大部位数和连接区域火灾报警控制器个数的极限值。不同厂家产品其容量也不相同。

③ 线制和通信距离。线制一般为二总线，通信距离可达 1 200 m。

在监视状态时的功耗为 ≤ 10 W，报警状态时的功耗为 ≤ 40 W。

④ 使用环境。环境温度为 －10 ～ ＋50 ℃，相对湿度为 90% ±3%。

⑤ 联动接口。接口为 RS－232 口，三总线，可与联动控制器连接，构成总线制火灾报警与消防联动控制系统。

⑥ 信号输出接点。接点分为：火警继电器引出的接点，外部警铃接线端子，图形显示器接口，打印机接口等。

⑦ 安装方式与尺寸。一般为台式或柜式，可在控制台上放置或落地安装。

（3）区域报警控制器与集中报警控制器的区别。

① 区域报警控制器容量小，可单独使用。而集中报警控制器负责整个系统，不能单独使用。

② 区域报警控制器的信号来自各探测器，而集中报警控制器的输入一般来自各区域报警控制器。

③ 区域报警控制器必须具有自检功能，而集中报警控制器应有自检和巡检两种功能。

由于上述区别，故使用时两者不能混同。当监测区域小时可单独使用一台区域报警控制器组成火灾自动报警系统。但集中报警控制器不能代替区域报警控制器而单独使用。只有通用型的火灾报警控制器才可兼作两种火灾报警控制器使用。

（4）报警控制器的选择。

① 区域报警控制器选用原则。区域报警控制器选用原则是使其容量大于或等于探测回路数，而监视部位点数是其总点数的 80% 以下，以便更改和扩展。另外，还应该与火灾探测器系列相配套。否则会影响系统的可靠性，以及会给设计、施工、调试及维修带来不便。

② 集中报警控制器的选择原则。集中报警控制器的选择原则是使其容量（回路数）大于或等于区域报警控制器的输出火灾报警信号路数，若为二总线连接，则其连接的区域报警控制器的个数应小于其所能连接的最大个数，并考虑以后的扩展。

报警控制器的选择还应考虑火灾自动报警的组成形式和针对的特点来选择适合的产品系列。火灾报警控制系统框图如图 18.1 所示。

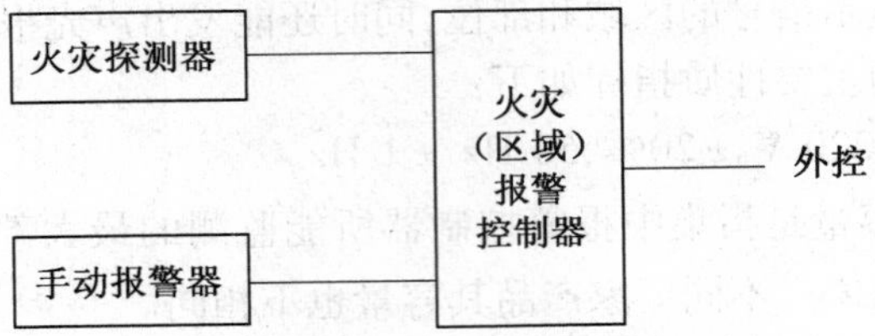

图 18.1　火灾报警控制系统框图

18.1.2　消防联动控制系统

1. 消防联动控制对象与方式

（1）消防联动控制对象。消防联动控制对象是根据各专业的防火要求所设置的设备而定，归纳起来应包括下面几种控制对象：

① 减灾防护控制系统。该系统包括防排烟设施、防火卷帘、防火门、水幕、非消防电源的切断控制。

② 自动灭火控制系统。该系统包括消火栓系统、喷淋系统和气体灭火系统。

③ 疏散与救护控制系统。该系统包括应急照明系统，消防广播系统，消防通信系统和电梯系统。以上设备在建筑物内设置的数量，由建筑物的类别和各个专业根据要求和具体平面布置、功能的设置和防火措施的具体情况而定。

消防联动控制系统框图如图 18.2 所示。

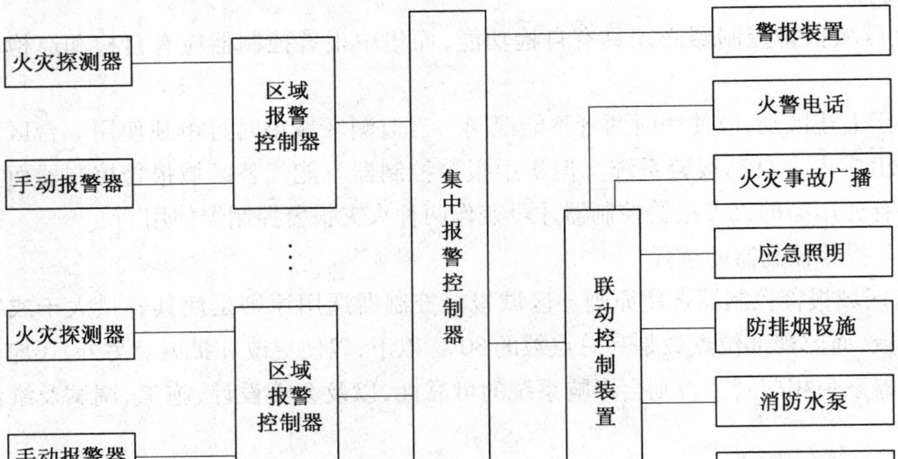

图 18.2　消防联动控制系统框图

（2）消防联动控制方式。消防联动控制应根据工程规模、管理体制、功能要求合理确定控制方式，无论采取何种控制方式，应将被控对象执行机构的动作信号送至消防控制室。另外，容易造成混乱带来严重后果的被控对象（如电梯、非消防电源及报警器等）应由消防控制室集中管理。控制方式一般采用下列方式：

① 集中控制方式。消防联动控制系统中的所有被控对象，都是通过消防控制室进行

集中控制和统一管理的。如消防水泵、加压风机、排烟风机、防烟防火阀、防火阀、排烟阀(口)、排烟防火阀、防火卷帘、防火门、气体灭火装置的控制和反馈信号,均由消防控制室集中控制和显示。此种系统特别适合采用计算机控制的楼宇自动化管理系统。

② 分散和集中相结合控制方式。在有些建筑物中,被控对象多且很分散,为了使系统简单,减少控制信号的部位显示编码数和控制传输导线数量,故将被控对象部分集中控制和部分分散控制。此种方式主要是对消防水泵、加压风机、排烟风机、部分防火卷帘和自动灭火控制装置等,由消防控制室集中控制、统一管理。而大量且分散的被控对象,如防烟防火阀、防火阀、排烟阀(口)、排烟防火阀等设备,采用现场分散控制,控制反馈信号送到消防控制室集中显示,统一管理。

2. *减灾防护措施的联动控制*

(1) 防排烟设施的联动控制。防排烟设施包括防排烟风机、防火阀、排烟阀(口)和防烟垂壁等。

① 防排烟风机。防排烟风机主要有正压(加压)送风机和排烟风机两种。由消防联动系统对其进行起动和停止控制。

② 防火阀与防烟防火阀。防火阀与防烟防火阀设于空调系统的风管中,平时常开,火灾时达到 70 ℃,自动关闭或手动关闭,并输出关闭电信号至消防控制中心。

③ 排烟阀(口)与排烟防火阀。排烟阀(口)与排烟防火阀设于排烟系统的风管、正压(加压)送风系统的风管道或防烟前室内,平时常闭,火灾后由消防控制模块发出指令自动打开,开启后输出电信号至消防控制中心,可手动复位。当排烟阀(口)与排烟防火阀所处环境温度达到 280 ℃ 时,能自动重新关闭,并输出关闭电信号至消防控制中心,并停止排烟风机工作。

④ 防烟垂壁。防烟垂壁应由附近专用的烟感探测器就地控制。平时由电磁线圈(DC 24 V,0.9 A)及弹簧锁等组成的防烟垂壁锁锁住,一旦发生火灾便可自动或手动使其降落。

(2) 电动防火卷帘与电动安全门的联动控制。防火卷帘设在大楼防火分区通道口处,火灾发生时,根据消防控制模块发出指令自动控制或手动方式落下。卷帘门的驱动电动机为三相交流 380 V,功率为 0.5 ~ 1.5 kW,可视卷帘门的面积大小而定。

(3) 非消防电源的切断控制。火灾确认后,消防控制室应发出控制命令,并按防火分区和疏散顺序切断有关部位的非消防电源,如制冷机组、空调机组、自动扶梯、厨房动力设备及正常照明灯等装置的电源。以上设备分布在建筑物的各处,其电源均引自变电所的低压配电柜或配电室的配电箱。考虑以上因素,非消防电源的切断可采用如下两种办法:

① 在各用电设备的配电箱处切断。在用电设备的各点切断比较灵活,但点太多,需要更多的联动控制模块和线路。

② 在配电室的馈出回路处集中切断。在各馈出回路切断,集中在低压配电室内,控制点较少,实现起来比较方便,而且便于集中控制、统一管理。目前采用的多为这种方法。

切断的实现借助于低压断路器的分励脱扣线圈或失压脱扣线圈,将消防控制模块的联动触点接至线圈的电压回路中。注意若用分励脱扣线圈则需动合触点,若用失压脱扣线圈则需动断触点。

3. 自动灭火系统的联动

自动灭火系统的联动视灭火情况而定。灭火方式是建筑专业根据规范要求及建筑物的使用性质等因素而定,大致可分为消火栓灭火、自动喷淋灭火、气体灭火和干粉灭火等。

(1) 消火栓系统。消火栓灭火是最常见的灭火方式,为了使喷水枪在灭火时具有相当的水压,需要采用加压设备,即消防泵和气压给水装置。此外系统还需消防水池和高位水箱等设备。每个消火栓设备上均设有远距离启动消防泵的按钮和指示灯,并在按钮上装一对常开触点和一对常闭触点。

(2) 自动喷淋系统。自动喷淋系统属于固定式灭火系统,主要有湿式和干式系统以及预作用式喷淋系统。该系统需控制或连接的设备有:喷淋泵启动控制箱、水流指示器、压力开关、水池和高位水箱(与室内消火栓系统合用)。

(3) 水幕系统。水幕装置的作用是冷却防火卷帘,隔离火灾区域,防止火灾蔓延。水幕系统设有独立的消防泵,其控制方式同喷淋泵。水幕作用的电磁阀则由特定定温探测器及相关水流指示器等控制。

(4) 卤代烷灭火系统。工程中采用最多的是介质代号为“1211”(二氟一氯一溴甲烷)和“1301”(三氟一溴甲烷)的卤代烷灭火剂,其优点是系统灭火能力强,特别是对电气火灾和可燃气体火灾就更显出其优越性。

4. 疏散与救护系统的控制

(1) 应急照明和疏散指示标志。火灾应急照明包括应急工作照明和疏散照明,疏散指示标志包括疏散指示灯和安全出口标志灯。

(2) 消防通信系统。消防通信系统应为独立的通信系统,不得与其他系统合用,系统选用的电话总机应为人工交换机或直通对讲机,消防通信系统中主叫与被叫用户间应为直接呼叫应答方式,中间不应有转接通话,系统的供电装置应选用带蓄电池的电源装置,要求不间断供电。

(3) 消防广播系统。集中控制系统和消防控制中心系统应设火灾事故广播,从而可有效地组织和指挥人员安全迅速地疏散和进行火灾扑救工作。系统形式有两种:

① 专用形式。火灾事故广播与正常广播系统分开,系统设置专用播放设备和独立的扬声器(≥3 W)。

② 合用形式。火灾事故广播与正常广播系统合用,但应满足下列要求:火灾时能在消防控制室将火灾疏散层的扬声器和广播音响扩音机强制转入火灾事故广播状态;设专用火灾事故广播机;消防控制室应能显示火灾事故广播机的工作状态,并能遥控开启扩音机和用话筒播音;床头柜内应有火灾事故广播功能,若无此功能,设在客房通道的扬声器实配输出功率不应小于3 W,且扬声器的间距不应大于10 m。

火灾确认后,消防控制室应按疏散顺序接通火灾报警装置和事故广播:二层及二层以上楼层发生火灾时,宜先接通着火层和其相邻的上下层事故广播;首层发生火灾时宜先接通本层、二层及地下各层事故广播;地下室着火时,则宜先接通地下各层和首层事故广播。

(4) 电梯系统。高层建筑内的电梯分为扶梯、货梯、客梯和消防电梯等。

① 扶梯和货梯。其中扶梯和货梯所用的电源属于非消防电源,火灾时首先要切断其电源。

② 客梯。客梯虽然属于正常负荷,但在火灾时,不能马上切断电源,而应强迫停在某一层或首层后,才能切断电源。客梯的控制通过消防联动模块给客梯的控制盘一个强制信号来完成。

③ 消防电梯。消防电梯主要供消防人员使用,以扑救火灾和疏散伤员,消防电梯内应设火警电话及消防队专用按钮。消防电梯的控制盘(柜)受消防控制室控制不能断电。火灾时应强迫停在首层,待消防人员使用。

18.1.3　消防系统设备的安装与布线

1. 消防系统设备的安装

(1) 消防控制中心设备的安装。消防控制中心室设于主楼的低层,对外有直接出口,门向外开,其面积约为 20 m^2。消防控制中心设备的安装包括以下几部分:

① 消防控制设备。消防控制中心设置火灾自动报警装置、消防联动控制装置、事故广播、微机、彩色显示器、打印机和不间断电源(UPS)等设备,均安装于消防控制柜、台或盘内。

② 电源。消防控制中心设备的电源由双路(变电所或柴油发电机的事故回路)电源自动切换装置提供,该配电箱设于消防控制中心室的墙上,底口距地 1.5 m。同时还设有不间断电源(UPS),保证正常交流电源断电后,能够维持连续工作 24 h。

③ 消防电话。消防控制中心设置一套消防专用电话系统,用以在火警时进行必要的联络。

④ 空调。控制中心室设置独立的空调,且不受整栋大楼空调的影响。

⑤ 接地。消防控制中心设备的保护接地是利用配电系统中的接地(PE)线。设备的工作接地是独立设置的。

(2) 火灾探测器的安装。火灾探测器的安装应注意以下几点:

① 在墙壁或梁上安装。火灾探测器的安装位置与其相邻的墙壁或梁之间的水平距离应不小于 0.5 m,且探测器的安装位置正下方和它周围 0.5 m 范围内不应有遮挡物。

② 在空调房内安装。在空调房间内,探测器的位置要靠近回风口,远离送风口,距空调器送风口边缘的水平距离不应小于 1.5 m。当探测器装设与多孔送风顶棚房间时,在距探测器 0.5 m 范围内不应有送风孔。

③ 在照明灯具附近安装。探测器与照明灯具的水平净距不应小于 0.2 m,感温探测器距离高温光源灯具(如碘钨灯,容量大于100 W 的白炽灯)的净距不应小于0.5 m,与各种自动灭火喷头净距不应小于 0.3 m。高度在 2.5 m 以下,面积在 40 m^2 以内的居室(称为低矮或狭窄居室),一般应把感烟探测器安装在门入口附近,但要注意保护半径的要求。

④ 在顶棚上安装。探测器在顶棚宜水平安装,当必须倾斜安装时,应保证倾斜角不

大于45°。若倾斜角大于45°,应采用木台座或其他台座水平安装。

(3) 手动报警按钮的设置。手动报警按钮作为火灾报警系统的组成设备,其设置应满足下列要求:

① 报警区域内每个防火区至少设置一只手动按钮。在一个分区内任何一点到最近一个按钮的步行距离不宜大于25 m。

② 各层楼梯间、电梯前室、大厅、过厅及走道和公共场所出入口处宜设手动报警按钮。

③ 手动报警按钮应在距地1.5 m的墙面上,且应有明显的标志(红色)和防误动作措施。

(4) 其他设备的安装。火灾报警器还有声和光两种报警方式,通常情况下,火灾报警控制器均有光信号显示报警和外接警铃触点,音响报警装置一般可用电笛和警铃。另外有些系统还可将电笛直接接入火灾报警回路中。

① 电笛和警铃可在墙上安装和顶棚安装。一般地下室和无吊顶的设备用房采用墙上安装,安装高度在2.2 ~ 3.0 m之间;在有吊棚的营业厅、走道等处则采用嵌入式安装。

② 火警对讲电话和电话插口一般在墙上或柱子上安装,其安装高度为底边距地1.5 m。

③ 系统联动控制模块可在墙上安装也可在柜或箱内安装,视具体情况而定。

④ 火灾报警控制器和复示盘等设备均在墙上安装,安装高度在1.5 m左右。

2. 消防电气系统的布线

消防电气按系统的传输线路进行敷设,其要求如下:

① 报警系统传输线路。火灾自动报警系统传输线路采用耐高温绝缘铜导线BV - 105型,二线制或四线制。应采取穿金属管、金属蛇皮管、不燃或难燃型硬质或半硬质塑料管、封闭式金属线槽保护方式布线。

② 消防联动控制、火灾事故广播和消防通信等线路。该线路采用耐高温绝缘铜导线BV - 105型,二线制或多线制。应采取穿金属管保护,并宜暗敷设在非燃烧体结构内,其保护厚度不应小于3 cm。当必须明敷设时,应在金属管上采取防火保护措施。敷设在电井内的绝缘和护套为非延燃性材料的电缆时,可不穿金属管保护。

③ 不同系统、不同电压、电流类别的线路。该线路不应穿于同一根管内或线槽的同一槽孔内。应接于不同的端子板上,并做明确的标志和隔离。建筑物内宜按楼层分别设置配线箱做线路汇接。

某工程消防报警局部平面布置如图18.3所示。图中办公室里设置感烟探测器,会客室里设置感温探测器,走廊里设置感烟探测器和事故广播扬声器,并在墙上设置手动报警按钮和消火栓报警按钮。

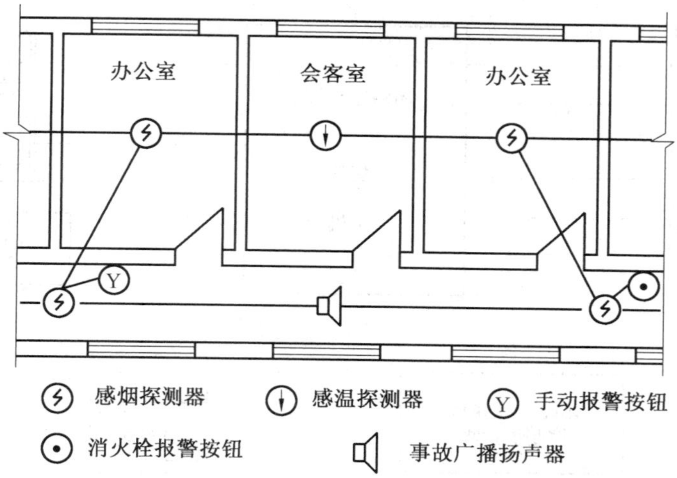

图 18.3　某工程消防报警局部平面布置图

18.2　建筑保安管理系统

18.2.1　建筑的保安管理系统的组成与分类

目前,随着微机技术、现代电视技术和信息传输技术的发展,无论在民用建筑还是工业建筑中,公共安全管理系统(即闭路电视监视与防盗报警系统)的应用越来越广泛。人们可以对某些区域或场所进行必要的监控,不仅提高工作效益,而且也保障了人身和财产的安全。例如,工业生产过程、环境的监控和仓库物品的保管;展览馆内历史文物和贵重物品的陈列、展示和保存;民航与车站等交通领域内的全面指挥与调度;银行与证券公司等金融企业的管理和货币、债券的保管等。这里主要阐述最常用的闭路电视监视和防盗报警系统。

1. 建筑的保安管理系统的组成

防盗设施是现代建筑不可缺少的建筑设备内容,尤其是对金融大厦、证券交易所、博物馆、精品商场和高级公寓等建筑。实现建筑保安监控的手段有多种形式,如闭路电视监视、防盗探测报警、磁卡管理和可视对讲防盗系统等。

防盗系统形式主要有玻璃破碎报警式、超声波报警式、红外线报警式、微波报警式、断线报警式、电锁门报警式、读卡式等。保安监控系统主要有闭路电视式、对讲机 — 电锁门式、可视 — 对讲 — 电锁门式等等。

基于不同的要求和目的,闭路电视监视系统、防盗报警系统的设备也存在差异,但概括起来,系统的组成可由信号检测、传输、控制及显示四个部分组成,典型的闭路电视监视系统原理如图 18.4 所示。

2. 建筑的保安管理系统的分类

闭路电视监视系统、防盗报警系统设备分为以下 3 类:

① 信号检测装置。该类设备包括用于画面监视的摄像机及附属设备,用于监听的电

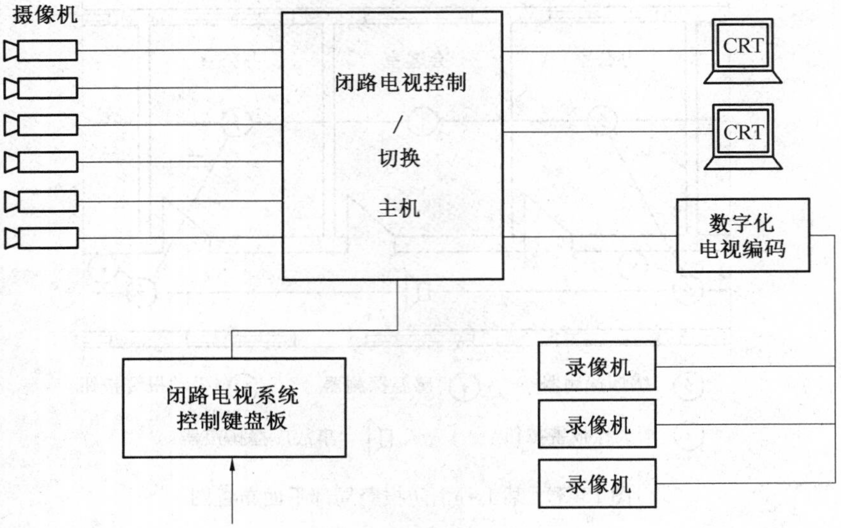

图 18.4　闭路电视监视系统原理图

子监听器和用于防范的各种报警器(即各类传感器)等。

② 分控制器。分控制器包括视频切换控制器、视频分配控制器和防盗报警控制器等。

③ 中心控制台和终端显示屏。控制台上包括主控制器、主显示器、录像机和打印机等。

闭路电视监视系统、防盗报警系统宜设专用控制室和监控中心,若管理体制允许,也可与火灾自动报警与联动控制系统的消防控制室(控制中心)设置在一个房间里,组成综合防灾,但两个系统各自独立。在实际应用时,闭路电视监视系统、防盗报警系统两部分可单独使用也可联合使用。当两部分均使用时,便构成了较全面的保安监控系统。

18.2.2　闭路电视监控设备

1. 摄像机及其附件

(1) 摄像机。摄像机是闭路电视系统的主要设备,它把反映画面的色彩和灰度等信号通过电缆传到显示器中,显示器便可再现监视环境的画面。摄像机的基本参数包括清晰度、信噪比、视频输出、最低照度、环境温度、供电电源及功率消耗等几项指标。

摄像机有多种分类方式:按色彩分为黑白摄像机和彩色摄像机;按工作照度分为普通摄像机、低照度摄像机和红外摄像机(红外摄像机用于黑暗环境,但需要在监视范围内装设红外光源);按结构分为普通摄像机和 CCD 固体器件摄像管摄像机。CCD 摄像机的优点是不怕阳光和炉内强辐射光等,不会因此而烧管。摄像管的中心和边缘清晰度相同,灵敏度高。其缺点是清晰度比普通摄像机低,价格较高。

(2) 摄像机镜头。摄像机镜头分为定焦镜头和变焦镜头。

① 定焦镜头。定焦镜头是一种焦距不可调节的镜头,适用于固定目标的观察。其中标准系列镜头的焦距在 16 ~ 2 000 mm 范围内,其视角不超过38°;广角镜头的焦距小些,

如 5.5 mm,7.8 mm。视角大些,如 70° 或 90°。

② 变焦镜头。变焦镜头又称遥控镜头,即三可变(变光圈、变焦距、变倍数),经常与电动云台配合使用,可监视距离远近变化、目标大小变化和移动的目标环境,适用于要求较高的场所。

(3) 摄像机防护罩。防护罩用于保护摄像机,分为室内和室外防护罩。对于具有空调除尘的环境,可不用防护罩(如计算机房等)。在一般室内环境是需要防护罩的。在室外应根据环境情况选择合适的室外防护罩。如果在多种恶劣气候条件下进行观察,摄像机应配有防雨、化霜、加温、降温等全天候防护罩,该罩配有电源。

(4) 电动云台。为了观察运动的物体或多个目标的场合,摄像机应配有电动云台。电动云台分为水平回转云台和水平与垂直双向水平回转云台。水平云台适用于一般只要求水平回转观察的场所,其最大回转角的范围为 10° ~ 340°。双向云台适用于需对水平及垂直双向观察的场所,水平回转角的范围为 10° ~ 340°,垂直回转角为 -45° ~ +45°,它的转速为 3 ~ 6(°)/s。电动云台也分为室内和室外两种,其功耗为 50 W 左右,它的负荷重量有 4 kg,8 kg,15 kg 等。

2. 监视器

监视器是系统的显示设备,分黑白和彩色两种,分别与黑白摄像机和彩色摄像机相配合使用。它的规格按其对角尺寸来划分,监视器的基本参数包括清晰度、工作温度、功耗、视频输入和音频输入等。视频输入为复合信号(全电视信号),阻抗为 75 Ω;音频输入为高阻方式。黑白监视器的清晰度比彩色监视器要高。监视器的工作温度为 -5 ~ 50 ℃,其功耗在 30 ~ 75 W 之间,它的供电电压为 AC 220 V,50 Hz。

18.2.3　防盗报警设备

防盗报警系统由各种类型的传感器、控制器和终端设备所组成。

1. 入侵及袭击信号器

(1) 磁性磁头。磁性磁头又称磁性开关或干簧开关,它是最常用的报警信号器。能发送门、窗、柜、仪器外壳、抽屉等打开的信息。这种开关的优点是:很少误报警、监视质量高,而且造价低。磁性磁头由一个开关元件和一个永久磁铁组成,两者精确地安装在被监视目标固定部分与活动部分的相对位置上,其间是一个有效的容许距离。当门窗等关闭时,使磁性开关保持闭合状态;如果使两者的最大容许距离拉大(门窗等被打开),则经过触头的磁场减弱或消失,从而使磁性触头打开,切断电路,发出报警。

(2) 玻璃破裂信号器。玻璃破裂信号器又称玻璃破裂传感器,用来监视玻璃平面对监视质量的可靠性(不误报)有较高的要求时采用。电子玻璃破裂信号器只对玻璃板破裂时所产生的高频做出反应。当玻璃被击破时,玻璃板产生质量加速度,因而产生机械振荡,机械振荡以固体的形式在玻璃内传播;信号器中的压电陶瓷传感器拾取此振荡波,并使之转化成电信号;玻璃破裂的典型频率在信号器中经过放大,然后用来启动报警。玻璃破裂信号器的有效监视范围,在几乎所有平面玻璃中面积均为 15 m^2。信号报警信号器可直接装在窗框附近,即装在不宜被人注意的部位。

(3) 固体声信号器。这种信号器反映机械作用。信号器应安装在传声良好的平面上,例如混凝土墙、混凝土板、无缝的硬砖石砌筑。它优先用于铁柜和库房的监视。当一强力冲击有固体声信号器监视的建筑构件时,构件产生质量加速度,因而产生机械振荡,机械振荡以固体的形式在材料中传播;固体信号器中的压电陶瓷传感器拾取此振荡波,并使之转化成电信号。所选的一定频率范围内的信号,经过放大、分析,然后启动报警。

(4) 报警线。报警线使用细的绝缘导线,张紧粘贴或埋入需要监视的平面上,监视电流连续流动。当报警线被切断时,电流为零,报警信号即发出。这种报警方法的缺点是:发出报警信号时,监视平面已被破坏。因此不能单独使用,可与其他报警装置配合使用。

(5) 报警脚垫。报警脚垫是一种反映荷重的报警信号器(即压力信号器)。用这种信号器可以以简单的方式看守屋门,防止非法踏入,也可把它铺放在壁橱、保险柜和楼梯口前面。如果脚垫被人踏踩,两金属薄片便互相接通,使电路闭合,启动报警。

(6) 袭击信号器。袭击信号器是由人工操作的报警信号器,是人员受到歹徒袭击时使用的一种报警信号器。这种信号器有手操式、脚操式两类。为了防止误操作,在手操式应急报警信号器的按钮上贴上纸片或塑料片,写上"报警" 标志。脚操式应急报警信号器主要用于银行和储蓄所,因为进行操作时不引起歹徒的注意,脚尖式比脚踏式更可靠。

2. 红外、微波与超声波探测器

(1) 被动式红外信号器。红外信号器又称红外 - 运动信号器,它是利用光电变换器接收红外辐射能。当有人进入信号器的接收范围时,在一定的时间内到达信号器的红外辐射量就会发生变化,电子装置对此红外辐射量进行计值,然后启动警报,装在信号器内的红色发光二极管同时显示报警。它可探测整个房间,也适用探测局部空间或入门过道。由于红外线不能穿透一般材料,所以在高大的物体或装置后面会存在不可探测的阴影区。

(2) 微波探测器(高频多普勒仪)。它的工作方式是以多普勒效应为基础,利用发射器发射高频波,建立三维的交变电磁场。在发射器的同一机壳内安装一个接收器,接收从监视区反射回来的发射波,并将反射波的频率与发射波的频率进行比较,若频率不同,高频多普勒仪便发出警报,说明有人进入监视区。优点是它的监视范围比较大,对空气的扰动、温度的变化和噪声均不敏感。由于微波的穿透力很强,它能穿透砖墙、木板墙及玻璃板等材料,但遇到金属及坚硬的混凝土表面时,特别容易反射。因此,其缺点是在监视空间以外的运动物体也可以导致错误的报警。

(3) 红外 - 微波双技术探测器。由于被动式红外信号器和微波探测器均有缺点,为了提高报警的可靠性,将两种技术综合在一起应用,便产生了红外 - 微波双技术探测器。它是将两种信号放在同一个机壳内,再加上一个"与门" 电路构成。只有两种信号均有反应时,探测器才会发出报警信号。

(4) 主动型红外探测器(光栅)。该探测器由一个发送器和一个接收器组成。发送器产生红外信号(不可见光),经聚焦后成束型发射出去,接收器拾取红外信号,经电子电路对其信号进行分析与计算,若光束被遮挡超过 0.01 s 以上或接收到的信号与发射的信号不一致时,接收器便会报警。

如果监视面积很大,可用多个光栅,可作上下叠层安装或左右并列安装。为了监视不在一条直线上的区域,可用一块适当的转向镜反射至接收器。它被优先用于走廊、过道及保险库周围的巡道，还可用于库房、生产车间等处做长距离的监视，最长可达 800 m。

（5）超声波探测器。超声是一种频率（20 kHz 以上）在人们听觉能力之外的声波。它是根据多普勒效应，由发送器、接收器及电子分析电路组成。超声可以用来侦查闭合空间内的入侵者，当发送器发射出去的超声波被监视区的空间界限及监视区内的物体上反射回来，并由接收器重新接收。如果在监视区内没有物体运动，那么反射回来的信号频率正好与发射出去的频率相同，但是如果物体是运动的，则反射回来的信号频率与发射出去的频率不等，就会报警。若在一个空间内安装多个超声波探测器时，要求必须指向同一个方向，否则会互相交叉发生误报警。

3. 控制器及终端设备

（1）分控器。分控器是与现场各种信号传感器直接相连的控制器，并与上级设备 —— 中心控制台实现数据、图像等信息传递。分控制器内部采用微机控制，因而其抗干扰能力较强，通讯接口采用 RS - 232 接口。分控制器有视频切换控制器和防盗报警控制器两大类。

① 视频切换控制器。视频切换控制器用于闭路电视监视系统，它接受中心控制台的管理实现视频切换、视频循环、云台、镜头等动作的遥控，其内部实行微机控制。

② 防盗报警控制器。防盗报警控制器直接与防盗报警传感器相连，接受传感器传送来的信号，并可向上级控制台输出报警信号。这种控制器一般可单独使用，控制器具有声光报警与显示功能，并对传感器提供 DC 24 V 电压，其内部为微机控制。

（2）中心控制台及终端设备。中心控制台又称总控制台，是保安监控系统的中心设备，它安装在监控室内。中心控制台的核心设备是工业控制机或微型计算机，并配有专用控制键盘、CRT 显示器、主监视器、录像机、打印机、电话机等设备，另外还增配触摸屏、画面分割器、对讲系统、字符发生器、声光报警等装置。从使用情况来看，中心控制台有两类，一种是直接与防盗探测器和摄像机连接使用。另一种是与分控制器连接使用。

① 面向现场设备的中心控制台。此类控制台将摄像机及云台和镜头的控制、报警信号的处理统一到一个台式控制器管理之下，结构紧凑、价格便宜，适用于较小的系统。

② 面向分控器的中心控制台。此类控制台并不直接与现场设备（各种信号传感器）相连，它与分控制器或报警控制器相连，采用相互级联通信，可形成较大型的局域网络系统。此系统组合灵活、扩展方便、布线节省。

集中显示屏设在监控室内，由多部监视器排列而成。视频切换控制器的每路输出均连接一部，因而柜内监视器数量与视频切换控制器的数量成正比。监视器的行数与列数由具体情况而定，主要是视角良好便于观察。集中显示屏一般安装在后侧，即值班员的正前方位置。视频控制终端适用于多终端系统，其控制输入同中心控制台相连接，视频输入同视频切换控制器连接，完成对整个系统中任意一部摄像机视频图像切换，同时完成对电动云台和镜头的控制。终端由一部监视器和专用键盘和计算机组成。在民用建筑中，多终端用户通常为总经理、厂长或安全保卫处等，一般不超过 3 个。

4. 监控点的设置与设备选择

（1）闭路监视监控点。在民用建筑物内，需要设置电视监视即摄像机的部位，设计时主要考虑甲方要求和具体功能设置，一般情况考虑以下两点：

① 需要加强管理的部位和场所。例如商场营业大厅、展览大厅、电梯前室或轿箱内、走廊及楼梯口等部位。

② 为保证场所或物品的安全而须设置的部位和场所，如精品店、金店、金库、证券交易厅、陈列室和展览室等。

（2）防盗监控点。下列部位和场所宜设置防盗报警装置：金融大厦中的金库、财务室、档案库，现钞、黄金及珍宝暂时存放的保险柜房间；博物馆、展览馆的展览厅、陈列室和贵重文物库房；图书馆、档案馆的珍藏室、陈列室和库房；银行的营业柜台、出纳、财务等现金存放和支付清点部位；钞票、黄金货币、金银首饰、珠宝等制造和存放的房间；自选商场或大型百货商场的营业大厅等。

（3）摄像机选择。摄像机的选择应考虑以下几点：

① 摄像机宜选择 CCD 型固体器件摄像管摄像机，以适应环境照度的变化。另外还要根据环境照度的高低来选择摄像机最低照度值，一般工作照度应比摄像机最低照度高 30 ~ 50 倍。

② 摄像机宜选择黑白摄像机，以提高清晰度。只有需要观察色彩的时候，才选用彩色摄像机。

③ 防盗用摄像机宜附装外部传感器并与视频系统联动。

（4）镜头与电动云台选择。镜头与电动云台的选择应按下列原则进行：

① 摄取固定目标时，选用定焦镜头；摄取远距离目标时，用望远镜头；摄取小视距，大视角画面时，则用广角镜头；摄取大范围画面时，应用带电动云台及变焦镜头。

② 监视目标的环境照度变化时，应选用光圈可调镜头。需做遥控时，宜选用三可变镜头。

③ 隐蔽安装的摄像机，宜选用针孔镜头或棱镜镜头。

（5）防盗报警设备选择。防盗报警设备的选择应考虑以下几点：

① 报警设备应按保护区域的重要程度及盗窃行为发生的可能性，来选择相应的设备。对特别重要的区域或物品，应采用多重保护措施，并选择相应的探测器等设备。例如，博物馆陈列室内展柜里的文物，可采用三重保护措施，即对陈列室、展柜、文物均做保护。

② 对于平面监视，可选用玻璃破碎传感器、固体信号器、报警电线及压力开关、磁性开关等报警装置。

③ 对于空间监视，可选红外探测器、微波探测器、超声波探测器等报警信号器。

④ 每个独立的保护区域内至少应设置 1 ~ 2 只手动报警按钮。

（6）监视控制器的选择。控制器的选择应使其有 20% 的容量余量。视频切换控制器宜选矩阵切换方式。分控制器应有保护装置以防破坏。中心控制台内主要设备的配置，根据实际需要和要求，选择相应的设备。如需要记录被监视的目标、图像或图表数据时，可配置磁带录像和时间、编号等字符显示装置；如需要监听声音时，可配置声音传输，录音和监听的设施。

18.2.4　民用住宅的保安系统

1. 对讲机 – 电锁门保安系统

民用住宅常采用对讲机 – 电锁门保安系统。在住宅楼宇的入口，设有电锁门，在铁门外墙上设有对讲总控制箱，门平时处于关闭状态。来访者须先按探访对象的单元号和楼层相对应的按钮，则被访家中的对讲机铃响，主人通过对讲机与门外来访者讲话，客人可取用总控制箱内门上对讲机进行对话。当主人问明身份与来意并同意探访时，即可按动附设在话筒上的按钮，使电锁门的电磁铁通电将门打开，客人即可进入，否则门不开。

2. 可视 – 对讲 – 电锁门保安系统

现代民用住宅的住户除了对来访者直接通话外，还希望能看清来访者的容貌及来访入口的现场，则可在入口门外安装电视摄像机。将摄像机视频输出经同轴电缆接入调制器，再由调制器输出射频电视信号进入混合器，并引入楼内共用电缆电视系统，这就构成可视 – 对讲 – 电锁门保安系统，如图 18.5 所示。

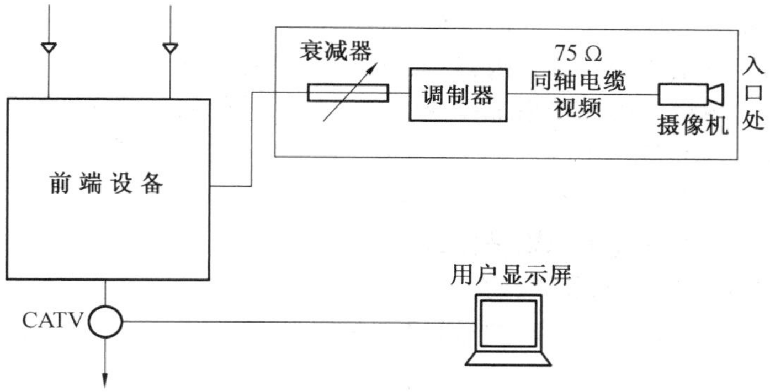

图 18.5　可视 – 对讲 – 电锁门保安系统

当住户与来访者通话的同时，可通过室内显示屏看到摄像机传送来的入口现场情况，再决定是否开门。

本 章 小 结

(1) 消防中心内应设置火灾自动报警器，包括：监视器、打印机、消防联动控制器、紧急广播扩大器、紧急通讯对讲器等。

(2) 火灾探测器利用各种不同的敏感元件来探测烟雾、温度、火光及可燃气体等火灾参数，并转换成电信号。它由离子感烟探测器、光电感烟探测器、感温探测器、感光探测器、可燃气体探测器等组成。

(3) 火灾自动报警控制器按其作用性质可分为区域报警控制器、集中报警控制器和通用报警控制器 3 种。

(4) 防盗报警系统形式主要有：玻璃破碎报警式、超声波报警式、红外线报警式、微波报警式、断线报警式、电锁门报警式等。

（5）防盗报警控制器。防盗报警控制器直接与防盗报警传感器相连，接受传感器传送来的信号，并可向上级控制台输出报警信号。这种控制器一般可单独使用，控制器具有声光报警与显示功能，并对传感器提供 DC 24 V 电压，其内部为微机控制。

（6）视频切换控制器。视频切换控制器用于闭路电视监视系统，它接受中心控制台的管理实现视频切换、视频循环、云台、镜头等动作的遥控，其内部实行微机控制。

（7）保安监控系统主要有：闭路电视式、对讲机－电锁门式、可视－对讲－电锁门式等。

思考题

1. 建筑防火灾的保护方式共有几种？
2. 火灾报警控制系统包括哪些内容？
3. 消防控制室应具有哪些功能？
4. 火灾探测器有几种类型？如何进行选择？
5. 消防联动控制系统包括哪些内容？其控制方式有几种？
6. 火灾报警区域将火灾报警系统警戒的范围如何进行划分单元？
7. 闭路电视监视设备有哪些？
8. 防盗报警设备有哪几种类型？
9. 闭路监视监控点的设置原则是什么？
10. 摄像机的选择应考虑哪几点？
11. 闭路监视控制器设备选择的原则是什么？

习　　题

1. 试为某招待所首层布置火灾报警平面图（图 18.6）。
2. 在题 18.1 中，招待所为 6 层，试画出火灾报警系统图。

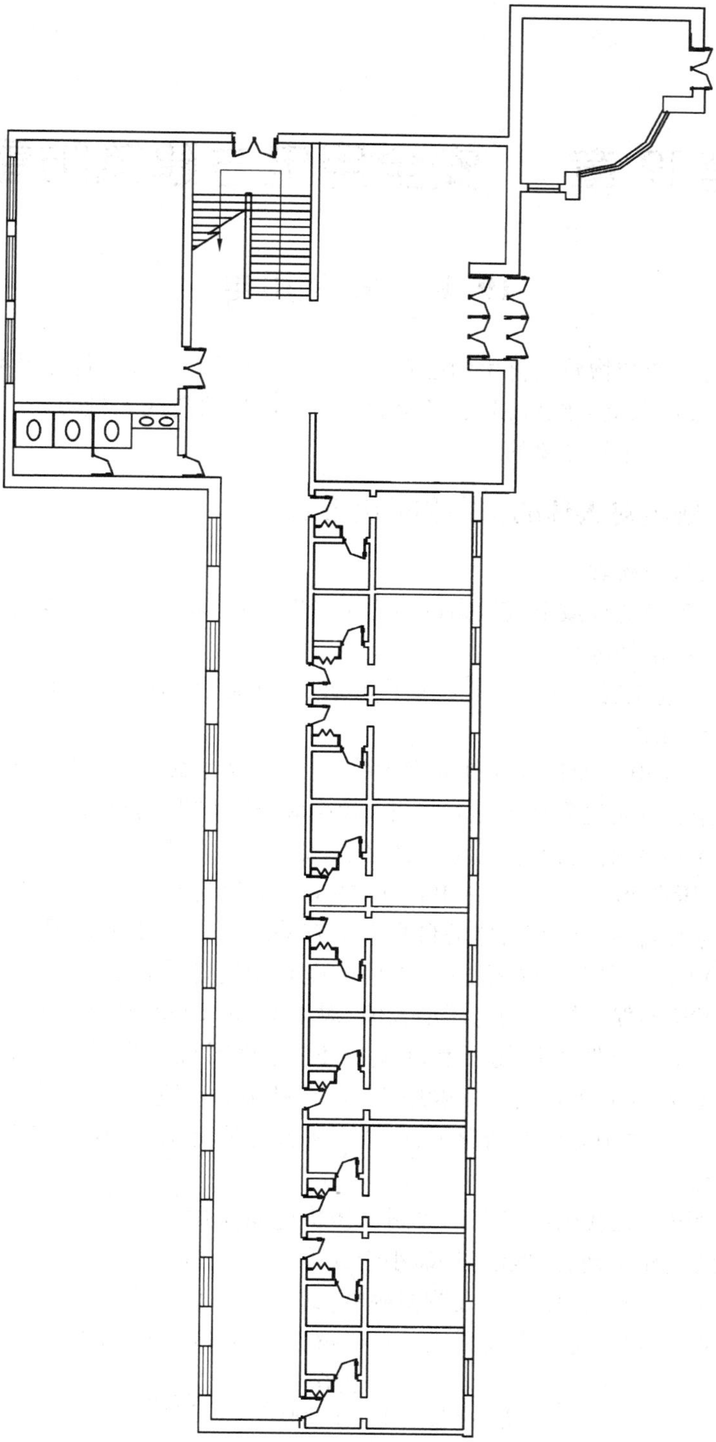

图 18.6　1题图

第19章　安全用电与建筑防雷

19.1　安全用电

电能对社会生产和物质文化生活起着非常重要的作用。但是,若使用不当,就会造成用电设备的损坏,带来重大经济损失,甚至会发生触电事故造成人身伤亡。所以要掌握安全用电的基本知识是非常必要的。

19.1.1　触电对人体的伤害和触电形式

1. 触电对人体的伤害

当人体接触到输电线或电气设备的带电部分时,电流就会流过人体,造成触电。触电对人的伤害分为电击和电伤。

电击为内伤,电流通过人体主要是损伤心脏、呼吸器官和神经系统,严重时将会使心脏停止跳动,导致死亡。

电伤为外伤,是电流通过人体外部发生的烧伤,危及生命的可能性较小。

触电的危害性与通过人体的电流大小、频率和电击的时间有关。一般来讲,在工频50 Hz下,10 mA以下的交流电流对人体还是安全的,人体可以忍受的电流极限值约30 mA。交流电压在50 V以上,50 ~ 100 mA的交流电流就有可能使人猝然死亡。流过人体的电流大小与触电的电压及人体的自身电阻有关。大量的测试数据说明,人体的平均电阻在1 000 Ω以下,在潮湿的环境中,人体的电阻则更低。根据这个平均数据,国际电工委员会规定了长期保持接触的电压最大值,对于15 ~ 1 000 Hz的交流电,在正常环境下,该电压为50 V。根据工作场所和环境的不同,我国规定安全电压的标准有42 V,36 V,24 V,12 V,和6 V等规格。一般用36 V,在潮湿的环境下,选用24 V。在特别危险的环境下,如人浸在水中工作等情况下,应选用更安全的电压,一般为12 V。

2. 触电形式

(1) 单相触电。在我国的三相四线制低压供电系统中,电源变压器低压侧的中性点一般都有良好的工作接地,接地电阻R_0小于或等于4 Ω。因此,人站在地上,只要触及三相电源中的任何一根相线,就会造成单相触电,如图19.1(a)所示。这时,人体处于电源的相电压220 V下,电流将从人的手经过身体及大地回到电源的中性点。其电流为

$$I=\frac{U_P}{R_0+R_R}=\frac{220}{4+1\ 000}\text{A}=0.22\ \text{A}$$

式中　U_P—— 电源相电压;

　　R_R—— 人体电阻(以1 000 Ω计算);

R_0—— 三相电源中性点接地电阻,以 4 Ω 计算。

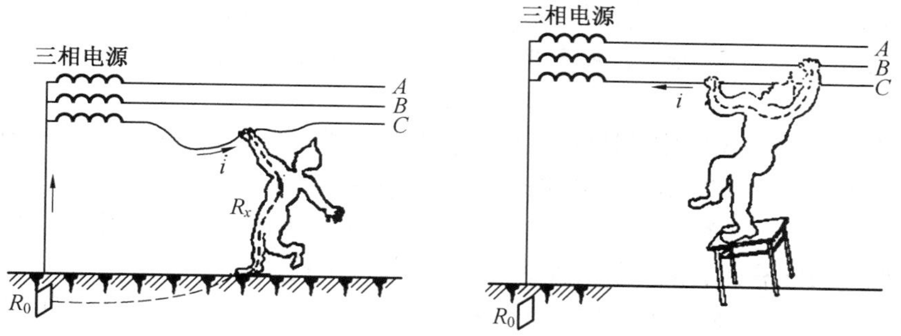

(a) 单相触电　　(b) 两相触电

图 19.1　触电形式

这个电流对人体是十分危险的。如果人穿着绝缘性能良好的鞋子或站在绝缘良好的地板上,则回路电阻增大,电流减小,危险性也就相应减小。电机等电气设备的外壳或电子设备的外壳,在正常情况下是不带电的。但如果电机绕组的绝缘损坏,外壳也会带电。因此当人体触及带电的金属外壳时,相当于间接单相触电,这是常见的触电事故,所以电气设备的外壳应采用接地等保护措施。

(2) 两相触电。人同时和两根相线接触属于两相触电,如图 19.1(b) 所示。虽然人体与地有良好的绝缘,由于人体处于电源线电压 380 V 下,并且电流大部分通过心脏,故其后果十分严重。

(3) 接触电压。如果人体同时接触具有不同电位的两处,加在人体两点间的电压称为接触电压。如人接触具有带电金属外壳的设备,则人体内就有触电电流流过。若电气设备因绝缘损坏而发生碰壳短路时,短路电流 I_d 流经电气设备的接地极,在接地极处产生的对地电压为

$$U_D = I_d R_0 \tag{19.1}$$

式中　R_0—— 接地极电阻(Ω);

I_d—— 短路电流(A);

U_D—— 对地电压(V)。

(4) 跨步电压。当人在带电体(电气设备、接地装置) 附近行走时,由于两腿所在地面的电位不同,则人体两腿之间便承受了电压,该电压称为跨步电压。跨步电压与跨步的大小成正比,人的跨步一般为 0.8 m 左右,大牲畜的跨步一般为 1 ~ 1.4 m。跨步电压还与人所处的位置有关,如人乙的跨步电压为 $U_{乙}$,人丙的跨步电压为 $U_{丙}$,显然 $U_{丙} > U_{乙}$。当人站在距带电体(接地极)20 m 以外的地方,跨步电压已等于零。可见,人越靠近带电体(接地极),承受的跨步电压越大,危险性也越大。

19.1.2　低压配电系统的接地

在建筑低压配电系统中,按其接地的目的不同,分为工作接地和保护接地。为了保证供电系统和电气设备的正常运行而进行的接地,称为工作接地,如变压器的中性点接地。

为了保证人身安全、防止触电事故而进行的接地,称为保护接地,如电气设备的金属外壳(或金属构架)接地。此外,还有防静电接地、防雷接地、弱电系统接地等。

根据国际电工委员会(IEC)规定,低压配电系统的接地方式有TN系统、TT系统和IT系统。

(1)TN系统。在三相四线制供电系统中,TN系统根据中性线(N)与保护线(PE)的组合形式,共分为TN－C,TN－S和TN－C－S 3种。

①TN－C系统。该系统是将三相四线制供电系统的工作零线作为设备的保护线,即零线N和保护线PE合用,用符号PEN表示,又称为保护接零系统。由于三相负荷不平衡(或有单相负荷)时,PEN线中流有中线电流,就存在有线压降,而且距离供电点越远越大。该线路的压降呈现在接零线的电气设备的金属外壳(或金属构架)上。这对敏感的电子设备的配电系统是不利的。现仅在三相负荷平衡的工业企业中采用。

②TN－S系统。该系统是将三相四线制供电系统的保护线PE和工作零线N分开,又称为五线制供电系统。在三相负荷不平衡时,工作零线中流有电流,而保护线中没有电流,因此电气设备接保护线的金属外壳不带电,现常在高层建筑的供电系统中采用,从变压器副边中性点接地引出来就是5根线。系统中的插座及三相交流电机线路应加设漏电保护装置。

③TN－C－S系统。该系统是将三相四线制供电系统的工作零线和保护线前部分公用,后部分开。现常在民用建筑的供电系统中采用,进户处做重复接地。系统中的插座及三相交流电机线路加保护线外还应加设漏电保护装置。

(2)TT系统。该系统是将三相四线制供电系统中的电气设备的金属外壳直接接地的保护系统。系统中应加设漏电保护装置,否则电气设备发生绝缘损坏电源线碰壳时,金属外壳的对地电压高于安全电压,如系统的工作接地电阻等于保护接地电阻时,带电设备的金属外壳的对地电位能达到110 V,故仍会发生触电事故。

(3)IT系统。该系统是将三相三线制供电系统中的电气设备的金属外壳直接接地的保护系统。现常在供电距离短,要求可靠性高、安全性好的电气设备中采用。如地下矿井、电力冶炼的三相三线制供电系统中采用,系统中应加设漏电保护装置。

19.2 建筑防雷

雷电是一种常见的自然放电现象,当建筑物遭遇雷击时,建筑物及其内部设备将有可能受到严重破坏,甚至引起火灾或爆炸事故。因此,采取适当的防雷保护措施使建筑物免遭雷击,以保护人身安全和设备不受损失,是一件十分重要的工作。

19.2.1 雷电的危害性

1. 雷电的形成

雷电是由带电的云层(雷云)对大地放电所引起的。雷电形成的原因是:当地面的湿空气受热上升后,在高空冷却凝成水滴或冰晶,形成积雨云。积雨云在运动中受到摩擦和撞击产生带有正或负电荷的两部分雷云。在上下气流的强烈撞击和摩擦下,雷云中的电荷越聚越多，同时在地面或建筑物中感应出与其极性相反的电荷，形成了大电场。当电场强度达到 25 ~ 30 kV/cm 时，电压可达几百万伏、放电电流可达几十万安（雷电流）、温度可达 2 万 ℃，瞬间就会使周围空气炽热膨胀，并出现耀眼的光亮（闪电）和震耳巨响（雷声）。建筑物若被雷击中将遭受严重损坏，称为“雷击事故”。

2. 雷击的种类

雷击的形式分为 3 种：直接雷击、感应雷击和高电位侵入。

（1）直接雷击。雷电直接击在建筑物上（包括高层建筑的侧击雷），强大的雷电流经建筑物泄放于大地时，会产生电效应、热效应和机械效应。若不能将雷电流直接引入大地，建筑物将遭受巨大损坏。

（2）感应雷击。当建筑物遭遇雷击后，雷电流通过的周围，将有强大的电磁场产生，使通过雷电流的导体、金属构件及电力装置上产生巨大的感应电压，甚至可达几十万伏，足以破坏一般电气设备的绝缘，烧毁设备；并对金属构件中有空隙的地方或接触不良的场所，将产生火花放电，造成爆炸或火灾。

（3）高电位侵入。雷电击在架空线路或金属管道上时，将沿着架空线路侵入到变压器或配电柜，造成设备损坏；或沿着（供水、供暖、供电、供煤气等）金属管道侵入到建筑物内部时，会危及人身安全。

3. 雷电的危害

直接雷击和雷电感应伴随出现的极高电压和强大电流对建筑物和设备具有很大的破坏力引起火灾和爆炸，也会危及人身安全。

19.2.2　建筑防雷的分类与防雷装置

1. 建筑防雷的分类

民用建筑物按其使用的性质、重要性、发生雷击事故的可能性和后果，其防雷分为 3 类。

（1）一类防雷的建筑。一类防雷的建筑包括：国家级重点文物保护的建筑物和构筑物；高度超过 100 m 的建筑物；超过 40 层的住宅；具有特别重要用途的建筑物，如国际性航空港、大型博览建筑、特等火车站、国宾馆、大型旅游建筑等。

（2）二类防雷的建筑。二类防雷的建筑包括：重要的或人员密集的大型建筑物，如省部级办公大楼、大型商场、影剧院等建筑；省级重点文物保护的建筑物和构筑物；建筑物高度超过 50 m 的其他民用建筑物；超过 19 层的住宅建筑物；省级及以上的大型计算中心和装有重要电子设备的建筑物。

（3）三类防雷的建筑。三类防雷的建筑包括：建筑群中最高或位于建筑群边缘高度超过 20 m 的建筑物；建筑物高度不超过 50 m 的民用建筑物；具有 10 ~ 18 层的普通住宅。

2. 建筑的防雷装置

建筑的防雷装置由接闪器、引下线和接地装置 3 部分组成。

（1）接闪器。接闪器的作用是吸引雷击的装置。接闪器是由避雷针、避雷带、避雷网、避雷环和避雷线等组成。

①避雷针。避雷针采用 φ12 ~ φ20 镀锌或镀铬圆钢（钢管 φ20），针长 1 ~ 2 m。一般

设于尖形屋顶、烟囱、水塔及天线的支柱等处。单支避雷针的保护范围是一个折线圆锥体。它在地面上的保护半径为1.5h,图19.2中h为避雷针的高度;h_x为被保护物的高度;r_x为避雷针在h_x高度的水平面上的保护半径;h_r为避雷针的有效高度,单位均为m。

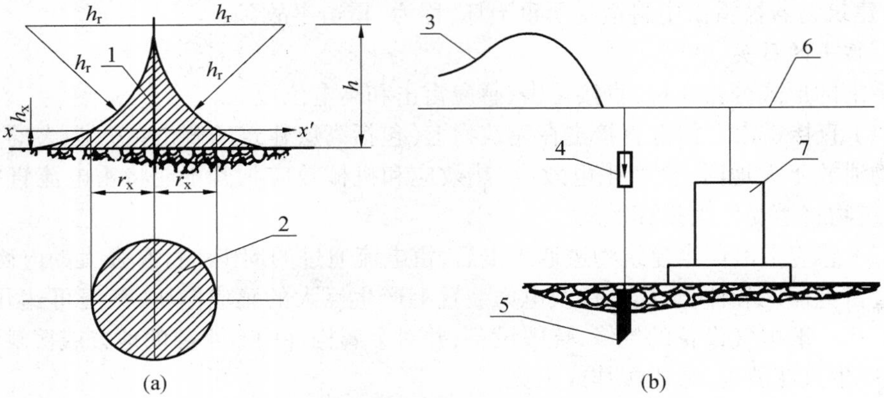

图19.2　单支避雷针的保护范围

1—避雷针;2—x—x'平面上保护范围的截面;3—雷电过电压波;4—避雷器;5—接地极;6—高压线;7—被保护设备

② 避雷带或避雷网。避雷带或避雷网采用ϕ8～ϕ12镀锌圆钢。避雷带一般沿平屋顶的女儿墙设置,避雷网是在平屋面上设置,用于保护屋面建筑如图19.3所示。

③ 避雷环。避雷环采用ϕ12镀锌圆钢。一般设于平屋顶、烟囱及水塔等处。

④ 避雷线。避雷线采用截面大于35 mm^2的镀锌钢绞线,或用直径为8 mm的镀锌圆钢及截面不小于60 mm^2、厚度不小于34 mm^2的扁钢,设于杆或塔上,用于保护高压线路或低矮的(弹药库、油库、瓦斯库、变电所等)重要建筑。

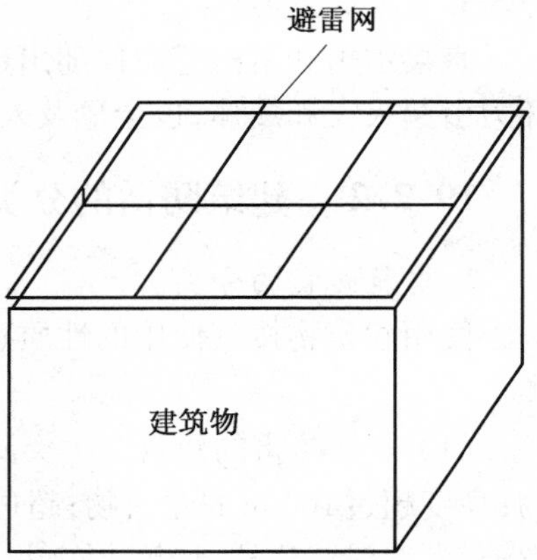

图19.3　避雷网

⑤ 自然接闪器。利用屋面的铁皮、广告牌及水塔等处的金属构筑物作为接闪器,应和避雷针(避雷带)及引下线等处可靠焊接。

(2) 引下线。引下线的作用是将接闪器吸引的雷电流迅速地引入地下。引下线是用ϕ8～ϕ12的镀锌圆钢(或扁钢)沿建筑物外墙上明或暗敷设,以最短的路径接地。在距地0.3～1.8 m处设断接卡子,为测量接地电阻用。

对高层建筑可用钢筋混凝土柱内主筋作为自然引下线,一般采用两根ϕ16螺纹钢焊接。

(3) 接地装置。接地装置的作用是将引下的雷电流迅速泄放到大地中去。接地装置由垂直接地体(极)、水平接地体(线)和自然接地体等组成。垂直接地体(极)一般采用镀锌角钢(厚4 mm)、圆钢(直径为19 mm)和钢管(壁厚为3.5 mm),长度均为2.5 m。水平接地线一般采用扁钢(截面为100 mm^2)和圆钢(直径为10 mm)。垂直接地极之间用水平接地线可靠连接(焊接),间距一般为 5 m。接地装置的埋设深度不应小于 0.5 m。

自然接地体是采用建筑物的钢筋混凝土地基基础作为接地体。

为防止和降低雷击造成的跨步电压,接地装置距建筑物的出入口及人行道处,应大于 3 m,若小于 3 m 时,应采取以下措施之一:

① 水平接地体局部埋深不应小于 1 m。

② 水平接地体局部应包以绝缘物,如在接地装置上敷设厚 50 ~ 80 mm 的沥青层。

③ 采用沥青碎石地面或在接地装置上面敷设厚 50 ~ 80 mm 的沥青层,其宽度超过接地装置 2 m。

引下线和垂直接地极如图 19.4 所示。

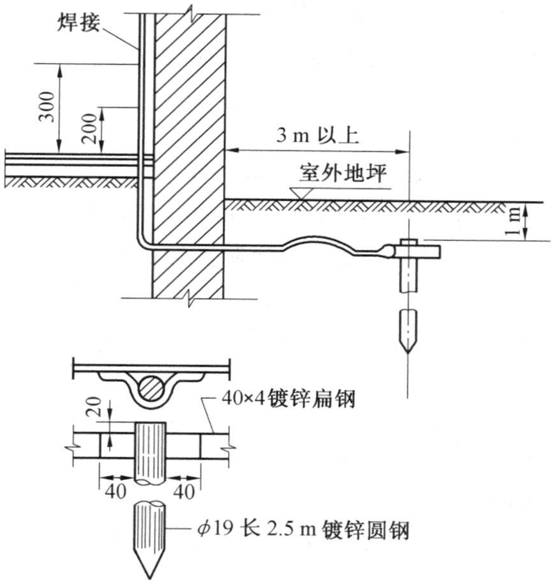

图 19.4　引下线和垂直接地极

19.2.3　建筑防雷的保护措施

1. 一类防雷的保护措施

对一类建筑,必须采取全面防雷的保护措施,以防止直击雷、侧击雷和雷电波沿着管线侵入建筑物,而造成破坏性的后果。

(1) 防直击雷的措施。在建筑的顶部采用避雷网保护,网格尺寸不应大于 5 m × 5 m 或 6 m × 4 m。突出屋面的物体,应沿其顶部装设避雷针(避雷针的保护范围按 45° 计算)或环状避雷带保护。若为金属物体或金属屋面,可作为接闪器与避雷网连接。避雷网的装设,首先应沿着屋脊、屋角、檐角和屋檐等易受雷击的部位布置,然后再按上述要求设置网格。防雷引下线不应少于 2 根,其间距不应大于 18 m。

(2) 防侧击雷的措施。自高层建筑 30 m 以上,每三层沿建筑物四周设避雷带。自 30 m 以上的金属门窗、栏杆等较大的金属物体,应与防雷装置连接。每三层沿建筑物四周设水平均压环垂直距离不应大于 12 m。引下线不应少于 2 根,其间距不应大于 12 m。

所有引下线，建筑物内的金属结构和金属物体均连在环上。

(3) 防雷电波侵入的措施。将进入建筑物的各种线路及管道，宜全线埋地引入，并在入户端将电缆的金属外皮与接地装置连接；在电缆与架空线连接处，还应装设阀型避雷器，并与电缆的金属外皮和绝缘子铁脚连在一起接地，其冲击接地电阻应不大于5 Ω。进入建筑物的埋地金属管道及电气设备的接地装置，应在入户处与防雷接地装置连接。建筑物内的电气线路采用钢管配线。垂直敷设的电气线路，在适当部位装设带电部分与金属外壳间的击穿保护装置。垂直敷设的主干金属管道尽量设在建筑物内的中部和屏蔽的竖井中。

一类建筑防雷的接地装置围绕建筑物成闭合回路，冲击接地电阻应不大于5 Ω。若小于5 Ω有困难时，可采用接地网均衡电位，网格尺寸不应大于18 m×18 m。一般采用建筑物的钢筋混凝土地基基础作为自然接地体，(与电力系统的接地，弱电系统的接地共用时) 冲击接地电阻应不大于1 Ω。

2. 二类防雷的保护措施

(1) 防直击雷的措施。在建筑物的顶部易受雷击的部位，采用避雷网保护，屋面上任何一点，距离避雷网不应大于10 m。当有3条及以上平行避雷带时，每隔30 m应相互连接突出屋面的物体，一般可沿其顶部装设环状避雷带保护，若为金属物体可不装，但应与屋面避雷网连接。防雷引下线不少于2根，其间距不应大于24 m。

(2) 防侧击雷的措施。为防止建筑物的侧面遭受雷击，自建筑物30 m以上，每三层沿建筑物四周设避雷带。并且自30 m以上的金属护栏、金属门窗等较大金属物体也应与防雷装置相连接。每三层设沿建筑物周围的水平均压环，所有引下线、建筑物内的金属结构和金属物体均连在环上。

(3) 防雷电波侵入的措施。进入建筑物的各种线路及管道宜采用全线埋地引入，并在入户端将电缆的金属外皮、钢管与接地装置连接。当全线采用埋地电缆有困难时，可采用一般长度不小于50 m的铠装电缆直接埋地引入，其入户端电缆的金属外皮与接地装置相连接。在电缆与架空线连接处，应装设阀型避雷器，并与电缆金属外皮和绝缘子铁脚连在一起接地。

进入建筑物的埋地金属管道与防雷接地装置连接。垂直敷设的主干金属管道尽量设在建筑物的中部和屏蔽的竖井中。垂直敷设的电气线路，在适当部位装设带电部分与金属外壳间的击穿保护装置。除有特殊要求的接地外，各种接地与防雷装置共用。建筑物的变形缝处，每层至少要有两处用软线连接断开的钢筋。

接地装置围绕建筑物成闭合回路电阻应不大于5 Ω。小于5 Ω有困难时，可采用接地网均衡电位，网络尺寸不大于24 m×24 m。防侧击避雷带、引下线、均压环和闭合接地装置均可利用其要求与第一类建筑物相同。金属物体和管道如通过建筑物钢筋混凝土中的钢筋有多点接触时，可不再设跨接线。

高层建筑物的避雷带、避雷网、均压环及30 m以上外墙上的门窗、护栏等较大的金属构件，均应与防雷装置可靠连接。

3. 第三类建筑的防雷措施

(1) 防直击雷的措施。一般在建筑物易受雷击的部位装设避雷针和避雷带。建筑物易受雷击的部位是:平屋面及坡度不大于 1/10 的屋面 —— 屋角、女儿墙、屋檐;坡度大于 1/10、小于 1/2 的屋面 —— 屋角、檐角、屋脊、屋檐;坡度不大于 1/2 的屋面 —— 屋角、檐角、屋脊。

当建筑物的突出部位属于第三类防雷时,如局部突出,则仅在该处设置避雷针或避雷带。如为多处突出,但突出的高度较低时,则除在突出部位装设外,宜沿建筑物周围装设避雷带。对孤立的或损坏后较难修复而影响正常功能的构筑物或其他物体,宜采用避雷针和避雷带相结合的保护措施。

(2) 防侧击雷的措施。自 30 m 以上,每三层沿建筑物四周设避雷带。30 m 以上的金属护栏、金属门窗等较大金属物体应与防雷装置相连接。防雷引下线不少于 2 根,其间距不应大于 24 m。在技术上有困难时,允许放宽到 34 m。接地装置围绕建筑物成闭合回路,电阻应不大于 10 Ω。小于 10 Ω 有困难时,可采用接地网均衡电位,网络尺寸不大于 24 m × 24 m。

防侧击避雷带、引下线、均压环、闭合接地装置均可利用建筑物钢筋混凝土中的钢筋但应符合前面第一类防雷建筑物保护措施中所列的要求。

(3) 防雷电波侵入的措施。为防止高电位沿低压架空线进入建筑物,应将入口处或进户线电杆的绝缘子铁脚与接地装置连接。进入建筑物的架空金属管道在入口处应与接地装置相连接。

另外,建筑物的屋顶及侧壁的航空障碍灯,其灯具的全部金属体和建筑物的钢骨架在电气上可靠连接,保持通路。高层建筑的水管进口部位应与钢骨架或主要钢筋连接。水管竖到屋顶时,也要和屋顶的防雷装置连接。

19.2.4　建筑物的等电位连接

我国有关电气装置设计规范都按国际电工标准 (IEC 标准),将建筑物内的等电位连接规定为强制性的电气安全措施。参见国标图册《等电位联结安装》(97SD567)。

1. 总等电位连接

总等电位连接在电源进线处将 PE 母线通过其他的接地母排与建筑物内的各种金属管道和结构相连接,使这些金属部分都处在相同或接近的电位水平上,整个建筑相当于准法拉第笼。其优点有:

(1) 防电击效果优于通常的接地。如将建筑地基基础的地下钢筋及各类金属(水、暖、煤气) 管道连接一起与接地系统相连接,其接地电阻小于 1 Ω,可不必打人工接地体。则可降低接触电压触电的危害性。

(2) 可消除 TN 系统中沿 PEN 或 PE 线路传导故障电压所引起的电击事故。

(3) 可防止雷电波(或高电位) 沿地基基础的地下钢筋及各类金属(水、暖、煤气) 管道侵入建筑物。

2. 局部等电位连接

(1) TN 系统中 PE 线很长(线路阻抗增加) 时, 在该局部范围(一个房间或一个楼层) 内,应再重复做一次局部等电位连接。

(2) 局部等电位连接的场所。在易受电击危险特别大的场所(浴池、游泳池等),也应加局部等电位连接。以防非电的金属管道、结构等因某种原因传导十几伏电压,即可致人死亡的事故发生。

3. 等电位连接线与 N,PE 和 PEN 线的区别

等电位连接线与中性线(N)、保护线(PE)和保护零线(PEN)之间是有区别的,其区别见表 19.1。

表 19.1 等电位连接线与其他保护线的区别

名称	导线颜色	特　　点
中性线(N)	黑	中性线是三相四线制供电电路的带电导体,从电源(变压器)的中性点引到负载的零线(N)之间的连接线。由于有单相或三相不平衡电流及某些谐波电流,可引起中性线的电位降
保护线(PE)	黄绿	由电源中性点引到设备金属外壳,不是带电体,除微量泄漏电流外,不传送电流,电压为零。只有发生故障时,传送故障电流及故障电压
保护零线(PEN)	黄绿首端加浅蓝色标志	在 TN－C 系统中,采用保护接地兼有 PE 和中性线作用(保护接零)
等电位连接线	黄绿	不是回路导线,不传送电流,只传导电位。故障电流很小,因此其截面积小于 PE 线

4. 地下等电位连接的要求

(1) 人站在建筑物内,地下等电位连接可导电部分导线要求不超过 10 m。

(2) 若地下无可导电部分时,应在地下埋设 20 m × 20 m 的金属网络,并纳入等电位连接系统内。

【例 19.1】 选择题

(1) 人体可以忍受的电流极限值约(C)mA 左右。交流电压在 50 V 以上,(D)mA 的交流电流就有可能使人猝然死亡。

A. 10　　B. 20　　C. 30　　D. 50 ~ 100

(2) 雷击分为(A、C、D)三种形式。

A. 直接雷击　　B. 静电雷击　　C. 感应雷击　　D. 高电位侵入

(3) 当人体接触到输电线或电气设备的带电部分时,电流就会流过人体,造成触电。触电对人的伤害分为(C,D)。(C)为内伤,电流通过人体主要是损伤心脏、呼吸器官和神经系统,严重时将会心脏停止跳动,导致死亡。(D)为外伤,电流通过人体外部发生的烧伤,危及生命的可能性较小。

A. 休克　　B. 痉挛　　C. 电击　　D. 电伤

(4) 变压器的中性点接地。为了保证人身安全、防止触电事故而进行的接地,称为工作接地。此外,还有(B,C,D)等。

A. 安全接地　　B. 防静电接地　　C. 防雷接地　　D. 弱电系统接地

(5) 在三相四线制供电系统中,TN 系统根据中性线 N 与保护线 PE 的组合形式,共分为(B,C,D)3 种。

A. TT　　B. TN－C　　C. TN－S　　D. TN－C

(6)(C) 系统是将三相四线制供电系统的保护线 PE 和工作零线 N 分开,又称为五线制供电系统。

A. TT　　B. TN - C　　C. TN - S　　D. TN - C - S

(7)(D) 系统是将三相四线制供电系统的工作零线和保护线前部分公用,后部分分开。现常在民用建筑的供电系统中采用, 进户处做重复接地。

A. TT　　B. TN - C　　C. TN - S　　D. TN - C - S

【例 19.2】 民用住宅楼为什么不采用 TN - C 系统?

答 TN - C 系统的保护线和中性线合一,即 PEN 线。民用住宅为单相负载(220 V),干线为不平衡负载,故 PEN 线中有电流,就存在对地电压;当住宅楼管理不当使 PEN 线断开时,若相线与设备外壳相碰,使外壳对地电压为 220 V,将会造成触电事故的发生。

【例 19.3】 对一类建筑防雷电波侵入应采取哪些措施?

答 ① 将进入建筑的各种线路及管道,宜全线埋地引入,并在入户端将电缆的金属外皮与接地装置连接。

② 在电缆与架空线连接处,还应装设阀型避雷器,并与电缆的金属外皮和绝缘子铁脚连在一起接地,其冲击接地电阻应不大于 5 Ω。

③ 进入建筑物的埋地金属管道及电气设备的接地装置,应在入户处与防雷接地装置等电位连接。

④ 建筑物内的电气线路采用钢管配线。垂直敷设的电气线路,在适当部位装设带电部分与金属外壳间的击穿保护装置。垂直敷设的主干金属管道,尽量设在建筑物内的中部和屏蔽的竖井中。

【例 19.4】 在建筑物内许多装置的金属部分(如水、暖气、燃气管及结构钢材)都是接入大地的。问是否可以不将它们与接地系统相连?

答 否。在建筑物内许多装置的金属部分(如水、暖气、燃气管及结构钢材)都是接入大地的。假若不将它们与接地系统相连的话, 一旦接地系统发生故障, 接地系统电位升高, 它们将和接地系统之间存在一个电压, 就会造成触电事故的发生。所以应将水、暖气、燃气管及结构钢材做等电位连接,与接地系统可靠相连。

【例 19.5】 若一个建筑物有多路电源进户,是否需要每回路都做一次总等电位连接?

答:应该。每回路电源进户都需做各自的总等电位连接。而且系统之间必须就近互相连通,确保整个建筑物的电气装载处于同一电位水平上。

【例 19.6】 总等电位连接有何优点?

答 ① 防电击效果优于通常的接地。如将建筑地基基础的地下钢筋及各类金属(水、暖、煤气)管道连接一起与接地系统相连接,其接地电阻小于1 Ω,可不必打人工接地体。

② 可消除 TN 系统中沿 PEN 或 PE 线路传导故障电压所引起的电击事故。

19.3 建筑电气与其他相关专业的配合

一栋造型完美、功能齐全的优质建筑物,并不是由某个专业所独立决定的,必然是建筑、结构、给排水、供热空调、电气等专业所组成的统一体。建筑电气专业只有与其他相关专业的协调统一,才能使建筑物更加完善。所以,在建筑电气的设计与施工中与其他相关专业的密切配合、统筹兼顾是至关重要的。

1. 电气与建筑专业的配合

在设计阶段,建筑师应向电气技术人员提供电梯的种类(客梯、货梯、扶梯、消防电梯等)、型号、容量,以及电梯机房的位置和面积等,同时还要提供厨房的电动设备、电动防盗门窗、防火卷帘门的位置和容量等。并确定各房间需要安设插座、电话机、有线电缆电视出线口和微机插口灯的位置等。

电气技术设计人员应向建筑师提供变电所的布置(高压室、变压器室、低压室、值班室、维修室等)、面积和高度、门的大小和高度(要求门一律向外开)。并提出变电所的附近和上下层不应设有卫生间、浴池、其他经常积水的场所,有剧烈震动的地方,有腐蚀性气体或多尘的场所。

建筑电气照明对建筑物来说,就好比建筑物像人体,电气照明像人的眼睛一样重要。电气技术设计人员应按照建筑物的风格、布局、室内面积和高度等,来选择合适的照明灯具。

应与建筑师一起协商确定强电井和弱电井的面积和位置;消防报警探测器、广播扬声器和灯具等在顶棚的位置;并协商确定配电室、电话室、广播室、有线电缆电视前端室、消防和监控控制室、楼宇自动控制中心室等的位置。

建筑师应提供建筑物的各层及标准层平面图,以便电气技术设计人员进行照明、电话、广播、有线电缆电视、消防和监控、楼宇自动控制等系统设计。建筑师还应提供建筑物的屋顶平面图,以便电气技术设计人员进行防雷接地系统的设计。

2. 电气与结构专业的配合

土建结构设计与施工质量的好坏,关系到建筑物的百年大计。电气技术设计人员应向结构专业设计人员提供高压开关柜、变压器、低压开关柜、柴油发电机组等大型设备的荷载。还应提供暗装配电箱及电缆桥架的位置和面积,以便留孔留洞,孔洞较大时应加筋补强。砖墙上留洞时,应在洞顶设置现浇板。若进户线为电缆地下直埋,还需在地基基础上预留孔洞。

土建结构设计人员应向电气技术设计人员提供大型建筑物的地基基础钢筋布置图,以便电气技术设计人员进行接地装置的设计。还应提供建筑物的各层及标准层的空芯楼板平面图,以便电气技术设计人员在设计时进行参考,若为现浇楼板,配管配线可按最短路径暗埋敷设,配管必须在楼板钢筋布完后及时焊接固定,在预埋件周围和表面用水泥砂浆填实,保护层厚 15 mm;若为预制楼板,配管配线可沿空心楼板板孔,穿半硬塑料管暗敷设。

3. 电气与给排水、供热空调专业的配合

给排水、供热空调与电气专业同为建筑设备，关系尤为密切。给排水、供热空调的设备能否正常工作，离不开电气控制。

在设计阶段，给排水专业设计人员应向电气技术设计人员提供有关的技术资料，如给水泵、排水泵、加压泵、消火栓泵和喷淋泵等设备的容量、控制的要求（如水位控制、消防联动控制）。还应提供水泵房的设备平面布置图、控制室的平面图、消火栓箱的位置及管路敷设的走向、喷淋头的平面布置等。

供热空调专业设计人员应向电气技术设计人员提供有关的技术资料，如锅炉房用电设备（鼓风机、引风机、运煤机、出渣机、循环水泵等）的容量和控制的要求（如顺序起动控制、联锁控制、正反转控制等）；空调用电设备（制冷机组、冷冻水泵、冷却水泵、空调机、冷热风机、通风机、排气扇、消防排烟机、加压送风机等）的容量和控制的要求。还应提供锅炉房、制冷、空调等机房的设备平面及立面布置图和控制室的平面图，还应提供通风管道的尺寸及标高等。

电气技术设计人员应根据建筑、给排水、供热空调专业提供的设备容量，进行电力负荷计算，合理地选择电力变压器；根据提供的控制要求设计动力配电系统；根据提供的设备平面布置图和控制室的平面图，进行电气管线敷设的配电布置。在设计中，各个专业应该经常协调互相配合，发现问题及时解决。如注意配电箱避免与消火栓箱位置重合，要选在便于控制的地方；电气管线敷设要避开管道井、通风井及孔洞；顶棚的灯具、扬声器、火灾探测器等的位置与喷淋头、送风口和回风口的分布是否合理、均匀。

电气技术设计人员还应向建设单位了解高压进户的位置、低压出线的位置和敷设方式。

在施工阶段中，各个专业更应该经常协调配合，先后有序地施工，才能避免交叉冲突误工误时，发现问题要及早解决。如土建施工中，遇有配电箱的地方，应留孔洞。立管沿墙内暗设时，应随土建施工一起进行。在现浇梁、板内敷设的管路，应和钢筋网一起绑扎好后，再浇灌混凝土。若在楼道中，水、暖、电各专业均有设备时，更要注意施工次序：通风管道贴顶棚上，下吊装电缆桥架或电线管，然后是吊装冷、热水管，最下边吊装排水管。

在设备间安装灯具、开关、插座及配电箱时，应参照设备布置来设置，如水箱房的防水灯具不应设在水箱的顶部；插座应远离暖气片等。

本章小结

1. 根据国际电工委员会（IEC）规定，低压配电系统的接地方式有 TN 系统、TT 系统和 IT 系统。在三相四线制供电系统中，TN 系统根据中性线（N）与保护线（PE）的组合形式，共分为 TN－C，TN－S 和 TN－C－S 3 种。

TT 系统是将三相四线制供电系统中的电气设备的金属外壳直接接地的保护系统，9IT 系统是将三相三线制供电系统中的电气设备的金属外壳直接接地的保护系统，

2. 在建筑低压配电系统中，按其接地的目的不同，分为工作接地和保护接地。为了保证供电系统和电气设备的正常运行而进行的接地，称为工作接地，如变压器的中性点接

地。为了保证人身安全、防止触电事故而进行的接地,称为保护接地,如电气设备的金属外壳(或金属构架)接地。此外,还有重复接地、防静电接地、防雷接地、弱电系统接地等。

3. 中性线(N)由变压器接地的中性点引出,又称零线。在不对称三相交流电路中流有中线电流,故不允许在中性线上接熔断器(保险丝)或开关。保护线(PE)也是由变压器接地的中性点引出,它直接与电气设备的金属外壳(或金属构架)连接,保护线中没有电流,又称保护地线。

4. 建筑物按其使用的性质、重要性、发生雷击事故的可能性和后果,其防雷分为 3 类。

5. 雷击的形式分为 3 种:直接雷击、感应雷击和高电位侵入。

6. 建筑的防雷装置由接闪器、引下线和接地装置组成。接闪器是由避雷针、避雷带、避雷网、避雷环和避雷线等组成。

7. 对高层建筑、大型商场等建筑物中,防雷接地、变电所工作接地、防静电接地和弱电系统(电话通信、广播音响和楼宇自控等)的接地是不允许各自独立的,应进行总等电位连接,同时把建筑地基基础的地下钢筋及各类金属(水、暖、煤气)管道与接地系统一起相连接。

8. 建筑电气专业只有与建筑、结构、给排水、供热空调等相关专业的协调统一,才能使建筑物更加完善。所以,在建筑电气的设计与施工中与其他相关专业的密切配合、统筹兼顾是至关重要的。

思考题

1. 中性线(N 线)、保护线(PE 线)和保护接地线(PEN 线)有何区别?
2. 工作接地和重复接地有何区别?
3. 漏电保护装置在安全用电中起什么作用?单相插座回路为什么选30 mA 的漏电保护器?
4. 建筑防雷共分几类? 对防雷的措施有哪些内容?
5. 建筑防直击雷的措施有哪些内容?
6. 建筑防雷电波侵入的措施有哪些内容?
7. 建筑防侧击雷的措施有哪些内容?
8. 建筑防雷接地的措施包括哪些内容?
9. 建筑电气与建筑专业有什么配合关系?
10. 建筑电气与结构专业有什么配合关系?
11. 建筑电气与给排水专业有什么配合关系?
12. 建筑电气与供热空调专业有什么配合关系?
13. 在施工中,各专业应如何配合?

习　　题

1. 试判断图 19.5 中的插座接线,哪一种接法正确? 哪一种接法错误? 会有何危害?

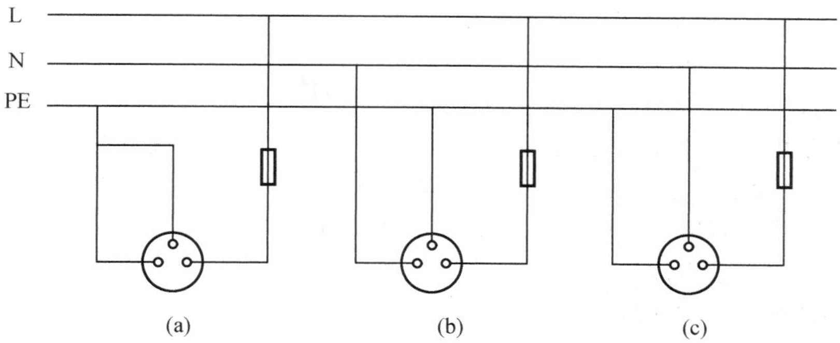

图 19.5　1 题图

2. 在上题图中, 插座回路接漏电保护器,问是否都能正常工作?

3. 在插座回路中接漏电保护器时,若将零线(N) 和保护线(PE) 对调,问是否能正常工作?

4. 在电机回路中接漏电保护器(RCD) 时,若按图 19.6 中接法, 问是否能正常工作?

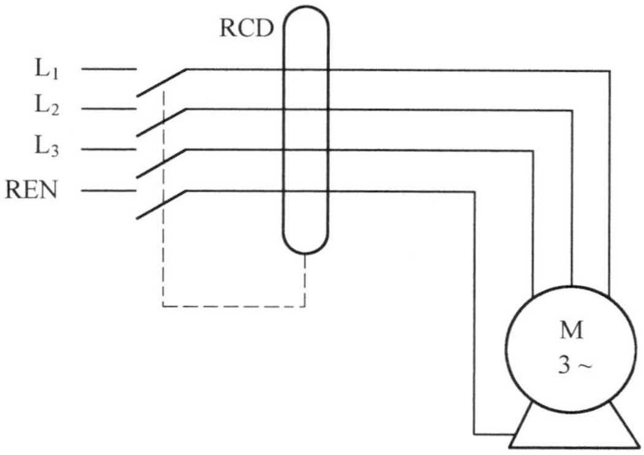

图 19.6　4 题图

5. 某一类高层建筑(80 层),其平屋顶的面积为 18 m × 45 m,应采用何种防雷保护措施? 应有几处引下线? 请画图说明。

6. 某二类高层建筑(60 层),其平屋顶的面积为 18 m × 36 m,应采用何种防雷保护措施? 应有几处引下线? 请画图说明。

7. 某三类 15 层住宅建筑,其平屋顶的面积为 12 m × 36 m, 应采用何种防雷保护措施? 应有几处引下线? 请画图说明。

8. 选择题

(1) 在工频 50 Hz 下,(　　)mA 以下的交流电流对人体还是安全的。

A. 5　　B. 10　　C. 15　　D. 20

(2) 如果人体同时接触具有不同电位的两处,加在人体两点间的电压称为(　　)。

A. 相电压　　B. 线电压　　C. 接触电压　　D. 跨步电压

(3) 将三相四线制供电系统中电气设备的金属外壳直接接地的保护系统,称为(　　)。系统中应加设漏电保护装置,否则电气设备发生绝缘损坏电源线碰壳时,金属外壳的对地电压高于安全电压。

A. TN　　B. TN - C　　C. TT　　D. IT

(4) 雷击的形式分为(　　)、(　　)和(　　)3 种。

A. 直接雷击　　B. 间接雷击　　C. 感应雷击　　D. 高电位侵入

(5) 雷电直接击在建筑物上(包括高层建筑的侧击雷),强大的雷电流经建筑物泄放于大地时,会产生电效应、热效应和机械效应。若不能将雷电流直接引入大地,建筑物将遭受巨大损坏,这种雷击称为(　　)。

A. 直接雷击　　B. 间接雷击　　C. 感应雷击　　D. 高电位侵入

(6) 接闪器是由(　　)、(　　)、(　　)、避雷环和避雷线等组成的。

A. 避雷针　　B. 避雷带　　C. 避雷网　　D. 引下线

(7) 建筑物高度超过 50 m 的其他民用建筑物或超过 19 层的住宅建筑物,称为(　　)。

A. 一类防雷的建筑　　B. 二类防雷的建筑

C. 三类防雷的建筑　　D. 四类防雷的建筑

附　　录

附录1　建筑设备工程(电气)试题模板及解答

通过对试题的演练,可检验学生对所学知识掌握的程度。对于参加自学考试的学生可作为全面复习本门课程的试金石。本部分共列出建筑电气试题和注册工程师（建筑电气）试题及解答供同学参考。

建筑电气试题模板及解答

建筑电气试题

一、选择题(本大题共10小题,每空1分,共20分)

1. 对于一级电力负荷,为保证供电的可靠性,应有(　　)供电。

A. 一个电源　　B. 两个电源

C. 两个独立电源　　D. 两个独立电源及备用电源(柴发)

2. 从外墙支架到总照明配电盘的这段线路称为(　　)。

A. 进户线　　B. 三相支线　　C. 单相支线　　D. 引入线

3. 照明单相支线的电流若超过(　　),应用三相电源配电。

A. 10 A　　B. 15 A　　C. 20 A　　D. 30 A

4. 防雷装置由(　　)、(　　)和(　　)3部分组成。

A. 接闪器　　B. 接地极　　C. 引下线　　D. 避雷网　　E. 接地装置

5. 按照中性线与保护线的组合情况,TN接地形式可分为(　　)、(　　)和(　　)系统。

A. TN　　B. TN－C　　C. IT　　D. TN－S　　E. TT　　F. TN－C－S

6. 在低压电网上触电时,(　　)mA电流是人体可以忍受的极限值。

A. 30　　B. 40　　C. 50　　D. 100

7. 高压柜前留有巡检操作通道,应大于(　　)。柜后及两端留有巡检的操作通道,应大于(　　)。

A. 0.8 m　　B. 1.0 m　　C. 1.8 m　　D. 2.0 m

8. 灯具的布置应根据工作物的布置情况、建筑结构形式和视觉工作特点等条件来进行。主要有(　　)、(　　)和(　　)等方式。

A. 投光照明　　B. 局部照明　　C. 混合照明　　D. 均匀照明

9. 前端设备是接在天线与传输分配网络之间的设备,用来处理要传输的信号。前端设备一般包括(　　)、(　　)、(　　)和调制器、分波器等设备。

A. 放大器　　B. 分支器　　C. 频率变换器　　D. 混合器

10. 防火分区按建筑面积大小来研究,对于一类建筑,每层每个防火分区为(　　)m;对于二类建筑,每层每个防火分区为(　　)m。

A. 500　　B. 1 000　　C. 1 500　　D. 2 000

二、填空题(本大题共 10 小题,每空 2 分,共 20 分)

11. 电力系统由(　　　　　　　　　)组成。

12. 对于二级电力负荷,为保证供电的可靠性,应有(　　　　　)供电。

13. 配电线路选择导线截面积的条件有(　　　　　　　　　　　)。

14. 变电所的低压侧的功率因数低于(　　　　)时,需考虑人工无功功率补偿,应设低压电容器柜。

15. 低压开关柜后离墙留有巡检操作通道,距离应大于(　　　　)。

16. 防雷引下线一般优先采用圆钢,其直径不应小于(　　　　)mm。

17. 高层民用建筑为防(　　　　　),应少用避雷针,多用避雷带。

18. 照明配电箱的安装方式有(　　　　　　　　　　　　　)。

19. 照明系统安装单相独立插座回路时,规范要求每回路安装插座不超过(　　　　)个。

20. 对于三类防雷建筑物,要求接地装置的电阻不宜大于(　　　　)Ω。

三、简答题(本大题 4 小题,每小题 5 分,共 20 分)

21. 火灾探测器分哪几种?都适用于哪些场所?

22. 灯具的主要作用是什么?

23. 试说明导线标注符号的意义:BV - 5 × 10 - FPC25 - CC

24. 试说明灯具标注符号的意义:$15 - YG2 - 2\dfrac{2\times 40}{3.6}P$

四、计算题(本大题 2 小题,共 18 分)

25. 某大楼实验室采用 3 N ~ 50 Hz、380 V/220 V 电源配电,室内装有单相电阻炉 2 kW 有 5 台、单相干燥器 3 kW 有 4 台、照明用电有 5.5 kW。试将各类单相的用电负荷合理地分配在三相四线制线路上,并确定大楼实验室的计算负荷(需要系数取 0.9)。(10 分)

26. 距离供电点 280 m 的教学楼,其计算负荷为 50 kW,cos φ 为 0.65。设架空干线的电压损失为 5%,环境温度为 30 ℃,试选择其截面积。(8 分)

五、画图题(本大题 3 小题,共 22 分)

27. 试为一卫一厨布置照明(含插座)平面图(附图 1)。(8 分)

28. 如附图 2 所示,某二类高层建筑(48 层),其平屋顶的面积为 18 m × 42 m,应采用何种防雷保护措施?应有几处引下线?请画图说明。(8 分)

29. 某办公大楼一层平面,如附图 2 所示。试为其布置电话一层平面图。(6 分)

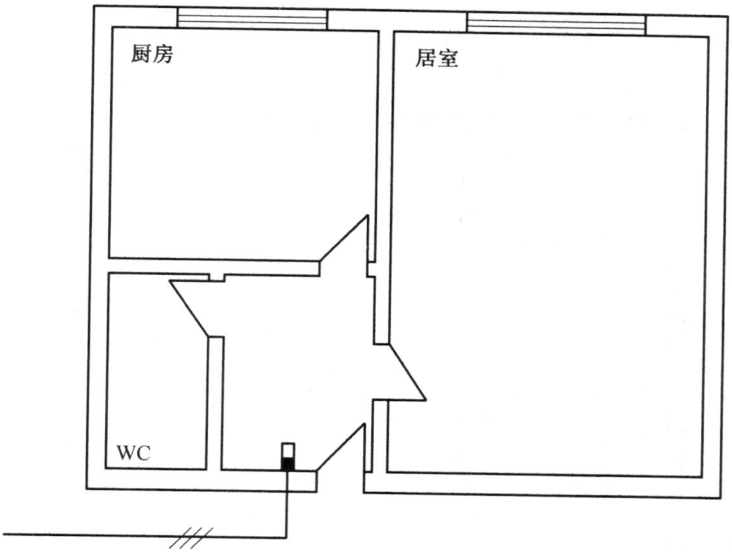

附图1　试题27的图

建筑电气试题解答

一、选择题

1.D　2.A　3.D　4.A、C、E　5.B、D、F　6.A　7.C、B　8.B、C、D　9.A、C、D　10.B、C

二、填空题

11.发电、输电和配电系统

12.二路高压电源及备用电源

13.发热条件、电压损失条件和机械强度条件

14.0.9

15.0.8 m

16.ϕ8

17.直击雷

18.明装、暗装、半暗装

19.10

20.10

三、简答题

21.答:火灾探测器常用的有3种:感烟探测器、感温探测器和感光探测器。

(1)感烟探测器适用于火灾初起,产生大量烟的场所。如办公室、客房、计算机房、会客厅、营业厅、空调机房、餐厅、电梯机房、楼梯前室、走廊、电井、管道井的顶部及其他公共场所等。

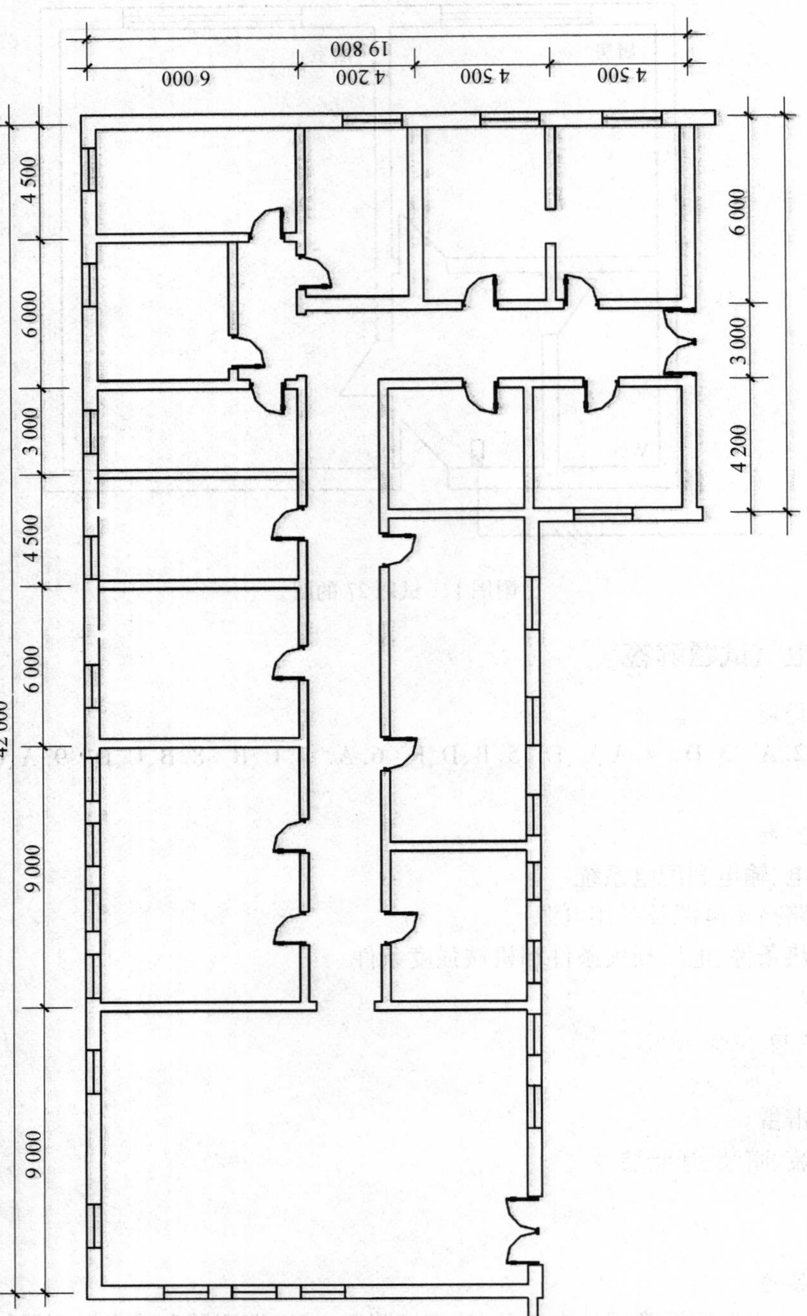
19 800
6 000
4 200
4 500
4 500
4 500
6 000
3 000
4 500
6 000
9 000
9 000
42 000
6 000
3 000
4 200
6 600
3 000
5 100
5 100
19 800

附图2　试题29图

(2) 感温探测器适用于火灾发展迅速,产生大量热的场所。如厨房、发电机房、汽车库、锅炉房、茶炉房或者经常有烟雾、蒸气滞留的场所。

(3) 感光探测器适用于火灾发展迅速,有强烈的火焰辐射和少量烟的场所。如存放易燃材料的房间,在散发可燃气体和可燃蒸气的场所。

22. 答:灯具的主要作用有:(1) 配光,即将光源的光通量进行合理分配;(2) 限制眩光,避免光源对视觉有不利影响;(3) 固定光源和保护光源;(4) 装饰和美化环境的作用。

23. 答:BV—铜芯聚氯乙烯绝缘导线、5 × 10—5 根截面积 10 mm^2、FPC25—穿阻燃塑料管直径 25 mm、CC— 地下暗敷设。

24. 答:15— 室内共 15 只、YG2 - 2— 筒式带反射罩双管荧光灯、$\frac{2 \times 40}{3.6}$—2 只 40 W,灯距地 3.6 m、P— 钢管吊装。

四、计算题

25. 答:(1) 将各类单相的用电负荷通过下表平均地分配在三相四线制线路上(8 分)。

相序	电阻炉 2 kW	干燥器 3 kW	照明用电	合计
L_1(A)	2k W × 2 台	3k W × 1 台	1.5 kW	8.5 kW
L_2(B)	2 kW × 2 台	3 kW × 1 台	2.0 kW	9.0 kW
L_3(C)	2 kW × 1 台	3 kW × 2 台	1.0 kW	9.0 kW

(2) 计算负荷:取最大项乘 3

$$P_C = K_X P_\Sigma = (0.9 \times 3 \times 9.0)\,\text{kW} = 24.3\ \text{kW} \qquad (2\ 分)$$

答:该实验室的计算负荷为 24.3 kW。

26. 答:因教学楼距离供电点远(280 m),故采用电压损失条件选择截面积。查表 15.2,C 为 46.3,导线的截面积为(4 分)

$$A = \frac{P_{js}L}{C\Delta u} = \frac{50 \times 280}{46.3 \times 5}\ \text{mm}^2 = 60.5\ \text{mm}^2$$

应选择截面积 A = 75 mm^2 的铝钢绞线四根(LGJ - 4 × 75) 架空敷设。(4 分)

五、画图题

27. 答:图中照明和插座回路分别布置,其一卫一厨灯位布置如附图 3 所示。(共 8 分)

28. 答:二类防雷的保护措施必须采取全面防雷的保护措施,以防止直击雷、侧击雷和雷电波沿着管线侵入建筑物。(4 分)

① 防直击雷的措施。在建筑物的屋顶,采用避雷网保护。做防雷引下线 6 根。

② 防侧击雷的措施。为防止建筑物的侧面遭受雷击,自建筑物 30 m 以上,每三层设

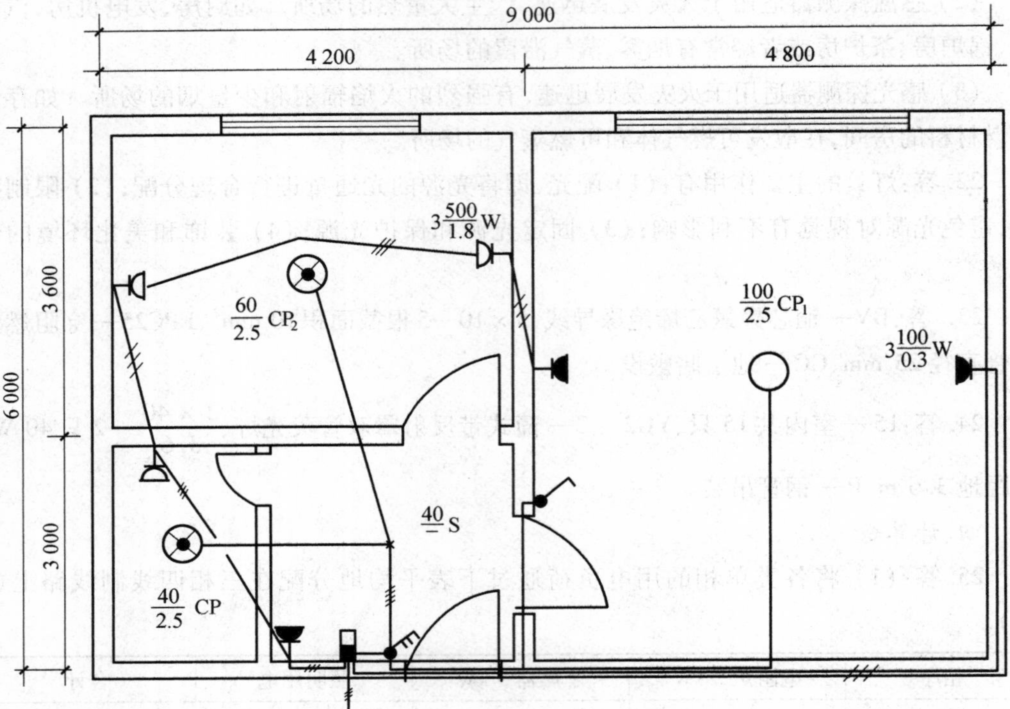

附图3　试题27答案图

沿建筑物周围的水平均压环，所有引下线、建筑物内的金属结构和金属物体均连在环上。

③ 防雷电波侵入的措施。进入建筑物的各种线路及管道宜采用全线埋地引入，并在入户端将电缆的金属外皮、钢管与接地装置连接。在电缆与架空线连接处，应装设阀型避雷器，并与电缆金属外皮和绝缘子铁脚连在一起接地。

某二类高层建筑的屋顶防雷平面布置图如附4所示。（4分）

29. 某办公大楼一层布置电话平面布置如附图5所示。（6分）

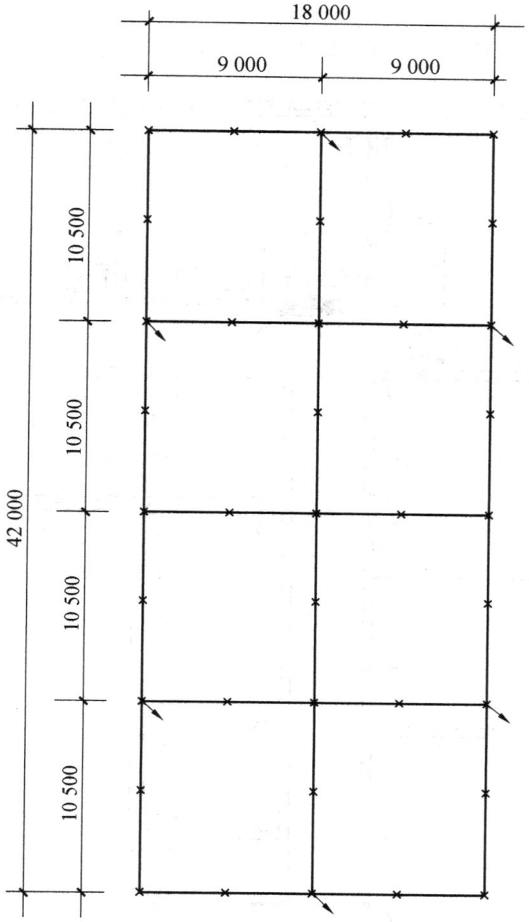

附图 4　试题 28 答案图

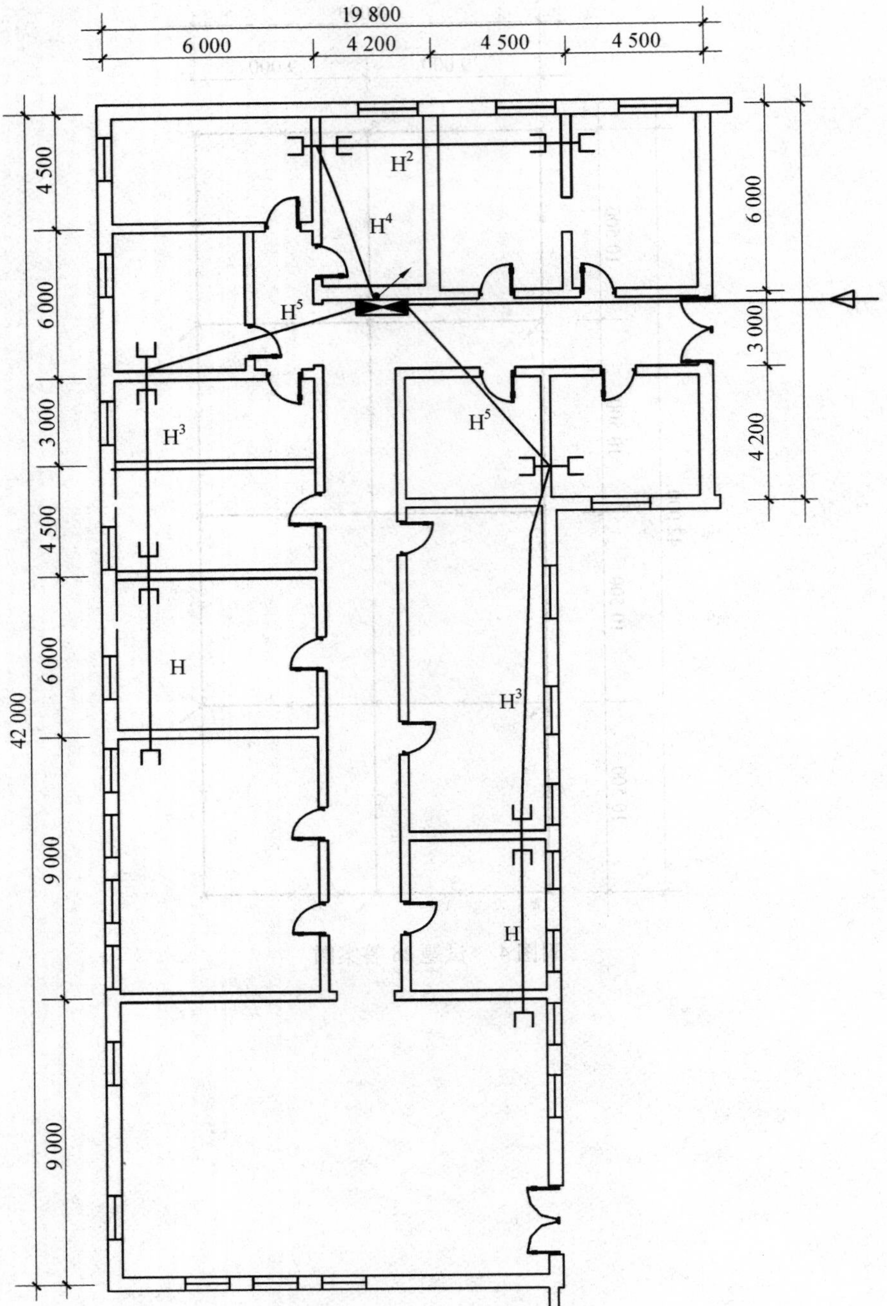
19 800
6 000
4 200
4 500
4 500
6 600
3 000
5 100
5 100
19 800
4 500
6 000
3 000
4 500
6 000
9 000
9 000
42 000
6 000
3 000
4 200
H2
H4
H5
H5
H3
H
H3
H

附图 5　试题 29 答案图

注册工程师(建筑电气)试题模板及解答

注册工程师(建筑电气)试题

一、单项选择题(每题1分,每题的备选项中,只有一个最符合题意,共10分)

1. 我国规定安全电压为(　　)。

A. 48 V,24 V,12 V 3种　　B. 36 V,24 V,12 V 3种

C. 48 V,36 V,24 V 3种　　D. 48 V,36 V,12 V 3种

2. 接地开关是用以将回路接地的一种机械开关装置,其主要作用是(　　)。

A. 关合、开断线路正常电流　　B. 与带电线路的隔离

C. 消除危险火花及电弧　　D. 保护检修工作的安全

3. 最常用的架空导线是(　　)。

A. 铝绞线(LJ)　　B. 钢芯铝绞线(LGJ)

C. 钢芯包钢绞线　　D. 钢芯铝合金绞线

4. 采用断路器作为电动机的过流和短路保护时,其保护整定值一般为额定电流的(　　)。

A. 1.1 ~ 1.25　　B. 1.25 ~ 1.5　　C. 1.7 ~ 2.0　　D. 2.5 ~ 3.0

5. 下列电气设备调试中,被称为“基本试验”的是(　　)。

A. 特性试验　　B. 专项试验　　C. 绝缘试验　　D. 避雷器试验

6. 一般地段线路的通信电缆管道较广泛地采用(　　)。

A. 混凝土管　　B. 石棉水泥管　　C. 钢管　　D. 塑料管

7. 配电线路选择导线截面积的条件有(　　)。

A. 发热条件和电压损失条件

B. 发热条件、电压损失条件和机械强度条件

C. 发热条件、电压损失条件和经济电流密度条件

D. 发热条件、电压损失条件、经济电流密度条件和机械强度条件

8. 卫星电视天线安装的先决条件是(　　)。

A. 保证防风性能　　B. 防止馈源密封罩的破坏

C. 固定平稳牢固　　D. 保证天线增益不受损失

9. 照明配电箱有明装、暗装和半暗装安装方式,箱中心距地(　　)m。

A. 1.4　　B. 1.5　　C. 1.7　　D. 2.5

10. 对于三级电力负荷,为保证供电的可靠性,应有(　　)供电。

A. 一个电源　　B. 两个电源　　C. 两个独立电源　　D. 备用电源(柴发)

二、多项选择题

11. 在电力系统的发电厂、变电所、开关站及用电线路上,高压断路器承担的任务有(　　)。

A. 调节　　B. 分段隔离　　C. 控制　　D. 保护

12. 电缆穿导管敷设的有(　　)根电缆。

A. 1　　B. 2　　C. 3　　D. 4

13. 接闪器是由(　　)等部分组成。

A. 避雷带　　B. 避雷针　　C. 引下线

D. 避雷网　　E. 接地极　　F. 接地装置

14. 电力变压器安装的场所有(　　)。

A. 墙上　　B. 室内　　C. 室外　　d. 柱上

15. 在配管配线中,焊接钢管适用于(　　)的场所。

A. 有机械外力　　B. 潮湿　　C. 有轻微腐蚀气体　　D. 腐蚀性较大

16. 塑料绝缘电缆中,适用于6 ~ 220 kV 电压等级实验室使用的有(　　)两种电缆。

A. 聚氯乙烯　　B. 聚乙烯　　C. 交联聚乙烯　　D. 聚丙烯

17. 目前国内外工程所采用的火灾自动报警系统的形式有(　　)。

A. 区域报警系统　　B. 集中报警系统

C. 移动报警系统　　D. 控制中心报警系统

18. 柱上安装的变压器,合用一组接地引下线的部位有(　　)。

A. 开关柜外壳　　B. 变压器外壳　　C. 避雷器　　D. 中性点

19. 信号传输分配系统实际上是一个信号电平的有线分配网络。它由(　　)等组成。

A. 分配器　　B. 混合器　　C. 线路放大器　　D. 用户终端器件

20. 卫星电视接收设备的主要组成部分有(　　)。

A. 云台设备　　B. 抛物面接收天线　　C. 高频头　　D. 卫星电视接收机

三、填空题(每空 2 分,共 10 分)

21. 照明单相支线的电流若超过(　　)A,应再选用一条单相支线配电。

22. 低压配电线路应装设(　　　　　　　　　　)保护措施。

23. 接闪器包括(　　　　　　　　　　)、铁皮屋顶及金属构筑物等。

24. 三相电源接地系统分为(　　　　　　　　　　)。

25. 在特别潮湿及低矮的坑道、锅炉和汽车维修的场所,采用安全电压(　　)V 以下的灯具照明。

四、画图题(本大题共 15 分)

26. 画出低压线路放射式接线示意图。(7 分)

27. 某办公大楼一层平面图如附图 7 所示,试为其均匀布置灯具。(8 分)

五、简答题(每小题 5 分,共 25 分)

28. 电缆电视系统主要由哪些器件组成?

29. 火灾报警控制器的作用性质有哪些?

30. 闭路电视监视系统由哪几部分组成?

31. 建筑设备管理自动化系统(BAS)由哪几个子系统组成?

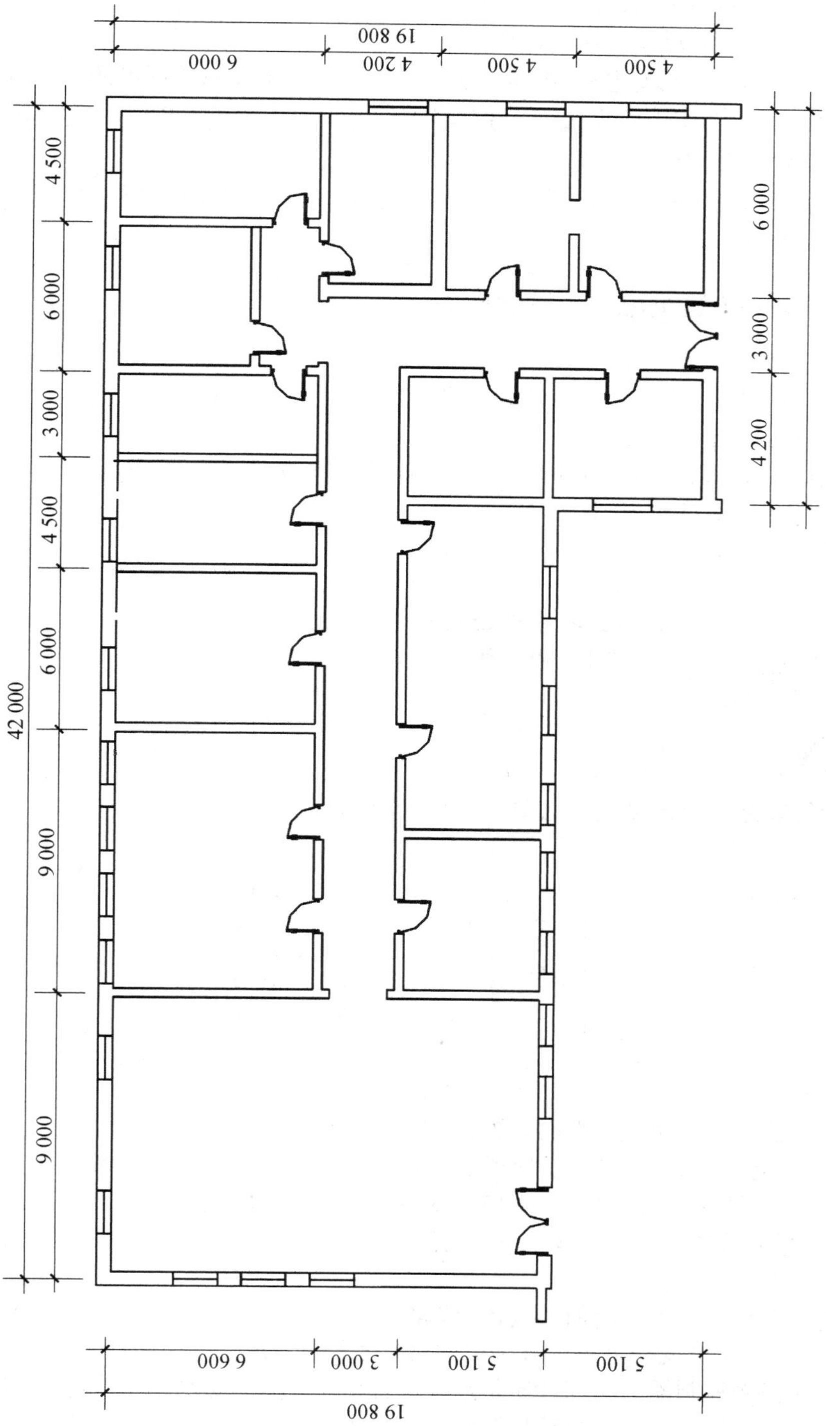
19 800
6 000
4 200
4 500
4 500
42 000
4 500
6 000
3 000
4 500
6 000
9 000
9 000
6 000
3 000
4 200
6 600
3 000
5 100
5 100
19 800

附图 2　试题 29 图

32. 一类建筑防雷电波侵入应采取哪些措施?

六、计算题(本大题 2 小题,共 20 分)

33. 某工厂动力车间变电所,电压为 10 kV/0.4 kV,无其他备用电源。现计算出总有功功率为 260 kW、功率因数为 0.75,另有消防负荷有功功率为 140 kW,功率因数为 0.7,试选择变压器的容量和台数。(8 分)

34. 某水泵房长 9 m、宽 9 m、高 4.5 m,试为其均匀布置灯具并确定每盏灯具的容量和型号(取 $E = 50$ lx)。(12 分)

注册工程师(建筑电气)试题解答

一、单项选择题

1. a　2. d　3. b　4. c　5. d　6. a　7. b　8. c　9. b　10. a

二、多项选择题

11. C、D　12. C、D　13. A、B、D　14. B、C、D　15. A、B、C　16. B、C　17. A、B、D　18. B、C、D　19. A、C、D　20. B、C、D

三、填空题

21. 15

22. 短路、过负荷、接地故障、中性线断线

23. 避雷针、避雷带、避雷网、避雷线

24. TN、TT、IT3 个系统

25. 36

四、画图题

26. 低压线路放射式接线示意图,如附图 7 所示。(7 分)

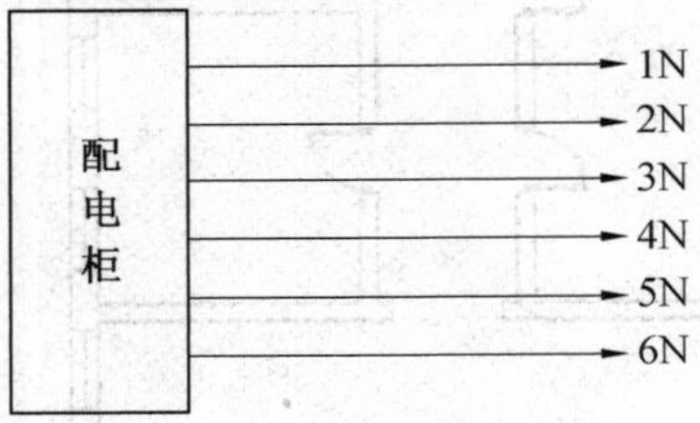

附图 7　试题 26 的答案图

27. 某办公大楼照明一层平面布置,如附图 8 所示。(8 分)

答:(1) 办公室选用简易带反射罩的双管荧光灯 YG2 - 2(2 × 40W),共 26 套;

(2) 会议室选用三管荧光灯 YG15 - 3(3 × 40 W),共 6 套;

(3) 走廊选用吸顶灯(100 W),共 7 套。

五、简答题

28. 电缆电视系统主要由前端设备(线路放大器等)、分配系统(分配器、分支器等)和终端设备(终端盒、电视插座盒及数字机顶盒)等器件组成。

29. 火灾报警控制器的作用性质是给火灾探测器供电、接收、显示及传递火灾报警信号,并能输出控制指令的一种自动报警装置。它可以单独作为火灾自动报警用,也可以与自动防灾及灭火系统联动,组成自动报警与联动控制系统。

30. 闭路电视监视系统设备分为以下 3 类:

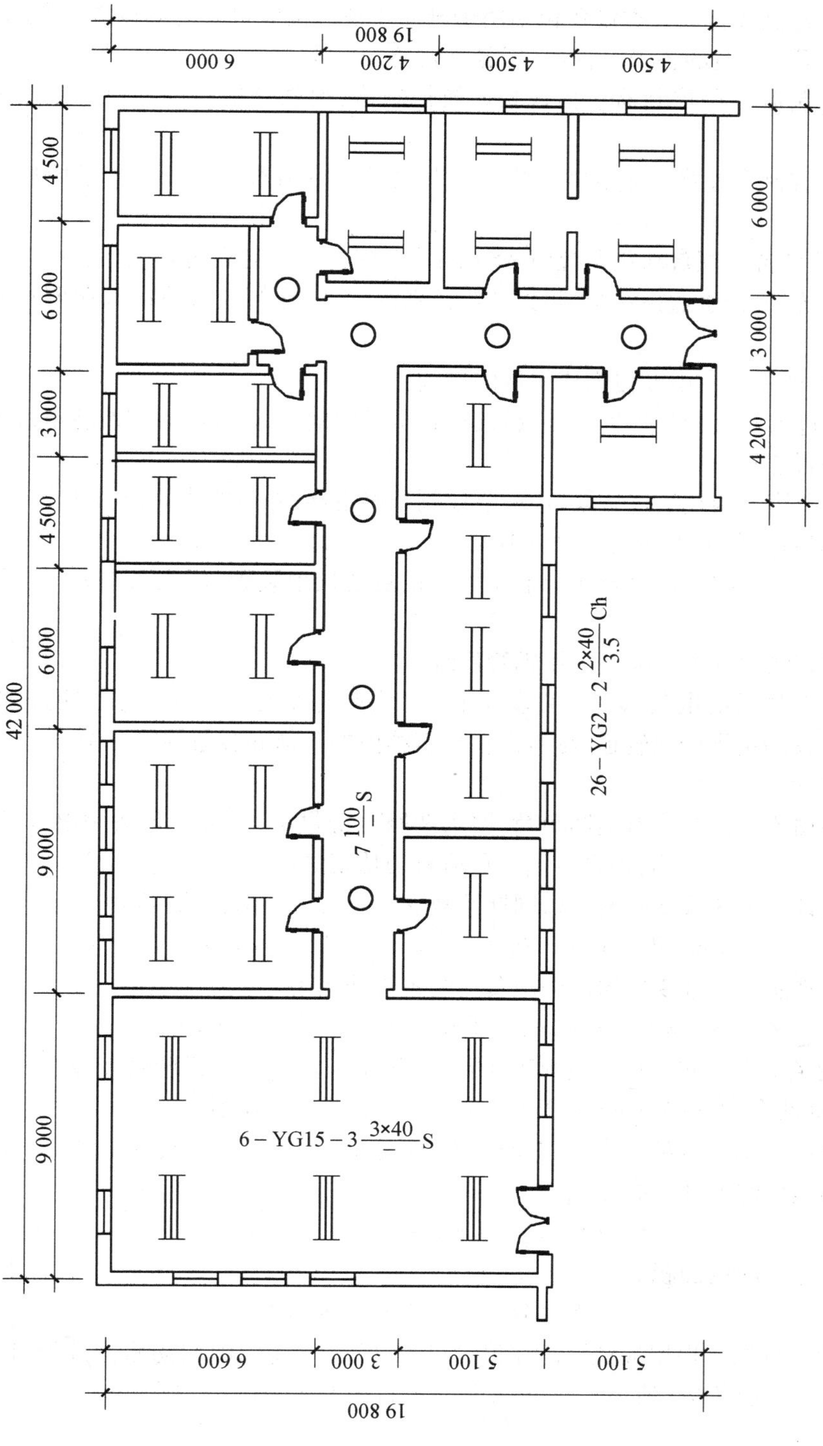
19 800
6 000
4 200
4 500
4 500
4 500
6 000
3 000
4 500
6 000
9 000
9 000
42 000
6 000
3 000
4 200
26 – YG2 – 2 $\frac{2\times40}{3.5}$ Ch
7 $\frac{100}{-}$ S
6 – YG15 – 3 $\frac{3\times40}{-}$ S
6 600
3 000
5 100
5 100
19 800

附图 8　试题 27 答案图

① 信号检测装置。该类设备包括用于画面监视的摄像机及附属设备，用于监听的电子监听器和用于防范的各种报警器（即各类传感器）等。

② 分控制器。分控制器包括视频切换控制器、视频分配控制器和防盗报警控制器等。

③ 中心控制台和终端显示屏。控制台上包括主控制器、主显示器、录像机和打印机等。

31. 建筑设备管理自动化系统（BAS）的子系统由变配电监测系统、空调监控系统、冷冻站监控系统、给排水监控系统、热力站监控系统、电梯运行监视系统和照明控制系统等组成。

32. 一类建筑防雷电波侵入应采取的措施：

（1）将进入建筑物的各种线路及管道，宜全线埋地引入，并在入户端将电缆的金属外皮与接地装置连接。

（2）在电缆与架空线连接处，还应装设阀型避雷器，并与电缆的金属外皮和绝缘子铁脚连在一起接地，其冲击接地电阻应不大于 5 ~ 10 Ω。

（3）进入建筑物的埋地金属管道及电气设备的接地装置，应在入户处与防雷接地装置连接。

（4）建筑物内的电气线路采用钢管配线。

（5）垂直敷设的电气线路，在适当部位装设带电部分与金属外壳间的击穿保护装置。垂直敷设的主干金属管道，尽量设在建筑物内的中部和屏蔽的竖井中。

六、计算题

33. 解：由于车间内含有消防负荷，要求两路电源供电，在无其他备用电源的情况下，应选两台变压器互为备用，均含有消防负荷有功功率的回路容量。（6 分）

（1）按计算负荷选变压器。取同期系数 0.9，则总三相视在计算功率为

$$S_J = K_{\Sigma C} P_J / \cos\varphi = 0.9 \times 260/0.75\ \text{kV}\cdot\text{A} = 312\ \text{kV}\cdot\text{A}$$

（2）按消防负荷选变压器。消防负荷的视在功率为

$$S_{XF} = P_{XF}/\cos\varphi_{XF} = 100/0.7\ \text{kV}\cdot\text{A} \approx 143\ \text{kV}\cdot\text{A}$$

既要满足动力车间的正常负荷工作要求，又能满足消防负荷两台变压器一用一备的要求，故选择两台 160 kV · A（大于 143 kV · A）容量的变压器。

34. 解：（1）确定灯型。水泵房应选防水圆球形工厂灯具。（共 14 分）

（2）确定房间的计算高度 h_C。

$$h_C = H - h_1 - h_2 = (4.5 - 1.5 - 0.8)\ \text{m} = 2.2\ \text{m}$$

（3）确定房间的面积。

$$S = AB = 9 \times 9\ \text{m}^2 = 81\ \text{m}^2$$

（4）确定灯位。根据最佳距高比值来进行计算。查表 16.5，防水圆球形灯多列布置时最有利的距高比 L/h_C 值为 2.3，最大允许距高比 L/h_C 值为 3.2。

灯间距为

$$L = 2.3 \times 2.2\ \text{m} = 5.06\ \text{m}（选 5 m）$$

验算

$$L/h_C = 5 \div 2 = 2.5 < 3.2(\text{最大允许距高比})$$

（5）画灯位布置图。可选防水圆球形工厂灯具4盏，其灯位布置如附图9所示。

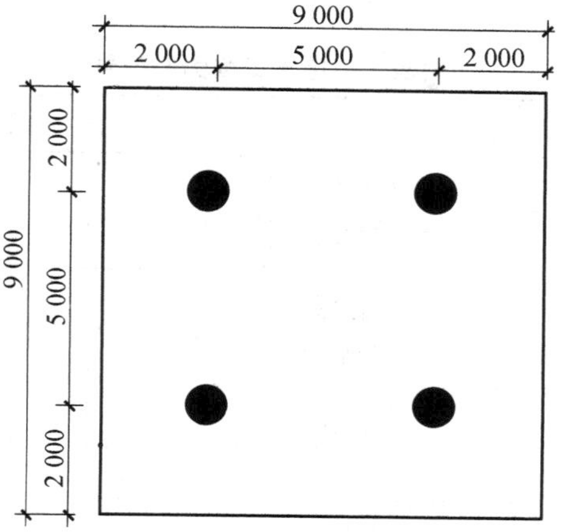

附图9　试题34的答案图

（6）确定房间灯的总功率。采用单位容量法计算，查表16.7，圆球形工厂灯单位面积安装功率，根据房间面积 $S = 81\ m^2$、计算高度 $h_C = 2.2$ m、照度值 $E = 50$ lx，查表得 $W_d = 13.5\ W/m^2$，则总功率为

$$P_\Sigma = W_d S = 13.5 \times 81\ W = 1\ 093.5\ W$$

（7）确定灯位的功率。查表16.8，圆球形工厂灯的最小照度系数 Z 按乳白玻璃罩灯取1.55。

$$P_1 = \frac{P_\Sigma}{Zn} = \frac{1\ 093.5}{1.55 \times 4} W = 176.4\ W$$

故可选200 W防水圆球形工厂灯具4盏，管吊或链吊安装，灯距地高度为3 m。

附录2　常用数据

附表1　电气工程图形符号

序号	图形符号	说明	序号	图形符号	说明
07－13－02		开关（常开）	07－13－02		开关（常闭）
07－13－04		接触器（常开触点）	07－13－06		接触器（常闭触点）
07－13－07		断路器	07－13－08		高压隔离开关
07－13－10		高压负荷开关	07－21－01	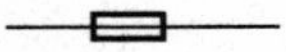	熔断器（一般符号）
07－21－06	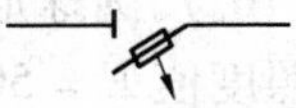	高压跌开式熔断器	07－21－07		高压熔断器式开关
07－21－08	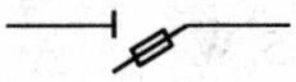	高压熔断器式隔离开关	07－21－09		高压熔断器式负荷开关
07－15－01	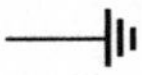	接地（一般符号）	11－02－17		规划（设计）的变电所
11－02－18		运行的变电所	11－15－01		配电屏、台、柜、箱的一般符号
11－15－02		动力或动力－照明配电箱	11－15－04		照明配电箱（屏）
11－B－11	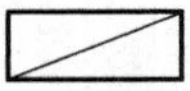	双电源自动切换箱（屏）	11－15－05		事故照明配电箱（屏）
11－B_1－14		自动开关箱	11－B_1－18	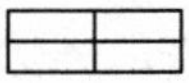	组合开关箱
11－B_1－17	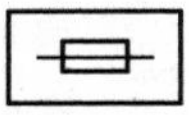	熔断器箱	08－10－01		白炽灯（一般符号）

续附表 1

序号	图形符号	说明	序号	图形符号	说明
08－10－02		投光灯	08－10－03	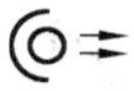	聚光灯
08－10－04		泛光灯	08－10－05		吸顶座灯
08－10－06		墙壁座灯	11－B_1－19		深照型灯
11－B_1－20		广照型灯或配照型灯	11－B_1－21		防水防尘灯
11－B_1－22		圆球形吸顶灯	11－B_1－28		花灯
11－19－11		事故照明灯	11－19－07		荧光灯（一般符号）
11－19－08		双管荧光灯	11－19－09	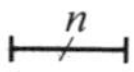	多管荧光灯
11－B_1－27		天棚灯（半圆球吸顶灯）			方灯
	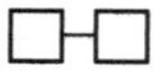	双联方灯		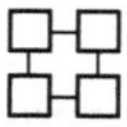	四联方灯
11－18－23	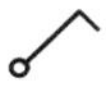	单极开关（明装）	11－18－27	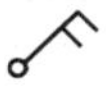	双极开关（明装）
11－18－24		单极开关（暗装）	11－18－28		双极开关（暗装）
11－18－25	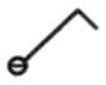	单极密闭开关（防水）	11－18－29	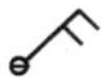	双极密闭开关（防水）
11－18－26		单极开关（防爆）	11－18－30		双极开关（防爆）
11－18－31		三极开关（明装）	11－18－33		三极密闭开关（防水）
11－18－32		三极开关（暗装）	11－18－34		三极开关（防爆）

续附表 1

序号	图形符号	说明	序号	图形符号	说明
11 - 18 - 35		单极 拉线开关	11 - 18 - 37		单极 限时开关
11 - 18 - 36	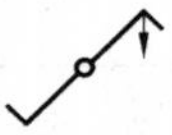	单极双控 拉线开关	11 - 18 - 38	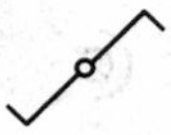	双控开关 （单极三线）
11 - 18 - 02		单相插座 （明装）	11 - 18 - 04		单相插座密闭 （防水）
11 - 18 - 03		单相插座 （暗装）	11 - 18 - 06		单相三孔插座 （明装）
11 - 18 - 07		单相三孔插座 （暗装）	11 - 18 - 08		单相插座三孔 密闭（防水）
11 - 18 - 05		单相插座 （防爆）	11 - 18 - 09		单相插座 三孔（防爆）
11 - 18 - 10		带接地插孔 的三相插座 （明装）	11 - 18 - 12	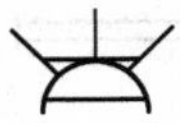	带接地插孔 的三相插座 （防水）
11 - 18 - 11		带接地插孔 的三相插座 （暗装）	11 - 18 - 13		带接地插孔 的三相插座 （防爆）
11 - 18 - 14		插座箱 （板）	11 - 18 - 21	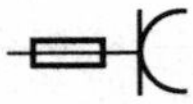	带熔断器 的插座
11 - 01 - 05	F T V S 例如： F	F 电话	11 - 05 - 02	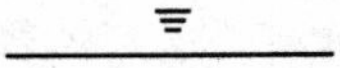	地下线路
		T 电报和数 据传输	11 - 05 - 04		架空线路
		V 视频通路 （电视）	11 - 05 - 17		事故 照明线
		S 声道 （电视或广播）	11 - 05 - 19		控制及信号 线路
		电话线路或 电话电路	11 - 05 - 20	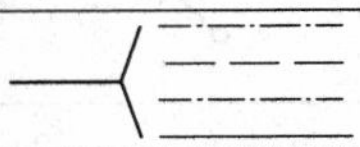	用单线表示的 多种线路
11 - 05 - 27		中性线	11 - 06 - 01		向上配线

续附表 1

序号	图形符号	说明	序号	图形符号	说明
11－05－28		保护线	11－06－02		向下配线
11－05－30		具有保护线和中性线三相配线	11－06－03		垂直通过配线
11－18－20		出线口 IP— 电话 TV— 电视	11－08－10	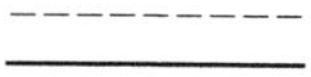	电缆铺砖保护
		感烟式探测器			吸顶扬声器
		感温式探测器		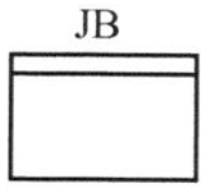	火灾集中报警控制器
		火灾报警按钮			火灾区域报警控制器

附表 2　电气工程文字标注符号

序号	图形符号 GB4728	说　明	
1	(1) $a\frac{b}{c}$ 或 $a-b-c$ (2) $a\frac{b-c}{d(e\times f)-g}$	电力和照明设备	(1) 一般标注方法 (2) 当需要标注引入线的规格时 a:设备编号; b:设备型号; c:设备功率,W 或 kW; d:导线型号; e:导线根数; f:导线截面积,mm^2; g:导线敷设方式及部位
2	(1) $a\frac{b}{c/I}$ 或 $a-b-c/I$ (2) $a\frac{b-c}{d(e\times f)-g}$	开关及熔断器	(1) 一般标注方法 (2) 当需要标注引入线的规格时 a:设备编号; b:设备型号; c:额定电流,A; I:整定电流,A; d:导线型号; e:导线根数; f:导线截面积,mm^2; g:导线敷设方式及部位
3	(1) $a-b\frac{c\times d\times L}{e}f$ (2) $a-b\frac{c\times d\times L}{-}$	照明灯具	(1) 一般标注方法 (2) 灯具吸顶安装 a:灯具数量; b:型号或编号; c:每盏照明灯具的灯泡数; d:灯泡的容量,W; e:灯泡安装距地高度;m; f:安装方式; L:光源种类
4	(1)——/—— (2)——/ – /—— 或　——$/^2$—— (3)——/ – / – /—— 或　——$/^3$—— (4)——$/^n$——	导线根数表示	当用单线表示一组导线时,若需要示出导线根数,可用加小短斜线或画一条短斜线加数字表示 例:(1) 表示一根 (2) 表示二根 (3) 表示三根 (4) 表示四根

续附表 2

序号	图形符号 GB4728	说　　明	
5	$a\frac{b-c/i}{e[d(e\times f)-gh]}$ 或 $an[d(n\times f)-gh]$ 或 $[d(n\times f)-gh]$	配电线路	a:线路编号; b:配电设备型号; c:保护线路熔断器电流,A; d:导线型号; e:导线或电缆芯根数; f:导线截面积,mm^2; g:线路敷设方式(管径); k:线路敷设部位; i:保护线路熔体电流,A; n:并列电缆或管线根数(一根可不标)
6	(1)3 × 6 × 3 × 10 (2) __ × ϕ2.5 或 __ × ϕ50	改变方式	导线型号规格或敷设方式的改变 (1)3 mm × 16 mm 导线改为 3 mm × 10 mm (2) 无穿管敷设改为导线穿管 ϕ2.5 (或 ϕ50) 敷设
7	U(ΔU)		电压损失(%)
8	$m\sim f/U$ 3 N ~ 50 Hz/380 V	交流电	m:相数; f:频率,Hz; U:电压,V; 例如:示出三相交流带中性线 50 Hz,380 V
9	L_1 L_2 L_3	相序	L_1:交流系统电源第一相(黄色) L_2:交流系统电源第二相(绿色) L_3:交流系统电源第三相(红色)
10	U V W	相序	U:交流系统设备端第一相 V:交流系统设备端第二相 W:交流系统设备端第三相
11	N		中性线(黑色)
12	PE		保护线(花色)
13	PEN		保护和中性共用线(花色)
14	S	照明灯具安装方式	吸顶式安装
	W		壁式
	CP		自在器线吊式
	CP_1		固定线吊式
	CP_2		防水线吊式
	CP		吊线器式
	P		管吊式
	Ch		链吊式

续附表 2

序号	图形符号 GB4728	说明	
15	SR	线路敷设方式	用钢索敷设
	PR		用槽板敷设
	SC		穿焊接钢管敷设
	TC		穿电线管敷设
	PC		穿硬塑料管敷设
	FPC		穿阻燃塑料管敷设
16	CL	线路敷设部位	沿柱敷设
	B		沿屋架敷设
	W		敷设在砖墙或其他墙面上
	F		敷设在地下或本层地板内
	C		敷设在屋面或本层顶板内
17	E	敷设形式	明敷设
	C		暗敷设
18	T	电器元件名称	变压器
	FU		熔断器
	M		电动机
	Q		开关一般符号(如刀开关)
	S		控制开关
	QA		低压断路器(自动开关)
	QF		断路器
	QK		刀开关
	QL		负荷开关
	QS		隔离开关
	SA		控制开关(选择开关)
	SB		按钮开关(起动或停止按钮)
	KM		交流接触器
	K		继电器、中间继电器
	KA		电流继电器
	KT		时间继电器
	FR		热继电器

附表 3　S_7 系列电力变压器的技术数据

型　号	容量/(kV·A)	额定电压/kV		质量/t	
		高压	低中压	油重	总重
S_7 - 30/10	30	6、6.3、10	0.4	0.080	0.295
S_7 - 50/10	50	6、6.3、10	0.4	0.105	0,400
S_7 - 63/10	63	6、6.3、10	0.4	0.125	0,480
S_7 - 80/10	80	6、6.3、10	0.4	0.135	0.560
S_7 - 100/10	100	6、6.3、10	0.4	0.165	0.645
S_7 - 125/10	125	6、6.3、10	0.4	0.170	0.695
S_7 - 160/10	160	6、6.3、10	0.4	0.185	0.820
S_7 - 200/10	200	6、6.3、10	0.4	0.235	1.010
S_7 - 250/10	250	6、6.3、10	0.4	0.265	1.110
S_7 - 315/10	315	6、6.3、10	0.4	0.295	1.130
S_7 - 400/10	400	6、6.3、10	0.4	0.365	1.595
S_7 - 500/10	500	6、6.3、10	0.4	0.395	1.820
S_7 - 630/10	630	6、6.3、10	0.4	0.545	2.385
S_7 - 800/10	800	6、6.3、10	0.4	0.655	2.950
S_7 - 1 000/10	1 000	6、6.3、10	0.4	0.850	3.950
S_7 - 1 250/10	1 250	6、6.3、10	0.4	1.000	4.340
S_7 - 1 600/10	1 600	10	6.3	1.100	5.070
S_7 - 630/10	630	10	6.3	0.545	2.385
S_7 - 800/10	800	10	6.3	0.630	3.060
S_7 - 1 000/10	1 000	10	6.3	0.745	3.530
S_7 - 1 250/10	1 250	10	6.3	0.770	3.795
S_7 - 1 600/10	1 600	10	6.3	0.960	4.800
S_7 - 2 000/10	2 000	10	6.3	1.135	5.395
S_7 - 2 500/10	2 500	10	6.3	1.335	6.340
S_7 - 3 150/10	3 150	10	6.3	1.735	3.975
S_7 - 4 000/10	4 000	10	6.3	1.905	4.820
S_7 - 5 000/10	5 000	10	6.3	2.335	5.805
S_7 - 6 000/10	6 000	10	6.3	2.640	7.235

附表 4　树脂浇注干式电力变压器的技术数据

项目		SCL 型	SCL_1 型	SC 型	
绝缘耐温等级		B/F 级	B 级	F 级	B 级
噪声/dB	200 kV·A	55	58	58	
	500 kV·A	59	60	60	62
	1 000 kV·A	61	64	64	63
空载损耗/W	200 kV·A	970(U_Z = 4%)	830(U_Z = 4%)	600(U_Z = 4%)	
	500 kV·A	1 850(U_Z = 4%)	1 600(U_Z = 4%)	1 200(U_Z = 4%)	1 750(U_Z = 4%)
	1 000 kV·A	2 850(U_Z = 6%)	2 400(U_Z = 6%)	2 800(U_Z = 6%)	2 400(U_Z = 5%)
	1 600 kV·A	3 950(U_Z = 6%)	3 400(U_Z = 6%)	2 800(U_Z = 6%)	3 350(U_Z = 5%)
负载损耗/W	200 kV·A	2 350(U_Z = 4%)	2 350(U_Z = 4%)	2 600(U_Z = 4%)	
	500kV·A	4 850(U_Z = 4%)	4 850(U_Z = 4%)	4 000(U_Z = 4%)	4 500(U_Z = 4%)
	1 000 kV·A	9 200(U_Z = 5%)	7 300(U_Z = 6%)	9 100(U_Z = 6%)	11 000(U_Z = 5%)
	1 600 kV·A	1 3300(U_Z = 5.5%)	10 500(U_Z = 6%)	13 700(U_Z = 6%)	15 650(U_Z = 5%)

附表 5 裸导线及电力电缆长期连续负荷允许载流量表

截面/mm^2	裸铝导线		裸铜导线		1~3 kV 聚氯乙烯绝缘聚氯乙烯护套电力电缆长期连续允许载流量/A								1~3 kV 聚氯乙烯绝缘聚氯乙烯护套铠装铝芯电力电缆长期连续允许载流量/A							
					空气中敷设								直埋地下敷设							
					铝芯				铜芯				土壤热阻系数 $\rho=80$ ℃·cm/W				土壤热阻系数 $\rho=80$ ℃·cm/W			
	户内	户外	户内	户外	一芯	二芯	三芯	四芯	一芯	二芯	三芯	四芯	一芯	二芯	三芯	四芯	一芯	二芯	三芯	四芯
4			27	50	31	26	22	22	41	35	29	29	—	25	30	29	—	32	27	26
6			35	70	41	34	29	29	54	44	38	38	—	43	38	37	—	40	34	34
10	55	75	60	95	55	46	40	40	72	60	52	52	75	56	51	50	69	52	46	45
16	80	105	100	130	74	61	53	53	97	79	69	69	99	76	67	65	91	70	60	59
25	110	135	140	180	102	83	72	72	112	107	93	93	113	100	88	85	119	91	79	77
35	140	170	175	220	124	95	87	87	162	124	113	113	160	121	107	100	145	108	94	87
50	175	215	220	270	157	120	108	108	204	155	140	140	197	147	133	135	177	132	116	116
70	220	265	280	340	195	151	135	135	235	196	175	175	241	180	162	162	216	160	142	142
95	280	325	340	415	230	182	165	165	300	238	214	214	287	214	190	196	256	219	166	171
120	340	375	405	485	276	211	191	191	356	273	274	247	331	247	218	223	294	246	190	194
150	405	440	480	570	316	242	225	225	410	315	293	293	376	277	248	252	334	—	216	218
185	480	500	550	645	358	—	257	257	465	—	332	332	422	—	279	284	374	—	242	246
240	550	610	650	770	425	—	306	306	552	—	396	396	492	—	324	—	436	—	295	—
300	650	680	—	—	490	—	—	—	636	—	—	—	551	—	—	—	483	—	—	—
400	—	—	—	—	589	—	—	—	757	—	—	—	656	—	—	—	560	—	—	—
500	—	—	—	—	680	—	—	—	886	—	—	—	745	—	—	—	658	—	—	—
625	—	—	—	—	787	—	—	—	1 025	—	—	—	847	—	—	—	748	—	—	—
800	—	—	—	—	934	—	—	—	1 338	—	—	—	990	—	—	—	860	—	—	—

附表6　铝芯绝缘导线长期连续负荷允许载流量表

导线截面/mm²	线芯结构			导线明敷设/A				橡皮绝缘导线多根同穿在一根管内时，允许负荷电流/A												塑料绝缘导线多根同穿在一根管内时，允许负荷电流/A											
				25 ℃		30 ℃		25 ℃						30 ℃						25 ℃						30 ℃					
								穿金属管			穿塑料管			穿金属管			穿塑料管			穿金属管			穿塑料管			穿金属管			穿塑料管		
	股数	单芯直径/mm	成品外径/mm	橡皮	塑料	橡皮	塑料	2根	3根	4根	2根	3根	4根	2根	3根	4根	2根	3根	4根	2根	3根	4根	2根	3根	4根	2根	3根	4根	2根	3根	4根
2.5	1	1.76	5.0	27	25	25	23	21	19	16	19	17	15	20	18	15	18	16	14	20	18	15	18	16	14	19	17	14	17	16	13
4	1	2.24	5.5	35	32	33	30	28	25	23	25	23	20	26	23	22	23	22	19	27	24	22	24	22	19	25	22	21	22	21	20
6	1	2.73	6.2	45	42	42	39	37	34	30	33	29	26	35	32	28	31	27	24	35	32	28	31	27	25	33	30	26	29	28	24
10	7	1.33	7.8	65	59	61	55	52	46	40	44	40	35	49	43	37	41	38	33	49	44	38	42	38	33	46	41	36	39	38	34
16	7	1.68	8.8	85	80	80	75	66	59	52	58	52	46	62	55	49	54	49	43	63	56	50	55	49	44	59	52	47	51	49	44
25	7	2.11	10.6	110	105	103	98	86	76	68	77	68	60	80	71	64	72	64	56	80	70	65	73	65	57	75	65	61	68	61	57
35	7	2.49	11.8	138	130	129	122	106	94	84	95	84	74	99	89i	78	89	79	69	100	90	80	90	80	70	94	84	75	84	79	70
50	19	1.81	13.8	175	165	164	154	138	118	108	120	108	95	124	110	98	112	101	89	125	110	100	114	102	90	117	103	94	107	96	88
70	19	2.14	16.0	220	205	206	192	165	150	133	153	135	120	154	140	124	143	126	112	155	143	127	145	130	115	145	134	119	136	125	111
95	19	2.49	18.3	265	250	249	234	200	180	165	184	165	150	187	168	150	172	154	140	190	170	152	175	158	140	178	159	142	164	149	133
120	37	2.01	20.0	310	—	290	—	230	210	190	210	190	170	215	197	178	197	178	159	—	—	—	—	—	—	—	—	—	—	—	—
150	37	2.24	22.0	360	—	337	—	260	240	220	250	227	205	243	224	206	234	212	192	—	—	—	—	—	—	—	—	—	—	—	—

注：导电线芯最高允许工作温度+65 ℃

附表 7　铜芯绝缘导线长期连续负荷允许载流量表

导线截面/mm²	线芯结构			导线明敷设/A				橡皮绝缘导线多根同穿在一根管内时，允许负荷电流/A												塑料绝缘导线多根同穿在一根管内时，允许负荷电流/A											
	股数	单芯直径/mm	成品外径/mm	25 ℃		30 ℃		25 ℃						30 ℃						25 ℃						30 ℃					
				橡皮	塑料	橡皮	塑料	穿金属管			穿塑料管			穿金属管			穿塑料管			穿金属管			穿塑料管			穿金属管			穿塑料管		
								2根	3根	4根	2根	3根	4根	2根	3根	4根	2根	3根	4根	2根	3根	4根	2根	3根	4根	2根	3根	4根	2根	3根	4根
1.0	1	1.13	4.4	21	19	20	18	15	14	12	13	12	11	14	13	11	12	11	10	14	13	11	12	11	10	13	12	10	11	10	9
1.5	1	1.37	4.6	27	24	25	22	20	18	17	17	16	14	19	17	16	16	15	13	19	17	16	16	15	13	18	16	15	15	14	12
2.5	1	1.76	5.0	35	32	33	30	28	25	23	25	22	20	26	23	22	23	21	19	26	24	22	24	21	19	24	22	21	22	19	18
4	1	2.24	5.5	45	42	42	39	37	33	30	33	30	26	35	31	28	31	28	24	35	31	28	31	28	25	33	29	26	29	26	23
6	1	2.73	6.2	58	55	54	51	49	43	39	43	38	34	46	40	36	40	36	32	47	41	37	41	36	32	44	38	35	38	34	30
10	7	1.33	7.8	85	75	80	70	68	60	53	59	52	46	64	56	50	55	49	43	65	57	50	56	49	44	61	53	47	52	46	41
16	7	1.68	8.8	110	105	103	96	86	77	69	76	68	60	80	72	65	71	64	56	82	73	65	72	65	57	77	68	61	67	61	53
25	19	1.28	10.6	145	138	136	129	113	100	90	100	90	80	106	94	85	94	84	75	107	95	85	95	85	75	100	89	80	89	80	70
35	19	1.51	11.8	180	170	168	159	140	122	110	125	110	98	131	114	103	117	103	92	133	115	105	120	105	93	124	108	98	112	98	87
50	19	1.81	13.8	230	215	215	201	175	154	137	160	140	123	164	144	128	150	131	115	165	146	130	150	132	117	154	137	122	140	123	109
70	49	1.33	17.3	285	265	267	248	215	193	173	195	175	155	201	181	162	182	164	145	205	183	165	185	167	148	194	171	154	173	156	138
95	84	1.20	20.8	345	325	323	304	260	235	210	240	215	195	243	220	197	224	201	182	250	225	200	230	205	185	234	210	187	215	192	173
120	133	1.08	21.7	400	—	374	—	300	270	245	278	250	227	280	252	229	260	234	212	—	—	—	—	—	—	—	—	—	—	—	—
150	37	2.24	22.0	470	—	439	—	340	310	280	320	290	265	318	290	262	299	271	248	—	—	—	—	—	—	—	—	—	—	—	—
185	37	2.49	24.2	540	—	505	—	—	—	—	—	—	—	—	—	—	—	—	—	—	—	—	—	—	—	—	—	—	—	—	—
240	61	2.21	27.2	660	—	617	—	—	—	—	—	—	—	—	—	—	—	—	—	—	—	—	—	—	—	—	—	—	—	—	—

参考文献

[1] 高明远,岳秀萍. 建筑给水排水工程学[M]. 北京:中国建筑工业出版社,2002.

[2] 王增长. 建筑给水排水工程[M]. 北京:高等教育出版社,2010.

[3] 中国建筑设计研究院. 建筑给水排水设计手册(上、下册)[M]. 北京:中国建筑工业出版,2008.

[4] 贺平,孙刚,等. 供热工程[M]. 北京:中国建筑工业出版社,2009.

[5] 陆耀庆. 供暖通风设计手册[M]. 北京:中国建筑工业出版社,1987.

[6] 电子工业部第十设计研究院. 空气调节设计手册[M]. 北京:中国建筑工业出版社,2005.

[7] 民用建筑供暖通风与空气调节设计规范 GB50736—2012[M]. 北京:中国建筑工业出版社,2012.

[8] 徐志强. 建筑电气设计技术[M]. 上海:华南理工大学出版社,1994.

[9] 刘宝瑞. 建筑电气安装分项工程施工工艺标准[M]. 北京:中国建筑工业出版社,1996.

[10] 胡乃定. 民用建筑电气技术与设计[M]. 北京:清华大学出版社,1997.

[11] 王龙,戎卫国,陈方彩. 建筑设备[M]. 北京:中国建筑工业出版社,1997.

[12] 吴成东. 怎样阅读建筑电气工程图[M]. 北京:中国建材工业出版社,2000.

[13] 周治湖. 建筑电气设计[M]. 北京:中国建筑工业出版社,2001.

[14] 颜伟中. 电工学(土建类)[M]. 2 版. 北京:高等教育出版社. 2010.

[15] 瞿义勇. 民用建筑电气设计规范[M]. 北京:机械工业出版社,2010.